THIRDSPACE IN ASSYRIEN UND URARTU

Vera Egbers

THIRDSPACE IN ASSYRIEN UND URARTU

Eine Archäologie der Sinne und Subalternität in der Eisenzeit in Nordmesopotamien

© 2023 Vera Egbers

Herausgegeben durch Sidestone Press, Leiden
www.sidestone.com

Imprint: Sidestone Press Dissertations

Dieses Buch ist die überarbeitete Fassung einer Dissertation, die im November 2019 am Institut für Vorderasiatische Archäologie der Freien Universität Berlin eingereicht und im August 2020 erfolgreich verteidigt wurde.

Lay-out & Eindbandgestaltung: Sidestone Press
Einbandabbildung: Ausschnitt aus "Plate 35 - Captives & Spoil brought to Assyria. (Kouyunjik)" von Austen Henry Layard, in "A second series of the Monuments of Nineveh: including bas-reliefs from the palace of Sennacherib and bronzes from the ruins of Nimroud" London: Murray, 1853.

ISBN 978-94-6428-054-8 (softcover)
ISBN 978-94-6428-055-5 (hardcover)
ISBN 978-94-6428-056-2 (PDF e-book)

Gedruckt mit finanzieller Unterstützung der Ernst-Reuter-Gesellschaft der Freunde, Förderer und Ehemaligen der Freien Universität Berlin e.V., dem Projekt der Studienstiftung des deutschen Volkes e.V. mit der Dr. Papenhoff-Meyenburg-Stiftung sowie der Berlin Graduate School of Ancient Studies (BerGSAS).

Inhaltsverzeichnis

Danksagung   9
Abbildungsverzeichnis   11
Exkursverzeichnis   17
Tabellenverzeichnis   17

1. Einleitung   19
    1.1 Einführung in das Thema   19
        1.1.1 Theorie, Raum und kollektive Identitäten   20
        1.1.2 Relevanz der Arbeit   23
    1.2 Zur Gliederung der Arbeit   24

2. Theoretische Grundlegung   27
    2.1 Raumtheorie, marxistisch und postmodern   27
        2.1.1 Henri Lefebvre: La production de l'espace   27
            2.1.1.1 Worum es geht   28
            2.1.1.2 Kritik   31
        2.1.2 Edward Soja: Thirdspace   33
    2.2 Zu Subjekten und räumlichem Habitus   36
        2.2.1 Räumlicher Habitus   37
        2.2.2 Subjekt und Subjektivierung   39
            2.2.2.1 Subalternität   42
    2.3 Das ästhetische Regime   46
    2.4 Überleitung   52

3. Methodik   55
    3.1 Grundzüge und Möglichkeiten einer Archäologie der Sinne   56
        3.1.1 Die Sinne in welchem Sinne? Beschreibung der Sinne und ihrer bisherigen Erforschung   58
        3.1.2 Bisherige Arbeiten einer Archäologie der Sinne für Assyrien und Urartu   63
    3.2 Zusammenführung: Thirdspace, Subalternität und Wahrnehmung   66
        3.2.1 Methodisches Vorgehen in dieser Arbeit   68
    3.3 Fazit und Überleitung   79

4. Analyse: Biainili-Urartu — 83

- 4.1 Einführung: Biainili-Urartu — 83
  - 4.1.1 Kurzer historischer Überblick — 83
    - 4.1.1.1 Das Ende Urartus — 86
  - 4.1.2 (Anstelle einer) Forschungsgeschichte — 86
  - 4.1.3 Zur Landschaft und Architektur Urartus — 91
    - 4.1.3.1 Festungsanlagen — 92
    - 4.1.3.2 Paläste & Residenzgebäude — 97
    - 4.1.3.3 Tempel & religiöse Bauwerke — 98
    - 4.1.3.4 Wohnhäuser und (Unter)Städte — 100
    - 4.1.3.5 Wasserbauten, Gärten, Landwirtschaft — 103
    - 4.1.3.6 Felsenkammern und Gräber — 104
    - 4.1.3.7 Straßen — 105
    - 4.1.3.8 Möbel und Dekor — 106
- 4.2 Urartu: Analyse von Ayanis und Bastam — 107
  - 4.2.1 Rusahinili Eiduru-kai (heutiges Ayanis) — 107
    - 4.2.1.1 Landschaft und Unterstadt — 108
    - 4.2.1.2 Befestigungsmauern und Tor der Festung — 115
    - 4.2.1.3 Baukomplexe der Festung und deren spezifische Charakteristika — 121
  - 4.2.2 Rusai-URU.TUR (heutiges Bastam) — 144
    - 4.2.2.1 Landschaft und Unterstadt — 146
    - 4.2.2.2 Befestigungsmauern und Tore der Festung — 154
    - 4.2.2.3 Festungsstrukturen und deren spezifische Charakteristika — 156
- 4.3 Synthese: Dimensionen eines urartäischen Raumhabitus — 164

5. Analyse: Assyrien — 171

- 5.1 Einführung: Assyrien — 171
  - 5.1.1 (Konventioneller) Historischer Überblick — 171
    - 5.1.1.1 Anfänge — 171
    - 5.1.1.2 Veränderungen ab Tiglatpilesar III und Deportationspolitik — 174
    - 5.1.1.3 Das „Land Assur" und die assyrische Gesellschaft — 179
    - 5.1.1.4 Territorial- oder Netzwerkreich? Organisation des Imperiums — 180
    - 5.1.1.5 Das Ende Assyriens — 182
  - 5.1.2 Landschaft und Architektur Assyriens — 183
    - 5.1.2.1 Paläste — 184
    - 5.1.2.2 Tempel und Zikkurat — 190
    - 5.1.2.3 Reliefs — 192
    - 5.1.2.4 Wohnhäuser und (Unter)Städte — 193
    - 5.1.2.5 Wasserbauten und Gärten — 195
    - 5.1.2.6 Begräbnisse — 197
    - 5.1.2.7 Straßen — 197

5.2 Assyrien: Analyse von Dur Šarukkin und Tušhan	198
5.2.1 Dur Šarukkin (heutiges Khorsabad)	199
5.2.1.1 Landschaft, Unterstadt und Palast F („Militärpalast")	201
5.2.1.2 Die Zitadelle	208
5.2.1.3 Spezifische Baukomplexe der Zitadelle und deren Charakteristika	211
5.2.2 Tušhan (heutiges Ziyaret Tepe)	227
5.2.2.1 Landschaft und Unterstadt	230
5.2.2.2 Die Zitadelle	248
5.3 Synthese: Dimensionen eines assyrischen Raumhabitus	260
6. Gegenüberstellung	**269**
6.1 Gegenüberstellung Urartus und Assyriens	269
6.2 Thirdspace in den ästhetischen Regimen	269
6.2.1 Zeitliches Regime	272
6.2.1.1 Raumrhythmisierung und Warten	273
6.2.1.2 Liminalität und Tastsinn	275
6.2.2 Repräsentatives Regime	277
6.2.2.1 (Sicht-) Distanzen	277
6.2.2.2 Standardisierung und Homogenität	279
6.2.3 Körperlich-emotionales Regime	281
6.2.3.1 Olfaktorik, Gustatorik, Akustik	282
6.2.3.2 Hörbarkeiten und Taktilität	284
6.2.4 Sichtbarkeitsregime	287
6.2.4.1 Vertikalität – Horizontalität	288
6.2.4.2 Übernatürliches	291
6.3 Fazit	294
7. Schlussbetrachtungen	**295**
7.1 Zusammenfassung und Fazit	295
7.2 Ausblick	297
Literatur	**299**

Meiner Turnkameradin und Kindheitsfreundin
Lene-Marie Fischer (1990–2017). Du fehlst.

Danksagung

In der Entstehungszeit dieses Buches – der überarbeiteten Version meiner Dissertation an der Freien Universität Berlin – haben mich viele Menschen und Institutionen begleitet. Ohne die vielseitige Unterstützung hätte ich diese Arbeit nicht schreiben können. Ihnen allen gilt mein Dank.

An erster Stelle möchte ich Prof. Dr. Reinhard Bernbeck und Prof. Dr. Susan Pollock von Herzen danken. Eure Geduld, Menschlichkeit und Scharfsinnigkeit nicht nur als BetreuerInnen meiner Doktorarbeit, sondern auch als MentorInnen während meines Studiums waren ein Geschenk und haben mich nachhaltig geformt und positiv beeinflusst.

Ich danke dem Exzellenzcluster Topoi für die Unterstützung durch ein dreijähriges Promotionsstipendium und die lebendige Forschungsumgebung mit Konferenzen, Workshops und Diskussionen. Besonders sei hier die Forschungsgruppe B-4 „Space – Identity – Locality. The Construction of Knowledge Related Identity Spaces" genannt, der ich angehörte. Der Berlin Graduate School of Ancient Studies (BerGSAS) und meinen KommilitonInnen des Promotionsstudiengangs „Landscape Archaeology and Architecture" (LAA) danke ich für die gute Zusammenarbeit und den stets freundlichen Austausch.

Die BerGSAS und TOPOI ermöglichten es mir auch im Zuge ihres Austauschprogramms im Frühjahr 2018 ein Semester am Department of Anthropology der Harvard University (USA) als *visiting fellow* zu verbringen. Dies war eine unvergessliche Erfahrung, die mich sowohl intellektuell anregte, als auch etliche tolle Menschen kennenlernen ließ – Dankeschön an alle Mitglieder der freitäglichen *wine hour*, die mich herzlich in ihrer Runde aufgenommen und meine Zeit dort so schön gemacht haben (besonders Eric Johnson, Matthew Magnani, Hilo Sugita und Mehrnoush Soroush). Mein Dank gilt in diesem Zusammenhang auch Prof. Jason Ur für die freundliche Aufnahme und Unterstützung, ebenso wie Prof. Matthew Liebmann, Prof. Peter Der Manuelian und Prof. Irene Winter.

Ebenfalls eine besonders produktive und wissenschaftlich sowie menschlich fruchtbare Zeit hatte ich als *junior fellow* am Research Center for Anatolian Civilizations (RCAC/ANAMED) der Koç University in Istanbul. Die neunmonatige Förderung unter der Leitung von Prof. Chris Roosevelt bereicherte meine Arbeit ungemein und brachte mir wunderbare neue Freundschaften. Den *fellows* (insb. Zeynep Aydoğan, Rula Baysan, Julien Boucly, Susanna Cereda, Ayşe Ercan, Müge Ergun, Deniz Georgousakis, Matthew Ghazarian, Gülşah Günata, Aslıhan Gürbüzel, Hugh Jeffery, Ilgın Külekçi, Choon Hwee Koh, Hannah Lau, Sergios Menelaou, Gary Nobles, Müge Özbek, Nebojša Stanković,

Patrick Willett) des Jahrgangs 2018–2019 gilt mein ganz besonderer Dank, ebenso wie NIT Mitarbeiterin Dr. Ülker Sözen.

Dank auch an Prof. Mehmet Işıklı der Universität Erzurum und Leiter der Grabung in Ayanis, der mich zusammen mit seinem Team gastfreundlich im Sommer 2019 zur Besichtigung des einstigen Rusahinili Eiduru-kai eingeladen und beherbergt hat. Prof. Dr. Karen Radner der LMU München und Prof. Dr. Janoscha Kreppner der Universität Münster gaben mir im Sommer 2016 die Möglichkeit, beim „Peshdar Plain Project" im Nordirak mitzuwirken und so Überreste eines neuassyrischen Ortes auszugraben. Dafür möchte ich mich bei ihnen und dem Rest des Teams herzlich bedanken.

Die FAZIT-Stiftung der Frankfurter Allgemeinen Zeitung gewährte mir großzügig ein Stipendium für die letzten fünf Monate, die ich an meiner Dissertation arbeitete. Diese freundliche Förderung erleichterte die Fertigstellung meiner Arbeit wesentlich. Den letzten Schritt – von der Dissertation zum Buch – ermöglichten mir die Druckkostenzuschüsse von der Ernst-Reuter-Gesellschaft e.V., der BerGSAS und der Studienstiftung des deutschen Volkes/Dr. Papenhoff-Meyenburg-Stiftung, wofür ich mich aufrichtig bedanken möchte.

Auszüge anonymer Gutachten, die ich im Zuge meiner Bewerbung um das Reisestipendium des DAI erhalten habe, gaben mir wertvolle Hinweise, für die ich mich bedanken möchte.

Auch meinen KommilitonInnen im Colloquium des Instituts für Vorderasiatische Archäologie der FU Berlin möchte ich für ihre hilfreichen Kommentare und Ideen danken: Arnica Keßeler, Kathrin Schmidt, Maria Bianca D'Anna, Birgül Öğüt, Ilia Heit, Stefan Schreiber, Georg Cyrus, Julia Schönicke, Hanna Erftenbeck, Moslem Mishmastnehi, Barbara Huber. Dank auch meinen geduldigen MitbewohnerInnen und KorrekturleserInnen Till Kappus und Nolwen Rol. Dankeschön an Dr. Néhèmie Strupler, Dr. Jana Eger, Axel-Wolfgang Kahl und Dr. Ricarda Braun für Freundschaft und wissenschaftlichen Rat, ebenso wie Paula Perthen, Annika Linke und Wolfgang Geyer für ihren unermüdlichen Glauben an mich und das richtige Maß an gebotener Ablenkung. Ein großes *teşekkür ederim* gilt zudem meiner guten Freundin und Postdoc-Kollegin Dr. Özge Sezer.

Zuletzt möchte ich mich dem kleinen feinen Kollektiv, das den Felsen in meiner Brandung bildet, zuwenden: meinen Neffen Enno und Michel, meiner Schwester Franziska, meinem Vater Albert und ganz innig meiner Mutter Brigitte, die gemeinsam in Höhen und Tiefen für mich da waren und mich stets bedingungslos unterstütz/t/en. Danke, ohne euch hätte ich das nicht geschafft.

Buenos Aires, März 2022

Abbildungsverzeichnis

Abbildung 1.1.	Umzeichnung von auf einem der Bronzereliefs der assyrischen „Balawat-Tore" dargestellten urartäischen Kriegsgefangenen (erkennbar an den Helmen; Schachner 2007, Abb. 136, Ib.38–45, Zeichnung von Cornelie Wolff). Deportierte Frauen, Kinder und Männer wurden in Assyrien oft nackt dargestellt. In der hier gezeigten Darstellung tragen die Männer „typisch urartäische" Helme, um ihre Herkunft sichtbar zu machen (vgl. Schachner 2007)	20
Abbildung 2.1.	Modi in der Produktion von Raum nach Lefebvre	30
Abbildung 2.2.	Die elementaren Strukturen von *agency* im Verhältnis von Körper und Welt (nach Csordas 2015, Abb. 1)	41
Abbildung 3.1.	Detail der Zitadelle in Khorsabad mit Sichtbereichanalyse (a = 60°; b = 90° und c = längste axiale Linie; McMahon 2013, Abb. 4)	64
Abbildung 3.2.	„Gartenszene" des Assurbanipal, Raum S1 des Nord-Palastes in Ninive (um 645 v.u.Z.; © The Trustees of the British Museum)	65
Abbildung 3.3.	Ausschnitt der Darstellung auf einem urartäischen Helm aus Karmir Blur; laut Inschrift ein Geschenk König Argištis (I) an den Gott Haldi (ca. 786–764 v.u.Z.; heute im History Museum of Armenia, Yerevan; Foto von Evgeny Genkin, CC BY-SA, Reprinted from Wikimedia Commons)	72
Abbildung 3.4.	Teilvergoldeter Metalleimer aus Urartu (Museum zu Allerheiligen Schaffhausen, Sammlung Ebnöther, Inventarnr. Eb33283.01; Provenienz unbekannt)	73
Abbildung 3.5.	Bronze- und Eisenglöckchen aus Urartu (8,7 × 5,6 × 5,6 cm) mit Inschrift: „Aus dem Arsenal von König Argišti" (ca. 789–766 v.u.Z.; The Metropolitan Museum of Art, New York, Accession Number: 1977.186, Provenienz unbekannt)	75
Abbildung 3.7.	Der Sonnenstand (a) wird angegeben durch den Winkel, in dem die Sonnenstrahlen vertikal auf die Oberfläche treffen. Der Sonnenazimut (b) beschreibt die Position der Sonne relativ zu Norden und damit die Richtung aus welcher die Sonnenstrahlen in horizontaler Ebene kommen (nach Shepperson 2017, Abb. 2.1 und 2.2)	78
Abbildung 3.6.	Grundlagen zur Berechnung des Schattenwurfs von Gebäuden: (a) Grundlegende Geometrie; (b) Analog mit Gebäude; (c) Schattenwurf von „X" in grau (nach Shepperson 2017, Abb. 2.3–5)	78
Abbildung 3.8.	Wichtige urartäische und assyrische Orte in Nordmesopotamien (Grundkarte: https://www.openstreetmap.org/copyright)	81
Abbildung 4.1.	Festungsdarstellungen auf urartäischen Bronzegürteln (Seidl 2004, Detail aus Abb. 104)	88
Abbildung 4.2.	Beispiel einer kleineren „Fluchtburg": Qale Siah, Iran (Kleiss 1973, Abb. 3)	91

Abbildung 4.3.	Vergleich der Maße des urartäischen Turmtempels mit Tabelle 4.2 (nach Tanyeri-Erdemir 2007, Tab. 2)	93
Abbildung 4.4.	Foto der südlichen Burgmauer von Ayanis (Foto: V. Egbers)	94
Abbildung 4.5.	Bronzemodell einer urartäischen Festung aus Toprakkale (© The Trustees of the British Museum)	95
Abbildung 4.6.	Umzeichnung eines urartäischen Bronzegürtelfragments mit Festungsdarstellung. Es werden sowohl runde als auch eckige Türrahmen dargestellt (Seidl 2004, Abb. 104, sm-36; Provenienz unbekannt)	96
Abbildung 4.7.	(a) Rekonstruktion des Tempels in Çavuştepe nach der Darstellung auf dem Musasir Relief (oben) und nach dem Grundplan (unten) (Köroğlu 2011: Abb. 12 a und b, angefertigt von Serap Kuşu)	99
Abbildung 4.8.	Rekonstruktion und Pläne urartäischer Turmtempel (Kleiss, 1976: Abb. 27; verwendet mit Genehmigung)	99
Abbildung 4.9.	Urartäische Hausarchitektur aus Ayanis, Argištihinili, Bastam und Karmir Blur (nach Stone 2012, Abb. 06.01)	101
Abbildung 4.10.	Grundplan eines Hauses in Yoncatepe (Level II, nach Köroğlu 2009, Abb. 2)	101
Abbildung 4.11.	Foto einer sog. rotpolierten Torpakkale-Keramik aus Erebuni/Arin Berd (Foto von Evgeny Genkin; Erebuni Museum, Yerevan, CC BY-SA, Reprinted from Wikimedia Commons)	102
Abbildung 4.13.	Zusammengefügtes Foto des Inneren eines urartäischen Grabes mit mehreren Kammern in Palu (Grabkammer Palu II, vgl. Köroğlu 2011, Abb. 17; Foto: V. Egbers)	104
Abbildung 4.12.	Zeichnung der Felsgrabkammer in Altintepe (Kleiss 1976, Abb. 33)	104
Abbildung 4.14.	Ausschnitt der Umzeichnungen von urartäischen Bronzegürteln (zw. 6–8 cm breit; Zg. Arch. Staatsslg. München; Seidl 2004, Abb. 102, unterer Teil)	106
Abbildung 4.15.	Foto des Burgberges in Ayanis von Nordost (Güney Tepe) und Umgebung (der Süphan Berg verschwindet im Dunst; Foto: V. Egbers)	108
Abbildung 4.16.	Blick von der Zitadelle in Ayanis über den Van-See auf den Süphan Dağı (urart. Eiduru; Foto: V. Egbers)	109
Abbildung 4.17.	Gebäude 1, 3 und 15 vom Güney Tepe, Ayanis (nach Stone 2012, 95, Abb. 06.06)	111
Abbildung 4.18.	Blick vom Güney Tepe auf den Festungsbereich (Foto: V. Egbers)	113
Abbildung 4.19.	Übersicht über die Zitadelle von Ayanis (von V. Egbers nach Plänen aus verschiedenen Grabungspublikationen, insb. in Çilingiroğlu – Salvini 2001)	115
Abbildung 4.20.	Foto des Tors zur Festung von Ayanis (Foto: V. Egbers)	118
Abbildung 4.21.	Plan des Festungstors in Ayanis (Çilingiroğlu – Salvini 2001, Abb. 14)	119
Abbildung 4.22.	Rekonstruktion des Ostsektors in Ayanis (Baştürk 2012, Abb. 32)	122
Abbildung 4.23.	Die Wandbemalung der Pfeilerhalle im östlichen Bereich der Festung: (a) Fragmente der Wandbemalung, (b) Rekonstruktion des Inneren (Baştürk 2012, Abb. 18)	122
Abbildung 4.24.	Vorhalle mit Podest: Überreste der blauen Wandfarbe (Nordwestecke; Foto: V. Egbers)	124
Abbildung 4.25.	Alabasterplatten neben dem Podest der Vorhalle (Foto: V. Egbers)	124
Abbildung 4.26.	Blick von Süd-West auf den Vorbereich des *susi*-Tempels sowie das moderne Schutzdach des Tempels (Foto: V. Egbers)	128
Abbildung 4.27.	Blick vom Eingang des *susi*-Tempels auf den Tempelvorhof (Foto: V. Egbers)	128
Abbildung 4.28.	Tempelareal des Turmtempels in Ayanis (nach Çilingiroğlu – Salvini 2001, Abb. 26, mit Ergänzung aus Işıklı 2017, Abb. 6-7)	129

Abbildung 4.29.	Rekonstruktion der Grundmauern des Turmtempels in Ayanis von A. Batmaz (dritter Eingang und Beschriftung von Autorin eingefügt)	131
Abbildung 4.30.	Rekonstruktion der Portikus vor dem Turmtempel in Ayanis (Tanyeri-Erdemir, 2007, Abb. 1)	131
Abbildung 4.31.	Umzeichnung des Gottes Haldi vom Kultschild aus Yukarı Anzaf (nach Belli 1999, Abb. 18)	132
Abbildung 4.32.	Foto aus der Cella hinaus, mit Intaglio-Dekor und Inschrift (Foto: V. Egbers)	133
Abbildung 4.33.	Detailfoto der Intaglio-Technik Wanddekoration im Inneren der Cella (Foto: V. Egbers)	134
Abbildung 4.34.	Foto und Umzeichnung der Einritzung auf dem Alabasterpodest (Foto: V. Egbers, nach Çilingiroğlu – Salvini 2001, Abb. 27)	134
Abbildung 4.35.	Zweidimensionale Sichtfeldanalyse von den drei Eingängen zum Tempelareal (Blickfeld vom Westeingang nach Ost nicht durchgezogen, da von diesem Teil nur der die Kellerräume erhalten waren und dies der Blick ins Dunkle/Überdachte gewesen wäre): (a) 60° Isovist, (b) 90° Isovist	136
Abbildung 4.36.	Schematische Seitenansicht von dem Verhältnis Pfeiler – Turmtempel	138
Abbildung 4.37.	Räume des vermutlichen Wohnkomplexes westlich angrenzend an das Tempelareal sowie die südlich angrenzenden Räume 10 und 11 (Area XI ; Batmaz 2013, Abb. 5)	140
Abbildung 4.38.	Schematisierter Plan der Area XI mit Raumbreiten (Batmaz 2013, Abb. 30)	140
Abbildung 4.39.	Tropfenförmige Steine aus einer Ecke von Raum 10 („Ceremonial Isle") von Ayanis, möglicherweise ehemals Teil eines „Heiligen Baums" (Batmaz 2013, Abb. 10)?	142
Abbildung 4.40.	Rekonstruktion von heiligem Baum und Tisch in Raum 10 („Ceremonial Isle"; Batmaz 2013, Abb. 28)	142
Abbildung 4.41.	Umzeichnung von Raum 2 der West Storage Area (Çilingiroğlu – Salvini 2001, Abb. 4)	144
Abbildung 4.42.	Plan der urartäischen Festung Bastam (Zustand 7. Jh. v.u.Z.; Kroll 2010, abgerufen am 23.11.2017)	145
Abbildung 4.43.	Schematische Übersicht der Burg Bastams (Kleiss 1996, Abb. 1)	146
Abbildung 4.44.	Lageskizze von Bastam und Umgebung (Kleiss 1977, Abb. 3)	147
Abbildung 4.45.	Umzeichnung der auf dem Bronzerelief eines der assyrischen Balawat-Tore dargestellten urartäischen Kriegsgefangenen (Schachner 2007, Ausschnitt Taf. 2, oberer Teil, Zeichnung von Cornelie Wolff)	148
Abbildung 4.46.	Plan dreischiffiger sog. Hallenbauten aus Armavir (links) und Bastam (rechts; Kleiss 1976, Abb. 20)	149
Abbildung 4.47.	Plan der Unterstadt von Bastam (Kleiss 1977, Abb. 30)	150
Abbildung 4.48.	Sog. Nordgebäude von Bastam (Kleiss, 1979a, Abb. 17)	151
Abbildung 4.49.	Häuser 1–4 im Schnitt S2, Unterstadt Bastam (Kroll, 1988b, Abb. 2)	152
Abbildung 4.50.	Plan der Unterburg von Bastam (Kleiss 1988a, Abb. 41)	154
Abbildung 4.51.	Rekonstruktion zweier Bauphasen des Südtors von Bastam mit Blick von Süden (A = früher, B = später; Kleiss 1996, Abb. 2 A/B)	155
Abbildung 4.52.	Unterburg von Bastam (Südspitze des Burgberges von Norden gesehen); der VW Bus steht im Südtor (Kroll 2010, abgerufen am 28.11.2017)	156
Abbildung 4.53.	Öllampe aus Keramik von der Burg (OB oder UB8: Kleiss 1979, Taf. 61,Nr. 3; Farbbilder von Kroll 2010; abgerufen am 23.11.2017)	157
Abbildung 4.54.	Dekorationselemente aus geschnitzten Knochen aus UB8, Raum 9 (Komposition rekonstruiert von Kleiss 1979, Taf. 49, Nr. 2, Farbbild von Kroll 2010; beachte die starke Ähnlichkeit zur Dekoration in Ayanis, z. B. Abb. 4.39)	157

Abbildung 4.55.	Bastam, Plan der MB (nach Kleiss 1988b, 55, Abb. 52; am 23.11.2017 heruntergeladen von Kroll 2010)	159
Abbildung 4.56.	Bastam Mittelburg, Detail der östlichen Burgmauer (Kleiss 1988b, Taf. 10.2)	160
Abbildung 4.57.	Rekonstruktion des „Pithosraums" MB 1,1 (Kleiss 1979, Abb. 87)	161
Abbildung 4.58.	Die Oberburg von Bastam (Kroll 2010, abgerufen am 29.11.2017)	162
Abbildung 4.59.	Rekonstruktion Bastams (Burg und Siedlung von Wolfram Kleiss 1979a, Abb. 116)	163
Abbildung 4.60.	Ausschnitt eines Bildes auf einem schmalen Bronzegürtels aus Urartu (sm-35; Zg. Arch. Staatsslg. München; Seidl 2004, 139, Abb. 98; Provenienz unbekannt)	169
Abbildung 5.1.	Das Neuassyrische Reich und urartäische Fundorte (Grundkarte: https://www.openstreetmap.org/copyright)	173
Abbildung 5.2.	Darstellung einer Familie auf einem Ochsenkarren, die eine eroberte babylonische Stadt verlässt. Ausschnitt von der Wanddekoration des Zentralpalastes von Tiglatpilesar III in Kalhu (heute Nimrud), der später in Esarhaddons Südwestpalast wiederverwendet wurde (© The Trustees of the British Museum)	177
Abbildung 5.3.	Plan der Residenz K in Khorsabad (Reade 2011, Abb. 7; nach Loud – Altman 1938, Taf. 71)	188
Abbildung 5.4.	Von Peter Miglus erstellte Modelle zum neuassyrischen „Hofhaus" (nachgezeichnet nach Miglus 1999, Abb. 373)	193
Abbildung 5.5.	Darstellung einer künstlich bewässerten Gartenanlage mit Aquädukt vermutlich in oder bei Ninive (Relief aus dem Nordpalast, Dalley 1994, Abb. 1; BM 124939)	196
Abbildung 5.6.	Grundplan der Hauptzitadelle von Victor Place (1867, Taf. 3)	202
Abbildung 5.7.	Plan Dur Šarukkins (Kertai 2015a, Taf. 10A)	203
Abbildung 5.8.	Zeichnung des Stadttores 7 (Loud u.a. 1936, Abb. 4)	205
Abbildung 5.9.	Foto des Stadttores 3 und einiger Mitarbeiter (?) während der Ausgrabungen von Victor Place 1852 (Foto von Gabriel Tranchard im Auftrag des Ministère de la Culture, CC-BY-SA 3.0 FR, http://archeologie.culture.fr/khorsabad/fr/campagnes-victor-place; abgerufen 5.11.2018)	206
Abbildung 5.10.	Rekonstruktion der Zitadelle in Khorsabad von dem amerikanischen Grabungsarchitekten Charles B. Altman (in Loud – Altman 1938, Taf. 1)	209
Abbildung 5.11.	Grundplan des Palastes in Khorsabad (von V. Egbers, Grundplan nach Kertai 2015a)	211
Abbildung 5.12.	Eingangshof XV des Palastes in Khorsabad	212
Abbildung 5.13.	Eingangshof XV: Weiterführende Eingänge sichtbar vom Haupteingang 98 (rot = Eingang zu Räumen; blau = Durchgänge in andere Bereiche)	214
Abbildung 5.14.	„Dienstleistungsbereich" des Palastes in Khorsabad	216
Abbildung 5.15.	Übersichtsplan über den Thronsaal VII und den vorliegenden Hof VIII	217
Abbildung 5.16.	Umzeichnung eines Abschnittes der Reliefs im Thronsaalvorhof VIII (NW-Seite), dargestellt wird der Transport von Bauholz (aus Reade 1980, Taf. 5, ursprünglich von Botta – Flandin 1849–1850, Band 1, Taf. 33)	218
Abbildung 5.17.	Stilisierte Darstellung des Nabu-Tempel-Tunnels (a), Korridor 10 (b) und des Thronsaals (c) als Grundlage zur Berechnung der Klangabsorption von Augusta McMahon, (2016a, umgezeichnet nach Abb. 13.2)	220
Abbildung 5.18.	Grundplan des Thronsaals VII. Die Zahlen indizieren die Fundstellen von Wandbemalungsfragmenten (Loud u.a. 1936, Abb. 82)	221
Abbildung 5.19.	Die Rekonstruktion zeigt den Blick von Westen her in den Thronsaal des Nordwestpalastes in Nimrud, wie er im 9. Jh. v. u. Z. ausgesehen haben könnte (extracted from the virtual reality 3D model built by Learning Sites; © 2011 Learning Sites, Inc; used with permission)	221

Abbildung 5.20.	Detail eines Reliefs mit der Darstellung der sog. Lebensbaumszene im Nordwestpalast Kalhus von Assurnasirpal II (ca. 883–859; Platte B23; © The Trustees of the British Museum)	223
Abbildung 5.21.	Plan des Residenz- und Repräsentationsbereichs in Khorsabad	225
Abbildung 5.22.	Lage Ziyaret Tepes, heutige Türkei (Greenfield u.a. 2013, Abb. 1)	227
Abbildung 5.23.	Foto des Ziyaret Tepes von Süd-West. Im Hintergrund die Zitadelle, vorne die ehem. Unterstadt (Foto: V. Egbers, 2019)	230
Abbildung 5.24.	Topographischer Plan Ziyaret Tepes und die „Operationen" der Grabungen von 1997–2014 (Matney u.a. 2015, Abb. 2)	231
Abbildung 5.25.	Plan der Stadt Tušhan (Greenfield und Rosenzweig 2014, Abb. 3b)	231
Abbildung 5.26.	Südliches Stadttor (Khabur Gate, Op. Q): Zeichnung der Straße und inneren Torkammer, mit den drei post-assyrischen Gräbern. Der östliche Türangelstein wurde in Phase I, der westliche in Phase III verwendet. Die eingezeichneten Kalksteinplatten zählen ebenfalls zu Phase III (Matney 2009, Abb. 22)	232
Abbildung 5.27.	Südliches Stadttor (Khabur Gate, Op. Q): Die vier identifizierbaren Phasen (I = die älteste; nach Matney 2011, Abb. 14)	232
Abbildung 5.28.	Foto des Khabur Gates, auf dem die unterschiedlichen Phasen sichtbar werden (z.B. die großen Kalksteinplatten von Ph. III; Matney u.a. 2017, 121)	233
Abbildung 5.29.	(gegenüberliegende Seite). Rekonstruktion des Khabur Gates von Mary Shepperson: Blick von außen auf das Tor (in Matney u.a. 2017, 118)	234
Abbildung 5.30.	(gegenüberliegende Seite). Rekonstruktion des Khabur Gates von Mary Shepperson: Blick in die östliche Torkammer, Phase 3 (Hinweise auf Wandbemalung gab es nicht; „Hand der Ishtar" wurde in dieser Rekonstruktion nicht eingebracht; in Matney u.a. 2017, 121)	234
Abbildung 5.31.	Eine Kurve in der Stadtmauer (Level Y2; Nord = innen; Matney u.a. 2015, Abb. 19)	236
Abbildung 5.32.	Plan der ausgegrabenen neuassyrischen Strukturen in der Unterstadt Operation K (Matney u.a. 2015, Abb. 6)	238
Abbildung 5.33.	Plan der ausgegrabenen neuassyrischen Strukturen in der Unterstadt Operation M (Matney u.a. 2015, Abb. 9)	239
Abbildung 5.34.	Grundplan des Bereiches „Op. U" in der Unterstadt (Matney u.a. 2015, Abb. 14)	241
Abbildung 5.35.	Schematischer Plan der Gebäude 1 und 2 in Op. GR, W in Ziyaret Tepe (nach Matney u.a. 2009, Abb. 20; Matney u.a. 2015, 17; s.a. Residenz K in Khorsabad, Abb. 5.3)	242
Abbildung 5.36.	Fotos der Steinmosaike in Op. GR (Matney u.a. 2017, 146–147)	243
Abbildung 5.37.	Detailfoto des Steinmosaiks in Op. GR Hof 2 (Matney u.a. 2017, 146–147)	243
Abbildung 5.38.	Detail des Mosaiks in Hof 11 mit vier gebrannten Lehmziegeln (https://blogs.uakron.edu/ziyaret/2012/08/04/an-old-question/; abgerufen am 9. Jan. 2019)	244
Abbildung 5.39.	Foto des Badezimmers 27 in Gebäude 2, Op. GR (Matney u.a. 2009, Abb. 21)	245
Abbildung 5.40.	Plan der Operation G/R mit den Resten des früheren Gebäudes 3 und einem potentiellen Eingang zu 2 im Westen (nach Matney u.a. 2008, Abb. 7)	246
Abbildung 5.41.	Rekonstruktionszeichnung von Hof 2 in Gebäude 1 (Blick von Süd-West), allerdings hier mit dem Mosaik im „Andreaskreuz"-Muster, anstelle des eigentlich in Hof 2 gefundenen Schachbrettmusters (von Mary Shepperson in Matney – Donkin 2006, 20)	247
Abbildung 5.42.	Umzeichnung des neuassyrischen Spiels eingraviert auf einem Lehmziegel (Matney u.a. 2009, Abb. 18)	249
Abbildung 5.43.	Grundplan von Phase II des Bronze Palace in Op. AN/W, Grabungsstand 2014 (Matney u.a. 2015, Abb. 4)	250

Abbildung 5.44.	Rekonstruktion der Palastphase II von Dirk Wicke (in Matney 2014, Abb. 3)	251
Abbildung 5.45.	Überlappung der Rekonstruktionen des Bronze Palace in Op. AN/W Phase II von Plan in Abb. 5.43 (in rot) auf die Rekonstruktion 5.44 (beachte die unterschiedliche Türsetzung zwischen Räumen 7a,b und 6)	251
Abbildung 5.46.	Ziyaret Tepe, der sog. Bronze Palace	252
Abbildung 5.47.	Wandbemalungsfragmente aus Hof 5 des Bronze Palace (Oben: Umzeichnung Locus N-247, Mitte: Foto von Locus N-266 während der Grabung, Unten: Umzeichnung Locus N-266; in Matney u.a. 2009, Abb. 5)	253
Abbildung 5.48.	Foto eines Rehs aus Elfenbein, vermutlich ehemals Teil eines Holzmöbels (Matney 2017 u.a., 177)	254
Abbildung 5.49.	Vergleich der Thronsäle in assyrischen Palästen (nach Kertai 2019, Abb. 1, Ziyaret Tepe eingefügt von Autorin)	255
Abbildung 5.50.	Foto der Herdschienen im Bronze Palace, Raum 7b (Matney 2010, Abb. 5)	256
Abbildung 5.51.	Foto eines Fragments der Wandbemalung aus dem Thronsaal während der Konservierungsarbeiten (Matney u.a. 2017, 98)	257
Abbildung 5.52.	Detailfoto eines Freskos (N-349) aus Raum 7b im Bronze Palace (Matney u.a. 2011b, Abb. 4)	257
Abbildung 5.53.	Umzeichnung einiger apotropäische Figuren aus dem Südwestpalast in Ninive (Kertai 2015b, Ausschnitt aus Abb. 1)	263
Abbildung 6.1.	Maßstabsgetreue Gegenüberstellung der Zitadellen bzw. Paläste von Ayanis, Bastam, Khorsabad und Ziyaret Tepe	270
Abbildung 6.2.	Umzeichnung der auf dem Bronzerelief eines der Balawat-Tore dargestellten urartäischen Szenen (Band II; Schachner 2007, Taf. 2, unterer Teil, Zeichnung von Cornelie Wolff; vgl. Gunter 1982, Pl. Ic)	290
Abbildung 6.3.	Teil der Umzeichnung des früh-urartäischen bronzenen Anzaf Schilds; mittig mit erhobenem Speer befindet sich Haldi, der die hinter ihm positionierten Gottheiten ins Feld gegen die vor ihm liegenden assyrischen Feinde führt (Belli 1999, Abb. 17; während dieses Werk noch recht szenisch ist, entfällt eine solche Darstellungsweise zu späterer Zeit in Urartu)	292

Tabellenverzeichnis

Tabelle 3.1.	Schema des methodischen Prozesses dieser Arbeit	80
Tabelle 4.1.	Verschiedene mögliche Königsabfolgen am Ende Urartus (zusammengeführt aus Linke 2015, 138 und Zimansky 2018, Tab. 2)	85
Tabelle 4.2.	Vergleich der Maße des urartäischen Turmtempels in Meter (mit Schaubild Abb. 4.3; nach Tanyeri-Erdemir 2007, Tab. 2)	93
Tabelle 4.3.	Berechnung Schattenlänge und -richtung des Turmtempels (Höhe mit 20,95 m) in Ayanis	139
Tabelle 4.4.	Höhendifferenzen im Fußbodenniveau der Lagerräume im Westen (BM = Batı Magazin/West Magazin)	144
Tabelle 4.5.	Aspekte eines urartäischen räumlichen Habitus	170
Tabelle 5.1.	Chronologie und Königsabfolge Assyrien und Urartu ca. 900–600 v.u.Z. (nach Liverani 2014, Tab. 28.1) und einiger assyrischer Königinnen (MÍ.É.GAL „principle wives", nach Macgregor 2012, 3)	172
Tabelle 5.2.	Ausgewählte Grabungsbereiche in Ziyaret Tepe mit assyrischen Spuren (vgl. Matney u.a. 2017, Appendix A)	229
Tabelle 5.3.	Kriterien von Raumhabitualisierungen in Assyrien	266
Tabelle 6.1.	Gemeinsamkeiten Assyriens und Urartus	271
Tabelle 6.2.	Gegenüberstellung raumhabitueller Aspekte in Urartu und Assyrien	271

Exkursverzeichnis

Exkurs 4.1.	Heiliger Baum	126

1

Einleitung

1.1 Einführung in das Thema

An der Basis meiner Forschung stehen zunächst zwei Säulen: Zum einen mein archäologisches Fallbeispiel, die Untersuchung der Beziehungen zwischen dem neuassyrischen Reich und Urartu in der Eisenzeit in Nord-Mesopotamien; und zum anderen mein Fokus auf theoretische Ansätze, durch die ich Phänomene der Identität, Subjektivierung und des gesellschaftlichen Raums erforsche. Mithilfe einer innovativen Methodologie, inspiriert durch Ansätze aus dem neuen Feld der Archäologie der Sinne, verknüpfe ich diese beiden Pfeiler.

Die politische Landschaft Westasiens in der ersten Hälfte des ersten Jahrtausends v.u.Z. wurde vor allem von einer Macht kontrolliert, dem sog. neuassyrischen Reich (Cancik-Kirschbaum 2003, 97,104; Nissen 1999, 25; Salvini 1995, 48; Zimansky 1985; Kap. 4). Dieses wird oft als eines der ersten Großreiche der Geschichte betitelt. Sein Zentrum lag im heutigen Nordirak, mit den ehemaligen Hauptstädten Nimrud, Khorsabad und Ninive am oberen Tigris liegend. Diese Namen sind vielen nicht nur durch Erzählungen aus der Bibel ein Begriff, sondern sie erlangten auch traurige Berühmtheit im Frühjahr 2015, als Schergen des „Islamischen Staates" viele der Stätten und Kulturgüter zerstörten – ein Wermutstropfen in Anbetracht der humanitären Katastrophe.

Im Norden Assyriens lag Biainili, in assyrischen Quellen Urartu genannt. Die Geschichte dieser beiden „Reiche" ist geprägt von andauernden kriegerischen Auseinandersetzungen (Köroğlu 2015). Urartu profitierte dabei stark von seiner geographischen Lage im Gebirge. Das Zentrum lag rund um den heutigen Van-See in der Südost-Türkei, mit der ehemaligen Hauptstadt Tušpa bei der heutigen Stadt Van.

In der Forschung wurde traditionell die Beziehung der beiden Rivalen aus Sicht Assyriens beschrieben. Das hat mehrere Gründe: So hinterließ das wesentlich größere und polito-kulturell einflussreichere Assyrien deutlich mehr materielle und schriftliche Quellen (Mayer 1983; Fuchs 2010). Auch finden schon seit dem 19. Jh. Ausgrabungen an den alten assyrischen Palästen und Tempeln statt (seltener an Unterstädten, Dörfern oder Wohnhäusern). Und nicht zuletzt verschwand das Wissen um die Existenz des Assyrischen Reiches nicht vollständig aus dem Bewusstsein der Menschen – im Gegensatz zu Urartu. Daher werden politische und kulturelle Struktur Urartus oft als „assyrisiert" definiert, seine Geschichte generell als ewiger Kampf mit der Macht im Süden beschrieben.

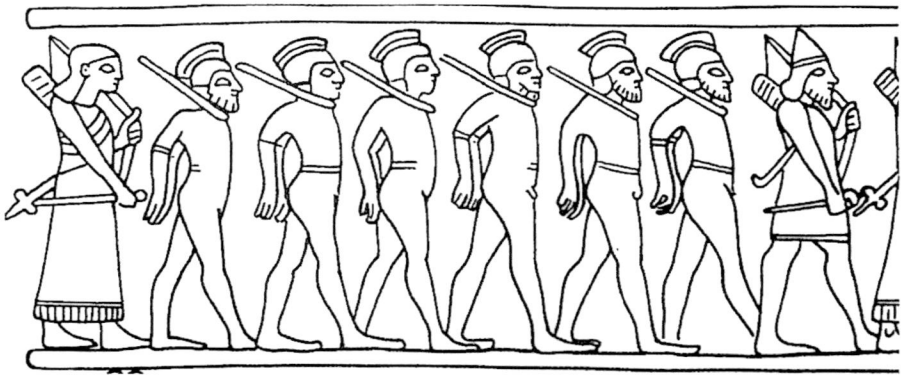

Abbildung 1.1. Umzeichnung von auf einem der Bronzereliefs der assyrischen „Balawat-Tore" dargestellten urartäischen Kriegsgefangenen (erkennbar an den Helmen; Schachner 2007, Abb. 136, Ib.38–45, Zeichnung von Cornelie Wolff). Deportierte Frauen, Kinder und Männer wurden in Assyrien oft nackt dargestellt. In der hier gezeigten Darstellung tragen die Männer „typisch urartäische" Helme, um ihre Herkunft sichtbar zu machen (vgl. Schachner 2007)

Außen vor blieb dabei lange, nach dem Leben und Einfluss der Menschen, die zu dieser Zeit in diesen politischen Strukturen lebten, zu fragen und forschen. Dies wird auch durch den archäologischen Fokus auf die urartäischen Burgen und assyrischen Paläste verstärkt, durch den die politische Führung und deren Handlungsmacht in den Mittelpunkt geraten.

Deswegen habe ich mich entschieden, mit der gegebenen Quellenlage sowohl nach Entstehung und Transformation kollektiver Identitäten zu forschen (einer urartäischen und assyrischen), als auch Subjektivierungsprozesse, die Wahrnehmung und das Handlungspotenzial von Marginalisierten in den Fokus zu nehmen. Letzteres fußt auf dem Wissen um etliche Kriegsgefangene sowie systematische Deportationen zwischen und in den jeweiligen sozio-politischen Einheiten. Kriegerische Expansion, Deportation, Zwangsumsiedlung und Zwangsarbeit waren gängige Mittel der politischen Agenda dieser Zeit (Abb. 1.1) (Zimansky 1985, 53–60; 1995; Parker 2003, 546; Matney u.a. 2010).

1.1.1 Theorie, Raum und kollektive Identitäten

Identität bedeutet gemeinhin sich mit etwas zu identifizieren. Kollektive Identität ist definierbar durch das gemeinsame Selbstverständnis einer Gruppe, in der bestimmte Eigenschaften als wesentlich und oft natürlich (wenngleich konstruiert) angesehen werden. Identität kann sich außerdem durch Abgrenzung entwickeln, aber auch eine erzwungene Zuschreibung sein.

Identitätspolitischen Konzepten wurde sich vermehrt aus dem Lager des Postkolonialismus genähert. Eine gute Zusammenfassung hierzu liefert Anne Porter, die am Beispiel der Uruk-Expansion auch auf die Probleme bezüglich der Anwendungsmöglichkeit in der archäologischen Forschung eingeht (A. Porter 2012, insb. 79-82). Eine der größten Schwierigkeiten für die Archäologie ergibt sich ihrer Meinung nach aus dem Verhältnis von materieller Kultur und Identität, da sich letztere nicht eins zu eins materialisiere. Porter (2012, 80) schreibt:

„...diverse socio-political identities may well be subsumed within an apparent material unity; rather than creating social unity, shared culture may itself constitute repression, while differentiation is resistance."

Identität oder Zugehörigkeitsgefühle können auch nur eine innere Einstellung sein, die keinen materiellen Niederschlag finden. Zwar sieht auch Porter das Potenzial, dass Identität im Angesicht von Konflikt mit anderen Gruppen mobilisiert werden kann, jedoch differenziert sie diesen Prozess, indem sie u.a. darunter auch das Bestärken lokaler, im Kern bereits vorhandener Identitäten fasst. In diesem Fall müsste das Entstehen oder Erstarken der kollektiven Identität als Mittel von Opposition bzw. Widerstand verstanden werden. Am entschiedensten ist in diesem Zusammenhang aber die Bemerkung, dass die Bestärkung oder Mobilisierung lokaler Identitäten im Angesicht einer (aggressiven) Expansion einer einzelnen Gruppe – wie die der AssyrerInnen – zwangsweise zu einer Veränderung beider aufeinandertreffender Parteien führt (A. Porter 2012, 82). Nach diesem Verständnis sind Identitäten selten starr und unveränderbar, sondern fließend und in ständigem Wandel begriffen.

Überträgt man die Grundzüge dieser Gedanken auf das Verhältnis von Urartu und Assyrien, das wohlgemerkt nicht das von Kolonisiertem und Kolonisierenden war, kann zunächst einmal festgehalten werden, dass allein innerhalb der jeweiligen Gebiete eine kontinuierliche Veränderung der Gruppenidentifikation stattgefunden haben muss, ausgelöst durch die Umsiedlungspolitik. Darüber hinaus hat die andauernde kriegerische Auseinandersetzung zwischen Assyrien und Urartu die jeweiligen Wertesysteme und Weltansichten stetig herausgefordert.

Wie oben beschrieben, ist der Umgang mit dem Thema Identität komplexer, als ein simplifizierendes Assyrisierungs-Modell für die Analyse und das Verstehen dieses spezifischen Kontaktes glauben macht. Es bedarf stattdessen einer detaillierten Untersuchung, mit expliziter theoretischer Grundlegung. Sie muss bei der Frage beginnen, wo gegenseitige Beeinflussung und daraus resultierende Veränderung stattfinden und wirken, sowie wie sie im spezifischen sozio-politischen Kontext ausgedrückt wurden.

Eine Basis zur Beantwortung dieser Frage bietet das Konzept des „Thirdspace" des marxistischen Kulturgeographen Henri Lefebvre (1991; 2000 [1974]) und des postmodernen Geographen Edward Soja (1996), das in Kapitel 2 ausführlich erläutert und an dieser Stelle nur angerissen wird. Vereinfacht ausgedrückt beschreibt Lefebvre die gesellschaftliche Produktion von Räumlichkeit und ihrer Bedeutung für die Gesellschaft. Er unterscheidet dabei drei verschiedene Modi der Produktion von Raum: perceived (materiell), conceived (mental/geplant) und lived (gelebt) space (H. Lefebvre 1991; 2000; J.-P. Lefebvre 2015), die von Soja später als First-, Second- und Thirdspace bezeichnet werden. Thirdspace wird hierbei zum Ort von Kampf, Emanzipation und Subalternität erklärt, wo Identitäten geformt und infrage gestellt werden.

Für die Thematik des Aufeinandertreffens von Urartu und Assyrien und der Wirkung auf ihre jeweiligen kollektiven Identitäten, eröffnen sich mit dieser theoretischen Grundlegung neue Perspektiven. Offizielle Repräsentationen von Landschaft und urbanem Raum, z.B. auf assyrischen Palastreliefs oder urartäischen Bronzegürteln, sind mehr als Bilder einer einseitig wahrgenommenen und imaginierten räumlichen Materialität. Sie beinhalten indirekt auch Spuren von lived bzw. Thirdspace, da es immer eine Simultanität mehrerer Raumkonzepte und -erfahrungen gibt (Egbers 2019b, 98). So sind auch Subalterne und Marginalisierte Teil des sozialen Raums, wo vor allem durch den Modus des Thirdspace Raumwissen kontinuierlich verändert und neue Realitäten geschaffen werden. Gerade das Abweichen der Randgruppen von der normativen Produktion von Raum führt eine Veränderung herbei, die unausweichlich Einfluss auf die kollektive Identität der Menschen im betreffenden Raum hat.

Hier liegt der Schlüssel zur Beantwortung meiner eingangs gestellten Frage nach dem „Wo" der Auswirkungen des urartäisch-assyrischen Kontaktes. Wie oben beschrieben, lebten aufgrund des konfliktreichen Verhältnisses sowohl in Assyrien urartäische Kriegsgefangene und Deportierte, wie auch in Urartu assyrische. Diese Menschen erlebten einen abrupten Wechsel ihres Status (Aldhouse-Green 2006, 298), waren aber trotz ihrer subalternen Position im feindlichen Land Teil des gelebten Raums. Eine Umwelt, deren First- und Secondspace von ihnen vermutlich missverstanden, infrage gestellt und vielleicht sogar abgelehnt und genau aus diesem Grund auch mit-beeinflusst wurde.

Mit dieser theoretischen Basis habe ich zwei grundlegende (methodische) Prämissen für meine Forschung formuliert:

1. Wenn „Raum" ein soziales Produkt ist, gab es jeweils in Urartu und Assyrien eine spezifische Art der Raumproduktion.
2. Indem sie in einem der beiden Gebiete aufwuchsen, somatisierten die BewohnerInnen einen urartäischen bzw. assyrischen „räumlichen Habitus".

Dieser räumliche Habitus ist, angelehnt an Pierre Bourdieu, eine gruppenspezifische, „strukturierende Struktur", die jede/r Einzelne durch Sozialisation in sich aufnimmt und sie so zu einer „zweiten Natur" des Raumes werden lässt. Er ist damit essenziell. Das heißt, urartäische Höflinge, Soldaten und andere am Hof verkehrende erlebten die räumlichen Bedingungen als unhinterfragbar und natürlich, nicht aber als einschränkend und willkürlich.

Da räumlicher Habitus Wissen über und Erwartungen an den Raum beschreibt, die man durch Erfahrung und Wahrnehmung somatisiert, führte die Suche nach einer geeigneten Methodik unweigerlich zu Studien, die sich mit der Rekonstruktion der sensorischen Vergangenheit beschäftigen. Inspiriert durch die Arbeiten der ArchäologInnen Augusta McMahon, Kiersten Neumann oder Yannis Hamilakis entschied ich mich, die urartäischen Stätten Bastam (urart. Rusai-URU.TUR, heutiger Iran) und Ayanis (urart. Rusahinili Eidurukai, heutige Türkei) einerseits und die assyrischen Städte Khorsabad (assyr. Dur Šarukkin, heutiger Irak) und Ziyaret Tepe (assyr. Tušhan, heutige Türkei) auf der anderen Seite qualitativ zu analysieren. Eine detaillierte Untersuchung der architektonischen Pläne sowie der bildlichen Darstellungen von Architektur und Landschaft (Smith 1999; 2003; Bernbeck 2004; Seidl 2004; Radner 2011), wird mit der Analyse des in den Orten gefundenen Inventars kombiniert. Ich rekonstruiere die ehemaligen Sinneseindrücke an den jeweiligen Orten, d.h. die olfaktorische, visuelle, akustische, taktile oder haptische Organisation des urartäischen und assyrischen gebauten Raums. *Thick Description* und sensorische Touren durch die ausgewählten antiken Stätten dienen dabei als die wichtigsten Werkzeuge zur Darstellung der gewonnenen Ergebnisse, neben klassischeren Vorgehensweisen, wie etwa dem Erstellen von Isovistenanalysen (Gesichtsfeldmessung anhand der Grundpläne; vgl. Hillier und Hanson 1984).

„To be is to be in place. [...T]here is no being without place" (Casey 1993, 14). Gleich, welche Position ein Mensch in einer Gesellschaft einnimmt, er ist immer im Raum und produziert Raum. Welchen Einfluss er auf eine ihm fremde Umgebung hat, lässt sich durch Thirdspace untersuchen. Mit der Theorie des Thirdspace kann neues Licht auf die Beziehung von Assyrien und Urartu geworfen werden, da sie einen drastischen Perspektivwechsel erfordert: An die Stelle des Blicks von „oben" tritt eine Hinwendung zum Einfluss derjenigen, die sich mit ihren (räumlichen) Vorstellungen plötzlich, z.B. aufgrund von Gefangennahme, in einer fremden materiellen und ideologischen Umgebung wiederfanden. Um ihre Position und ihren Einfluss sichtbar zu machen, muss bereits bekanntes Material unter veränderten Fragestellungen re-evaluiert werden: Wo und in welcher Weise verändert sich der studierbare Firstspace (materieller Raum) aufgrund der neuen Akteure/innen im Thirdspace? In welchem Verhältnis stehen diese Veränderungen zum jeweils anderen System der Produktion von Raum?

Diesen Fragen im Kontext dieser Arbeit auf den Grund zu gehen, erweitert nicht nur unser Wissen über die eisenzeitlichen Reiche Assyrien und Urartu. Mit der hier entwickelten Methodik bin ich indirekt auch in der Lage, gesellschaftliche Thematiken zu adressieren, die damals wie heute Relevanz besitzen. Ich erforsche interkulturellen Austausch, unterbewusste Subjektivierungsprozesse, das bewusste Erfahren von Fremdheit, und damit einhergehend das Entstehen und Verändern von Identitäten.

Räume formen Subjekte, genauso wie Subjekte Räume formen. Planen und bauen sind die letztere Seite und ein traditioneller Fokus der Archäologie; Subjektivierungsansätze wie der meine, mit der Frage welche Subjekte aus Räumen entstehen, hingegen die erstere.

1.1.2 Relevanz der Arbeit

In dieser Arbeit werden Assyrien und Urartu auf einer nicht-militärischen Ebene miteinander verglichen und Lebenswelten bzw. Wahrnehmungen von Menschen, die hinter den Begriffen „Assyrien" oder „Urartu" stehen, in den Fokus gerückt. Dabei erhebe ich nicht der Anspruch, das tatsächliche Erleben einzelner, nun vergangener Menschen dieser Epoche akkurat und fehlerlos wiederzugeben. Das ist selbstverständlich nicht möglich. Ich halte es aber für erstrebenswert, der abstrakten, eher mathematischen Seite unserer Geschichtsschreibung über diese zwei „Reiche" des 1. Jt. v.u.Z. das Bewusstsein hinzuzufügen, dass es nicht nur um die Rekonstruktion eines „großen Schachspiels" zwischen *global players* gehen sollte, sondern zu jedem Zeitpunkt in der Geschichte die Schicksale und Leben der überwältigenden Mehrheit der Bevölkerung vor allem durch die subjektpositionsgebundenen Empfindungen geprägt werden (vgl. Benjamin 1992), die durch etliche Faktoren wie familiäre Bindungen, Kochpraktiken, Subsistenz, Architektur, Schmuck, Kleidung, natürliche Umwelt usw. geformt und beeinflusst sind. Wahrnehmung und Gefühle sind gewichtige Aspekte des Lebens, die jedoch aufgrund ihrer Subjektivität – ihrer Subjektabhängigkeit – ein heikles, fast unwissenschaftliches Forschungsthema darstellen. Dies sollte m.E. allerdings nicht dazu führen, gar nicht erst den Versuch zu unternehmen, sich auch dieser Sphäre vergangenen Lebens anzunähern. Phänomenologische Ansätze in der Archäologie, das Erstarken einer „Archäologie der Sinne", ebenso wie alternative Formen des wissenschaftlichen Schreibens zeigen, dass es immer mehr WissenschaftlerInnen gibt, die sich mit dieser Thematik auseinandersetzen (s. Kap. 3).

Letztlich begreife ich Archäologie an sich auch als (philosophisches) Mittel, nicht nur Menschen und Gesellschaften der Vergangenheit ein Gesicht zu verleihen, vergangenem Leben Aufmerksamkeit zu schenken und es unabhängig von temporaler Distanz als Teil unseres Universums anzuerkennen, die Diversität von Existenzen (zeitlich und räumlich) zu begreifen und darzustellen, sondern auch als eine Möglichkeit, sich selbst und seine Umwelt zu reflektieren und hinterfragen. Es ist damit ein persönliches, ebenso wie politisches Unterfangen.

1.2 Zur Gliederung der Arbeit

Die vorliegende Arbeit gliedert sich im Wesentlichen in vier größere Einheiten: Theorie (Kap. 2), Methodologie (3), Analyse Urartus (Kap. 4) sowie Assyriens (Kap. 5) und zuletzt die komparatistische Interpretation und Auswertung der Ergebnisse (Kap. 6).

Im grundlegenden, ersten inhaltlichen Kapitel der Arbeit erläutere ich das theoretische Fundament, auf dem meine Methodologie und anschließende Analyse fußen (Kap. 2). Ich stelle darin zunächst das titelgebende Konzept des *Thirdspace* vor, das auf den französischen, marxistischen Humangeographen Henri Lefebvre (H. Lefebvre 1991; 2000) und den amerikanischen, postmodernen Humangeographen Edward Soja (1996) zurückgeht. Die Konzeptualisierung von Raum als soziales Produkt beeinflusst ganz wesentlich Frage- und Zielstellung dieses Buches. Darauf aufbauend entwickle ich die Idee des „räumlichen Habitus" und beschäftige mich kurz mit der Frage nach Subjekt bzw. Subjektivierung durch Raum.

Diese theoretische Basis ist die Linse, mit der ich später auf mein archäologisches Fallbeispiel Urartu und Assyrien blicke. Aus diesem Grund entwickle und beschreibe ich im an die Theorie anschließenden Teil das methodische Vorgehen (Kap. 3). Dieses soll dabei helfen, die Daten zu liefern, die von der Theorie auch gesehen werden können (vgl. Wymann und Neff 2018, 21). Im Zentrum des Methodenteils steht die Auseinandersetzung mit phänomenologischen Ansätzen und solchen einer „Archäologie der Sinne", da (unterschiedliche) Wahrnehmung und sensorische Erfahrung Schlüssel zum *Thirdspace* bzw. gelebten Raum darstellen. Die Verwendung des Wortes „sinnlich" wird in dieser Arbeit als rein die Wahrnehmung mit den Sinnen betreffend verwendet (wie engl. sensory) und nicht etwa bezogen auf Lust oder Romantik (wie engl. sensual).

Mit diesen methodischen Vorüberlegungen widme ich mich anschließend meinem archäologischen Fallbeispiel, den eisenzeitlichen sozio-politischen Einheiten Urartu und Assyrien.

Dieser Analyseteil streckt sich auf zwei Kapitel: zunächst Biainili-Urartu (Kap. 4) und dann Assyrien (Kap. 5). Beide Kapitel sind in gleicher Weise strukturiert. Ich gebe erst jeweils einen kurzen historischen Überblick sowie damit untrennbar verbunden einen Abriss der jeweiligen Forschungsgeschichte. Danach fasse ich für meine Analyse relevante allgemeine Informationen zu Architektur und zur weitergefassten räumlichen Struktur Urartus bzw. Assyriens zusammen. Mit dieser Rahmensetzung bzw. Kontextualisierung schließt sich nun die eigentliche, qualitative Analyse der jeweils beiden Orte an. Dabei handelt es sich auf biainilisch-urartäischer Seite um Rusahinili Eiduru-kai (modernes Ayanis, Türkei) und Rusai-URU.TUR (heute Bastam, Iran) und auf assyrischer Dur Šarukkin (heutiges Khorsabad, Irak) und Tušhan (heutiges Ziyaret Tepe, Türkei). Diese Detailanalysen erfolgen in einer Verbindung aus herkömmlicher top-down Architekturanalyse und (soweit vorhanden) Inventarbeschreibung, mit freier Beschreibung der möglichen sensorischen Erfahrung der spezifischen Festungs- oder Gebäudeteile. Die Analyse ist damit stärker als sonst üblich hermeneutisch angelegt. Daraus formuliere ich jeweils verallgemeinert Dimensionen eines urartäischen und assyrischen räumlichen Habitus.

Anschließend an diesen Teil erfolgt die interpretatorische Gegenüberstellung der beiden räumlichen Systeme (Kap. 6). Hier vergleiche ich die Ergebnisse aus den analytischen Kapiteln unter Berücksichtigung des im Theoriekapitel entwickelten Konzepts des Thirdspace. Wie kann der „gelebte Raum" assyrisch räumlich subjektivierter Menschen in marginalisierter Position in Urartu ausgesehen haben und andersherum? Welche Erfahrungsdimensionen lassen sich mithilfe der grundlegenden Denkweise des Thirdspace und mittels phänomenologisch-sensorisch orientierter Methode am archäologischen Material rekonstruieren? Diese Auswertung erfolgt entlang von mir definierten vier (ästhetischen) Regimen.

Zuletzt erfolgt in den Schlussbetrachtungen nach einer Zusammenfassung der theoretischen und analytischen Ergebnisse ein Ausblick auf die archäologische Erforschung materieller Kultur im Allgemeinen und die Forschung zur Eisenzeit Nordmesopotamiens im Besonderen.

2

Theoretische Grundlegung

Die Bezeichnung „Raum" ist ein komplexer, soziologischer Begriff (Löw, Steets und Stoetzer 2008, 51) und erfordert eine genauere Definition. Spätestens seit dem *spatial turn*, der einen Paradigmenwechsel in den Sozial- und Kulturwissenschaften beginnend in den späten 1980er Jahren beschreibt, wird Raum meist nicht mehr als rein materieller Hintergrundbehälter konzeptualisiert, sondern selbst als sozial konstruiert angenommen (s. z.B. Schlögel 2006, 37, 68; eine Zusammenfassung zum spatial turn bieten u.a. Döring und Thilmann 2008; Löw, Steets und Stoetzer 2008; Günzel 2010, 90–99 Kap. II. 2; Lossau 2012; Bachmann-Medick 2014; bezogen auf Archäologie s. z.B. Müller-Scheeßel 2013; Edward Soja 2008, 243 kritisiert hingegen die Marginalisierung des spatial turn als lediglich einen weiteren turn in den Kulturwissenschaften und stört sich dabei explizit an der Darstellung in Bachmann-Medick 2014[2006], da das Phänomen eine tiefer liegende Wirkung besäße). Um diese Annahme entwickelten sich entsprechend der unterschiedlichen soziologischen Strömungen, verschiedene Raumtheorien (etwa marxistisch, handlungstheoretisch oder poststrukturalistisch; vgl. Löw, Steets und Stoetzer 2008, 51; Günzel 2010, 192–202).

Ziel dieses Kapitels ist es, die für meine Arbeit relevanten Ansätze zur Konzeption von Raum und dem Verhältnis zu Subjekten vorzustellen, um anhand dessen mein eigenes, dieser Arbeit zugrunde liegendes Raumverständnis zu erläutern. Es bildet die Basis für die von mir gewählte Analysemethode (Kap. 3).

2.1 Raumtheorie, marxistisch und postmodern

2.1.1 Henri Lefebvre: La production de l'espace

Das 1974 in Frankreich erschienene Werk „La production de l'espace" (H. Lefebvre 2000, hier v.a. zitiert nach der englischen Übersetzung von 1991) des marxistischen Kulturgeographen Henri Lefebvre (1901–1991) wird oft als visionärer Vorreiter in Sachen moderne Raumtheorie betrachtet (vgl. etwa Gottdiener 1993, 129; Molotch 1993, 892; Merrifield 2006, 99–100; Löw, Steets und Stoetzer 2008, 52). In ihm forderte der damals 71-Jährige lange vor dem *spatial turn* das Entstehen einer „science de l'espace" (H. Lefebvre 2000[1974], 13) und entwickelte die Idee von sozialem Raum als einem gesellschaftlichen Produkt („L'espace (social) est un produit (social)", H. Lefebvre 2000[1974], 35).

Während die Erstveröffentlichung des französischen Originals noch kaum Beachtung fand (Gottdiener 1993, 130; Schmid 2005, 64; Merrifield 2007, 169; Günzel 2010, 91; es beeinflusste jedoch teils David Harvey und Manuel Castells, vgl. Merrifield 2006, 101), erregte erst die englische Übersetzung 1991 größere Aufmerksamkeit, da sie Lefebvres raumtheoretische Überlegungen nicht nur einem breiteren Publikum zugänglich machte, sondern genau in die gerade erstarkende Hinwendung zur Kategorie Raum in der Sozialtheorie bzw. Re-Spatialisierung der Sozialtheorie fiel (Merrifield 2006, 103; Günzel 2010, 90–91). Insbesondere in der angelsächsischen kritischen Humangeographie, allen voran bei Edward Soja (siehe Abschnitt 2.1.2; Soja 1990; 1996) stieß „The Production of Space" auf große Resonanz.

Ich werde nun vom Original ausgehend eine ergänzende Interpretation vorstellen, die andere Betonungen setzt und die die begriffliche Klassifikation bereits an mein anschließendes archäologisches Fallbeispiel anpasst.

2.1.1.1 Worum es geht

Die Innovation in „La production de l'espace" ist Lefebvres Aufbrechen eines binären Konzepts von physischem und sozialem Raum (H. Lefebvre 1991, 5) zugunsten einer generativen Auffassung, bei der die Produktion des Raumes im Mittelpunkt steht. Diese Produktion besteht für ihn aus drei Komponenten, nämlich *physical*, *mental* und *social*, die gleichwertig und -zeitig in einem stetigen Prozess sozialen Raum herstellen, worauf ich unten näher eingehe (H. Lefebvre 1991, 11). Im Zentrum seiner Arbeit steht also die Annahme, dass Raum keine vorgegebene Entität ist, in der sich natürliche und/oder kulturelle Prozesse abspielen, sondern ein sich ständig veränderndes Produkt. Diese Auffassung, die die Produktion ins Zentrum stellt, steht insofern im Kontrast zu sonstigen Annahmen der Postmoderne, in denen eine Auseinandersetzung mit Produktion in den Hintergrund rückt und der Konsum als identitätsbildend im Fokus der Forschung stehen (Miller und Tilley 1984; Baudrillard 2015 [1970], 129).

Lefebvre interessiert sich vor allem für die menschliche, nicht die natürliche Produktion von Raum. Er postuliert, dass jede Gesellschaft einen ihr ganz eigenen Raum hervorbringt (H. Lefebvre 1991, 31). Er schreibt:

> „*A second implication is that every society - and hence every mode of production with its subvariants (i.e. all those societies which exemplify the general concept - produces a space, its own space. The city of the ancient world cannot be understood as a collection of people and things in space; nor can it be visualized solely on the basis of a number of texts and treatises on the subject of space. For the ancient city had its own spatial practice: it forged its own - appropriated - space. Whence the need for a study of that space which is able to apprehend it as such, in its genesis and its form, with its own specific time or times (the rhythm of daily life), and its particular centres and polycentrism (agora, temple, stadium, etc.).*" (H. Lefebvre 1991, 31)

Sein Anspruch ist nicht weniger als das Aufstellen einer vereinheitlichten Raumtheorie, die (ähnlich Karl Marx' Anspruch) die Wurzel der neo-kapitalistischen Gesellschaft zu erklären bzw. verstehen vermag.

Ausgangspunkt für seine Annahmen ist die Beobachtung, dass in modernen Gesellschaften eine anscheinend unendliche Vielzahl an Räumen existiert, wie zum

Beispiel geographische, ökonomische, soziologische, politische, nationale, usw. Diese werden traditionell:

1. als vorgegebene „Behälterräume" spezifischer Art konzeptualisiert und
2. von den entsprechenden Wissenschaften untersucht und bezüglich ihres „Inhalts" analysiert.

Diese Konzeptualisierungen erscheinen ihm insofern verdächtig, als sie zu sehr der allgemeinen Tendenz entsprechen, nach der alle Lebensbereiche, insbesondere aber intellektuelle sowie physisch-materielle Arbeit, als ebenso separiert konstruiert werden (H. Lefebvre 1991, 8).

Seines Erachtens steht dies für eine Denkweise, die das komplexe Phänomen der Herstellung räumlicher Verhältnisse völlig entpolitisiert. Die verschiedenen Dimensionen von Raum können nämlich nicht einfach von einander getrennt werden. Für Lefebvre ist die Raumproduktion in Analogie zur Produktion materieller Güter ebenfalls ein Prozess, der von gesellschaftlichen Konflikten und damit verbundenen Macht- und Interessendifferenzen gekennzeichnet ist (Egbers 2019b, 96). Zur Veranschaulichung und Untersuchung dieses Prozesses entwickelt Lefebvre (für den von ihm als „abstrakter Raum" betitelten Raum neo-kapitalistischer Gesellschaften H. Lefebvre 1991, 50) drei verschiedene Modi in der Produktion von Raum, die *gleichzeitig* wirken (Abb. 2.1; Egbers 2019b, 96):

- *l'espace perçu* (auch „Räumliche Praxis"); ich bezeichne dies im Folgenden als „unmittelbaren Raum";
- *l'espace conçu* (auch „Repräsentation des Raumes"), von mir als „geplanter Raum" bezeichnet; und
- *l'espace vécu* (auch „Räume der Repräsentation"), den ich „gelebten Raum" nenne.

Diese konzeptuelle Triade veranschaulicht Lefebvre (1991, 40) unter anderem auch per Körper-Metapher: „The ‚heart' as lived [vécu] is strangely different from the heart as thought [conçu] and perceived [perçu]" (Betonung im Original, französische Bezeichnung von mir hinzugefügt).

Der *espace perçu* steht dabei für Raum als materielle Form, als Gegenstände im Raum, als das, was kartier- und messbar ist (Egbers 2019b, 96). Dieser unmittelbare Raum umfasst also die physische Seite des Raums. Durch Anwendungen wie GIS wird dieser körperlich wahrgenommene Raum erfasst und häufig als objektive, neutrale Größe dargestellt. Bei Lefebvre ist dies die phänomenologische Dimension von Raum (vgl. Fehlberg 2013, 111; Egbers 2019b, 96). Diese „räumliche Praxis" basiert auf nicht-reflexiven alltäglichen Verhaltensweisen, Routinen und Körperlichkeit; die gesellschaftlichen Verhältnisse werden hier als gegeben hingenommen und (re-)produziert (H. Lefebvre 1991, 38; vgl. auch Löw, Steets und Stoetzer 2008, 53; Egbers 2019b, 96).

Dem unmittelbaren Raum gegenüber oder ergänzend zur Seite gestellt ist der *espace conçu* (Egbers 2019b, 96). Dies ist der geplante, mentale Raum, der vor allem die dominante Seite von Raum umfasst, wie von Stadtplanungsbehörden, der ArchitektInnen und PlanerInnen, die Entwürfe erstellen und ihre Vorstellungen von Raum konzeptualisieren

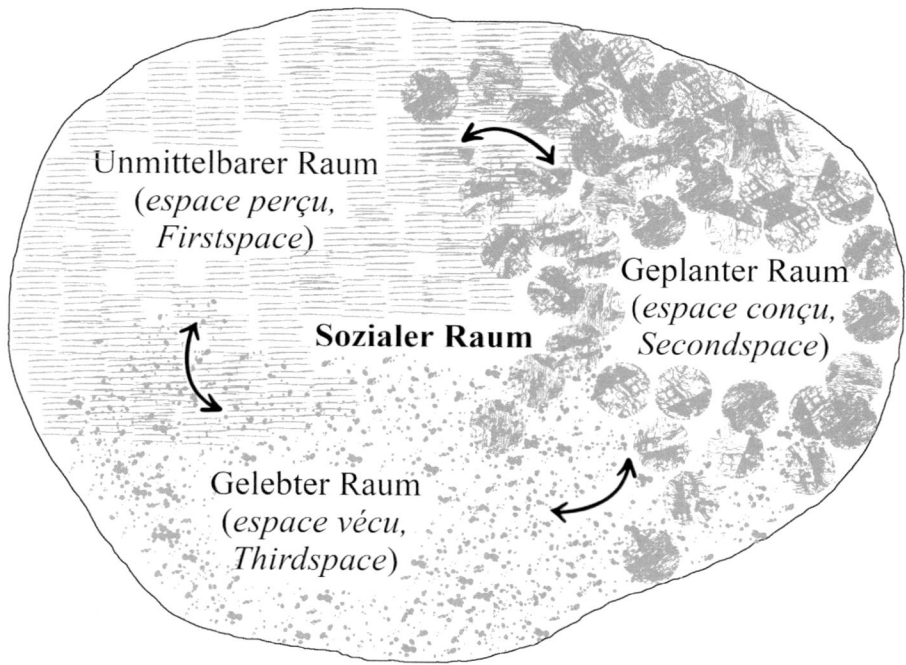

Abbildung 2.1. Modi in der Produktion von Raum nach Lefebvre

und letztlich materiell umsetzen. Selbstverständlich folgen auch diese machthabenden Menschen den aus der Planung resultierenden Regeln bzw. erfahren schließlich die von ihnen geplanten räumlichen Strukturen, inklusive der unintendierten Folgen ihres intentionellen Handelns (vgl. Giddens 1988, u.a. 73, 403; wozu beispielsweise auch unvorhersehbare Aspekte der Wahrnehmung zählen). Allerdings kann davon ausgegangen werden, dass die Herrschenden an ihre eigene Ideologie „glauben" und damit produzieren sie den *espace conçu* nicht aus uneingeschränkt unlauteren, gar hinterlistigen Gedanken heraus. Sie planen aber Raum, bevor sie ihn (re)produzieren, und dieser Teil des Produktionsvorgangs ist es, der für Lefebvre wichtig ist. Es versammeln sich hier die Vorstellungen darüber, wie räumliche Organisation und Anordnung „auszusehen haben" bzw. was sie als vermeintlich „normal" erscheinen lassen, verbunden mit der Frage, wer die Macht hat, ihre oder seine Vorstellung durchzusetzen. Geplanter Raum ist eine Repräsentation von Macht, Ideologie und Kontrolle (Egbers 2019b, 96). Durch Karten, Stadtpläne oder als Google Earth wird der wahrgenommene Raum objektiviert und stellt eine Transformation in einen Planungsraum dar (Egbers 2019b, 96). Er gibt vor, wie sich Menschen mit der räumlichen Unmittelbarkeit in Beziehung setzen sollen und wie sie mit ihr umgehen. Das heißt, dass der Planungsraum stark normativ und objektiviert ist, Raum wird hier zu einem (einseitig) manipulierbaren „Ding".

Dies ist in der Regel der Raum, der von den Wissenschaften untersucht wird bzw. der Modus, in dem ArchäologInnen quasi als Zeitreisende sowohl in der Vergangenheit als auch in der Gegenwart aktiv sind (Egbers 2019b, 96). Durch die Darstellung antiker Räume etwa als Karten formen WissenschaftlerInnen das heutige Verständnis über die gesellschaftlichen Verhältnisse der Vergangenheit und laufen gleichzeitig Gefahr, durch die Wahl ihres Forschungsthemas (z.B. zu angemessenem Verhalten in Palästen) hegemoniale Strukturen zu reproduzieren, indem wiederholt wird, was schon in der untersuchten Epoche stattfand: ein außer Acht lassen der Seite räumlicher Produktion, die nicht in den Bereich des geplanten Raums fällt, in dem nur eine äußerst kleine Gruppe an Subjekten ihren Einfluss geltend machen kann/konnte (Egbers 2019b, 96).

Diese Problematiken können durch die Einführung des dritten von Lefebvre eingeführten Modus der räumlichen Produktion – dem „gelebten Raum" (*espace vécu*) – umgangen werden. Durch das Konzept des *vécu* wird der Dualismus aus *espace perçu* einerseits und *espace conçu* andererseits gewisserweise aufgebrochen. Der gelebte Raum umfasst die Nutzung von Räumen sowie das Missverstehen bzw. gewollte Missverstehen des geplanten Raums (Egbers 2019b, 97). Durch widersprüchliches Verhalten und Denken im bzw. durch den gelebten Raum *kann* es zu Veränderungen des *espace perçu* oder *espace conçu* führen, muss es aber nicht. Zwar müssen sich alle Menschen, auch marginalisierte Gruppen, durch den ohne sie entworfenen und vorgegebenen Planungs- und materiellen Raum bewegen, Machtdifferenzen können sich aber gerade dadurch zeigen, dass sie diese Räumlichkeit nach ihren Interessen und Vorstellungen umnutzen (können). Der gelebte Raum beinhaltet den wahrgenommenen und geplanten Raum und erweitert diese Komponenten um bewusste oder unbewusste Subversion (Egbers 2019b, 97). Dabei kann Subversion auch bloß Eigensinn bedeuten und nicht offenen, geplanten Widerstand. Die Bedeutung von Eigensinn wurde besonders von dem Historiker Alf Lüdtke untersucht, der sich mit der Alltagsgeschichte von Fabrikarbeitern des 19. und 20. Jh. in Deutschland beschäftigte (Lüdtke 1993; s. auch Sturm 2015; Egbers 2019b, 97). Lüdtke setzt sich mit der politischen Dimension von Alltagshandlungen und -praxis auseinander und stellt fest, dass repetitive tägliche Aktionen wie Neckereien, Unterhaltungen oder die Reinigung von Arbeitsmaschinen während der Arbeitszeit als Ausdruck von Eigensinn und stiller, „unkalkulierter" Opposition betrachtet werden sollten (Egbers 2019b, 97). In diesem Zusammenhang steht Eigensinn für eine ungeplante, wenig reflektierte, vorübergehende Regelverschiebung, die der Bedürfnisbefriedigung der Arbeiter dient. Ausgehend von diesen alltagsgeschichtlichen Beobachtungen postuliert Lüdtke weiter, dass solche klein- und kleinstskaligen Aktionen auch Einfluss haben auf (langsamen) sozialen Wandel auf gesamtgesellschaftlicher Ebene. Diese Annahme passt auch zum Verständnis vom Einfluss des gelebten Raums auf großskalige Veränderungen, da auch hierin z.B. subjektive, sinnliche Wahrnehmung die Interpretation der (sozialen) Realität darstellt und diese sozialen Strukturen folglich auch durch den gelebten Raum beeinflusst werden können (ähnlich auch der Ideen Scotts 1985 in „Weapons of the Weak", dort allerdings bezogen auf BäuerInnen, nicht ArbeiterInnen, und in einem anderen hegemonisch-theoretischen Rahmen). Gerade im gelebten Raum stellt unsere sinnliche Wahrnehmung die Interpretation der (sozialen) Realität dar.

2.1.1.2 Kritik

Neben diversen Ungenauigkeiten in seiner Begriffsnutzung, ist für diese Arbeit vor allem die Frage nach der Anwendbarkeit in der Archäologie von Bedeutung (allein die Bezeichnung „vécu" ist m.E. irreführend, da im wörtlichen Sinne „gelebt" auch die physische Erfahrung der Welt ist, diese bei Lefebvre aber unter *espace perçu* fällt). Ein

Kernproblem bei der Auseinandersetzung mit Lefebvre als Archäologin ist besonders, dass er sich und seine Thesen als politisch-aktivistisch betrachtet und es sein erklärtes Ziel ist, nach Aufdeckung und Analyse der Produktion von Raum speziell im „westlichen", neo-kapitalistischen System, den Schlüssel zur Veränderung – im besten Falle Auflösung – ebenjenes in der Hand zu halten. Raumänderung wird als Systemänderung begriffen. Er schreibt: „new social relationships call for a new space, and vice versa" (H. Lefebvre 1991, 59). Darin sieht er das konkrete, politische Potenzial seiner Arbeit; er ist davon überzeugt, dass mit der Bewusstwerdung der Bedeutung von Raum als Prozess und der Mit- und Umgestaltung, Protest am Neo-Kapitalismus tiefgreifender wird und einen echten Systemwandel herbeiführen kann (wegen dieses erklärt aktivistischen Anspruchs wurde Lefebvre vorgeworfen zu abstrakt und theoretisch zu bleiben, vgl. Shields 1999, 172). Aus diesem Grund interessiert ihn vor allem der von ihm als „abstrakter Raum" bezeichnete räumliche Produktionsmodus des Neo-Kapitalismus. Der Ausdruck „abstrakter Raum" steht im klaren Bezug zu Karl Marx' Idee von „abstrakter Arbeit" (à la „Geld = Arbeitszeit"); ebenso wie die Bezeichnung von Raum als konkreter Abstraktion (so wie Geld real und abstrakt ist; H. Lefebvre 1991, 26–27). Nach Andy Merrifield besteht der Unterschied zwischen den beiden Konzepten jedoch darin, dass während bei „abstrakter Arbeit" qualitativ unterschiedliche, konkrete Arbeit reduziert wird zu dem quantitativen Messwert Geld, die subtile Logik des „abstrakten Raums" kein Interesse an qualitativer Differenz hat, sondern allein Wert-orientiert ist (Merrifield 2007, 175–76). Dieser moderne, „abstrakte" Raum bezieht sich auf den Zeitpunkt des Entstehens von „La production de l'espace", also die 1970er Jahre. Lefebvre beschreibt jedoch auch, wie sich die Produktion des Raums in der näheren Zukunft gestalten könnte (also ungefähr die Gegenwart) und betitelt diesen als „differential space" (H. Lefebvre 1991, 52 und Kap. 6).

Um auf dieses Kernstück seiner Theorie zu kommen, dem er sich am ausführlichsten widmet, handelt er in verhältnismäßig unspezifischer, teils begrifflich schwammiger Weise eine Art historische Herleitung evolutionistischen Charakters ab, bei der er historisch dem „abstrakten Raum" vorhergegangene Raum-Konzepte beschreibt (vgl. H. Lefebvre 1991, 48–50). Dazu gehören der: *absolute, sacred, historical, abstract, contradictory* und *differential space*. Er unterscheidet generell zwischen kapitalistisch *produziertem* und vor-kapitalistisch *angeeignetem* Raum. Diese simplifizierende Periodisierung kann analog zur marxistischen Geschichtsperiodisierung streng linearen Fortschritts gesehen und dahingehend auch kritisiert werden (siehe etwa Shields 1999, 170–72 und Abb. 10.1), möglicherweise wird aber auch eher ein „früher" als Kontrast zu „jetzt" konstruiert. Vermutlich handelt es sich bei dieser Unterscheidung der verschiedenen Raumkonzepte nicht um eine Frage der *Produktionsverhältnisse* des Raums und deren Nutzungspotenzial, sondern allein um die *Distributionsverhältnisse* (was für die Ziele dieses Buches nicht relevant ist).

Die in dieser Arbeit behandelte Eisenzeit (1. Jt. v.u.Z.) würde nach Lefebvre klar als „aneignende Epoche" bezeichnet werden, also *nicht* unter sein Konzept der Trialektik bzw. tripolaren Dialektik fallen. M.E. ist letzteres für die Eisenzeit in Westasien jedoch wesentlich treffender als Lefebvres relativ kurze und undifferenzierte Ausführungen etwa zum „absoluten Raum". Dieses Problem ent-historisiert Soja gewisserweise später bei Lefebvre (s.u.).

Dies ist für meine Untersuchung ein entscheidender Punkt und bedarf daher einer genaueren Beschreibung: entweder Räume im Altertum ähneln nicht „abstrakten"

Räumen, da beispielsweise für die Eisenzeit Westasiens nicht von kapitalistischen Strukturen, eingebunden in einen globalen Finanzmarkt, gesprochen werden kann und „Wert" im Sinne von Geld sowie „Tauschwert" im Sinne von Preisen für diese Zeit unangemessene Bezeichnungen sind; oder aber man betrachtet die Aussage „Its [space's underlying logic] ultimate arbiter is none other than value" mit archäologischem Blick und sieht in *value* nicht allein Geld, sondern allgemeiner den Willen zu ökonomischem Gewinn oder der Ausweitung von Macht/Kontrolle (eine andere Betrachtungsweise wäre, erst von dem Moment an, an dem Raum als „Objekt", als äußerlich und gestaltbar gesetzt wird, ihn – den Raum – in den Modi Lefebvres zu analysieren). Die Beantwortung dieser Frage steht in grundlegender Abhängigkeit dazu, wie jeweils das politische System des untersuchten Gebietes bewertet wird. Sicherlich kann eine solche Bewertung je nach Positionierung der Forscherin/des Forschers sowie generell je nach Region und Epoche sehr unterschiedlich ausfallen. Mir erscheint es gerade im Hinblick auf Urartu und Assyrien sinnvoll, die Grundlogik des abstrakten Raums anzunehmen. Der Grundton der strukturellen Konzeption des dominanten sowohl urartäischen als auch assyrischen Raums erscheint mir, wie im *abstract space*, diktiert von ökonomischem und Macht-Interesse, nur, dass dieses Interesse nicht direkt in Geldbeträge umrechenbar ist. An dieser Stelle sei jedoch auch selbstkritisch angemerkt, dass diese Interpretation durchaus davon geprägt sein kann, dass ich gelebt nichts anderes als das (neo-)kapitalistische System kenne. Ein Denken außerhalb dieser jeden Lebensbereich durchdringenden Struktur ist im besten Fall schwer, wenn nicht sogar unmöglich. In dem von mir vorgeschlagenen Verständnis nimmt in letzter Konsequenz z.B. Religion als aktiver Part des *espace perçu* ebenfalls die Rolle ein, die reale, „konkret" materielle Welt zu gestalten, um auf abstrakter Ebene homogenisierend auf die gläubigen Subjekte einzuwirken und dadurch wiederum ihre Macht zu festigen. Neben den Ähnlichkeiten der Raumproduktion gibt es auch Unterschiede zwischen damals und heute. Einer der größten ist m.E. der Faktor der gleichzeitigen Fragmentarisierung zum Zwecke der Tausch- bzw. Verkaufbarkeit von Raum im Kapitalismus, der sich nicht in dieser Form in der Eisenzeit wiederfinden lässt. Es sei hier außerdem erwähnt, dass Lefebvre in seinem Raumdenken und der Entwicklung seiner Theorie sehr Stadt-zentriert ist, ich seine Ideen in dieser Arbeit aber erweitert auch auf die Produktion von Landschaft und im Vergleich zu modernen Städten kleineren Orten anwende. Er benutzt den Begriff des Raums (bzw. éspace/space) vornehmlich in Bezug auf gebaute Strukturen. Ryan Mongelluzzo (2011, 15) ist der Meinung, dass Lefebvres Bezug auf gebauten Raum dem Kontext seiner argumentativen Anlehnung an Descartes (Raum ist Substanz; Descartes 2001 [1637]) und Kant (Raum ist a priori rein; Kant 1998 [1781]) entspringt.

2.1.2 Edward Soja: Thirdspace

Der bekannteste Anhänger Lefebvres, der amerikanische Humangeograph Edward Soja, ist fasziniert vom Aufbrechen der Dialektik zu Gunsten einer Trialektik aus First-, Second- und Thirdspace (Soja 1996; nicht zu verwechseln mit dem „Thirdspace"-Konzept des postkolonialen Literaturtheoretikers Homi Bhabha). Kurz nach der 1991 herausgegebenen Übersetzung ins Englische von Lefebvres *La production de l'espace* begann Soja sich insbesondere dem *espace vécu*, den er Thirdspace nennt, zu widmen und verband gewisser Weise postmoderne, spezifischer subalterne Ansätze mit (marxistischer)

Humangeographie (E. Blake 2002). Seine Auseinandersetzung besitzt den heuristischen Wert, den räumlichen Niederschlag des Identitätsprozesses zu untersuchen, wie ich im Folgenden darstelle.

Im Gegensatz zu Lefebvre rückt Soja stärker Subalternität und die gesellschaftlich Ausgegrenzten in den Mittelpunkt seiner Forschung und setzt sich aus diesem Grund stärker mit der Dimension des Thirdspace auseinander. Denn es werden in seinem Denken noch expliziter als zuvor bei Lefebvre marginalisierte Gruppen zu einem entscheidenden Motor in der Produktion von Raum erklärt (Egbers 2019b, 96). Den von ihm definierten „Thirdspace" setzt Soja nicht nur mit Lefebvres *espace vécu* in Verbindung, sondern auch mit dem von Michel Foucault entwickelten Konzept der Heterotopologie. Soja weist in dem Interview mit Emma Blake (2002, 141) darauf hin, dass Foucaults „Heterotopologie" im Gegensatz zu „Heterotopie" wesentlich seltener in der Forschung aufgenommen und diskutiert wurde (s. Foucault 1992 [1967], 40 oder; 2004 [1967], 15).

Soja verändert Lefebvres Konzept sowohl konzeptuell als auch terminologisch. Für Soja ist „Firstspace" (bei Lefebvre *l'espace perçu*) „materialized, socially produced, empirical space", also direkt wahrnehmbar und zu einem bestimmten Grad mess- und beschreibbar (Soja 1996, 66). Im Gegensatz zu dieser Materialität ist der „Secondspace" (Lefebvres *l'espace conçu*) ein rein mentaler, gedachter Raum, in dem die Produktion von räumlichen Wissen kontrolliert und vorgegeben wird. „Secondspace" ist demnach ein dominanter Raum, eine Repräsentation von Macht, Ideologie und Kontrolle (Soja 1996, 67). Durch ihn soll vorgegeben werden, wie Menschen mit Firstspace umgehen und sich mit ihm in Beziehung setzen.

Letztlich sind bzw. produzieren die „Räume der Repräsentation" Thirdspace.

Für Soja ist Thirdspace immer ein Verhalten in und Denken von Raum (Egbers 2019b, 97). Dieser dritte Raum ist eine Annäherung an die im First- und besonders Secondspace fixierten Normen (Egbers 2019b, 97). (Schleichende) Veränderungen von räumlicher Materialität und dominanten Raumvorstellungen stammen von konträren, unvorhergesehenen Verhaltensmustern in und mit ihnen – dieses konträre Verhalten und Denken ist die Sphäre des Thirdspace. Denn dieser Thirdspace beinhaltet alle anderen „real and imagined spaces" simultan und kreiert durch das Aufeinandertreffen von Materialität und Ideologie eine gelebte Realität (Soja 1996, 69). Das bedeutet, dass Thirdspace auch der Ort von Kampf, Emanzipation und Subalternität ist, wo Identitäten geformt und infrage gestellt werden (Soja 1996, 68; Swenson 2012, 5).

Der gelebte, „dritte" Raum knüpft an First- und Secondspace an und ist dennoch nicht (unbedingt) etwas radikal anderes (Egbers 2019b, 98). Thirdspace führt die kritische Möglichkeit eines „anders als" ein, die weder die Verbindung zur vorherrschenden Ideologie leugnet, noch die Simultanität mehrerer Raumkonzepte und -erfahrungen ausschließt. Die Anerkennung der Existenz von Thirdspace und seines Potenzials bedeutet auch die Vergegenwärtigung dieses in weiten Teilen materiell unsichtbaren Aspekts von Raum und damit Gesellschaft (Egbers 2019b, 98).

Soja (2005, 101) versteht Lefebvres Trialektik generell weder als Kombination bzw. „Mittelding" eines ursprünglichen Binarismus, noch als reine dialektische Synthese, sondern als eine offene Logik des „sowohl – als auch". Dieses „sowohl – als auch" nennt er kritisches „Thirding-as-Othering", das er wie folgt zusammenfasst:

„Es [das Thirding] *geht also nicht einfach aus einer additiven Kombination seiner binären Vorgänger hervor, sondern aus einer Stiftung von Unordnung, einer Dekonstruktion und versuchsweisen Wiederherstellung einer vorgeblichen Totalisierung, die eine offene Alternative produziert, welche sowohl ähnlich, als auch entschieden anders ist."*
(Soja 2005, 101)

Thirding erklärt gerade marginalisierte Gruppen zu einem entscheidenden Motor in der Produktion von Raum, die ein Element kollektiver, nicht-fester Identitäten ist.

So kann sich ein Umdenken in der wissenschaftlichen Untersuchung von Architektur und gebauter Umwelt ergeben, das wiederum gegenwärtige historische Narrative zu verändern mag (Egbers 2019b, 98). Marginalisierte oder subalterne Menschen/gruppen, die in der Vergangenheit über keine Planungsmacht über den (sozialen) Raum verfügten lebten doch in ihm und hatten durch den gelebten Raum durchaus ein Einflusspotential. Genau dieses Einflusspotential bzw. ihre Wahrnehmungswelten sind es, die mich in dieser Arbeit interessieren. Wer waren diese Subjekte und wie könnten sie die ihnen vorgegebenen räumlich-gesellschaftlichen Verhältnisse wahrgenommen haben? Wo gab es möglicherweise Punkte der Irritation und des Missverstehens?

Sicher ist es gerade bei der Beschäftigung mit der weit zurückliegenden Vergangenheit wie der hier behandelten Eisenzeit nicht möglich, individuelle Erfahrungen und Gefühle solch marginalisierter Menschen beschreiben zu können und das soll auch nicht mein Anspruch sein. Zwar schreiben Forscherinnen wie Spivak, auf die ich unten genauer eingehe, dass ein „Sprechen für" historische Subjekte unmöglich sei, dennoch bin ich der Meinung, dass eine Annäherung an Sphären subalternen Lebens und Wirkens nicht stärker abstrakt ist als etwa von herrschenden Klassen, unabhängig von ihren Zugangsmöglichkeiten zu Ressourcen wie Schrift oder dem Errichten von Bauwerken (Egbers 2019b, 98). Eine Nichtbeschäftigung mit Themen wie dem Einfluss von Thirdspace negiert einerseits die Komplexität sozialer Prozesse und andererseits gehen Informationen zur kleinskaligen, jedoch durchaus einflussreichen Dimension sozialen Wandels verloren (Egbers 2019b, 98).

Bezogen auf die Archäologie bedeutet dieses theoretische Konzept Sojas eine Erweiterung bisheriger Vorgehensweisen. Firstspace, der physische Raum, wurde traditionell etwa in der Architekturgeschichte genauestens empirisch aufgenommen, um auf dahinter stehende, von oben diktierte Konventionen zu schließen (Secondspace). Begriffe wie „injunktives Wohnhaus", Antentempel, Turmtempel, oder *Bit Hilani* sind Versuche, die Raumkonzepte der Bauplaner, die „mental templates" im alten Mesopotamien wiedererstehen zu lassen. Unter den Tisch fällt dabei der faktische Umgang mit diesen Räumen. Eine Flut an Artikeln zum „angemessenen Verhalten" in assyrischen Palästen ist ebenfalls Anzeichen dafür, wie angestrengt die Archäologie sich bemüht, die Konventionen der Herrschenden zu erschließen. Doch muss nicht auch das Potenzial von Missverstehen, Unterdrückung und Andersartigkeit der Subalternen berücksichtigt werden? Dieses Potenzial des Thirdspace bedeutet wie oben bereits geschrieben kein „Anything goes" (Soja 2005, 101), sondern beschreibt eine Annäherung, die an frühere Annäherungen anknüpft.

2.2 Zu Subjekten und räumlichem Habitus

Wegen des flüchtigen Charakters des gelebten Raums gestaltet es sich als knifflig, ihn im archäologischen Kontext sichtbar zu machen. Üblicherweise werden unmittelbarer und geplanter Raum untersucht, eine Forschungsfragestellung, die interessanterweise selbstverständlich als sinnvoll akzeptiert wird: wir graben aus und haben die reale Singularität des Ortes vor Augen, z.B. einer urartäischen Burg. Dass wir diese weiter abstrahieren und aus den konkreten urartäischen Bauelementen aus Erebuni „modulare Architektur" rekonstruieren, ist auf dem Weg des Abstrahierens und der Architekturtypologie vorgezeichnet. Der übliche Analysemodus in der westlichen Wissenschaft ist also grundsätzlich von den Dingen zu ihren MacherInnen, statt von den Dingen zu den Subjekten, die sie produzieren. Hinzu kommt bei solchen Fragestellungen bzw. solch einem Modus der Fokus auf die (auftraggebenden) Eliten der jeweiligen Zeit. Kaum je wird aber die Frage nach gelebtem oder gar subalternem Raum gestellt oder sie wird als nicht beantwortbar frühzeitig abgetan. Denn wie sollten wir diese Raumnutzung erforschen, wenn nicht in Form von Kleinstspuren menschlicher Handlungen? Das ist heutzutage zwar tatsächlich durch mikroarchäologische Methoden erforschbar, ist aber extrem zeitaufwändig. Und die meisten archäologischen Stätten der Eisenzeit wurden und werden teilweise in einem Modus freigelegt, der diese extreme Genauigkeit vermissen lässt und somit unreflektiert die Seite der Eliten der Antike eingenommen wird, die dadurch bis heute Macht über Räumlichkeit auszudrücken vermögen. Dem entgegen stehen mittlerweile eine Reihe von Studien zu anderen archäologisch belegten Perioden in Westasien, in denen genau angestrebt wird, das Machtgefälle aufzubrechen und auch Marginalisierte sichtbar zu machen (siehe beispielsweise: Pollock 1992; 2016; in 2015 insb. Beiträge von Pollock, D'Anna und Otto; Adams 2008; Bernbeck 2009, 2015a; Englund 2009; Ur und Colantoni 2010).

Es gibt allerdings auch andere als mikroarchäologische Möglichkeiten, sich dem Phänomen des gelebten Raums zu nähern, die ich in dieser Arbeit anhand des späten 8. bis 7. Jhs. in Assyrien und Urartu aufzeige. Bezogen auf diese kulturell-politischen Einheiten (Assyrien und Urartu) lässt sich schnell feststellen, dass sowohl für assyrische, als auch für urartäische Eliten geplanter und unmittelbarer Raum erschließbar sind. Archäologisch wurden insbesondere Paläste, Burgen oder Tempel – d.h. Elitengebäude – untersucht wurden (Kap. 4 und 5). Zwar wurden einige assyrische Privathäuser ausgegraben, z.B. in Nimrud und den Peripherien, allerdings sind auch diese eher Häuser reicherer Menschen (Egbers 2019b, 98). Für Urartu ist im Vergleich noch weniger bekannt, denn es wurden nahezu ausschließlich die Burgen und beeindruckend gelegenen Zitadellen ergraben, Unterstädte (mit Ausnahme von Ayanis) oder gar Dörfer sind bisher fast gänzlich unbekannt. Hinzu kommt, dass die textliche Überlieferung Urartus dadurch hochgradig einseitig ist, da es sich überwiegend aus in Stein gehauenen Bauinschriften und vor allem Inschriften religiösen Inhalts handelt. Schriftzeugnisse über alltäglichere Begebenheiten gab es fast gar nicht. Hier sieht es für Assyrien ein wenig anders aus, denn neben Königsinschriften propagandistisch-historischen Inhalts gibt es auch Briefe, Abrechnungen, Bauinschriften und ähnliches. Natürlich sind durch die Grabungen in überwiegend „öffentlichen" Gebäuden allerdings deutlich mehr Schriftzeugnisse aus Herrschaftsbereichen gefunden worden, als aus anderen Bereichen (Egbers 2019b, 98). Wie also kann man sich bei dieser Quellenlage dem Thirdspace bzw. der gelebtem Produktion von Raum annähern?

Ich gehe dafür komparatistisch vor und rekonstruiere zunächst, wie eben als traditionelle Vorgehensweise beschrieben, den geplanten Raum aus empirischen Ausgrabungsbelegen. Der Unterschied besteht allerdings in einer stärker als üblich hermeneutischen Herangehensweise (Egbers 2019b, 100). Es geht mir darum, das Verhältnis von unmittelbarem Raum zu geplantem Raum in der archäologischen Analyse insofern umzudrehen, als die architektonische Untersuchung phänomenologisch angelegt ist: jeweils zwei assyrische und urartäische, mehr oder minder zeitgleiche große Baukomplexe werden nach den Möglichkeiten ihrer Sinneswahrnehmung (unmittelbarer Raum) aufgegliedert. Durch dieses Vorgehen lassen sich geplante Verhaltens- und Wahrnehmungsweisen rekonstruieren. „Geplant" meint hier nicht eine explizit verbalisierte Planung der phänomenologischen Dimension in der Vergangenheit, maximal einige wenige Einzelaspekte letzterer. Denn die errichteten Bauten waren auch Produkte unhinterfragter Routinen. Das, was *nicht* Routine ist, von dem, was als selbstverständlich hingenommen wurde, zu unterscheiden, scheint am konkreten Beispiel nahezu unmöglich zu sein für so lange vergangene Zeiten, es sei denn, man hat außerordentliche Quellen. Dies ließe sich auch als „Beiläufigkeits-Problem" umschreiben.

Weiter gehe ich davon aus, dass sinnliche Wahrnehmung sowohl eine empirisch untersuchbare Komponente besitzt, als auch eine kulturell bedingte (Kap. 3; Egbers 2019b, 100). So ist der Prozess des Sehens etwa unterteilbar in „Sicht", als messbare, objektivierbare Einheit, aber auch „Visualität", als erlernte kulturspezifische Art, Gesehenes zu interpretieren, wie im anschließenden Kapitel näher erläutert (vgl. Egbers 2019b, 100, FN 11). Das bedeutet, dass die in der Archäologie typische Vogelperspektive erweitert werden muss um eine Analyse des Eindrucks und der Wirkung von Architektur auf „Augenhöhe". Konkret heißt das für mein archäologisches Fallbeispiel: Sowohl in Urartu als auch in Assyrien gab es je eigene Formen architektonischer Raumproduktionen. Zu dieser tritt beispielsweise im Falle Assyriens die Einbeziehung einer spezifischen Bildwelt in Form von detailliert ausgestalteten Palastreliefs mit narrativen Darstellungen, im Falle Urartus die Ausnutzung der Natur als Szenerie, die u.a. in Ortsnamen erscheint wie „Rusas Burg vor [oder gegenüber?] dem Berg Eiduru", wie in den folgenden Kapiteln (4 und 5) näher beschrieben wird. Ziel dieser Analysen ist die notwendigerweise abstrakte, normative Formulierung eines „räumlichen Habitus". Letzteren kann man nach Pierre Bourdieu definieren als eine gruppenspezifische „strukturierende Struktur", die Individuen über Sozialisierung in sich aufnehmen, und die ihnen damit zu einer „zweiten Natur" des Raums wird (Löw, Steets und Stoetzer 2008; Bourdieu 2009). Habitus kann auch als strukturierte und dauerhafte Dispositionen basierend auf *embodiment* (Hexis) beschrieben werden, der somit eine Theorie der Sozialisierung darstellt (Bourdieu 2009).

2.2.1 Räumlicher Habitus

Für Bourdieu ist die Herstellung homogener Orte gleichzusetzen mit einem Prozess der Segregation. Demnach sei auch der Platz im physikalischen Raum ein Indikator für Stellung im sozialen Raum. Darauf aufbauend muss auch der Planungsakt als Streben nach sozialer Kontrolle verstanden werden. Man kann zwar sicherlich davon ausgehen, dass ein großer Teil der Planungsarbeit ebenfalls über das praktische Bewusstsein stattfindet und deshalb ebenfalls habitualisierte Züge aufweist. Viele Planungsentscheidungen werden getroffen, weil die PlanerInnen geschmacklich erzogen/ausgebildet wurden und weil „man das einfach so macht". Nach Außen getragen wird aber immer nur das Gegenteil: Das wiederum hat Konsequenzen für die Gleichung „Planung = Kontrolle" (ausgenommen natürlich für Spezialfälle wie Gefängnisse o.ä.). Andererseits gibt es in der Planung durchaus auch immer eine notwendige Reflexivität, wenn etwa in Urartu darüber entschieden werden muss, ob und wie man sinnvoll auf steilen Felsen baut; dazu gehören beispielsweise Fragen danach, woher das Baumaterial kommt, wie und warum man glatt behauene Steine verwendet etc. Diese Entscheidungen sind nicht routinemäßig zu treffen. Für Assyrien geben etwa die Bauberichte der Paläste einen ausführlichen Einblick in die Komplexität der Planung, ebenso wie die Reliefs, die den aufwendigen Antransport von den gigantischen Lamassus oder des Bauholzes auf Flößen zeigen.

In dieser Arbeit geht es nicht um die Reaktion spezifischer ethnischer oder religiöser innerurartäischer oder innerassyrischer Gruppen auf die räumlichen Umstände, sondern um die Frage, wie spezifische räumliche Gegebenheiten der bebauten Umwelt und deren Eingliederung in die natürliche Umwelt Anteil hatten an der Entstehung eines allgemeinen Habitus, der durch Sprache, Materialität, Jahreszeitenwechsel und andere Phänomene produziert wird. In Anlehnung an Bourdieu (2009) gehe ich davon aus, dass Menschen nicht allein ein kulturelles „Bewusstsein" entwickeln, ob kollektiv oder individuell, sondern dass die tiefergehenden Zusammenhänge zwischen Gesellschaft und einzeln Handelnden aus einem weitgehend – gerade über kulturelle Differenzen oftmals hinwegreichenden – einheitlichen Habitus bestehen. Die „strukturierende Struktur", der Habitus, gibt laut Bourdieu den sozialen Alltagshandlungen überhaupt erst ihre unreflektierte Vorhersehbarkeit – ein Konzept, das auch in der Geschichte schon länger erfolgreich angewandt wird (Bourdieu 2009; Mergel und Welskopp 1997; Jurt 2010). Im Deutschen kann man dafür auch den Begriff des „Sinns" verwenden, der ein relationaler Effekt der intersubjektiven Übereinstimmung/Abstimmung ist. „Historischer Sinn" (Rüsen 1994) als Vorstellung über die Vergangenheit (und damit als Erwartungsproduzent für die Zukunft) gehört da hin und führt dazu, dass Materialität in der Regel keinen absoluten Brüchen unterliegt, sondern sich diachron allmählich verändert – und damit auch die raumstrukturierenden Teile der Materialität.

Ich erhebe nicht den Anspruch, einen ganzen urartäischen oder assyrischen Habitus zu definieren, denn dies würde viele Dimensionen einbeziehen, die in dieser Arbeit nicht sinnvoll thematisiert werden können. Noch geht es mir darum, „die UrartäerInnen" oder „die AssyrerInnen" als eine einheitliche soziale Gruppe der Analyse zu unterlegen, da es natürlich eine Vielfalt an sozioökonomischen, gender-, alters- oder anders-bedingten Identitäten in den beiden Reichen gegeben haben mag. Vielmehr beschränke ich mich allein auf die räumlichen Aspekte des Habitus. Ich gehe davon aus, dass diese unhinterfragt sind, dass sie also gerade nicht Teil einer bewussten Haltung der in Urartu bzw. Assyrien Lebenden waren. Alles andere wäre, mit Bourdieu (2005, 7) gesprochen, eine „scholastische Täuschung". Hierin unterscheiden sich habituelle Elemente grundlegend von religiösen oder ethnischen Formen der Identität, da diese – ganz besonders ethnische – gerade in Abgrenzung zu kulturell als „anders" Wahrgenommenen entstehen bzw. sich tradieren (vgl. Barth 1998). Räumlicher Habitus ist ein Verhältnis zwischen Erfahrungen, die im Laufe einer Sozialisation unproblematisiert aufgenommen wurden, sich dann aber in eben solche unproblematisierten und unproblematisierbaren Erwartungshaltungen umsetzen. Hierbei lehne ich mich an das Vokabular des Historikers Reinhart Koselleck an (Koselleck 1988; 2006, 68).

Ich meine mit „räumlichem Habitus" aber vor allem die Habitualisierung von Subjekten in und durch ihre Räume. Das heißt, dass etwa assyrische Höflinge, Soldaten, und andere am Hof Verkehrende die räumlichen Verhältnisse als unhinterfragbar erlebten, nicht aber als beengend und arbiträr. Rekonstruiert man über die in Kap. 3 erläuterten phänomenologischen Verfahren die jeweils spezifische Subjektivierung durch Raum und in die Raumverhältnisse einer Gesellschaft, können die Ergebnisse einander gegenübergestellt werden. Der räumliche Habitus urartäischer BurgbewohnerInnen kann dann dem der AssyrerInnen gegenübergestellt werden. Kriterien, nach denen ein solcher am archäologischen Korpus untersucht werden kann, werden im folgenden Kapitel näher beschrieben (Kap. 3.3).

2.2.2 Subjekt und Subjektivierung

An dieser Stelle möchte ich kurz auf die Frage eingehen, was Subjekte sind und wie sie sich konstituieren.[1]

Subjekte und Objekte selbst sind nie stabile, klar definierbare Einheiten, sondern befinden sich in ständiger Aushandlung. Auch, was ein Subjekt und Objekt jeweils ist, befindet sich im Wandel. Wenn dementsprechend Subjekte nicht als fixe, gegebene Entitäten gesehen werden, gewinnt die Frage nach dem Prozess der Herstellung von Subjekten, die Subjektivierung, an Bedeutung (vgl. Reckwitz 2010; Studien zu Subjekten und Subjektivierung in der westasiatischen Archäologie sind etwa: Smith 2004; Bernbeck 2008; Pollock 2017).

Insbesondere Michel Foucault (2005) setzte sich mit bekanntlich mit der Produktion und den Aushandlungsprozessen von Subjekten (und Objekten) auseinander. Er führte dafür das Konzept verschiedener „Technologien" ein: Technologien der Macht, des Selbst, der Produktion und der Zeichensysteme (die letzteren beiden behandelt er jedoch nicht weiter; Reckwitz 2008; vgl. Schreiber, Neumann und Egbers 2019). Seines Erachtens werden Subjekte (einzelne sowie Positionen) dadurch objektifiziert oder kreiert, dass sie mittels Technologien der Macht kontrolliert, geformt und gestraft werden, um den herrschenden Strukturen angepasst zu werden. Die kontrollierende Gewalt kann somit entscheiden, welche Subjektposition anerkannt wird und welche nicht. Widerstand gegen den auferzwungenen Subjektstatus wird mit verschiedenen Formen von Gewalt, sowohl physischer als auch durch Regeln oder Normen, begegnet. Unter „Technologien der Macht" fällt auch Louis Althussers (1977, 140–45) Konzept von Interpellation, welches besagt, dass

---

1   Eine ausholende Beschreibung und Analyse der unterschiedlichen Ansätze und Definitionen von Subjekten und Subjektivierungs-Prozessen würde jedoch den Rahmen dieser Arbeit sprengen. Eine gute Übersicht über Definitionen und Bedeutungen der Konzepte „Subjekt, Subjektivierung, Subjektivität" siehe z.B. Rebughini 2014; Wiede 2014; Venegas 2017. Auch möchte ich erwähnen, dass die Diskussion um Subjekte, Objekte und Abjekte selbst, so kritisch sie sich geben mag, sich letztlich auf Ontologien und Wissenstraditionen des globalen Norden bezieht. Sie kommt damit unweigerlich aus einer eurozentristischen Perspektive, da sich in anderen Wissenssysteme die Frage nach der Konstitution von Subjekten oder ihrer Abgrenzung zu Objekten – sogar mit der Einführung des Abjekts – gar nicht erst stellen kann, wenn beispielsweise auch Tieren oder Objekten Handlungsmacht und eine Seele anerkannt werden. Da sich die theoretische Grundlegung meiner Arbeit allerdings auf Ideenkonzepte vornehmlich entstanden aus westlicher Wissenschaft beruft und ich selbst aufgrund meiner Ausbildung darin verwurzelt bin, ist es notwendig, genau diese auch darzustellen und ihre Diskurse, die durch postkoloniale Theorie durchaus auch in Austausch mit bzw. kritischem Bewusstsein über die eigene Hegemonie und die Existenz anderer Systeme und Ontologien sind, zu erläutern, um den eigenen Ansatz zu kontextualisieren.

Menschen durch Anrufung (Interpellation) und ihre Reaktion darauf ihre zugeordnete Subjektposition unbewusst an- bzw. einnehmen. Als sein berühmtes Beispiel nimmt er dazu die Situation, dass jemand auf der Straße von einem Polizisten „angerufen" wird (‚He, Sie da!') und die angesprochene Person sich umdreht (Althusser 1977, 142–43). Der Akt des Umdrehens besiegelt dabei die Akzeptanz des in dieser Szene vorgeschriebenen Subjektstatus. Daher sind auch Entfremdungsprozesse Bestandteil und Motor von Technologien der Macht.

Dem gegenüber stehen hingegen Selbstermächtigungsprozesse, die Foucault als „Technologien des Selbst" umschreibt. Es besteht eine Dialektik zwischen Technologien der Macht und des Selbst, da Subjekte und Subjektgruppen nicht nur von äußeren Disziplinarmaßnahmen bestimmt werden, sondern auch von inneren Wahrnehmungen des Selbst und des Umfelds. So können vorgegebene Subjektpositionen schleichend infragegestellt und sogar verändert werden. Möglicherweise führen gerade die „Vorgaben" dazu, was Subjekt und was nicht, zur Auseinandersetzung mit dem Selbst (vgl. Wiede 2014, 3). Zwischen dem „Selbst" und der „Macht" wird also in einem andauernden Vorgang darum gerungen, wer bzw. was Subjekt oder Objekt ist und welchen Stellenwert der jeweilige Status besitzt (vgl. Miller 1987, 3–82; in einem Artikel mit Stefan Schreiber und Sabine Neumann von 2019 führen wir diese Fragen weiter in Bezug auf den Umgang mit Toten in der Archäologie, s. Schreiber, Neumann und Egbers 2019). Zwischen Subjekt und Objekt gibt es laut Julia Kristeva (1982) noch sog. Abjekte, verworfene Daseinsformen, denen der Subjektstatus aberkannt wurde, die aber auch nicht ganz Objekt sind (oder andersherum); historisch fielen darunter beispielsweise SklavInnen, Kriegsgefangene, (Haus)-Tiere, usw.

Wenngleich die Grundzüge dieser Konzeptualisierung von Subjekten auch für meine Arbeit gelten, fehlt bei Foucault und anderen poststrukturalistischen Ansätzen, die körperliche Sphäre von Subjekten, die für die von mir im folgenden Kapitel 3 beschriebene phänomenologische Methode nicht zu missachten ist. Macht/ausübung bei Foucault wird als rein diskursives, relationales Konstrukt verstanden; Körperlichkeit hingegen wird vernachlässigt und indirekt auf das pure Erleben von Lust und Schmerz reduziert. Dem entgegen ist für Terence Turner (1994, 28) der Körper zuallererst eine Beziehung aus subjektiv-objektiv, persönlich und sozial sowie materiell und bedeutungsvoll. Er ist die materielle Infrastruktur der Produktion von Selbst, Zugehörigkeit und Identität (vgl. Wolputte 2004, 256).

Ich würde dem gegenüberstellen, dass Subjekt*positionen* nicht feststehend sind und sich diskursiv im Wandel befinden, Subjekte selbst jedoch über eine (über-individuelle) Körperlichkeit verfügen, die ganz wesentlich für das Erleben von Subjektivität und dem jeweiligen temporären Subjektstatus ist (zu Körpern s. Wolputte 2004; als Grundlegendes Werk zu Subjektpositionen s. Laclau und Mouffe 1985).

Für Pierre Bourdieu (1980; 2009) wird soziales Handeln von einer Annäherungslogik bestimmt, die vom Habitus, vom sozial informierten Körper bzw. verkörperter Gesellschaft und naturalisierter Geschichte geprägt ist (Bourdieu 2009; siehe auch Mauss 1950, 368; Thomas Csordas 2015 beschreibt und vergleicht in seinem Artikel „Toward a Cultural Phenomenology of Body-World Relations" die elementaren Strukturen von *agency* in dem Verhältnis von Körper und Welt bei Merleau-Ponty, Foucault und Bourdieu). Diese Logik ist subjektiv, aber nicht individuell, da sie von Mitgliedern derselben sozialen Gruppe oder Klasse geteilt wird. Sie führt zu einer unmittelbaren Adhäsion an die Welt (*doxa*), die einen „Kreislauf von Metaphern [...] die sich wechselseitig unendlich reflektieren" (Bourdieu 2009, 170) ergibt (und weist damit unmittelbare Ähnlichkeit zur Logik des *Thirding* auf). Diese unbestrittene, aber nicht unbestreitbare Akzeptanz der Welt ist folglich auch ein Zustand des Körpers (Bourdieu 1980, 115). Mit diesem Verständnis erklärte Bourdieu, sich weg von sozialen Fakten hin zum Prozess der (Re-)Produktion von sozialen Fakten zu bewegen, oder, anders ausgedrückt, weg vom Organismus hin zum Prozess der Verkörperung (*embodiment*). Es wurde jedoch kritisiert, dass Bourdieu Verkörperung/embodiment als selbstverständlich betrachtet und es mit Körperlichkeit verwechselt (z.B. in Lyon und Barbalet 1994, 50).

Diesen Vorstellungen folgend, wurde der Körper auch als Medium und Antreiber sozialer Prozesse und politischer Veränderungen untersucht. Diese Konzeptualisierung ermöglicht eine Art von praxeologischem und nicht diskursivem Widerstand, der zwar bestehende Herrschaftsverhältnisse nicht direkt konfrontiere, aber dem Eindringen des hegemonialen Systems in die Strukturen der „natürlichen Welt", des Alltags, durchaus trotzen kann (Wolputte 2004, 255). Dazu gehört andererseits auch, dass die Akzeptanz symbolischer, unsichtbarer Macht zur unbewussten Selbst-Subjektifizierung und somit Selbst-Dominierung führen kann. Damit ist die Möglichkeit sozialen Wandels gegeben, die Bourdieu bereits mit dem Konzept des „Hystereseseffektes" (Bourdieu 2009, 168) andeutet. Dieser Effekt bedeutet die Lücke oder Unvereinbarkeit interiorisierter/verinnerlichter Dispositionen im Spannungsfeld von Habitus und der real entgegentretenden Umgebung (Bourdieu 2009, 168). Hysteresis sei „in der Konstitutionslogik eines jeden Habitus angelegt". Sie bedeutet die stete Gefahr negativer Sanktionen („negativer sekundärer Verstärkung") in dem Fall, wo die Umgebung, der sie real entgegentritt, allzu sehr von jener abweicht, an die sie objektiv angepasst wurde. Dass sowohl bei Maurice Merleau-Ponty (1970) als auch Bourdieu Körper und Verkörperung/*embodiment* eine Rolle in der Genese von (gesellschaftlicher) Bedeutung spielen, steht dabei auch im Einklang mit meiner Arbeit. In der Phänomenologie Merleau-Pontys (1970) lässt sich die verkörperlichte/inkarnierte

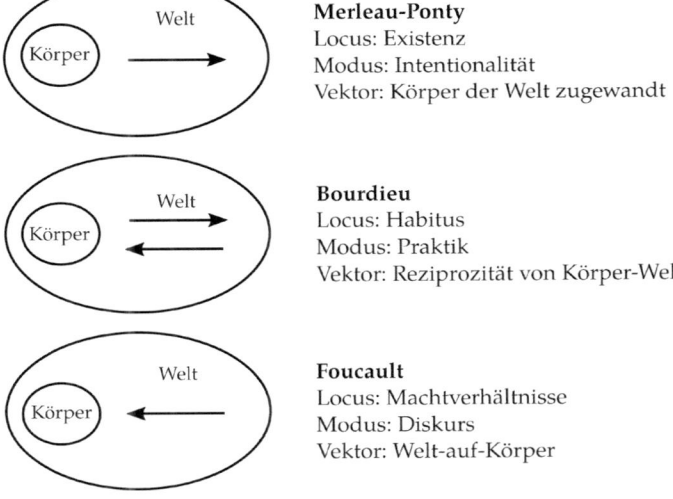

Abbildung 2.2. Die elementaren Strukturen von *agency* im Verhältnis von Körper und Welt (nach Csordas 2015, Abb. 1)

Subjektivität auch als Körper-Selbst bezeichnen. Ver*körperung* ist situiert in der Sphäre der gelebten, alltäglichen Erfahrung und damit im Thirdspace, nicht hingegen im Diskurs (vgl. Csordas 1990, der über die Bewegung der sog. charismatischen ChristInnen in Nordamerika forscht). Laut Thomas Csordas (1990, 10) geht es in diesem Verständnis bei *embodiment* um „Verstehen" und „Sinnmachen" auf präflexive oder vorsymbolische, aber nicht vorkulturelle Weise. Damit ginge es Objektivierung und Repräsentation voraus und sei ein wesentlicher Bestandteil des menschlichen Daseins in der Welt (s. aber Lacan 1988 und in Laclau und Mouffe 1985; vgl. Abb. 2.2). Als solches versucht es den Unterschied zwischen subjektiv und objektiv, Kognition und Emotion oder Geist und Körper aufzuheben (vgl. Csordas 1994, 276; 2015; Wolputte 2004, 258).

Im Einklang mit der Theorie des Thirdspace ist letztlich auch in dieser Ansicht von Verkörperung (als Prozess der Subjektivierung) die Sphäre des Erlebens von Raum, Zeit, Körper, Selbst und Identität als der Ort, an dem die daher oft paradoxen und widersprüchlichen Mechanismen von Veränderung und Brüchen stattfinden (vgl. Fardon 1995).

Ich habe bewusst auch die eher diskurstheoretische Konzeptualisierung Foucaults und Althussers neben Bourdieu in diese Betrachtungen zu Körpern, Subjekten und Subjektivierung genommen, da dieses Themengebiet m.E. irgendwo zwischen Diskurs- und Praxistheorien liegt, dessen Paradoxe nicht notgedrungen gelöst, sondern auch einfach dargestellt werden können. Dies lässt sich indirekt auch in der von Lefebvre und Soja aufgestellten Triade in der Produktion wiederfinden. Denn während die Aushandlung des Secondspace (oder *conceived space*) auf der Diskursebene stattfindet, liegt die Thirdspace (*lived space*) auf der Ebene der Praxis und gelebten Interpretation des Firstspace (*perceived space*). Die Subjekt-Konzepte ermöglichen, wie Thirdspace, nicht nur den von Fokus von dominanten Gesellschaftsschichten, die sonst über die Mittel zur Beeinflussung des sozialen Diskurses verfügen, abzurücken (z.B. bei Mongelluzzo 2011, 70), sondern auch diese rein ortsgebunden oder wie abgeschottet zu sehen. Stattdessen ergibt sich auch die Möglichkeit einer übergreifenden Perspektive, in der Prozese der Marginalisierung, Identifizierung, Gewalt oder auch Kreolisierung untersucht und kontextualisiert werden können. Durch diese Verschiebung rückt das Alltägliche und seine Erfahrung (*doxa*) auch einfacher Menschen ins Zentrum (ohne jedoch „Subjekt" in dieser Arbeit mit „Individuum" gleichzusetzen, mit seinem Bezug zu Individualität, Singularität oder Individualisierung).

Hier verbinden sich mein Fokus auf Thirdspace und der Entwurf der Idee eines räumlichen Habitus im Bezug auf Subjektivierung. Bevor ich nun weiter zur Beschreibung meiner Methode zur Analyse des Thirdspace am archäologischen Beispiel gehe, möchte ich jedoch noch genauer auf die Bedeutung und Definition von Subalternität (und Marginalisierung) als spezifische Form der Subjektposition und möglicher Subjektivierung eingehen, nachdem ich diese Begriffe bisher bereits mehrfach erwähnt habe und sie im Zuge der Gegenüberstellung Urartus und Assyriens eine wichtige Rolle spielen.

2.2.2.1 Subalternität

Der Begriff der „Subalternen" geht ursprünglich auf Antonio Gramsci (1971, erstmals publiziert in den 1930ern) zurück. Er wurde in den 1980ern Ranajit Guha und weiteren indischen HistorikerInnen aufgegriffen, um Kritik zu üben an der in ihren Augen eurozentristischen Geschichtsschreibung (vgl. Egbers 2019b, 93). Diese Gruppe von

WissenschaftlerInnen wurde auch *Subaltern Studies Group* (SSG) genannt und beschäftigte sich zunächst vorwiegend mit der Zeit des Weges zur indischen Unabhängigkeit vom 19. Jahrhundert bis 1949. Die SSG stellte fest, dass die Geschichtsschreibung über diesen Entwicklungszeitraum mit Begriffen und Denkweisen europäischer Historiographie stattgefunden habe und dadurch Menschen unterer sozialer Klassen keinerlei Einfluss zugesprochen worden sei. Für eben jene historisch „übersehenen" Menschen verwendeten die WissenschaftlerInnen der SSG den Begriff *subaltern* (Egbers 2019b, 93).

Diese Subalternen, bei Guha 1983 meist Bauern – selten Bäuerinnen – in Indien, hätten im Verständnis der SSG hingegen schon immer auch unabhängig von Eliten gehandelt. Ihr Handlungspotenzial wurde schlicht im wissenschaftlichen Diskurs ignoriert (zu *agency* siehe z.B.: Johnson 1989; Gell 1998; Dobres und Robb 2000; Schreiber 2018; vgl. Egbers 2019b). Dementsprechend forderten die Mitglieder der SSG eine revidierte Geschichtsschreibung, bei der dieser „Fehler" behoben wird, beispielsweise dadurch, dass in Archiven nach Lücken und Löschungen gesucht werden soll und genau darin Hinweise auf die Handlungen Subalterner zu finden (Jazeel 2014, 91; Egbers 2019b, 93).

Die bekannteste Kritik am SSG, wenn auch ursprünglich selbst Mitglied, stammt von Gayatri Chakravorty Spivak (vgl. Chatterjee 2010). Sie deckt in ihrem Aufsatz „Can the Subaltern Speak?" (Spivak 1988; 2010 überarbeitet) nicht nur auf, dass das von der SSG „gesuchte" oder offenzulegende „authentische" Handlungsvermögen der Subalternen zwar implizit, aber nahezu ausschließlich männliche Aktion meint (dabei weist sie ebenfalls auf den diesen Studien inhärenten Essentialismus hin). Ihr geht es neben der feministischen Kritik auch um die Frage, ob nicht die Kategorisierung der Subalternen als Subalterne eine Reproduktion der kolonialen Logik des *Othering* darstellt und die Intellektuellen der Subaltern Studies Group ihrerseits die strukturelle Unmöglichkeit ihres Vorhabens verkennen und nur für und über spezifische Subjekte und Gruppen sprechen – und damit das tun, was sie eigentlich den HistorikerInnen ihrer Zeit vorwarfen (Egbers 2019b, 94). Im verschriftlichten Austausch mit Michel Foucault und Gilles Deleuze geht Spivak näher auf die Textlichkeit von Theorie und das Problem der Repräsentation ein. Anders als Foucault und Deleuze, die postulieren, dass Theorie Praxis ist, sieht Spivak den Text für den Ort der Produktion von Theorie an (Spivak 2008, 71). Für sie ist Theorie Repräsentation im doppelten Sinne: durch Theorie wird zum einen „gesprochen für" und zum anderen aber auch dargestellt (und zwar etwas, das erst durch die Interpretation der/des TheoretikerIn konstituiert wird, wie etwa „Subalterne"; Spivak 2008, 29; vgl. Egbers 2019b, 94). Die Aussage „Theorie ist Praxis" sei demnach eine Verschleierung der Problematik von Repräsentation, de facto ein Verleugnen der Textlichkeit von Theorie sowie eine Unsichtbarmachung der Ideale und Vorstellungen der AutorInnen (vgl. Birla 2010, 90).

Das bedeutet, dass HistorikerInnen erst durch das Sprechen für Subalterne diese überhaupt je nach eigener Definition als subaltern ideologisch konstituieren. Diese Kritik an den Arbeiten und Ideen der SSG bedeutet allerdings nicht, dass es keine Subalternität gibt. Dennoch beantwortete Spivak die im Titel ihres Textes gestellte Frage „Can the Subaltern Speak?" erst klar mit einem Nein. Diese Meinung revidierte sie später jedoch unter Vorbehalten (Spivak 2008, 154), denn auch wenn es technisch unmöglich bleibt, Handlungsvermögen und Sprache von Subalternen auf transparente Weise zu „repräsentieren", etwa durch wissenschaftliche Texte, bedeutet es nicht, dass nicht der

Versuch unternommen werden sollte hinzusehen und -hören, um eine selbstreflektierte, kritische Geschichtsschreibung zu betreiben (Birla 2010, 89; vgl. Egbers 2019b, 94).

Aus der Perspektive einer Archäologin fällt bei der Betrachtung und Zusammenfassung dieses wichtigen Diskurses jedoch auf, dass die Debatte um Subalternität anfänglich vor allem in den Sprach- und Geschichtswissenschaften geführt wurde. Anders als diese ist die Archäologie aber kein rein diskursives Verfahren und kann daher einen wertvollen Beitrag zu dem mittlerweile interdisziplinären Projekt der Erforschung und Integration der subalternen Anderen (*the others*) leisten (vgl. Tarlow 2012, 180). Denn neben schriftlichen Quellen (sofern vorhanden), ist einer der Hauptforschungsgegenstände die hinterlassene und erhaltene Materialität vergangener Epochen, die, zumindest im Verhältnis zu Textlichkeit tendenziell weniger einseitig in Bezug auf ihre Schaffenden ist. Die Formen der Repräsentation aller möglicher Epochen in den Altertumswissenschaften reichen von Text über Fotos, Zeichnungen und Datenbanken bis zu Karten und der Ausstellung von Objekten (Mose und Strüver 2009; Egbers 2019b, 94). Im Zuge von *New Materialism*, Akteur-Netzwerk Theorien und Methoden, die Kristiansens Third Science Revolution zugesprochen werden können, sind in den Altertumswissenschaften Tendenzen entstanden, die mitunter zu einer „Entmenschlichung" der Vergangenheit führen können; zwar könnte dadurch die Problematik des „Sprechens für" (beispielsweise subalterne) Subjekte umgangen werden, allerdings stellen sich dadurch auch signifikante Lücken ein, etwa wenn es um die emotionale Dimension menschlichen Lebens geht (Lindstrøm 2015; Brughmans, Collar und Coward 2016; Hodder und Lucas 2017; Schreiber 2018; Tarlow 2012; vgl. Egbers 2019b, 94). Außerdem handelt es sich bei der Auflösung des Subjekts um einen ideologischen Mechanismus, der die realen intersubjektiven Machtstrukturen unsichtbar macht oder machen soll. Dieser postkoloniale Diskurs tangiert daher klar auch die Archäologie als historische Wissenschaft (s. Gramsch und Sommer 2011 für eine Kritik an Altertumswissenschaften im deutschsprachigen Raum). Auch hier besteht die Gefahr, internalisierte oder „vertraute" Herrschaftsverhältnisse auf die Vergangenheit zu projizieren und so bestimmte Unterdrückungsmechanismen zu reproduzieren oder sogar durch Enthistorisierung überhaupt erst zu schaffen (vgl. Egbers 2019b, 94).

Die in der Archäologie häufig große räumlich-zeitliche Entfernung zu den untersuchten Gesellschaften kann dazu führen, dass unsere Geschichtsschreibung, die Teil unserer Ontologie ist, bestimmte Menschengruppen als bedeutende AkteurInnen in der Vergangenheit schlicht außerstande ist wahrzunehmen – sie also erst in der Gegenwart unerkannt und ungewusst zu Subalternen gemacht werden. In dem Moment, in dem ihr Wirken in der Vergangenheit „gefunden" und repräsentiert werden würde, wären sie demnach nicht mehr subaltern (im Sinne der Verleugnung in der rezenten Geschichtsschreibung). Diese unfreiwillig in der Gegenwart kreierten Subalterne lassen sich jedoch wegen der Natur ihrer „Schaffung" nur schwer „finden" und sichtbar machen. Im Idealfall lösen sich diese für die Vergangenheit „geschaffenen" subalternen Gruppen mit der Zeit auf, je mehr sich ForscherInnen mit ihrer eigenen ideologischen Situiertheit auseinandersetzen und ihre Positionen stets kritisch hinterfragen, vor allem, wo moderne Vorstellungen von Herrschaftsstrukturen die Interpretation der Vergangenheit beeinflussen – als Beispiel dafür kann etwa das sich ändernde Verständnis von Genderrollen (in Vergangenheit und Gegenwart) dienen; eine Entwicklung, die mit dem Erstarken feministischer und Gender-Theorien korreliert. Sinnbildlich steht dafür der Streit um die in den späten 1960er Jahren publizierte Konferenz „Man the Hunter". Erstmals wurden hier die sexistische Sprache sowie die Rollenklischees, die für die Beschreibung von Machtbereichen und der Vergangenheit im Allgemeinen verwendet wurden, heftig kritisiert und im Hinblick auf die verankerten Rollenvorstellungen der Schreibenden kritisch infrage gestellt (Sterling 2014).

Anstatt mich an dieser Stelle näher mit diesem doch sehr breiten epistemologischen Problem auseinanderzusetzen, möchte ich mich der Frage zuwenden, wer bzw. welche Gruppen nun in der tiefen Vergangenheit wie der Eisenzeit Nordmesopotamiens ggf. „tatsächlich" subaltern subjektiviert wurde und ob sich diese Subalternität in unserer modernen Forschung und Historiographie reproduziert (Egbers 2019b, 95). Es gab in vielen Epochen und Regionen unterdrückte, ausgeschlossene und marginalisierte Menschen wie etwa Bettelnde, ZwangsarbeiterInnen, SklavInnen u.ä., die nur wenig Einfluss auf das gesellschaftliche und politische Leben hatten – ganz im Gegenteil zu machthabenden Gesellschaftsgruppen wie königlichen Eliten, Gelehrten, PriesterInnen, HändlerInnen usw. Es ist vorstellbar, dass genau diese „machtfernen" Menschen auch im Verständnis der damaligen Gesellschaft als macht- und wirkungslos wahrgenommen wurden. Ihre Macht wurde damit eventuell geringer eingeschätzt, als sie real war. Folgend der Subalternitätsdebatte wie von Spivak gelenkt, wäre dies möglich, da sie Subalternität als nahezu komplette Sprachlosigkeit bzw. Nicht-gehört-werden definiert. Dies hieße nicht, dass Subalterne auch *praktisch* keinen Einfluss haben können. Dieser undiskutierte „Blindpunkt" lässt sich vermutlich darauf zurückführen, dass Spivak Literaturwissenschaftlerin ist.

Wenn diese schon in der Vergangenheit subaltern subjektivierten Menschen auch in der gegenwärtigen archäologischen Forschung als potentielle AkteurInnen übersehen werden, werden sie gewissermaßen doppelt marginalisiert: die Mechanismen, die sie zu ihrer Lebenszeit zum Schweigen gebracht haben, sorgen auch noch in der Gegenwart für ihre Unsichtbarkeit (Trouillot 2015). Zwar kann die subalterne Subjektposition dieser Menschen in ihrem (vergangenen) Leben nicht rückgängig gemacht werden, indem sich in der Forschung mir ihrem Leben und möglichen Wirken auseinandergesetzt wird – ihre Lebenserfahrung lässt sich nicht ändern. Allerdings können sie in unser gegenwärtiges historisches Narrativ zumindest eingeschlossen werden (vgl. Egbers 2019b, 95).

Durch eine Beschäftigung mit Subalternität in der Archäologie offenbaren sich m.E. drei Forschungsebenen:

1. Spezifische Menschen/gruppen der Vergangenheit werden von WissenschaftlerInnen „fälschlich" als subaltern konzipiert, obwohl sie zu ihrer Zeit keine subalterne Gesellschaftsposition einnahmen. Diese Menschen hören dann auf subaltern zu sein, sobald ihr tatsächlicher Einflussbereich in der Gegenwart erkannt und beschrieben wird.
2. Spezifische Menschen/gruppen wurden in der Vergangenheit zu Subalternen (dauerhaft oder temporär), durch stark eingeschränkte Einflussmöglichkeiten und Ausschluss aus dem politisch-gesellschaftlichen Leben. Werden diese Menschen/gruppen archäologisch erforscht und in die Geschichtsschreibung aufgenommen, sind sie Subalterne der Vergangenheit, jedoch nicht (mehr) in der Gegenwart.

3. Spezifische Menschen/gruppen, die sowohl in der Vergangenheit, als auch in der Gegenwart unerkannt und einflusslos sind, waren und belieben Subalterne. Sie verfügten nie über größeren Einfluss und erscheinen heute nicht im historischen Narrativ; sie sind „doppelt" zum Schweigen gebrachte, marginalisierte Subjekte.

Eine wissenschaftliche Auseinandersetzung mit Subalternität wird durch den Umstand erschwert werden, dass in der Regel Subalterne der Vergangenheit durch ihr geringes Einflusspotenzial wenige bis keine materiellen und textlichen Spuren hinterlassen konnten (oder durften), was in sich ein Politikum ist (Egbers 2019b, 95). Von Bernbeck (2003; 2005, 113) wird dies auch als „politische Dimension der Taphonomie" bzw. „politische Taphonomie" bezeichnet. Die Spuren ihrer Handlungen, Motivationen oder Denkweisen sind deutlich schwieriger zu erkennen, als die der Eliten. Erschwerend hinzu kommt, dass der Thematik in den Altertumswissenschaften bisher eher wenig Aufmerksamkeit geschenkt wurde (s. aber Bernbeck und Egbers 2019). Möglicherweise ist die wissenschaftliche Auseinandersetzung mit den namenlosen „VerliererInnen" der Geschichte weniger anziehend ist, als eine Beschäftigung mit Macht und Größe.

Das kann auch darauf zurückzuführen sein, dass Geschichte strukturell generell den Hang hat, Veränderung zu betonen und Statik zu vernachlässigen. Veränderung, wo anthropogen, ist der Raum der Historiographie, und jene, die in der Lage waren Änderungen herbeizuführen, werden somit strukturell in die Historiographie einbezogen und bevorzugt. Geschichte und Archäologie sind Wissenschaften, die oft eine bestimmte Gruppe Leute bevorzugen. Erst postmoderne, feministische u.ä. Ansätze, die sich spätestens seit den 1980ern mit *agency*, Praxistheorie, Handlungsräumen und -potenzialen auseinandersetzen, beton(t)en die Bedeutung, multiple Positionalitäten und Perspektiven einzubringen. Unter den Konservativen (die eigentlich selbst nicht so „geschichtsträchtig" sind, könnte man meinen) gibt es viele, die durch das Festhalten am Traditionellen eher „unintended consequences" ihrer Haltung verursachen, die prominent in der Geschichte erscheinen. Die aber, welche schlicht nicht einmal die Macht hatten oder haben, als Einzelne historischen Wandel (mit) zu verursachen, werden demnach ver- bzw. beschwiegen.

Allerdings stellte sich die abschließend zu diesem Absatz die Frage, wie archäologisch/historisch Subalterne erforscht werden sollen, wenn sie gerade dadurch definiert werden, dass sie keine Möglichkeit hatten und haben, sich Gehör zu verschaffen oder Spuren zu hinterlassen. Meine Antwort darauf ist genau die Verwendung des Konzepts des „gelebten Raums" bzw. „Thirdspace", wo die Prozesse in der Produktion von sozialem Raum analysiert und insbesondere der Einfluss von ausgeschlossenen, fremden, marginalisierten Subjekten in den Fokus gestellt werden, wie oben dargestellt.

2.3 Das ästhetische Regime

Zuletzt möchte ich in diesem theoretischen Kapitel das Konzept des sog. ästhetischen Regimes besprechen. Da im „ästhetischen Regime" die Bedeutung des sinnlichen Aufbaus sowie des Erlebens der Welt politisch begriffen und zusammengebracht wird, verwende ich es, um die verschiedenen Stränge von Thirdspace, Subalternität und Wahrnehmung miteinander zu verknüpfen und meine Forschungsergebnisse in Kap. 6 strukturiert zu präsentieren und gegenüberzustellen.

Der Begriff „Ästhetik" stammt vom altgriechischen αἴσθησις, was (sinnliche) Wahrnehmung oder Empfindung bedeutet. Anders als im alltäglichen Gebrauch, wo das Wort eher als Synonym für Schönheit oder (schöne) Kunst steht, verwende ich es hier im sehr generellen und grundsätzlichen, d.h. philosophischen Sinn, als jegliche Art sinnlicher Erfahrung. Es ist hinsichtlich meines Bezugs zur politischen Ästhetik interessant, dass das Wort „Ästhetik" nicht nur im Deutschen im Laufe der Zeit zum Synonym für Schönheit wurde, da der Bewertung, was als schön und was als hässlich gilt, ein normativer und hegemonialer Diskurs zugrunde liegt. Wenn auch sicherlich eine unintentionelle Auswirkung, muss man m.E. daraus schlussfolgern, dass die Verwendung von „ästhetisch" als „schön" in sich mitunter Ausdruck von Dominanz ist, impliziert es doch die Existenz der einen, richtigen, also hegemonialen sinnlichen Wahrnehmung. Dafür spricht auch, dass „ästhetisch" im Sinne von „schön" in der Regel visuelle (seltener auditive) und nicht etwa geschmackliche oder haptische Schönheit gemeint ist, also dem in der westlichen Welt präferierten Sinn (genauer dazu unten in Kap. 3; vgl. Synnott 1990; Winter 2002, zu Ästhetik in Mesopotamien).

Ästhetik im Sinne jeglicher Wahrnehmung kann Langeweile, Angst, Lust, Gefallen, Unwohlsein oder Leid hervorrufen, also alle möglichen Emotionen ansprechen. Laut Pasquale Gagliardi (2006, 702; siehe auch 1990) beinhaltet Ästhetik in diesem Verständnis:

1. Wissen: Sinnliches Wissen (als entgegengesetzt zu intellektuellem Wissen), meist unbewusst, implizit, nicht beschreibbar bzw. nicht in Sprache übersetzbar (Gherardi, Nicolini und Strati 2007, 322–23, nennen dies auch *passionate knowledge*: „Aesthetic knowledge is passionate knowledge; just as passion is the aesthetic relationship with the world, both because it passes through the senses, and because it underpins the aesthetic judgements with which a community relates to the work practices that distinguish it. Aesthetic judgements about the workplace, its natural environment, and the persons who perform it, socially sustain work practices."; bei Giddens ist dies das „taktische Wissen")
2. Handeln: Ausdrucksbetontes (*expressive*), desinteressiertes Handeln (*action*), das eher von Impuls und Gefühl als von konkreten, erklärbaren Gegenständen und Sachverhalten geprägt ist (das Gegenteil von *impressive action*, die auf praktische Zwecke abzielt; Witkin u.a. 1974).
3. Kommunikation: Nonverbale Kommunikation (anders als Sprache), die in dem Maße stattfinden kann, dass Ausdruckshandlungen – oder die Gegenstände und Umstände, die diese produzieren – Teil des sensorischen Wissens werden und somit eine Möglichkeit darstellen, bestimmte Arten des Fühlens oder unbeschreibbaren Wissens weiterzugeben und zu teilen.

Grundsätzlich gehört diese Auffassung also in den nicht-diskursiven Bereich und bedeutet, dass daher eine explizite Reflexion *über* diese Auffassungen der Welt seitens der Rezipierenden nicht möglich ist (d.h. nicht auf intellektueller Ebene; es sei denn, dies wird „diskursiviert" aus externen Gründen). Im Sinne dieser Arbeit müsste jedoch der zweite Punkt Gagliardis – das Handeln – ergänzt werden darum, dass dieses zwar ausdrucksbetont und desinteressiert, aber dadurch nicht frei von unterschwelligen Interessen ist, denn Interessen und Politik müssen bereits Teil ästhetischer Regime sein, wenn sie Habitus beeinflussen.

Teile des Konzepts von Ästhetik, mit seinen praxistheoretischen Grundlagen und Gedanken zu nicht-reflexivem Wissen und Handeln, lassen sich dennoch gut auf das eines räumlichen Habitus übertragen, insbesondere das folgend erläuterte einer politischen Ästhetik.

Der französische Philosoph Jacques Rancière entwickelte in seinen Arbeiten (*Le Partage du sensible : Esthétique et politique;* Rancière 2004 [franz. Original 2000]) weiterführend die Idee einer politischen Ästhetik bzw. Ästhetik des Politischen, obgleich er sich dann vermehrt mit der Rolle der Kunst als politische Ästhetik und Spiegel der ästhetischen Dimension des Politischen in der Gesellschaft auseinandersetzte (vgl. auch die deutsche Zusammenfassung Rancières Werk von Wetzel und Claviez 2016). Das Wort *partage* des französischen Originals meint dabei sowohl Aufteilung als auch Teilhabe des Sinnlichen. Damit ermöglicht er die Beschreibung des Identitätsbildenden oder Gemeinsamen des Sinnlichen einerseits und die Teile, die exklusiv bleiben und ausschließen andererseits. Er unterscheidet hier zwischen einem ethischen, repräsentativen und ästhetischen künstlerischen Regime (Rancière 2004; 2006; vgl. auch Berrebi 2008; Tanke 2011). Die Ideen Rancières (insbesondere die der „ursprünglichen Ästhetik") stehen im Einklang mit Bourdieus Habitus, obwohl Rancière selbst Bourdieus Denken und das anderer wie Marx oder Sartre teils sehr kritisch sah (s. Rancière 2010, insb. 227: „Der Philosoph und seine Armen", das in Teilen der Kritik Spivaks gleicht mit der Beobachtung der Bevormundung/ Entmündigung und teilweisen Konstruktion der ‚Armen'). Doch Bourdieu schließt in seine Definition des Habitus mit ein:

> *„Dieses Prinzip ist nichts anderes als der gesellschaftlich geformte Körper, mit all seinen Neigungen und Abneigungen, seinen Verpflichtungen und Repulsionen, in einem Wort: mit all seinen <u>Sinnen</u>, d.h. nicht nur seinen ihm zugebilligten fünf Sinnen, die ja doch der strukturierenden Aktion der sozialen Determinationen nicht entgehen, sondern auch dem Sinn für die Verpflichtung und die Pflicht, dem Orientierungs- und Wirklichkeitssinn, dem Gleichgewichts- und Schönheitssinn, dem Sinn für das Sakrale, dem Sinn für Wirkung, dem politischen Sinn und dem Sinn für Verantwortung, für Rangfolgen, für Humor und für das Lächerliche, dem praktischen Sinn, dem Sinn für Moral und dem Sinn fürs Geschäft, und so weiter und so fort..."* (Bourdieu 2009, 270, Hervorhebung im Original)

Für beide gehört somit die Kontrolle der menschlichen Sinne, genauer die Verschmelzung der Sinne mit mentalen Konstrukten der Sphäre der Macht und Gesellschaft an; diese Sinne sind, wie Bourdieu meint, Gesellschaft *im* Subjekt bzw. Teil der Interiorisierung der Exteriorität (Bourdieu 1987b, insb. 102). Mit anderen Worten befindet sich an dieser Stelle ein weiterer Hinweis auf Bourdieus Aufhebung der Trennung von Objektivismus und Subjektivismus, indem er feststellt, dass genau das, was „objektive" Herrschaftsstrukturen darstellt, den Menschen als „subjektiver" Sinn „an-subjektiviert" wird bzw. die objektiven Effekte der gesellschaftlichen Ordnung sich als subjektive Gefühle im Menschen manifestieren (Bourdieu 1987a [1979], 309; sensu 1987b; 2009; vgl. auch Matthäus 2019). Beide, Rancière und Bourdieu, sind implizit der Meinung, dass sowohl die Bewertung physiologischer Empfindung manipuliert werden kann, ebenso wie dementsprechend die sensorische Struktur des Raums (ähnlich bereits Merleau-Ponty 1970, der schrieb, dass es keine Wahrnehmung ohne Bedeutungszuweisung gibt, dass also das rein Physiologische für ihn kaum betrachtenswert ist); auch wenn „manipuliert" damit nicht zwingend eine bewusst-zynische Planung meint. Trotz Bourdieus zitierter Aussage bleibt bei ihm die Nennung der Sinne eher ein Statement in seinem Werk auf das er kaum weiter eingeht, wenngleich sein Konzept von Hexis (eine Form des *embodiment*, vgl. oben Abschnitt 2.2) ebenfalls Bezug nimmt auf Körper und Wahrnehmung (Bourdieu 2009).

Auch Jürgen Habermas schreibt über Ästhetik als politisches Urteil und die Ästhetiken der Politik(en), die er auch hegemonische, ästhetische Regime nennt (zusammenfassend Duvenage 2003). Generell entstand eine Diskussion um die Re-Evaluierung des Begriffs „Ästhetik" im Zusammenhang mit einer Kritik an der Konzeptualisierung der öffentlichen und organisatorischen Sphäre gesellschaftlichen Lebens, in der Rationalität und die Kontrolle von Emotionalität oft als Hauptkomponente des Öffentlichen in der Entwicklung der Moderne betrachtet wurde (vgl. Elias, 1994 [1936]; für eine kritische historische Kontextualisierung siehe Gherardi, Nicolini und Strati 2007, 315–17). Heute wird diese Diskussion im Feld der sog. *organizational studies* geführt (vgl. Gherardi, Nicolini und Strati 2007). Es handelt sich dabei auch um eine Kritik an der ursprünglichen Form der Produktion von Wissen in der westlichen Wissenschaft, die demnach zunächst eine Art Blindheit gegenüber Wahrnehmung und Emotion entwickelt hat, da solche Themen nicht mit den aufgestellten Prinzipien von Rationalität oder Utilitarismus in Einklang gebracht werden konnten (vgl. unten Abschnitt 3.1). Habermas kritisiert diese zunehmende Instrumentalität bzw. „instrumentelle Vernunft" (vgl. Habermas 1981, Bd. 1, 474; 1985). Der Begriff der „instrumentellen Vernunft" geht auf Max Horkheimer (2007 [1947]) zurück und stellt eine Kritik an der Perversion des instrumentellen Denkens der Nationalsozialisten dar, durch die diese des „effektiven" Massenmords fähig waren. Gerade aus dem Feld der feministischen Theorie wurden einige kritische Studien bezüglich Instrumentalität durchgeführt (z.B. Wasserman und Frenkel 2015), wurden Adjektive wie „irrational, passiv, subjektiv/nicht-objektiv" oder „emotional" doch als klassisch stereotypisch weiblich konstruiert (vgl. Hardings 1991; in diesem System werden Wut oder Aggression in der Regel nicht als Emotionen beschrieben, um sie als vermeintlich männliche Eigenschaften zu klassifizieren). So zeigen Wasserman und Frenkel (2015), wie eine männliche ästhetische Organisation auch zur Diskriminierung am Arbeitsplatz führen kann und etwa Frauen in höheren Positionen aus diesem Grund teils auf „typisch weibliche" Dekoration, in Form von bunten Kinderzeichnungen oder der Verwendung fröhlich bemalter Kaffeetassen, verzichten, um als seriöser wahrgenommen zu werden; im Gegensatz zu Frauen in deutlich niedrig gestellteren Positionen, die auch keine Aussicht auf Aufstieg am Arbeitsplatz haben und aus daher auch „nichts zu verlieren", wenn sie einen femineneren Stil ausdrücken.

Das Gegenteil von Instrumentalität ist jedoch nicht notwendig „Emotion". Möglicherweise gibt es viel eher „Trangulationen" von Begriffen, was auch in feministischer Theorie vorhanden ist und bei Lefebvre und Soja mit „Trialektik" zumindest als Konzept vorkommt (vgl. auch Hardings 1991 zu *strong objectivity*).

Bernhard Waldenfels (2015, 92) schreibt in seinem Artikel „Zur Phänomenologie des architektonischen Raumes" zwar nicht explizit zu Ästhetik und Habitus, aber in diese Kontextualisierung passend:

„Der Verkörperung des Wohnens in den Dingen entspricht die Einverleibung des Raumes in der Raumgewöhnung. Der aktuelle Leib festigt sich zu einem habituellen Leib. Wie alle Habitualitäten kommen auch die raumbildenden Gewohnheiten durch wiederholtes Tun und durch wiederkehrende Bewegungen zustande. Die Schwierigkeiten einer solchen Eingewöhnung schildert Proust gleich am Eingang seiner Recherche; das allmorgendliche Aufwachen steigert sich zu einem Abenteuer, aus dem ihn nur die Gedächtniskraft des Leibes errettet. Man wird an einem Ort heimisch oder bleibt eben fremd. Die sprachliche Verwandtschaft von »Gewohnheit« und »Wohnen«, von habitude und habiter wurde schon oft genug vermerkt."

Meines Erachtens ergeben *de facto* die Modi des First- und Secondspace in der Produktion von Raum ein „ästhetisches Regime", mit dem alle Menschen (unwissentlich) konfrontiert werden. Ästhetisches Wissen, der räumliche Habitus, kann daher auch Identitäts- und/oder Gruppen-bildend wirken (Hempel, Krasmann und Bröckling 2011a, 8). Der Unterschied zwischen „räumlichem Habitus" und „ästhetischem Regime" ist, dass Regime eine allgemeine Struktur darstellen, die selbst nicht interiorisiert werden kann, sondern nur als Habitus „angeeignet". Der Habitus der Einzelnen aber reproduziert zumindest die nicht-materiellen Teile des Regimes. Anders als das (ästhetische) Regime wird (ästhetisches) Wissen hingegen durchaus interiorisiert, sowohl diskursiv als auch praktisch (dieses Wissen muss jedoch nicht *nur* interiorisiert existieren).

Als Teil des ästhetischen Regimes sehe ich ein unlimitiertes Spektrum an sensorischen Regimen, von denen ich in der späteren Auswertung vier beschreibe und nach ihnen die Gegenüberstellung gliedere. Diese werde ich, wie im folgenden Kapitel 3 genauer beschrieben, anhand der vorhandenen Quellenlage evaluieren sowie mit Blick auf den von mir gewählten Fokus auf den Thirdspace marginalisierter Subjekte. Das heißt, die besprochenen Aspekte der hier definierten sensorischen Regime kristallisierten sich heraus im Abwägen von: (a) welche Informationen der archäologische Kontext bereithält, und (b) wo es ein besonderes Konfrontationspotenzial gab in der Wahrnehmung und dem Erleben von AssyrerInnen in Urartu und umgekehrt. Die von mir entwickelten vier Regime, deren Zusammensetzung und zugeordnete Unteraspekte ich im Laufe des späteren, gegenüberstellenden Kapitels 6 näher erläutere, sind:

1. Zeitliches Regime
    (a) Raumrhythmisierung und Warten
    (b) Liminalität und Tastsinn
2. Repräsentatives Regime
    (a) (Sicht)Distanzen
    (b) Standardisierung und Homogenität
3. Körperlich-emotionales Regime
    (a) Olfaktorik, Gustatorik, Akustik
    (b) Hörbarkeiten und Taktilität
4. Sichtbarkeitsregime
    (a) Vertikalität – Horizontalität
    (b) Übernatürliches

Die Reihenfolge folgt keiner vorausgesetzten Logik und entspricht keiner Hierarchisierung. Außerdem möchte ich erneut betonen, dass es sich hierbei notwendigerweise um einen spezifischen Ausschnitt bzw. Querschnitt aus räumlichen assyrischen und urartäischen Habitus einerseits und Dimensionen eines jeweiligen Thirdspace andererseits handelt. Aspekte dieser vier Regime gehen ineinander über, das heißt, lassen sich aber in den jeweils anderen wiederfinden, wie etwa Raumrhythmisierung, hier unter „zeitliches Regime", das in Teilen auch in das „repräsentative Regime" übergeht. Um Doppelungen zu vermeiden und eine les-/nachvollziehbare Struktur zu bieten, werde ich jedoch mit den von mir gewählten Kategorien arbeiten, wohl wissend, dass diese in sich artifiziell und veränderbar sind.

Sowohl für Urartu, als auch Assyrien lässt sich, wie ich im Laufe der Arbeit darstelle, in Hinblick auf politische und ergo räumliche Organisation auch von einem ästhetischen Regime der Ungleichheit sprechen. Die Ungleichheit existiert dabei sowohl inner-urartäisch und -assyrisch zwischen den Strata der jeweiligen Gesellschaft, zwischen Männern, Frauen und anderen Gendern oder auch gegenüber Fremden. Darüber hinaus gab es weitere Intersektionalitäten der Ungleichheit, auf die ich hier jedoch nicht alle eingehen kann. Die Raumhabitualisierung war aber trotzdem quer durch diese Gruppen ähnlich.

Die Konfrontation mit dem jeweiligen ästhetischen Regime findet zuerst im Thirdspace statt. Aus diesem Grund werde ich die Kriterien der spezifischen Raumhabitualisierung entlang sensorischer Regime und ihrer unterschiedlichen Auswirkungen gegenüberstellen.

Da die Dimension des Thirdspace, mit der ich mich am meisten befasse, die der „Fremden" im urartäischen bzw. assyrischen ästhetischen Regime ist, ist die Berücksichtigung der oben in Abschnitt 2.2.2 beschriebenen Subjektposition in diesem Auswertungskapitel bedeutsam. Denn das Erleben des Selbst dieser Menschen muss zu einem Entfremdungsgefühl geführt haben, zusammen mit der äußerlichen Zuschreibung und Subjektivierung als *other* bzw. fremd und marginalisiert. Dies muss an sich bereits zu einer Verunsicherung auch im Alltäglichen geführt haben. Die stille Erfahrung einer so doppelt anderen Welt (des Selbst und der Subjektposition) muss als andauernde, unterschwellige Krise wahrgenommen worden sein, wo der Alltag seine Selbstverständlichkeit verlor: sowohl auf der unreflektierten Sinnesebene (Konfrontation mit dem neuen ästhetischen Regime), als auch der „offensichtlichen" zugeschriebenen marginalisierten Gesellschaftsposition (vgl. Richard Werbner 1998, der ähnliche Beobachtungen und Rückschlüsse zu postkolonialen Identitäten in Afrika macht; vgl. auch René Devisch 1996, der über Kirchen und Verdörferung im und ums ‚postkoloniale' Kinshasa, Demokratischen Republik Kongo, schreibt. Devisch ist der Meinung, dass diese Krise Spuren, oder Narben, auf Körper und Landschaft hinterlassen haben muss und damit eine teilweise unsichtbare, oft unerzählte Geschichte von Gewalt und unterbrochener, gestörter Selbstidentifizierung beinhaltet). Es gab sehr wahrscheinlich eine stete Unsicherheit des Selbst, der Subjektposition und Subjektivität (s. auch Scott 1985, der über Ironie als Mittel des subtilen Widerstands in solchen krisenbehafteten Kontexten schreibt). Diese Unsicherheit zwischen körperlicher Erfahrung, Habitus und kulturellem Milieu kreierte damit Personen mit sich dauernd verflüchtigenden Subjektivierungen, ohne Stillstellung, auch nicht am unteren sozialen Ende (vgl. Csordas 1994, 15; Battaglia 1995, 3, 7). Debbora Battaglia (1995, 3, 7) weist zudem darauf hin, dass das Bild eines universellen und unveränderbaren Selbst Teil der modernen westlichen Ideologie ist, in der Individualität mit Modernität, soziozentrische Persönlichkeit hingegen mit

Traditionalismus assoziiert wird. Sökefeld (1999, 418) fügt dem hinzu, dass das nichtwestliche Selbst oft als das Gegenteil des abgegrenzten, autonomen, reflexiven und unabhängigen westlichen Selbst aufgefasst wird und folglich oft die Möglichkeit eines Selbst im Anderen/the Other in der Welt geleugnet wurde und wird. Multiple „Selbsts" hingegen werden in der Regel pathologisiert, etwa als Schizophrenie oder dissoziative Identitätsstörung (auch „multiple Persönlichkeitsstörung").

Die daraus resultierenden Spannungen, paradoxen Erfahrungen und sozialen Konflikte waren dabei nicht abstrakt, sondern real, oder in andern Worten, er- und gelebt von realen Menschen (vgl. Wolputte 2004, 263). Oft stellt der Subjektivierungsprozess im Laufe einer Biographie (eines Lebens) einen erwarteten, mehr oder weniger kumulativen Vorgang dar, der ohne größere Brüche bestimmte Stadien voraussehbarer Art durchläuft; dem entgegen entsteht eine Subjektivierungskrise aus der spezifischen Situation Kriegsgefangener: (a) als nicht erwarteter, denn nicht voraussehbarer, Vorgang; (b) totaler Machtentzug über eigene Lebensvollzüge; (c) neue Räumlichkeiten und damit Ende der alten, die Teil der erwartbar-kumulativen Subjektivierungen waren. Der Bruch besteht danach aus der Mehrfach-Räumlichkeit als Rahmensetzung für den Sturz aus dem gewohnten sozialen Rahmen in eine verzweifelte Lage. Dieser Sturz ins Unerwartete kam als zeitliche Zäsur oder gar „Blitz". Wobei sich hier auch die Frage stellt, wie mit Kriegsgefangenen umgegangen wurde, also wo sie lebten, ob sie eingesperrt wurden, ob sie die Möglichkeit auf Flucht – aber wenn ja, wohin – hatten oder auch, wie sie auf dem Weg in das „feindliche Gebiet" bewacht wurden, wie sie nach eventueller Rückkehr behandelt wurden, usw. Die Identifizierung und Beschreibung der Orte, an denen potenziell solche ephemeren Momente von Unsicherheit ausgelösten wurden sowohl für urartäisch subjektivierte Personen in untergeordneter, neuer Subjektposition in Assyrien sowie andersherum assyrischer in Urartu, ist Ziel dieser Arbeit und wird in Kap. 6 entlang der Dimensionen des jeweiligen ästhetischen Regimes geschehen.

2.4 Überleitung

Historisch ist es so, dass Assyrien und Urartu immer wieder in bewaffneten Konflikten miteinander in Berührung kamen. Beide Parteien erheben dabei den Anspruch, Kriegsgefangene der jeweils anderen Seite gemacht zu haben (vgl. Oded 1979; Zimansky 1985, 53–60; Salvini 2001, 261; Köroğlu 2011, 45; Çifçi 2017, 263–268; vgl. Egbers 2019b, 99). Hier liegt im Projekt der Dreh- und Angelpunkt für die empirische Analyse des gelebten Raums, der, wie gesagt, den Raum der Subalternen bezeichnet. Kriegsgefangene hatten per definitionem zunächst weit weniger Rechte als andere Untertanen im alten Westasien. Sie werden oft nackt dargestellt, mit hölzernen Halskrausen und auf dem Rücken gefesselten Armen, Frauen werden manchmal in erniedrigenden Szenen dargestellt, in denen sie mit Keulen geschlagen werden. Der Übergang vom Alltag zum Leben als Kriegsgefangene/r war damals sicher ebenso brutal und plötzlich wie heute und endete in der Regel in einer völlig anderen, unbekannten Umgebung (Egbers 2019b, 99). Die Betroffenen erfuhren einen abrupten Wandel ihres Status; die als „natürlich" empfundene Raumkonzeption eines assyrischen habitualisierten Mannes endete in urartäischer Gefangenschaft in der plötzlichen Konfrontation mit einer ganz anders gearteten Raumproduktion bzw. -wahrnehmung, was umgekehrt bei urartäischen Kriegsgefangenen in Assyrien ebenso der Fall war (Egbers 2019b, 99–100). Dem hinzu kam außerdem oft vermutlich eine ganze allgemeine Traumatisierung der Betroffenen. So wird beispielsweise in assyrischen Quellen angegeben, dass etwa Elamiter nach der Schlacht am Ulai die physischen Reste ihrer Verwandten am assyrischen Hofe mit Reibsteinen zerreiben mussten oder auch, dass Männer nach der Schlacht von Lachish in Palästina, geführt von König Sanherib, gehäutet wurden uvm. (z.B. Ponchia 2012, zu Gewalt in Assyrien; auch hier Kap. 5). Ich denke, dass Urartu Assyrien nicht unbedingt nachstand in puncto Gewalt, worauf u.a. Funde und Befunde aus Hasanlu, einer von Urartu eroberten und offenbar brutal zerstörten Stadt im heutigen Iran, hindeuten (zuletzt Cifarelli 2019).

Selbstverständlich handelte es sich bei den entsprechenden assyrischen Schrift- oder Bildquellen um propagandistische Informationsträger, deren exakter Wahrheitsgehalt dementsprechend zwar hinterfragt werden kann und sollte, die aber nichtsdestoweniger klares Indiz für Formen von Unterdrückung und Gewalt sind (vgl. Fuchs 2009b). Letztere müssen eine starke psychische Wirkung auf die in Kriegsgefangenschaft geratenen Menschen gehabt haben, die so wohl auch beabsichtigt war (immerhin wollte man solch traumatisierende Ereignisse sogar in Bild und Schrift festhalten und zeigen). Die Menschen trugen diese unverarbeiteten Geschehnisse auch als Kriegsgefangene und später eventuell als unterjochte „NeubürgerInnen" der entsprechenden Reiche in sich. Ich halte die Erwägung dieses Umstandes deshalb für wichtig, weil eine traumatisierte Subjektposition die phänomenologische Analyse zwar weiter verkompliziert und sicherlich weitestgehend unrekonstruierbar ist, aber dennoch historische Realität und damit in dem Kontext dieser Arbeit erwähnenswert.

Wir benötigen also nicht unbedingt materielle Spuren des Verhaltens Marginalisierter, um uns mit dem gelebten Raum der Antike zu beschäftigen. Die Grabungen geben dies tatsächlich derzeit nicht her. Man kann jedoch die Ausgangsposition des räumlichen Ursprungshabitus' der Gefangenen mit den Verhältnissen vergleichen, die sie im Gefangenenkontext antrafen. Das liefert uns vielschichtige und komplexe Hinweise auf das Potenzial des gelebten Raums. Wie kann das konkret als Analyse aussehen? „Wahrnehmung" ist ein komplexes Feld, dessen Aufgliederung in Einzelelemente nur eine erste Annäherung an eine „habitualisierte Räumlichkeit" sein kann. Es geht um erwartete (räumliche) Sinneswahrnehmungen, die durch kontinuierliche Raumnutzung unhinterfragt bzw. unhinterfragbar sind. Die Künstlichkeit dieser spatialen Erwartung fällt erst dann auf, wenn man in ein räumlich heterodoxes Umfeld gerät.

Die voranstehende Systematisierung von ausgewählten Raumkonzepten hat sich auf diejenigen Konzepte konzentriert, die sowohl für die Geographie und die Raumtheorie-Debatte als auch für die Migrationsforschung (und hier besonders die erzwungene Migration) relevant sind (Glasze und Pott 2014, 58). Obwohl Räume vielfach als gegeben und unveränderlich erscheinen, sind räumliche Differenzierungen doch das vorläufige Ergebnis gesellschaftlicher Herstellungsprozesse. Räume sind also immer potenziell veränderbar. Das Hinterfragen, aber auch die Annahme und Akzeptanz spezifischer Räume sind daher stets politisch (Glasze und Pott 2014, 59). Gerade eine Archäologie der sinnlichen Erfahrung bietet dabei einen methodischen Ansatz, um genau diesen Prozess *Entwurf – Gebaute Umwelt – Wahrnehmung/sinnliche Erfahrung – un/bewusste Reaktion* zu untersuchen (Mongelluzzo 2011, 14). Im folgenden Kapitel werde ich daher mein methodisches Vorgehen entsprechend einer Archäologie der Sinne erläutern.

3

Methodik

Um mich der räumlichen Komponente des Habitus vergangener Subjekte zu nähern, werde ich mich insbesondere Methoden aus dem interdisziplinären Feld der Archäologie der Sinne bedienen. Dies erscheint mir insofern sinnvoll, als die Auseinandersetzung mit sinnlicher Erfahrung und Empfindung zugleich auch immer eine Erforschung von Prozess und Veränderung ist, da sie implizit Fragen nach Design, Planung, Baupraktiken, Bewegung, Reaktionen uvm. behandelt, wie ich in diesem Kapitel darstelle (vgl. Mongelluzzo 2011, 14). Mit anderen Worten, die Methoden, Forschungsfragen und Ergebnisse, die sich im Feld der *sensory archaeology* und Phänomenologie entwickelt haben, können der Konzeption von sozialem Raum als Produkt gerecht werden, da sich darin nicht nur auf einen „Produktionsmodus" konzentriert wird, etwa den geplanten Raum durch eine Analyse und Beschreibung des (starren) architektonischen Grundplans eines Palastes unter Berücksichtigung der Perspektive der ehemaligen Könige, sondern u.a. auch die Positionalität von Subjekten und damit einhergehend die Mannigfaltigkeit von Wahrnehmung, d.h. implizit der unmittelbare und gelebte Raum, auf verschiedene Weise Erwägung finden kann.

Aus diesem Grund bringe ich in dieser Arbeit eine solche Anerkennung der Prozesshaftigkeit von Wahrnehmung auf der einen Seite und den in Kap. 2 vorgestellten konstruktivistischen Raumbegriff nach Lefebvre und Soja auf der anderen Seite miteinander in Verbindung, da dies mir ermöglicht, mich letztlich dem gelebten Raum und potenziellem Empfinden deportierter und marginalisierter Menschen in Urartu und Assyrien annähern zu können (Kap. 6).

Es geht mir dabei explizit nicht um die Erforschung einzelner, konkreter Objekte bzw. der Beziehung eines Objekts (Ding) mit einem einzelnen spezifischen Subjekt (Mensch; s. Abschnitt 2.2.2),[2] sondern um den Versuch, zunächst ein je nach archäologischer Quellenlage möglichst umfassendes Verständnis des sinnlichen Aufbaus urartäischer und assyrischer Räume zu entwickeln (Kap. 4 und 5). In diesem Kapitel stelle ich dar, auf welcher methodisch-theoretischen Grundlage dies geschieht und wie speziell dieses Vorgehen den

---

2   Vgl. Neumann 2015, 91, die sich in ihrer Arbeit über den Südwest-Palast in Ninive auf den japanischen Philosophen Nishitan (1982) bezieht, der sich in seinem Buch „Religion and Nothingness" neben Nihilismus u.a. mit Subjekt-Objekt-Beziehungen beschäftigt und postuliert, dass Objekte nie als alleinstehend und isoliert wahrgenommen werden.

Weg dazu öffnet, im Auswertungskapitel 6 Dimensionen von Thirdspace in Urartu und Assyrien anhand des Gerüsts „ästhetischer Regime" zu präsentieren und diskutieren.

3.1 Grundzüge und Möglichkeiten einer Archäologie der Sinne

Untersuchungen zu einer „Archäologie der Sinne" sind seit mehreren Jahren ein vor allem im angelsächsischen Raum erstarkendes Forschungsfeld. Dieses geht aus phänomenologischen Ansätzen in der Archäologie hervor bzw. ist nicht eindeutig davon abgrenzbar. Das dahinterstehende Denken hat seine Wurzeln dementsprechend in den Philosophien Martin Heideggers, Edmund Husserls (wenngleich überwiegend vergessen, siehe aber Ihde 2007, 17–24) und Maurice Merleau-Pontys (vgl. Brück 2005, 45; Betts 2017a, 1–2). Eines der bekanntesten bzw. frühesten Bücher zu Phänomenologie in der Archäologie wurde 1994 von Christopher Tilley veröffentlicht unter dem Titel „A Phenomenology of Landscape". Es bildet den Anfang Beginn einer Reihe von Arbeiten, die sich besonders in der britischen prähistorischen Archäologie mit subjektiver, menschlicher Sinneswahrnehmung in der Vergangenheit beschäftigten (Tilley 1994; 2004; 2007; s. auch Brück 2005, zur Phänomenologie in der prähistorischen Archäologie in Großbritannien, Houston und Taube 2000, zur Wahrnehmung im alten Mesoamerika, Witmore 2004, mit einer sozialanthropologischen Arbeit oder Johnson 2012, mit einer kritischen Zusammenfassung phänomenologischer Arbeiten in der Landschaftsarchäologie; vgl. Egbers 2019b, 101, FN 14). Tilley (1994, 12) definiert den Begriff der Phänomenologie darin wie folgt:

> „Phenomenology involves the understanding and description of things as they are experienced by a subject. It is about the relationship between Being and Being-in-the-world. Being-in-the-world resides in a process of objectification in which people objectify the world by setting themselves as apart from it. This results in the creation of a gap, a distance in space. To be human is both to create this distance between the self and that which is beyond and to attempt to bridge this distance through a variety of means—through perception (seeing, hearing, touching), bodily actions and movements, and intentionality, emotion and awareness residing in systems of belief and decision-making, remembrance and evaluation."

Dieser postprozessuale (und hegelianisch klingende) Ansatz steht generell im Kontrast zur gewisserweise entmenschlichten und manchmal entpolitisierten Untersuchung von Siedlungsstrukturen, Landnutzung oder Subsistenzweisen (Wilkinson 2003, 5–6; vgl. auch Neumann 2014, xxvii; wobei diese durchaus auch politisch sein können, wenn es etwa um Staatsentstehung aus Siedlungsstrukturen und das damit einhergehende politische Herrschaftspotenzial geht). Vermutlich führte gerade das Erstarken von Methoden und Programmen wie Hillier und Hansons (1984) „Space Syntax" oder Geographischen Informationssystemen (GIS) sowie Remote Sensing (z.B. Ur 2005; kritisch dazu Pollock 2016) zu Diskussionen darüber, wie solche Techniken beispielsweise im Bezug stehen zu postmodernen, besonders postkolonialen Diskursen, in denen sich stärker um die Offenlegung von Machtverhältnissen bemüht wird (vgl. McMahon 2016, 129–30, die solch integrative Ansätze – z.B. Computer-basiert und zeitgleich stark theoretisch eingebunden – auch als „empirische Phänomenologie" bezeichnet, was mir jedoch als in sich widersprüchlicher Ausdruck erscheint, es sei denn, alle Phänomenologie wird als empirisch verstanden).

Einer der größten Kritikpunkte an phänomenologischen Arbeiten in der Archäologie ist, dass die Forschenden Gefahr laufen, allein ihre subjektive Sicht auf die Vergangenheit zu projizieren und dass Interpretationen des archäologischen Untersuchungsgegenstandes nicht mehr nachvollziehbar und damit – implizit mitgedacht – auch nicht mehr wissenschaftlich seien (auch wenn sich argumentieren lässt, dass letztlich alle Ansätze subjektiv und teils rück-projizierend sind, da von Menschen entwickelt und angewandt). Nils Müller-Scheeßel (2013, 122) schreibt in diesem Zusammenhang:

„Ich würde allerdings auf der notwendigen Nachvollziehbarkeit aller archäologischen Schlussfolgerungen beharren, und die Werkzeuge, die ein GIS bereitstellt, sind dafür ausgezeichnet geeignet. Ansonsten besteht bei einem rein impressionistischen Vorgehen die Gefahr, dass man nicht prähistorische Interpretationen von Landschaft erforscht, sondern lediglich den eigenen Vorurteilen aufsitzt. Andererseits bleibt ein GIS-Ansatz steril, wenn er nicht die individuell sehr unterschiedlichen Handlungsmöglichkeiten der Akteure berücksichtigt, wie dies bei einem hermeneutischen Vorgehen viel eher geschieht. So hängt beispielsweise die Bewegungsfähigkeit im Raum nicht nur von den unterschiedlichen Transportmitteln ab, sondern auch von den individuellen Möglichkeiten der betreffenden Individuen; hier ist beispielsweise an Alter (Kinder, Alte) oder spezielle Behinderungen oder Verletzungen zu denken."

Wie schon in dem Zitat von Müller-Scheeßel erwähnt, kann auf der anderen Seite über der Verwendung von Computerprogrammen die subjektive Erfahrungswelt vergangener Gesellschaften vergessen bzw. in der Nutzung eines Computer-basierten Werkzeugs bereits das Ende der archäologischen Forschung gesehen werden, ohne auf übergeordnete Fragen und Interpretationen einzugehen oder (selbst-)reflektiert die theoretischen Implikationen dieser Arbeiten zu diskutieren. Als Antwort auf eine solche Kritik erläutert beispielsweise Mary Shepperson (2017) in der Einleitung zu ihrem Buch „Sunlight and Shade in the First Cities: A Sensory Archaeology of Early Iraq", dass sie bewusst auf aufwendige Computersimulationen von Licht- und Schattenwurf in ihrer Arbeit verzichtet, um den eigentlichen Fokus nicht zu technischen Details abdriften zu lassen. Sie wendet stattdessen nachvollziehbare mathematische Berechnungen an.

Beide Kritikpunkte sind m.E. Extreme und es hat sich gezeigt, dass durch eine Synthese verschiedener Ansätze spannende neue Zugänge zur Vergangenheit aufgezeigt werden konnten, wie ich unten genauer darstellen werde. M.E. kann auch Lefebvres *production de l'espace* als eine Antwort auf diese Spannungsfelder zwischen *hard* und *soft sciences* verstanden werden (s. Abschnitt 2.1.1). Seine marxistische Kritik an der im Kapitalismus verankerten Wissensproduktion in der akademischen Welt des globalen Norden ist an ihrer Basis bei ihm zunächst eine Kritik am untergliedernden Denken (s.u. in Kap. 6.1). Auch aus diesem Grund habe ich mich für eine Auseinandersetzung mit seiner Theorie entschieden, fordert sie doch geradezu dazu auf, quantitative und qualitative Analysemethoden in einen gewissen Einklang zu bringen, um den Produktionsmodi von Raum gerecht werden zu können.

Letztlich ließe sich sagen, dass jede Zeit ihre eigene historisch spezifische Sinneswahrnehmung der Welt und damit auch ihre jeweils eigenen Sinne produziert, was bedeutet, dass auch Shepperson u.a. Mittel benutzen, die nicht denen des alten Mesopotamiens oder Urartus entsprechen (eine zugegeben essenzielle Auffassung). Eine Grundfrage ist daher, ob für einen phänomenologisch überzeugenden Zugang zunächst die Bedingungen der damaligen Wahrnehmung analysiert werden müssen und ob dies überhaupt möglich ist. Ich denke, dass es zwar ontologisch unmöglich ist, die Bedingungen eines vergangenen Wahrnehmungssystems fehlerfrei zu identifizieren und repräsentieren, auch, da es keine monolithe Realität der Wahrnehmung gab, sondern eine solche immer ein Kaleidoskop aus kollektiver Identität, Subjektposition (s. u. Abschnitt 2.2.2) und individueller Biographie (Erfahrungen, Behinderungen, usw.) ist. Jedoch ergibt es wenig Sinn, einen solchen Anspruch als Maßstab der Qualität oder Sinnhaftigkeit einer (nicht nur) phänomenologischen Forschungsarbeit zu setzen. Wie ich mit dieser Arbeit zu zeigen gedenke, ist es hingegen sehr wohl möglich und sinnvoll, durch eine kritische Untersuchung einer Bandbreite an Quellen (archäologisch, schriftlich, ikonographisch), eine fundierte Annäherung an Dimensionen eines vergangenen sinnlichen Aufbaus der Welt zu erreichen (vgl. Sarah Tarlow 2012, die ebenfalls überzeugend darstellen konnte, wie und warum „affect and emotion" ganz und gar nicht jenseits einer archäologischen Konzeption liegen und dass ArchäologInnen sehr wohl „emotional regimes of power" anhand des archäologischen Materials rekonstruieren können; als Beispiel für ein „emotionales Regime" schreibt sie auf S. 180: „For example, emotional regimes of mistrust and anxiety characterize many totalitarian regimes in which individuals are required to monitor and report on the conduct of their families, friends, and neighbors.").

Sicherlich wird es zukünftig eine andere Weltwahrnehmung geben, die damit auch andere Wege zu Assyrien oder Urartu produziert. Es ist etwa annehmbar, dass Menschen den 3D oder *virtual reality* Zugang für besser halten, als Pläne und schwarz-weiß Bilder (wie es schon heute teilweise der Fall ist).

Und auch ich verwende in dieser Arbeit Computer-erzeugte Rekonstruktionen, kombiniere solche aber zudem u.a. mit einer quantitativen Berechnung von Straßensteigungen an urartäischen Orten, den schriftlichen Beschreibungen der Gerüche von Stadttoren in Assyrien, archäologischen Funden wie Öfen als Hinweis auf Temperatur oder auch der Interpretation der Darstellung von Menschen, deren Sinnesorganen und Szenen.

Bevor ich jedoch mein Vorgehen erläutere, ist es notwendig, zu klären, welche Sinne es überhaupt gibt und wie in der Forschung bisher damit umgegangen wurde.

3.1.1 Die Sinne in welchem Sinne? Beschreibung der Sinne und ihrer bisherigen Erforschung

Trotz der Erwähnung unterschiedlicher Sinne, wie etwa Haptik in maltesischen Tempeln, stand etwa bei Tilley vor allem noch der Sehsinn im Vordergrund seiner Untersuchung. Die Rekonstruktion der visuellen Erfahrung von bebauter Umwelt ist noch immer in der Regel die in der Archäologie präferierte (Egbers 2019b, 101). Das liegt sicher daran, dass die materiellen Hinterlassenschaften zu ihnen den direktesten Zugang gewähren (Neumann 2015; Egbers 2019b, 101). Andererseits ist die Überbetonung der Signifikanz von Sehen und Sicht vermutlich auch der im globalen Norden angesiedelten Vorliebe für diese „Perspektive" geschuldet (Classen 1993; 1997; Hamilakis 2002; Ingold 2004; Brück 2005;

Mongelluzzo 2011; Wickstead 2009; Pollock und Bernbeck 2018; Egbers 2019b, 101; dennoch wird auch in dieser Arbeit Visualität einen wichtigen, jedoch nicht den einzigen Part einnehmen). Diese kulturelle Prägung kann mitunter dazu führen, dass potentiell unterschiedliche Bedeutungsgewichtungen weiterer Sinne in anderen kulturellen Kontexten „übersehen" werden (Egbers 2019b, 101). Neben den im westlichen Diskurs „klassischen", auf Aristoteles zurückgehenden, fünf Sinnen (Egbers 2019b, 101):

1. Hören, die auditive Wahrnehmung mit den Ohren (Gehör),
2. Riechen, die olfaktorische Wahrnehmung mit der Nase (Geruch),
3. Schmecken, die gustatorische Wahrnehmung mit der Zunge (Geschmack),
4. Sehen, die visuelle Wahrnehmung mit den Augen (mit Gesichtsempfindung, Gesicht),
5. Tasten, die taktile, passive Wahrnehmung mit der Haut (Gefühl) sowie die aktiv-ertastende Haptik,

wurde sich später vermehrt auch mit der Frage auseinandergesetzt, wie weitere Sinne erforscht werden können. In einem 2004 publizierten Artikel von Tim Ingold (2004) mit dem Titel „*Culture on the Ground. The World Perceived Through the Feet*", beschäftigt auch er sich mit der heutigen Überbetonung von Sehen (und Hören) als favorisierte Sinne. Er beschreibt die Entwicklung dahin, warum in der modernen westlichen Gesellschaft Fühlen/Berührung, in seinem Beispiel von Füßen auf Böden, als unzivilisatorisch betrachtet wird. In heutigen Städten sei alles darauf angelegt, „off the ground" zu kommen, was zurückzuführen sei auf Darwins Ideen zum Intellekt des Menschen, der danach durch die Nutzung der Hände zustandegekommen sei, wo die Füße nur noch als „lästiges, dumpfes" Fortbewegungsmittel betrachtet werden (Ingold nennt das „head over heel"). Ingold (2004, 330) plädiert daher für einen *„more grounded approach to perception" und schließt an: „For it is surely through our feet, in contact with the ground (albeit mediated by footwear), that we are most fundamentally and continually 'in touch' with our surroundings. […] studies of haptic perception have focused almost exclusively on manual touch."* Er verweist damit überdeutlich auf ein Desiderat, das so auch in der archäologischen Forschung besteht.

Ryan Mongelluzzo (2011, 27) spricht etwa an, dass nicht-visuelle Sinne nicht nur auch zu berücksichtigen seien, sondern dass unterschiedliche Sinneseindrücke in Verbindung ein „Konzert" in der Wahrnehmung der Welt kreieren (vgl. Egbers 2019b, 101). Erst miteinander verbunden ergeben sie verschiedene Effekte: beispielsweise die Verbindung von Geschmack und Geruch, Farbe und Temperatur oder auch Bewegung und Musik/Hören uvm. Dieses Phänomen wird Synästhesie genannt und fand ebenfalls Eingang in die archäologische Forschung, auch wenn sie sich als teilweise schwer untersuchbar darstellt (Howes 2006; Frieman und Gillings 2007; Allen u.a. 2010; Skeates 2010; Hamilakis 2013; Thomason 2016). Teilweise wird der Begriff der Synästhesie auch für das Phänomen verwendet, wenn auf individueller Ebene Assoziationen über Sinne hinweg gemacht werden, etwa wenn Farben als Töne wahrgenommen werden oder Nummern als Farben oder Temperaturen. Für Merleau-Ponty war Synästhesie prä-reflektive Wahrnehmung (Merleau-Ponty 1970). Inzwischen werden neben den fünf Sinnen und ihrem Zusammenspiel auch Aspekte wie Emotionen als Kategorie der Wahrnehmungsorgane (z.B. Howes 2015, 617) oder Kinästhesie (sich im Raum wahrnehmen und unbewusst Körperteile bewegen bzw. „Kinästhetik" als Lehre von der Bewegungsempfindung), Hunger oder Schmerz, der die „Sinne benebeln" kann (DeSalle 2018, ix), Balance/Gleichgewichtssinn, Tiefenwahrnehmung (Fähigkeit, Objekte in drei Dimensionen zu sehen und Entfernungen einzuschätzen), uvm. berücksichtigt. Wahrnehmung ist schlussendlich immer eine multisensorische Erfahrung, die sich nie gänzlich in einzelne, strikt voneinander trennbare Kategorien bzw. Sinne aufteilen lassen kann (McMahon 2016, 136). Der Neurowissenschaftler Rob DeSalle (2018, viii) geht sogar so weit in seinem Buch über die Sinne zu postulieren, dass zum Verständnis der menschlichen Wahrnehmung auch die anderer Tiere sowie generell des Lebens auf der Erde ins Verhältnis gesetzt werden sollte, um etwa die Grenzen des menschlichen Gehörs erst im Vergleich mit dem Echolot von Fledermäusen verstehen und benennen zu können.

Zusätzliche Kritik erfuhr Tilleys Arbeit von feministischer Seite, die darauf aufmerksam machte, dass implizit nahezu ausschließlich männliche Körper und ihr Bezug zur Welt erforscht werden (z.B. Meskell 1996, 6–9; vgl. Egbers 2019b, 101, FN 14).

Im Zuge der Weiterentwicklung des Feldes und einer gewissen Emanzipation von den frühen Arbeiten als Reaktion auf die erwähnten Kritiken, fand auch schleichend eine Umbenennung solcher sich mit Wahrnehmung beschäftigender Arbeiten in „Archäologie der Sinne" statt, ungeachtet der ursprünglichen, philosophischen Bedeutung von „Phänomenologie", die durchaus mehr als allein den Sehsinn oder männliche Subjektpositionen miteinschließt und sicher oft zu verengt verstanden wurde. Denn sowohl Husserl (1928) als auch Henri Bergson (1972; vgl. Jacobs und Perri 2010) haben in ihren Überlegungen zur Phänomenologie vor allem eine konzeptuelle Kleinst-Zerlegung von Wahrnehmungsmomenten versucht (z.B. der Anfang bis zum Ende eines längeren Tones, und warum er als kontinuierlich wahrgenommen werden kann), um den Prozess des Wahrnehmens genauer zu erschließen. Bei Husserl (1928) wird dies etwa als „Zeithof" bezeichnet, was in der Archäologie kaum thematisiert wird, da sie Wahrnehmung aus statischen Zuständen bestenfalls einigermaßen normativ rekonstruiert (s. aber Bernbeck 2017, 113).

Für Robin Skeates (2010, 4) ist Phänomenologie nur ein Aspekt der Archäologie der Sinne. Letztere setze sich zusammen aus (a) Phänomenologie, (b) einer Kritik an westlich orientiertem Fokus auf „Sehen" und (c) der Annahme der kulturellen Konstruiertheit der Sinne (bei Skeates „sensory profiles", die konzeptuelle Ähnlichkeiten zum von mir eingeführten, Bourdieu'schen Konzept eines räumlichen Habitus vorweisen; Egbers 2019b, 101, FN 15). Im Englischen wird das Feld auch als *Sensory Archaeology/ Anthropology, Archaeology of Experience* oder *Archaeology of the Senses* bezeichnet (Egbers 2019b; 100, FN 12). Damit eng verwandt ist auch das Feld der „Archaeology of Emotion" (s. Tarlow 2012, 172). In ihrem Aufsatz zu Emotionen und Archäologie widmet sich Sarah Tarlow (2012) nicht nur zu einer „Archäologie der Emotion", sondern auch zu einer „emotionalen Archäologie", also der Bedeutung von Subjektivität und Emotionalität von ArchäologInnen in der Forschung. Die Historikerin Susan J. Matt lieferte in einem Artikel aus dem Jahr 2011 einen guten Überblick über das Forschungsfeld der Emotion in den Geisteswissenschaften.

Zu neueren Arbeiten, die seither geschrieben wurden und auch meine Studie beeinflussen, zählt u.a. Skeates' 2010 veröffentlichtes Buch „An Archaeology of the Senses. Prehistoric Malta". Darin untersucht er am Beispiel des prähistorischen Malta Veränderungen der sensorischen Dimension in Siedlungen, Tempeln und Höhlen von

Neolithikum bis zur frühen Bronzezeit (Skeates 2010, 77). Dafür entwickelt er eine Mischung unterschiedlicher methodischer Ansätze, wie *reflexivity, thick description* oder auch kreatives Schreiben (Skeates 2010, 5–8).

In dem 2013 von Jo Day herausgegebenen Sammelband „Making Senses of the Past. Toward a Sensory Archaeology" sind in 18 Beiträgen Analysen beispielsweise zur Bedeutung und Rekonstruktion von Gerüchen in der minoischen Gesellschaft (Kap. 14, Jo Day), Geschmack und practice of community in Mesopotamien (Kap. 11, Marie Hopwood) oder auch der Bedeutung von Haptik im neolithischen Çatal Höyük (Kap. 9, Ruth Tringham) versammelt.[3] Da ich mich in dieser Arbeit vordergründig mit Elitenarchitektur auseinandersetze, ist in dem Band v.a. der Beitrag von Ryan Mongelluzzo (Kap. 5) für mich von Interesse (Mongelluzzo 2013). In dieser Zusammenfassung seiner Dissertation untersucht Mongelluzzo Maya-Paläste nach ihrer sinnlichen Organisation, um die Struktur des Herrschaftssystems der Elite in Holmul (Guatemala) zu rekonstruieren (s. Mongelluzzo 2011 für die gesamte Dissertation). Er zitiert die Kulturhistorikerin Constance Classen (1993, 136), die in einem ihrer Bücher über die Geschichte der Sinne („Worlds of sense: Exploring the Senses in History and Across Cultures") schreibt, dass sinnliche (sensory) Werte zugleich soziale Werte und sinnliche (sensory) Beziehungen zugleich soziale Beziehungen sind. Daraus schlussfolgert Mongelluzzo (2011, 27), dass in der Art, wie Mitglieder einer Gesellschaft jeweils mit dem sinnlichem Aufbau des *built environment* in Kontakt treten (z.B. Limitierung bestimmter Wahrnehmungsmöglichkeiten) tieferes Wissen des sozialen Systems ausgedrückt wird (Egbers 2019b, 100). Unter anderem anhand der Architekturpläne sowie dem Fund von Vorhängen in Türen markiert er sog. *aural cut outs*, also Geräuschdiffusionspunkte, innerhalb des Palastes und zieht Rückschlüsse auf den jeweiligen Grad der Privatsphäre. Unter Berücksichtigung der Topographie und anderer Aspekte (z.B. Errichtung des Palastes auf einer künstlichen Plattform) stellt er des weiteren fest, dass die nähere Umgebung vom Palast aus gut überwacht werden konnte, während andersherum der Blick von außen ins Innere kaum möglich war. Unmittelbar lässt sich hier m.E. eine Parallele zur neu-assyrischen Palastanlage in Khorsabad finden, die ebenfalls auf einer künstlichen Terrasse angelegt war. Von den Stufen der Zikkurat bzw. den Palastdächern war eine Überwachung der Unterstadt sowie des angrenzenden Flusses ebenfalls möglich.

Als eine weitere einflussreiche und viel zitierte Arbeit in dem Bereich sei Yannis Hamilakis' „Archaeology and the Senses: Human Experience, Memory, and Affect" (2013) erwähnt. Der Autor gibt darin nicht nur einen guten Überblick über die Vielzahl theoretischer und methodischer Ansätze, die zu diesem Thema entstanden sind, sondern nutzt das bronzezeitliche Kreta als Fallbeispiel für Anwendungsmöglichkeiten und diente auch mir als grundlegende, einführende Arbeit (s. auch Hamilakis 2002).

---

3   Für archäologische Untersuchungen antiker Sinneswahrnehmungen im römischen Reich siehe den Sammelband „Senses of the Empire. Multisensory Approaches to Roman Culture", herausgegeben von Eleanor Betts (Betts 2017b). Der Sammelband „Coming to Senses. Topics in Sensory Archaeology" von Pellini, Zarankin und Salerno 2015 bietet ebenfalls eine Bandbreite an Artikeln zum Umgang mit „den Sinnen" in der Archäologie. Pellini selbst schreibt darin beispielsweise über die Verbindung von Geruch und Erinnerung im alten Ägypten und verwendet u.a. fiktionales Schreiben als Darstellungsmethode. Siehe außerdem das „Routledge Handbook of Sensory Archaeology" herausgegeben von Jo Day und Robin Skeates (Skeates und Day 2020).

Eine weitere Arbeit, die hier Erwähnung finden muss, ist die des Archäologen Donald Sanders. Sie weist zwar nicht in Hinsicht auf die zugrunde liegende Raumtheorie, aber Methodologie Ähnlichkeiten zu den von mir verfolgten Zielen auf, wenngleich er sich auf symbolische bzw. semiotische Grundlagen beruft (vgl. auch Classen 1997). Sanders versuchte am Beispiel der frühbronzezeitlichen Siedlung Myrtos auf Kreta nachzuweisen, dass Form und Gestaltung vom „gebauten Raum" (*built environment*) in Wechselwirkung mit der Funktion stehen (Sanders 1990). Sie folgen seines Erachtens dieser nicht lediglich, sondern nehmen gleichsam Einfluss auf das Verhalten von Menschen im Raum. Auf diese Weise würden kodiert kulturelle Konventionen widergespiegelt. Es gilt diese am archäologischen Kontext zu lesen und dechiffrieren. Der Begriff des *built environment* wurde insbesondere in den *Environment-Behavior Studies* diskutiert. Amos Rapoport (1993), auf den sich Sanders stark bezieht, definiert gebaute Umwelt als von *systems of activities* geformte *systems of settings*, in denen wiederum *systems of activities* stattfinden. Diesem Denken liegt entweder die Vorstellung zugrunde, dass es durchaus einen immer existierenden, quasi neutralen Behälterraum gibt, den Menschen lediglich gestalten oder es werden durch jene *systems of activities* erst Räume (wenn auch nicht *ex nihilo*) produziert. Dies passt m.E. zur Marx'schen Idee, dass Menschen zwar ihre eigene Geschichte machen, aber sie machen sie nicht aus freien Stücken, da beispielsweise Raum in einer Dialektik zwischen Behälter des Moments und seiner Veränderbarkeit situiert ist.

Für die Untersuchung der Siedlung Myrtos entwickelt Sanders eine Methode, in der er umweltpsychologische Erkenntnisse und theoretische Grundlagen der Semiotik miteinander verbindet. Sanders (1990) schreibt: „By using cross-cultural and culture-specific data, environmental and social psychology studies offer some useful techniques for the analysis of habitual action space. Environmental psychology explores the interactive relationship between the built environment and human behavior by stressing the importance of recurrent nonverbal cues as indicators of ancient behavioral responses and interpersonal attitudes." Dafür evaluiert er verschiedene Modelle, die die physischen Wahrnehmungsmöglichkeiten in Verbindung mit kulturellen Konventionen und psychologischen Faktoren bringen. Biologisch-physiologische Komponenten, erforscht in Form von vergleichenden Verhaltensstudien oder unter Berücksichtigung der fünf menschlichen Sinne (Hören, Sehen, Riechen, Fühlen, Schmecken; vgl. Ciolek 1980, 57–62; Sanders 1990, 47–51)[4], versucht er dabei ebenso einzubeziehen wie Erwartungen, Blickwinkel, Erfahrungen, Neugierde, Geschlecht, Alter, Rolle oder Zonen akzeptierten Verhaltens (etwa persönlicher „Raum"/intime Distanzzone; Altman 1975, 52–57; Ciolek 1980, 57–62; Ciolek und Furnham 1980, 107–16; Pfeiffer 1980, 35; Lawrence und Low 1990). Auf diese Weise soll ein erklärender Überblick über die komplexen Mechanismen gegeben werden, die ausgedrückt durch architektonische Barrieren oder kulturelle Normen Grenzen bilden, um Verhalten zu strukturieren und vorhersehbar zu machen (Sanders 1990, 50). Als Teil dieser Mechanismen hält Architektur laut Sanders für die Nutzerinnen und Nutzer „physische Anzeiger" bereit (diese werden auch als

---

4   Bernbeck weist darauf hin, dass die Berücksichtigung der Sinneswahrnehmungen vonnöten ist, da assoziierte Bedeutungen bestimmter Symbole (insbesondere vergangener Kulturen) äußerst schwer rekonstruiert werden können. So können Benutzungsunterschiede zwischen Räumen dargestellt werden, indem sie in ein relatives Verhältnis zueinander gestellt werden (Bernbeck 1997, 202).

system of signs bezeichnet; Leach 1976; Eco 1997; 2002; Chandler 2007). Sie machen auf das angemessene Verhalten an verschieden Stellen im Raum aufmerksam und sorgen auf diese Weise, wenn richtig gelesen, für eine stressfreie und kulturkonforme, da voraussehbare Nutzung (Sanders 1990, 46; Eco 1997; 2002, 293 C - Funktion und Zeichen; Rapoport, 1993, 10, macht deutlich, dass Architektur als Ausdruck von „Kultur" lediglich einen kleinen Teil dieses theoretischen Konzepts darstellt). Die richtige „Antwort" auf diese codierten Anzeiger von Konventionen, besteht in einem bestimmten Verhalten von Menschen.[5] Für die Kontrolle der Permeabilität von Grenzen spielt die Nutzung solcher physischen und symbolischen Marker eine wichtige Rolle. Je mehr Marker gebraucht werden, desto höher ist oft der Grad sozialer Regulation (zu *boundary permeability*: Sanders 1990, 65; Lavin 1981). Sanders repräsentiert seine Erkenntnisse durch Karten, in denen er visuell Smellscapes, Sichtachsen, Licht-Dunkel-Bereiche und ähnliches darstellt und anhand dessen Rückschlüsse auf die Funktion verschiedener Gebäudebereiche und interner sozialer Organisation zieht (womit er m.E. indirekt von einer Art räumlichen Habitus ausgeht).

3.1.2 Bisherige Arbeiten einer Archäologie der Sinne für Assyrien und Urartu

Wendet man sich der von mir erforschten Region und Epoche zu, fällt auf, dass es bisher für Urartu keine und für Assyrien nur wenige, eher auf Einzelheiten fokussierte, wenngleich äußerst überzeugende, sinnesorientierte Arbeiten gab. Zusätzlich fällt auf, dass das Gros der phänomenologischen und besonders wahrnehmungsbezogenen Forschungen aus dem angelsächsischen Raum stammt und in der deutschsprachigen Archäologie bis dato nur wenig Beachtung fand. Somit gehe ich mit der Erforschung Assyriens und insbesondere Urartus sowie dem Verfassen der Arbeit in deutscher Sprache gleich zwei Desiderate im Feld einer Archäologie der Sinne an. Die wenigen Studien zu Assyrien im Rahmen einer Archäologie der Sinne stammen u.a. von Augusta McMahon (2013; 2016a; 2016b), Kiersten Neumann (2014; 2015b) und Allison Karmel Thomason (2016).[6] So beschäftigt sich McMahon beispielsweise mit dem auch von mir anschließend analysierten Khorsabad und beschäftigt sich mit der seit der archäologischen Erforschung im Jahr 1842 diskutierten Frage der fehlenden Symmetrie der Zugänge der Zitadelle. Sie bringt durch Anwendung von Isovist- bzw. Sichtbereichsanalysen eine überzeugende Erklärung dafür, warum das sog. „Haupttor B" zur Zitadelle in Khorsabad nicht symmetrisch zu weiterführenden Wegen angelegt war (Abb. 3.1). Bei Sichtbereichsanalysen wird gemessen, welche Punkte von einem gegebenen Blickpunkt im Raum gesehen werden können (Definition nach Benedikt 1979). In einem 60° Blickfeld können Menschen kulturübergreifend alles im Gesichtsfeld befindliche in der Regel klar erkennen (A. Turner u.a. 2001; McMahon 2013;

---

5 V.a. Claude Lévi-Strauss verband sprachwissenschaftliche Erkenntnisse mit Strukturtheorien in der Anthropologie (Lévi-Strauss 1972, 80–94); Umberto Eco wies jedoch darauf hin, dass Architektur auch nicht-linguistische Elemente besitzt, komplexer und schwerer interpretierbar sei (Eco 1997, 191).

6 Für weitere Arbeiten siehe auch die Artikel in Hawthorn und Rendu Loisel 2019. Einen guten, immer wieder erneuerten Überblick über den immer größer werdenden Pool an sensorischen Arbeiten in Archäologie und Anthropologie bietet der von aus verschiedenen Humanwissenschaften kommenden WissenschaftlerInnen betriebene Blog „Sensory Studies" (http://www.sensorystudies.org/books-of-note/). In letzterem ist teilweise bereits die Rede von einem *sensory turn*.

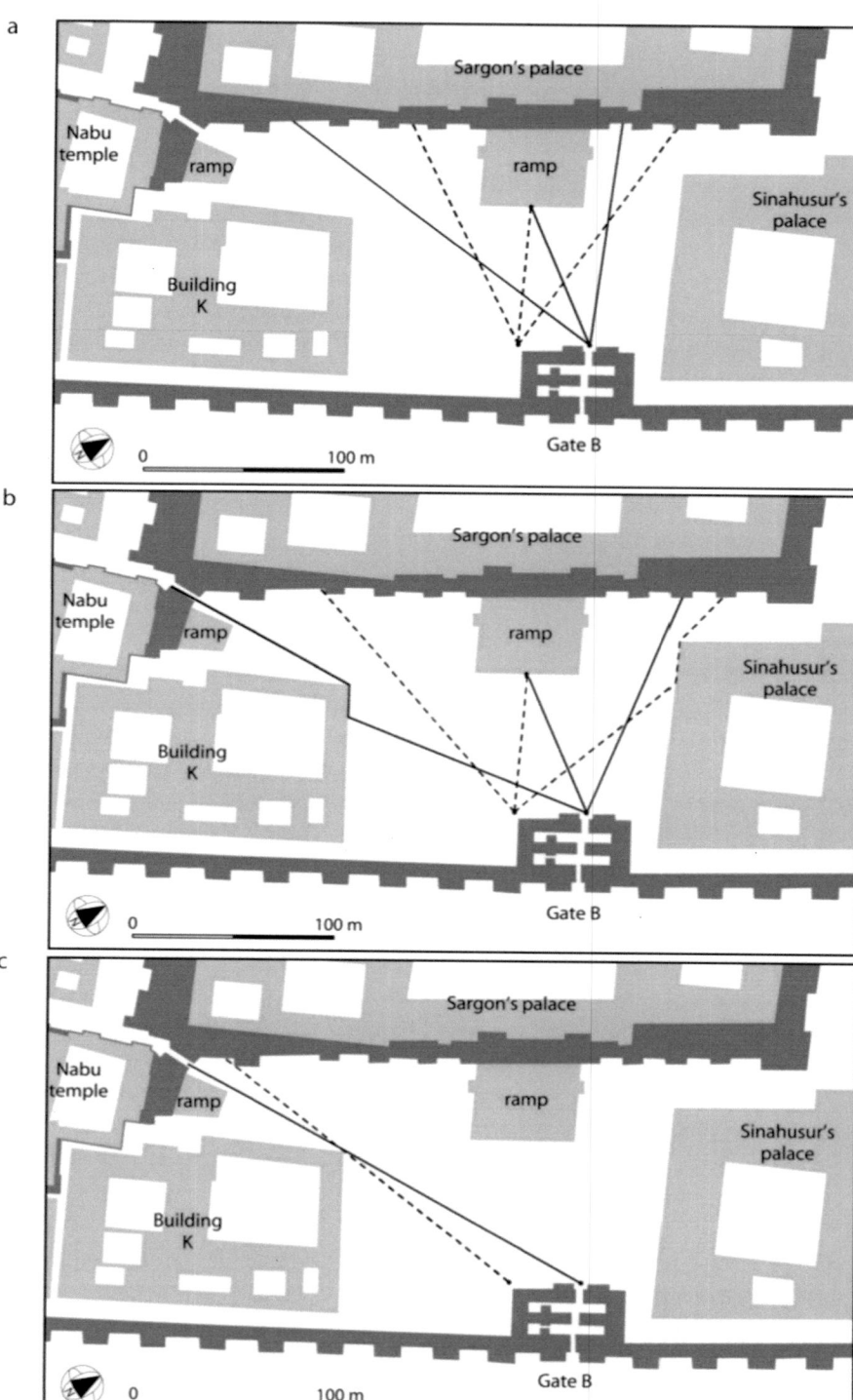

Abbildung 3.1. Detail der Zitadelle in Khorsabad mit Sichtbereichanalyse (a = 60°; b = 90° und c = längste axiale Linie; McMahon 2013, Abb. 4)

Abbildung 3.2. „Gartenszene" des Assurbanipal, Raum S1 des Nord-Palastes in Ninive (um 645 v.u.Z.; © The Trustees of the British Museum)

Brusasco 2015). Am Rande dieses Feldes wird das Wahrgenommene unscharf, wobei nur eine kleine Kopfbewegung vonnöten ist, um in einem 90° Blickfeld ein klares Bild zu haben. McMahon stellte in ihrer Studie fest, dass anstatt direkt gegenüber des Aufgangs zum Palast lokalisiert zu sein, das Tor B leicht versetzt liegt und die Betretenden somit „zwingt", nicht allein und dominant die Rampe zum Palast, sondern die gesamte Größe des Platzes davor wahrzunehmen. Auch, dass die Rampe zum Palasteingang nun seitlich gesehen wurde, brachte eine andere, nämliche vertikale Bewegungsdynamik ins Spiel. Diese Beobachtungen bringt McMahon mit Henri Lefebvres perceived und conceived spaces in Verbindung (vgl. Abschnitt 2.1.1; McMahon 2013, 172). Weiter geht sie auf die Bedeutung von Licht und Schatten und Geräusche von Bewegung im Wechselspiel von Korridoren und Höfen ein (Shepperson 2017; McMahon 2016a).

Kiersten Neumann (2015) untersuchte u.a. die Bedeutung von Sehen und Blicken im Süd-West-Palast in Ninive.[7] Durch eine geschickte Verknüpfung von schriftlichen und bildlichen Quellen (hier v.a. Mischwesen auf den Palastreliefs) postuliert sie, dass durch eine mythologische Raumbelegung ein Gefühl der permanenten Beobachtung bei BesucherInnen ausgelöst werden konnte – dem hinzugefügt sei jedoch, dass dies ein Verständnis für die Bedeutung der jeweiligen Mischwesen voraussetzt.

Allison Karmel Thomason (2016) beschäftigt sich in ihrer Forschung mit dem Zusammenspiel verschiedener sinnlicher Eindrücke (z.B. Geruch- und Geräuschkulisse) in den Palästen in den assyrischen Städten Nimrud, Ninive und Khorsabad. Ihr gelingt es aus den schriftlichen und materiellen Quellen Aspekte der multisensorischen Erfahrung dieser Orte zu rekonstruieren. Ihrer Meinung nach war die körperliche Wahrnehmung der assyrischen Palastarchitektur bewusst geplant und somit Teil einer biopolitischen Maßnahme (Thomason 2016, 244). So geht sie beispielsweise auf die Bedeutung von Festen und Banketten ein, die aus Texten und Bildern überliefert sind (Abb. 3.2). Hier wurden

---

7 Zu Visualität verwendet sie folgende Definition von Nelson 2002, 2: „Visuality references a manner of seeing or viewing embedded within a particular social context, ‚its effects, contexts, values, and intentions [being] socially constructed'" (Neumann 2015, 91).

exotische Speisen (olfaktorische und geschmackliche Wahrnehmung) serviert in künstlich angelegten Gärten innerhalb der Palastanlage, vermutlich auf den Dächern. Desweiteren gehörten Musik, das Plätschern von Brunnen (auditiv), der Glanz von wertvollen Metallgefäßen (Haptik und Visualität) und angenehme Gerüche zum Erfahrungswert. Durch die bildliche und schriftliche Reproduktion solcher Ereignisse sollten diese erinnert werden und damit über das eigentliche Event hinaus wirken (zur Verbindung von Erinnerung und den Sinnen siehe auch Hamilakis 2013, 190; Pellini 2015; DeSalle 2018, 71).

Ich werde auf diese erwähnten Arbeiten aufbauen, jedoch in meiner Interpretation über diese spezifischen Einzelaspekte hinausgehen und ein umfassenderes Bild der Dimensionen des sinnlichen Aufbaus der assyrischen und urartäischen Welt beschreiben.

3.2 Zusammenführung: Thirdspace, Subalternität und Wahrnehmung

Mit der Weiterentwicklung des Feldes der Archäologie der Sinne wurden aber auch Problematiken sichtbar, denen auch ich mich in meiner Arbeit ausgesetzt sehe und die in meinen Augen Ähnlichkeiten aufweisen zu Widersprüchlichkeiten innerhalb postkolonialer Theorie (insbesondere *Subaltern Studies*, vgl. Kap. 2.2.2.1) oder auch ontologischen Überlegungen. Inwieweit ist es heutigen WissenschaftlerInnen überhaupt möglich, aus ihrer Position heraus über die Erfahrung, Empfindung und Welt Anderer (insbesondere Marginalisierter) zu sprechen? Ist dies legitim oder sogar moralisch verpflichtend?

Diese aus Diskurspraktiken stammenden theoretischen Strömungen stecken, denkt man sie konsequent zu Ende, m.E. genauso in einem Paradox wie die ihnen heutzutage gegenüberstehenden Strömungen des Neo-Materialismus, der ANT (Akteur-Netzwerk-Theorie; Zusammenfassungen zu ANT und Neo-Materialismus in der Archäologie siehe z.B. Brughmans, Collar und Coward 2016; Hodder und Lucas 2017 und Kommentare; Schreiber 2018a) oder generell Methoden die von Kristian Kristiansen (2014) euphorisch unter dem Begriff „Third Science Revolution" zusammengefasst wurden (z.B. der Fokus auf Big Data, aDNA Studien, quantitatives Modeling, Strontium Isotopen, etc.; kritisch dazu s. Ribeiro 2019). Überspitzt ausgedrückt: Entweder jedes Sprechen und Schreiben über andere, z.B. vergangene, Subjekte wird aufgrund der Positioniertheit (etwa in der eigenen Ontologie) der Forschenden per se unmöglich und kategorisch ausgeschlossen oder aber es wird vergangenen Subjekten nahezu jede Intentionalität, Entscheidungs- und Gestaltungsmöglichkeit der eigenen Umwelt abgesprochen, indem dem Einfluss und der *agency* alles sich in der Welt Befindlichen ein symmetrisch verteiltes Handlungspotenzial zuerkannt wird – mit der Konsequenz, den Menschen bzw. menschliches Handlungspotenzial zu degradieren. Es mag also für den Moment einmal darum gehen, dieses Paradox zunächst einmal „auszuhalten" und immer wieder an es zu erinnern.

M.E. vereinen die meisten phänomenologischen Studien (darunter auch meine) letztlich explizit oder implizit Ideen aus verschiedenen theoretischen Strömungen wie aus dem *linguistic, ontological, material und spatial turn*, um die archäologischen Quellen untersuchen und interpretieren zu können.

Ich arbeite beispielsweise auch mit einer Affordanzidee James Gibsons im Hintergrund, also der Frage, was Materialität anbietet (jedoch nicht symmetrisch gemeint, sondern nach Alfred Gell „primary and secondary agents"; Gell 1998, 17; vgl. auch Keßeler 2016; Egbers 2019a). Ich verbinde Elemente verschiedener theoretischer Strömungen und

Ansätze: z. T. „agency" von Baumaterialien, postkoloniale Theorie zur Frage nach der Produktion von Machtverhältnissen in Verbindung mit Subjektivierungstheorien wie in Kap. 2 bereits erläutert. Letztlich ist mein Vorgehen ein holistisches und nicht beispielsweise auf einen „Sinn" fokussiert. Diese „Öffnung" erlaubt mir auch eine bessere Zuwendung zu Themen wie Deportation, die ja ein Produkt von Nichtvorhersehbarkeit ist.

Entlang ähnlicher Überlegungen zur Vereinbarkeit von Archäologie und der Erforschung von Wahrnehmung schrieb beispielsweise Nils Müller-Scheeßel (2013, 120) über den Umgang mit Mensch, Raum und Bedeutung in der Archäologie (vgl. auch DeSalle 2018):

> *„Die symbolische Wahrnehmung von Raum kann sich archäologisch höchstens über die Sinneseindrücke des Menschen erschließen. Die Leistungsfähigkeit der menschlichen Sinne ist bekannt, und man darf annehmen, dass sie sich seit dem Auftreten des modernen Menschen nicht wesentlich geändert hat, womit sie grundsätzlich einer archäologischen Analyse zugänglich ist. Archäologisch ist die soziale Produktion von Raum also nur vor dem Hintergrund der Körperlichkeit des Menschen erschließbar."*

So werde auch ich im Folgenden unter der Prämisse vorgehen, dass die Sinneswahrnehmung des Menschen grob unterteilbar ist zwei Ebenen:

1. Alle Menschen verfügen in der Regel über die gleichen Sinnesorgane, die somit empirisch messbar sind; und
2. erst die Interpretation bzw. (Be)Wertung des Wahrgenommenen unterscheidet sich zwischen Menschen und Gesellschaften.

Selbstverständlich muss zum ersten Punkt auch hinzugefügt werden, dass zum Menschsein auch immer einerseits etwa durch Unfälle, Alter, Krankheiten, usw. erworbene und/oder andererseits angeborene körperliche und/oder mentale Beeinträchtigungen gehören, wie z.B. Fehlsichtigkeit, Gehörlosigkeit, Trisomie 21, die die jeweilige Wahrnehmung entsprechend beeinflussen und prägen. Das erwähnt auch Müller-Scheeßel (2013, 122) im am Anfang dieses Kapitels eingebrachten Zitat. Behinderung im Allgemeinen fand bisher in der Archäologie Westasiens nur wenig Beachtung (siehe aber z.B. Haas 1992, Einleitung und der Beitrag von Johannes Renger) und zukünftig wären phänomenologische Studien wichtig, die sich genau mit solchen Unterschieden auseinandersetzen. Louise Gosbell (2018) schreibt über die Darstellung verschiedener Behinderungen im Neuen Testament, mit Rückschlüssen auf einen allgemeinen Umgang damit im alten Westasien, der Levante und der griechisch-römischen Welt. Sie stellt dar, dass teils offenbar auch die Menstruationsblutung als „Behinderung" verstanden wurde: „Her [the woman's] ‚fear' about being in the public space and her attempt to touch only Jesus' clothes is perhaps evidence that she was afraid of passing on her impurity. In this sense, the woman is sensorially limited, a limitation which is emphasised by Mark's repeated references to touch." (Gosbell 2018, 291).

Außerdem scheint neuere Forschung beispielsweise aus der Neurologie darauf hinzuweisen, dass die sinnliche Aufnahme der Umgebung und die Bewertung und Einordnung des Erfahrenen im Grunde genommen zeitgleich bzw. kaum zeitlich voneinander abgrenzbar vonstatten geht. Die Fähigkeit der Tiefenwahrnehmung ist dafür ein gutes Beispiel. Durch sie sehen Menschen Gegenstände in drei Dimensionen, obwohl die Bilder, die auf die Retina projiziert werden, zweidimensional sind. Sie ermöglicht uns nicht nur, Objekte dreidimensional wahrzunehmen, sondern auch Entfernungen einzuschätzen. Bis dato galt die Tiefenwahrnehmung als angeborene, quasi instinktive und damit universelle Fähigkeit. Das wurde u.a. durch den bekannten Versuch der „visuellen Klippe" nachgewiesen, der sowohl bei Menschen, als auch einigen anderen Lebewesen durchgeführt wurde (Myers 2014, 357). Bei diesem Versuch werden Kleinkinder oder Tierbabys in der Nähe einer (abgesicherten) Klippe platziert, z.B. ein mit Glas überdeckter Abgrund. Daraufhin versucht man sie zu überreden, etwa durch Zureden eines Elternteils oder mit Leckereien, sich über die „Klippe" hinaus zu bewegen. Da die Babys sich in der Regel weigern wurde geschlussfolgert, dass es zumindest eine gewisse angeborene Tiefenwahrnehmung gibt. Eine neue Studie von ForscherInnen des Max Planck Institute for Biological Cybernetics (Human Perception, Cognition and Action), bei der ProbandInnen in Deutschland und Südkorea Tiefen und Entfernungen in Räumen beurteilen sollten, konnte jedoch zeigen, dass die Tiefenwahrnehmung offenbar doch deutlich vom kulturellen Hintergrund einer Person beeinflusst wird (Saulton u.a. 2017).

Teilweise wird in der Psychologie zwischen „empfinden" und „wahrnehmen" unterschieden. So wird „Empfindung" manchmal definiert als der Prozess, bei dem Sinnesrezeptoren und Nervensystem Reizenergien aus der Umwelt empfangen und darstellen; und „Wahrnehmung" hingegen als der Prozess, bei dem diese Informationen organisiert und interpretiert werden (Myers 2014, 856). Da die genaue Unterscheidung oder das Verhältnis zwischen diesen beiden Ebenen jedoch (noch?) nicht geklärt und verstanden ist, habe ich mich entschieden, in dieser Arbeit die Begriffe „Empfindung" und „Wahrnehmung" mehr oder weniger synonym zu gebrauchen.

Für den Moment scheint es zusammenfassend also am plausibelsten zu sagen, dass Wahrnehmung auch ein Zusammenspiel ist aus angeborenen Grundfähigkeiten, der Modifikation dieser Grundfähigkeiten durch Erfahrung und Lernen sowie einer Wahrnehmungsorganisation, die uns aus der Fülle von Reizen kontextabhängige Muster formen lässt, die auf Annahmen und Erwartungen beruhen und damit deutlich „subjektiv" sind bzw. nicht bloß eine irgendwie geartete „neutrale Wiedergabe" der Welt.

Auch aus diesem Grund spreche ich mich explizit gegen die Vorstellung von fünf getrennten Sinnen aus, halte also die u.a. von Sanders vorgenommene klare Einteilung in detailliert untersuchte Sinne insofern für kritisch, als solche Ansätze das Potenzial innehaben, genau jenes Zusammenspiel der Sinne sowie andere, nicht-aristotelische Sinne, zu übersehen. Aus dem gleichen Grund plädiert etwa David Howes (2015) in seiner Beschreibung der „Anthropology of the Senses" dafür, nicht von „senses", sondern „sensorium" zu sprechen und damit schon einmal sprachlich Raum für Synästhesien/Verbundenheiten und andere Sinne zu schaffen. Daran anlehnend verwende ich in dieser Arbeit abwechselnd Begriffe wie „Dimensionen des Sinnlichen" oder „Aspekte der Raumhabitualisierung".

3.2.1 Methodisches Vorgehen in dieser Arbeit
Die im vorigen Absatz angerissene Frage der Begrifflichkeiten verweist auf das komplexe Verhältnis der Anthropologie der Sinne zu sprach- und diskursbasierten Wahrnehmungsmodellen. Dieses leitet über zu einer letzten von mir zu erwähnenden

Problematik im wissenschaftlichen Umgang mit der Sphäre der Wahrnehmung. Denn bei Auseinandersetzung mit sensorischen Erfahrungen und Erwartungen im Rahmen einer akademischen Arbeit kommt man als Wissenschaftlerin notgedrungen in den methodologischen Konflikt dessen, was Stefan Hirschauer (2001, 429) im Bezug auf ethnographische Studien als die „Versprachlichung der ‚schweigsamen' Dimension des Sozialen" bezeichnet hat. Das heißt, es gibt zunächst ein „Artikulationsproblem" der Schreibenden, die verbalisieren wollen, wofür es keine Sprache gibt. Mit anderen Worten, wie kann eine Methodologie der Beschreibung nicht-verbaler Prozesse und Eigenheiten etabliert werden, bei der das Ergebnis kein Protokoll, aber auch kein frei literarisches Schreiben ist (Hirschauer 2001, 430; „Translationsproblem")? Meine für diese Arbeit entwickelte Antwort darauf ist, möglichst vielfältige Repräsentations- und Analysemittel zu nutzen.

An dieser Stelle gebe ich einen groben Überblick über die von mir in den anschließenden Analysekapiteln 4 und 5 sowie dem vergleichenden Auswertungskapitel 6 verwendeten Methoden und Quellen. Zu den Aspekten eines Raumhabitus und der Methodik ihrer Analyse, die in meiner anschließenden Untersuchung Berücksichtigung finden, zählen unter anderem:

1. Dichte Beschreibung (*thick description*)[8] (unter anderem des jeweiligen historischen Kontexts und der Fundorte).
2. Qualitative Beschreibung, Auswertung und Interpretation:
    (a) der Nutzung verschiedener Baumaterialien und -techniken und ihrer Wirkung auf die sinnliche Organisation spezifischer Räume (wie Fußbodenbelage, Stein/bearbeitung von Mauern, Raumgrößen, Symmetrien),
    (b) der Modifikation von Natur (durch Gärten und ihrer Implikation von Gerüchen, Kanalanlagen, Ställen), sowie
    (c) der ikonographischen Repräsentation von Landschaft, Menschen und ihren Sinnesorganen sowie zu Sinneswahrnehmung aussagekräftigen Szenen (beschreibend und abbildend);
    (d) der Nutzung von Farben und Motivik,
    (e) des Einsatzes „übernatürlicher" Raumbelegung, durch apotropäische Figuren oder symbolische Gegenstände, und
    (f) der textlichen Beschreibung von Orten und Wahrnehmung.
3. Quantitative Analyse von Sichtbereichen, Steigung und Wegeführung (dargestellt in Tabellen und Karten).
4. Kontextualisierung von Inventar (Öfen als Hinweis auf Temperatur, Öllampen als Beleg für Licht und Schatten oder Herde als Indiz für Gerüche).

---

8   Der Ausdruck *thick description* bzw. dichte Beschreibung geht auf den Philosophen Gilbert Ryle zurück und wurde von dem Ethnologen Clifford Geertz (1994) prominent verwendet, um die besondere Art der Analyse und Feldforschung in der Ethnologie zu beschreiben. Dichte Beschreibung bedeutet demnach die analytische Verknüpfung verschiedener Abstraktionsebenen wie Empirie, Bedeutung und Metanarrative. Ein berühmtes Beispiel in Geertz' Arbeit ist das des Zwinkerns, mit dem er den Unterschied zur rein „phänomenologischen" Beschreibung verdeutlicht. Er sagt, dass auf rein betrachtender, phänomenologischer Ebene kein Unterschied zwischen einem intentionellen Zwinkern und dem unbeabsichtigten Zucken des Lids auszumachen sei, es aber selbstverständlich einen großen Bedeutungsunterschied zwischen beiden gibt, der nur durch den Kontext klar werden kann (Geertz 1994, 10–12).

Einige dieser Punkte bzw. Aspekte habe ich bereits im vorgehenden Absatz zum Überblick über die „Archäologie der Sinne" vorgestellt, weitere erkläre ich jedoch ausführlicher in den folgenden Analysekapiteln an entsprechender Stelle, wenn sie nur angebunden an den jeweiligen Befund (oder Fund) Sinn ergeben oder aber eine ausführliche Beschreibung bereits an dieser Stelle zu Redundanzen später führen würde. Zusammengenommen sehe ich mein methodisches Vorgehen insgesamt als Möglichkeit für eine imaginativere Interpretation des archäologischen Materials, durch das ich sowohl auf historische Variabilität und Veränderung von sinnlicher Wahrnehmung hinweise kann, als auch Aufmerksamkeit lenke auf die Art und Weise, wie beispielsweise Emotionen durch materielle Dinge und Orte wirken (Tarlow 2012, 179; zu einem gewissen Anteil kann auch Empathie oder Introspektive als Aspekt meiner Methodologie gesehen werden).

Folgend erläutere ich lediglich vier weitere die Wahrnehmung betreffende Kriterien, auf die ich auch in meiner anschließenden Analyse eingehe und die aufgrund ihres häufigen Vorkommens in meiner Arbeit bereits zu diesem Zeitpunkt einer genaueren Erklärung bedürfen.

Zu Farbe: Neben der allgemeinen biologischen Fähigkeit des Farbsehens eröffnen sich bei der Auseinandersetzung mit der Wirkung von Farbe vor allem linguistische und psychologische Fragen. Farbe wird wahrgenommen, wenn Lichtphotonen mit unterschiedlicher Wellenlänge (oder Frequenz) von Objekten reflektiert, ausgesendet oder übertragen werden (vgl. z.B. DeSalle 2018, 5). Die Zapfenzellen im Auge leiten die ankommenden Reize an das Gehirn weiter (Choudhury 2014). Verglichen mit anderen Spezies auf diesem Planeten gibt es einige Farben, die das menschliche Auge nicht erfassen kann, wie etwa Ultraviolett oder Infrarot (DeSalle 2018, 4). Unabhängig von diesen Farben kann bisher nicht abschließend beantwortet werden, ob die an das Gehirn weitergegebenen Reize „objektiv" bzw. universell von allen Menschen gleich wahrgenommen werden, dass helles Rot etwa immer belebend/warnend oder Blau als kühl empfunden wird („universalist view")[9], oder ob schon hier der Prozess der subjektiven Interpretation bzw. des „aktiven" Wahrnehmens stattfindet („relativist view"; so etwa Maletzke 1996, 51). Dabei spielt auch die Semantik von Farbe eine Rolle bzw. vereinfacht ausgedrückt, ob nur wahrgenommen werden kann, wofür es auch ein Wort gibt (Verhältnis zwischen Sprache und Denken).

Im Akkadischen warf sich letzterer Punkt vor allem an der Farbe „Blau" auf. Es scheint keinen abstrakten Begriff für blau zu geben, was teilweise mit einer allgemeinen „Blau-Blindheit altorientalischer Völker" begründet wurde/wird (siehe z.B. Nunn 1988, 18, die vermutlich durch die äußerst bekannte ethnographische Arbeit von Brent Berlin und Paul Kay, 1991 [1969], beeinflusst wurde; in dieser neo-evolutionistischen Studie wurden 98 Sprachen auf Farbbezeichnungen untersucht und darauf aufbauend

---

9   Astrid Nunn (1988, 240) vertritt in ihrer Arbeit über Wandmalerei im Alten Orient die Meinung, dass Farben durchaus „objektive" Eigenschaften besitzen, in verschiedenen Gesellschaften aber sehr unterschiedlich mit Bedeutungen belegt sein können. Für diese Bedeutungsbelegung von Farben nennt sie als modernes Beispiel, dass heute in der Mittelmeerregion beispielsweise blaue Perlen u.ä. als Abwehr gegen den „Bösen Blick" eingesetzt werden (im Türkischen Nazar-Amulette), die Farbe Blau also als apotropäisch wahrgenommen wird.

in sieben hierarchische Kategorien untergliedert; zusammenfassend und kritisch dazu: Chapman 2002).

Dem entgegen fassten Shiyanthi Thavapalan, Jens Stenger und Carol Snow (2016) in einem Aufsatz über ägyptisch Blau in Assyrien zusammen, dass „Farbe" an sich ein Konzept ist, das auch anders als durch Farbton, Sättigung und Helligkeit definiert werden kann. Auch Aspekte wie Weichheit, Glanz, Betonung von hell-dunkel-Kontrasten, Unterscheidung zwischen Feuchtigkeit oder Trockenheit, Oberflächenbeschaffenheit, Transparenz, Ebenmäßigkeit, Symbolik und Emotionen sollten als potenzielle Merkmale des Farbsystems einer Sprache anerkannt werden (Thavapalan, Stenger und Snow 2016, 200). Die Konzeptualisierung von Farbe, ausgedrückt durch Sprache, war ihrer Meinung nach in Assyrien vermutlich eine stärker Material-orientierte als es heute der Fall ist; außerdem wurden bei der Definition von Farben Eigenschaften wie Helligkeit und Intensität priorisiert, weniger der Farbton, weswegen es mehr Begriffe gab für das, was im Deutschen (und auch Englischen) abstrakt unter „blau" (bzw. „blue") zusammengefasst wird (Thavapalan, Stenger und Snow 2016, 201). So wird z.B. das akkadische *zagindurû* sowohl für Lapislazuli, als auch als Pigment, Glas oder vermutlich grünlich-blaue Farbe verwendet (Harmanşah 2013; Thavapalan, Stenger und Snow 2016). *Uqnû* bedeutet ebenfalls Lapislazuli, wird aber auch für dunkel-blau benutzt (Warburton 2014). Laut Thavapalan, Stenger und Snow wurden jedoch akkadische Pigmentnamen nie vollständig in das abstrakte Farbvokabular integriert. Es werden in Texten die bunten Effekte von Pigmenten, die Kunst und Architektur belebt haben (ägyptisch Blau, Ockerrot, Zinnoberrot, Kohleschwarz) in Form von Edelsteinen und Metallen beschrieben. Thavapalan, Stenger und Snow schließen daraus, dass der gewünschte Effekt bunter Dekoration in Mesopotamien das Heraufbeschwören der Brillanz solcher Materialien war (Thavapalan, Stenger und Snow 2016).

Daraus lässt ableiten, dass die Bedeutung der Verwendung solcher Farben im hier behandelten zeitlich-räumlichen Kontext stets mit den damit assoziierten Materialien und deren Ausstrahlung bzw. Bedeutung gesehen werden muss. Blau scheint etwa eng mit dem wertvollen Lapislazuli verknüpft. Die Fähigkeit zur künstlichen Herstellung dieser Farbe wurde vermutlich, neben der Wirkung als Wandbemalung selbst, als beeindruckend empfunden. In Assyrien gibt es eine eindeutige Verbindung der Farbe Blau mit dem Königtum. Es ist auch interessant festzustellen, dass im assyrischen Kontext (z.B. in Khorsabad) Bäume und Pflanzen blau gemalt sind (laut Nunn 1988, 240, wurden Pflanzen in Assyrien als „himmelsfarbig" gesehen).

Zu Glanz und Glätte: Die Bedeutung von Glanz wurde und wird in psychologischen Studien untersucht (Chadwick und Kentridge 2015). Interessant am ganz offensichtlichen Interesse am Glanz ist, dass dieser mit haptischer Glätte nach heutigen Untersuchungen subjektiv korreliert wird: je glänzender eine Oberfläche, desto glatter wird sie wahrgenommen, und umgekehrt erscheinen sehr glatte Oberflächen eher als glänzend, selbst wenn dies gar nicht der Fall ist. Glanz berührt sowohl die haptische als auch visuelle Wahrnehmung (Thomason 2016, 250). In vielen Kulturen wird Glanz jedoch als etwas angesehen, das aus den Dingen herauskommt und dann auf das Auge trifft. Die heutige physische Erklärung kann also auch ganz anders interpretiert werden, indem Licht/Sehen als etwas stärker materielles konzipiert werden (Edensor 2017).

Somit kann man auch die glatten Burgmauern urartäischer Festungen (siehe Abschnitt 4.1) in ihrer ästhetischen Ausformung indirekt mit Glanz in Verbindung bringen. Insgesamt erschließt sich ein genereller materieller Komplex in Urartu von Glanz/ Glätte der gesamten elitären Materialität, aufgrund der vielen ostentativ aufgehängten Bronzewaffen, Goldrosetten u.ä., aber auch in der Ikonographie ersichtlich wie in Abschnitt 4.1 näher beschrieben.

Das betonte Vorkommen in Urartu (mehr in Kap. 4) ist auch insofern interessant, als die Präsenz von „Glanz", mit Ausnahme von Wasser und dem Spiegeleffekt (siehe Narziss-Geschichte des antiken Griechenland), im alten Westasien natürlich kaum gegeben war und damit umso mehr auffallen musste (womit ich nicht sage, dass es in Westasien keinen Glanz etwa durch Metall oder glasierte Ziegel und Keramik gab).

Aus schriftlichen Quellen in Assyrien ist die Bedeutung, die dort der Oberflächenbeschaffenheit von Wänden und anderen Architekturteilen beigemessen wird, belegt. König Sanherib (regierte 745–680 v.u.Z.) schreibt beispielsweise über die Steine, die beim Bau seines Palastes verwendet wurden (Thomason 2016, 249):

> „A charm-stone efficacious for winning acceptance from the gods when speaking, for making bad weather pass by, and for keeping diseases from attacking a person ... breccia which looks like dragonflies' wings efficacious for assuaging throbbing in the brow, and which brings joy of heart and happiness of mind as a charm-stone ... girimhilibu stone, beautiful and pleasing to behold, and with the ability to prevent plagues infecting a person." (Grayson und Novotny 2014, 94–95 Sanherib 49, zitiert in Thomason 2016, 249)

Die Oberfläche von Brekzie etwa, die wie Libellenflügel aussehen soll, verfügte demnach außerdem über ein heilende Ausstrahlung. Allison Karmel Thomason (2016) weist unter Berufung auf moderne ethnographische Studien darauf hin, dass verschiedene Sinneseindrücke kombiniert eine Erfahrung bilden können und nicht immer als einzeln zu betrachten sind, beispielsweise Sehen-Fühlen als ein „tastender Blick" oder ein „kaltes Blau". Eine mögliche Synästhesie kann ihres Erachtens im Falle Assyriens im akkadischen Nomen *melammu* beobachtet werden, das sich übersetzen lässt mit: „a shining or

Abbildung 3.3. Ausschnitt der Darstellung auf einem urartäischen Helm aus Karmir Blur; laut Inschrift ein Geschenk König Argištis (I) an den Gott Haldi (ca. 786–764 v.u.Z.; heute im History Museum of Armenia, Yerevan; Foto von Evgeny Genkin, CC BY-SA, Reprinted from Wikimedia Commons)

light-emitting radiance that reached out from a body and psychically and physically manipulated its environment" (Thomason 2016, 246) oder „shining halo" (Liverani 2017a, 115). Mit einem göttlichen *melammu* waren auch die assyrischen Könige ausgestattet (ebd.). Auch gibt es den Ausdruck des *pulhu melammu* („halo of a terrifying splendor"), der die Bedrohlichkeit der assyrische Truppen bezeichnet (Liverani 2017a, 115). Die Nutzung von Glanz und Glätte war also nicht ein alleinig urartäisches Spezifikum, sondern wurde auch in Assyrien verwendet. In der Beuteliste Sargons II aus Musasir wird ausdrücklich betont, dass aus der Cella des Haldi Tempels vergoldete Schilde entwendet wurden, die „mit Strahlenglanz leuchteten" (Mayer 2013, 135 Zeile 370). Es wird jedoch vermutet, dass es sich hierbei entweder um Messing oder vergoldete Bronze handelte (Merhav 1991b; Ruder und Merhav 1991; Greiff u.a. 2012 mit Elementanalysen einiger urartäischer Metallobjekte; vgl. auch Wartke 2012). So wie etwa bei königlichen Banketten Metallbecher als Trinkschalen verwendet wurden, die sowohl bei Ausgrabungen gefunden, als auch auf Reliefs dargestellt wurden und offenbar auch als günstigere Keramikimitation existierten (Hausleiter 2008; Thomason 2016, 250). Oder aber auch durch teure, schimmernde Kleidung aus Leinen und Schmuck (Crowfoot 2008, 151).

Abbildung 3.4.
Teilvergoldeter Metalleimer aus Urartu (Museum zu Allerheiligen Schaffhausen, Sammlung Ebnöther, Inventarnr. Eb33283.01; Provenienz unbekannt)

Jedoch verursachte das materielle Zusammenspiel im Falle Urartus per Waffen im Tempel einen radikal anderen Kontext als etwa die Brekzie-Nutzung in Assyrien.

Auch die aus feinem, hart-gebranntem Ton bestehende rotpolierte Toprakkale Keramik (v.a. Schalen, Schüsseln, Pokale, Kannen) wurden so bearbeitet, dass ihre Oberfläche glänzte und eventuell sogar Metallgefäße imitieren sollte (aus Kupfer, Messing oder Bronze; Wartke 1998, 111; Kapmeyer 2003/2004; San 2005). In Karmir Blur wurde 97 flache Trinkschalen aus Bronze in der Nähe eines der Weinkeller gefunden, die laut darauf befindlicher Keilschriftinschrift dem König gehörten. Ebenfalls aus Karmir-Blur stammt ein urartäischer Helm, auf dem eine vermutlich rituelle Szene am sog. Heiligen Baum (später beschrieben in Exkurs 4.1) dargestellt wird (Abb. 3.3 und 3.4). Die Figuren rechts und links des Baumes halten Gefäße in den Händen, die möglicherweise einen ebenfalls als Objekt gefundenen Metalleimer repräsentieren (Abb. 3.3 und 3.4). Dabei ist interessant, dass die Figuren auf dem Goldband des Eimers der Sammlung Ebnöther ebenso wie die auf dem Helm aus Karmir Blur einen Eimer in der Hand halten und es sich also um einen sogenannten „Droste-Effekt" handelt, das Objekt ist auf dem Objekt dargestellt (wenngleich auf einem kontextlosen Gegenstand). Auch die Möbel waren in der Regel mit bronzenen Füßen oder Griffen versehen, meist sehr elaboriert in Form von Tiere, Mischwesen o.ä. (zu Metallarbeit in Urartu siehe Loon 1966; Seidl 2004. Zur Verwendung von Zink und nicht eindeutig nachweisbarem Messing in Urartu s. Greiff u.a. 2012). Solche Verzierungen von Möbeln gab es auch in Assyrien (siehe z.B. Curtis 2012, 433).

Zu Hörbarkeiten (Soundscape): Die Wahrnehmung von Schallwellen unterschiedlicher Frequenz, die durch Luft oder Wasser übertragen werden und die Sinne stimulieren, wird als Hören bezeichnet (DeSalle 2018, 7). Dabei spielen nicht ausschließlich die Ohren eine Rolle, insbesondere bei der Wahrnehmung von Vibration, die auch der auditiven Wahrnehmung (dem Hören) zugerechnet werden kann. Der physikalische Impuls des Schalls wird als neuronales Aktionspotenzial (umgangssprachlich „Nervenimpuls") umgewandelt ans Gehirn geleitet, wo er als Geräusch wahrgenommen wird (DeSalle 2018, 17).

Bei der Beschäftigung mit dem Hörsinn in Verbindung mit habitualisierter Raumerfahrung geht es in erster Linie um *Hören* im Sinne einer passiven Klangerkennung, denn um aktives *Zuhören*. Durch den Klang von Räumen werden Größe und Volumen wahrgenommen (Blesser und Salter 2007, 21; McMahon 2016a, 136; Veitch 2017, 54; Blesser 2007, 21, schreibt: „Hearing decodes size as the global metric of volume because sound permeates air as a fluid, flowing around objects and into crevices…we sense the volume of a large space by its long reverberation time and the volume of a small space by its sharp frequency resonances."). Gewisserweise werden Räume somit nicht nur visuell, sondern auch akustisch als Volumen gespürt. Auch das Bewegen durch Raum – etwa die Vibration und Geräusche vom Laufen auf verschiedenen Fußböden – erzeugt ein spezifisches Raumgefühl (Ingold 2004, 331). Tim Ingold (ebd.) schreibt weiter: „Or more strictly, cognition should not be set off from locomotion, along the lines of a division between head and heels, since walking is itself a form of circumambulatory knowing."

Wie auch bei den anderen hier angesprochenen Sinnen gibt es beim Hören eine Unterscheidung zwischen der allgemeinen, mechanischen Fähigkeit des menschlichen Gehörs auf der einen und der kulturspezifischen Bewertung der Geräuschkulisse auf der anderen Seite (Mongelluzzo 2011, 308–9). Das beginnt schon mit dem Unterschied zwischen prä- und postindustriellen Zeiten, in denen durch Maschinen aller Art (Autos, Flugzeuge, Klimaanlagen, Fernseher, Radios, Computerbelüftungen, etc.) ein größerer Geräuschpegel herrscht (McMahon 2016a, 136). Augusta McMahon (2016a, 136) weist weiter darauf hin, dass ein Großteil der Bevölkerung in der Eisenzeit in Nordmesopotamien nicht lesen konnte und Informationen vermutlich über Zuhören aufgenommen wurden, was möglicherweise zu einer im Gegensatz zu heute größeren Aufmerksamkeit gegenüber Gesprochenem führte (für eine weitere Arbeit, die sich mit Hörbarkeiten im Altertum auseinandersetzt siehe auch Steve Mills 2014 erschienenes „Auditory Archaeology: Understanding Sound and Hearing in the Past"). So war möglicherweise das Gedächtnis des Gesprochenen bzw. Gesungenen (Worte, Reime, Gedichte) geschärfter als heute.

Hinsichtlich der von mir zu untersuchenden Fundorte gibt es auf der Ebene alltäglicher Geräusche bereits erhebliche Unterschiede, die sich schlicht aus den verschiedenen Größenskalen ergeben (im Haus, in der Siedlung, auf der Burg, im Tal, eher geschlossen oder offen, etc.). So gehören bei den im Vergleich kleineren urartäischen Festungen beispielsweise die Stimmen von Männern, Frauen und Kindern zur Geräuschkulisse, zudem Hundegebell, das Blöken von Schafen und Ziegen, Kuhmuhen, ggf. das Glöckchengeläut der Bronzeglocken an Pferden (Abb. 3.5; Muscarella 1987; Seidl 2004, 115, beschreibt ca. 9 cm große Bronzeglöckchen, die in Urartu offenbar an Pferdegeschirren angebracht wurden), das Knistern von Herden, Schritte auf den Steinböden der Burg und dem dumpfen Klang auf Lehm; außerdem Fliegengebrumm insbesondere im Sommer,

Abbildung 3.5. Bronze- und Eisenglöckchen aus Urartu (8,7 × 5,6 × 5,6 cm) mit Inschrift: „Aus dem Arsenal von König Argišti" (ca. 789–766 v.u.Z.; The Metropolitan Museum of Art, New York, Accession Number: 1977.186, Provenienz unbekannt)

die Geräusche von Hacken und anderen Werkzeugen (vgl. Skeates 2010, 240, für Malta). Klänge aus der Unterstadt hatten eher die Chance, zu den Gebäuden und Höfen der Burg durchzudringen (insbesondere in Ayanis, wo Unter- und Oberstadt teilweise auf gleicher Höhe lagen), als etwa in die riesigen assyrischen Palasthallen. Bei letzteren dürften zu den Geräuschen u.a. Schritte, Kleiderraschen, Gespräche und Ansprachen, Musik u.ä. gehört haben. Es sollte außerdem erwähnt werden, dass neben dem „Eigenklang" von gebautem Raum durch Baumaterialien und ähnlichem, andere Aspekte von „Soundscapes" nicht ortsgebunden sind. Der Begriff „Soundscape" bezieht sich auf alle akustischen Reize in einem bestimmten Umfeld oder Raum und wurde erstmals von R. Murray Schafer in den 1960er und '70er Jahren entwickelt (Schafer 1993 [1977]).

Im Bezug auf den Fokus dieser Arbeit seien dabei insbesondere Sprachen genannt. Das Hören der eigenen Sprache in einem fremden Umfeld kann durchaus das Gefühl von Einsamkeit oder Angst mildern. Gleichzeitig kann ein Sprachgewirr auch als Zeichen der Internationalität und im Falle Assyriens etwa Selbst-Bestätigung der Beherrschung der „Welt" wahrgenommen werden. In einer Inschrift aus Khorsabad wird beispielsweise darauf hingewiesen, welch Vielzahl an Sprachen dort gesprochen wurden:

> „People of the four regions (of the world), of alien language, whose speech is untranslatable, inhabitants of plains and mountains, all of them shepherded by the divine light, the lord of all (=Assur), whom I deported by the command of Assur my lord and by the power of my scepter: I subjected them to a unified command and settled them there (in Dur Sharrukin). I appointed Assyrians over them in proper behavior and the fear of god and the king. (ISKh, pp. 79–80: 49–53 = pp. 72–73: 92–97 = pp. 47–48: 49–54; = pp. 43–44: 72–74; in Liverani 2017a, 206)

Als ebenfalls nicht ortsgebunden, dafür hingegen vermutlich „aktiver" zugehört bzw. weniger unbewusst-alltäglich, müssen sowohl für Urartu als auch Assyrien Musik und Gesang (beispielsweise bei Ritualen oder Festen) genannt werden (zu Musikarchäologie siehe Eichmann und Koch 2015; Vincent 2017, 151; oder den Sammelband „Archaeoacoustics" herausgegeben von Scarre und Lawson 2006). So sind etwa auf urartäischen Bronzegürteln MusikerInnen und TänzerInnen dargestellt (insb. Taf. 68/69, Nr. 266 Hans-Jörg Kellner 1991; Seidl 2004, 141). In der Beuteliste Sargons II wird beschrieben, dass aus dem Haldi-Heiligtum in Musasir eine goldene Harfe entwendet wurde, die beim Kult für die Göttin Bagbartu verwendet wurde (Mayer 2013, 137 Zeile 385). Auch auf Reliefs werden diverse Musikinstrumente dargestellt. In assyrischen Texten wird spezifisch auf die unterschiedlichen Herkünfte von Musikerinnen am Hofe hingewiesen, die anscheinend regionale, als „exotisch" empfundene Musik/-instrumente spielten bzw. spielen mussten (Parpola 2007, 260; Macgregor 2012, 29). „Musik" beinhaltet generell mehr als nur Klang, sondern auch Vokalisation, Klangwerkzeuge und Gesten, die sowohl in alltäglichen Aktivitäten, als auch formalisierten Sphären der Interaktion, wie bei Ritualen, eingesetzt werden (Nettl 2005; E. C. Blake und Cross 2015). Sozial organisierter Klang wie Musik, spielt eine bedeutende Rolle im Auslösen von Erinnerung oder Rückbesinnung, und ist aus diesem Grund auch ein wichtiges Werkzeug in der Erzeugung und Bestätigung kollektiver Identität (Impey 2013).

Generell gibt es in der Archäologie verschiedene Formen, sich mit Hören und Klang auseinanderzusetzen. So gibt es empirische, beispielsweise GIS-basierte Ansätze, bei denen etwa der Klangradius von Kirchenglocken und der mögliche Einfluss auf die sich in diesem Radius befindlichen Subjekte untersucht wird (Mlekuz 2004; siehe auch Primeau und Witt 2018 für eine GIS-basierte Soundshed Analyse der Pueblo-Architektur im Chaco Canyon, heute New Mexico, USA), ebenso wie Berechnungen von Widerhall und Akustik etwa in Korridoren und Tunneln auf der Zitadelle in Khorsabad (McMahon 2016b; für einen ähnlichen Ansatz für die Akustik im antiken Ostia, insbesondere den Straßen, s. Veitch 2017). Berechnungen innerhalb von Architektur sind jedoch oft dadurch limitiert, dass Deckenhöhen, (Wand-)Teppiche oder Möbelstücke nicht erhalten bzw. bekannt sind. Darüber hinaus wird der Klang von Architektur auch durch die Anzahl der sich darin befindlichen Menschen (und ggf. Tiere) beeinflusst. In dem wissenschaftlichen Gebiet der Psychoakustik wird weiter darauf hingewiesen, dass die Bewertung von Geräuschen insofern auch von der Umgebung abhängt, als beispielsweise das Klingeln eines Telefons in einer stillen Bibliothek als äußerst schrill und laut empfunden wird, während der gleiche Klang in einer Bar nach einem lauten Rockkonzert kaum wahrgenommen wird, obwohl der physikalische Impuls derselbe ist (vgl. Cross und Watson 2006). Diese Dinge müssen auch bei empirischen Arbeiten zu vergangener Akustik mit in Betracht bezogen werden und entziehen sich aufgrund ihres ephemeren Charakters exakter Berechnungsmöglichkeit.

Qualitative Analysen basieren häufig auf textlichen Quellen, in denen über Klang und Geräusche berichtet wird, und werden teilweise ergänzt um heutige, „subjektive" Hörerfahrungen der spezifischen Orte (z.B. zur Geräuschkulisse des antiken Roms Laurence 2017; Vincent 2017; für die Amarnazeit in Ägypten siehe Meyer-Dietrich 2017). Allen gemeinsam ist, dass sie sich von unterschiedlichen Perspektiven ausgehend der ephemeren Klangwelt der Vergangenheit nur annähern können. Das gilt auch für Berechnungen der Akustik von Räumen und Plätzen.

Zu Licht und Schatten: Mary Shepperson hat sich in ihrer 2017 publizierten Dissertation „Sunlight and Shade in the First Cities. A Sensory Archaeology of Early Iraq" ausschließlich mit der physischen und symbolischen Bedeutung des Phänomens Licht in Mesopotamien auseinandergesetzt. Während ihre konkreten Fallbeispiele Städte aus der Frühdynastischen Periode bis zum späten 2. Jt. v.u.Z. sind, ist für diese Arbeit vor allem das von ihr angewandte methodische Vorgehen von Interesse. So zeigt sie etwa, wie abhängig von Jahreszeit, Ort und rekonstruierten Gebäudehöhen der Schattenwurf von Architektur annähernd berechnet werden kann (Abb. 3.6) und setzt diese Informationen überzeugend in Verbindung mit der räumlichen Anordnung von Architektur und Straßen innerhalb von Städten einerseits und ikonographischen sowie epigraphischen Repräsentationen von Licht/Sonne während der jeweiligen Epoche andererseits. Sie entscheidet sich bewusst gegen aufwendige Computersimulationen, da es ihr um eine Methodologie mit nachvollziehbaren und somit reproduzierbaren Ergebnissen, nicht aber eine Diskussion über digitale Techniken geht, die ihres Erachtens für ihre Arbeit keinen größeren Mehrwert erbracht hätten (Shepperson 2017, 45).

Sheppersons Aufforderung der Anwendung ihrer Methoden folgend, werde ich in den anschließenden Kapiteln 4 und 5 u.a. die von ihr dargestellte Berechnung des Schattenfalls anwenden. Letzterer kann durch einfache Trigonometrie mithilfe von Gebäudehöhe,

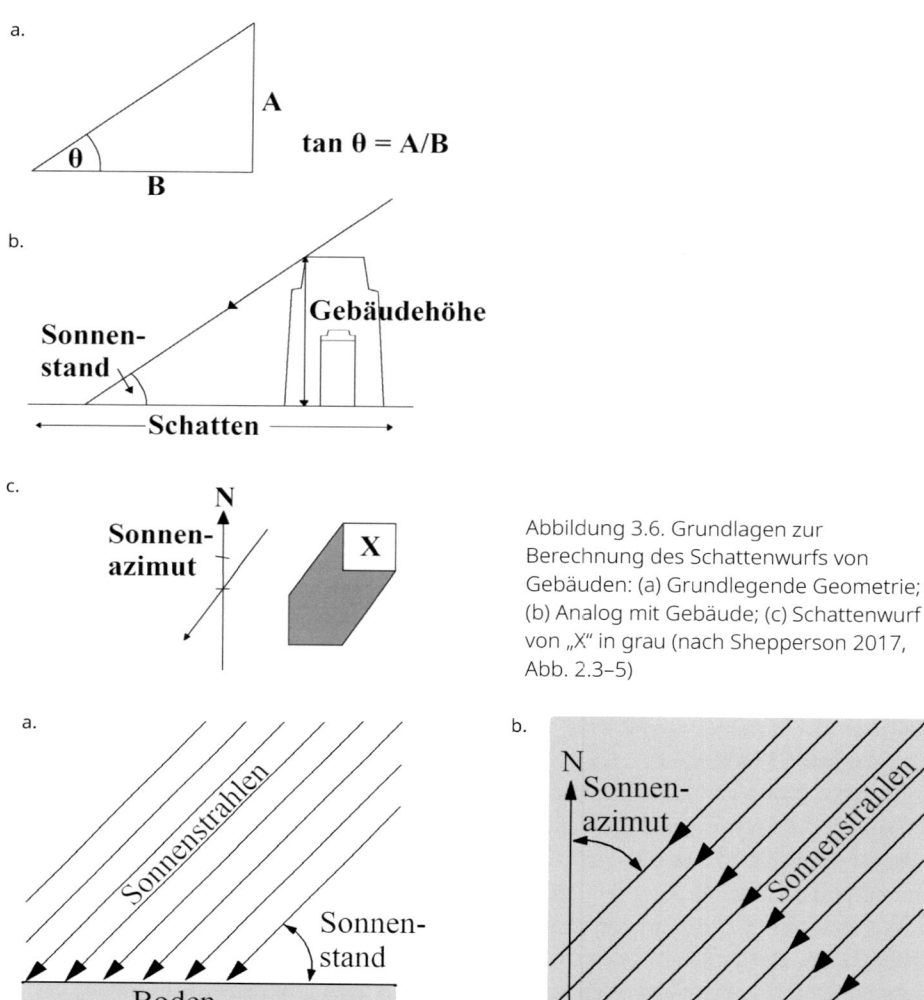

Abbildung 3.6. Grundlagen zur Berechnung des Schattenwurfs von Gebäuden: (a) Grundlegende Geometrie; (b) Analog mit Gebäude; (c) Schattenwurf von „X" in grau (nach Shepperson 2017, Abb. 2.3–5)

Abbildung 3.7. Der Sonnenstand (a) wird angegeben durch den Winkel, in dem die Sonnenstrahlen vertikal auf die Oberfläche treffen. Der Sonnenazimut (b) beschreibt die Position der Sonne relativ zu Norden und damit die Richtung aus welcher die Sonnenstrahlen in horizontaler Ebene kommen (nach Shepperson 2017, Abb. 2.1 und 2.2)

Sonnenstand und Sonnenazimut (der nach Norden orientierte Horizontalwinkel) ermittelt werden (Abb. 3.6 und 3.7; Shepperson 2017, 40–43, wo sie weiter erklärt, wie der Schattenwurf von Tells ermittelt werden kann). Selbstverständlich führen einige Faktoren in dieser Berechnung dazu, dass die ermittelten Daten als annähernde, nicht jedoch präzise Werte betrachtet werden müssen. Beginnend bei den Gebäudehöhen, die für die Eisenzeit in Nord-Mesopotamien nur noch rekonstruiert werden können, übergehend zu den zugänglichen Daten vom jahreszeitabhängigen Sonnenstand, die auf der auch von

Shepperson verwendeten Website des U.S. Naval Observatory[10] lediglich bis 1700 (u.Z.) zurückreichen. Shepperson (2017, 39–40) erklärt ausführlich, warum mehr oder weniger moderne Daten zur Erdbewegung und dem korrespondierenden Sonnenstand nicht signifikant von denen in der von ihr behandelten Epoche (und somit auch der hier behandelten Eisenzeit) abweichen. Ich verwende in dieser Arbeit durchgehend die Daten aus dem Jahr 1700, den frühest erhältlichen.

Damit geben die Ergebnisse m.E. eine gute Annäherung an bzw. Übersicht über den Einfluss der Sonneneinstrahlung auf spezifische Architekturelemente sowie deren Ausrichtung.

Neben dem natürlichen Licht von den Gestirnen muss auch künstlich eingesetztes Licht in der Form von Öllampen, Feuern usw. berücksichtigt werden. Aussagen zu solchen Lichtquellen zu treffen steht in starker Abhängigkeit zur Fundlage der jeweiligen Orte.

In einem von Marion Dowd und Robert Hensey 2016 herausgegebenen Sammelband „The Archaeology of Darkness" findet sich eine Vielzahl an Artikeln, in denen sich ArchäologInnen spezifisch mit dem Phänomen Dunkelheit (in Höhlen, Schatten, bei Nacht oder arktischem Winter) und der Bedeutung im Leben vergangener Subjekte auseinandersetzen.

3.3 Fazit und Überleitung

Meine in den anschließenden zwei Kapiteln präsentierte Analyse orientiert sich zusammenfassend also nicht an den klassischen fünf Sinnen, sondern gewisserweise „bottom-up" an bzw. aus den untersuchten Materialien. Wahrnehmung ist schlussendlich immer eine multisensorische Erfahrung, die sich nie gänzlich in einzelne, strikt voneinander trennbare Kategorien aufteilen lassen kann (McMahon 2016a). Das heißt, dass die meisten hier aufgestellten keine von vorne herein in die Analyse integrierbare Kategorien waren, sondern dass sie sich erst im empirischen Vorgehen, bei dem Befunde und Fundkontexte im Zusammenhang gesehen werden, ergeben haben. Beispielsweise führten ein urartäischer Tempel-Vorhof und darin aufgehängte Waffen zu Überlegungen über den Zusammenhang von Glanz und Glätte, der mit einem ganz bestimmten visuellen Effekt mit haptischen Qualitäten unterschwellig verbunden sein kann.

Nicht alle an einem meiner analysierten Fundorte auffindbaren Attribute waren an anderen Orten erhalten, bzw. eventuell sind sie auch niemals vorhanden gewesen. Solche jeweils nur einmal auftretenden Attribute können demnach nicht als „typisch urartäisch" oder „typisch assyrisch" angesehen werden. Vielmehr habe ich im Zuge der gründlichen Durchsicht der vier von mir ausgewählten Orte (Bastam/Rusai-URU.TUR, Ayanis/Rusahinili Eidurukai, Khorsabad/Dur Šarrukin, Ziyaret Tepe/Tušhan) weitere Burgen und Orte nach gleichartigen Attributen abgesucht. In Anschluss hieran habe ich die an mehreren Orten vorhandenen Attribute – qualitative, aber auch die quantitativ ermittelbaren wie etwa Steilheit des Aufwegs oder die Größe bestimmter Gebäudetypen – zu einem stärker schematisierten Überblick zusammengeführt. Dieses aus den realen Bauten abstrahierte Gerüst wurde von den BewohnerInnen und BesucherInnen der Orte

---

10 Über den *solar data calculator* des U.S. Naval Observatory (Website: http://aa.usno.navy.mil/data/docs/AltAz.php) lassen sich unter Eingabe der genauen Koordinaten des Fundortes sowie der entsprechenden Zeitzone Sonnenhöhe und -azimut für einzelne Tage ermitteln. Mit diesen Daten besitzt man alle notwendigen Variablen, um Schattenlänge und -richtung eines (rekonstruierten) Gebäudes zu berechnen (Abb. 3.6).

teils alltäglich, teils seltener erfahren, und diese Erfahrung führte zu unausgesprochenen Erwartungen der gebauten räumlichen Konfigurationen, aber auch der Einpassung in landschaftliche Elemente. Diese Erwartungen sind es, was ich als „räumlichen Habitus" bezeichne, der dann durch die spezifischen Bedingungen als urartäischer oder assyrischer „räumlicher Habitus" bezeichnet werden kann. Ich gehe also davon aus, dass nicht nur die realen Räume, sondern die Konstellation der Attribute für die Ausbildung von räumlichen Erfahrungen und Erwartungen verantwortlich war. Diese Annahme geht auch kongruent mit Forschung zu (menschlicher) Wahrnehmung in der Psychologie. Denn auch dort wurde ermittelt, dass bei der Wahrnehmung eines bestimmten Reizes sofort unterschiedliche Schemata für die Interpretation des Reizes zu Rate gezogen werden, die sich auch anhand des jeweiligen unmittelbaren Kontextes ergeben (Myers 2014 Kap. 7 „Wahrnehmung"). Menschen erlernen demnach Erwartungen für spezifische Kontexte und damit einhergehende, vorhersehbare Wahrnehmungen, die wiederum Verhalten beeinflussen. In der Wechselwirkung von Kontext und Wahrnehmungserwartung wird Wahrnehmung konstruiert (Myers 2014, 242). Der Vergleich zwischen diesen beiden Abstraktionen aus realen Räumen liegt dann der letztlichen Interpretation zugrunde, wie Subjekte aus Assyrien urartäischen gebauten und Landschaftsraum wahrnahmen und umgekehrt unter besonderer Berücksichtigung des „Sturzes" in die Subalternität, also die Umkehrung der Subjektposition, und die damit verbundene Frage nach den subjektivierenden Eigenschaften von Räumen (s. Kap. 6). Analyse und Vergleich orientieren sich also an den in diesem Kapitel vorgestellten und in den folgenden umfangreicher beschriebenen Aspekten einer holistischen Raumerfahrung. Darin werde ich detaillierter zeigen, welche räumlichen Wahrnehmungskonzepte ich mit welchen archäologischen Hilfsmitteln im konkreten Fall Assyriens und Urartus untersuchen kann. Analyse- und Darstellungstechniken setzen sich u.a. zusammen aus *thick description*, zusammenfassenden Tabellen, Plänen, empirischen Untersuchungen von Steigungen und Schattenwurf, Interpretation der bildlichen Repräsentation von Menschen und Räumen sowie Isovistenanalysen. Zusammenfassend stelle ich in Tabelle 3.1 dar, wie ich die

	Geplanter Raum	**Unmittelbarer Raum**	**Gelebter Raum (Thirdspace)**
Definiert als	Diskurs der ArchitektInnen und Elite im Bezug auf Raum, seine Organisation und das „ideale" Verhalten der NutzerInnen	Die Materialisierung und physische Manifestation von Raum	Interpretation, Erleben und Auseinandersetzung der NutzerInnen von geplantem und unmittelbarem Raum
Daten	Bildliche und narrative Darstellungen von Architektur und Landschaft (v.a. aus königlichem Diskurs)	Der physische-sinnliche Raum durch Grabungsberichte: Größe, Farben, Zonen, Kunst, (Bau)Techniken, Licht, körperliche Praktiken (z.B. Bewegung, Interaktion)	Komparatistische Interpretation von Um-/Nutzungspotenzialen durch Gegenüberstellung der Daten und Ergebnisse von geplantem & unmittelbarem Raum
Analysetechnik	Diskursanalyse konzentriert auf die von den PlanerInnen betonten räumlichen Hauptthemen	Raumanalyse basierend auf dem räumlichen Vokabular/Repertoire, Design(gesten) und Inventar	Interpretativ hermeneutische Analyse der potentiellen Interpretationen von NutzerInnen (bzgl. des dominanten Diskurses, des physischen Raums, ihres eigenen räuml. Habitus, Praktiken, Subjektposition)

Tabelle 3.1. Schema des methodischen Prozesses dieser Arbeit

theoretischen Ideen mit den archäologischen Details verknüpfe (vgl. Skeates 2010). Das Konzept des ästhetischen Regimes wird mir abschließend dazu dienen, die gewonnenen Erkenntnisse konzis gegenüberzustellen und im Rahmen meiner theoretischen Grundlegung zu interpretieren.

Mit diesen Vorbemerkungen werde ich im Folgenden die von mir gewählten zwei urartäischen sowie anschließend die beiden assyrischen Fundorte untersuchen. Wie ich näher erläutern werde, habe ich genau diese vier Orte Ayanis, Bastam, Ziyaret Tepe und

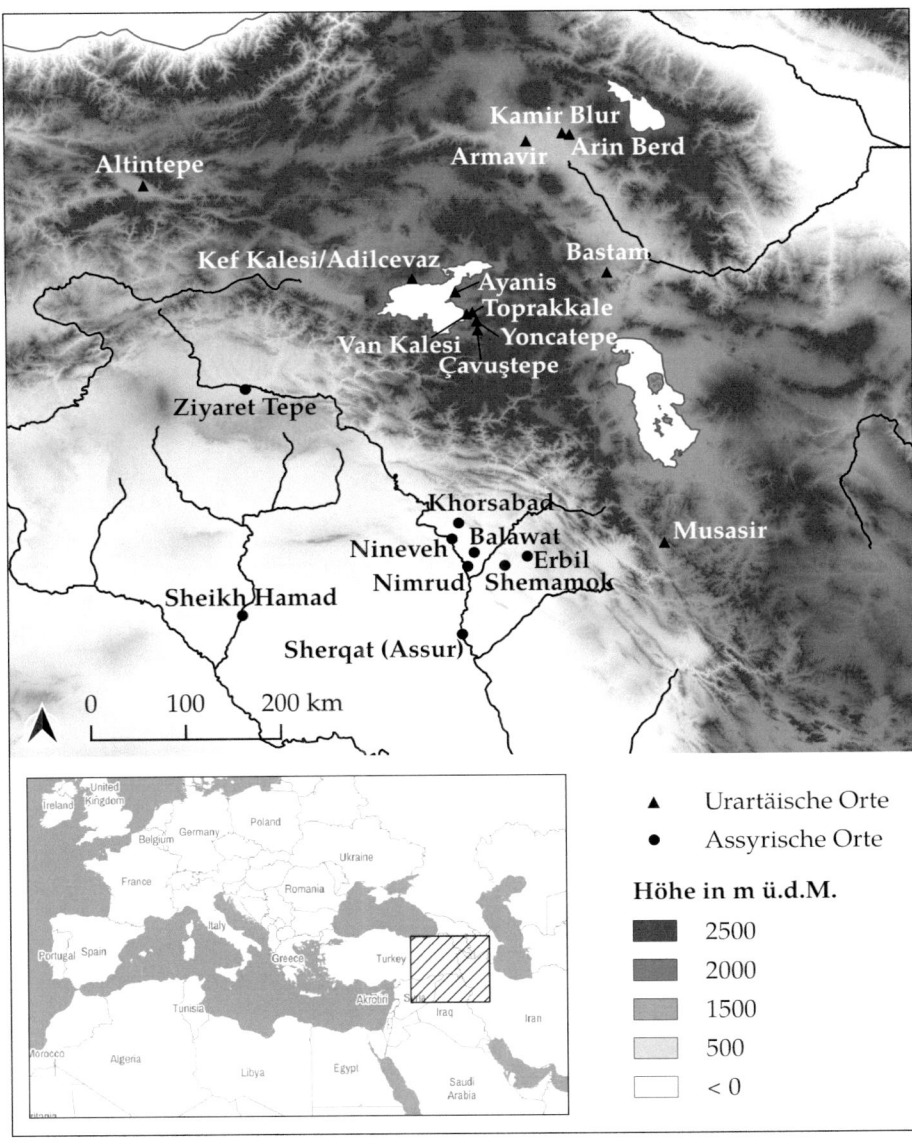

Abbildung 3.8. Wichtige urartäische und assyrische Orte in Nordmesopotamien (Grundkarte: https://www.openstreetmap.org/copyright)

Khorsabad gewählt, da sie mehr oder minder zeitgleich existierten und für beide Seiten jeweils eine Stadt im Zentrum und eine in der Peripherie darstellen (Abb. 3.8). Zuletzt sei darauf verwiesen, dass ich mit Ayanis und Ziyaret Tepe jeweils einen urartäischen und assyrischen Ort selbst besuchen konnte, was v.a. bei einer phänomenologischen Untersuchung Erwähnung finden muss. Inwieweit dieser Umstand meine Interpretation der Orte beeinflusst, ist schwer zu benennen. Sicherlich half mir etwa der Besuch von Ayanis ein besseres Gefühl für die anstrengende Steigung zur Zitadelle zu entwickeln, besser als allein die Errechnung des Gefälles es könnte, andererseits drängt sich bei den Besuchen stärker meine persönliche, subjektive Erfahrung auf, die meine Beschreibung der Orte beeinflussen kann. Diese Problematik möchte ich an dieser Stelle als solche ungelöst, aber zumindest angesprochen stehen lassen.

4

Analyse: Biainili-Urartu

Im Kern dieses Kapitels steht die Analyse der urartäischen Orte Ayanis und Bastam, aufgegliedert nach den Möglichkeiten bzw. Angeboten ihrer Sinneswahrnehmung. Dem voran stehen ein historischer Überblick über Urartu, eine kurze Forschungsgeschichte und eine Einführung in die Architektur und Landschaft Urartus.

In der eigentlichen Analyse werde ich zunächst die beiden Grundlage bildenden Fundorte beschreiben und dort schon erste Beobachtungen wie Einbettung und Nutzung der umgebenden Landschaft anführen, um mich so dem Bereich der räumlichen Produktion zu nähern, der bei Lefebvre den *espaces perçus* und *conçus* zuzuordnen ist. In dieser Beschreibung behandele ich einzelne Abschnitte der Orte separat und gehe dabei von einer großen zu kleineren Skalen vor: 1) Situation in der Landschaft, 2) einzelne topographisch-funktionale Siedlungsteile, 3) innerhalb dieser Abschnitte, soweit erschließbar, Baukomplexe und deren spezifische Charakteristika.

4.1 Einführung: Biainili-Urartu

4.1.1 Kurzer historischer Überblick

Das Kerngebiet Urartus lag in Ostanatolien am heutigen Van-See, an dem auch die Hauptstadt Tušpa (Van Kalesi) lag (Salvini 1995b, 14–17; Nissen 1999, 103; Sagona und Zimansky 2009, 316). Zeitweise erstreckte sich das Reich über Gebiete in der heutigen Osttürkei, Armenien, Aserbaidschan, Naxçıvan und Nordwest-Iran, zwischen den Seen Van, Sevan und Urmia (z.B. Köroğlu 2011, für eine Diskussion zu Grenzen und Ausbreitung des urartäischen Reiches; s. Radner 2012, zu den Gebieten zwischen Assyrien und Urartu). In dieser Region treffen Zagros, Taurus und der Kaukasus aufeinander und untergliedern das Land sehr zerklüftet auf natürliche Weise (Zimansky 1985; 1995; Dan 2015). Die geographischen Gegebenheiten sind demnach gekennzeichnet durch stark zerklüftetes Hochland, vulkanische Gipfel, isolierte fragmentierte Landabschnitte und für den Transport nicht nutzbare Flüsse. Durch das wechselhafte Klima, mit kurzen trockenen Sommern und langen schneereichen Wintern, werden Kommunikationswege zwischen den Tälern oft für mehrere Monate unterbrochen (Zimansky 1985, 12; Linke 2015, 121–25; Çifçi 2017 insb. 20-23). Aufgrund dieser Situation wurde Urartu auch als *terrestrial* (Zimansky 1985, 9), *imperial* (Smith 1996) oder auch *continental* (Liverani 2014, 524) Archipel bezeichnet. Kommt es zur Interpretation der politischen Organisation Urartus, spielen diese geo-klimatischen Gegebenheiten eine übergeordnete Rolle, worauf ich später eingehe.

Seit dem 13.Jh. v.u.Z. gibt es in assyrischen Berichten Auskünfte über politische Zusammenschlüsse im Norden des assyrischen Reiches (Salvini 1995; Nissen 1999; Linke 2015; Zimansky 2018). Die Region wird darin als Ur(u)atri/u und Nairi bezeichnet und die Erwähnung der 40 bzw. 60 Könige von Nairi zeugt von einer Vielzahl von Bevölkerungsgruppen (Lehmann-Haupt 1910; Salvini 1995). Unter Salmanassar III wird erstmals eine Personengruppe als „Urartäer" bezeichnet und damit vermutlich eine aus assyrischer Sicht zusammengehörende, feste Einheit unter der Herrschaft König Aramus adressiert (der anscheinend in der bis heute unidentifizierten Stadt Arsashkun residierte; Zimansky 2018, 232). Auf den Balawat-Toren werden kriegerische Episoden Salmanassars III gegen Urartu dargestellt (Taf. I Gunter 1982); auf dem sog. Schwarzen Obelisken werden Salmanassars Kampagnen gegen Urartu beschrieben (Grayson 1996, 69). Später erwähnt er einen König Sarduri I (herrschte ca. 840–830 v.u.Z.), der in der Forschung teilweise als Gründer eines Königreiches Urartu betrachtet wird (Linke 2015, 129; Zimansky 2018, 230, 236). Teilweise wird auch Sarduris Sohn Išpuini als „Gründer" gesehen (Salvini 1995). Einige WissenschaftlerInnen haben die Vermutung geäußert, dass gerade die assyrischen Einfälle einen Zusammenschluss der Länder des Königreichs Urartu auslösten (Van De Mieroop 2007, 215; Mayer 2013, 23). Aus Inschriften ist bekannt, dass sich die urartäischen Könige selbst „Herrscher der Biainili-Länder" nannten (oder „Nairi", wenn sie einen assyrischen Namen verwenden wollten), „Urartu" also ein rein assyrischer Name und vermutlich nicht einmal der von Biainili favorisierte ist (Linke 2015, 1–3; Zimansky 2018, 230–31). Generell stammen die meisten schriftlichen Überlieferungen über Urartu aus assyrischen Quellen, die aufgrund dessen nur einen spezifischen, kriegerischen Blick auf Land und Leute preisgeben (vgl. Van De Mieroop 2007, 215). Auf urartäischer Seite existieren, neben einer sehr kleinen Anzahl ökonomischer Texte und unzähligen Siegelungen, die auf eine zentralisierte Wirtschaft bzw. generelle Organisation hindeuten, insbesondere monumentale und königliche (Bau)Inschriften, die somit ebenfalls ein limitiertes inhaltliches Repertoire aufweisen (Van De Mieroop 2007, 217; zur sozio-politischen Situation in der Region vor der Herausbildung Urartus siehe Smith 2003; Köroğlu 2011, 21–24; Smith 2012). Ein Umstand, der ungünstig in Verbindung mit dem Fokus der archäologischen Erforschung der Festungsanlagen steht. Paul Zimansky (2018, 254) schrieb kürzlich dazu:

> *„The history of Urartu could not be written without Assyrian sources, and we have long viewed that history from a southern viewpoint, despite the recent archaeological contributions that suggest the kings of Biainili spent most of their time engaged elsewhere. We can easily see Assyrian influence in Urartu, but the question of what Urartu contributed to Assyria is rarely asked. Perhaps it should be."*

Der Gründung des politischen Zusammenschlusses „Urartus" folgt einer Phase der Expansion, bei der es zwar immer wieder zu Zusammenstößen mit Assyrien kam, die möglicherweise aber gerade wegen Assyriens Schwäche zu dieser Zeit überhaupt möglich war (z.B. Van De Mieroop 2007, 217; Balatti 2017). Diese Ansicht passt zu der Tatsache, dass 743 in einer Schlacht bei Karkemisch Tiglatpilesar III (herrschte 744–727), unter dem

Datum (v.u.Z.)	Traditionelle Abfolge	Alternative Abfolge 1	Alternative Abfolge 2 (bspw. M. Roaf/J. Linke)	Alternative Abfolge 3 (bspw. U. Seidl)	Assyrische Könige
714	Rusa, Sohn des Sarduri	Rusa, Sohn des Sarduri	Rusa, Sohn des Erimena	Rusa, Sohn des Sarduri	Sargon II (721–705)
709	Argišti (II), Sohn des Rusa	Argišti (II), Sohn des Rusa	Rusa, Sohn des Sarduri; Argišti (II), Sohne des Rusa	Argišti (II), Sohn des Rusa	Sanherib (704–681)
673	Rusa (II), Sohn des Argišti	Rusa, Sohn des Erimena; Rusa, Sohn des Argišti	Rusa, Sohn des Argišti	Rusa, Sohn des Erimena	Asarhaddon (680–669)
655	Rusa, Sohn des Erimena			Rusa, Sohn des Argišti	Assurbanipal (668–627)

Tabelle 4.1. Verschiedene mögliche Königsabfolgen am Ende Urartus (zusammengeführt aus Linke 2015, 138 und Zimansky 2018, Tab. 2)

sich das assyrische Reich, zumindest wo uns bekannt, konsolidierte und restrukturierte (Kap. 5), Urartu eine Niederlage einbrachte und der Expansionsphase Biainilis damit ein Ende bereitete (Salvini 1995, 72–73; Nissen 1999, 104; Van De Mieroop 2007, 217; Fuchs 2017, 251). Auch Sargon II zog immer wieder gegen süd-östliche Bereiche Urartus zu Felde. In seinem sog. „Gottesbrief" an den Gott Assur aus dem Jahre 714 werden diese Kampagnen beschrieben (Salvini 2007; Mayer 2013; Liverani 2017a, 80). Am bekanntesten ist dabei die Plünderung der Stadt Musasir (714), die zwar nicht direkt Teil Urartus war, jedoch der Kultort des Hauptgottes Haldi war und somit einen für Urartu hohen religiös-ideologischen Stellenwert besaß (vgl. Van De Mieroop 2007, 217). Die gleichzeitigen Einfälle von sog. Kimmeriern und Skythen im Norden und Nordosten des Landes bedrohten die Herrschaft Rusas, Sohn des Sarduri (oft „Rusa I" genannt, teilweise Sohn des Erimena) und Argištis II (Sohn des Rusa; Tab. 4.1). Erst unter Rusa, Sohn des Argišti (traditionell „Rusa II"), konnte sich die politische Kraft Urartus konsolidieren. In diese Spätzeit fällt die Neuanlage vieler Burgen (z.B. Karmir Blur, Bastam, Ayanis oder Adilcevaz).[11] Dies könnte als Antwort auf die sich verändernde politische Lage v.a. im iranischen Plateau gedeutet werden (Liverani 2014, 524). Darauf folgende Herrschende sind mehr oder minder unbekannt; zuletzt findet ein weiterer König Sarduri in assyrischen Quellen Erwähnung (Linke 2015, 136; Fuchs 2017, 252; zur Frage, welcher König Rusa, Sohn des Erimena oder

---

11 Adam Smith (1999, 48–49) unterteilt die Geschichte Urartus der hier dargestellten Weise sehr ähnlich in drei Perioden: *formative*, *imperial* und *reconstruction period*. Da nicht genügend Informationen über die Entstehungszeit Urartus vorliegen, konzentriert er sich in seiner Analyse v.a. auf die *imperial* und *reconstruction* Periode. Den Beginn der *imperial period* datiert er in die Mitte des 9. bzw. ins frühe 8. Jh. v.u.Z., in der urartäische Könige mit der Eroberung weiter Landteile (z.B. am Urmia See und der Ararat Ebene) begannen. Dieser Zeit der Ausdehnung des urartäischen Territoriums folgte eine Zäsur durch die militärische Niederlage gegen Sargon II sowie Angriffe durch die KimmererInnen. Nach einer Phase der Schwächung folgt mit Argištis, Sohn des Rusa, die *reconstruction period*. Während dieses Abschnittes werden laut Smith Grenzen des urartäischen Territoriums wiederhergestellt und die Macht des Königtums konsolidiert, ohne jedoch die gleiche Größe wie in der *imperial period* wiedererlangen zu können. An dieser chronologischen Einteilung übt Reinhard Bernbeck (2003/2004, 268, Anm. 9) knapp Kritik, indem er darauf hinweist, dass (nicht nur) Smith sich insbesondere auf den propagandistischen Gottesbrief Sargons II und somit eine eindeutig einseitige und parteiische Position bezieht. Darüber hinaus orientiere sich eine solche feinere chronologische Untergliederung s.E. zu stark an historischen Einzelereignissen.

Sohn des Sarduri II, zu dieser Zeit im Amt war siehe Roaf 2012; allgemein zur dynastischen Reihenfolge von Rusa II und III siehe z.B. Çilingiroğlu 2008; Linke 2015, 132–33; und Tab. 4.1; in Sargons Inschriften wird auch der Suizid Rusas beschrieben, welcher nach militärischer Niederlage gegen die Assyrer im Freitod die Flucht suchte, umschrieben mit einem für die assyrischen Beschreibungen typischen Tiervergleich – „… er beendete sein Leben, wie ein Schwein"; Liverani 2017a, 139).

4.1.1.1 Das Ende Urartus

Bis heute ungeklärt sind die Fragen wie genau und warum Urartu/Biainili unterging (für einen Überblick über verschiedene Interpretationen hinsichtlich des Zerfalls Urartus siehe Hellwag 2012). Für gewöhnlich gelten vermehrte Angriffe von sog. Skythen/innen, KimmererInnen und MederInnen aus dem Norden und Osten als Grund für das Ende, ungefähr ab der Mitte des 7. Jh. v. u. Z (Kroll 1984, 169; Zimansky 1998, 137; Liverani 2014, 524; vgl. Dan 2015, 4–5). Ein Großteil der bekannten urartäischen Burgen und Siedlungen scheint jedenfalls gewaltsam zerstört worden zu sein (Zimansky 1998, 37; Van De Mieroop 2007, 217; Hellwag 2012, 236–37). Andreas Fuchs (2014, 52) verweist darauf, dass in den kriegerischen Auseinandersetzungen, die ab ca. 626 den Untergang des assyrischen Reiches begleiteten, Urartu offenbar nicht beteiligt war. Stattdessen scheint um 608 der babylonische König Nabopolassar (regierte 625–605) Angriffe auf südliche Gebiete Urartus vorgenommen zu haben, die zwar anscheinend keinen Anspruch auf eine dauerhafte Besetzung verfolgten, gleichzeitig aber auch nicht mehr den Eindruck erwecken, als hätte es zu dieser Zeit noch die politische Einheit „Urartu" bzw. „urartäisches Reich" gegeben. Fuchs (2014, 52) geht davon aus, dass in den überlieferten Schriftquellen aus dieser Zeit mit Urartu/Uraštu lediglich noch das Gebiet nördlich des Tigris gemeint wurde.

Mit dem Niedergang des Reiches endet nicht nur ebenso der Kult des urartäischen Staatsgottes Haldi (Nissen 1999, 104–5), sondern das Wissen um die Existenz Urartus selbst schien rasant aus der Geschichtsschreibung zu verschwinden (s. Dan 2015, 5).

4.1.2 (Anstelle einer) Forschungsgeschichte

Da die Geschichte der Erforschung Urartus bereits an anderer Stelle ausführlich beschrieben wurde (Linke 2015; Çifçi 2017; Salvini 1995), möchte ich hier nur einen kurzen Überblick über die gegenwärtig vorherrschenden unterschiedlichen Interpretationen zur politischen Struktur des eisenzeitlichen Reiches geben, die für diese Arbeit von Relevanz sind. Diese Interpretationen sind (besonders im Bezug auf Urartu) in hohem Maße abhängig sowohl von der jeweiligen Bewertung des verhältnismäßig spärlich vorhandenen archäologischen und schriftlichen Materials, als auch von den jeweiligen machttheoretischen Vorstellungen der Forschenden.[12]

Paul Zimansky (1985; 1995b, 105) hinterfragte vor dem Hintergrund der geoklimatischen Gegebenheiten der Region als einer der ersten die Konzeptualisierung Urartus als zentralisierter Staat, wie es bis dato der Fall gewesen war. Gerade für

---

12 Im Folgenden konnte ich russische und armenische Primärliteratur leider nicht ausführlich berücksichtigen, zum einen aufgrund der Sprachbarriere und zum anderen wegen der Unzugänglichkeit einiger Texte. Ich bin mir daher bewusst, dass ich mich teils auf Interpretationen und Zusammenfassungen von anderen Forschenden dieses spezifischen Materials verlassen musste.

das alten Westasien scheint die Vorstellung von zentralisierten Territorialstaaten mit einem einzelnen, totalitären Herrscher die bevorzugte (s. auch Kap. 5; vgl. auch Çifçi 2017, 9). Zimansky (1995a) schreibt, dass Urartu nicht kulturell einheitlich war, wie von außen betrachtet, und dass eine state assemblage nicht gleichbedeutend mit kultureller Homogenität ist. Er identifiziert ein komplexes Netz aus Distrikten, in denen eine urartäische Kontrolle unterschiedlich stark ausgeprägt war und eine Vielzahl an Bevölkerungsgruppen lebte (Zimansky 1985, 17). Diese geographische sowie politische Fragmentierung ermöglichte seines Erachtens den lange erfolgreichen Widerstand gegen das aus Süden angreifende assyrische Reich. Dennoch bezeichnet Zimansky (1985, 97) Urartu als ein Imperium (*empire*), „an autonomous polity governing a wide territory from a central establishment". Ein ausgedehntes, durch Eroberungen entstandenes Territorium, in dem über Fremdvölker geherrscht wird, eine Hauptstadt mit einem Herrscher und ein über eine längere Zeit „stabiles Reich" seien die Kriterien eines Imperiums, die in gewissem Maße auf Urartu zuträfen (Sinopoli 1995; Zimansky 1995, 104; 2012, 102, 110).[13]

Reinhard Bernbeck führte Zimanskys Überlegungen weiter, schlug aber vor, sich Urartu (bis zur Spätzeit unter Rusa, Sohn des Argišti) als dezentrale Föderation kleinerer politischer Einheiten vorzustellen, die eher lose von einem König geleitet wurde (Bernbeck 2004, 270). Die Macht des Herrschers basierte hauptsächlich auf seinem Zugang zum Übernatürlichen.[14] Der Integrationsgrad sowie das Verwaltungssystem seien demnach als minimal zu betrachten (Bernbeck 2004, 274–76). Erst in der letzten Phase in der Geschichte Urartus habe eine Zentralisierung der Macht auf einen Herrscher (Rusa, Sohn des Argišti) stattgefunden (Bernbeck 2004, 168). Da sowohl die schriftlichen als auch archäologischen Quellen hauptsächlich aus dieser letzten Epoche stammen, konnte sich das ahistorische Bild eines urartäischen Zentralstaates überhaupt etablieren. Während dieses Modell eines segmentären Staates an einigen Stellen stark kritisiert wurde (z.B. in Zimansky 2012, 105), präsentiert Ali Çifçi (2017b, 11) in seiner Studie über die sozio-ökonomische Organisation Urartus schriftliches und archäologisches Material, das er als die These Bernbecks unterstützend betrachtet (s. zudem den Artikel von Çifçi 2018, in dem er die Wahl Haldis als Hauptgott mit dem Wunsch des Zusammenschlusses der Regionen im „urartäischen Gebiet" in Zusammenhang bringt sowie generell auf das Entstehen des urartäischen Pantheons eingeht).

Ein weiterer, für diese Arbeit relevanter Ansatz stammt von Adam Smith (1999; 2003; 2012). Fragen z.B. zur Kontinuität oder Diskontinuität der politischen Ordnung, dem Verhältnis von Subjekten und politischer Elite oder auch zu der Etablierung einer „Gemeinschaft Urartu" ließen ihn die Antwort in der bebauten Umwelt suchen.

---

13 Mario Liverani (2017a) setzte sich kürzlich intensiv mit der Implikation und Bedeutung des Imperiumbegriffes bzw. *empire* mit Fokus auf Assyrien auseinander und drückt darin Skepsis gegenüber der breiten Verwendung des Ausdrucks in der Archäologie aus (Liverani 2017a, 2).

14 Bernbeck setzt sich in seiner Arbeit über Urartu mit Aidan Southalls Begriff der rituellen Suzeränität auseinander und fasst das dahinterstehende Konzept allgemeiner als „ideologische Autorität" zusammen. Diese beruhe größtenteils – aber nicht ausschließlich – auf der Schaffung einer synkretistischen Theologie, wie sie mit der Einführung von Haldi als Staatsgott in der Regierungszeit von Išpuini auch in Urartu zu beobachten sei (Bernbeck 2004, 284). Die ideologische Autorität sei im späten 9. und 8. Jh. v.u.Z. das wesentliche verbindende Element Urartus gewesen, bevor unter Rusa, Sohn des Argišti, die Machtstrukturen stärker dem politischen Aufbau des assyrischen Reiches ähnelten (Bernbeck 2004, 267–68).

   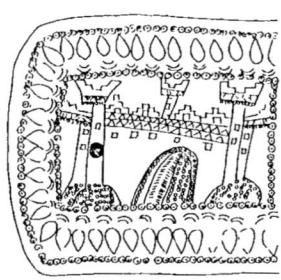

Abbildung 4.1. Festungsdarstellungen auf urartäischen Bronzegürteln (Seidl 2004, Detail aus Abb. 104)

Ausgangspunkt ist dabei der Gedanke, dass eine politische Einheit nicht im traditionellen Weber'schen Sinne durch Zwang etabliert wurde – denn so könne kein 200 jähriges Reich fortbestehen – sondern dass sie raffiniert, durch ein klares Verständnis der Subjekte aufgebaut wurde, deren Hauptorgan und Spiegel eine (real, epigraphisch und ikonographisch lesbare) politische Landschaft sei (Smith 2003, 265–70). Dies suggeriert zwar m.E. die bestreitbare Annahme, dass der Herrscher die Interessen seiner Untertanen klar erkennen konnte und sein Wissen um deren Ideologie so ausnutzte, dass er ein Programm auflegte, auf das die Beherrschten hereinfielen (also im negativen Sinne Idealismus „eingesetzt" wurde; ähnlich der „Priestertrug-Theorie"). Dennoch sind weite Teile von Smiths Analysen insbesondere der urartäischen Burgen als politisches Instrument überzeugend und für meine Arbeit gewinnbringend.

Dass die Festungen ein gut zu untersuchendes Medium für die Urartu-Forschung sind, liegt daran, dass sie neben ihrer materiellen Erscheinung bzw. vergleichsweise guten archäologischen Erschlossenheit sowohl epigraphisch als auch ikonographisch stark repräsentiert sind in der urartäischen Welt, folglich vermutlich auch einen hohen Stellenwert innehatten (s. aber Kap. 2 und die Diskussion um das Problem machtperspektivisch einseitiger Quellenlagen). In Felsinschriften und auf Steinstelen wird beispielsweise über ihre Errichtung berichtet (Salvini 2008; 2012), auf Bronzegürteln (Abb. 4.1; Taşyürek 1975; Kellner 1991; Seidl 2004, 145–47)[15], Siegeln, Steinen oder Elfenbeinfiguren sind Burgen, Teile von ihnen oder Festungssymbole zu beobachten (vgl. Smith 2003; Bernbeck 2004; interessanterweise werden bildlich nahezu ausschließlich Burgen dargestellt, wo schriftlich immerhin auch Bezug auf Kanäle, Weingärten u.ä. genommen wird; Smith 2003, 254).

Epigraphisch: In sog. Landschaftsinschriften, in denen auch Gründungsevents besprochen werden, gibt es ein regelrechtes Themenprogramm. Im Mittelpunkt steht hier nicht die konkrete Errichtung eines Gebäudes, sondern viel eher die Möglichkeit des Königs

---

15 Es sei darauf hingewiesen, dass der Großteil der heute bekannten urartäischen Metallartefakte aus undokumentierten Kontexten stammt. Vieles kommt aus Raubgrabungen, anderes wiederum sind womöglich Fälschungen. In Kellners (1991) Buch etwa, ist für den Großteil der von ihm präsentierten Gürtel die Herkunft unbekannt. Dasselbe ist der Fall für die Metallgegenstände, die im ebenfalls 1991 von Rivka Merhav herausgegebenen Katalog des Israel Museum Jerusalem gezeigt werden (Merhav 1991b). Auch die berühmten Votivbleche der sog. Giyimli Funde haben das Problem der ungeklärten Herkunft (Rehm 2000). Ausführlich zu dieser Problematik in der urartäischen Archäologie siehe Muscarella 2006.

undifferenzierte „leere" Orte in politische und damit „zivilisierte" zu transformieren. Also geradezu der Inbegriff des *espace conçu*, denn jede Re-Formierung des Raums ist nur noch eine Umwandlung des schon „zivilisierten" Raums. Ähnliches gilt für assyrische Städte (v.a. Dur Šarukkin), der Drang, Raum selbst zu produzieren scheint erheblich gewesen zu sein (vergleichbar mit der Bauwut französischer Präsidenten in Paris; vgl. Van De Mieroop 1999). In einem dreigliedrigen Aufbau ist zu Anfang die Rede davon, dass das Land zuvor „leer" und „öd" war (so beispielsweise auch in der Inschrift von Ayanis, s.u.). Diesen Topos sieht Smith in den von ihm einbezogenen Fundorten auch archäologisch bestätigt (v.a. im Süd-Kaukasus; Ararat und Shirak-Ebenen). Es werden etwa die im 8. Jh. von Argišti I im Kaukasus in Auftrag gegebenen Burgen Erebuni (vermutetes politisches Zentrum) und Argištihinili herangezogen. Diese wurden im 7. Jh. unter Rusa, Sohn des Argišti, offenbar geplant verlassen („Erbstücke" Erebunis wurden anscheinend überführt), zugunsten der neuen Festung Teishebai (modernes Karmir Blur). Diese letztere weist in ihrer Konstruktion eine Zuspitzung bestimmter Tendenzen auf, z.B. Standardisierung von Raumgrößen u.ä., Verschiebung ins Tal (vgl. Smith 2003, 175–80, 239). Oft wurde laut Smith vor der Errichtung einer urartäischen Burg ältere Architektur richtiggehend abgeschabt und ausgelöscht. In Verbindung mit dem Wissen um viele Zwangsumsiedlungen im Königreich Biainili zeichne sich demnach ein Bild des Willens der völligen Auslöschung von (aus vor-urartäischer Zeit stammenden) Verbindungen zum Ort (Smith 2012, 53). Ein Konzept durchaus vergleichbar mit der 1893 von Frederick Jackson Turner entwickelten „frontier-thesis" für den amerikanischen Westen und ihrer Bedeutung für die amerikanische Geschichtsschreibung und -identität (vgl. etwa Rundbell 1959; Massip 2012). Andere Umstrukturierungen beispielsweise in Ort und Erhebung sorgten für ein neugeordnetes Raumgefühl. Die Burgen scheinen im Vergleich zur späten Bronze-/ frühen Eisenzeit tiefer gelegen zu haben. Somit waren sie näher an den Subjekten des Reiches, deren Orte aber leider nicht gut bekannt sind. Diese Veränderungen dienten in Smiths Augen auch der Unterdrückung von Widerstand (vgl. Smith 2003, 156–83).

Des Weiteren wird in den Landschaftsinschriften das in den kürzeren Gründungsinschriften etablierte Credo des alleinschaffenden Königs als Symbol der Einheit Urartus wiederholt. Zuletzt wird der Errichtung ein umfassenderer „Sinn" gegeben, nämlich die Integration ins politische Ganze. So sei zwar der König mit der Hilfe und im Auftrag der Götter der Initiator der Transformation von „wilder" in „geordnete" Landschaft, dies diene jedoch nicht der reinen Glorifizierung des Herrschers, sondern vor allem der Größe Biainilis. Die Einheit König und Gott stehe hier sinnbildlich für das urartäische Gemeinwesen (*polity*) und besitze einen integrierenden Charakter. Das heißt, spezifischen Räumen wird Bedeutung gegeben und sie werden so ins imperiale Ganze integriert (Smith 2003, 165). Smith bezeichnet das in diesen Inschriften propagierte Bild des Königs, in Anlehnung an Max Weber, als einen Herrscher mit „tektonischem Charisma" (Smith 2003, 161; auch wenn Charisma nach Weber personengebunden ist). Mit der spezifischen Errichtung der Festungen wurde de facto für eine Regulierung des Material- und Menschenverkehrs sowie eine Überwachung der näheren Umgebung gesorgt. Außerdem wurden bewusst rivalisierende Raumvorstellungen zerstört. Das „triumphale Charisma" des Königs war in den Burgen materialisiert. Wie oben erwähnt, ist es genau dieses Verständnis, das „den Herrschenden" ein etwas listiges oder zynisches Verhältnis zu den eingesetzten Mitteln unterstellt, als wüssten diese um die rein instrumentalisierte

Ästhetik („Priestertrug-Theorie"), was mir vom theoretischen Standpunkt aus eher unwahrscheinlich erscheint. Anschließend an die in dieser Arbeit vertretene theoretische Grundlegung hieße das außerdem, dass es sich hier nach Henri Lefebvre um die bewusste Produktion von Raum handelt.

Ikonographisch ist ein breiteres Spektrum an „Initiation" zu sehen, als in den Landschaftsinschriften, die allein dem König zuzuschreiben sind. Die Darstellung offener Tore auf Bronzegürteln weist auf eine gänzlich andere Erfahrung der Orte (Abb. 4.1; Seidl 2004, Abb. 103, 104). Es wird in nahezu poetischer Signifikanz auch Schutz abgebildet sowie eine Art transzendentale Bedeutung. Da diese Festungen das semiotische Potenzial hatten, den gesamten politischen Apparat Urartus zu symbolisieren, kann eine „Verheiligung" bzw. „Sakralisierung" (durch die ikonographische Repräsentation und Repetition) auch gleichzeitig zur Legitimierung der Ordnung beigetragen haben (Smith 2003, 265). Unerwähnt bleibt im Bezug auf die Darstellungen auf Gürteln, dass die Festungen hier ausschließlich in Verbindung mit Frauen auftauchen.

Smiths Beschreibung einer institutionellen, politischen Landschaft in Urartu geht über eine Theorie der Ästhetik (der Macht) hinaus, auch wenn m.E. eine Ästhetik der Macht funktionieren kann, wenn, semiotisch gesprochen, dieser Code lesbar ist, was eine gewisse Kenntnis des Codes voraussetzt. Im Sinn eines feudalen Netzwerkes, welches Loyalitäten produziert, ist dies vielleicht möglich – die betroffenen „Subjekte" sind dann aber bei weitem nicht all diejenigen, die auf „Staatsgebiet" leben.

Smith (2003, 268) sieht jedoch eher in Erfahrung (*experience*) und Vorstellung (*imagination*) von Landschaft das zur politischen Struktur verbindende und reproduzierende Moment. Dieser Ansatz geht teils mit der von mir vertretenen Konzeptualisierung von der Produktion Architektur und Raum konform (s. Kap. 2), wenngleich ich in Smiths Ideen eine Überbetonung von Raum sehe.

Berechtigt ist allerdings Smiths Kritik an der Interpretation des Zerfalls des Reiches, denn er stellt die Frage, wie Skytheneinfälle ein Königreich auslöschen konnten, das zuvor dem assyrischen Reich die Stirn zu bieten vermochte. Viel eher liest er nach der Analyse der Festungen eine Fragmentierung der politischen Struktur, die im Kontrast zum einheitlichen Regime des 8. Jhs. steht. Das Aufkommen konkurrierender Fraktionen destabilisierte das Reich und machte es aus diesem Grund anfälliger für die Einfälle.

Im urartäischen Reich gab es – ähnlich wie in Assyrien (s. Abschnitt 5.1.1.2; vgl. Oded 1979; Çifçi 2017, 263–68) – eine Praxis der Zwangsumsiedlungen und Deportation von Menschengruppen in verschiedene Gebiete des Reiches, worauf u.a. Textquellen hinweisen (Zimansky 1985, 53–60; Köroğlu 2011, 45; Çifçi 2017, 263–68; Grekyan 2018). Als Gründe dafür werden Sicherheit bzw. Unterdrückung von Widerstand von Menschen in eroberten Gebieten, Rekrutierung für das Militär, Ausbeutung von Arbeitskraft und geplante Neubesiedlung von Neugründungen genannt, wie z.B. in Ayanis der Fall (Zimansky 1985, 53–60; Köroğlu 2011, 45). Laut Yervand Grekyan (2018, 143–44) kann die Zahl der Kriegsgefangenen anhand der bis heute bekannten Texte vom späten 9. bis zum 8. Jh. auf mind. 629.519 beziffert werden. Unter Berücksichtigung der nicht oder nicht genau benannten deportierten Menschen, erwägt Grekyan sogar eine Zahl von rund 830.000 (Grekyan 2018, 144). Er berechnet weiter, dass es sich unter diesen 830.000 Menschen um „nur" rund 35.000 Männer gehandelt hat, was er damit erklärt, dass Männer in der Regel getötet und nicht gefangengenommen wurden (Grekyan 2018, 144, 150). Im

Zusammenhang mit dem Hinweis, dass aus den Texten bekannt ist, dass Frauen und auch Kinder als Gefangene oft zu schwerer körperlicher Arbeit gezwungen wurden (beim Bau, auf dem Feld, etc.; Grekyan 2018, 151). ist dies eine interessante Berechnung, deutet sie doch darauf hin, dass es sich möglicherweise bei dem Großteil der Kriegsgefangenen und Deportierten um Frauen sowie Kinder gehandelt hat.

4.1.3 Zur Landschaft und Architektur Urartus

Das meiste, was über die Architektur Urartus bekannt ist, entspringt den Grabungen auf Festungen und Burgen. Unterstädte, Siedlungen, Friedhöfe oder einzelne Gehöfte wurden bisher kaum bis gar nicht erforscht. Ein Ausnahmen bildet die Grabung in der Unterstadt von Ayanis (Stone und Zimansky 2009; Stone 2012). Somit ist das heutige Wissen vor allem auf Bauten der Oberschicht, wie Paläste bzw. Befestigungen oder Tempel, begrenzt (Zimansky 1998, 178; einen Überblick über die bekannten architektonischen Hinterlassenschaften bis 1983 bietet Forbes 1983).

Die Umwelt Urartus bot ausreichend Baumaterial wie Holz, Stein und Lehm (Forbes 1983, 5; Zimansky 1998, 179). Gerade die Steinbearbeitung und -nutzung sind ein spezifisches Merkmal urartäischer Architektur und Landschaftsgestaltung. Bei der Konstruktion der meist auf Bergrücken liegenden Festungsanlagen (Forbes 1983, 13) wurden die Hänge oft terrassenartig vorbereitet und die Gebäude teilweise auf dem natürlichen Fels, teilweise auf Ausgleichsschichten sowie Substruktionsmauern errichtet (z.B. in Bastam). Lediglich bei einigen früheren Komplexen wie Arin-Berd oder Altıntepe scheint die gesamte zu bebauende Fläche zunächst eingeebnet worden zu sein (Forbes 1983, 43; für eine 3D-Animation und -Rekonstruktion von der urartäischen Zitadelle in Altıntepe siehe https://www.youtube.com/watch?time_continue=1&v=WtXOkesHPY8, produziert von Serap Kuşu und Kemalettin Köroğlu). Ähnliche Beobachtungen insbesondere an urartäischer Architektur im heutigen Iran veranlassten Wolfram Kleiss (2015, 62–63) zwischen einem „alt-" und einem „neu-urartäischen" Befestigungs- bzw. Bausystem

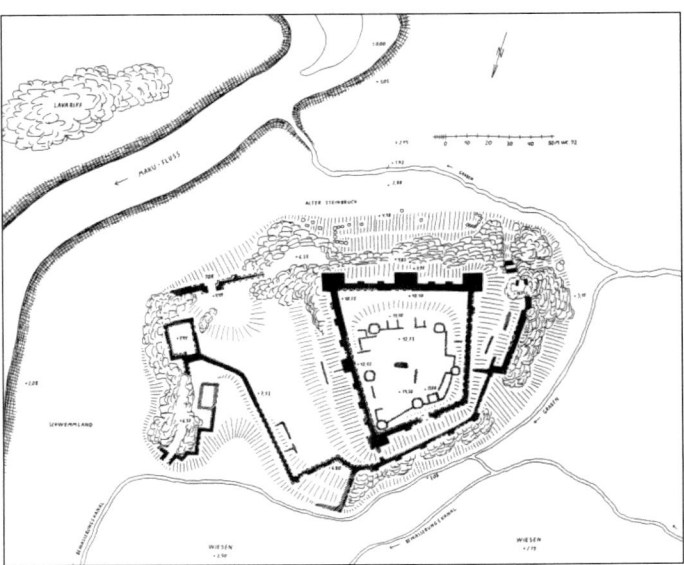

Abbildung 4.2. Beispiel einer kleineren „Fluchtburg": Qale Siah, Iran (Kleiss 1973, Abb. 3)

zu unterscheiden. Dabei sei ursprünglich nicht auf Geländegegebenheiten geachtet worden, sondern Mauern wurden durch aufwendige Terrassenanlagen in und durch den Fels gezogen. Erst in der späteren, zweiten Phase (ca. 8. und 7. Jh. v.u.Z.) folgten die architektonischen Anlagen genau den topographischen Gegebenheiten. Als ein Beispiel stellt er etwa Qale Siah („alt-urartäisch", Abb. 4.2) und Sheragaiyeh Amir („neu-urartäisch") im nördlichen West-Aserbaidschan gegenüber (Kleiss 2015, 63, Abb. 179).

Kleiss ist außerdem der Meinung, dass die Geographische Positionierung der Burgen in Urartu vor allem auf einem weit reichenden Blick über die Landschaft aus defensiven und ästhetischen Gründen beruhte.

4.1.3.1 Festungsanlagen

Die Elitenarchitektur Urartus wird oft abstrahiert als „modulare Architektur" bezeichnet, deren frühestes Beispiel sich in der von Sarduri II gegründeten Festung Sardurihinili (Çavuştepe) findet, ihren Nutzungshöhepunkt aber unter Rusa, Sohn des Argišti, hatte (Salvini 1995, 151; Dan 2015, 33–34).

Als Referenzelement dieser modularen Architektur dient nach Dan (2015) die kanonisierte Form des *susi*-Tempels bzw. Turmtempels (Tab. 4.2 und Abb. 4.3). An dieser orientiert sich die Form kleinerer Elemente wie Säulen, aber auch größerer Strukturen wie einiger Paläste (Dan 2015, 34). Im Urartäischen wird sprachlich vermutlich nicht, oder nicht konsequent, zwischen Burgen und Palästen unterschieden (Zimansky 1985, 62; Salvini 1995, 132; die verschiedenen Interpretationen zur Bedeutung des Begriffs in Urartu zusammenfassend: Linke 2015, 192, 198; Çifçi 2017, 216–23). Das Logogramm É.GAL steht hier wohl für „Palast", „Festung" oder auch „(befestigte) Stadt". Im Akkadischen wird dieses Logogramm *ekallum* gelesen und bedeutet „Palast". So können mit dem Begriff nach Paul Zimansky (1985, 64) kleinere Forts ebenso gemeint sein wie ganze Festungsstädte.

Festungsanlagen konnten Tempel, Repräsentationsräume und große Lager für Vorräte umfassen. Die Gesamtanlage sowie insbesondere die Befestigungsmauern, über die ein Großteil der urartäischen Orte verfügte, sind in Form und Verlauf laut Salvini (1995, 133) und Zimansky (1998, 178) den jeweiligen Geländegegebenheiten geschickt angepasst.

Die Burgen unterscheiden sich stark in Größe und innerem Layout. Biscione und Dan (2014) klassifizierten die urartäischen Festungen in der Türkei, Armenien und dem Iran gemäß des Umfangs ihrer Wehrmauer und interpretierten die Werte dahingehend, dass der kalkulierte Arbeitsaufwand für eine Anlage positiv mit der politischen Bedeutung korreliert (Biscione und Dan 2011; Biscione 2012; Biscione und Dan 2014). Für die Türkei identifizierten sie eine komplexe räumliche Anordnung rund um die heutige Stadt Van am Ostufer des Van-Sees, mit einer großen, mithin einflussreichen Burg sowie zehn weiteren, graduell kleiner und „unbedeutender" werdenden Festungen (davon acht kleine Forts; Biscione und Dan 2014, 121). Die Ergebnisse dieser Analysen passen zu der in der Urartu-Forschung gängigen Untergliederung der Burgen in grob zwei Kategorien: kleinere, die hauptsächlich eine Schutzfunktion innehatten (auch als Flucht-/Fliehburg bzw. *fort* bezeichnet) und größere, die auch über (Palast-) Gebäude verfügten (auch Zwingburgen bzw. *fortress* genannt; siehe z.B. Stephan Kroll 1976, 174; Forbes 1983, 8; Bernbeck 2004, 271). Wolfram Kleiss (1983, 1–4) etwa spricht zwar auch von Fluchtburgen, unterteilt aber in noch weitere Kategorien wie z.B. Straßenstation (s.E. als Vorläufer der Karawanenserei), kleine, mittlere, größere und große Burgen, etc. (Kleiss 2015, 62–70, Abb. 171–175). Die häufiger vertretenen kleineren

Tempelname	A (innen)	B (außen)	C (Vorsprung)	D (Mauerdicke)
Yukarı Anzaf		13,40 x 13,40		2,50
Patnos	5,00 x 5,00			4,00
Kayalıdere	5,00 x 5,00	12,50 x 12,50	0,50	3,20
Erebuni	5,50 x 8,08	13,45 x 10,00		
Oberes Çavuştepe	4,50 x 4,50	12,50 x 12,50	0.50	3,50
Çavuştepe Irmuşini	4,50 x 4,50	10,00 x 10,00		
Altıntepe	5,20 x 5,20	13,90 x 13,90	0,50	4,35
Ayanis	4,58 x 4,62	12,45 x 12,45		
Toprakkale	5,30 x 5,30	13,80 x 13,80		

Tabelle 4.2. Vergleich der Maße des urartäischen Turmtempels in Meter (mit Schaubild Abb. 4.3; nach Tanyeri-Erdemir 2007, Tab. 2)

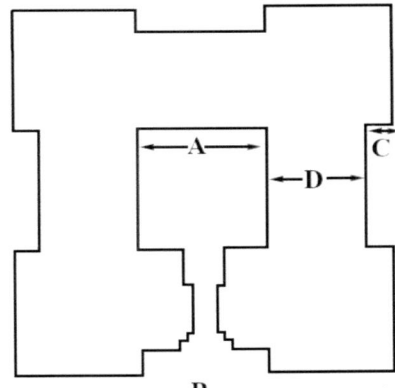

Abbildung 4.3. Vergleich der Maße des urartäischen Turmtempels mit Tabelle 4.2 (nach Tanyeri-Erdemir 2007, Tab. 2)

(Flucht-)Burgen (z.B. Qale Siah, Abb. 4.2) besaßen Wehrmauern mit Türmen, große innere Freiflächen sowie teilweise Vorratsgebäude mit riesigen Vorratsgefäßen (Kleiss 1983). All dies scheint darauf hinzudeuten, dass sie bei drohender Gefahr als Rückzugsort für die Bevölkerung der Umgebung dienten. Aufgrund der topographischen Lage war ihre Verteidigung vermutlich verhältnismäßig leicht. Aus dem sog. „Gottesbrief" von Sargon II ist bekannt, dass es eine militärische Strategie der urartäischen Bevölkerung war, die Häuser und Dörfer in den Tälern nicht zu verteidigen und ihre Zerstörung hinzunehmen, während man sich mit den Nutztieren auf die Burgen zurückzog. Archäologisch sprechen auch die zum Teil großen Wasserreservoire dafür, dass man sich in den Bauten für eine Weile verschanzen konnte (Kleiss und Hauptmann 1976). Tiffany Earley-Spadoni (2015, 73) geht in ihrer Meinung sogar so weit zu sagen, dass die urartäische Landschaft eine allein angepasst an Krieg strukturierte war. Es ist nicht bekannt, wer genau am Bau dieser Anlagen beteiligt war, es wäre aber vorstellbar, dass die lokale Bevölkerung aufgrund der ihnen gebotenen Schutzfunktion bei der Errichtung involviert war. Auch wenn häufig bei der Beschreibung der urartäischen Festungen der militärische Charakter im Vordergrund steht, besaßen sie durchaus weitere Funktionen für die Bevölkerung. So dienten diese Burgen vermutlich

Abbildung 4.4. Foto der südlichen Burgmauer von Ayanis (Foto: V. Egbers)

auch der Kommunikation zwischen den Tälern, beispielsweise durch Signalfeuer, oder möglicherweise als Wegstationen entlang von Handelsrouten (auch wenn diese dann fast „unpraktisch" hoch gelegen wären; Lehmann-Haupt 1910, 472; Forbes 1983, 5; Earley-Spadoni 2015b). Carl Friedrich Lehmann-Haupt stellte bei seinen Forschungsreisen in der Nordost-Türkei und Armenien in den Jahren 1898/99 fest, dass die von ihm, anlehnend an den obersten Gott des urartäischen Pantheons Haldi als „chaldisch"[16] bezeichneten Festungen in der Region zwischen Malatya und Van alle ca. eine Tagesreise voneinander entfernt lägen (Lehmann-Haupt 1910, 487). Da der deutsche Altorientalist und Althistoriker, der sich auf die Erforschung Urartus spezialisiert hatte, selbst mit Pferd oder zu Fuß unterwegs war, sind diese Angaben m.E. durchaus glaubwürdig. Lediglich die Frage, ob die von ihm besuchten Festungsanlagen tatsächlich alle urartäischen Ursprungs waren, kann nicht mit Sicherheit beantwortet werden.

Die größeren und im Verhältnis selteneren „Zwingburgen" lagen ebenfalls auf Bergrücken, waren aber mit (mehr) Gebäuden, wie Palast, Lagerhalle oder Tempel, bestückt. Es fanden sich dort oft wertvolle Funde. Außerdem waren sie an strategisch bedeutenderen Punkten gelegen; z.B. Ebenen überschauend oder an wichtigen Verkehrsknotenpunkten. Unterhalb ihrer Oberburg befand sich in der Regel eine Unterstadt (z.B. in Bastam, Arin-Berd oder Ayanis), die bisher jedoch selten untersucht wurden (Salvini 1995, 132–33).

Ali Çifçi (2017, 222) merkt an, dass nicht alle Festungen, Städte oder Wasseranlagen vom König in Auftrag gegeben wurden, sondern möglicherweise auch von lokaler Aristokratie

---

16 Der Begriff „Urartu" war ihm durch die assyrischen Quellen bekannt (Lehmann-Haupt 1910, 8). Die Bezeichnung „Chaldäer" führte später zu vielen Verwechslungen mit den aus griechischen Quellen und dem Alten Testament bekannten „Chaldäern" des extremen Südens in Babylonien.

Abbildung 4.5. Bronzemodell einer urartäischen Festung aus Toprakkale (© The Trustees of the British Museum)

oder anderen. Als mögliche Beispiele für solche Orte sieht er, basierend auf Analysen von Kemalettin Köroğlu (2009), Yoncatepe und Giriktepe (Değirmendere; beide 7. Jh. v.u.Z.), da diese u.a. nicht über die sonst übliche Befestigungsmauer, einen Tempel oder andere große Strukturen verfügen (Çifçi 2017, 222).

Gebaut wurde meist mit Trockenmauern, d.h. ohne Verwendung von Mörtel, und in zyklopischer Bauweise (Salvini 1995, 133). Als Zyklopenmauerwerk wird eine Sonderform von Bruchsteinmauern bezeichnet, bei der unregelmäßige große Steine aufeinander geschichtet werden, aber eine, im Gegensatz zu Bruchsteinmauern, unregelmäßige Sichtfläche ergeben. Daneben wurden auch klar geometrisch geschnittene Quader- bzw. Bossenmauern errichtet (z.B. die südliche Burgmauer in Ayanis, Abb. 4.4). Die verwendeten Steine sind bevorzugt Basalt, des weiteren auch Andesit oder Kalkstein (Burney 1957, 40; Forbes 1983, 13).

Abbildung 4.6.
Umzeichnung
eines urartäischen
Bronzegürtelfragments
mit Festungsdarstellung.
Es werden sowohl runde
als auch eckige Türrahmen
dargestellt (Seidl 2004,
Abb. 104, sm-36;
Provenienz unbekannt)

Der Mauersockel wurde in der Regel direkt auf den natürlichen Fels gebaut, auf abgestuften Substrukturen, die heute im Falle komplett erodierter Mauern das Aussehen von Scheintreppen haben (vgl. Forbes 1983, 13; Salvini 1995, 133). Der Steinsockel solcher Mauern hatte laut Thomas B. Forbes (1983, 16) zwar variierende Dimensionen, war aber grob 3,00–4,00 m dick und bestand aus Reihen von jeweils 0,50–1,00 m Höhe je Steinlage. Innenmauern von Gebäuden waren hingegen dünner (unter 1,20–1,50 m dick; Kleiss 1976, 30). Die Fugen zwischen den weitestgehend unbearbeiteten Bruchsteinen (im Falle des Zyklopenmauerwerks) wurden mit kleinen Steinen gefüllt. Die einzelnen Lagen waren jeweils 5–10 cm nach hinten versetzt geschichtet, um eine Böschung für den Oberbau zu bilden. Letzterer war eine Mauer aus standardisierten, sonnengetrockneten Lehmziegeln (durchschnittlich ca. 46 x 46 x 12 cm) mit Lehmputz (Forbes 1983, 46; Salvini 1995, 133). Laut Wolfram Kleiss (1976, 30) wurde auf die oberste Steinlage des Sockels Kalk gestreut, um aufziehende Feuchtigkeit in die Lehmmauer zu verhindern.

Die Mauerfassaden wurden untergliedert von Türmen und Vorsprüngen (Risaliten), auf denen sich vermutlich eine Brustwehr mit Zinnen befand, wie aus bildlichen Quellen hervorgeht (Abb. 4.1, 4.5 und 4.6; Forbes 1983, 16; Dan 2015, 55). Auch „öffentliche" Gebäude, die teilweise mit Quadermauern errichtet wurden, verfügten in regelmäßigen Abständen über Risalite, die jedoch nur ca. 10–50 cm hervortraten und daher vermutlich keine militärische oder statische Funktion besaßen (Kleiss 1976, 30). Blind- bzw. Blendfenster, also zugemauerte Fenster, die eine Nische in der Wand ergeben, gehörten ebenfalls zum urartäischen Baurepertoire. In Toprakkale, Armavir und insbesondere Çavuştepe (Uçkale) fanden sich entsprechende Fragmente. Auch von bildlichen Darstellungen sind Blindfenster bekannt. Roberto Dan (2015, 43–46) vermutet, dass archäologisch nur deswegen so wenige Exemplare nachgewiesen werden konnten, da diese überwiegend (nicht ausschließlich) aus Lehmziegeln hergestellt wurden. Anhand der bekannten Beispiele sowie durch Vergleiche mit achämenidischen Blindfenstern lässt sich eine Höhe von ca. 140 cm und eine Breite von 88 cm rekonstruieren (Dan 2015, 45). Diese „falschen" Fenster besaßen dabei eine leichte T-Form.

Unter den Mauern führten 15–20 cm breite und 10–15 cm tiefe Entwässerungskanäle hindurch, die aus dem Felsboden herausgearbeitet wurden (Kleiss 1976, 29).

Es gab mindestens einen Torbau als Zugang zum Burgberg, seltener zwei (Forbes 1983, 16). Auf einigen Gürtelblechen sind sogar drei Tore zu sehen (Abb. 4.6, sm-36). Die Tore wurden in der Regel ebenfalls von Türmen oder massiven, turmartigen Vorsprüngen flankiert und hatten keinen geradlinigen Zugang, wahrscheinlich um ihn besser verteidigen zu können. Viele Tore, aber auch einige Felskammern oder Felsinschriften, bestanden aus Rundbögen, während jedoch für Raumdecken Gewölbe – etwa die damals schon bekannten Ringschichtengewölbe – anscheinend nicht gebaut wurden (Kleiss 1976, 30). Auf einigen Bronzegürteln werden Burgen dargestellt, die sowohl ein Rundbogentor, als auch ein eckiges aufweisen (Abb. 4.6, sm-36; Kellner 1991, Taf. 70/71, Nr. 282; Seidl 2004, 146). Die Existenz von Obergeschossen ist sicher belegt beispielsweise für die Paläste in Bastam, Karmir Blur, Armavir und Çavuştepe sowie durch bildliche Darstellungen, am bekanntesten sicher das Bronzemodell einer Festung aus Toprakkale (Abb. 4.5; Forbes 1983, 46; Zimansky 1998, 179, Abb. 15; Seidl 2004, 145–147, Abb. 104). Auf allen Burgen wurden bisher riesige Lagerräume, teilweise mit in den Boden eingelassenen Pithoi zur Lagerung von Wein, Getreide usw. gefunden (zu Volumenangaben und Maßeinheiten in Urartu siehe Payne 2005).

Festungen sind in Urartu ein wesentliches Motiv und als solches insbesondere auf Bronzegürteln zu finden (Abb. 4.1; Kellner 1991, Taf. 66–71; Seidl 2004, 145–147, Taf. A). Programmatisch ist dabei das stets halb geöffnete Burgtor (Abschnitt 4.1.2). Ursula Seidl (2004, 147) geht trotz Unterschiede zwischen den Darstellungen davon aus, dass keine realen Anlagen, sondern eine „literarische Beschreibung" illustriert werden sollte. Sie weist auch darauf hin, dass die abgebildeten Festungen nie mit den Handlungen von Menschen oder Tieren in direkter Verbindung stehen. Lediglich *neben* ihnen werden Prozessionen bzw. Menschenreihen gezeigt – genauer gesagt ausschließlich Frauendarstellungen. In der Regel sind es eine oder zwei zentrale Frauen mit Schleier und an einem Speisetisch sitzend, umgeben von Dienerinnen, Musikantinnen und teils Akrobatinnen (vgl. Seidl 2009 zu Musik und Tanz in Urartu). Im Vergleich fällt auf, dass in assyrischen Darstellungen die urartäischen Burgen immer auf stilisierten Bergen stehen, in urartäischen Abbildungen hingegen nicht (Egbers 2019b, 106). Eine Assyrien ähnelnde „Bergsymbolik" war in Urartu inexistent. In letzteren waren die Berge möglicherweise derart „gewohnt", dass sie einer expliziten Darstellung nicht bedurften.

4.1.3.2 Paläste & Residenzgebäude

In und teilweise neben den Festungen befanden sich oft Residenz- und Repräsentationsbauten (vgl. Linke 2015, 190–192, zu den unterschiedlichen urartäischen Bezeichnungen von Gebäuden sowie S. 185–190 zu den Bauinschriften). Die urartäischen Bauten hatten, soweit bisher bekannt, keine gewölbten Räume, sondern Flachdecken, die auch in urartäischen Felskammern auftreten. Die Überdachungen bestanden laut Mirjo Salvini (Salvini 1995, 136) aus großen Holzbalken, Schilfwerk und Stampferde. Großformatige Reliefkunst wie in Assyrien gab es in Urartu nicht (Linke 2015, 160, FN 61), dafür jedoch eindeutig Wandmalereien, auf die in der folgenden Beschreibung der Fundorte näher eingegangen wird.

Als weiteres Merkmal der urartäischen Architektur werden oft Säulenhallen bezeichnet, auch wenn diese nicht genuin urartäisch sind und in einigen Fällen, wie in Erebuni oder Altıntepe, nicht klar ist, ob die archäologischen Quellen urartäisch oder achämenidisch sind. Zu diesem Schluss kommt Roberto Dan (2015, 24), der die Beziehung urartäischer Säulenhallen mit ähnlichen Strukturen in Westasien, insbesondere dem achämenidischen Apadana, vergleicht. Dan (2015, 31–33) definiert darüber hinaus fünf verschiedene Säulentypen in Urartu, wobei die wichtigsten für ihn die sog. *modular pillars* sind, also Säulen, deren Form sich in ganzen Gebäuden Urartus (z.B. Form des *susi*) wiederfinden lässt (siehe auch Linke 2015, 242–256, 259).

Als ein weiteres Merkmal größerer, „staatlicher" Architektur zählen die in kleine Bastionen bzw. Vorsprünge von rund 2,15 m Länge und 50–70 cm Vorsprung untergliederten Außenmauern, die aller Wahrscheinlichkeit weniger einen fortifikatorischen, denn einen ästhetischen Wert besaßen (Kleiss 1977, 43; Çilingiroğlu 2001, 28). Diese Bauart wird auch als Risalitmauerwerk bezeichnet.

4.1.3.3 Tempel & religiöse Bauwerke

Die bekannteste Tempelform in Urartu ist der sog. *susi-* bzw. Turm-Tempel, der dem obersten Gott Haldi gewidmet war (zur Bedeutung Haldis und Entstehung des Pantheons in Urartu siehe Çifçi 2018). Turmtempel befanden sich in der Regel in den Festungsanlagen und waren hoch standardisiert (vgl. Stronach 1967). Sie hatten in Urartu grundsätzlich einen quadratischen Umriss, vier vorspringende Eckrisaliten und nur einen Eingang (Tanyeri-Erdemir 2007, 207, FN 4). Die Cellae dieser urartäischen Tempel sind quadratische Räume mit einem Grundmaßinnenmaß von durchschnittlich 5 x 5 m und -außenmaß von 12,5 bis 14,5 m (vgl. Çifçi 2017, Tab. 22). Er bestand aus sehr starken Mauern. Meist befand sich gegenüber dem Eingang ein Podest; teilweise gab es eine umlaufende Bank im Innern. Der Tempelturm selbst stand in einigen Fällen in einem von Mauern eingeschlossenen Peristyl, also einem rechteckigen Hof, der auf allen Seiten von durchgehenden Säulen- bzw. Pfeilerhallen (Kolonnaden, teilweise mit runder, teilweise rechteckiger Basis) umgeben ist. Das Innere der Tempel bzw. der Höfe und Kolonnaden war reich ausgestattet mit Waffen und anderen Metallgegenständen (Çifçi 2017, 227).

Da archäologisch bisher nur die Steinsockel und ein Teil des aufziehenden Lehmziegelmauerwerks gefunden wurden, gibt es unterschiedliche Ansätze, sich der einstigen Höhe der Türme zu nähern. Die äußerst starken Grundmauern des Tempels selbst (in Ayanis zwischen 3,8 und 6,2 m dick), die durchaus das Fundament für einen hohen Turm böten, könnten ein Zelt- oder Giebeldach getragen haben, wie es im Bezug auf die Abbildung auf dem Musasir-Relief im Sargonspalast in Khorsabad immer wieder postuliert wird (vgl. Abb. 4.7 und 4.8). Es wurden auch die bildlichen Darstellungen auf urartäischen Bronzegürteln und Analogien zu achämenidischen Feuertempeln herangezogen (siehe etwa Stronach 1967). Die so eruierte Höhe variiert demnach zwischen min. 14 (so Tahsin Özgüç), bis max. 30 m (nach Ekrem Akurgal 1968, 16; vgl. auch Kleiss 1976, 40). David Stronach (1967) spricht sich am Turmtempel von Altıntepe orientiert für eine Mindesthöhe von 26 m aus. Altan Çilingiroğlu (2012, 304) geht von einer Höhe von ca. 15 m aus, auch, da seines Erachtens das Dach für Reinigungs- oder Reparaturmaßnahmen betretbar hätte bleiben müssen (zusammenfassend zu den Rekonstruktionen siehe auch Linke 2015, 213–215).

Abbildung 4.7. (a) Rekonstruktion des Tempels in Çavuştepe nach der Darstellung auf dem Musasir Relief (oben) und nach dem Grundplan (unten) (Köroğlu 2011: Abb. 12 a und b, angefertigt von Serap Kuşu)

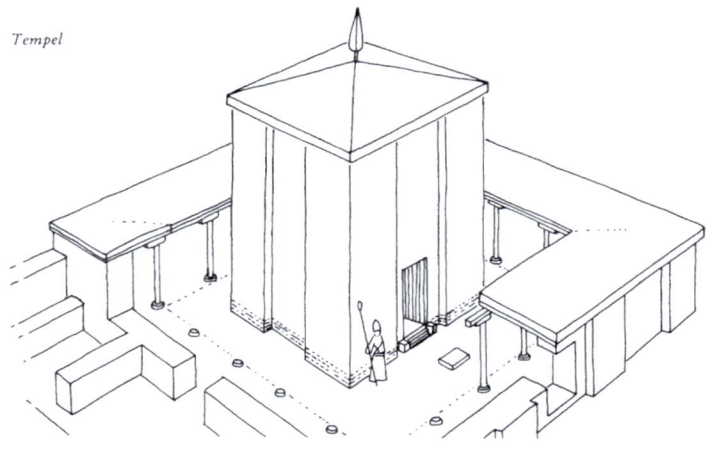

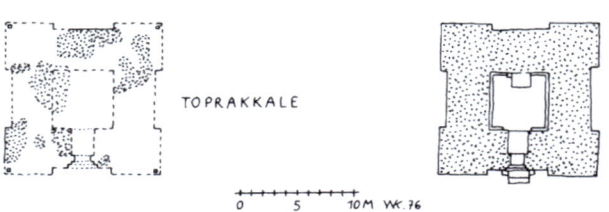

Abbildung 4.8. Rekonstruktion und Pläne urartäischer Turmtempel (Kleiss, 1976: Abb. 27; verwendet mit Genehmigung)

ANALYSE: BIAINILI-URARTU

Daneben gab es sowohl andere Tempelbauten, als auch Felsheiligtümer und kultische Steinstelen (z.B. in Altıntepe; s. Çifçi 2017, 223–30, für eine Erläuterung der linguistischen Aspekte verbunden mit urartäischen Kultbauten, etwa ob die Bezeichnung ‚É.BARA' für Tempel oder Tempelareal steht, worauf ich hier nicht näher eingehe). Am bekanntesten sind die in den Fels geschlagenen Nischen oder „Fenster" in Meher Kapısı, Yeşilalıç und Hazinepiri Kapısı (Salvini 1994; Belli 1999, 29–33; Çifçi 2017, 228). Sie befinden sich jeweils an hochgelegenen Positionen, verfügen über Inschriften und scheinen als Freilichtheiligtümer gedient zu haben (Çifçi 2017, 228). Über religiöse Rituale und deren Abläufe ist hingegen recht wenig bekannt (Baştürk 2016).

4.1.3.4 Wohnhäuser und (Unter)Städte

Vergleichsweise wenig ist bekannt über Wohngebiete in Urartu. In assyrischen Quellen, vor allem dem Brief Sargons II an den Gott Assur im Zuge seines 8. Feldzugs 714 v.u.Z., wird über eine Vielzahl kleinerer Siedlungen und Gehöfte in der urartäischen Landschaft berichtet (Zimansky 1998, 179). Diese Beschreibungen könnten zu den Ergebnissen eines Surveys im Gebiet des Urmia Sees passen, bei dem viele kleinere, verstreut liegende Siedlungen von einer Größe zwischen 0,16 bis 11,5 ha erfasst wurden. Solche sind archäologisch jedoch kaum erforscht und es steht zur Frage, wie genau die Aussagen der assyrischen Texte genommen werden können (Forbes 1983, 115–33; Zimansky 1998, 179; Bernbeck 2004, 277). Stone und Zimansky (2009, 633–34) weisen darauf hin, dass die assyrischen Quellen als Porträt einer Landschaft betrachtet werden können, die nicht unbedingt urartäische Realität widerspiegelt, sondern eher eine den AssyrerInnen verständliche Struktur.

Wo und wie genau das alltägliche Leben und Arbeiten des Großteils der urartäischen Bevölkerung stattfand, ist aus diesem Grund größtenteils ungeklärt.

Archäologisch belegt sind Siedlungen oder Häuser außerhalb von Festungen in Armavir (Argištihinili, Armenien), Arin-Berd (Erebuni, Armenien), Karmir Blur (Teišebai URU, Armenien), Bastam (Rusai-URU.TUR, Iran) und Ayanis (Rusahinili Eidurukai, Türkei; siehe Abb. 4.9; Zimansky 2001, 23; Stone und Zimansky 2009, 634), eventuell auch in Kef Kalesi (Haldiei URU Ziuqinui, Türkei) und Toprakkale (Rusahinili Qilbanikai), die jedoch schlecht bis gar nicht publiziert sind (Stone und Zimansky 2004, 235–36). Es steht zur Frage, ob diese als Städte anzusprechen sind, neben dem es auch ein System aus Dörfern gab, und ob im Urartäischen für jegliche Art von Siedlung das Sumerogramm „URU", urartäisch vermutlich *patari*, verwendet wurde (siehe Stone und Zimansky 2009, 634–35; Çifçi 2017, 211–12, 215).

Für Zernakı Tepe, einem Fundort in der Osttürkei, in dem die Siedlung schachbrettförmig angelegt war, ist die Frage noch ungeklärt, ob es sich um eine urartäische oder (wahrscheinlicher) nach-urartäische Siedlung handelt (Kleiss 1988a, 23; Stone und Zimansky 2004, 233–34). Fast alle datieren somit auf Rusa, Sohn des Argišti.

In Yoncatepe (nahe Van, Abb. 4.10), Giriktepe (nahe Patnos) und Norşuntepe (nahe Elazığ, alle Türkei) wurden größere Gebäude gefunden, die viele urartäische Charakteristika aufweisen, wie mind. einen großen, gepflasterten Innenhof, Pithoilager und bossierte Mauern (Köroğlu 2009; Çifçi 2017, 80; das Gebäude in Yoncatepe wurde zu Grabungsbeginn von Belli noch als Festung bezeichnet, von Köroğlu später hingegen als „mansion"; es weist Ähnlichkeiten zu Strukturen in der Unterstadt Bastams und

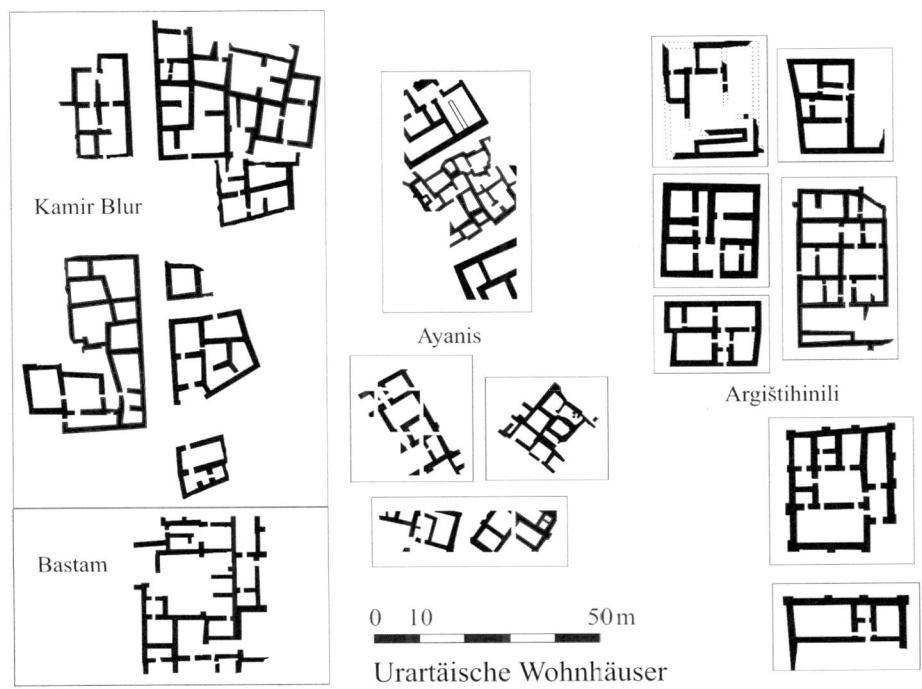

Abbildung 4.9. Urartäische Hausarchitektur aus Ayanis, Argištihinili, Bastam und Karmir Blur (nach Stone 2012, Abb. 06.01)

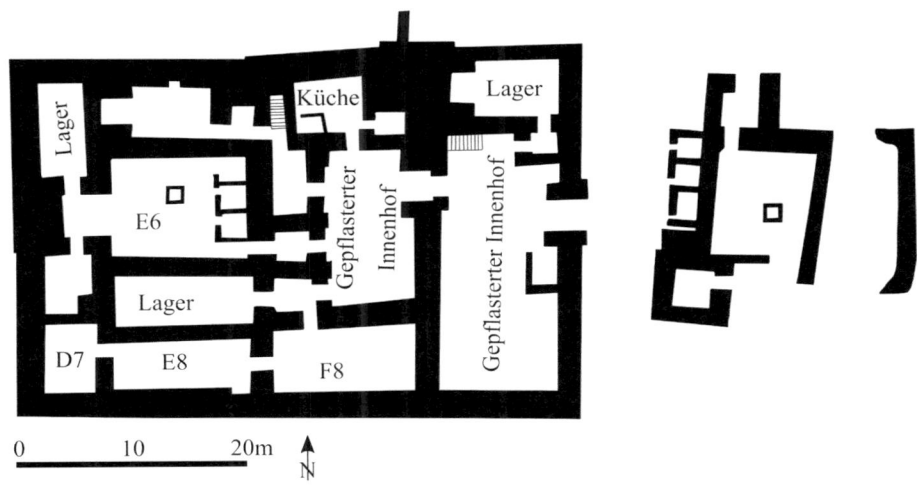

Abbildung 4.10. Grundplan eines Hauses in Yoncatepe (Level II, nach Köroğlu 2009, Abb. 2)

Abbildung 4.11. Foto einer sog. rotpolierten Torpakkale-Keramik aus Erebuni/Arin Berd (Foto von Evgeny Genkin; Erebuni Museum, Yerevan, CC BY-SA, Reprinted from Wikimedia Commons)

Argištihinili auf). Gleichzeitig scheint die Gesamtstruktur der Orte selbst sowie andere Häuser auch stark von älteren lokalen Einflüssen geformt zu sein, was dafür spricht, dass hier eine lokale Kommune ins urartäische Reich integriert wurde (oder sich freiwillig angeschlossen hat) und infolgedessen zwar lokale Traditionen fortgeführt, teilweise aber auch „offizielle" urartäische Gebäude errichtet wurden (Köroğlu 2009).

In Argištihinili wurden nahe der westlichen Festungsmauer Strukturen mit unterschiedlichen Grundrissen gefunden (Abb. 4.9; Forbes 1983, 125–30). In Karmir Blur gibt der Ausgräber Boris B. Piotrovsky hingegen an, große, vermutlich zentral geplante Gebäude gefunden zu haben, die von Deportierten errichtet wurden (Piotrovsky 1969, 178). Leider wurde nie ein detaillierter Plan der gesamten Unterstadt Karmir Blurs publiziert und es wurde an anderer Stelle infrage gestellt, ob die ausgegrabenen und publizierten Häuser tatsächlich als zentral geplant betrachtet werden können (Stone und Zimansky 2004, 235; für die Pläne der Häuser in Karmir Blur siehe Forbes 1983, 119, 122).

In Bastam befand sich die Unterstadt ca. 150 m unterhalb der Zitadelle und erstreckte sich dort auf einer Fläche von 600 x 300 m, auf der jedoch kein klares Wegenetz oder ähnliches erkennbar war. Es wurden große Ost-West orientierte, vermutlich zentral geplante Häuser gefunden, einige Tonbullen sowie rotpolierte Toprakkale-Keramik (Kleiss 1980, 300; Kroll 1988a). Daneben gab es auch zusammenhängende, weniger große Gebäude (Kleiss 1988b, 19–23). Die sog. Toprakkale-Ware (benannt nach dem Fundort, wo sie zuerst entdeckt wurde) ist eine typisch urartäische Scheiben-gedrehte Feinkeramik (Abb. 4.11). Aufgrund der überwiegend rot-polierten Oberfläche wird in der Regel angenommen, dass sie Metallgefäße nachahmen sollte. Oft waren Keramiken dieser Art verziert mit Einritzungen oder Ornamentik, beispielsweise in Form von Tierköpfen. Sie kam verhältnismäßig selten vor und es wird davon ausgegangen, dass sie eher Mitgliedern der Oberschicht vorbehalten war (siehe z.B. Zimansky 1995; San 2005b).

Am bisher besten untersucht ist die Unter- bzw. Außenstadt von Ayanis (siehe Abschnitt 4.2.1). Nördlich (Pınarbaşı) und östlich (Güney Tepe) des Burgberges erstreckten sich auf mind. 80 ha Gebäude mit unterschiedlichem Layout (Stone und Zimansky 2009, 637). Neben großen, anscheinend zentral geplanten Strukturen gleichen Grundplans gab es auch kleinere, weniger formal und regelmäßig gestaltete (Stone und Zimansky 2004; Stone und Zimansky 2009, 637; Zimansky 2012, 108). Generell scheint mit wachsender Entfernung zum Burgberg Größe, Geplantheit und Qualität der Gebäude abzunehmen (Zimansky 2012, 108). Während auf der Zitadelle auch Reste mittelalterlicher Bebauung gefunden wurden, scheint die Unterstadt nur in der urartäischen Zeit bewohnt gewesen zu sein. Die Länge der Bewohnungsphase ist jedoch unbekannt (Zimansky 2012, 108). In einem Gebäude südlich des Burgberges scheint es zudem Spuren einer kurzen Nachnutzung zu geben (Stone und Zimansky 2004, 238). Eine universelle, präliminäre Klassifizierung der urartäischen Wohnhäuser in verschiedene Typen wurde unter anderem von Forbes (1983, 133) vorgenommen. Auch Kemalettin Köroğlu (2011, 28) unterteilt urartäische Siedlungen in „cities, local administrative centers, and rural settlements/villages" und identifiziert mind. 12 vom Staat geplante und gebaute „cities".

4.1.3.5 Wasserbauten, Gärten, Landwirtschaft

Auch die Konstruktion von großen Wasser- und Bewässerungssystemen fiel, schenkt man den Texten Glauben, in den Aufgabenbereich des urartäischen Königs (Burney 1972, 180; Garbrecht 1988; Salvini 1995, 126–28; Linke 2015, 227; Çifçi 2017, Kap. 2; allgemein zu Bewässerungsanlagen in Urartu siehe insbesondere Belli 1997; Bagg 2000, 132–35). Ein bekanntes Beispiel ist der nach seinem Auftraggeber benannte Menua-Kanal (heute Şamram Kanal) nahe der Stadt Van, der bis heute in Benutzung ist und bereits von Lehmann-Haupt (1910, 9) beschrieben wurde (Garbrecht 2004, 19–31). Es gab sowohl unterirdische Anlagen, als auch künstliche Seen, Wasserreservoire (*şue*), Brunnen (*taramanili*) und Kanäle (*pili* und PA_5; Çifçi 2017, 34, 211). Teilweise wurden steile Berghänge terrassiert, um ein Bewässerungssystem anzulegen (Garbrecht 1988, 186; 2004).

Sowohl aus urartäischen, als auch assyrischen Schriftquellen geht hervor, dass die Anlage von Obst-, Gemüse- und Weingärten in Urartu eine große Rolle spielte, oft im Zusammenhang mit der Neugründung von Städten (Burney 1972, 182; Sevin 2000; Linke 2015, 232; Çifçi 2017, 60–63). Der Besitz bzw. die Gründung eines Gartens war kein königliches Privileg, sondern stand auch anderen („offiziellen") Personen offen. Bei Kadembastı (14 km südlich von Van), auf der Strecke des Menua-Kanals, wurde ein Weinberg im Namen von Tariria, der Frau oder Tochter des Menua (810–785/80 v.u.Z.) angelegt namens *Taririahinili* (Belli 1997; Sevin 2000; Baylan und Ergen 2006; Çavuşoğlu, Işık und Gökce 2014). Möglicherweise hatten die Gärten auch eine kultische Funktion, da sie in einigen Fällen nach Gottheiten benannt waren und es mindestens einen schriftlichen Beleg gibt, in dem von Opferhandlungen in einem Obstgarten die Rede ist (Salvini 2008, A 5–11; Linke 2015, 232; vgl. Sevin 2000, 414).

Neben den schriftlichen Quellen gibt es kaum Belege für das Aussehen oder die genaue Funktion der urartäischen Gärten. Veli Sevin (2000) rekonstruiert, dass urartäische Gärten im Vergleich zu den großen Botanischen- und Jagdgärten im assyrischen Reich eher klein waren und außerhalb der Festungen nahe von Bewässerungskanälen oder Wasserreservoiren lagen. Sie stellt auch die gut begründete Vermutung auf, dass eine bei

Çavuştepe gefundene Steinbasis einer Säule Teil eines im Garten aufgestellten Gebäudes, möglicherweise eines Pavillons, gewesen ist (Sevin 2000, 414, Abb. 9; mehr zu urartäischen Gärten siehe Wiseman 1983; Baylan und Ergen 2006).

4.1.3.6 Felsenkammern und Gräber

Generell ist über die Bestattungspraktiken und Gräber in Urartu eher wenig bekannt, aufgrund fehlender Grabungen bzw. noch ausstehender Auswertungen (s. aber Konyar 2011). Das meiste Wissen stammt heute von Felsengräbern bzw. Felskammern z.B. aus Altıntepe (Abb. 4.12), Çavuştepe, Kayalidere, Vankalesi und Palu (Abb. 4.13; Kleiss 1976, 42; Köroğlu 2011, 25, 40–41; Konyar 2011). Diese waren in der Nähe der Festungen in den Fels geschnittene Grabkammern, mit teilweise mehreren Räumen in einem Felskomplex, die häufig über einen Eingang mit Rundbogen verfügten und an deren Seiten Nischen in den Fels gelassen waren. Weiter gibt es sog. urartäische Bestattungen in eisenzeitlichen Gräberfeldern, beispielsweise mind. sechs Bestattungen in Lori Berd (Devedjyan 2010;

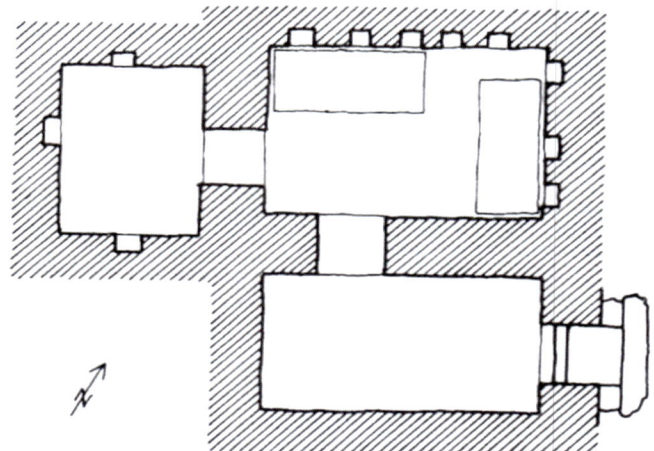

Abbildung 4.12. Zeichnung der Felsgrabkammer in Altıntepe (Kleiss 1976, Abb. 33)

Abbildung 4.13. Zusammengefügtes Foto des Inneren eines urartäischen Grabes mit mehreren Kammern in Palu (Grabkammer Palu II, vgl. Köroğlu 2011, Abb. 17; Foto: V. Egbers)

Devedjyan und Hobosyan 2018), bei denen es jedoch noch unklar ist, inwieweit urartäische Objekte als Grabbeilagen ausreichender Hinweis auf eine urartäische Ethnizität oder Selbstidentifizierung der bestatteten Person sind und ob die Gräber als Ganze damit als „urartäisch" bezeichnet werden können.

Aufgrund der aufwendigen Bautechnik, des teilweise reichen Beigabeninventars (z.B. Bronzeobjekte) und einigen aufschlussreichen Inschriften, werden die Individuen, die in den Felskammern ihre letzte Ruhestätte fanden, in der Regel als ehemalige Mitglieder der urartäischen Elite angenommen (siehe insb. Belli und Konyar 2003). Es wurden in den Kammern sowohl Brand- (in Urnen) als auch Körperbestattungen (in Stein- und Holzsarkophagen) gefunden (Salvini 1995, 151–58; Novák 2003, 67), was als Indikator für die multi-ethnische Zusammensetzung der urartäischen Gesellschaft interpretiert werden kann.

4.1.3.7 Straßen

Auch über das Straßen- und Wegenetz Urartus ist bis dato wenig bekannt (Marro 2004, 101; den neuesten Überblick bietet Roberto Dan 2018). Aufgrund des Terrains wird davon ausgegangen, dass die größeren Verbindungsrouten stark der Topographie angepasst werden mussten (Dan 2018). Zu kleineren Pfaden wurde indes bisher nichts publiziert. An wichtigen Verbindungsrouten gab es anscheinend Wegstationen und Signaltürme, die von Wolfram Kleiss als mögliche Vorgänger von Karawanserei interpretiert wurden (Kleiss 1988b, 187; vgl. Zimansky 1998, 178). So wurden zwischen den modernen Orten Solhan und Bahçecik in der Türkei Abschnitte eines bis zu 100 km langes Weges gefunden, der durch mindestens drei urartäische Stationen im Abstand von rund 30 km zueinander gekennzeichnet war – also jeweils einen Tagesmarsch voneinander entfernt (urartäisch klassifiziert wegen entsprechender Keramikfunde; Marro 2004, 101). Während Veli Sevin (1988, 548) noch der Meinung war, der Zustand der Straße selbst mit ca. 5,40 m Breite und Steinpflasterung sei eine urartäische Konstruktion, widerspricht Roberto Dan (2018) dem. Seines Erachtens hätte an gleicher Stelle zwar eine urartäische bzw. urartäisch kontrollierte Straße existiert, jedoch sei das aufgefundene Stadium (Breite und Pflasterung) viel wahrscheinlicher etwa auf die PerserInnen oder OsmanInnen zurückzuführen, da man sonst auch in anderen Teilen des ehemaligen urartäischen Gebietes Reste einer solchen Straßenkonstruktion hätte finden müssen. Für die Wegeführung wichtiger Routen wurden offenbar auch Tunnel durch Felsen geschlagen (sehr wahrscheinlich urartäisch z.B. Sakaltutan Tunnel nahe Van und Deliklitaş, auch ‚Semiramis', Tunnel nahe Bitlis; s. Dan 2018). Generell schreibt Dan (2018) zusammenfassend über das urartäische Straßennetz, dass es in seinem Aufbau mit Wegstationen zur Kontrolle und schnellem Informationstransfer dem assyrischen System stark ähnelte. Im Vergleich zum urartäischen ist das assyrische gut, jedoch fast ausschließlich aus Text- oder Bildquellen bekannt, während es beim urartäischen genau andersherum ist.

Bauweise und Organisation von Straßen innerhalb von Siedlungen wurde fast gar nicht erforscht. Lediglich in der Unterstadt von Ayanis wurden kleine Teile von Straßen ausgegraben, die jedoch nicht Aufschluss über das generelle Layout bzw. Verlaufe von Wegen innerhalb von Siedlungen geben. Auf diesen Wegen in der Unterstadt gab es viel Abfall in Form von Asche, Tierresten und Scherben (Stone und Zimansky 2004). Generelle Aussagen über Sauberkeit bzw. Verdreckung von Außenbereichen lassen sich daraus aber nur unter Vorbehalt ziehen.

4.1.3.8 Möbel und Dekor

In Karmir Blur wurden Reste eines 20 m langen aufgewickelten Läufer-Teppichs gefunden, der aus Pflanzenfasern bestand und vermutlich in repräsentativen Räumen der Festung ausgelegt war (Wartke 1998, 106). Bemerkung zu Möbeln: Oft werden auf Bronzegürteln, Siegeln, Votivplatten oder anderen Bildträgern Möbel, insbesondere Stühle und Tische abgebildet (siehe Abb. 4.14). Diese waren aufwendig gearbeitet und besaßen nicht selten Elemente, die Gliedmaße von Tieren oder Mischwesen imitierten. Auch im archäologischen Befund wurden z.B. bronzene Rinderhufe gefunden, die einst Tisch-, Stuhl- oder Kandelaberbeine darstellten (Abb. 4.13; Merhav 1991a). Durch diese Gestaltung wurden die Gegenstände selbst zu „Mischwesen", die mögliche Bewegung suggerierten (z.B. Weglaufen), bzw. „hyperanimierten" Kreaturen, mit außerordentlichen physisch-sensorischen Fähigkeiten. In Urartu war die Fülle an Misch- bzw. Kompositwesen anscheinend unbegrenzt bzw. regellos (im Gegensatz zu Assyrien, wo dies regelhaft geschah; vgl. Eichler 1984). Man schnitt quasi Objekte bzw. beobachtbare Lebewesen imaginativ aus, setzte sie neu zusammen und stellte so Pastiches her. Gegebenenfalls kann das für ein weitaus fluktuierenderes Identitätsbild sprechen, als es etwa in der heutigen „westlichen" Welt der Fall ist, aber auch, als es etwa in Assyrien gewesen zu sein scheint (siehe z.B. die Kompositwesen, auf denen die Gottheiten auf dem Anzaf-Schild dargestellt werden; Belli 1999, später auch abgebildet auf Abb. 6.4; zu Teil-/Subjektivierung in Urartu s. Bernbecks, im Druck, Artikel „How Partible Were Urartian Subjects?"). Es wäre jedoch auch denkbar, dass die tierischen Elemente eine rein ästhetische Bedeutung besaßen; die

sm-10

sm-11

sm-12

sm-13

Abbildung 4.14. Ausschnitt der Umzeichnungen von urartäischen Bronzegürteln (zw. 6–8 cm breit; Zg. Arch. Staatsslg. München; Seidl 2004, Abb. 102, unterer Teil)

Tierfüße an Möbeln gab es auch in Assyrien (siehe Curtis 2012, 433). Es scheint, als seien auf einigen der Stühle Textilien, zumindest an der Rückenlehne, angebracht worden, möglicherweise, um sie komfortabler zu machen (Abb. 4.14).

4.2 Urartu: Analyse von Ayanis und Bastam

In der folgenden qualitativen Analyse setze ich mich intensiv mit den Fundorten Bastam und Ayanis auseinander. Beide wurden während der Spätzeit des urartäischen Reiches gegründet, die dem bekannten 8. Feldzug Sargons II gegen Urartu folgte und vor allem mit dem urartäischen König Rusa, Sohn des Argišti, verbunden wird (Smith 1999; Harmanşah 2009). In dieser Zeit fanden massive Bauprojekte statt und die urartäische Macht in den Provinzen wurde konsolidiert. Zu den Bauprojekten zählten u.a. Bastam, Ayanis, Karmir Blur, Kef Kalesi und andere. Sie alle sind Teil einer großflächigen Transformation der Landschaft, die sowohl im Kernland, als auch in den Randgebieten stattfand (Harmanşah 2009, 182). Die beiden hier gewählten Orte decken beide Gebiete ab (vgl. Abb. 3.8). Mit Ayanis betrachte ich einen zentral gelegenen Fundort, während Bastam in der östlichen Peripherie liegt. In beiden Fällen wurde darüber hinaus auch teilweise die Unterstadt untersucht, was in der Archäologie Urartus eine Ausnahme darstellt.

Nach einleitenden Worten zu Ayanis werde ich den Ort zunächst basierend auf dem Grabungsbericht detailliert beschreiben und parallel Aspekte der Raumhabitualisierung aufzeigen. Anschließend werde ich auf die gleiche Weise mit Bastam verfahren.

4.2.1 Rusahinili Eiduru-kai (heutiges Ayanis)

Die urartäische Festung Ayanis liegt nahe des Dorfes Ağartı im heutigen Osten der Türkei am östlichen Ufer des Van-Sees (Abb. 3.8 und 4.15) und ca. 35 km nördlich der modernen Stadt Van. Sie wurde unter Rusa, Sohn des Argišti, im zwischen 677–673 v.u.Z. Gegründet (Newton und Kuniholm 2007, 197), datiert damit in die Spätzeit des urartäischen Reiches. Ayanis lag an der Straße von der urartäischen Hauptstadt Tušpa (Van Kalesi) nach Norden in Richtung des Sevan-Sees und der im heutigen Armenien befindlichen Provinz des urartäischen Reiches (Çilingiroğlu und Salvini 2001, 9, 48). Außerdem fanden sich mittelalterliche Siedlungsreste auf dem Hügel direkt auf der urartäischen Architektur, die ungefähr ins 10./11. Jh. u. Z datieren.

Das Ende der urartäischen Siedlung wird auf ca. 650–645 v.u.Z. datiert und schien mit einem großen Feuer einherzugehen (nachdem nach einem ersten Feuer Teile der Festung renoviert worden sind). Auch ein Erdbeben könnte das Ende der Siedlung eingeleitet haben (Carlo u.a. 2013; Işıklı 2017, 120, der diese These u.a. in dem Befund der südlichen Befestigungsmauer bestätigt sieht, da hier menschliche Überreste unter Lehmziegelversturz entdeckt wurden). Damit wurde die Festung mit ungefähr 30 Jahren verhältnismäßig kurz genutzt. Ihr urartäischer Name war Rusahinili Eiduru-kai (lit. „Rusas Stadt vor dem Berg Eiduru"). Die Festung selbst liegt auf einem Felsvorsprung ca. 225 m über dem Van-See, auf einer Fläche von ungefähr 150 x 400 m (ca. 4,8 ha; Çilingiroğlu und Salvini 2001, 9). Die Unterstadt erstreckte sich im Osten in Richtung und teilweise auf den Güney Tepe sowie nördlich nach Pınarbaşı (türk. „Anfang der Quelle", wo sich noch heute eine Süßwasserquelle befindet; Abb. 4.15).

Der Ort wurde ab 1989 unter der Leitung von Altan Çilingiroğlu (Ege Üniversitesi Izmir) ausgegraben. Seit 2013 ist Mehmet Işıklı (Atatürk Üniversitesi Erzurum) neuer

Abbildung 4.15. Foto des Burgberges in Ayanis von Nordost (Güney Tepe) und Umgebung (der Süphan Berg verschwindet im Dunst; Foto: V. Egbers)

Direktor der Grabung. Ab 1997 fand kurzzeitig zusätzlich unter der Leitung von Elizabeth Stone und Paul Zimansky (State University of New York at Stony Brook) die Erforschung der Unterstadt statt (Çilingiroğlu und Salvini 2001; Stone und Zimansky 2003; 2004).

4.2.1.1 Landschaft und Unterstadt

Allein der Name dieser Festung – Rusas Stadt vor dem Berg Eiduru (heute Süphan Dağı) – weist auf den starken Landschaftsbezug in der urartäischen Wahrnehmung hin. Der Berg liegt von Ayanis aus gesehen auf der gegenüberliegenden Seite des Van-Sees im Nordwesten in ca. 41 km Entfernung Luftlinie und stellt eine beeindruckende Landschaftsmarkierung dar (Abb. 4.15, 4.16).

Wie oben bereits beschrieben, betont Adam T. Smith (1999, 46), dass die Transformation bzw. „Zivilisierung" der Landschaft ein beherrschendes Element im Diskurs um die Konstitution des Königtums war. Dies stimmt interessanterweise mit dem Gesamtdiskurs über die Trennung von Natur und Kultur überein, wie er heute dominiert (vgl. Descola 2013; 2014). Die Anlage von Bewässerungskanälen, Gärten und Weingärten sowie der Bau von Festungen nahmen in den königlichen Inschriften besonders der frühen Herrscher von Menua (ca. 810–785 v.u.Z.) bis Argišti I (ca. 785–753) eine wichtige Rolle ein. „Der Boden (2009, 172)war unkultiviert – niemand vorher hatte hier etwas gebaut" ist eine Standardformel, die sich in vielen Inschriften findet (vgl. Abschnitt 4.1.2; Smith 1999, 46). So auch in der Gründungsinschrift Rusas, Sohn des Argišti, am Burgtor in Ayanis, die sich direkt auf den Süphan Dağı bezieht:

> „Through the greatness of Haldi, Rusa, the son of Argišti, has built this fortress (É.GAL) to perfection in front of the mountain Eiduru (KUREiduru-kai). Rusa says: the rock was <untouched>, nothing was built here (before). I built a shrine (É.BARA) as well as a fortress (É.GAL), perfectly. I set new vineyards and orchards and founded a new town (settlement) (URU šú-ú-hi) here. Strong accomplishments I made here. I imposed the name Rusahinili. Through the greatness of Haldi (I am) Rusa, the son of Argišti, mighty king, great king,

Abbildung 4.16. Blick von der Zitadelle in Ayanis über den Van-See auf den Süphan Dağı (urart. Eiduru; Foto: V. Egbers)

king of Biainili, lord of the Tušpa-city. Rusa says: whoever my name erases (and) puts his (own) name, may Haldi and the Storm God and the Sun God annihilate him." (Çilingiroğlu und Salvini 2001, 251–52; siehe auch Harmanşah 2009, 182)

Ayanis ist auf einem Hügel errichtet, der von mindestens zwei Seiten zugänglich ist (Abb. 4.15). Dies ist eher unüblich: Van Kalesi, also die Hauptstadt selbst, ebenso wie Çavuştepe und Bastam sind auf Felsen errichtet, die nur an wenigen Stellen überhaupt begehbar sind, ansonsten aber schroffe, teils vertikale Steilabhänge aufweisen. Ayanis' Lage ist höchstwahrscheinlich der gewollten Positionierung gegenüber dem Süphan Dağı geschuldet. Geographische Positionierung der Burgen beruht also in Urartu vor allem auf einem weit reichenden Blick über die Landschaft, wie auch in Kef Kalesi (datierend auf Rusa, Sohn des Argišti) zu beobachten, jedoch gibt es neben der kontrollierenden und defensiven Übersicht eben auch eine an eher ästhetischen Kriterien ausgerichtete Art der Lagebestimmung für Burgen.

Charles Burney (2009, 172) erwägt als weitere mögliche Erklärung für die ungewöhnliche Lage der Burganlage das Bedürfnis Rusas II (Rusa, Sohn des Argišti), Unruhen von Provinzgouverneuren oder Militärs im Innern des Reiches durch diese Machtdemonstration entgegen zu treten bzw. ein Zeichen seiner Stärke zu setzen. Dass unter Rusa II, militärische Kampagnen außerhalb des Reiches durchgeführt wurden, sieht Burney als Indiz dafür, dass sich vordergründig um die Unterdrückung interner Rebellionen gekümmert werden musste (Burney 2009, 172). Dahingehend interpretiert er auch den Umstand, dass „ausländische" ZwangsarbeiterInnen eingesetzt wurden. Zusätzlich zu der benötigten Arbeitskraft könne dies auch so verstanden werden, dass Rusa II die Abhängigkeit dieser Menschen von ihm und seinen AnhängerInnen strategisch genutzt habe, um einen Gegenpol zur gegebenenfalls weniger loyalen lokalen Bevölkerung zu etablieren (Burney 2009, 172). Burney weist im gleichen Atemzug darauf hin, dass diese neu angesiedelten Menschen umgekehrt einer im Zerfall begriffenen Regierung gefährlich werden und ihr den Rücken zukehren können.

Ins Auge fällt außerdem die Abgrenzung von der Ober- zur Unterstadt. Die auffällige Steinarbeit von Festungstor und Burgmauer kann als klare Demarkation zwischen Burg und Siedlung verstanden werden. Geomagnetik, Oberflächenbegehungen und Testschnitte rund um die Festung ergaben, dass sich in direkter Nähe zur Zitadelle, größere, vermutlich öffentliche Gebäude befanden und Wohnhäuser der Unterstadt beim Güney Tepe und Richtung Pınarbaşı im Norden erst in einiger Entfernung anzutreffen waren (zur Arbeit in der Unterstadt siehe: Zimansky 2001, 23; Stone und Zimansky 2004, 236, 239; Stone 2005; Harmanşah 2009, 185, 192; Stone und Zimansky 2009, 637). Ömür Harmanşah vermutet, dass die zur Zeit Rusas, Sohn des Argišti, aufkommenden Innovationen in Baumaterial und -technologie (insbesondere bei Steinarbeiten) im Zusammenhang mit den anscheinend neu entstehenden größeren Unterstädten und urbanen Neugründungen stehen. Den Einsatz dieser neuen Technologien nennt er „royal rhetoric" bzw. angelehnt an Adam Smith „political architectonics" (Harmanşah 2009; Smith 2003, 165–80). Auf allen Seiten der Zitadelle außer im Westen, wo das Gelände recht steil zum See hin abfällt, gab es architektonische Strukturen. Bei den Grabungen in der Unterstadt stellte sich heraus, dass das Innere der meisten Häuser quasi (fund-)leer war, es auf den Außenflächen hingegen Abfälle wie Keramikscherben und Tierreste gab (Stone und Zimansky 2004).

In Pınarbaşı, der nördlichen Unterstadt, gab es mindestens fünf große Gebäude, von denen eines ausgegraben wurde (Stone und Zimansky 2004, Abb. 1.2). M.E. weisen diese Strukturen Ähnlichkeit beispielsweise zum sog. Nordgebäude in Bastam auf, worauf ich später eingehe. Weiter hangaufwärts Richtung Osten fanden Grabungen an einem Gebäudekomplex statt, der im geomagnetischen Bild einen 60 m breiten Innenhof aufweist (Stone und Zimansky 2004, 238). Diese Strukturen bestanden aus soliden Mauern mit Pfeilern bzw. Vorsprüngen an der Außenseite (Risalite), deren Fundamente in den natürlichen Fels geschlagen wurden. Auch südlich des Burgberges gab es große Strukturen, die in einem Testschnitt Anfang der 2000er unter der Leitung Stones und Zimanskys untersucht wurden und u.a. über 1,90 m dicke Mauern verfügten (Stone und Zimansky 2004, 238). Wegen der Fundleere ist es schwer, die Funktion dieser Gebäude zu bestimmen; allerdings nehmen die AusgräberInnen aufgrund des „formalen" Layouts und der Massivität der Bauweise an, dass es sich eher um öffentliche oder zumindest zentral geplante Strukturen handelt (Stone und Zimansky 2004, 238). Auch im Osten in Richtung auf den Güney Tepe gab es solche Architektur, zu der auch ein teilweise ausgegrabenes Gebäude gehört, das dem sog. Hallenbau in Bastam ähnelt und folglich als Pferdestall interpretiert wurde (Stone und Zimansky 2004, 238; zu Bastam siehe Beschreibung unten sowie Kleiss 1988a, 19). Ein ähnliches Gebäude wurde auch in Hasanlu entdeckt (Kleiss 2015, Abb. 165/166). Der Innenhof war hier mit großen Steinen gepflastert, während seine Seiten einen Lehmfußboden besaßen.

Weiter oben auf dem Hügel, teilweise höher als die Festung selbst, scheint die eigentliche Wohngegend auf einer Fläche von rund 12 ha gelegen zu haben. Die meisten der Gebäude liegen auf der westlichen, der Burg zugewandten Seite, einige erstreckten sich jedoch auch südöstlich um den Hügel herum (Stone und Zimansky 2004, 239). Generell wurden die Gebäude den Geländegegebenheiten angepasst und auf Terrassen am Hügel errichtet (teilweise standen die Fundamente auf Aufschüttungen oder wurden in den Fels

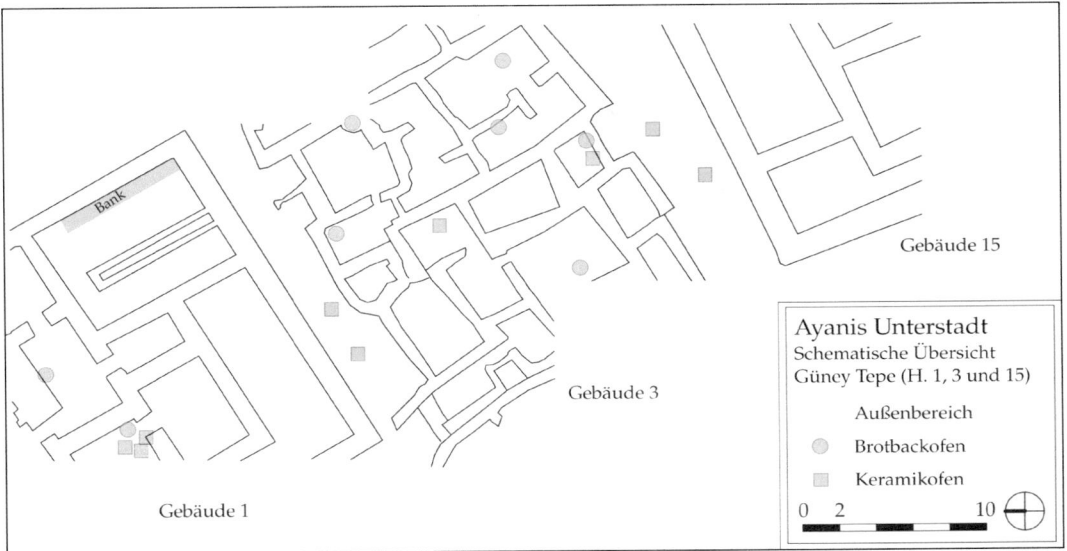

Abbildung 4.17. Gebäude 1, 3 und 15 vom Güney Tepe, Ayanis (nach Stone 2012, 95, Abb. 06.06)

geschnitten). In dieser Gegend befand sich die höchste Dichte der rotpolierten Toprakkale-Ware (und nicht etwa in den als „öffentliche Gebäude" interpretierten Strukturen nahe der Festung). Darüber hinaus scheint es hier keine Befestigungsmauer gegeben zu haben. In Bastam diente die Hangbebauung möglicherweise als Schutz, in Karmir Blur scheint es abschnittsweise eine Mauer gegeben zu haben (Stone und Zimansky 2004, 239).

Es existierten verschiedene Häusertypen (Abb. 4.9, 4.17); zum einen solche mit regelmäßig angelegtem Grundplan. Dabei handelt es sich um längliche, eher schmale Häuser mit soliden, geradlinigen Wänden aus Stein und Lehm und quadratischen Räumen (z.B. das ergrabene Gebäude 6; Stone und Zimansky 2004, 240); leider werden keine genauen Größenangaben für diese Gebäude gemacht. Sie scheinen als eine Art „Doppelhaus" (bei Stone „duplex" genannt; Stone und Zimansky 2004, 240) angelegt worden zu sein, mit zwei rechteckigen Häusern als eine Einheit. Diese Gebäude liegen am nächsten zur Festung. Unter Umständen wurde das Fundament dieser Häuser bewusst so angelegt, dass sie der Burg noch direkter gegenüber lagen, worauf die künstlichen Erdauffüllung auf der süd-östlichen Seite in Verbindung mit Felseinschnitten auf nord-westlicher Seite hindeutet (Stone und Zimansky 2004, 240). Stone und Zimansky verweisen darauf, dass offensichtlich von den BewohnerInnen Modifikationen am ursprünglichen, wahrscheinlich zentral geplanten Haus vorgenommen wurden, wie etwa das Einfügen einer Bank in einen der zugehörigen Höfe oder auch dünnerer Mauern vor Hauseingänge (Stone und Zimansky 2004, 240).[17] Diese Tatsache scheint die These zu unterstützen, dass

---

17 Die Klassifizierung dieser Einheit als ein Haus ist wohlgemerkt eine moderne Annahme, die nicht der Wahrnehmung der einstigen BewohnerInnen entsprochen haben muss. Allein die Begrifflichkeiten wie „Haus" oder „Raum" sind stark ethnozentristisch, beziehen sich also auf eine moderne, westliche Konzeption von Wohnraum, und implizieren gleichzeitig bestimmte Bedeutungen wie „Haus = Familie" und müssen aus diesem Grund mit Vorsicht verwendet werden (siehe dazu z.B. Spector 1991).

es sich um zentral geplante Gebäude handelt bzw. die Menschen, die hier lebten nicht die ErbauerInnen/PlanerInnen waren. Es ist außerdem im Vergleich zu den anderen Häusern weiter oben am Hang auffällig, dass diese näher an der Burg liegenden nicht über integrierte Ställe verfügen (Zimansky 2012, 108). Stone und Zimansky (2004, 240) mutmaßen, ob dies möglicherweise bedeutet, dass die Menschen hier sich nicht selbst mit Nahrung versorgen mussten oder duften?

Etwas höher am Hang gelegen gab es verhältnismäßig große Gebäude (400 m² und größer), die ähnliche Bautechniken aufweisen wie sie auf der Zitadelle angewandt wurden (Gebäude 1, 13 und 15; Abb. 4.17). Auch hier sind die Wände geradlinig und formen quadratische Räume, von denen einige mit Steinen gepflastert sind. Diese größeren Gebäude am Hang wurden offenbar seltener umgebaut bzw. modifiziert als die näher an der Burg gelegenen. Es gab darin Stallanlagen, fest installierte Tröge sowie Bänke und Bereiche für die Nahrungsmittelzubereitung (Stone und Zimansky 2004, 240; Zimansky 2012, 108). Hier bzw. im Straßenkontext neben einem dieser Gebäude, wurde auch eine bulla mit eingeschriebenem Namen entdeckt. Neben bzw. zwischen diesen großen, formal geplanten Häusern gab es eine weitere „Kategorie" an Gebäuden, bei denen es sich um deutlich unregelmäßigere und weniger solide handelt (z.B. Gebäude 3, 9, 11, 12 und 14; Abb. 4.17). Im Gegensatz zu den anderen Häusern bestehen die Wände hier aus Bruchsteinen und Schutt (Lehm-rubble), sind kaum geradlinig und wurden auf Asche und Schutt errichtet – besitzen also nicht das sonst typische feste ans Terrain angepasste Fundament (Stone und Zimansky 2004, 241). Eine konsistente Bautechnik konnte nicht festgestellt werden. Es ist vom Befund her klar, dass sie zeitlich nach den großen Gebäuden errichtet wurden. In diesen eher improvisiert wirkenden Strukturen wurden Lagergefäße, Hinweise auf Käseproduktion (in Form von mit Asche gefüllten Felsgruben, Mulden, grünen Sandsteinplatten und kleinen Pithoi mit Löchern in ihren Basen) und in einem Fall ein in den Fels gehauenes Becken mit Steinrand gefunden (Stone und Zimansky 2004, 241; Stone 2012, 93). Die weiteren Gebäude am Güney Tepe sind ebenfalls von solch weniger strukturierter „Qualität". Hier wurde auch assyrische Keramik aus nicht-lokalem Ton gefunden (dafür keine rotpolierte Ware). Elizabeth Stone (2012), eine der Ausgräberinnen der Unterstadt, vermutet, dass diese unregelmäßigeren Strukturen von Menschen aus Assyrien bewohnt wurden, wofür ihres Erachtens nicht nur die Keramikassemblage spricht, sondern auch die Tierknochen, die auf andere Ernährungsgewohnheiten hindeuten (weniger Rind, dafür mehr Hammel). Dies ist insbesondere in Gebäuden 11 und 12 der Fall. Aus der Tempelinschrift in der Oberstadt geht hervor, dass unter anderem assyrische ArbeiterInnen mit am Bau der Festung und der Siedlungen (im Plural URU^{MEŠ}) beteiligt gewesen waren (Salvini 2001, 261; 2008, 1–3:I 568, III 341–42: A 12–1: Absatz VI, Zeile 10. vgl. auch Radner, 2011, 741; Çifçi 2017, 212–14; Foto der Inschrift s. später Abb. 4.32). In der Inschrift heißt es tatsächlich „assyrische" Menschen und nicht lediglich nicht-urartäische oder „ausländische". Möglicherweise handelte es sich um leicht improvisierte, gewisserweise hybride Bauten (Baltalı Tırpan 2013). In diesem Zusammenhang ist es interessant, dass insbesondere von diesen am wenigsten elaborierten Gebäuden hoch oben auf dem Güney Tepe aus in das Innere der Festung geblickt werden konnte. Die räumliche Anordnung der dort auf der Zitadelle befindlichen Architektur war demnach zumindest teilweise sichtbar (Abb. 4.18). Geht man davon aus, dass deportierte Menschen, die am Bau der Festung und der umliegenden großen Gebäude beteiligt waren, in den

Abbildung 4.18. Blick vom Güney Tepe auf den Festungsbereich (Foto: V. Egbers)

Häusern am Güney Tepe lebten, kommt hinzu, dass diese durch ihre Bautätigkeit durchaus über Wissen über das Innere der Tempel und Residenzgebäude von Ayanis verfügten, wenn auch nicht zwangsläufig über den Endzustand. Wegen der verhältnismäßig kurzen Nutzungs- bzw. Besiedlungsdauer des Ortes konnte ein solches Wissen auch nach der Errichtung durch Erzählung weitergegeben werden und präsent bleiben. Der Anblick der Burg war stete Erinnerung an den Prozess des Bauens und der in der Bauinschrift auf der Burg benannten Zwangsarbeit an diesem Ort. Die imposante Architektur war somit nicht nur Sinnbild des „Kontrolle der Natur", sondern auch der Kontrolle über Menschen (vgl. H. Lefebvre 1991, 26; zu Erinnerung und Bauen als soziales Event siehe Harmanşah 2009; 2011; 2013; 2015).

In Verbindung mit den nicht von offizieller Seite angelegten Häusern in der Unterstadt von Ayanis muss auch eine von den anderen Gebäuden/Gebieten der Siedlung abweichende Geräuschkulisse gestanden haben. Auch wenn sich nicht viel über die Zusammensetzung der dort lebenden Menschen mit Sicherheit sagen lässt, ist es doch sehr wahrscheinlich, dass ein Gemisch unterschiedlicher Sprachen den alltäglichen Hintergrundklang dieses Siedlungsteils geprägt hat (vgl. Skeates 2010, 241, der diesen Hinweis im Bezug auf die Bronzezeit in der mediterranen Welt gibt). Hinzu kam der Geruch der Speisen, die auf Basis der Tierknochenassemblage auf eine vom Rest der Siedlung abweichende Ernährung hinweist, der für einige der dort lebenden Menschen eine Erinnerung an ihr Zuhause, für andere hingegen fremd oder exotisch gewesen sein kann (vgl. Hamilakis 2002; 2013). Gerüche des heimischen Herdes waren sicher kein weit reichender, prägnanter Marker, sondern wirkten eher auf kleinerer „Ebene", vor allem im geschlossenen Haus.

Generell verweisen die Ställe indirekt auf den Klang von blökenden Schafen, gelegentlichem Pferdegewieher und Kuhgeräuschen.

In nahezu allen Gebäuden wurden sowohl Waffen (v.a. dünne Pfeilspitzen aus Bronze), als auch Pigmente von ägyptisch Blau gefunden, jedoch nicht in ausreichender Quantität, um als Überreste einer Wandbemalung der gesamten Wände interpretiert werden zu können. Auch in Bastam und vermutlich Argištihinili wurden geringe Reste von ägyptisch Blau in der Unterstadt gefunden (vgl. Stone 2012, 98). Einzige Ausnahme in Ayanis bildet bisher Haus 11 (Stone 2012, 98). Auch kann zumindest für einige der Gebäude ein zweites Stockwerk rekonstruiert werden, z.B. Gebäude 14, wo ein Eisenschwert aus dem oberen Stock ins Erdgeschoss fiel. Lagerräume in einem Kellerbereich unter den Wohnräumen, wie aus der sog. *domestic area* der Festung bekannt, scheinen nicht existiert zu haben.

Alles in allem ergibt sich für die Unterstadt von Ayanis also ein Bild, in dem zunächst öffentliche und Residenzgebäude einem urbanen Design folgend angelegt wurden (alle zwischen 250 und 500 m² groß) und erst im Anschluss daran weniger formal geplante und gebaute Strukturen folgten, eventuell von den späteren BewohnerInnen selbst und ohne größere Unterstützung gebaut (durchschnittlich im 100 m²-Bereich). Die gleichen Größenunterschiede sind an den anderen Fundorten zu sehen, wo die formal gebauten Strukturen, z.B. in Karmir Blur und Argištihinili, zwischen 250 und 600 m² Größe liegen, während die weniger formalen Häuser in Karmir Blur und Bastam meist um die 100 m² (unter 200 m²) groß sind (vgl. Stone 2012, 91–92). Diese Größenangaben haben jedoch keine unmittelbare Aussagekraft darüber, in welchen sozialen Einheiten die Gebäude bewohnt wurden (d.h., eine Familie pro Gebäude oder Gruppen von Arbeitskräften in kleineren Einheiten innerhalb eines Hauses?).

Geht man von diesem sukzessiven Aufbau aus stellt sich die Frage, warum etwa die älteren BewohnerInnen nicht versuchten, solche Neuankömmlinge - wie das heute wäre - zu verdrängen? Ist dies ein Zeichen von Zwangsansiedlung oder aber einer weniger rigiden Abschottung gegenüber Fremden? Es wäre auch denkbar, dass die selbstgebauten Behausungen zuerst dort waren, als Herbergen für die ZwangsarbeiterInnen an Burg und Elitegebäuden, und einige davon dann später von den geplanten Häusern verdrängt wurden. Oder aber die BewohnerInnen der größeren Häuser störten sich nicht weiter daran, dass „nebenan" ihre Bediensteten und ArbeiterInnen lebten. Diese Überlegungen streifen auch die Frage, wo die ArbeiterInnen während der Zeit der Errichtung der größeren Gebäude lebten. Möglicherweise waren sie gezwungen in Zelten oder weniger soliden Übergangshütten zu hausen, wenn nicht, wie erwähnt, zu diesem Zeitpunkt bereits die weniger stabilen Strukturen errichtet wurden. Solche Gedanken kamen schon auf für Bastam in Bezug auf dort entdeckte Pfostenlöcher unterhalb der späteren Steinhäuser (beschrieben in Abschnitt 4.2.2; Kleiss 1988a, 19; Kroll 1988b, 89–93).

Auch wenn das Straßennetz oder ein System unbefestigter Wege der Unterstadt von Ayanis nicht klar erkennbar ist, lassen sich einige Vermutungen zur Orientierung anhand der Geomagnetik anstellen. Danach sieht es so aus, als seien Straßen (oder Wege?) diagonal, d.h. Nord-West nach Süd-Ost und Nord-Ost nach Süd-West verlaufend gewesen. Dies lag ohne Zweifel an der Topographie des Hügels. Jedoch konnte Mary Shepperson (2017, 92–93) desweiteren feststellen, dass diese Straßenorientierung v.a. in aridem Klima Vorteile im Hinblick auf die Verteilung von Licht und Schatten in einem Straßennetz bzw. das Mikroklima eines Ortes Licht und Schatten bietet. Eventuell war dies ein (un-)geplanter, positiver Nebeneffekt bei der Anlage der Wohngegend in Ayanis.

Zusammenfassend lässt sich sagen, dass die Zitadelle Ayanis' von Süden her kommend in einem Blickfeld mit dem auf der anderen Seite des Sees liegenden Süphan Dağı lag. Auch nördlich hinter der Festung erhoben sich Hügel, vor denen sich die 17 m hohe, glatte Stadtmauer und dem noch höher gelegenen schlanken Turm des *susi*-Tempels kontrastreich abhoben. Näherte man sich der Stadt weiter, befanden sich vor dem Aufweg zur Burg die großen, typisch zentral geplanten Häuser der einflussreicheren Bevölkerung Ayanis' oder der Administration. Ihre starken Mauern, teilweise mit Vorsprüngen versehen, wirkten wehrhaft und imposant. Rund um die Siedlung gab es im Frühjahr und Sommer duftende Weinberge und Obstgärten. Im Hintergrund ließ sich die Wohngegend erahnen, hier wurden Pferde in Ställen gehalten und verschiedenste Häuserstrukturen, auch ärmlichere, schmiegten sich aneinander.

4.2.1.2 Befestigungsmauern und Tor der Festung

Die Oberburg in Ayanis war von einer über 4 m breiten, massiven Befestigungsmauer umschlossen. Darin befanden sich verschiedene Strukturen, wie der in einem Peristyl liegende Turmtempel, eine Pfeilerhalle, Wohnstrukturen und Lagerräume (Abb. 4.19).

Südmauer: Das einzige bisher bekannte Tor zur Zitadelle befindet sich im Südosten, wo der Hang weniger steil als anderswo ist (Çilingiroğlu und Salvini 2001, 28–28; zu Festungstoren in Urartu siehe auch Jakubiak 2004). Hier gliedert es sich von zwei Türmen flankiert in die Befestigungsmauer ein. Der südliche Abschnitt der Mauer, von dem bisher ca. 100 m ausgegraben wurden, bestand im unteren Teil aus sehr gerade geschnittenen, dunklen

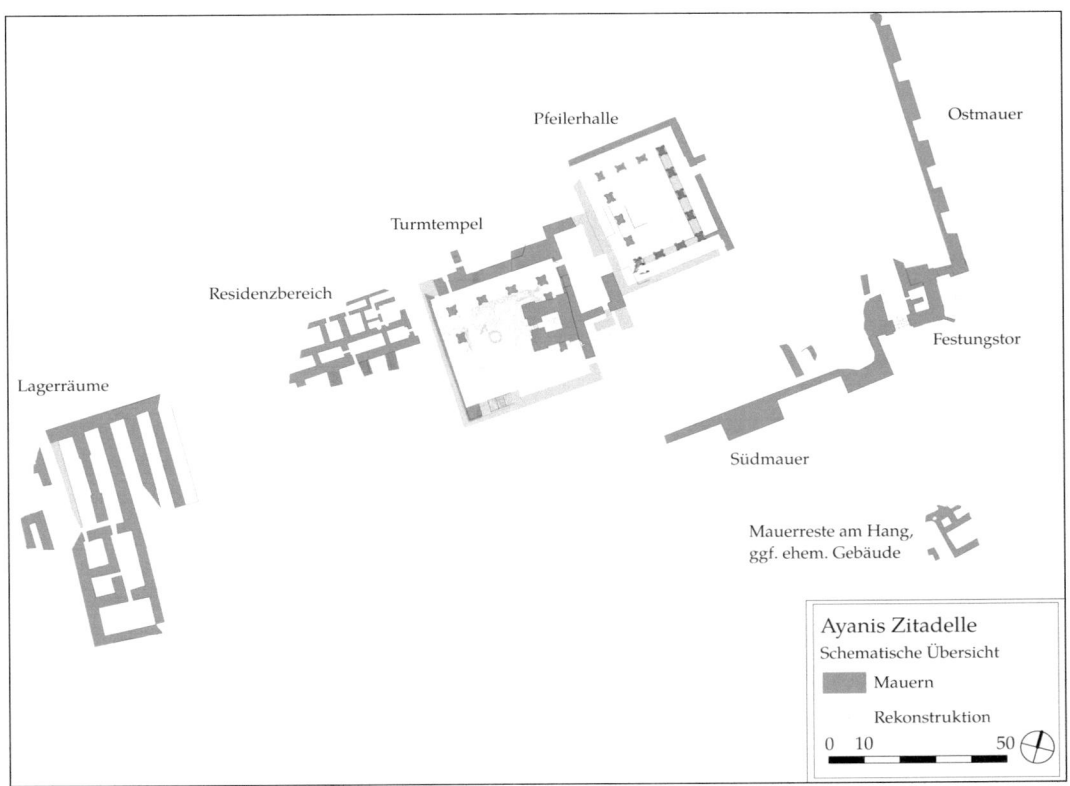

Abbildung 4.19. Übersicht über die Zitadelle von Ayanis (von V. Egbers nach Plänen aus verschiedenen Grabungspublikationen, insb. in Çilingiroğlu – Salvini 2001)

Andesitblöcken, die ohne die Verwendung von Mörtel genau aneinander angepasst worden sind. Diese Mauerstruktur wurde auch in Bastam und Toprakkale verwendet. Die AusgräberInnen vermuten, dass der Andesit nahe des heutigen Dorfes Tımar, ca. 30 km von Ayanis entfernt, abgebaut wurde (Çilingiroğlu 2004, 210–11; Şengül, Oğuz und Işıklı 2016). Die finale Anpassung fand höchstwahrscheinlich auf der Zitadelle statt, da man hier größere Mengen Andesitstaub fand. Das bedeutet, dass die ArbeiterInnen die vermutlich sehr schweren Steine über die Hügel und Senken, die zwischen Tımar und Ayanis liegen, unter größter Anstrengung anschleppen mussten (auch wenn es Tragtiere, Schlitten oder Wagen gab).

Die sichtbare Seite der Steine, die bis zu 5 Lagen bzw. 4 m aufragten, wurde in kissenähnliche Form gebracht, indem die Außenränder abfallend gekrümmt wurden (Abb. 4.4). Diese Technik nennt sich auch Bossieren (Bossen-Quader-Mauerwerk). Die Krümmung der Oberflächen hatte nicht nur einen visuellen Effekt der Bewegung/ Dynamik, sondern vermutlich auch eine statische Funktion, da durch diese Technik laut Ömür Harmanşah (2009, 188) Bewegungen, ausgelöst etwa durch kleinere Erdbeben, ausgeglichen werden können.

Über dieser Andesitbasis zog eine bis zu 2,50 m hoch erhaltene Lehmziegelmauer auf. Während der Ausgrabungen in den Jahren 2015 und 2016 wurde am westlichen Teil der Südmauer geforscht und eine massive Lage an Lehmziegelversturz ausgegraben, die Aufschluss über Höhe und Breite des aufstrebenden Lehmziegelmauerwerks der Befestigungsmauer gab (Işıklı 2017, 120). Die Lehmziegel darin besitzen die Maße 31-33-35 x 47-51-53 x 12-13 cm (Işıklı 2017, 120). Da rund 94 Lehmziegellagen in dem Versturz identifiziert werden konnten, kann die Höhe der südlichen Befestigungsmauer inklusive der Steinbasis auf mindestens 17 m rekonstruiert werden (Işıklı 2017, 120 und Abb. 6-3.b; Baştürk 2018, Abb. 4). Bisher wurden in diesem Mauerabschnitt am steilen Südhang zwei massive (ca. 13 x 12 m Grundriss) Bastionstürme ausgemacht.

Durch geomagnetische Prospektion wurde direkt bei dem Burgtor neben der ausgegrabenen südlichen Wehrmauer ein Netz aus Mauern entdeckt, das unter Umständen die Überreste von Häusern am Hang, aber außerhalb der Festung selbst repräsentiert (siehe auf Abb. 4.19; Zimansky 2012, 108, äußerte noch die Überlegung, ob es sich hierbei um die Fortsetzung bzw. eine Art Außenring der Burgmauer handelte).

Nord- und Westseite der Zitadelle: Die nördliche und westliche Seite des Burgberges wurden bisher am wenigsten erforscht, da hier der Hang am steilsten ist (Işıklı 2017, 120). Im nördlichen Teil beträgt die Steigung teilweise 50°. Dennoch konnten hier Reste der Befestigungsmauer ausgemacht werden, die hier aus Kalksteinblöcken bestand, teils zu einer Höhe von 2,26 m erhalten. Der Befund an diesem Abschnitt des Hügels scheint außerdem darauf hinzuweisen, dass hier Abfälle wie Asche, Tierknochen, Bronzehaken oder Öllampen von der Zitadellen herunter geworfen wurden. Dieser Befund ist ggf. vergleichbar mit dem sog. *Bone Room* in Bastam (s.u.; Işıklı 2017, 122). Im Westen wurden ebenfalls Reste eines Steinfundaments für die Befestigungsmauer gefunden, das an einer Stelle von einem 5,0 x 1,5 m messenden Kanal, vermutlich ein Abfluss für Regen oder Schneeschmelze, durchzogen war (Işıklı 2017, 124). Es wurden darüber hinaus etliche Keramikfragmente, Tierknochen sowie Metall- und Steinobjekte ausgegraben (Işıklı, Öztürk und Parlıtı 2016a).

Die östliche Mauer: Der östliche Teil der Mauer ist wie die Südmauer auf stufenartigen Terrassen auf den natürlichen Fels gebaut. Allerdings besteht ihre Basis aus grob behauenem, hellem Kalkstein, der vermutlich direkt von oder aus der Nähe der Festung stammt (Çilingiroğlu und Salvini 2001, 28–29, Abb. 14; Harmanşah 2009, 186). Die Zwischenräume zwischen den nahezu unbearbeiteten Steinen wurden mit kleineren Steinen aufgefüllt. Für die Ecken der Bastionen wurden bis zu 2 m lange Steinblöcke verwendet. Im Gegensatz zum südlichen Mauerteil besteht die Ostmauer aus kleineren und enger aneinander liegenden Bastionen, von denen bisher sechs freigelegt wurden (Abb. 4.21). Größe und Abstand variieren dabei. Auch hier gab es einen Lehmziegelaufbau. Die Lehmziegel besaßen wie am südlichen Abschnitt eine Größe von rund 35 x 50 x 12 cm, waren also standardisiert (Harmanşah 2009, 186). Es lässt sich also sagen, dass die Burg mit ihrer Südmauer über eine regelrechte Fassade verfügte.

Ästhetik und Symbolik: Generell lässt sich in der Anlage der Befestigungsmauern auch ein archäologischer Verweis auf den aus der Torinschrift bekannten königlichen Duktus der „Unterwerfung" der Natur ablesen. Diese waren direkt auf dem natürlichen Felsen angelegt, der vorher geglättet wurde. Wo das Terrain zu uneben war, wurden Steine in die Risse und Aushöhlungen gefüllt. Während der Sockel der Ostmauer aus hellem Kalkbruchstein bestand und eine sehr unregelmäßige Oberfläche besaß, war die 2–4 m hohe Steinbasis der Südmauer aus dunklem Andesit und sehr regelmäßig (Abb. 4.4). Dass speziell bei der prominenter sichtbaren südlichen Befestigungsmauer auf Aussehen großer Wert gelegt wurde, im Gegensatz zur von außen weniger im Sichtfeld liegenden Ost- und Nordseite, spricht für ein starkes Bewusstsein der Wirkmächtigkeit von architektonischer Ästhetik. Die Geradlinigkeit und „ordentliche" Bossierung standen im starken Kontrast zum natürlichen Felsen, auf dem die Mauer stand (über die soziale Bedeutung des Errichtungsprozesses solcher Anlagen am Beispiel Ayanis siehe Harmanşah 2009; zur Berechnung von Arbeitszeit und -aufwand der Festung siehe Çilingiroğlu 2004; s. auch Pauketat und Alt 2005 zum gemeinschaftsbildenden Effekt von Architektur). Dieser Aspekt, der sowohl schriftlich als auch materiell unterstrichenen Leistung des Königs die vormals „wilde" Natur mit dem Bau der Festung „zivilisiert" zu haben, tritt neben Ayanis auch in den meisten anderen urartäischen Festungen deutlich zutage. Generell waren die Mauern perfekt dem Gelände angepasst, wirkten jedoch nicht wie ein natürlicher Teil dessen, sondern wie auf dem Fels thronend oder magisch davon emporsteigend. Auch unter Berücksichtigung des Phänomens des Glanzes, den die Stadtmauern wegen ihrer zum Gelände kontrastreichen Glätte „ausgestrahlt" haben könnten, ist es interessant, dass gerade die Südmauer glatter gestaltet war. Denn ein glänzender Eindruck entsteht auch durch die Glätte der Oberfläche. Jedoch muss etwas umso glatter sein, je näher man dem Gegenstand, in diesem Fall der Mauer, kommt, um ihn noch als glatt und damit ggf. glänzend wahrzunehmen. Der einzige (bisher gefundene) Zugang zur Festung befand sich in jener Südmauer, womit sich ihr also am meisten genähert und sie betrachtet werden konnte.

Das Festungstor: Um ins Innere der Festung zu gelangen, musste der steile Aufweg zum Wehrturm- flankierten Tor erklommen werden, immer der Wehrmauer aus dunklem Unterbau und hellem Lehmziegelwerk entgegen.

Abbildung 4.20. Foto des Tors zur Festung von Ayanis (Foto: V. Egbers)

Eine mit kleinen Steinen gepflasterte Rampe, die teils in den natürlichen Fels schnitt, führte hoch zu einem annähernd quadratischen Platz vor dem Tor, der teilweise von Felsen umgeben war (*rock outcrops;* Harmanşah 2009, 186). Von diesem Platz existiert bisher kein publizierter Plan. Drehte man sich hier um, konnte man die Landschaft mit ihren Gärten und Kanalanlagen sehen, ebenso wie einige der großen Gebäude rund um die Festung.

Wandte man sich wieder dem Tor zu, befand sich an der rechten Seite des Durchgangs die Inschrift, mit klaren, großen Keilen (Çilingiroğlu – Salvini 2001, Abb. 11; vom Aussehen ähnlich der Tempelinschrift s. später Abb. 4.32). Unabhängig davon, ob man sie lesen konnte oder nicht, markierte sie eindeutig die Schwelle vom Außen ins Innen der Festung und war damit als liminaler Raum extrem wichtig. Besonders der Kulturanthropologe Victor Turner befasste sich in Anlehnung an die von Arnold van Gennep (1986) definierte Dreiteilung von Übergangsriten („rites de passage") in Trennungs-, Übergangs- und Angliederungsphase eingehender mit der Schwellenphase, der Liminalität. Der Begriff „Liminalität" wurde von van Gennep eingeführt (Turner 2000; siehe auch 2006). Laut Turner besitzen Rituale, die eine Zustandsveränderung begleiten oder auslösen sollen, demnach alle ein Stadium des Unbestimmten, das gekennzeichnet ist durch das Fehlen bekannter Strukturen, einen Schwebezustand zwischen der aufgelösten alten und der erwünschten neuen Struktur. Seine Überlegungen zu Ritualen passen m.E. auch zu der Existenz des Platzes vor dem Tor von Ayanis, der möglicherweise für Rituale genutzt wurde. Aber auch ein tägliches Durchqueren kann weiter gefasst als kleines Übergangsritual verstanden werden.

Für die Bedeutung der (doppelflügeligen) Tore in Urartu spricht auch die wiederholte, fast standardisierte ikonographische Repräsentation auf Siegeln und Gürteln. Möglicherweise hielt man kurz inne, um sie anzuschauen oder auch die riesigen Mauern

Abbildung 4.21. Plan des Festungstors in Ayanis (Çilingiroğlu – Salvini 2001, Abb. 14)

hochzublicken. Zumindest aber gab es sicherlich ein inneres Innehalten, das nicht unbedingt auch zeitlich-physisch sichtbar war.

Das Tor war direkt am Eingang ca. 4 m breit, im Innern 3 m, und wurde flankiert von zwei 60–70 cm vorstehenden Vorsprüngen, von denen der westliche 2,13 m breit war (der östliche war zu stark beschädigt, um die genaue Größe zu ermitteln; Çilingiroğlu und Salvini 2001, 28). Çilingiroğlu und Salvini (2001) sind der Meinung, diese Türme bzw. Vorsprünge dienten lediglich einem visuellen, nicht aber einem fortifikatorischen Zweck. Vorne an dem östlichen Vorsprung war auch die Gründungsinschrift angebracht.

Im Gegensatz zum leicht holprigen Aufweg aus faustgroßen Steinen, die man unter der Sohle spüren konnte, war die Eingangsschwelle selbst mit großen, gerade geschnittenen

Andesit-Steinen gepflastert (Abb. 4.20, 4.21; vgl. auch Ingold 2004; 2007). Diese glatte, dunkle Andesitschwelle erinnerte an eine Weiterführung der Andesitsubstruktur der Festungsmauer selbst. Die Befestigungsanlage öffnete in gewissem Maße ihren Schlund an dieser Stelle.

Die innere Torkammer selbst weist wiederum einen nach Nordwest, zur Festung hin ansteigenden Lehmfußboden auf. Löcher im Lehm scheinen mit kleinen Steinen gefüllt worden zu sein. Der *in situ* gefundene Türverschluss aus Kalkstein mittig hinter der Andesitschwelle weist darauf hin, dass es hier, wie aus den Festungsabbildungen bekannt, ein zweiflügeliges Holztor gegeben haben muss, das nach innen, also Richtung Burgberg, öffnete. Ein in der Nähe gefundenes Objekt aus Holz und Eisen wird als Verschlussmechanismus des Tores interpretiert. Unterhalb von Türsockel und Steinschwelle lief ein Abwassersystem, wie beispielsweise auch in den Festungstoren Bastams. Das Abwassersystem der gesamten Festung muss vor ihrer Errichtung geplant worden sein (Çilingiroğlu und Salvini 2001, 29). Von außen kommend hinter der Holztür befand sich eine Kammer, die von Süden nach Norden ansteigt und überdacht war, worauf u.a. die Reste verkohlter Holzbalken hinweisen (Çilingiroğlu und Salvini 2001, 28). War das Holztor geöffnet, sah und betrat man dann das im Vergleich zum Tageslicht deutlich dunklere Innere der Haupttorkammer. Es ist auch möglich, dass nur ein Flügel der Tür während des tagtäglichen Verkehrs geöffnet war und die ganze Breite nur für besondere Ereignisse wie Feste oder Lieferungen mit Pferdewagen geöffnet wurde. Mit dem Durchschreiten des Tors ging demnach eine Reihe an subtilen Veränderungen einher: nach dem aus Kopfsteinpflaster bestehenden Aufweg, der daran anschließenden glatten harten Steinschwelle als Übergang, folgte nach vier-fünf Schritten nun ein überdachter Raum mit Lehmfußboden. Es kann davon ausgegangen werden, dass es auch zu einem Temperaturunterschied kam: kühler im Sommer, da die Kammer Schutz vor der Sonne bot, und wärmer im Winter, da man weniger dem schneidenden Wind ausgesetzt war und ggf. wärmere Luft aus den Nebenräumen drang. Letztere waren zwei kleinere Räume, zu denen ein 65 cm breiter und ca. 60 cm tiefer Durchgang, bestehend aus zwei Treppenstufen, führte. Sie lagen rechts bzw. östlich der Hauptkammer und konnten nur durch einen Eingang im nördlicheren der beiden Zimmer betreten werden (vgl. Çilingiroğlu und Salvini 2001, 28). Es wurden dort zwei Öllampen sowie rotpolierte Gefäße gefunden. Die genaue Funktion der beiden Räume bleibt unklar, es ist aber denkbar, dass es sich hierbei um die Aufenthalts- und Kontrollräume der Torwachen gehandelt hat. Von dort drang möglicherweise auch das schwache Licht der dort befindlichen Öllampen in den Tordurchgang. Die Funde rund um und in dem Tor legen die Vermutung nahe, dass Besuchende schon hier die so typisch urartäischen Eisenwaffen und imposanten Bronzeschilde sowohl an den Wänden, als auch als Utensilien der Wachen gesehen haben dürften.

Steigung: Auch die erhebliche Steigung des Weges vom Fuße des Burgberges zum Tor und weiter zum höchsten bebauten Punkt gehörte zum Erfahrungsbestand dessen, was eine urartäische Burg und damit einen Ort öffentlicher Architektur ausmacht. Die Steigung vom südlichen Fuße der Burgbergs von Ayanis bis zum monumentalen Tor der Festung, das ungefähr 24,50 m unterhalb des höchsten Punktes lag, ist auf einer Realstrecke von ca. 163 m gleich 27 %. Weiter vom Tor zum höchsten Punkt lag die Steigung auf einer auf Realstrecke von ca. 103 m bei 24,50 %.

Der große Höhenunterschied zur Umgebung und der extrem steile Zuweg verbinden sich zu zwei grundsätzlichen Aspekten dieser offiziellen staatlichen Komplexe. Erstens ist dies ein Teil des urartäischen Sichtbarkeitsregimes (vgl. Hempel, Krasmann und Bröckling 2011 und Kap. 6.2.4). Große Burgen sind weithin sichtbar und zeigen die Präsenz des Staates allseits an. Zweitens ist diese Sichtbarkeit verschränkt mit zumindest verlangsamter Zugänglichkeit aufgrund der Beschwerlichkeit des Aufwegs, der zudem durch eine klare symbolische Markierung (Burgmauer/n) von der Umgebung – inklusive der in der Unterstadt lebenden Bevölkerung – getrennt ist. Soziale Hierarchien scheinen, ähnlich heutigem Städtedesign, im Einklang mit räumlicher Distanz zum Zentrum, der Burg, gestanden zu haben. Gerade im schneereichen Winter oder in der gleißenden Sommersonne muss die Strecke vom Hügel des Güney Tepe hinunter in die Ebene und wieder hoch zur Festung körperlich fordernd gewesen sein. Gleichzeitig gab es eine andauernde Überwachung bzw. ein Gefühl der Überwachung durch die Festung für die einen, aber den Eindruck des Thronens und Überblickens für die anderen in der Festung.

4.2.1.3 Baukomplexe der Festung und deren spezifische Charakteristika

Es lässt sich nicht mehr sagen, wohin die andere Seite der Torkammer führte, wo BesucherInnen sich nach Verlassen des Tores wiederfanden. Von den ergrabenen Gebäudestrukturen ist die Pfeilerhalle das Nächstgelegene vom Tor her kommend. Es scheint auch nicht abwegig, dass der vorgegebene Weg in Richtung Westen leitete, also zum Süphan Berg und *susi*-Tempel als visuelle Fangpunkte.

Pfeilerhalle: An der Ostseite der Festung befand sich eine Pfeilerhalle, die rund 36,0 × 26,5 m bzw. rund 954 m² maß (Abb. 4.22). Das Gebäude konnte entweder durch einen Durchgang in der Ost- oder der Südwand betreten werden. Die ehemals 14 Pfeiler waren im Rechteck Peristyl-artig aneinandergereiht und gleich groß. Unabhängig davon ob, man das Gebäude von Süden oder Osten her betrat, verwehrten die internen Pfeiler den freien Blick auf die Gesamtheit des unüberdachten Inneren. Eine Linearität der Bewegung durch den Raum wurde dadurch verhindert. Anstelle des Volumens und Aufbaus des Inneren der Pfeilerhalle dürften zunächst vor allem die vornehmlich blauen, mit rot, weiß und braunen Mustern versehenen Wände und Pfeiler ins Auge gefallen sein. Diese stellten anscheinend keine figürlichen, narrativen Bilder dar, sondern eher repetitive Muster (Abb. 4.23). Die gefundenen Fragmente der Wandbemalung zeigen, dass wie in Assyrien (Kap. 5) die Farben Blau, Rot und Weiß dominierten (Nunn 1988, 24, 121; vgl. auch Thavapalan, Stenger und Snow 2016b). Dabei wurde offensichtlich auf Kontraste großer Wert gelegt. Das Spiel zwischen dunklem Sockel und hellem oberem Teil lässt sich sowohl an der südlichen Befestigungsmauer, als auch an Pfeilern und den Wänden des Tempelareals beobachten. Neben der Bemalung selbst wurden auch unverarbeitete Barren von ägyptisch Blau (eine Verschmelzung von Kupfer, Kalk und Sand) entdeckt und chemisch untersucht (Carlo u.a. 2013). Die Ergebnisse dieser Untersuchung weisen darauf hin, dass die chemische Zusammensetzung anders, nämlich stärker Zink-lastig, als in Mesopotamien oder Ägypten war, die Farbe also lokal hergestellt wurde und nicht

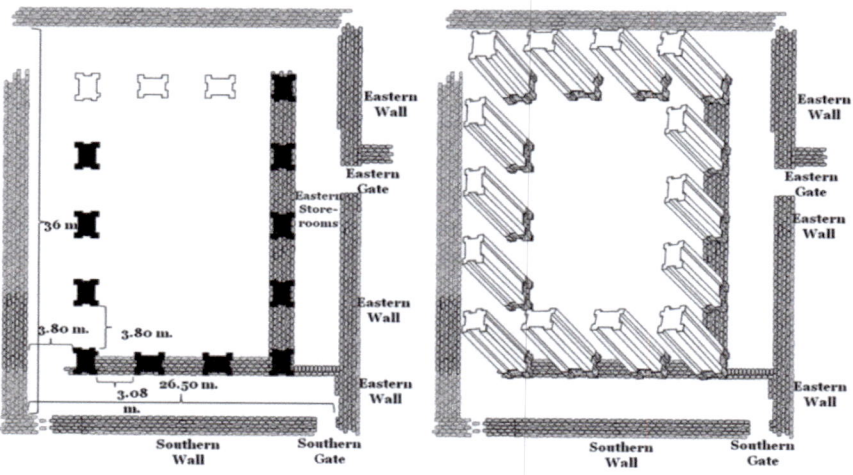

Abbildung 4.22. Rekonstruktion des Ostsektors in Ayanis (Baştürk 2012, Abb. 32)

a.

b.

Abbildung 4.23. Die Wandbemalung der Pfeilerhalle im östlichen Bereich der Festung: (a) Fragmente der Wandbemalung, (b) Rekonstruktion des Inneren (Baştürk 2012, Abb. 18)

etwa importiert werden musste, wie es in anderen Nachbarländern Assyriens der Fall war (Carlo u.a. 2013). Unverarbeitetes ägyptisch Blau, als Barren und zu Pulver zermahlen, wurde auch in Bastam gefunden (Kleiss 1988b, 93). Rot bestand wohl aus Eisenoxid (Zinnober, Hämatit) oder Ocker (beides auch beispielsweise im urartäischen Arin Berd/ Erebuni in Armenien nachgewiesen; Nunn 1988, 26–27). Der Fußboden der Halle bestand aus verputztem Lehm.

Auch unter dieser Halle waren ähnlich der später beschriebenen *West Storage Area* Lagerräume angelegt (*East Storage Area*), die wie im Südbereich genau den topographischen Gegebenheiten angepasst waren (Baştürk 2012, 6). Ein vermutlich aus funktionalen Gründen monumentales Tor, um den Transport verschiedener Güter dadurch zu erleichtern, stellte den Eingang zu diesen Lagerräumen dar, in denen neben großen Pithoi insbesondere mittelgroße, ordinäre Alltagskeramik gefunden wurde. Einer der hier gefundenen Pithoi war z.B. 2,15 m hoch und besaß einen Bauchdurchmesser von 1,50 m, ebenso wie Pithoi aus der Mittelburg von Bastam. Sie verfügten anscheinend jedoch über keine Inschriften oder Tonbullen, die über Inhalt und Volumen Auskunft gaben (Çilingiroğlu und Salvini 2001, 75). Çilingiroğlu (2011, 1065) vermutet aus diesem Grund, dass das in diesem Bereich Gelagerte nicht Teil eines Verteilungssystems war, sondern möglicherweise allein dem Tempelbetrieb diente. In der Südwestecke der Halle befand sich vermutlich der Durchgang zur angrenzenden Vorhalle des *susi*-Tempels. Möglicherweise gab es auch noch einen zweiten Eingang von der Pfeilerhalle zur Vorhalle (Işıklı 2017, 127).

Halle mit Podium: Die Halle zwischen Pfeilerhalle und *susi*-Tempel-Bereich war ca. 22 × 8 m groß und besaß mindestens einen weiteren Eingang bzw. Durchgang zu einem kleineren Raum an ihrer südlichen Seite (Abb. 4.21). Es ist wahrscheinlich, dass diese Halle ein Obergeschoss besaß. Wie dieses aussah und über welche Art des Dachs sie verfügte, ebenso wie ihre Verbindung zur östlich angrenzenden Pfeilerhalle, ist nicht bekannt (Işıklı 2017, 127). Auch in dieser großen Vorhalle scheinen die Wände verputzt und mit ägyptisch Blau bemalt worden zu sein (Abb. 4.24), auch wenn bisher kein Muster rekonstruiert werden konnte. In Verbindung mit diesem neu entdeckten Durchgang und dem dazugehörigen Vorraum wurden Reste von Kalksteinfiguren, wie der Kopf eines Löwen, Greifen, goldene Rosetten, Bronze- und Steinobjekte gefunden. Der Boden der Halle war überwiegend mit verputzten Lehmziegelblöcken gepflastert; nur die Südwest-Ecke war mit 5 x 10 Alabasterplatten (à 50 × 50 cm) ausgelegt (Abb. 4.25; Işıklı 2017, 127). Diese insgesamt 49 erhaltenen Alabasterblöcke weisen Spuren von Feuer auf. Auf den Alabasterplatten befand sich zudem ein 2,5 × 2,6 m messendes und ca. 76 cm hohes Alabasterpodest, das starke Ähnlichkeit zu dem in der Cella des unten beschriebenen *susi*-Tempels besitzt, jedoch deutlich größer ist (Işıklı 2017, 126). Es liegt direkt an die südliche Wand der Vorhalle an und ist aufwendig dekoriert. Auf der Oberfläche wurde ein repetitives Muster aus Mischwesen (Kreaturen mit Löwenkörper, Flügeln und abwechselnd dem Kopf einer Gottheit, eines Greifvogels oder Löwens) umgeben von Pflanzenranken mit Granatäpfeln und kegelförmigen Auswüchsen in den Stein geritzt (ähnlich später Abb. 4.34; Işıklı 2017, 131, Abb. 6–9, b). Es ergibt sich ein dichtes, aber äußerst geordnetes Gesamtbild von sich gegenüberstehenden Fabelwesen. Dieses nahezu teppichähnliche Muster ist so orientiert, dass die Füße der Wesen in Richtung Südwand

Abbildung 4.24. Vorhalle mit Podest: Überreste der blauen Wandfarbe (Nordwestecke; Foto: V. Egbers)

Abbildung 4.25. Alabasterplatten neben dem Podest der Vorhalle (Foto: V. Egbers)

zeigen, die Bilder also vom Rauminneren her auf dem Kopf stehend eingeritzt waren – so wie es auch in der Cella des Tempels der Fall ist. Außerdem konnten auf der Oberfläche drei von vermutlich einst vier runden Eintiefungen mit jeweils einem Durchmesser von 7 cm beobachtet werden. Es wäre vorstellbar, dass sie die Spuren eines ehemals dort befindlichen Tisches oder Stuhls sind (Işıklı 2017, 131). Die Seiten der Plattform sind mit Einlegearbeiten in Form von Rosetten und Mosaiken verziert (*Intaglio*-Technik; Işıklı 2017, 131). Rechts und links des Podests befanden sich jeweils der Durchgang zum anliegenden, vermutlich kleineren Raum, der noch nicht ausgegraben wurde, und eine Nische in der Wand, deren Bedeutung unbekannt ist.

Bereich des *susi*-Tempels: Nach rechts (Nordwest) versetzt gegenüber vom Durchgang zur Pfeilerhalle, an der Längsseite der „Halle mit Podium", befand sich der Eingang zum Bereich des *susi*-Tempels. Zu einem früheren Zeitpunkt gingen die GräberInnen zwischenzeitig davon aus, dass es in diesem Bereich einen 3 m breiten Durchgang zum Tempelvorhof gab, der irgendwann mit Lehmziegeln und Verputz verschlossen wurde (Işıklı 2014, 114; Işıklı, Öztürk und Parlıtı 2016b, 588; Işıklı 2017, 126). Nach weiteren Untersuchungen revidierten sie diese Meinung jedoch wieder (persönliche Kommunikation mit Mehmet Işıklı). Der Übergang befand sich in der Westwand der Vorhalle bzw. Ostwand nördlich des Turmtempels des Tempelareals (Işıklı 2017, 127). Dieser Durchgang zum sakralen Teil der Festung war rund 1,20 m breit und führte über zwei 14 und 20 cm hohen Stufen aus Alabasterplatten hinab in den Tempelbereich. In den Publikationen zu Ayanis werden die Bergriffe *Alabaster*, *Onyx* und *Marble* synonym verwendet. Obgleich dies geologisch unpräzise ist, wird damit vermutlich ein heller, weicher Stein gemeint, der optische Ähnlichkeit mit Marmor aufweist, jedoch weniger wetterfest und wärmeleitend ist (Alabaster fühlt sich wärmer an, wo hingegen sog. ägyptischer Alabaster oder auch Onyxmarmor ein Kalksteinsinter ist, der härter und wasserabweisender als Alabaster aus Gipsgestein ist). Im Folgenden werde ich die Bezeichnung „Alabaster" übernehmen.

Der Übergang besaß flächige blaue Wandbemalung und mindesten ein feines Band aus roter Farbe. Dieser Zugang vermittelt den Eindruck, hier sei ein Durchqueren in Reihung und nicht nebeneinander geplant gewesen, was sich als weitere, innere Liminalität bewerten lässt. Diese Liminalität wurde auch durch den kontrastreichen Wechsel von dunklem Innerem der Vorhalle, zum grell-hellen unüberdachten Innenhofs des Tempelbereichs unterstrichen. Die Blendung und Stufen erzwangen geradezu eine deutliche körperliche Verlangsamung beim Betreten des Komplexes, auch unabhängig davon, ob man sich hier bereits auskannte oder nicht. Rechts und links des Eingangs und im Innern des Tempelareals wurden zwei aus Alabaster gearbeitete, ca. 30 cm hohe Sockel mit 6 mm kleinen Eintiefungen an der Oberseite gefunden, die der Ausgräber für die Basen eines „Heiligen Baums" hält, bestehend aus bemalten Holzstämmen (s. Exkurs 4.1; Çilingiroğlu und Salvini 2001, 38).

An dieser Stelle des Heiligen Baums befanden sich desweiteren auch zwei kleine bronzene Gründungsplatten (ca. 7,10 × 3,70 cm) mit Inschriften von Rusa, Sohn des Argišti, sowie in der Nähe eine Herdstelle, die Rauchspuren am Pfeiler und an der Tempelwand hinterlassen hat. Vermutlich über bzw. bei dem Herd war ein Bronzeschild mit einem Durchmesser von rund 1,04 m aufgehängt. Teil des Schildes war ein dreidimensionaler

Die Bezeichnung „heiliger Baum" (auch sacred tree oder tree of life) wird für Urartu in Anlehnung an ähnliche Darstellungen und die entsprechende Forschung dazu in Assyrien verwendet, ohne dass es jedoch ein urartäisches Wort dafür gäbe bzw. ein solches bisher entziffert wurde; auch für Assyrien wurde eine eigene akkadische Bezeichnung bisher nicht eindeutig ausgemacht (Giovino 2007, 1–2). Teilweise wurde kiškanû als möglicher Begriff angebracht, der sonst als „(A tree) grew in Eridu, was created in the holy place" (s. CAD, „kiškanû"; oder Black, George und Postgate 2000, 162, „kiškānû": „tree growing in Eridu") oder „Baum, der im Garten Eden wächst" (vgl. Giovino 2007, 1–2 und 197–201) übersetzt wird. Gemeint wird mit „heiliger Baum" zunächst die in verschiedenen Variationen existierende Abbildung eines baumartigen Gebildes, das abwechselnd als Bild eines stilisierten Baums oder aber die realitätsnahe Darstellung eines Kultobjektes interpretiert wird. Erika Bleibtreu (1980, 2.2) ist der Meinung, es handele sich um einen stilisierten, echten Baum und diskutiert die verschiedenen möglichen Baumarten, insbesondere die Dattelpalme. Dem widerspricht Marina Giovino (2007), die eine ausgezeichnete Literaturübersicht über die unterschiedlichen Interpretationen seit dem 19. Jh. u.Z. gibt und letztlich überzeugend dafür plädiert, dass es sich vermutlich um einen Kultgegenstand – und dessen Darstellung – handelte, an dessen Ursprung möglicherweise einst der Wille zur Repräsentation/Nachbildung eines echten Baums stand, vielleicht aber auch nicht. Das Bild findet sich unter anderem auf Reliefs und Rollsiegeln und wird dort meist zusammen mit Genien gezeigt, was die Bezeichnung als kultisches bzw. heiliges Symbol/Objekt provozierte. Aus Urartu sind etliche Darstellungen beispielsweise von Siegelungen (z.B. aus Ayanis, Toprakkale, Karmir Blur), Elfenbeinplättchen (z.B. aus Altıntepe), Bronzegürteln (z.B. aus Çavuştepe) und auch Reliefs (z.B. in Adilcevaz) bekannt (Işık 1986; Batmaz 2013). Auch im archäologischen Kontext wurden Objekte gefunden, die mit den Überresten eines (Kult-)Gegenstandes „Heiliger Baum" in Verbindung gebracht werden, wenn auch deutlich seltener als bildliche Repräsentationen, die als Trägerinnen eines hl. Baums „identifiziert" werden. So etwa beidseitig des Eingangs zum Sin Tempel in Khorsabad, wo bronzene Ummantelungen in Form von Palmenblättern gefunden wurden, die vermutlich einst an einem Zedernschaft angebracht waren (Giovino 2007, 177). Oder auch in der Ceremonial Isle in Ayanis. Ob es sich in Urartu um die Imitation oder Adaption eines mesopotamischen Konzeptes handelte oder es eine eigene anatolische Tradition gab, wurde bisher nicht untersucht bzw. ist schwer nachweisbar. Die Verwendung des zuerst für Mesopotamien genutzten Begriffs „heiliger Baum" in der Forschung auch für den urartäischen Kontext zeigt jedoch, dass WissenschaftlerInnen davon ausgehen, dass es sich in der Tat in Urartu um eine Kopie des assyrischen Vorbilds gehandelt hat.

Exkurs 4.1. Heiliger Baum

Löwenkopf[18] als Hohlguss angebracht sowie eine Weihinschrift als Treibarbeit[19], in der Rusa das Objekt dem Gott Haldi widmet, aber auch eine Fluchformel ausspricht gegen diejenigen, die den Schild zerstören oder ein Feuer löschen (zur Inschrift siehe Salvini 2001a, 272). Çilingiroğlu (2012, 305) stellt von diesem Befund ausgehend die Hypothese auf, es habe einen Feuerkult in Urartu gegeben (vielleicht inspiriert vom Zoroastrismus). Sicher ist, dass es Feuer und Rauch in diesem Teil des Gebäudes zumindest temporär gegeben hat. Die Herdstelle direkt vor dem Haupteingang diente womöglich der Reinigung, strahlte mit Sicherheit Wärme aus und könnte mitunter die allein durch die Architektur bereits beschränkte Sicht ins Innere durch Rauch weiter getrübt haben.

Vor diesem Eingang wurden desweiteren zwei Schwerter, ein vollständiger und ein fragmentierter Schild sowie einige hundert Eisenspeerspitzen gefunden (Çilingiroğlu 2005, 32–33). Der Großteil dieser Gegenstände hing einst an den dort befindlichen Pfeilern. Dafür sprechen sowohl ihr Fundkontext direkt am Sockel der Pfeiler, als auch die bildlichen Repräsentationen beispielsweise auf dem Musasir-Relief, wo Waffen (Schilde und Speere) an den Wänden hängend gezeigt werden. Außerdem wurde ein Knochenobjekt, das mit Hirse gefüllt war, ausgegraben; möglicherweise stand dies in Verbindung mit dem Herd. Im Südwesten des Tempelareals wurde ebenfalls eine größere Menge Hirse in einem Bronzekessel gefunden, teilweise auch in Köchern. Möglicherweise wurde Hirse kultisch genutzt (vgl. Çilingiroğlu 2012, 305). Generell wurden Überreste von Hirse sowohl in der Ober- als auch Unterstadt Ayanis' gefunden. Die archäobotanischen Proben von Ayanis ergaben ein großes Spektrum an Getreide, einschließlich Gerstengraupen, verschiedenen Hirsesorten, Weizen und Roggen (Solmaz und Oybak Dönmez 2013, 288).

Das hoch standardisierte Turmtempel-Areal befand sich an der höchsten Stelle des Felsens in Ayanis. Der Tempelturm selbst (*susi*) stand in einem von Mauern eingeschlossenen Peristyl aus komplex gestalteten Pfeilern, die alle einen rechteckigen Grundriss mit Eckvorsprüngen haben (ca. 2,75 × 2,40 m; Abb. 4.26, 4.27; vergleichbare Pfeiler wurden im gleichzeitigen Kef Kalesi gefunden, s. Dan 2015, 31).

Die Südseite des Peristyls war stark beschädigt. Hier liegen Strukturen frei, die als Lager unterhalb des Tempelareals interpretiert werden (Çilingiroğlu 2005, 33; Batmaz 2015). Darin befand sich eine große Anzahl unterschiedlichster Waffen, die einst Weihgaben an Haldi waren (zur Beschreibung der möglichen rituellen Praxis im Heiligtum siehe Baştürk 2016, insb. Ab 233, der u.a. aufgrund der beiden Herdstellen jedoch einen rechst-links, männlich-weiblich Dualismus erkennen will, dem ich mich nicht anschließe). Die zwei bisher ausgegrabenen in den Ecken des Peristyls liegenden Pfeiler haben an ihrer zum Innenhof gerichteten Eckkante jeweils eine kleine Einkerbung. Eine Besonderheit in Ayanis ist zudem, dass jeweils zwei Pfeiler nördlich und südlich direkt an den Tempelturm anschließen. Zwischen dem südlich angrenzenden Pfeiler und dem südöstlichen Eckrisalit des Tempels befand sich ein halbrunder Herd aus Lehmziegeln. Daneben wurden 4 mittelgroße Pithoi gefunden (Çilingiroğlu und Salvini 2001, 40). In der

---

18   Das Gewicht des Löwen wird einmal mit 1,5 kg (Çilingiroğlu 2012, 305) und einmal mit 5,1 kg (Çilingiroğlu und Salvini 2001, 47) angegeben. Vermutlich ist letztere Angabe korrekt, da sie in der Publikation von 2001 mehrmals wiederholt wird, wohingegen sie in dem Band von 2012 lediglich einmal erscheint und es sich schlicht um einen Zahlendreher handeln könnte.

19   Treibarbeit wird das Einschlagen von Mustern u.ä. in Metall genannt, wodurch ein flaches Relief entsteht. Die Technik wird auch *repoussage* genannt.

Mitte des Hofes vor dem Turmtempel befand sich eine runde Steinstruktur (Durchmesser der Außenseite ca. 3,80 m, Innen ca. 2,50 m), die möglicherweise im Urartäischen als *Ésirhanini* bezeichnet wird (Çilingiroğlu 2005, 33; es könnte mit dem Begriff jedoch auch die Portikus gemeint sein, so Salvini 2001b, Anm. 11). Diese Struktur war an ein Abflusssystem angebunden, das unterhalb des Fußbodens verlief. Aufgrund dessen stellen

Abbildung 4.26. Blick von Süd-West auf den Vorbereich des *susi*-Tempels sowie das moderne Schutzdach des Tempels (Foto: V. Egbers)

Abbildung 4.27. Blick vom Eingang des *susi*-Tempels auf den Tempelvorhof (Foto: V. Egbers)

die AusgräberInnen die Hypothese auf, dass dort möglicherweise auf einem portablen Altar Tiere geopfert wurden, deren Blut dann abfließen konnte (Çilingiroğlu und Salvini 2001, 47). So muss auch der Geruch von Opfergaben wie Schafen und Rindern, von Libationen (z.B. von Wein) und von Hirse ein weiterer Aspekt der Erfahrung dieses Raums gewesen sein, besonders während einer Zeremonie (vgl. Çilingiroğlu 2012, 305). Die Tieropferlisten selbst für die Gottheiten sind äußerst hoch, wie beispielsweise aus der langen Inschrift in einer in Stein geschlagenen Nische, sog. Meher Kapısı nahe Van, hervor-geht, anhand derer de facto das urartäische Pantheon rekonstruiert wurde (Salvini 1994; vgl. Belli 1999). Dort werden viele Gottheiten und die ihnen gewidmeten Opfergaben aufgelistet Für Haldi stehen dort beispielsweise 6 Lämmer, 17 Rinder und 34 Schafe. Zusätzlich werden weitere Opfertiere an seine Stärke, Größe, sein Licht und seine Waffe gegeben (Belli 1999, 37, 41). Leider gab es bisher keine Versuche, in den Rohrsystemen Blutrückstände festzustellen.

Der Hof des Tempels verfügte neben dem erwähnten Eingang noch über mindesten zwei weitere, von denen nur einen einen direkten Blick auf die Fassade des Turmtempels bot (vgl. Tanyeri-Erdemir 2007, 213, die jedoch schreibt, einer der beiden kleineren Eingänge sei blockiert worden, wobei Çilingiroğlu mit der Blockierung den dritten und größten Eingang meint, der beim Erscheinen der Hauptpublikation 2001, 38–39, noch nicht eindeutig als Durchgang erkennbar war).

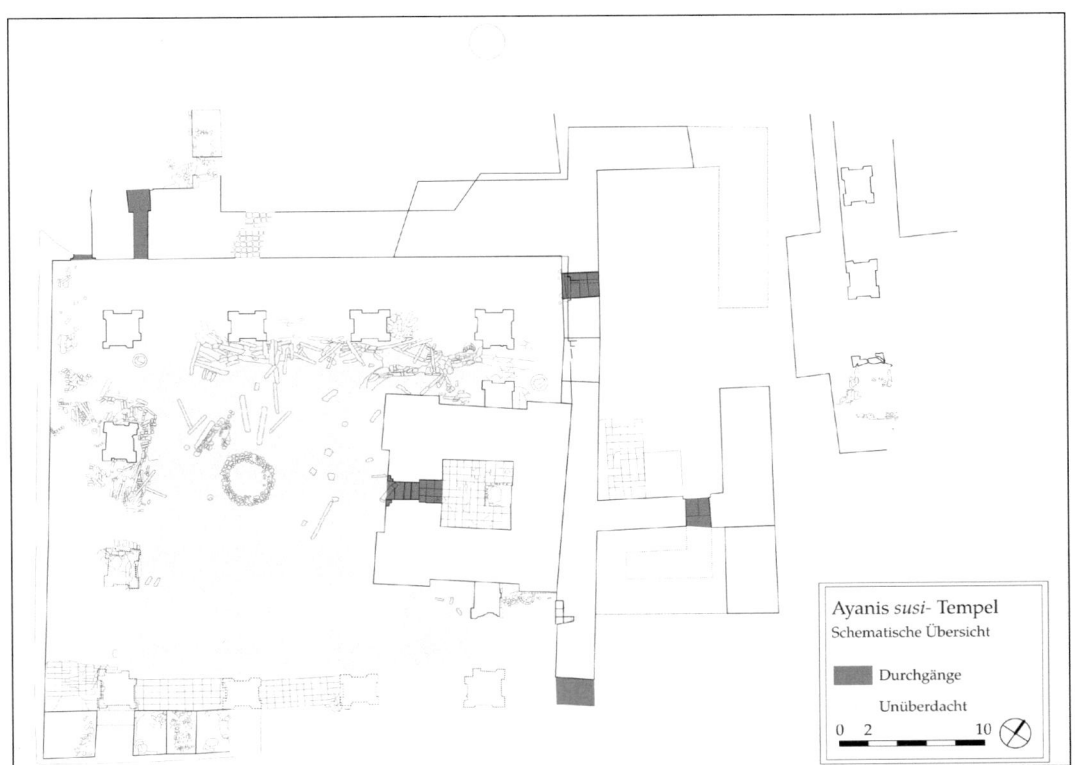

Abbildung 4.28. Tempelareal des Turmtempels in Ayanis (nach Çilingiroğlu – Salvini 2001, Abb. 26, mit Ergänzung aus Işıklı 2017, Abb. 6-7)

Dies war der Eingang in der Nordwand, der nur 1 m breit war und vermutlich eine Reihe von Räumen über einen 5 m langen Durchgang mit dem Tempelvorhof verband (Çilingiroğlu und Salvini 2001, 38, halten diesen Eingang, im Vergleich zu denen im Osten, für einen eher funktionalen, nicht kultisch genutzten, ohne jedoch eine nähere Erläuterung bezüglich dieser Aussage zu treffen). Ähnlich des engen Durchgangs in der Ostwand, kann auch hier von einem hinter- und nicht nebeneinander Durchlaufen ausgegangen werden. Zuletzt wurde erst kürzlich ein dritter Durchgang ebenfalls in der Ostwand, jedoch südlich des Turms gefunden. Von seiner Position und Gestaltung scheint er dem in der nördlichen Ostwand stark geähnelt zu haben (persönliche Kommunikation von Mehmet Işıklı, Ayanis 2019). Wichtig ist auch, dass es keinen Eingang in den Hof gab, von dem aus man einen Blick in das Innere des Tempels selbst hatte. Damit gibt es einen ähnlichen Effekt wie beim „Knickachszugang" in Mesopotamien, wenn auch mit einem ganz anderen Grundriss. Eine ausführliche Erforschung dieses Bereichs steht jedoch noch aus.

Unterhalb der südlichen Seite des Tempelareals wurden Lagerräume freigelegt, die nach Osten sogar unter der Außenmauer des Tempelareals weiter liefen (Abb. 4.28). Die Räume wurden vermutlich über nach unten führende Treppen im südlichen Teil der Westmauer erreicht (persönliche Kommunikation von Mehmet Işıklı, Ayanis 2019). Laut Salvini waren Tempel in Urartu generell gleichzeitig Waffenarsenale. Das belegt auch die Liste von Sargons Beute in Musasir, von wo riesige Mengen an Waffen aus dem Hauptheiligtum des Gottes Haldi nach Assyrien „verschleppt" wurden. Dabei sind die bei Sargon angegebenen Zahlen selbstverständlich mit Vorsicht zu genießen, handelt es sich doch um keine administrative Beuteliste, sondern eher um eine propagandistische Schrift über die Errungenschaften der assyrischen Armee. In Ayanis hat man jedoch zum ersten Mal einen *in situ*-Befund eines solchen Arsenals vor sich, aus dem sich ablesen lässt, dass die Rundschilde tatsächlich, wie auf Sargons Relief dargestellt, an Pfeilern aufgehängt waren. Zu den gefundenen Waffen gehörten Schilde, Helme, Schwerter, Pfeil- und Speerspitzen, Köcher, u.ä. aus Bronze und Eisen (Çilingiroğlu und Salvini 2001, 45). Zunächst ist die Fundvergesellschaftung von religiösen und militärischen Objekten beachtenswert: in Urartu waren diese beiden fundamentalen Sphären des gesellschaftlichen Lebens, die Michael Mann (1994) in seiner „Geschichte der Macht" als essentielle Grundformen aller Staatlichkeit und Machtgeschichte darstellt, hier doch untrennbar miteinander verschmolzen (vgl. auch Bernbeck 2004).

Die Kombination von Tempel und Arsenal besaß eine besondere theologisch-politische Ästhetik. Die Waffen, Schilde und Köcher aus Bronze sowie Pfeil- und Speerspitzen aus Eisen, waren im Peristyl des Tempels an den Seiten der Pfeiler angebracht, auf die die Sonne scheinen konnte (Ostseite der westlichen Pfeiler, Südseite der nördlichen Pfeilerreihe; Abb. 4.29 und 4.30). Nicht nur waren die Waffen visuelle Marker für den Kampfeswillen des Gottes Haldi, der aus den Texten ebenfalls klar hervorgeht, sondern die Hängung verweist auf die Faszination der urartäischen Kultur mit Glanz als einem visuellen Effekt. Glanz ist ein Merkmal, dass auch in der urartäischen Ikonographie betont wird (siehe auch Abschnitt 3.3). Auf dem berühmten Bronzeschild aus Anzaf wird beispielsweise die Hauptgottheit Haldi, bewaffnet mit Speer und Bogen, umringt von Strahlen (oder Flammen?) dargestellt (Abb. 4.31). Außerdem werden in der Inschrift der Meher Kapısı nahe Van nicht nur allgemein die Opfertiere für den Gott Haldi aufgelistet, sondern gesondert zusätzlich eine Kuh und ein Schaf für Haldis „Licht" bzw. seinen Schein (Belli 1999, 41).

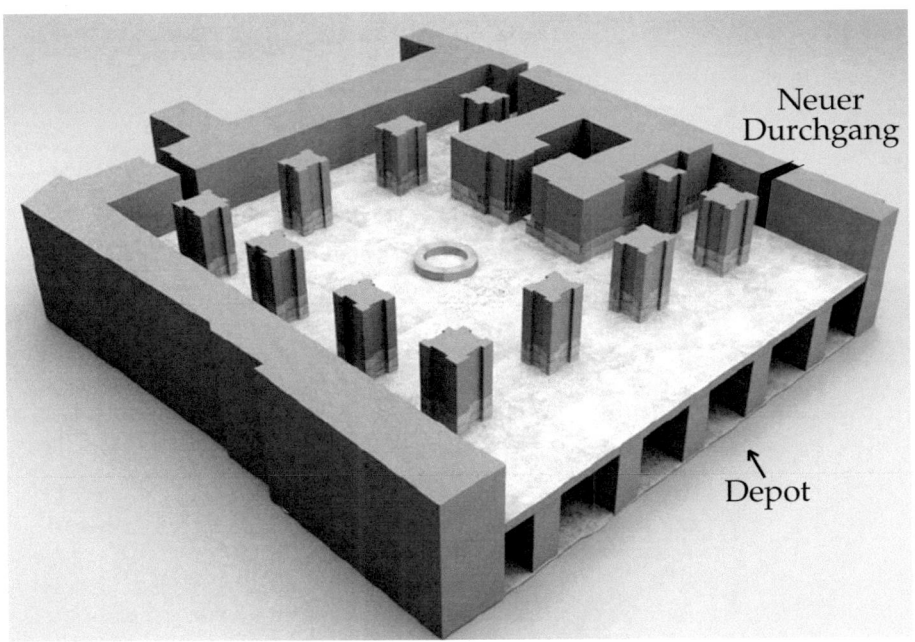

Abbildung 4.29. Rekonstruktion der Grundmauern des Turmtempels in Ayanis von A. Batmaz (dritter Eingang und Beschriftung von Autorin eingefügt)

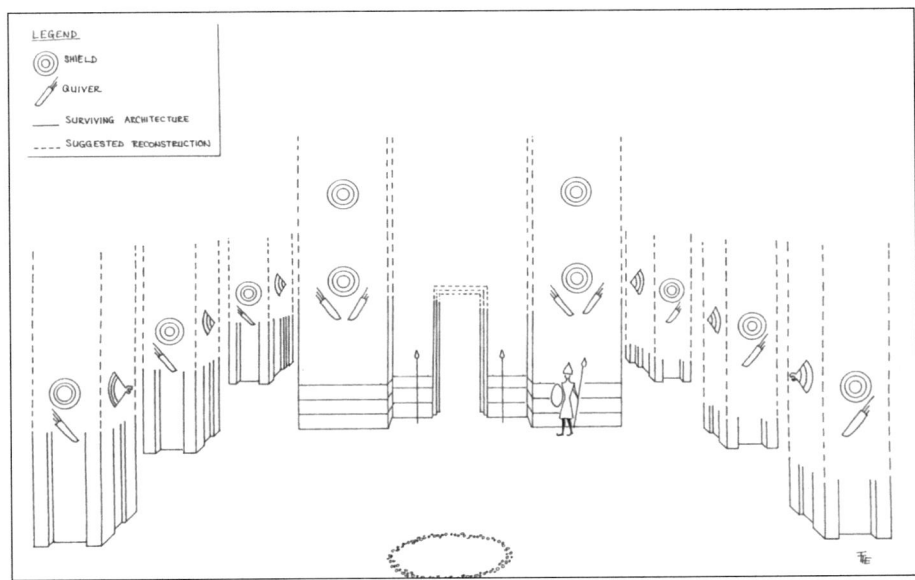

Abbildung 4.30. Rekonstruktion der Portikus vor dem Turmtempel in Ayanis (Tanyeri-Erdemir, 2007, Abb. 1)

Abbildung 4.31.
Umzeichnung des Gottes Haldi vom Kultschild aus Yukarı Anzaf (nach Belli 1999, Abb. 18)

Auch auf Bronzeschalen (v.a. aus Raum 25 in Karmir Blur) sowie auf Stempelsiegeln, die zum Siegeln von Keramik genutzt wurden, wurde zudem gelegentlich ein Zeichen bestehend aus einem Turm, auf dem ein oft von Strahlen umringter Speer steht, angebracht (Calmayer 1979; Payne 2005, 145, 330). Teilweise wurde der Speer auch als Baum und der Turm als Altar interpretiert (siehe Roaf 2012b). Betrachtet man jedoch den Speer, den Haldi auf dem Anzafschild trägt, scheint mir die Interpretation der Streifen um die Spitze als Strahlen oder Flammen um einen Speer als überzeugend (und nicht etwa als Blätter eines Baums).

Die Verwendung von Messing als Goldimitation, aber auch die vielen Bronzefunde (Seidl, 2004), verweisen auf die Allgegenwärtigkeit von reflektierenden Objekten.

Der *susi*-Tempel: Der Eingang zur Cella des Tempels ist mit 1 m Weite kaum enger als die beiden kleineren Hofzugänge. Die Art des Fußbodenbelags in dem Vorhof kann nicht eindeutig bestimmt werden. In einigen Bereichen nahe dem Tempel wurden Steinblöcke mit glatter Oberfläche gefunden, welche möglicherweise als Pflaster gedient haben. Eine solche Pflasterung besaß ebenfalls beispielsweise der Vorhof des Tempels in Çavuştepe (Çilingiroğlu und Salvini 2001, 45).

An den Wänden in der NW-Ecke des Hofes wurden desweiteren Spuren der roten, blauen, weißen und gelb-braunen Wandbemalung entdeckt (Reindell 2001, Abb. 10). Ungefähr 1,20 m über dem Boden verlief ein Band aus ägyptisch Blau, über dem sich wiederum rote und gelbe Figuren auf weißen Hintergrund befanden. Oberhalb dieses schlecht erhaltenen Motivs setzt wieder die blaue Farbe ein (Reindell 2001, 385; zur Wandmalerei in Urartu siehe Nunn 1988, 134–39; 2012). Generell scheinen die Wände

Abbildung 4.32. Foto aus der Cella hinaus, mit Intaglio-Dekor und Inschrift (Foto: V. Egbers)

die Farben der Pfeiler teils gespiegelt zu haben. Die Pfeiler waren oberhalb der dunklen Andesitbasis weiß bemalt, während die Wände unten blau und oben ebenfalls weiß bemalt waren (Çilingiroğlu und Salvini 2001, 38).

Die Grundmauern des Tempels selbst sind zwischen 3,80 und 6,20 m dick (Abb. 4.28). Er besitzt einen Grundriss von 12,45 (Nordwand) x 13,00 m (Westwand) und das Innere der Cella ist mit 4,58 × 4,62 m im Verhältnis zur Außenwand äußerst klein (Çilingiroğlu und Salvini 2001, 40).

Am Eingang zur Cella wurde eine der längsten urartäischen Inschriften gefunden, in der auch auf historische Ereignisse eingegangen wird (Abb. 4.32; zur Inschrift siehe Salvini 2001a, 253–70). In dieser Inschrift wurde beschrieben, dass unter anderem Kriegsgefangene am Bau der Festung, inklusive Tempel und Siedlungen, beteiligt waren:

> „Rusa, the son of Argišti, says: I brought (deported) men, women and cattle from the Lulu countries (= the enemy, barbarian countries), from Assur, from Targuni, from Etiuni (Armenia), from Tablani, from Qainaru, from Hate (the Neo-Hittite country, like Malatya), from Muški, from Siluquni (never attested before). [...] I built through(?) people (craftsmen? evidently the deportees) that fortress and the settlements. I made this fortress alzinai (an adverb). I planned (or: I organized) that fortress". (Salvini 2001, 261, Teile VI 4ff. und VII 1ff.; vgl. auch Radner 2011, 741; Çifçi 2017, 267)

Die Innenwände der Cella waren reich verziert. An der inneren Nordwand wurden dünne Bronzebänder *in situ* entdeckt (ca. 18 cm breit), die an das über Andesitblöcken aufstrebende Lehmmauerwerk genagelt waren. Die zwei übereinander liegende Reihen Andesitblöcke im Innern und drei Reihen im Eingangsbereich sind zudem mit diversen

Abbildung 4.33. Detailfoto der Intaglio-Technik Wanddekoration im Inneren der Cella (Foto: V. Egbers)

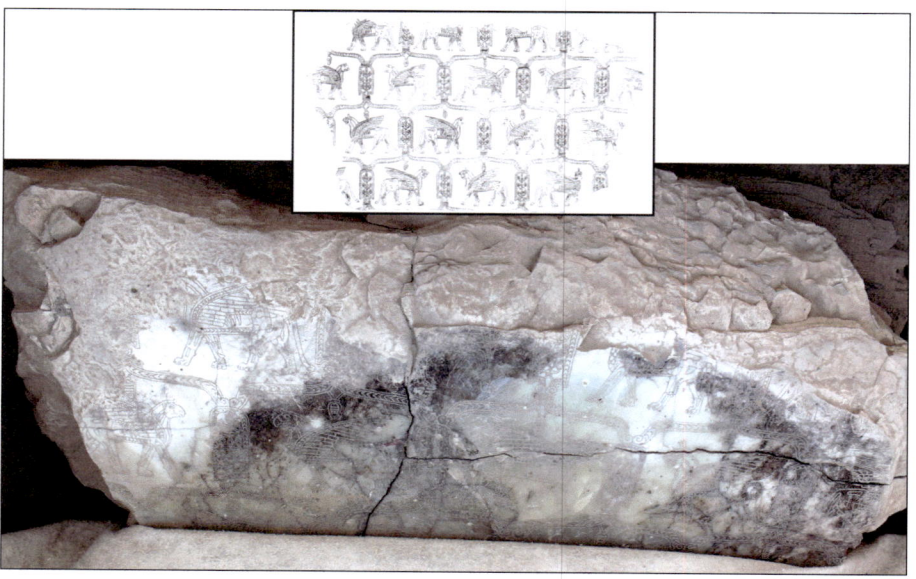

Abbildung 4.34. Foto und Umzeichnung der Einritzung auf dem Alabasterpodest (Foto: V. Egbers, nach Çilingiroğlu – Salvini 2001, Abb. 27)

figürlichen Motiven versehen. Die dargestellten geflügelten Gottheiten, Sphingen, Greife und Pflanzen wurde aus dem Stein gemeißelt und dann mit weichem, weißem Stein eingelegt (*Intaglio*-Technik). Letzterer war wiederum selbst mit Einritzungen verziert und bemalt (Abb. 4.32 und 4.33); Çilingiroğlu und Salvini 2001, 41; Işıklı 2014a, 134).

Auch hier fällt die artifizielle Kontextlosigkeit der Figuren auf (sozusagen Arabesken). Der Fußboden des Tempelinneren bestand aus 90 quadratischen Alabasterplatten (jede ca. 0,48 × 0,58 m groß), im Eingangsbereich waren sie rechteckig und durch eine 15 cm hohe Stufe vom Inneren getrennt (Çilingiroğlu 2012, 300). In Altıntepe bestand der Boden der Cella aus vermutlich Stampflehm (Özgüç 1966, 43; es ist jedoch auch denkbar, dass dies nur den Unterboden war), in Çavuştepe wurde der anstehende Fels geglättet, ebenso wie in Kayalıdere, wo zusätzlich kleine Steine in die Oberfläche gearbeitet wurden, um eine ebene Fläche zu schaffen, die entweder bereits der Fußboden selbst war oder aber als Fundament für Steinplatten diente, die später etwa von Plünderern herausgerissen wurden (Burney 1966, 70). An der inneren östlichen Wand des Tempels in Ayanis befand sich ein aus drei Alabasterplatten bestehendes Podest, auf dessen Oberfläche Gottheiten, Pflanzen und Mischwesen eingraviert waren, ähnlich dem Podest der Eingangshalle (Abb. 4.34). Interessanterweise ist auch hier die Orientierung des Motivs dieses Podests so, dass man vom Eingang auf das Podest zugehend, die Bilder auf dem Kopf stehend betrachtet hätte, man also mit dem Rücken an der Ostwand stehen musste, um sie anzusehen (Çilingiroğlu und Salvini 2001, 43). Eventuell war für die Ausrichtung der Bilder die Blickrichtung des möglicherweise auf dem Podest installierten Kult-/Götterbildes ausschlaggebend. Die Gottheit hätte in diesem Fall die Darstellungen „richtig" herum sehen können. Çilingiroğlu (2012, 298) ist hingegen der Meinung, es hätte keine Götterstatue auf dem Podest gestanden, sondern die Plattform sei eine Ablage für Opfergaben gewesen. Ellen Rehm (2004, 184) weist darauf hin, dass die Dekorationsmotive Urartus in der Regel stereotyp gehalten sind und der Eindruck einer Wiedergabe eines Teppichs oder eines Stoffes entsteht, nicht aber eines eigens konzipierten Szenarios. Diese Beobachtung lässt sich für die Motivik in Ayanis bestätigen.[20] In der Cella selbst wurden im starken Gegensatz zum Vorhof keine Waffen gefunden.

Der urartäische Turmtempel selbst muss äußerst dunkel gewesen sein. Nach gängiger Lehrmeinung war er fensterlos (Çilingiroğlu 2012, 305). Licht konnte somit nur vom ca. 1 m schmalen Eingang einfallen und fiel dort vor allem auf die hintere Seite der Cella, wo sich das Alabasterpodest mit der Kultstatue oder den Opfergaben befand; auch wenn der exakte Sonneneinfallswinkel nicht ermittelt werden kann, da er abhängig von Mauer- und Türhöhe sowie Jahreszeiten ist. Denkbar wäre auch Licht von Öllampen bzw. Kandelabern, die es in Urartu gab, jedoch nicht im Tempel gefunden wurden. Der Übergang vom unüberdachten Tempelvorhof in das Innere des Turms unterlag demnach

---

20 In Altıntepe wurden Fragmente einer Bemalung mit erzählerischen Szenen gefunden. Ob diese (post) urartäisch oder (vor)achämenidisch zu datieren sind ist jedoch unklar. Astrid Nunn (2012) diskutiert ausführlich die beiden urartäischen Fundorte Altıntepe und Arin Berd (Erebuni), in denen die bisher größten erhaltenen Wandmalereiflächen gefunden wurden. Sie kommt zu dem Schluss, dass die Bemalung (außer aus dem urart. Level I in Altıntepe) sehr wahrscheinlich vor-achämenidisch, aber post-urartäisch ist und teilweise assyrisch inspiriert. Die dazugehörige Architektur (insbesondere der sog. Apadana) könne ihres Erachtens auch medisch-urartäisch beeinflusst sein und nicht, wie traditionell angenommen, achämenidischen Ursprungs (Nunn 2012, 336). Eine genaue Datierung der Wandmalerei ist dennoch nicht möglich.

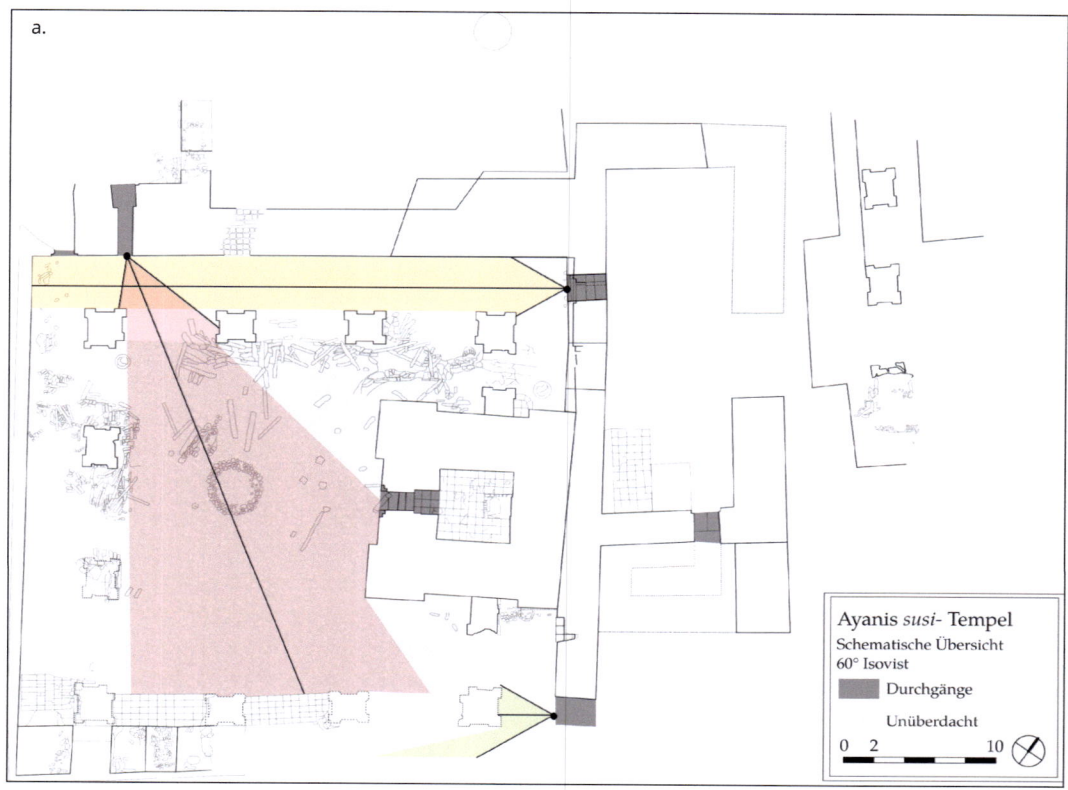

Abbildung 4.35. Zweidimensionale Sichtfeldanalyse von den drei Eingängen zum Tempelareal (Blickfeld vom Westeingang nach Ost nicht durchgezogen, da von diesem Teil nur der die Kellerräume erhalten waren und dies der Blick ins Dunkle/Überdachte gewesen wäre): (a) 60° Isovist, (b) 90° Isovist

auch einer physischen Entschleunigung, mussten die Betretenden sich doch zunächst an die Dunkelheit im Innern gewöhnen. Während die sog. Helladaption des menschlichen Auges, also die Umstellung von einer dunklen, zu einer hellen Umgebung, relativ schnell passiert (ca. eine Minute), kann die Dunkeladaption, d.h. die Anpassung an Dunkelheit, bis zu 30 Minuten dauern (siehe z.B. Bouman und Ten Doesschate 1962, 395).

Dazu kam der Wechsel des Fußbodenbelags, von Lehm zu Alabasterplatten. In einem engen hohen Turm müssen die Geräusche von Bewegung und potenziell Musik zudem deutlich widergehallt haben. Wie in Kapitel 3 beschrieben, wird vor allem das Volumen eines Raums nicht allein visuell, sondern insbesondere akustisch erfasst (Blesser und Salter 2007, 21). Hinzu kommt, dass Musik bei rituellen Zeremonien integraler Bestandteil war. In der Beuteliste Sargons II wird z.B. beschrieben, dass aus dem Haldi-Heiligtum eine goldene Harfe entwendet wurde, die beim Kult an der Göttin Bagbartu (urartäisch Arubani; vgl. Salvini 1995, 39) verwendet wurde (Mayer 2013, 137, Zeile 385; siehe auch die Musikerinnen und ihre Instrumente, wie sie auf Bronzegürteln dargestellt werden, Seidl 2004, 141). Es ist anzunehmen, dass zumindest auf dem Tempelvorhof während der Festivitäten Musikinstrumente wie Harfen, Flöten oder Trommeln gespielt wurden.

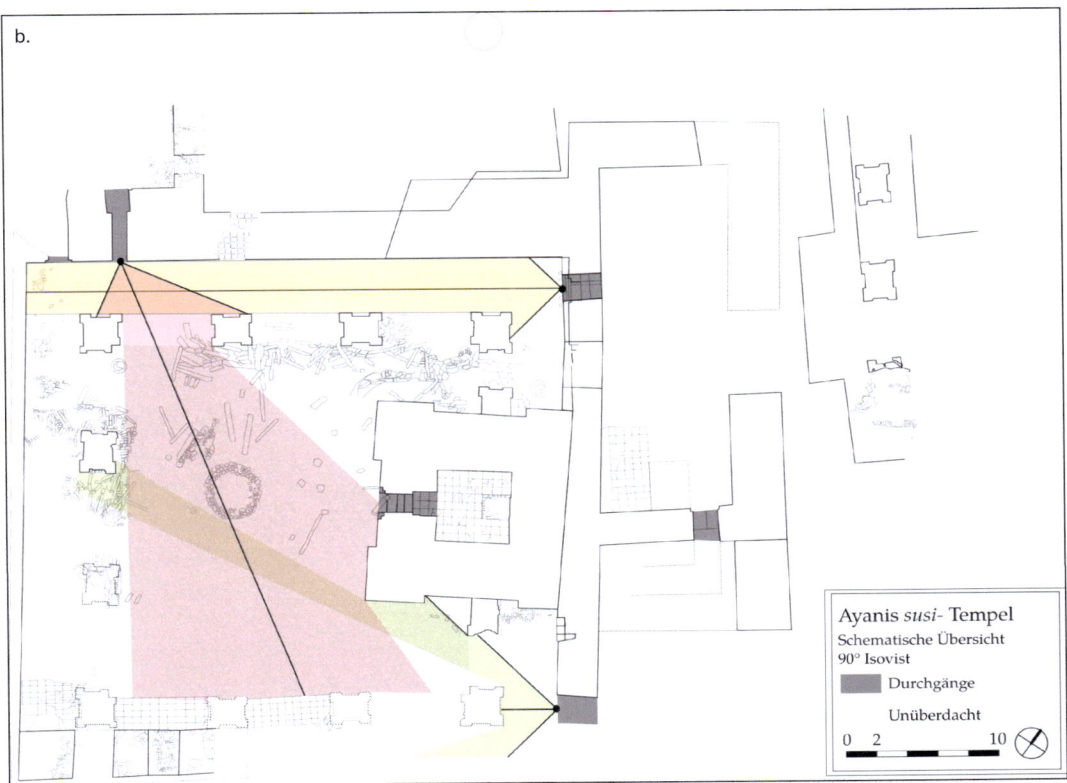

b.

Ayanis *susi*- Tempel
Schematische Übersicht
90° Isovist
Durchgänge
Unüberdacht
0 2 10

Es gibt keine Indizien dafür oder dagegen, ob auch in der verhältnismäßig kleinen Cella Musik gemacht wurde. War dies der Fall, hätte sie schon bei leisem Spiel eindringlich wirken müssen auf Menschen in der Cella, eventuell mit dem Effekt, Einflüsse von außen auszuschließen. Gab es keine Musik, kann der Klang der Geräusche und Töne von außerhalb verzerrt und gedämpft im Inneren angekommen sein, ebenso wie die Gerüche der gekochten/gerösteten (?) Hirse, der Libationen oder Tierschlachtungen.

Die Reihung der Zugänge bis zu diesem Punkt der Festung lässt sich einteilen in Liminalitäten verschiedener Ordnung. 1.) In die Burg, 2). in den Tempelbereich, 3.) in den *susi* selbst. Diese Reihung lässt sich auch ähnlich in Bastam sehen, wie später beschrieben.

Sichtachsen im Tempelbereich: Es ist aufgrund des Grabungsbefundes äußerst wahrscheinlich, dass der Teil zwischen Außenwänden und Pfeilern überdacht, hingegen der Platz direkt vor dem Turmtempel unüberdacht war. Wie bemerkt, konnte der Pfeilervorhof bzw. die Portikus von zwei Seiten betreten werden, die aber den Toren des Burgzugangs abgewandt waren.

Entweder von der östlichen Seitenwand nördlich des Turms oder von der Nordseite, direkt vor dem Pfeiler in der nordwestlichen Ecke des Hofes. Von den beiden kleineren Eingängen aus versperrte ein Pfeiler den freien Blick auf die Gesamtheit des ca. 32,50 × 32,75 m großen Raums. Bei beiden Eingängen in der Ostwand kam hinzu, dass der jeweils schräg gegenüber befindliche Herd unter Umständen durch Rauch die Luft leicht verdunkelte.

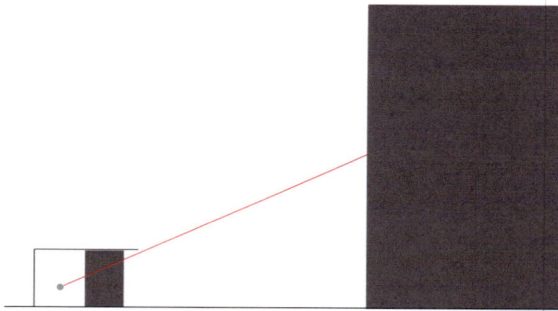

Abbildung 4.36. Schematische Seitenansicht von dem Verhältnis Pfeiler – Turmtempel

Eine zweidimensionale Sichtfeld- bzw. Isovistenanalyse macht die Sichtachsen von den Eingängen aus deutlich (A. Turner u.a. 2001; zur Anwendung in der Archäologie siehe etwa McMahon 2013, 171; Osborne und Summers 2014, 54; Brusasco 2015). Auch dreidimensionale Isovisten können zweidimensional untersucht werden (A. Turner u.a. 2001). Aus Abbildung 4.35 geht deutlich hervor, dass vom kleineren östlichen Eingang nur der nördliche „Gang" hinter den Pfeilern sichtbar war. Ein direkter Blick in den Hof war unmöglich. Das gleiche war bei dem südlicheren, erst 2019 lokalisierten Eingang der Fall. Der Turmtempel versperrte die Sicht. Anders war dies bei der Tür in der Nordwand. Hier konnte im linken Blickfeld der Vorhof vor dem Turmtempel überblickt werden. Das architektonisch vorgegebene Sichtfeld führte sehr wahrscheinlich zu einer unwillkürlichen Bewegung, bei der sich ein eintretender Mensch leicht nach links wandte, da er rechts nur auf einen Pfeiler bzw. die Außenwand des überdachten Peristyls schaute.

Da man oberhalb des Lehmversturzes Holzbalken der Deckenkonstruktion gefunden hat, kann die Höhe dieser Überdachung auf ca. 4 m rekonstruiert werden (Çilingiroğlu und Salvini 2001, 44). Fügt man die dritte Dimension der Vertikalität zum Sichtfeld hinzu, hat dies zur Folge, dass das obere Ende des Turms von keinem der beiden Eingänge erblickt werden konnte (Abb. 4.36).

Hierbei spielt auch die Frage der Rekonstruktion der Turmhöhe eine Rolle. Aufgrund der bereits genannten frappierenden Ähnlichkeit zwischen urartäischen und achämenidischen Tempeln bzw. Tempelgrundrissen (Stronach 1967; Dan 2015, 37–43) rekonstruiere ich die Höhe des *susi*-Tempels in Ayanis, indem ich das Verhältnis von Seitenlänge zu Höhe mit den Maßen des gut erhaltenen achämenidischen Tempels Ka'be-ye Zartuscht/„Würfel des Zarathustra" (5. Jh. v.u.Z.) korreliere, wie er in Naqsh-e Rostam bei Persepolis erhalten ist. Seine Grundfläche Beträgt 7,30 × 7,30 m und er ist 12 m hoch, was ein Verhältnis von 1 zu 1,64 ergibt (vgl. Dan 2015, 41). Der Turm in Ayanis hat die Grundmaße 12,45 × 13,00 m (inkl. Eckrisalite) und könnte somit auf eine Höhe von 20,95 m rekonstruiert werden. Darüber hinaus bedeutet das Vorhandensein der Überdachung, dass Eintretende sich zunächst im Schatten bzw. auch geschützt vor Schnee und Regen befanden. Gerade bei Sonnenschein oder hellem Tageslicht war der unüberdachte Teil des Tempelvorhofs besonders deutlich sichtbar bzw. belichtet, während das Innere der Cella von außen am wenigsten erkennbar gewesen ist. Dabei muss auch berücksichtigt werden, dass insbesondere am Morgen der lange Schatten des Turms direkt auf den Hof fiel (Tab. 4.3).

Uhrzeit	Sonnenhöhe	Azimut (O von N)	Schattenlänge (m)
07:00	18,10°	86,50°	22,51
12:00	64,90°	173,70°	11,37
18:00	10,70°	279,10°	6,38

Tabelle 4.3.a. Im August

Uhrzeit	Sonnenhöhe	Azimut (O von N)	Schattenlänge (m)
08:00	5,40°	122,20°	17,21
12:00	30,30°	175,20°	10,25
17:00	1,50°	241,80°	1,48

Tabelle 4.3.b. Im Januar

Tabelle 4.3. Berechnung Schattenlänge und -richtung des Turmtempels (Höhe mit 20,95 m) in Ayanis

Area XI: Residenzbereich & *Ceremonial Isle*: Direkt westlich anschließend an das Tempelareal wurden Teile eines Gebäudekomplexes freigelegt, von dem ein Teil wahrscheinlich eine Wohneinheit darstellte und der abgegrenzte andere einen kleinen Tempel bzw. Kultbereich (*Area XI*, Abb. 4.37, 4.38; (Erdem und Çilingiroğlu 2010; Çilingiroğlu 2011, 1058–62; Batmaz 2013, 67). Wie genau *susi*-Tempel und *Area XI* miteinander verbunden waren, ist nicht mehr erkennbar. Die bisher freigelegten neun Räume (1–9) der „Residenz" bestanden aus Lehmwänden auf einem Steinsockel und Fußböden aus Stampflehm. In mindestens drei der Räume weist der Befund deutlich auf das ehemalige Vorhandensein eines ersten Stockwerks. Die AusgräberInnen vermuten desweiteren, dass das Dach dieses Komplexes flach war. In den Räumen fanden sich kleinere Alltagsgefäße, in denen u.a. Spuren von Hirse und Weizen nachgewiesen werden konnten, außerdem Bänke, Mahlsteine und Steinplatten, ein Herd, Webgewichte, Dolche aus Eisen, aber auch verschiedene Bronzeobjekte wie eine Pinzette und eine kleinere Axt. Es ist m.E. denkbar, dass hier das Tempelpersonal lebte und arbeitete. Das Auffinden von Webgewichten wirft die Frage auf, ob bzw. in welchem Rahmen Textilien oder Teppiche auch zur Dekoration der Wände oder Ausstattung der Fußböden verwendet wurden. Auch wenn diese Frage aufgrund der Natur des entsprechenden archäologischen Materials nicht mehr klar beantwortet werden kann, ist es m.E. gut vorstellbar, dass Textilien und Teppiche sowohl dekorativ, als auch funktional – man denke an die kalten Winter – genutzt wurden. Auch die repetitiven Muster, die an Wänden und Podesten der anderen Festungsbereiche in Form von Bemalung und Einritzungen gefunden wurden, lassen sich leicht auch als Teppichmotivik imaginieren. Außerdem passen auch die Funde aus dem anschließend beschriebenen Raum 10 (*Ceremonial Isle*) zu der Hypothese von Wandteppichen. Dieser Raum 10 grenzte südlich an diesen Wohnbereich an. Von ihm aus konnte der angeschlossene Raum 11 erreicht werden (Abb. 4.37, 4.38). Sowohl wegen der Funde, als auch wegen der klaren räumlichen Abgrenzung durch eine 1,70 m dicke Wand schreiben ihnen die AusgräberInnen eine andere kultische und keine Wohn-Funktion zu. Während ich dem im Gros zustimme, wirft sich für

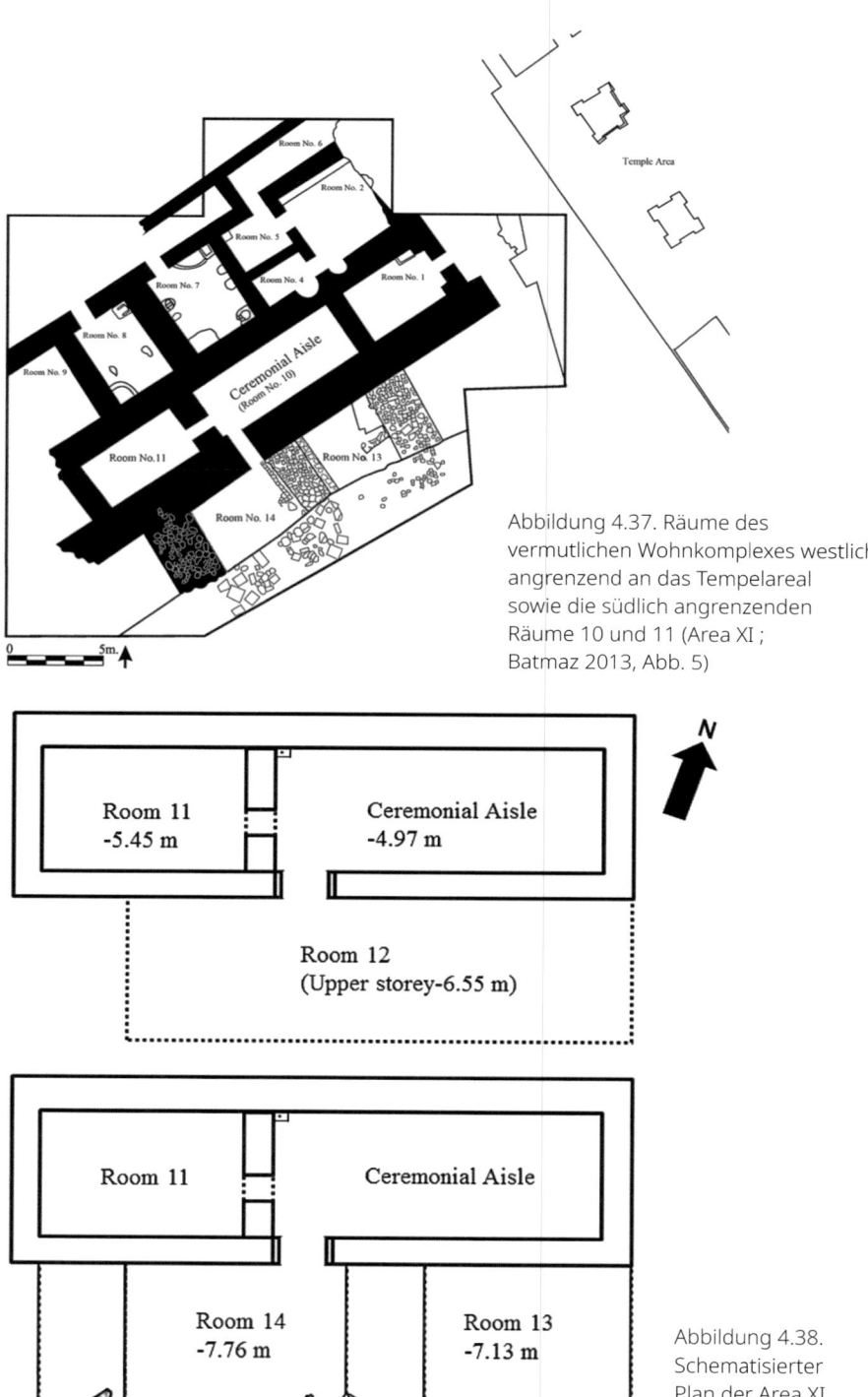

Abbildung 4.37. Räume des vermutlichen Wohnkomplexes westlich angrenzend an das Tempelareal sowie die südlich angrenzenden Räume 10 und 11 (Area XI ; Batmaz 2013, Abb. 5)

Abbildung 4.38. Schematisierter Plan der Area XI mit Raumbreiten (Batmaz 2013, Abb. 30)

mich die Frage auf, warum Raum 1, der ebenfalls südlich an die Wohnräume angrenzte, durch die dicke Mauer von ihnen abgetrennt war und anscheinend keinen direkten Zugang weder zu Räumen 10/11, noch zu den anderen nördlichen hatte, von den Ausgrabenden dennoch als Teil des Wohnbereichs interpretiert wird.

Çilingiroğlu und Batmaz (2013) bezeichnen diesen Gebäudeteil aus Räumen 10 und 11 als **„Ceremonial Aisle"** und vermuten, dass es sich hierbei um einen weiteren Tempel gehandelt hat (Çilingiroğlu hatte aufgrund der Funde zunächst die Vermutung geäußert, es handele sich um Wohnräume der königlichen Familie). Dieser erstreckte sich auf insgesamt rund 30 m². Hier wurde ein vergoldetes Objekt (20,60 cm lang, 1,35 cm Durchmesser) mit einer Inschrift gefunden, das „Königin Kakuli" als ehemalige Besitzerin des Artefakts ausweist (Çilingiroğlu 2011, 1062, weist darauf hin, dass dies eine der äußerst seltenen Erwähnungen von Frauen in Urartu ist). Darüber hinaus merkt er an, dass es sich bei Kakuli um die Frau von Rusa, Sohn des Argišti, dem Gründer von Ayanis, gehandelt haben könnte (zu Frauen in Urartu siehe Çavuşoğlu, Işık und Gökce 2014). Während Altan Çilingiroğlu (2011, 1062) dieses für einen Fliegenwedel hält, misst Attila Batmaz (2013, 67, 79) dem Objekt eine größere Bedeutung bei. Er vermutet, dass es sich z.B. um den Griff einer im rituellen Kontext genutzten Standarte handelt und verweist auf bildliche Darstellungen aus Urartu, in denen Standarten-tragende Frauen abgebildet werden. Roberto Dan (2016) zieht einen Vergleich zu seines Erachtens sehr ähnlichen, etruskischen Artefakten.

Auf dem Boden des 3,15 × 9,30 m messenden Raums 10 wurden eine bronzene Öllampe, eine Vielzahl rotpolierter Keramik (Toprakkale-Ware; siehe dazu z.B. San 2005a; Çilingiroğlu 2011, 1066), Dekoration aus Elfenbein und 35 Goldrosetten (vermutlich einst Wanddekoration) gefunden (Çilingiroğlu 2011, 1061). Es ist möglich, dass einige der ebenfalls hier gefundenen Fragmente tropfenförmiger, ineinander-greifender Steinmosaike (Abb. 4.39) Teil eines sog. heiligen Baums (siehe Exkurs 4.1) waren, der z.B. in der dort im Boden eingelassenen Kalksteinbasis, aufgestellt war. Batmaz 2013 (82–83) ist der Meinung, Rituale im Zusammenhang mit dem Heiligen Baum seien dem ewigen bzw. fortlaufenden Leben gewidmet gewesen. Ich halte es auch für vorstellbar, dass die tropfenförmigen Fragmente nicht Teil eines freistehenden „Baums" waren, sondern irgendwo in diesem Bereich in Möbeln oder Wänden eingelassen waren.

Daneben befanden sich außerdem viele unterschiedlich große Holzfragmente, die Teil der Konstruktion gewesen sein könnten. Vor diesem Fundkomplex „Heiliger Baum" wurden Überreste eines hölzernes Möbelstücks (ein Tisch aus Holz und Strohmatten?) ausgegraben. In der Nähe befanden sich eine bronzene Lampe und ein Bronzegefäß (Abb. 4.40; Batmaz 2013, 75). An den Wänden wurden stark zerstörte Reste brauner und blauer Wandbemalung entdeckt. Da einige der goldenen Rosetten (aus Bronze mit Gold überzogen) an ihrer Rückseite Haken besitzen, besteht die Möglichkeit, dass sie nicht direkt an der Wand, sondern an weicherem Material wie Wandteppichen oder anderen Textilien angebracht waren. Es gibt jedoch auch solche mit nagelförmigem Rückteil, von denen ein Exemplar direkt in die Wand genagelt aufgefunden wurden und ein weiteres an Holz angebracht war. Eventuell war eine Art Band aus Holz als Dekoration an der Wand installiert (Batmaz 2013, 68–69).

Südlich vor dem Eingang zur „Ceremonial Aisle" (Räume 10 und 11) befand sich Raum 12 (Abb. 4.38), in dem eine Goldrosette, ein Steindekorationsteil, Eisen-Nägel, eine Bronzescheibe mit sternförmigem Motiv, eine Onyx-Perle mit babylonischer Keilschrift und ein Bronze-Artefakt in Form einer menschlichen Faust (vielleicht ein Kandelaber

Abbildung 4.39. Tropfenförmige Steine aus einer Ecke von Raum 10 („Ceremonial Isle") von Ayanis, möglicherweise ehemals Teil eines „Heiligen Baums" (Batmaz 2013, Abb. 10)?

Abbildung 4.40. Rekonstruktion von heiligem Baum und Tisch in Raum 10 („Ceremonial Isle"; Batmaz 2013, Abb. 28)

oder eine Türverriegelung) gefunden wurden. Wahrscheinlich grenzten mehrere Säulen Raum 12 nach Süden ab, worauf eine Reihe von zusammengebrochenen Andesitblöcken in diesem Bereich hinweist. Im Osten und Westen befanden sich anscheinend keine Wände. So war „Raum" 12 kein wirklicher Raum, der von vier Wänden umgrenzt wurde, sondern eher eine Vorhalle oder eine Passage. Eine Ebene unterhalb dieser Passage befanden sich zwei weitere Räume. Im westlich gelegenen dieser beiden wurden zahlreiche gelbbraun-überzogene Utensilien (*buff slipped utensils*) gefunden; im östlichen Raum 13 hingegen hochwertige rot polierte Waren (Batmaz 2013, 79). Dieser untere Bereich diente möglicherweise der Aufbewahrung von kultisch genutzten Gegenständen der darüber liegenden *Ceremonial Isle*. In „abgespeckter" Weise erinnert diese Aufteilung an den Befund des *susi*-Tempels. Wie im Süden des *susi*, gab es auch hier zugehörige Lagerräume. Mit den Säulen der Vorhalle 12 und ihrem bronze glänzenden Wandschmuck wurde ebenfalls ein Licht-Schatten-Spiel erzeugt und gleichzeitig eine gewisse Offenheit suggerierte zu den Elementen und als Übergang zur sicherlich deutlich dunkleren Ceremonial Isle diente. Diese Aussichtsmöglichkeit auf Himmel, Natur und Wetter war vielleicht gerade für UrartäerInnen bedeutend, da in ihrem Pantheon auch Berge (siehe Süphan), Flüsse, das Wetter als zweit-wichtigster Gott Teišeba oder die Sonne als dritt-wichtigste Gottheit Šiuini verehrt wurden.

Betrat man das Innere, Raum 10, musste man sich zunächst an das schwächere Licht von Öllampen und Tageslicht aus dem Eingang von Halle 12 gewöhnen. Die starke Verzierung der Wände mit brauner und blauer Farbe, Holzfriesen, Goldrosetten und vermutlich auch Wandteppiche bzw. Textilien ließen diesen Bereich nicht komplett glatt oder kalt erscheinen, sondern luden ein zu einer betrachtenden oder ertastenden Untersuchung sowohl aus der Nähe, als auch mit Abstand – jedoch ohne detaillierte oder narrative Bildkunst wie in Assyrien (vgl. Neumann 2014, 126; Thomason 2016, 246). Die braunen und blauen Wandfarben und den daran angebrachten Holzfriesen mit golden schimmernden Rosetten, verbanden sich zu überladenen Eindruck. Dieser wurde angereichert durch ummantelnden Geruch von Hirse- oder Weizenspeisen aus der rechten Raumecke, wo, wenn man sich ihr zuwandte, der fein gearbeitete Heilige Baum und der Tisch, möglicherweise mit Opfergaben standen.

Westliche Lagerräume: Weiter südwestlich am Rande des Burgbergs wurden Lagerräume (*West Storage Area/Batı Magazin*) ausgegraben. Wie diese mit den anderen Gebäuden oder Wegen verbunden waren, ist bisher nicht erschlossen worden. In den Räumen befanden sich große, in den Boden eingelassene Pithos-Gefäße, die teilweise mit Hieroglyphen- oder Keilschriftmarken und/oder bullae versehen waren. In Raum 8 wurde außerdem eine Struktur bzw. Grube gefunden, von der die Ausgräber vermuten, sie diente zum Aufbewahren von Eis (Çilingiroğlu und Salvini 2001, 69). In Raum 6 wiederum wurde der gut erhaltene Teil eines Abflussrohres entdeckt, das sorgfältig versiegelt vermutlich Flüssigkeiten aus dem darüber liegenden Stockwerk führte. Mindestens ein Bronzekessel wurde hier gefunden. Aufgrund des Grabungsbefundes vermuten die Ausgräber, dass dieses Gebäude einst über ein weiteres Stockwerk verfügte, wobei nur der Keller mit hunderten monumentalen Aufbewahrungsgefäßen sowie kleineren Töpfen erhalten war (Çilingiroğlu und Salvini 2001, 67). Die Fragmente von Wandbemalung sowie die gefundenen Bronzeobjekte lassen die Vermutung zu, dass die oberen Ebenen des Gebäudes der Wohnbereich von Menschen der Oberschicht gewesen ist. Es ist m.E. jedoch auch wegen der Nähe zu den Lagerräumen vorstellbar, dass es sich dort um ein Verwaltungsgebäude oder eine Kombination aus Wohnen und Administration gehandelt hat (auch wenn es keine weiteren Indizien gibt).

Die länglichen, aneinanderliegenden Magazine im Untergeschoss lagen an stark abfallendem Gelände und hatten teilweise innerhalb eines Raumes erhebliche Differenzen im Fußbodenniveau (Tab. 4.3, Abb. 4.41). Das heißt auch, dass die Mauern bei gleichbleibendem Obergeschoss entweder extrem hoch (im Süden) gewesen sein müssen, oder dass man sich die Obergeschosse in Terrassenform vorstellen muss, was

Raum	Höhendifferenz (m)	Raumlänge (m)	Strecke (m)	Steigung (%)
BM 2	4,49	19,38	19,89	23,17
BM 6	4,84	19,38	19,98	24,97
BM 9	3,01	14,60	14,91	20,62
BM 7	5,74	12,00	13,30	47,83
BM 3	2,90	4,15	5,06	69,88

Tabelle 4.4. Höhendifferenzen im Fußbodenniveau der Lagerräume im Westen (BM = Batı Magazin/West Magazin)

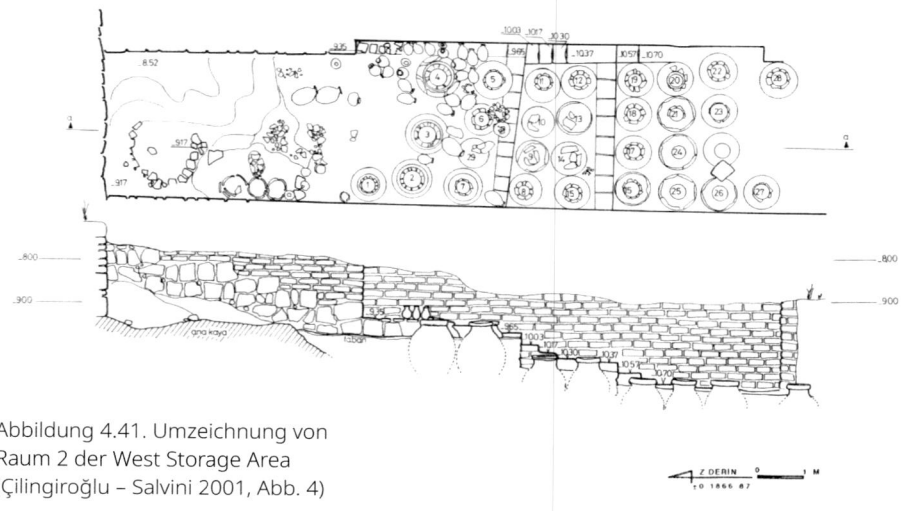

Abbildung 4.41. Umzeichnung von Raum 2 der West Storage Area (Çilingiroğlu – Salvini 2001, Abb. 4)

die Bauleistung komplexer gemacht hätte. Insgesamt befanden sich also eine Reihe hoher, monumentaler und reich ausgestatteter Gebäude auf dem Burgberg, der gleichzeitig in sich ein riesiges Depot war.

Zum jetzigen Zeitpunkt vermuten die AusgräberInnen, dass Ayanis einem Erdbeben zum Opfer fiel und auch aus diesem Grund die Zitadelle offenbar nicht systematisch leer geplündert wurde (Mehmet Işıklı, August 2019, persönliche Kommunikation).

4.2.2 Rusai-URU.TUR (heutiges Bastam)

Das von Mirjo Salvini (1995, 135) als „Musterbeispiel urartäischer Architektur"[21] bezeichnete Bastam liegt im heutigen Iran, ca. 50 km nördlich der Regionalhauptstadt Khoy in der Provinz West-Aserbaidschan am linken Ufer des Flusses Āq Çay (Abb. 4.42). Es wurde nach dem nahe gelegenen modernen Dorf benannt; der urartäische Name des Ortes lautet Rusai-URU.TUR und bedeutet „Rusas kleine Stadt".

---

21 Diese Aussage ist nicht nur ein Zirkelschluss à la „die Architekturbefunde dort werden als „typisch" urartäisch bezeichnet – und darum ist Bastam „typisch urartäisch", sondern vielleicht eher der phänomenologischen Ähnlichkeit mit den Orten weiter im Zentrum geschuldet (z.B. Çavuştepe).

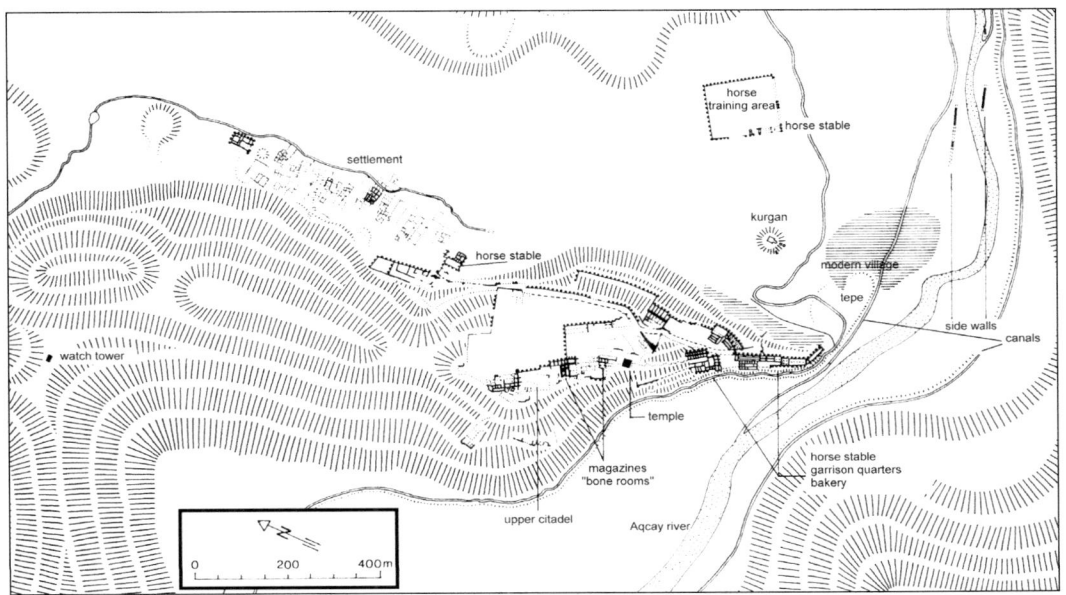

Abbildung 4.42. Plan der urartäischen Festung Bastam (Zustand 7. Jh. v.u.Z.; Kroll 2010, abgerufen am 23.11.2017)

Wohl seit dem 9. Jh. v.u.Z. befand sich eine kleine befestigte Station auf einem Bergrücken in 174 m Höhe am westlichen Rand eines größeren Tals. Diese Lage ermöglichte die Kontrolle der Ebene sowie der West-Ost-Route, die von Van nach Osten zu später urartäisch kontrollierten Gebieten im heutigen Aserbaidschan und Armenien führte (Kleiss 1979b, 11). Unter Rusa, Sohn des Argišti, wurde im 7. Jh. eine große Zitadelle errichtet, die nach Tušpa als eine der größten dieser Epoche gilt. Sie fand anscheinend ein gewaltsames Ende, worauf Pfeilspitzen, die Spuren einer Belagerungssituation sowie ein anschließendes großes Feuer, durch das sich Asche und Brandschutt klar über den letzten urartäischen Bauhorizont legte, hindeuten (Salvini 1995, 109; Hellwag 1998, 80). Nach der Zerstörung scheint das Gebiet teilweise besiedelt gewesen zu sein. Einige Grabfunde sprechen dafür, dass es hier auch eine parthische Besiedlung gab. Im Mittelalter (9.–15. Jh. u. Z.) entsteht eine dörfliche Siedlung inklusive kleiner Burg auf dem ehemals urartäischen Festungshügel (vgl. Kleiss 1976, 33).

Ausgrabungen fanden zwischen den Jahren 1969 und 1978 unter der Leitung von Wolfram Kleiss statt (die Grabungsergebnisse wurden in zwei großen Bänden publiziert: Kleiss 1979; 1988c).

Der Gesamtkomplex der urartäischen Festung in Bastam ist einschließlich Hangbebauung rund 940 m lang und inklusive der Baureste am Westhang 400 m breit (Kleiss 1988b). Sie ähnelt in ihren Ausmaßen Çavuştepe (780 m lang) und ist die flächenmäßig größte bisher bekannte urartäische Festung, was den urartäischen Namen („Rusas kleine Stadt") konterkariert. Die AusgräberInnen unterscheiden für diesen Komplex aus Unter-, Mittel-, Oberburg sowie östlicher Vorburg (UB, MB, OB, ÖVB; Abb. 4.43) vier Bauphasen, wobei im Folgenden der Zustand der letzten Bauphase analysiert wird. Die Reste einer Unterstadt, die

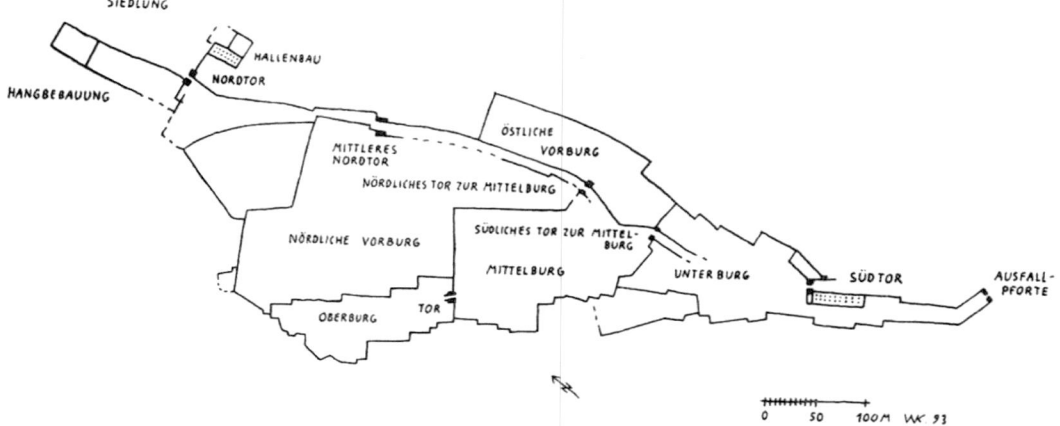

Abbildung 4.43. Schematische Übersicht der Burg Bastams (Kleiss 1996, Abb. 1)

anders als die Burg (und ähnlich wie in Ayanis) nicht von einer Befestigungsmauer umringt war, wurden auf einer Fläche von ungefähr 600 × 300 m entdeckt und teilweise untersucht. Ein Friedhof konnte nicht lokalisiert werden (Kleiss 1980, 301).

Die Unterburg beherbergte vermutlich Wirtschaftsräume, Stallungen und Mannschafts(?)-Unterkünfte (für die folgende Beschreibung vgl. v.a. Kleiss 1988c, 31, 41). Im Bereich der Mittelburg befanden sich das *susi*-Heiligtum des Gottes Haldi, daran angeschlossene Vorratskammern und einige große Räume, von Kleiss als „Repräsentationsräume" bezeichnet. Die baulichen Überreste in der Oberburg werden als Residenzgebäude interpretiert sowie als „letzte Zuflucht" für die BewohnerInnen Bastams in Situationen der äußeren Bedrohung.

In einer von Kleiss (1979, 76) aufgestellten Berechnung zur hypothetischen Arbeitszeit an der Festung rekonstruiert er, dass 1000 ArbeiterInnen in rund 20 Jahren die Burg hätten errichten können, wenn sie für jeweils fünf Monate im Jahr, d.h. ausgenommen der Winterzeit, gearbeitet hätten.

4.2.2.1 Landschaft und Unterstadt

Die Burg von Bastam liegt prominent auf einem Bergrücken am Eingang des Āq Çay Tals (westlich) und der Qaraziyaeddin Ebene (östlich; Abb. 4.44). Diese Ebene erlaubte somit einen weiten Blick über die umgebende Berglandschaft – eine Funktion, die der des Vansees von Ayanis in dieser Hinsicht ähnelt. Der südliche Teil der Burg von Bastam läuft in die Ebene aus, während der aufragende nördliche vom Gebirge durch eine Einkerbung getrennt ist. An der Ostseite des Burgberges beträgt die Neigung zwischen 30 und 40°, die Westseite ist wesentlich steiler und für Menschen unpassierbar (vgl. Kleiss 1977, 14). Diese Position der Burg brachte nicht nur fortifikatorische Vorteile mit sich, sondern ermöglichte auch die Kontrolle der Straße, die die östlichen Teile Urartus mit der Hauptstadt Tušpa verband und zu urartäischer Zeit sowohl eine große wirtschaftliche, als auch eine strategische Rolle spielte (Kleiss 1980, 301).

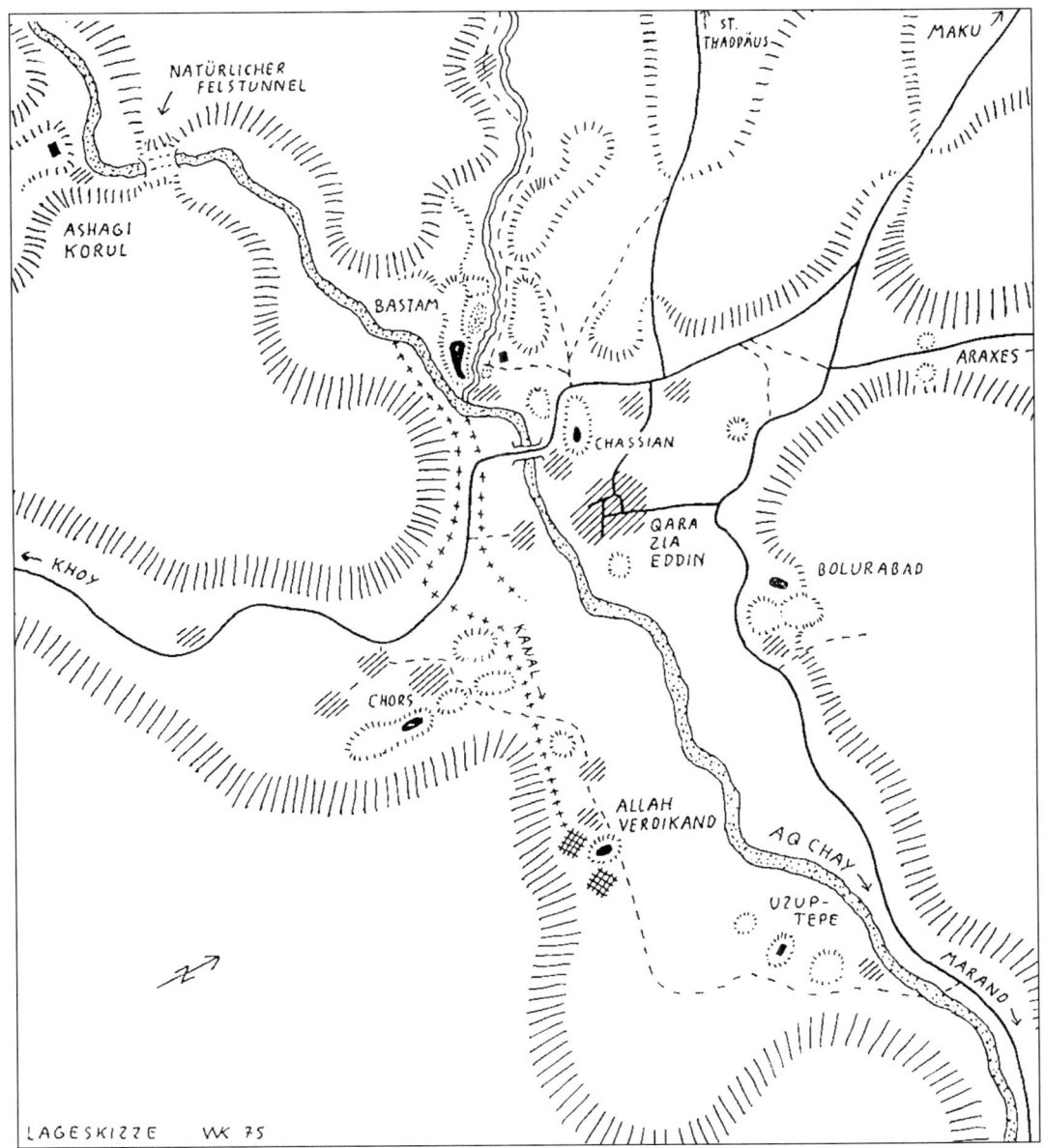

Abbildung 4.44. Lageskizze von Bastam und Umgebung (Kleiss 1977, Abb. 3)

Wolfram Kleiss (1976, 34) und Roberto Dan (2010, 333) sind der Meinung, dass Bastam auch regional das politische, wirtschaftliche und religiöse Zentrum war, von dem aus eine Reihe kleinerer Festungen und Siedlungen überwacht wurden. Der Wille zur Kontrolle und Überwachung scheint also maßgeblich die Wahl des Standortes der Burg bestimmt zu haben. Im Gegensatz zu Ayanis lag die Festung von Bastam (insbesondere MB und OB) umringt von Steilhängen und war eher schwer über Serpentin-artige Aufwege

Abbildung 4.45. Umzeichnung der auf dem Bronzerelief eines der assyrischen Balawat-Tore dargestellten urartäischen Kriegsgefangenen (Schachner 2007, Ausschnitt Taf. 2, oberer Teil, Zeichnung von Cornelie Wolff)

zugänglich. An viele Stellen, zum Beispiel an der Ostseite, wurden die Mauern durch Terrassenanlagen auf dem 30–45° steilen Gelände errichtet (vgl. Kleiss 1980, 301). Die Struktur auf einem länglichen, schmalen und steilen Felssporn ähnelte damit eher dem älteren Çavuştepe als etwa Ayanis. In den Ebenen um Bastam wurden Reste umfassender Kanalanlagen gefunden. Sie dienten zur Bewässerung der landwirtschaftlich genutzten Gebiete. Unter anderem führte ein Kanal von Bastam ausgehend über eine Strecke von 11 km das Wasser des Flusses zur urartäischen Siedlung Allah Verdikand und von dort möglicherweise sogar weiter bis zur urartäischen Straßenstation Uzub Tepe (Abb. 4.44). Es ließen sich Ufermauern einer Kanalisierung des Flussbettes nachweisen (vgl. Kleiss 1976, 33–34). Im Osten in der Nähe, aber etwas isoliert von Burg und Siedlung, lag ein rechteckiger Baukomplex in der Ebene (sog. Ostbau, 162 × 130 m Risalitmauern), in dessen Innerem sich ein dreischiffiges Gebäude befand (siehe Abb. 4.42). Aufgrund von Bodenuntersuchungen und architektonischer Analogie wurde diese Anlage als Pferdestall und Dressurplatz interpretiert (Kleiss 1988b). Kleiss führt diesen Bau auch auf einer von ihm erstellten Übersicht über urartäische Beobachtungs- und Straßenstationen auf (Kleiss 2015, Abb. 171). Möglicherweise wird auf einem der Balawat-Tore ein solcher Pferdedressurplatz dargestellt (Abb. 4.45).

Ebenfalls als Pferdestall interpretiert wird der sog. Hallenbau (Abb. 4.46), der östlich neben dem Nordtor im Bereich der Unterstadt liegt (Kleiss 1988a, 19–23; Kroll 1989, 330; es konnten zwei Bauphasen festgestellt werden; in der 2. Bauphase scheint es sich weiterhin um einen Stall gehandelt zu haben, jedoch mit einigen größeren Umbauten am Gebäude, auf die ich nicht weiter eingehen werde). Hierbei handelte es sich um ein Gebäude untergliedert in drei Hallen, von denen die mittlere durch je eine Reihe

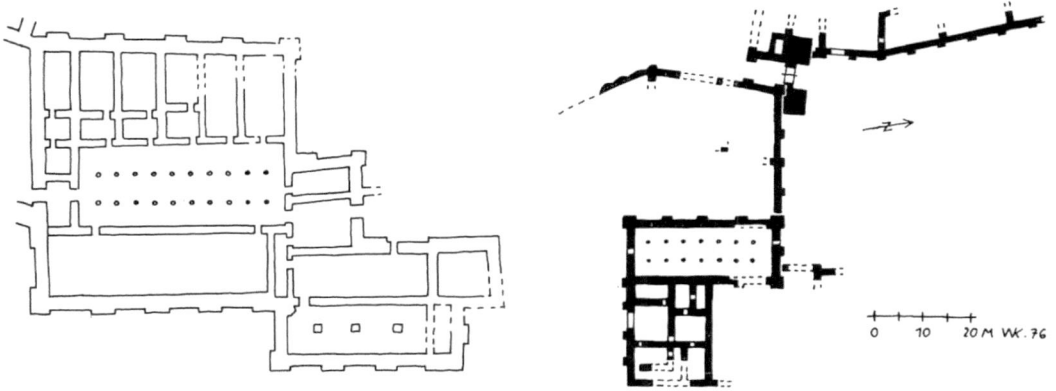

Abbildung 4.46. Plan dreischiffiger sog. Hallenbauten aus Armavir (links) und Bastam (rechts; Kleiss 1976, Abb. 20)

von insgesamt 14 Säulenbasen, auf denen möglicherweise Säulen aus Holz platziert waren, von den Seitenhallen abgesetzt ist. Die äußeren beiden Hallen verfügen über eine Steinpflasterung, die mittlere besitzt einen Lehmestrich. Das gesamte Gebäude war fundleer, lediglich durch chemische Analysen und Analogien wurde auf die wahrscheinliche ehemalige Funktion als Pferdestall geschlossen (vgl. Kroll 1989). Anschließend an die dreischiffige Halle befinden sich mehrere Räume eines Gebäudes, das an einer Seite eine Risalitmauer besitzt. Der Komplex misst rund 23,00 × 18,20 m und wurde durch eine Tür in der Südmauer betreten, hinter der sich ein 7,40 × 7,40 m messender Raum befand, von dem die weiteren sechs Räume erreicht werden konnten (Kleiss 1988a, 22). Die Mauern waren ca. 1,10 m dick und somit stark genug, ein Obergeschoss zu tragen. Der ganz im Nord-Westen gelegene Raum könnte mit seiner Breite von 2 m und Länge von 6,10 m eine Treppe beinhaltet haben. In einem anderen Raum wurden mehrere Pithoi mit einem Durchmesser von 1,30 m gefunden (Kleiss 1988a, 22). Eine Auffälligkeit des Hallenbaus am Nordtor ist, dass die Türen so angeordnet waren, dass ein direkter Blick in die jeweils angrenzenden Räume unmöglich war (Kleiss 1988a, 22).

Nördlich unterhalb der Burg befand sich in leichter Hanglage die Unterstadt Bastams (Abb. 4.47), deren Umrisse noch vor der Grabung vom Burgberg aus erkennbar waren (siehe Kleiss 1977, 39–47; 1979a, Taf. 7.2). Eine Befestigungsmauer konnte ebensowenig wie in Ayanis festgestellt werden. Auf ca. 600 m Länge (Richtung Norden) und ca. 300 m Breite scheinen sich ähnlich wie in Ayanis vornehmlich „öffentliche" bzw. verhältnismäßig große Gebäude befunden zu haben (zumindest laut der an der Oberfläche sichtbaren Mauerreste). Grabungen fanden in drei jeweils unterschiedlich großen Schnitten (S1–3) statt sowie ganz im Norden der Unterstadt, wo sich ein offenbar zentral geplantes und mit Risalit-Mauern ausgestattetes Haus („Nordgebäude"; Abb. 4.48) befand (Kleiss 1988a, 19).

Es maß 44 × 26 m und verfügte an seiner Nord-, Süd- und Ostmauer über besagte Risalite, die ca. 50–70 cm vorsprangen (Kleiss 1977, 39–42). Die vierte Seite war vermutlich eine innere Trennmauer zum angrenzenden Gebäude und besaß aus diesem Grund keine solchen Vorsprünge. Während die Außenmauern dieses Nordgebäudes bis zu 1,70 m breit waren, hatten die Innenwände eine Dicke von rund 1 m. Es besteht aus zwei Höfen und

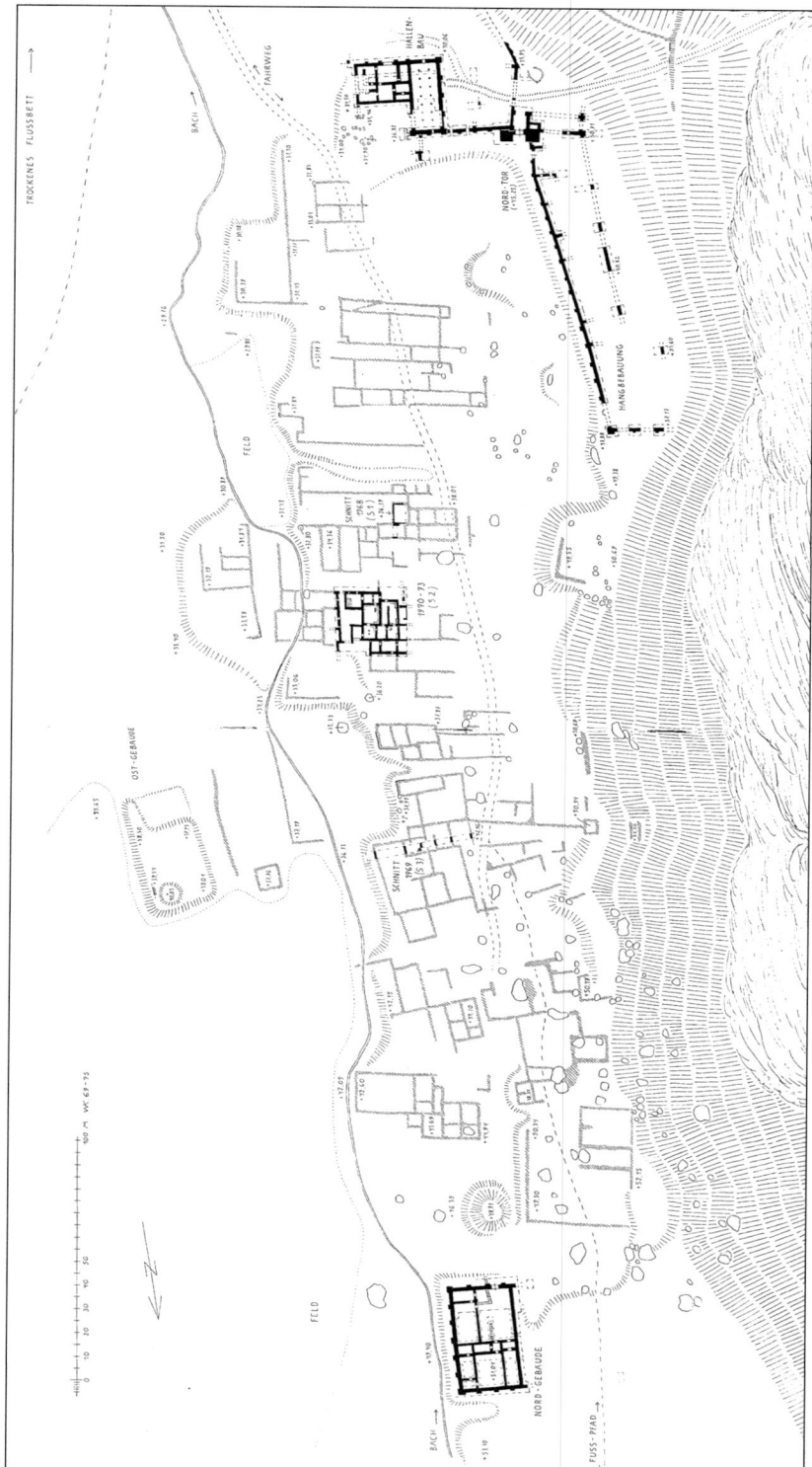

Abbildung 4.47. Plan der Unterstadt von Bastam (Kleiss 1977, Abb. 30)

150 | THIRDSPACE IN ASSYRIEN UND URARTU

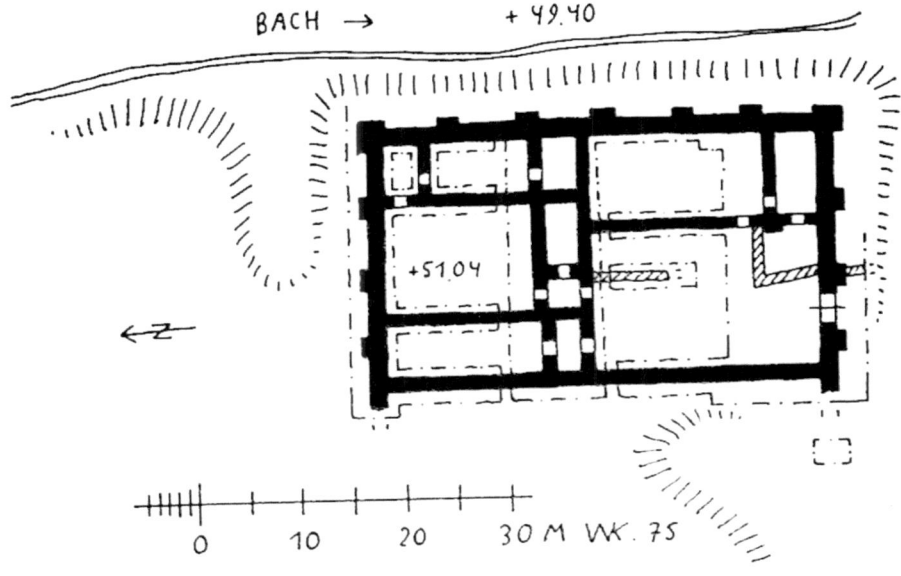

Abbildung 4.48. Sog. Nordgebäude von Bastam (Kleiss, 1979a, Abb. 17)

zunächst 9 Räumen, die zu einem späteren Zeitpunkt durch zwei weitere ergänzt wurden. Auch die Funktion dieses Gebäudes ist bislang unbekannt. Ähnliche Gebäude wurden z.B. in Karmir Blur und Ayanis gefunden. Wolfram Kleiss (1977, 43) wies, ähnlich wie Çilingiroğlu 2001 für Ayanis (s.o.), darauf hin, dass die Risalite an Mauern „öffentlicher" Gebäude eher einen ästhetischen als fortifikatorischen oder statischen Nutzen besaßen. Oft haben gerade sehr starke Mauern, wie die des Nordgebäudes (1,70 m), solche Vorsprünge, die im Verhältnis nur minimal (50–70 cm) vorspringen. Es ist wahrscheinlich, dass die auf diese Weise lebendiger gestaltete Oberfläche als eine Art Marker für staatliche Gebäude diente und diese von privaten Häusern abgrenzte.

In dem mit 35,50 × 29,00 m am großflächigsten ergrabenen Schnitt (S2) der Unterstadt wurden mehrere zusammenhängende, kleinere Häuser („Häuser 1–4"; Abb. 4.49), von denen nur H. 1 (ganz) und H. 2 (östl. von 1) freigelegt wurden. Wo sich Häuser 3 und 4 befanden konnte ich anhand der Publikationen nicht herausfinden (Kleiss 1988a, 19–23; Kroll 1988b, 89–93). Die Grabungsbefunde deuten darauf hin, dass auf dieser Fläche (S2) die Bebauung sukzessive stattgefunden hat. Es gibt Indizien auf eine Bewohnung des Areals vor der Errichtung der Steinhäuser. So deuten Herdstellen, die stratigraphisch unter den Steinsockeln liegen, Pfostenlöcher und Gruben darauf hin, dass es in dem Bereich möglicherweise provisorische Behausungen gab, die eventuell von ArbeiterInnen während des Baus der Festung in den Sommermonaten bewohnt wurden (Kleiss 1988a, 19; Kroll 1988b, 89–93). In einer Grube, die dieser Phase der provisorischen Bewohnung zuzuordnen ist, wurde eine einzelne schwarze Keramikscherbe mit Ritzungen gefunden, die eher dem Keramiktyp aus dem Transkaukasus ähnelt (Kroll 1988b, 166, Abb. 1.6). Es wird davon ausgehend im Grabungsbericht die „pot=people"-Hypothese aufgestellt, dass möglicherweise Menschen

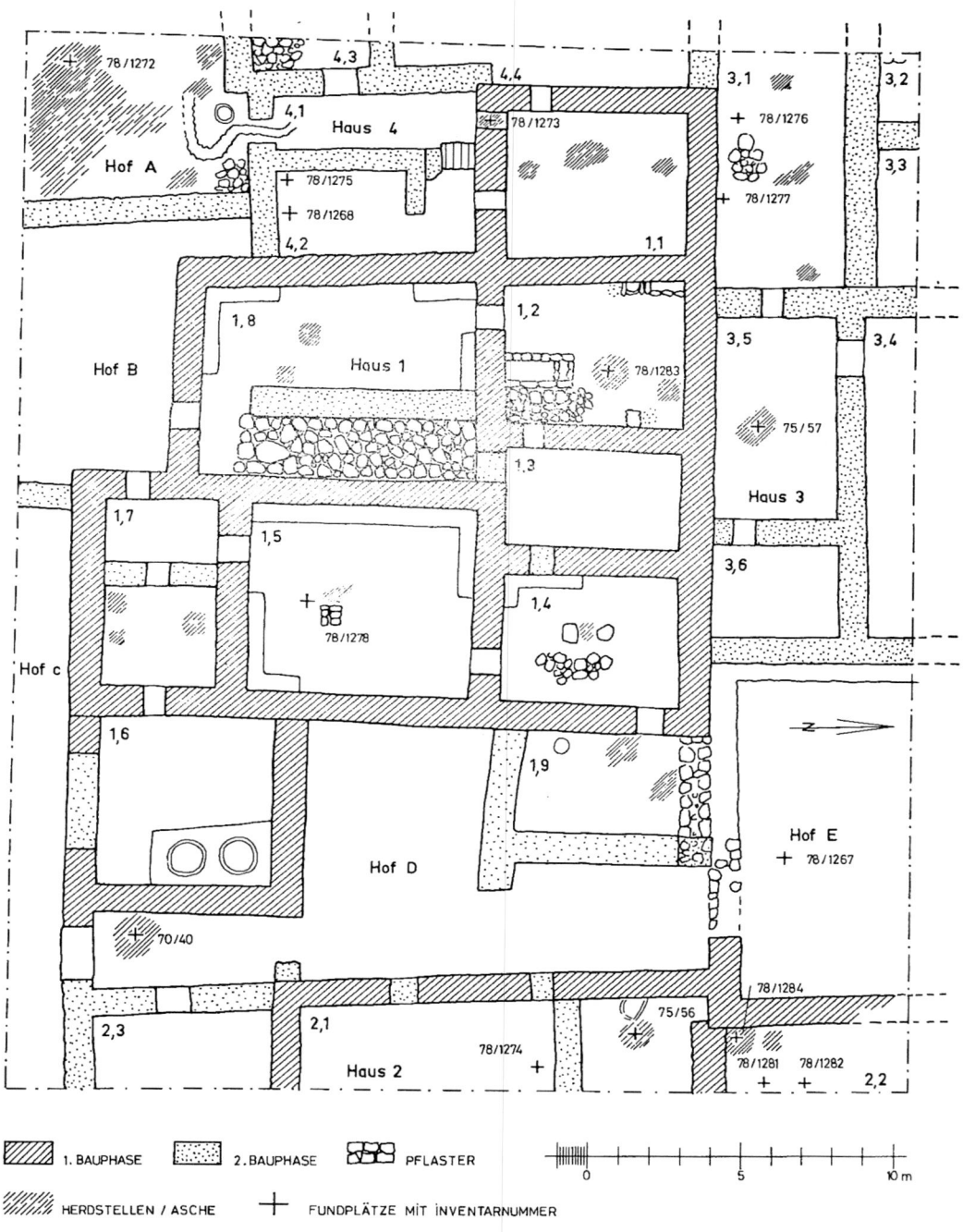

Abbildung 4.49. Häuser 1–4 im Schnitt S2, Unterstadt Bastam (Kroll, 1988b, Abb. 2)

aus jener Region zum Bau der Festung Bastam herbeigeholt wurden (z.B. nachdem sie an der Errichtung von Karmir Blur beteiligt waren; Kroll 1988b, 90).

Im Westprofil der Häuser zeigte sich, dass die Mauern mit der üblichen „Lehmwände auf Steinsockel"-Technik errichtet wurden. Dabei bestand der Sockel aus bis zu 1,50 m hoch geschichteten Bruchsteinen, von dem Lehmstampfungen aufzogen (Kleiss 1988a, 19, Abb. 13). Sehr wahrscheinlich waren die Wände unbemalt. Stephan Kroll schließt eine Zweistöckigkeit der Gebäude oder Teilen davon nicht aus (Kroll 1988b, 89; entgegen Forbes 1983, 115). Innerhalb der Räume fanden sich Herstellen, Wasserinstallationen, Steinpflaster und Abwassersysteme mit Rinnen und Becken. Auch Pithoi wurden entdeckt. Das einzige vollständig ergrabene Haus 1 in S2 wird als eine aus insgesamt 8 Räumen bestehende Einheit definiert, die über einige spätere Anbauten verfügt. In Haus 1 war Raum 2 vermutlich eine Art Wirtschaftsraum mit Steinbecken, einer Feuerstelle und Pflasterung. Raum 8 dieses Hauses wurde offenbar an einem bestimmten Zeitpunkt umgebaut, indem eine Unterteilung in Steinpflasterung (8b) auf der einen Seite und eine niedrige Bank sowie Feuerstelle (8a) auf der anderen entstand. Chemische Untersuchungen deuten darauf hin, dass die gepflasterte Raumseite von 8b als Stall genutzt wurde. Dieser Hinweis auf das Zusammenleben von Mensch und Tier verweist auf damit einhergehende positive sowie negative Effekte der Symbiose: Sicherlich dienten die Tiere somit im Winter beispielsweise als Wärmequelle, gleichzeitig brachten sie aber auch ihre Gerüche mit sich, ebenso wie Fliegen oder Mäuse, aber womöglich auch Krankheitserreger wie Brucellose. Auch Raum 3 in Haus 1 verfügte über eine Feuerstelle. In Raum 6 wurden zwei große Pithoi, die in den Boden eingelassen waren, entdeckt. Dieses und die anderen Häuser wurden vermutlich geplant verlassen, da alles bewegliche Inventar mitgenommen wurde und kein Zerstörungshorizont festgestellt werden konnte. Das Fehlen jeglichen Inventars erschwert die funktionale Zuordnung der Räume und Häuser. Stephan Kroll und Wolfram Kleiss äußerten verschiedene Vermutungen über die ehemaligen BewohnerInnen des Hauses 1 in Bastam. Kleiss (1988a, 19) hält es aufgrund des Pithosraums für wahrscheinlich, dass es sich um einen Händler bzw. Gewerbetreibenden handelte, der in dem Haus lebte. Auch die Möglichkeit, dass dort ein Bediensteter der Festung wohnte, schließt er nicht aus (ohne dabei jedoch genauer auf die Tätigkeiten einer solchen Person einzugehen). Kroll (1988b, 88, 91) hingegen spricht sich gegen die „Händlerhypothese" aus und vermutet stattdessen, dass es sich wegen des Stalls in Raum 8 um einen Bauern handelte; als Gegenargument nennt er selbst, dass ggf. zur Festung gehörende Pferde beispielsweise im Winter in den Häusern der Siedlung (temporär) untergebracht wurden. Eine weitere These Krolls ist, dass an die Stelle der ehemals provisorischen Arbeiterhütten später feste Häuser aus Stein und Lehm traten, die weiterhin von ArbeiterInnen bewohnt wurden. Letztlich kann m.E. mit all diesen (berechtigten) Überlegungen in Anbetracht der Datenlage die Schwelle der Spekulation bisher nicht überwunden werden. Eine reine „ArbeiterInnensiedlung" der Bauleute ist m.E. jedoch unwahrscheinlich, zumal die, die die Burg bauten, wohl nicht langfristig alle Bauleute waren. Gesellschaftlich muss es schließlich letztlich auch Personen gegeben haben, die für die Subsistenzproduktion sorgten.

Es wurden im Erosionsschutt in S2 Hinweise auf eine temporäre Nachnutzung des Gebiets ausgemacht: Kleine Feuerstellen, aber auch ein Barren „ägyptisch Blaus" sowie Tonbullae. Stratigraphisch liegen diese nicht auf Niveau der Hauptnutzungsphase der Häuser. Es wird davon ausgegangen, dass diese Funde irgendwann nach der Zerstörung der Burg und Aufgabe der Siedlung von der Zitadelle entwendet und in den Bereich der ehemaligen Wohnhäuser gebracht wurden (Kroll 1988b, 92–93).

4.2.2.2 Befestigungsmauern und Tore der Festung

In Bastam gab es zwei Haupt-Festungstore (Kleiss 1996). Zum einen das Nordtor, das die Verbindung zur Unterstadt darstellte und zum anderen das Südtor, welches der Eingang zur Unterburg vom Tal her war (Abb. 4.50).

Letzterer Torbau bestand aus zwei Türmen (6,00 × 5,50 m), die die 5 m breite Torgasse flankierten. In ihrer Mitte befand sich ein einfaches Tor, das aus einer zweiflügeligen Tür bestand (vgl. Kleiss 1976, 36; 1996). Torbauten der UrartäerInnen bestehen in der Regel aus zwei schweren rechteckigen oder quadratischen, die Torgasse flankierenden Steintürmen. Zwischen diese Tortürme kann ein einfaches Tor gesetzt sein, wie in Bastam beim Südtor, hier allerdings mit zwingerartigen Einfassungen der Torgasse sowohl innen wie außen. Durch das Tor in Bastam führte darüber hinaus ein Abwassersystem, das mit Steinplatten abgedeckt war. Auch der Hauptaufweg zum Südtor, war mit Steinen gepflastert. Einen Goldblechfund nahe des Südtors interpretiert Kleiss (1972, 47–48) als möglichen Teil eines Möbels, vergleichbar eines in Toprakkale gefundenen Gegenstandes, der dort als „Thron"-Teil bezeichnet wurde. Die Pflasterung des Aufweges wurde stellenweise am Hang und den Ausläufern des Berges wiedergefunden und zeigt, dass der Weg von Nordosten am Hang entlang in einer Serpentine aufwärts verlief. Im Grabungsbericht wird vermutet, dass zusätzlich ein kleinerer Weg hinauf zum Südtor direkt vom Āq Çay-Tal und somit von der Straße von Van her führte. Auch er schien mit Steinen gepflastert gewesen zu sein und endete in einer kleinen Tür oder Auflassung durch eine Mauer die dem Südtor vorgelagert war (Kleiss 1988b). Es fällt auf, dass von beiden Routen aus das eigentliche Tor nicht direkt sichtbar war. Kam man den gepflasterten Hauptweg entlang, erblickte man zunächst die mit Risaliten bespickten Mauern der Gebäude der Unterburg und lief links von ihnen aufwärts. Bevor man das Südtor erreichte, musste eine Drehung von fast 90°

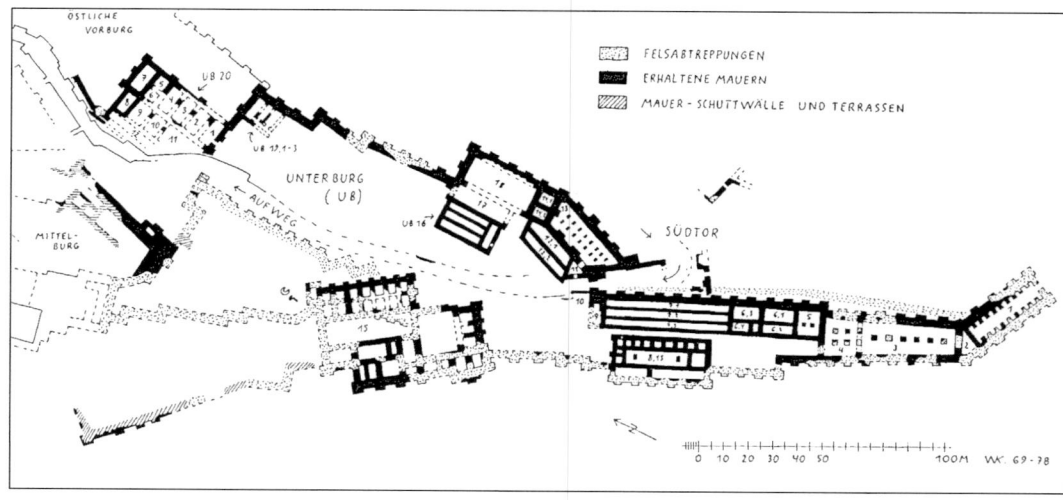

Abbildung 4.50. Plan der Unterburg von Bastam (Kleiss 1988a, Abb. 41)

vorgenommen werden. Nun befand man sich zwischen zwei Mauern, die trichterartig zum Tor hin enger liefen und die Bewegungsrichtung vorgaben (Abb. 4.51). Das Südtor besaß ein Holztor, dessen Reste auf der Steinpflasterung liegend gefunden wurden. Offensichtlich fiel das Tor im geschlossenen Zustand auf den Weg (Kleiss 1988b; 1996). Das Nordtor bestand aus zwei quadratischen Türmen (5 × 5 m); der Steinsockel des östlichen war zu einer Höhe von 3,30 m erhalten. Über einen 4 m breiten gepflasterten Weg erreichte man den 6,50 × 6,20 m großen Tordurchgang, der wiederum auf die im inneren der Burg 5 m breite Straße führte (Forbes 1983, 34). Die beiden Wege von Süd- und Nordtor trafen sich auf Höhe der Mittelburg, wo sich ein weiteres Tor zum Betreten der MB befand. Die beiden Tore markierten den Eingang zur Burganlage, die durch Befestigungsmauern klar räumlich eingefasst war. Die Mauern waren im Abstand von 5,90 m durch ca. 5,40/5,50 m lange Bastionen untergliedert, die rund einen Meter hervorstanden. Die Bebauung der gesamten Burg war so angelegt, dass viele Gebäude sowohl von der Unterstadt im Norden, als auch vom Tal im Osten und Pass im Süden aus gesehen werden konnten.

Anhand der Steigungen in Bastam wird auch, wie schon in Ayanis, die Ordnung der Liminalitäten der Burg sichtbar. Von den ersten beiden Toren (Nord- und Südtor) ins Innere der Festung bzw. hinter die Befestigungsmauer ging es jeweils zunächst weiter zu einem jeweils weiteren, zweiten Tor, das in die Mittelburg führte. Von dort aus konnte dann der *susi*-Tempel erreicht werden. Als dritten Punkt ging es dann weiter zu einem Tor, das in die Oberburg führte.

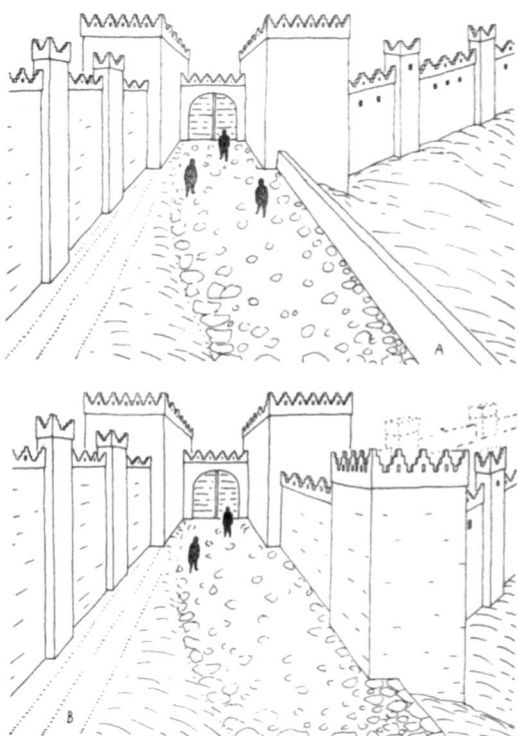

Abbildung 4.51. Rekonstruktion zweier Bauphasen des Südtors von Bastam mit Blick von Süden (A = früher, B = später; Kleiss 1996, Abb. 2 A/B)

4.2.2.3 Festungsstrukturen und deren spezifische Charakteristika

Die Unterburg: Durchquerte man das Südtor, befand man sich in der sog. Unterburg. Hier befanden sich rechts und links des Aufweges zur Mittelburg die verschiedenen Gebäude (UB 1–20, Abb. 4.50), die unter anderem als (Garnisons-)Unterkünfte, Pferdestall (UB 7), eine Mühle (UB 16), eine Bäckerei (UB 6) und kleinere Lagerräume identifiziert bzw. interpretiert werden konnten (Abb. 4.52; Kleiss 1977; 1979b; 1988c). Es wurden neben mindestens vier Tontafeln mit königlicher bzw. offizieller Korrespondenz (Salvini in Kleiss 1979b) auch bronzene Möbelbeschläge und eiserne Waffen (z.B. ein großer Lanzenkopf) gefunden. Auch Rollsiegel, ein Rhyton in Form eines Gazellenkopfes und geschnitzte Knocheneinlagen/-dekoration (Abb. 4.54) befanden sich unter den Funden aus der Unterburg. Kam man von Osten den Aufweg Richtung Südtor empor, erblickte man zunächst die durchgehende Mauerfassade der Gebäude UB 1–7, die auf der südlichsten Spitze der Burg lagen. Diese konnten nur erreicht werden, indem nach Durchqueren des Tors eine 180°-Wendung nach links (Westen) vorgenommen wurde. Die genauen Gebäude- bzw. Wegverhältnisse waren an dieser Stelle archäologisch nicht mehr zu erkennen. Möglicherweise war der mit dem Südtor verbundene Raum UB 10 einst ein Teil der Torgasse. Direkt daneben lag der 8 × 3 m große Raum UB 9, welcher wiederum an UB 7 anschloss. Letzteres befand sich direkt westlich, oberhalb des Südtores und war ein 51 m langes, dreischiffiges Gebäude (UB 7,1–3), das als besagter Pferdestall interpretiert wird (siehe auch Kroll 1989). Aufgrund der Länge rekonstruiert Wolfram Kleiss eine ungefähre Maximalauslastung von 64 Pferden (Kleiss 1988a, 17). Pferde waren in Urartu äußerst wichtig, wie aus multiplen Darstellungen auf Bronzeschilden bekannt. Auch das aufwendige Metall-Zaumzeug stellt Pferde als relevant dar. Gerade auch im Gebirge stehen sie, da sie geritten wurden, für Schnelligkeit der Bewegung

Abbildung 4.52. Unterburg von Bastam (Südspitze des Burgberges von Norden gesehen); der VW Bus steht im Südtor (Kroll 2010, abgerufen am 28.11.2017)

Abbildung 4.53. Öllampe aus Keramik von der Burg (OB oder UB8: Kleiss 1979, Taf. 61,Nr. 3; Farbbilder von Kroll 2010; abgerufen am 23.11.2017)

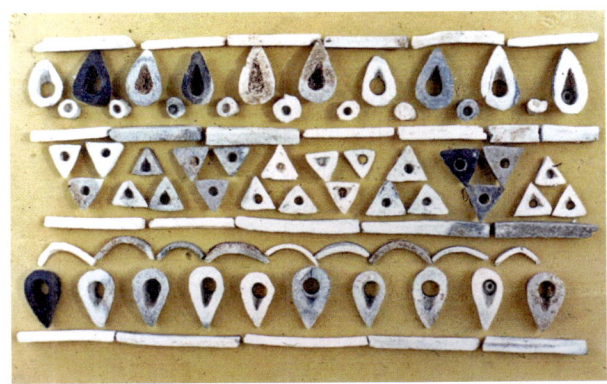

Abbildung 4.54. Dekorationselemente aus geschnitzten Knochen aus UB8, Raum 9 (Komposition rekonstruiert von Kleiss 1979, Taf. 49, Nr. 2, Farbbild von Kroll 2010; beachte die starke Ähnlichkeit zur Dekoration in Ayanis, z. B. Abb. 4.39)

(neues „Mobilitätsmittel" in der Eisenzeit). Auch in Assyrien war Urartu bekannt für seine Pferdezucht und -handhabung (Gökce und Işık 2014; siehe auch die Beschreibung im sog. Gottesbrief von Sargon II Mayer 1983, 85, Zeile 170-171).

Eine sehr ähnliche Gebäudestruktur weisen die Häuser im Ostbau sowie am Nordtor auf, die folglich ebenfalls als Pferdeställe angesprochen werden (Kroll 1989). Parallel gegenüber (westlich) von UB 7 befand sich UB 8, ein langgestreckter Komplex, der als „Hofgebäude" bezeichnet wird (Kleiss 2015, Band 15:74). Zwischen den beiden Gebäudekomplexen befand sich eine 2,00–2,40 m breite Gasse (Kleiss 1979b, 48). Um einen in der Mitte offenen Hof gliedern sich Räume und kleinere Kammern. Sie waren aus Substruktionsmauern gebaut, deren Zwischenräume mit Erde aufgeschüttet wurden. Darauf wurden dann Balken aus Kiefernholz gelegt, auf denen ein Fußboden aus 4–6 cm dicken Steinplatten ruhte (diese Rekonstruktion ließ die Falllage der genannten Materialien zu). Es ist möglich, dass die insgesamt 9 Räume eigentlich Keller- oder Substruktionskammern waren und über ihnen eine gänzlich andere Raumgliederung lag (Kroll 1979, 102). Gemeinhin wird es als „wichtiges" Gebäude oder als Unterkunft für Gäste angesprochen, auch wegen der dort befindlichen Funde (Kleiss 2015, 74). Es wurde neben anderer Keramik verschiedenster Form (Öllampe; rotpolierte Kanne mit Ritzmuster; ein blaues Gefäß, möglicherweise ein assyrischer Import) ein rotpoliertes Trinkgefäß in Form eines Gazellenkopfes gefunden, außerdem Tontafeln mit königlicher Korrespondenz, diverse Metallgegenstände (Eisenwaffen: Messer, Pfeil- und Speerspitzen; zwei Bronze-„Schuhe", vermutlich Möbelteile) und Dekorationselemente aus Knochen (Abb. 4.54; Kleiss 1977, 19; 1979b, Taf. 59, Nr.1; Taf. 61, Nr. 3/4). Das Vorkommen von kleineren Nahrungsmittelresten wird so interpretiert, dass beim Angriff auf Bastam die „einfache" Bevölkerung hier Unterschlupf fand (Kleiss 1979a, 97).

Südlich angrenzend an UB 7 lagen fünf Räume, die als Komplex UB 6 zusammengefasst werden. Der Raum UB 6,4 wurde wegen des Fundes von Sesamresten, den Knochen einer Sandratte, in den Boden eingelassener Pithoi (vermutlich als Getreidespeicher) sowie großen Rundplatten (Backplatten?) als Vorratsraum einer Bäckerei identifiziert (Kleiss 1988a, 97). In UB 6 wurde dicker Brandschutt aus Holzbalken, Lehmziegelversturz und Keramik eines ehemals höher liegenden Stockwerks entdeckt (Kroll 1979, 101). Von den südlichsten Baukomplexen UB 1–5 waren nicht bis kaum mehr als die Reste der Fundamentmauern und einiger Pfeiler erhalten, da v.a. in diesem Bereich mittelalterliche Bebauung stattgefunden hatte.

Auf der rechten, östlichen Seite des Südtoren gab es zunächst einmal den dreieckigen Raum UB 11, der noch aus der Torgasse betreten werden konnte. Der Fußboden bestand aus gestampfter Erde und es wurde neben zerbrochenen Tongefäßen eine blattförmige Lanzenspitze aus Eisen entdeckt, die mit den leicht verkohlten Resten eines Schafts aus Kiefernholz in Verbindung gebracht werden kann (Kroll 1979, 103). Möglicherweise handelte es sich hierbei um eine Art Wärterhäuschen, wo sich eine Torwache aufhielt (Kleiss 1972, 13, 51, geht sogar so weit zu sagen, die Torwache hätte möglicherweise eine „Haldilanze" getragen). Dieser Toraufbau inklusive des Nebenraums rechts des Tors ähnelt stark dem in Karmir Blur. Wie vorhergehend beschrieben, befand sich auch im Burgtor von Ayanis auf der rechten Seite der Torgasse ein Raum. UB 11 war gleichzeitig auch das Durchgangszimmer zu UB 13. Letzteres lag östlich angrenzend an das Südtor bzw. westlich des Aufweges zum Burgtor. Es war eine längliche Halle, deren Inneres mit 15 Pfeilern untergliedert war („Pfeilersaal"), die jedoch auch schlicht als Stützkonstruktion eines darüber liegenden Fußbodens gedient haben können. Während es auch hier keine aussagekräftigen Funde gab, vermuten die Ausgräber, dass es sich hierbei um die Unterkunft der Torwachen handelte (Kleiss 1972, 13). Letztere hätten damit strategisch einen guten Überblick über die Ebene, den Aufweg zum Südtor, aber auch teils hoch zur Festung gehabt.

Östlich angrenzend an den Pfeilersaal gab es noch zwei Räume von UB 14, einen zunächst 10,50 × 6,20 m messenden Raum, der später durch eine 2,50 m dicke Mauer in zwei Hälften (jeweils 6,40 × 4,00 m) geteilt wurde (Kleiss 1979a, 64). Nördlich anliegend an UB 11, 13 und 14 war UB 12 (25,00 × 10,60 m). Hierbei handelt es sich um zwei parallel laufende längliche Halle. Der Komplex UB 16 liegt ebenfalls am Steilhang nördlich des Südtors und wurde mit teilweise intaktem urartäischem Begehungshorizont gefunden (Außenmaße: 25,40 × 13,40 m). Alle Fußböden lagen auf einer Füllschicht. In Räumen UB 16,1 (eine Art quer gelegener Vorraum mit 10,00 × 2,60 m) und 16,3 ließen sich jeweils noch Lehmfußböden verfolgen. Es wurden mehrere große Reibflächen und Reibsteine *in situ* gefunden. In Raum UB 16,2, dem Mittelschiff der drei jeweils 17,90 m langen Räume UB 16,2–4, war der Boden mit großen Steinen gepflastert, teilweise wurde der natürliche Fels entsprechend der Fußbodenhöhe geschliffen und als Teil der Oberfläche genutzt. Hier in Raum UB 16,4 fanden sich auch in den Fußboden eingelassene Vorratsgefäße sowie

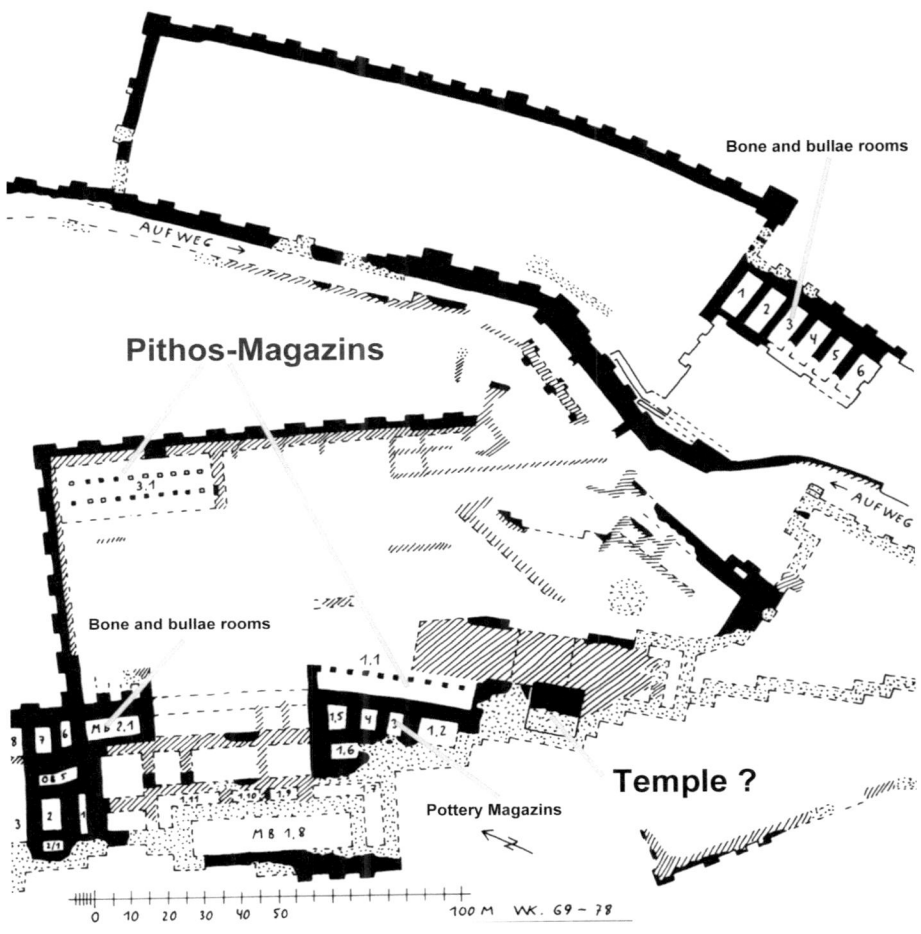

Abbildung 4.55. Bastam, Plan der MB (nach Kleiss 1988b, 55, Abb. 52; am 23.11.2017 heruntergeladen von Kroll 2010)

die Überreste eines Regals, auf dem sich ebenfalls Keramik befand, die anscheinend überwiegend mit Getreide gefüllt waren. Aufgrund dessen sowie wegen anderer Funde wurde dieser gesamte Komplex als Wirtschaftsgebäude bezeichnet (Kleiss 1988a, 47, Abb. 36). Es gab z.B. Reibeinstallationen, die auf die Produktion größerer Mengen Mehl o.ä. rückschließen lassen. Unklar bleibt, ob Einzel- bzw. „Privat"-Personen hier gearbeitet haben oder „zentrale Arbeitskräfte" oder ZwangsarbeiterInnen. Im Brandschutt wurden Reste des Daches gefunden, bestehend aus großen und kleinen Holzbalken und Matten (Kroll 1988b, 98–99). In ca. 15 m Entfernung, dem Aufweg hoch zur Mittelburg folgend, befand sich auf der westlichen, linken Seite UB 15, das aufgrund seines Layouts und der Risalitgliederung als mögliches Residenzgebäude interpretiert wird; allerdings sind auch hier nur die Mauerreste aufgenommen worden, eine weiterführende archäologische Untersuchung konnte nicht durchgeführt werden (Kleiss 1979a, Abb. 73/74).

Die Mittelburg mit *susi*-Tempel: Um zur Mittelburg (Abb. 4.55) zu gelangen, musste sowohl von Süden, als auch von Norden her jeweils ein zweites Tor passiert werden. Wie in Ayanis gab es also auch hier multiple Liminalitäten, die auch vertikal gegliedert sind. Oberhalb der Stelle, an der sich die beiden Wege treffen, befand sich vermutlich der *susi*-Tempel Bastams. Hiervon ist einzig das Fundament erhalten, welches auf ein im Grundriss 13,50 × 13,50 m großes Gebäude rückschließen lässt (Kleiss 1980, 84; siehe auch Salvini 2005, der das Fragment einer Steininschrift aus Bastam analysiert, welches die Existenz eines Turmtempels in Bastam eindeutig belegt).

Anders als etwa in Ayanis befand sich der Tempel nicht an höchster Stelle des Berges. Er lag jedoch am Scheideweg, wo sich Aufweg vom Süd- und Nordtor trafen und lag damit immer noch an prominenter Stelle, war womöglich sogar besser sichtbar als wenn er am höchsten Punkt des Felsmassivs gestanden hätte. Generell wird oft in Arbeiten zu urartäischen Burgen gesagt, dass nicht der Turmtempel, sondern der „Palast" am höchsten Punkt der Burgen lag (Kleiss 1980, 303), wobei Palast zumeist nur „nicht-*susi*" meint und andere die Sichtbarkeit oder Überblick beeinflussende Faktoren, abgesehen von totalen Höhenangaben, oft übersehen werden (in Anzavurtepe und Çavuştepe lag jeweils der Tempel an höchster Stelle). Die MB wird durch eine eigene Befestigungsmauer klar von der UB separiert. Diese Mauer ist an ihrer östlichen Seite mind. 125 m lang, wird alle 5,50–6,00 m von insgesamt 11 durchschnittlich 5,30 m langen Bastionsvorsprüngen untergliedert, die jeweils 1 m aus der Mauer hervortreten und ist rund 5 m stark (Kleiss 1988b). Ähnlich wie die südliche Festungsmauer von Ayanis, waren die Steine dieser Mauer bossierte Quader (Abb. 4.56).

Im Inneren des so eingerahmten Areals befanden sich neben dem Turmtempel vor allem größere längliche Räume mit zwei oder mehr Gängen, die von den AusgräberInnen

Abbildung 4.56. Bastam Mittelburg, Detail der östlichen Burgmauer (Kleiss 1988b, Taf. 10.2)

u.a. aufgrund der sich darin befindlichen Vorratsgefäße für Lagerräume – vermutlich im Zusammenhang mit dem Tempel stehend – interpretiert werden (MB 1 und 3). MB 3 war insgesamt rund 42 m lang und 16 m breit, im Inneren befanden sich zwei Reihen von (Stütz-)Pfeilern (aus Bruchstein, 80 × 80 cm messend; Kleiss 1988a, 56). In der Mittelburg befanden sich hunderte große Pithoi. Es lassen sich Parallelen zu Pfeilerhallen z.B. in Ayanis oder Kefkalesi/Adilcevaz (Türkei) feststellen (Öğün 1982). Anhand des Fundes von Lehmmörtelteilen lassen sich interessante Beobachtungen zur Beschaffenheit des Fußbodens im oberen Stockwerk dieses Magazins machen: offensichtlich wurde über Rundhölzer erst ein Lehmboden angelegt, der dann mit (Schilf-)Matten, die als Abdrücke im Lehm erhalten blieben, abgedeckt wurde (Kroll 1988b, 102). MB 1,1 lag direkt nördlich des Tempels und war 38,50 m lang. Die Breite zur ersten Pfeilerreihe betrug 6,50 m. Der weiter östlich liegende Teil konnte nicht ausgegraben werden. Es wurden Fragmente von rund 68 Pithoi ausgegraben, von denen ein Pithos 2,06 m hoch und 1,30 breit war und damit eine identische Größe wie die Pithoi in der *West Storage Area* in Ayanis besaß. Dadurch ergibt sich, dass max. 75 Pithoi in drei Reihen von jeweils 25 Pithoi in dem Raum Platz gefunden haben können. Jedoch scheint es eine Größenstaffelung gegeben zu haben, wobei die an der Westwand gelagerten Pithoi größer als die restlichen waren. Um die Gefäße gab es eine hölzerne Gangkonstruktion (Abb. 4.57; Kleiss 1979a, 77, Abb. 86/87). Im westlichen Teil der MB, angrenzend an die Pithoshalle MB 1,1 befand sich ein Raumkomplex, der als (königliche) Residenzanlage gedeutet wird (insbesondere MB 1,8), von dem jedoch kaum mehr als die Grundmauern erhalten geblieben sind. Von dort konnte die Oberburg erreicht werden. Eine Besonderheit stellt Raum MB 2,1 dar, der südöstlich des Übergangs von MB zu OB lag. Er misst 14,50 × 5,70 m und in seinem Innern wurden über 1100 Tonbullae, viele mit Stempel- oder Rollsiegelabdrücken, vermischt mit ca. 500 000 Tierknochen (überwiegend Schaf und Ziege) gefunden, die offenbar von einem höheren Stockwerk ins Untergeschoss

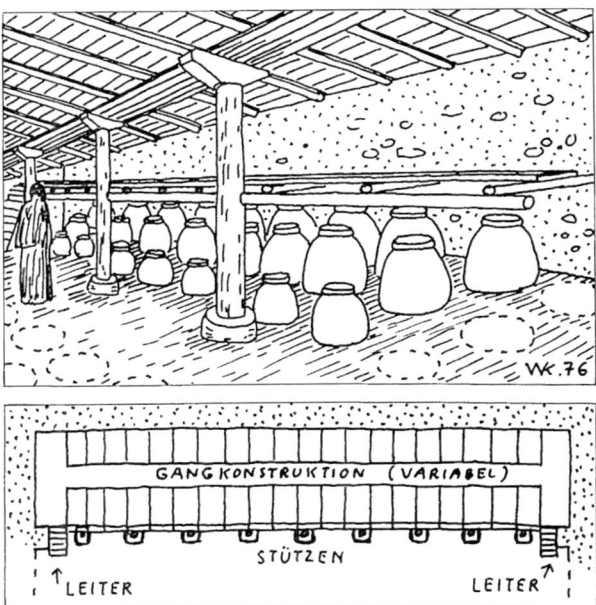

Abbildung 4.57. Rekonstruktion des „Pithosraums" MB 1,1 (Kleiss 1979, Abb. 87)

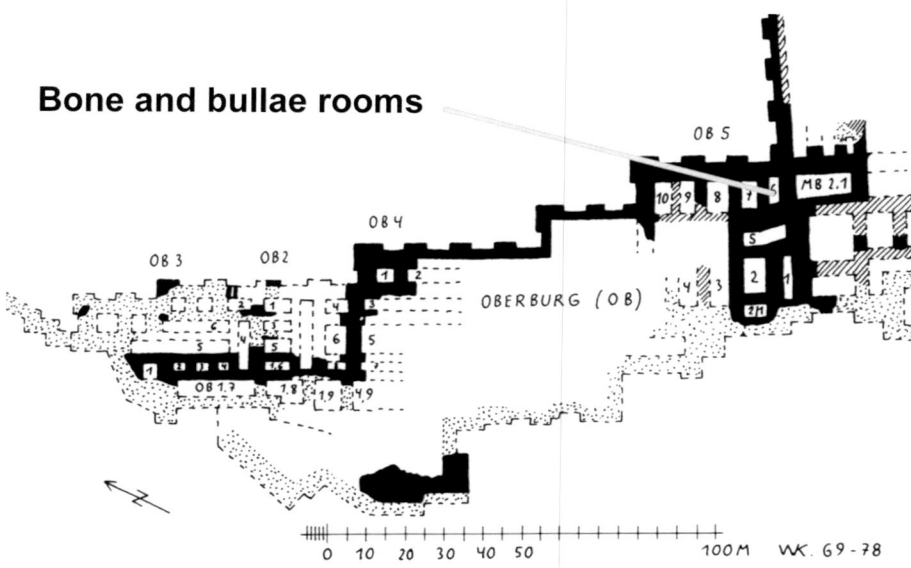

Abbildung 4.58. Die Oberburg von Bastam (Kroll 2010, abgerufen am 29.11.2017)

gefallen sind (Kleiss 1988b). Die geschlachteten Tiere scheinen getrocknet und zur Lagerung aufgehängt worden zu sein (Boessneck und Kokabi 1988; zusammenfassend zu den Schlachttiervorräten in UB 19, MB 2 und OB 5 Kroll 1988b, 103–6; siehe auch Hellwag 1998, 81). Auch wenn die Bedeutung dieses Fundkomplexes aus Tierresten, Bullae und Siegeln nicht klar bestimmt werden kann, frage ich mich, ob es sich hierbei beispielsweise um Opfermaterial gehandelt hat. Fest steht jedoch, dass sich bei der Lagerung solcher Schlachttiermengen ein erheblicher Geruch gebildet haben muss.

Die Oberburg mit möglichem Palast: Im Nordosten der Mittelburg lag der Übergang zu Oberburg. Die insgesamt 90 m lange und durchschnittlich 50 m breite Oberburg bestand aus vielen kleineren Räumen und Korridoren mit auffallend dicken Wänden (zwischen 3,50 und 4,80 m; in den Steinbasen konnten teilweise Kanaldurchlässe nachgewiesen werden; Abb. 4.58).

Erosion und mittelalterliche Bebauung zerstörten größere Teile der urartäischen Hinterlassenschaften in diesem Bereich. Die Verteidigungsmauer der OB ist 4,50 m breit, die Höhe ihres Steinsockels variiert zwischen 1,00 und 3,10 m. Allgemein wird angenommen, dass sich hier Residenzräume befanden (Kleiss 1979a, 80–97). Wolfram Kleiss (1979a, 87) ormuliert seine Rekonstruktion ausgehend vom Befund der Oberburg wie folgt: „Daraus [kleine Räume, starke Mauern] ergibt sich eine gestaffelte Stockwerk-Architektur in urartäischer Zeit von hohem festungsartigen Aussehen, die aber den Vorstellungen entspricht, die urartäische Bronze-Modelle von den Gebäudehöhen der Urartäer geben." OB 5 beschreibt die Räume, die nordöstlich an die MB angrenzten. Ober- und Mittelburg wurden durch einen 13,20 m langen und 2,10 m breiten Korridor (OB 5,5) miteinander verbunden. Der eigentliche Begehungshorizont war durch Erosion zerstört, es konnten jedoch fünf Bronzegegenstände gefunden werden, die wie Füße eines Möbelstücks o.ä.

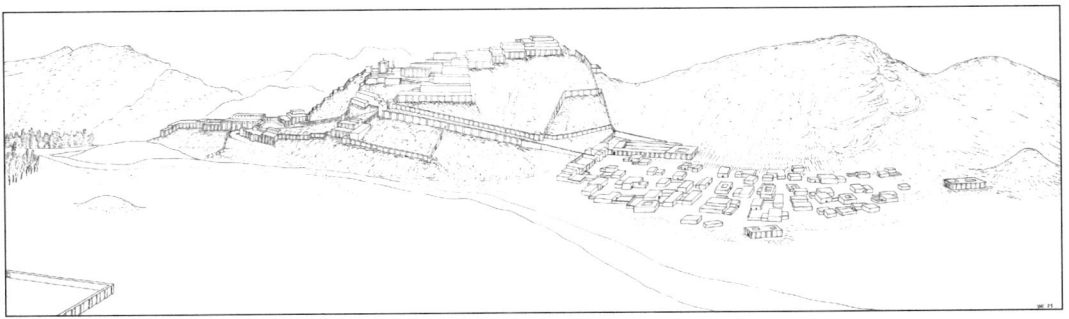

Abbildung 4.59. Rekonstruktion Bastams (Burg und Siedlung von Wolfram Kleiss 1979a, Abb. 116)

aussehen (Kleiss 1979b, Taf. 50, Nr. 2). Raum OB 5,6 lag durch eine 3 m breite Mauer getrennt neben MB 2,1 (wo sich die Tierknochen und Bullae befanden). Hier wurde eine urartäische Eisenhacke, die 19,8 cm lang, 5,7 cm stark und „voll einsatzfähig" ist gefunden (Kleiss 1979a, 85–86). Dieser Raum der OB war 8,90 × 3,60 m groß und es scheint sich um eine Art Archiv gehandelt zu haben, aus dem 83 Tonbullae geborgen werden konnten (Kleiss 1979a, 85). In dem 4,30 × 3,90 m messenden Raum OB 4,1 wurden ebenfalls Reste von der Holzdeckenkonstruktion gefunden. Es handelt sich um im Durchmesser 15 cm breite Rundhölzer, mit darüber liegenden Holzbrettern mit einer Breite von ca. 20 cm und 2 cm Dicke. Im nur teilweise freigelegten Raum OB 4,3 fanden sich insgesamt 6 Quadersteine aus grau-schwarzem Lavagestein, die vermutlich aus einem höher liegenden Stockwerk hinab gefallen waren,[22] beschreibt darüber hinaus OB 4,5 und 4,6 als Räume mit mehreren Lehmfußböden übereinander, in denen es keine Funde gab. In OB 4 wurden Reste von Wandverputz mit einfacher ägyptisch-blauer Bemalung gefunden. In Raum 4,3 befand sich sogar eine Schüssel, in der bereits zerriebene Farbe gefunden wurde, die vermutlich in Vorbereitung für die Verwendung als Wandanstrich war (Kroll 1988b, 103). Dieser Befund steht in Augen der Ausgräber im Kontrast oder gar Widerspruch zu dem Fundinventar der Räume, das sich überwiegend aus einfacher, tongrundiger (Haushalts-)Keramik (Kochtöpfe, Flaschen, mittelgroße Vorratsgefäße, kaum rotpolierte Keramik), Reibsteinen (vermutlich zur Mehlherstellung) und Steinschalenfragmenten zusammensetzte (Kroll 1988b, 102–3) und somit nicht in das Bild von königlichen Gemächern passte. Aus diesem Grund wurde ein Szenario entworfen, in dem erst in den Tagen der Belagerung Bastams die „einfache Bevölkerung" Zuflucht in der Burg fand und die aufgefundenen Küchenutensilien mitgebrachte (Kroll 1988b, 102–3).

Wie auch in Karmir Blur, Armavir, Ayanis oder Çavuştepe konnte auch in Bastam ein Obergeschoss für den Palast belegt werden. Der Bereich wurde möglicherweise von Wachhunden beschützt, worauf Skelette aus OB 5,7 und MB 2,1 deuten könnten.

Trotz der sehr typisch urartäisch wirkenden Bauweise und Anordnung der Gebäude in Bastam bestimmten möglicherweise dennoch einige regionale Unterschiede die Raumgestaltung (Linke 2015, 194). Einzelne Gebäude der Palastanlage waren etwa über

---

[22] Da OB 4,2 und 4,3 nicht vollständig freigelegt wurden, gehe ich nicht weiter auf sie ein (siehe Kleiss 1979a, 87).

die gesamte Fläche/Stätte verteilt – im Gesamteindruck wirkte das laut Forbes (1983, 43) „eher weiträumig und terrassiert als konzentriert und massiv" (Abb. 4.59).

Mit dieser Beschreibung der beiden urartäischen Orte gehe ich nun über zur synthetisierenden Darstellung der sich aus meinen Beobachtungen ergebenden Aspekte eines urartäischen räumlichen Habitus.

4.3 Synthese: Dimensionen eines urartäischen Raumhabitus

In diesem Abschnitt werde ich die Beobachtungen aus der Analyse der Orte Ayanis und Bastam generalisiert zusammenfassen und wiederkehrende, typische Merkmale der urartäischen Raumproduktion (auch von anderen urartäischen Orten) beschreiben. Diese so beschriebenen Aspekte eines urartäischen Habitus dienen mir später der Gegenüberstellung mit Assyrien unter Berücksichtigung von Thirdspace (Kap. 6). Hier erarbeite ich, was an stillschweigenden Erwartungen für urartäische Subjekte, als „Verkörperung", entstanden sein muss.

Als ein erster solcher Aspekt lässt sich der „Umbau" oder die „Aneignung" der Natur nennen, oder auch „Technologie der Landschaftsproduktion". Für die Burgen und umliegenden Gebäude wurden die Hänge terrassenartig vorbereitet, teilweise auf dem natürlichen Fels, teilweise auf Ausgleichsschichten gebauten Substruktionsmauern. Auch die riesigen Lagerräume waren mit ihren oft in den natürlichen Boden eingelassenen Pithoi dem Fels nach entsprechender Vorbereitung perfekt angepasst (vgl. Tab. 4.4). Während die Landschaftstechnologie des Politischen damit eher subtraktiv war, durch die Anlage der Burgen und Heiligtümer, war die Sphäre der Subsistenz jedoch eher additiv, wo die Gestaltung als Stauseen, Überbrückungen von Kanälen usw. angelegt war.

Die Mehrstöckigkeit am Berg kann als architektonische „Anlehnung" an den Berg, in sich jedoch äußerst stabil, verstanden werden und war eine wahre Bauleistung. Insgesamt ist es so, dass man grundsätzlich mit unebenem Grund rechnete, dies also selbstverständlich war. Dies bedeutet, dass „Sehen" oder „Gesehen werden" in einem leicht erreichbaren Verhältnis zueinander stehen: dieser Effekt ist ohne jede weitere Vorbereitung schon in die grundsätzliche Subjektivierung in Urartu durch die Topographie eingebaut und wird offensichtlich durch die Bauten absichtlich verstärkt. Nicht umsonst sind die Tempel (und nicht die Palastteile) Türme, und damit das Epizentrum der Überwachung und Sichtbarkeit – passend zum Gott Haldi, als leuchtendem Kriegsherrn. Dennoch ist es hier auch wichtig zu bemerken, dass der Gott eher in abstrakter Form als „Lanze" (Šuri-Waffe) vermutlich auf der Spitze des Turms (*susi*) auftritt, wo das Sonnenlicht am Morgen oder auch bei Sonnenuntergang prominent auftrifft, aber nicht etwa als Figur mit Augen.

Mit den schlanken, auf den Festungen thronenden Turmtempeln gewöhnten sich die Menschen an ein gewisses mit Vertikalität assoziiertes Sichtbarkeits- bzw. Überwachungsregime (genauer besprochen in Kap. 6). Wie stark ausgeprägt eine tatsächliche Überwachung war, ist jedoch schwer zu ermitteln, da nach gängiger Meinung der Turmtempel über keine Fenster oder ein begehbares Dach verfügte und in der urartäischen Architektur anscheinend oft Blendfenster verwendet wurden. Zudem war ein Maß an Sichtbarkeit auch von außen möglich, da in der Umgebung der Festungen in der Regel weitere Hügel oder gar Berge existierten, wie etwa der Güney Tepe von Ayanis. Es ist daher in diesem Kontext sinnvoll, nicht von Überwachung, sondern (gegenseitigen) Sichtbarkeiten zu sprechen.

Die Prominenz der Turmtempels und damit Haldis Waffe steht andererseits auch dafür, dass sowohl die militärisch-religiöse Sphäre als auch die politische insgesamt als Elemente ein- und desselben Komplexes angelegt sind. Das heißt, dass die religiös-militärische Sphäre gar nicht getrennt, sondern Haldi in seiner Position sowohl Oberster des Militärs als auch höchster Gott des Pantheons war. Dagegen scheint innerhalb dieses Komplexes eher der „königliche Wohnbereich" und damit die politische Sphäre vom Militärisch-Religiösen abtrennbar. Die Sichtbarkeit eines in der Sonne oder im Schnee reflektierenden, metallen glänzenden Speers, muss darüber hinaus aus weit größerer Entfernung als andere Materialien (wie Lehmziegelmauerwerk o.ä.) wahrgenommen worden sein.

Zu dem Spiel mit Topographie gehört auch das Herauf- und Heruntersteigen, was Aspekte der Synästhesie (s. Kap. 3) beinhaltet: Haptisch ist das Aufsteigen, das auch einen anderen Körpersinn (das Atmen, erhöhten Puls) in Bewegung setzt, und nach Ankommen *oben* dazu führt, dass der Blick sich weitet. Der Effekt ist ähnlich wie das Herauskommen aus einem Trichter, wobei der Blick im Aufstieg zum Tunnel wird, der generell nur auf das Ziel aus ist (stärker vielleicht beim steilen Aufstieg zum Festungstor hin, vielleicht weniger beim Abstieg, wo auch der Weg und der Überblick über die Ebene als ein „kleines Ziel" empfunden worden sein kann). Ruhe und Rückblick gibt es nur bei Rast oder nach Ankunft. Es sind gewissermaßen sich teils fast ausschließende Wahrnehmungsmodi des „Angestrengt-Erreichen-Wollens" und der damit einhergehenden Blickverengung bzw. der Ankunft und Blickerweiterung samt Überblick.

Sowohl in Bastam als auch Ayanis führte der Aufweg zum Erreichen des Haupttors jeweils entlang der Zitadellenmauer; In Urartu wurde beim Aufstieg zum ersten Festungstor der Trichtereffekt eher verstärkt, indem besonders nahe des Tors direkt an der Mauern entlanggelaufen werden musste und der Blick somit noch stärker auf das Tor gelenkt wurde. Teilweise gab es dann vor dem Tor angekommen jedoch, wie in Ayanis, einen kleinen Platz, der wiederum die Blickerweiterung und ein Anhalten evozierte.

Beim Rückweg verhält es sich de facto andersherum. Hier hatte man die Umwelt, die Gärten und Gebäude der Unterstadt vor Augen, die Burg jedoch stets im Rücken (und im Falle Ayanis' auch den vergöttlichten Süphan Berg). Bei der Steilheit des Weges musste der Blick jedoch sicher immer wieder auf die Füße gelenkt werden, um nicht auf den Steinen zu stolpern oder auszurutschen, gerade im Winter. In der Talsenke angekommen, bedeutete es zudem nicht das Ende des Weges, sondern je nachdem wohin man ging, stand ein erneuter Aufstieg auf oder über einen der angrenzenden Hügel wieder bevor. Die klar intervallische Ordnung der Liminalitäten, die dann jeweils kondensiert bzw. einigermaßen abrupt mit einer Fülle an Veränderungen auftraten, waren ebenfalls Teil dessen, was den urartäischen räumlichen Habitus prägte und verbunden ist mit dem eben beschriebenen Auf- und Abstieg. Die Tore und Türen stellten die einschneidenden Übergänge dar, die in klaren Intervallen angeordnet waren: Festungstor – zweites Tor/Tür – Tempel oder Palasteingang. In ihnen gab es meist einen leichten Wechsel des Fußbodenniveaus, entweder durch ein bis zwei Stufen oder durch ein Gefälle, dazu einen Wechsel von Licht/unüberdacht zu Schatten/überdacht (bzw. anders herum), einen anderen Fußbodenbelag (zwischen Stein- und Lehmboden) und automatisch auch einen Temperaturunterschied. Das jeweils liminale Gelände (Tor) ist also stufig, aber zwischen den liminalen Einheiten gibt es einen Aufweg (besonders sichtbar in Bastam), so dass die liminalen Bereiche höhenmäßig voneinander getrennt sind (was sie in Assyrien so nicht tun).

Das provoziert auf körperlicher Ebene ein tatsächliches Langsamer-werden, ausgelöst durch den Blick auf die Füße im Falle von Stufen und durch die Gewöhnung an die Dunkelheit oder die Blendung durch Licht. Gleichzeitig lösten der Temperaturwechsel, die Dekorationselemente, wie z.B. Torinschriften, Wandbemalung und/oder Metallwaffen bzw. -schmuck, in Verbindung mit dem durch die Füße gespürten (vgl. Ingold 2004) und durch die Ohren gehörten Wechsel von dumpfem Lehmboden auf hallenden Stein auch ein nicht notwendigerweise physisches, aber zumindest doch inneres Innehalten aus. Tilley (1994, 29–30) schreibt zur (kulturellen) Bedeutung von (physischem) Gehen und Bodenberührung: „Through walking, in short, landscapes are woven into life, and lives are woven into the landscape, in a process that is continuous and never-ending." Eine Aussage, die sich durchaus auch auf das Erlaufen von Architektur erweitern lässt und ein bedeutender Aspekt in der Schaffung von räumlichem Habitus ist (siehe auch Tim Ingolds Artikel „Culture on the Ground. The World Perceived Through the Feet" aus 2004 zu dem Thema).

In einigen Fällen, wie dem Betreten des Tempelbereichs, kam zudem der olfaktorische Input vom Rauch der Herde und ggf. Geruch der Opfergaben wie Hirse, Wein oder Blut hinzu; mindestens bei den Festungstoren noch die Anwesenheit von Wärtern.

Diese sinnlichen Einwirkungen waren unreflektierte Erwartungen an diese Übergangzonen für UrartäerInnen. Die Liminalitäten können desweiteren als Feintuning der klaren Zuspitzung von Innen und Außen, also ummauerter Burg und freiliegender Unterstadt, sowie weiter gefasst auch des Duktus der „Zivilisierung der Natur" verstanden werden.

Jene Geradlinigkeit auf weiterer oder „gröberer" Skala stand jedoch im Kontrast zur relativen Diffusion bzw. Nicht-Linearität von Sichtbarkeiten, Geräuschen und Gerüchen innerhalb der Gebäude, also auf vergleichsweise kleinerer Skala. Dies hat zu tun zum einen mit den Säulen und Pfeilern innerhalb spezifischer Bauten der Zitadellen (Tempelareale, Pfeilerhallen, „Apadana"), aber zum anderen ist es auch in den „Wohn"-Häusern sichtbar anhand der verhältnismäßig „verschachtelten" Raumanordnung, sogar auf dieser kleineren Skala (beispielsweise in Bastam, Häuser 1–4, Schnitt S2, Abb. 4.49; siehe auch die Übersicht urartäischer Wohnhäuser in Abb. 4.9; aber auch im sog. Residenzbereich von Ayanis). Auch wenn noch nicht viel über die Aktivitätszonen innerhalb urartäischer Wohnhäuser bekannt ist, ergibt sich derzeit doch das Bild, dass unterschiedliche Aktivitäten in enger räumlicher Verbundenheit stattfanden, anstatt deutlich voneinander getrennt zu sein. So gab es offenbar Ställe, d.h. Tiere (Rind, Schaf, eventuell Pferde), in den Häusern, ebenso wie Keramik- und Brotbacköfen, Mahlsteine/-aktivitäten für Getreideverarbeitung, ebenso wie Hinweise auf Käseproduktion und -lagerung (vgl. Stone 2012; Zimansky 2012). Dicht beieinander gab es somit ein Netz an Gerüchen, z.B. verbrennendem Tierdung zu Heizzwecken, aber auch backendem Brot, verwoben mit Tiergeräuschen und dem Rhythmus von Handwerk. Das spricht dafür, dass das Überschneiden dieser Art sinnlicher Wahrnehmung gewohnt war, anstatt bewusst stark abgeschottete Sphären zu schaffen (wie es etwa heute eher der Fall bzw. wie heute im Bezug auf mentale Gesundheit zumindest empfohlen wird). Teilweise hatte dieses Arrangement aus integrierten Wohn- und Arbeitsverhältnissen sicher auch den Vorteil für die Menschen, im Winter die Wärme effizient im Haus zu halten und bei Tätigkeiten nicht von dieser abgeschnitten zu sein.

Es hat zudem den Anschein, dass beispielsweise die Möglichkeit des einfachen, direkten Blicks ins Innere der Häuser von außen durch die architektonische Ausrichtung der jeweils nächsten Türen nicht möglich war, was abgewandelt vergleichbar ist mit den versperrten Sichtachsen um den *susi*-Tempel. Das spräche für die Wahrnehmung der Häuser als jeweils eine von den anderen abgetrennte Einheit, mit all den für einen „Haushalt" nötigen Utensilien (Lagergefäßen, Kochstellen, Tieren, etc.). Diese würde durch die Reizflut beim Betreten der und Bewegen in den Häuser unterstrichen.

Außerhalb der Häuser hingegen muss es ein Gemisch unterschiedlicher Sprachen gegeben haben. Außerdem war hier von fast allen Positionen in den Siedlungen jeweils die Burg mit ihren ungekurvten, zinnenverzierten Mauern sichtbar, ebenso wie die bastionierten Elitenhäuser (z.B. Nordgebäude in Bastam) nahe bei.

Wenn auch in deutlich geringerem Umfang als in den Tempeln und Palästen, wurde teilweise auch in den Häusern der Unterstädte blaue Wandfarbe verwendet, ebenso wie auch Metallwaffen- und gürtelfragmente gefunden wurden – womöglich neben utilitaristischem Zwecke auch als Dekoration? Dies spricht einerseits für ein gewisses Maß an „Unabhängigkeit" und/oder Zugang zu „Schönem" bzw. „Luxuriösem" der BewohnerInnen dieser Bereiche. Andererseits ist dies nur ein weiteres Element, das zur Gedrungenheit und aus heutiger Perspektive beinahe Überladenheit der sinnlichen Organisation innerhalb der Häuser aufaddiert werden muss.[23]

Dieses Phänomen lässt sich deutlicher in den Bauten der Zitadellen beobachten; obgleich eine direkte Planähnlichkeit zwischen (Wohn-)Häusern und Palastarealen nicht erkennbar ist.

Im Innern der Festungsgebäude traf man sowohl auf die repetitiv-standardisierte architektonische Modularform (Säulen, Sitze, Häuser), als auch auf die repetitiv-musterhafte Motivik der Dekoration. Die Wiederholungen lassen sich sowohl auf der Darstellung von Kleidung (z.B. Rautenmuster), als auch auf Wanddekoration wiederfinden (siehe z.B. das Karomuster in der sog. „Pfeilerhalle" von Ayanis, Abb. 4.23).

Betrachtet man die wenigen bildlichen Darstellungen der Dekorationen ist interessant, dass hier eine Bildlichkeit vorliegt, die jeden (räumlichen) Kontext vermissen lässt. D.h., sie sind hier in Urartu als raumlose Wesen repräsentiert und gleichen damit an sich einem Muster selbst. Menschen und andere Lebewesen sind selbst Ornamente und nicht Teil eines szenischen Bilds. Die Raumimagination der Leute, die Räume schmücken

---

23 Als Nebenbemerkung möchte ich über die Frage nachdenken, ob eine solche Überladenheit des Innen vielleicht deswegen im Kontrast zum heute teilweise im Trend liegenden Minimalismus steht, da anders als heute es damals keine so starke Reizüberflutung durch Lärm von Autos, U-Bahnen, Radios und Maschinen, Lichter und Farben in Form von Werbung, und überhaupt mit der neoliberalen Welt verbundenen Fülle an Einflüssen gab. Der rezent wieder erstarkende Wunsch, inklusive der passenden Ratgeber, nach Trennung von Arbeits- und Schlafbereich, weißen Wänden oder auch *decluttering* von unnötigen Gegenständen und Kleidungsstücken passt insofern als Fluchtkonzept vor der oft beschworenen „Hektik" des modernen Alltags (Hektik mag dabei als Synonym für „Über*reizung*" verstanden werden). Als drastischer Unterschied zur Welt Nordmesopotamiens der Eisenzeit, mag es nach diesem Gedankengang weniger überraschen, dass eine Art Überfrachtung des Innenraums durch Farben, Teppiche, Gerüche etc. erwünscht und nicht als „Zuviel" wahrgenommen wurde. Dazu kommt, dass im Vergleich zu heute die Besiedlung weniger dicht war und die Natur bedrohlicher erschienen sein muss (Schnee, wilde Tiere). Der Bruch zwischen „Natur" und „Kultur" konnte deswegen tatsächlich entstehen, wenngleich er nicht als solcher konzeptualisiert worden sein muss. Auch die Subsistenzproduktion waren deutlich anstrengendere Arbeiten damals und lassen demnach ganz andere Konzeptionen des „Menschlichen" erwarten. Dies gilt in der Allgemeinheit natürlich für Urartu und Assyrien.

ließen, war also kaum narrativ, was auch zur eher regellos erscheinenden Kreation der Kompositwesen passt, wie oben beschrieben.

Die wenigen urartäischen Reliefs, die es überhaupt gibt, „wollen" zudem aus einem einzigen Abstand heraus wahrgenommen werden, dem mittleren, aus dem die Szenen erkennbar bleiben (Egbers 2019b, 107). Details fehlen. Das gilt auch für die vielen Steininschriften, da auch hier mit großen und klar voneinander abgesetzten Keilen geschrieben wurde, was eine besondere Nähe der lesenden Person zur Schrift überflüssig machte. Auch die Wandbemalung Urartus bestand aus vergleichsweise einfachen Mustern mit blauer und roter Farbe, teilweise dekoriert mit einer Vielzahl an Bronze- und Eisenwaffen, die mit ihrem Glanz zwar Blick und Sinne der Betrachtenden auf sich zogen, jedoch in wesentlich geringem Maße die Einnahme verschiedener (Sicht)Distanzen zum Objekt evozieren (Egbers 2019b, 107).

Es gab viel eher eine regelrechte Überladung aus repetitiven Schmuckelementen und Mustern, die von farblich-taktilen Kontrasten unterbrochen waren. So sind z.B. der südliche Teil der Stadtmauer von Ayanis und die östliche Befestigungsmauer in Bastam unten in dunklem, bossiertem Stein gehalten, von dem einst das hellbraune Lehmmauerwerk emporstieg. Ein Prinzip, das sich an den Pfeilern (unten dunkel, oben hell) und z. T. den Resten der Wandbemalung wiederfinden lässt. Auch die ausgiebige Verwendung von glänzenden Metallgegenständen, insbesondere Waffen wie Schilde, Speerspitzen und Dolche, an den Wänden steht für eine abwechslungsreiche Gestaltung, die durch die Aneinanderreihung entweder zum haptischen Erkunden/Erschließen einlud oder, wenn dies nicht möglich bzw. erlaubt war, zumindest das haptische Wissen der Betrachtenden ansprach. Denn mit unterschiedlichen Farben und Oberflächen werden auch haptische Sinneseindrücke verbunden, wie z.B. eine spiegelnde Oberfläche als glatt empfunden wird. Die Pfeiler in Tempelbereich und Pfeilerhallen mit den unterbrochenen Sichtachsen sorgten zusätzlich nicht nur beim Betreten, sondern auch beim Verweilen in diesen Festungsteilen dafür, dass nur schwerlich das gesamte Volumen des jeweiligen Raums gehört bzw. empfunden, geschweige denn gesehen werden konnte (wenngleich ein gewisses Empfinden für die Tiefe möglich war; vgl. Blesser und Salter 2007, 21).

Zusammen mit den mitunter starken Gerüchen und physischen Reaktionen, wie einem Augenbrennen bei Betreten des hellen Tempelvorhofs aus dem Dunkel der „Halle mit Podium" und in der Nähe der rauchentwickelnden Herde, oder dann beim Hören und Riechen der toten oder sterbenden Opfertiere, und letztlich der potenziellen Ehrfurcht vor dem heiligen Raum des militärischen Gottes Haldi, ergab sich ein äußerst vielschichtiges, lebendiges „Gesamtensemble". Die großen Knochenfunde in Bastam, aber auch am Hang von Ayanis, ebenso wie die schriftlichen Quellen verweisen darauf, dass Tieropfer durchaus oft und teilweise umfangreich stattfanden.

Gerade olfaktorisch-gustatorische Wahrnehmung scheint m.E. in Urartu von Bedeutung gewesen zu sein. So zeigt beispielsweise die Abbildung auf einem schmalen Gürtelteil u.a. einen Tisch, auf dem sich Gefäße befinden, aus denen Rauch oder Dampf aufzusteigen scheint (Abb. 4.60; vgl. auch Abb. 4.13 sowie Seidl 2004, Abb. 98). Am Tisch sitzt eine Frau, die eine (Trink-)Schale in der Hand hält, was genau auf jene Verbindung von gustatorischer (im Sinne von Verzehr) und olfaktorischer Wahrnehmung hindeutet. Diese Darstellung einer Frau am Speisetisch mit Dienerinnen (?) auf der anderen Seite des Tisches stehend, ist ein wiederkehrendes, typisches Motiv (vgl. oben Abb. 4.13;

Abbildung 4.60. Ausschnitt eines Bildes auf einem schmalen Bronzegürtels aus Urartu (sm-35; Zg. Arch. Staatsslg. München; Seidl 2004, 139, Abb. 98; Provenienz unbekannt)

Seidl 2004, 137). Dieses Motiv weist in der Komposition auch gewisse Ähnlichkeiten mit sog. Bankettszenen aus Frühdynastischer Zeit (ca. 3000–2330) auf (für eine Definition siehe (Selz 1983, 14–17; vgl. auch Pollock 1999, 162; Rohn 2011, ab 53).

Als auffällig könnte in diesem Zusammenhang darin auch die Zeichnung der leicht vergrößerten Nasen der Frauen gewertet werden (vgl. Howes und Classen 1991), aufgrund dessen diese auch schon von Ursula Seidl (2004) wegen des Gesichtsausdrucks als „grimmige Frauen" betitelt wurden. Allein die Darstellung dieser Speiseszene ist in sich ein Erinnerer oder Appell an Geruch und Geschmack. Gewisserweise architektonisch wird diese Annahme unterstützt durch die außerordentlich großen Lagerräume für Speisen und Wein, die sich in allen urartäischen Burgen finden. Da Geruch und Geschmack miteinander verbunden sind, können Gerüche in einem Umfeld auch den Geschmackssinn unbeabsichtigt auslösen (Beidler 1978, 30), genauso wie bildliche Darstellungen, die an ein Ereignis erinnern, die mit dieser Erinnerung verbundenen Sinne erneut subtil anregen können. In der abgebildeten Szene könnten die drei stehenden Frauen, die oft als Dienerinnen bezeichnet werden, Musikinstrumente (wie etwa Schellen und Leier) in den Händen halten und so das Essen der Frau musikalisch begleiten.

Letzteres könnte auch als eine Verbindung auditiv-gustatorischer Bedeutung interpretiert werden, bei der spezifische „wohlklingende" Lieder oder Melodien nur zusammen mit dazugehörigen „wohlschmeckenden/-riechenden" Speisen vorkommen (können oder sollen). Zu diesem vagen Gedanken bringt mich das Beispiel der Shipibo-Conibo, einer indigenen Community im Osten Perus, wo komplizierte geometrische Designs u.a. auf Artefakten und Kleidungsstücken Lieder verkörpern. Während eines Heilrituals nimmt ein Schamane in halluzinogener Trance wahr, dass eben diese Muster nach unten schweben und bei Berührung seiner Lippen zu Liedern werden. Sobald diese von ihm gesungenen Lieder den/die PatientIn erreichen, wandeln sich die Lieder wieder um, um in den betroffenen Körper eindringen zu können und die Krankheit zu heilen.

Aspekt	Archäologische Korrelate	Unreflektierte Habitualisierung
Technologie der Landschaftsproduktion	Terrassierung; Betonung der Topographie durch Mehrstöckigkeit u. monumentale Bauweise (dicke Mauern, Risalite); *susi*-Turm mit schuri-Waffe an prominenter Stelle; subtraktiv im Politischen, additiv in Subsistenz	Nutzung/Überhöhung der Topographie; Sichtbarkeit; Schutz-Überwachung; Verbund der militärisch-religiösen Sphäre symbolisiert durch Haldis Embleme u. Bauten; verkörpert auch durch die Haptik der Auf- u. Abstiege (Blickverengung u. -öffnung, Spüren des Bodens, ggf. Blutdruck, Atmen)
Liminalität	Intervallisch u. intensiv/kondensiert in Toren u. Übergängen	Abrupter Wechsel in Temperatur, Licht, Bodenniveau u. -belag, Klang, Farben, Geruch, Oberflächen und Dekoration
Bildlichkeit	Repetitive Motivik im Dekor, ohne räuml. Kontext; etliche Kompositwesen; Kontraste	Nicht narrativ oder perspektivisch, aber musterartig
Oberflächen (Dekoration)	Glanz, Waffen, Kontraste (geglättete Steine, dunkle Basen, helle Mauern o. Säulen), blau-rot-braun-weiße Farben; ggf. Teppiche an Wänden	Taktilität verbunden mit diesen Oberflächen und Farben
Raumrhythmisierung	Geradlinige Wegeführung in Zitadelle, mit pointierten Übergängen, abgewechselt mit Enge u. Diffusion in Gebäuden u. Räumen (durch Pfeiler/Sichtachsen, Gerüche u.ä.)	Linearität der Wegeführung u. Übergänge – Diffusion u. Des-Orientierung innerhalb der Räume/Häuser
Wasser/ Feuchtigkeit	Ausgeklügelte Kanal- u. Abwassersysteme um u. in Siedlung; Quellen nahe Siedlungen; additive Technologie der Landschaftsproduktion in Subsistenzsphäre: Brücken über Kanäle, Anlage von Staudämmen, etc.	Kontrolle; Fruchtbarkeit
Farben	Blau-rot-weiß-braune Wandbemalung/Farbkombination; unterschiedliche Baumaterialien (Lehm, Andesit); vergoldete Rosetten, Bronzebänder und Holzbordüren an Wänden	Polychromie; Kontraste
Geruch	Gärten; Ställe in Häusern u. Burgen; Herde u. Podeste für Weinlibationen, Tieropfer (Blutgeruch), gekochte? Hirse; Darstellungen dampfender Speisen; Lagerräume (Wein, Getreide, Sesam, uvm.)	Erinnerung an spezifische Events, aber auch alltägliche Häuslichkeit
Akustik	Pfeiler u. Säulen in Hallen (weniger Schall), Boden-/Deckenbelag oft absorbierender Lehm, z.T. abgewechselt mit hallenden Steinplatten; Darstellungen von Musik; Tiergeräusche u. Sprachen; Handwerk	Diffusion
Übernatürliches	Schuri-Waffe als Symbol Haldis; hl. Baum in Tempeln u. Abbildungen; etliche Kompositwesen; vergöttlichte Natur (Berge, Flüsse)	Angst, Kontrolle, Schutz, „fließende" Identitätswahrnehmung, göttliche Omnipräsenz
Objekte	Möbel mit Tierfüßen; vermutlich Teppiche; viele Waffen; rot-glänzende Keramik; Metalleimer etc.	Luxus, Vertrautheit

Tabelle 4.5. Aspekte eines urartäischen räumlichen Habitus

Diese Design-Songs haben auch eine olfaktorische Dimension, da ihre Kraft in ihrem „Duft" liegen soll (Gebhart-Sayer 1985). Daran lässt sich erkennen, dass Musik auch eine sensorische Bedeutung jenseits des Hörens besitzen kann.

Ein anderer Aspekt, der auf der gezeigten Darstellung der sitzenden Frau zu sehen ist, könnte der der Temperatur sein. Auch die Wahrnehmung von Temperatur wird heute als Teil der Haptik betrachtet. Auf dem Bild des Bronzegürtels wird der thronenden Frau anscheinend von einer hinter ihr stehenden Frau Luft zugefächelt (Abb. 4.13; vgl. Seidl 2004, 141).

Mit der detaillierten Analyse der beiden urartäischen Orte Ayanis und Bastam sowie der anschließenden synthetisierten Beobachtung zu Dimensionen eines urartäischen räumlichen Habitus (Tab. 4.5) werde ich nun zur Beschreibung Assyriens übergehen.

5

Analyse: Assyrien

Im Kern dieses Kapitels steht die Analyse der beiden assyrischen Fundorte Khorsabad und Ziyaret Tepe, aufgegliedert nach den Möglichkeiten bzw. Angeboten ihrer Sinneswahrnehmung. Ähnlich dem vorhergehenden Kapitel 4zu Urartu, ist auch hier der eigentlichen Analyse der spezifischen Orte eine Übersicht über den historischen Kontext sowie die Forschungsgeschichte Assyriens vorangestellt.

5.1 Einführung: Assyrien

5.1.1 (Konventioneller) Historischer Überblick

5.1.1.1 Anfänge

Von der Mitte des 9. bis zum späten 7. Jh. v.u.Z. entwickelte sich das Assyrische Reich von seinem Kerngebiet am oberen Tigris aus zu einer Großmacht, die beinahe den gesamten westasiatischen Raum dominierte und teils sogar Ägypten okkupierte (Abb. 5.1; Liverani 1995; Cancik-Kirschbaum 2003; Van De Mieroop 2007, Kap. 12 und 13; Radner 2014; Kertai 2015a; Frahm 2017; siehe etwa Eph'al 2005 zur kurzen Phase der Okkupation Ägyptens unter den Königen Esarhaddon und Assurbanipal). Diese Phase wird als neuassyrische bezeichnet und somit in direkte Verbindung zur alt- (Anfang 2. Jt. v.u.Z.) und mittelassyrischen (2. Hälfte 2. Jt. v.u.Z.) Zeit gesetzt (für einen Überblick über die Geschichte Assyriens siehe z.B. Cancik-Kirschbaum 2003; Van De Mieroop 2007, Kap. 12 und 13; Frahm 2017). Oft werden diese knapp 250 Jahre in mehrere weitere Abschnitte untergliedert, beginnend mit den beiden Herrschern Assurnasirpal II (herrschte 883–859) und seinem Nachfolger Salmanassar III (herrschte 858–824), die insbesondere für die Konsolidierung des zum Ende der mittelassyrischen Zeit militärisch gesehen geschwächten Assyriens sorgten und den Königshof 879 nach Kalhu (Nimrud, heutiger Irak) verlegten (Tab. 5.1; vgl. Bernbeck 2010, 147). Teilweise werden diese beiden auch noch als Könige einer Konsolidierungsphase, die demnach ca. vom 10. bis 7. Jh. v.u.Z. andauerte, bezeichnet, die die Basis für das neuassyrische Reich legten (z.B. Cancik-Kirschbaum 2003, Kap. 5; Van De Mieroop 2007, 240; Radner 2014, 105). Eckart Frahm (2017b, 167) bezeichnet die Zeit von 934 bis 824 als „Reconquista Period". Für Mario Liverani (2017b, 538) dauert die „Reconquista" Periode von 930 bis 860, die s.E. ab Salmanassar von einer „ersten Expansionsphase" abgelöst wurde. Auch Karen Radner (2014, 105) verweist darauf, dass in dieser Zeit durchaus Expansionspolitik betrieben

Jahr (v.u.Z.)	Assyrien Königinnen	Könige	Urartu
900		Adad-nirari II (911–891) Tukulti-Ninurta II (890–884)	
	Mullissu-mukannišat-Ninua	Assurnasirpal II (883–859)	Arame (858-844)
850		Salmanassar III (858–824)	Sarduri I (844–832) Išpuini (832–816)
	Sammuramat	Šamši-Adad V (823–811)	Išpuini-Menua (816–810)
800		Adad-nirari III (810–783)	Menua (810–786)
	Hamâ	Salmanassar IV (782–773) Assur-dan III (772–755)	Argišti I (786–764)
750		Assur-nirari V (754–745)	
	Yabâ	Tiglatpilesar III (744–727)	Sarduri II (764–734)
725	Banitu Atalia	Salmanassar V (726–722) Sargon II (721–705)	Rusa (I?) (734–714)
700	Tašmetum-šarrat u. Naqia Ešarra-hammat	Sanherib (704–681) Asarhaddon (680–669)	Argišti II (714–618)
675	Libbali-šarrat	Assurbanipal (668–631)	Rusa (II?) Sohn d. Argišti (ca. 680–640)
650		Assur-etel-ilani (630–627) Sin-šar-iškun (627–612)	Sarduri III (ca. 640–610)
600		Assur-uballit II (611–609)	Rusa (III?) (ca. 610–590) Rusa (IV?) (ca. 590–585)

Tabelle 5.1. Chronologie und Königsabfolge Assyrien und Urartu ca. 900–600 v.u.Z. (nach Liverani 2014, Tab. 28.1) und einiger assyrischer Königinnen (MÍ.É.GAL, „principle wives", nach Macgregor 2012, 3)

wurde, ähnlich wie Mario Liverani (2014, 481; 2017a). Diese Ansicht steht im Gegensatz zu beispielsweise Marc Van De Mieroop (2007, 242), der sich explizit gegen die Idee eines „Expansionsstaates" unter Assurnasirpal und Salmanassar ausspricht, da diese Könige lediglich die bestehenden Grenzen gesichert haben und Feldzüge darüber hinaus dem Grenzschutz und der Räuberei dienten.

Das Ende der mittelassyrischen Periode wird definiert durch Konflikte insbesondere zwischen AramäerInnen und AssyrerInnen im Norden Syriens beginnend ca. im 12. Jh. und anschließendem Kontrollverlust über Gebiete im heutigen Nordostsyrien (Van De Mieroop 2007, 238). Laut Van De Mieroop (2007, 240) oder auch Frahm (2017b, 167) wurden unter Assurnasirpal II Gebiete zurückerobert bzw. die Kontrolle darüber gefestigt, die im 13./12. Jh. einmal assyrisch dominiert waren, später jedoch wieder verloren wurden; diese Interpretation scheint jedoch die Idee eines nationalen Territorialstaats als Grundlage zu habe, was sicher nicht der Realität entsprach. Unter Salmanassar III wurde das kontrollierte Gebiet durch jährliche militärische Kampagnen insbesondere Richtung Westen und Norden deutlich erweitert (Yamada 2000; Van De Mieroop 2007, 240–42; Liverani 2014, 481; Bagg 2017; Liverani 2017a, 204). Während dieser ersten Phase hören wir auch von militärischen Auseinandersetzungen mit Urartu (Van De Mieroop 2007; Radner 2011; Fuchs 2017).

Der zweite Abschnitt der neuassyrischen Zeit wird gemeinhin als einer der Krise und der Stagnation beschrieben, der vermutlich schon zum Ende der Regentschaft Salmanassars seinen Anfang fand (Van De Mieroop 2007, 244–245; Bernbeck 2010, 147; Liverani 2014, 482–484). Interne Macht- und Interessenskonflikte scheinen die absolutistische Stellung des Königs untergraben zu haben, was gemeinhin mit einer

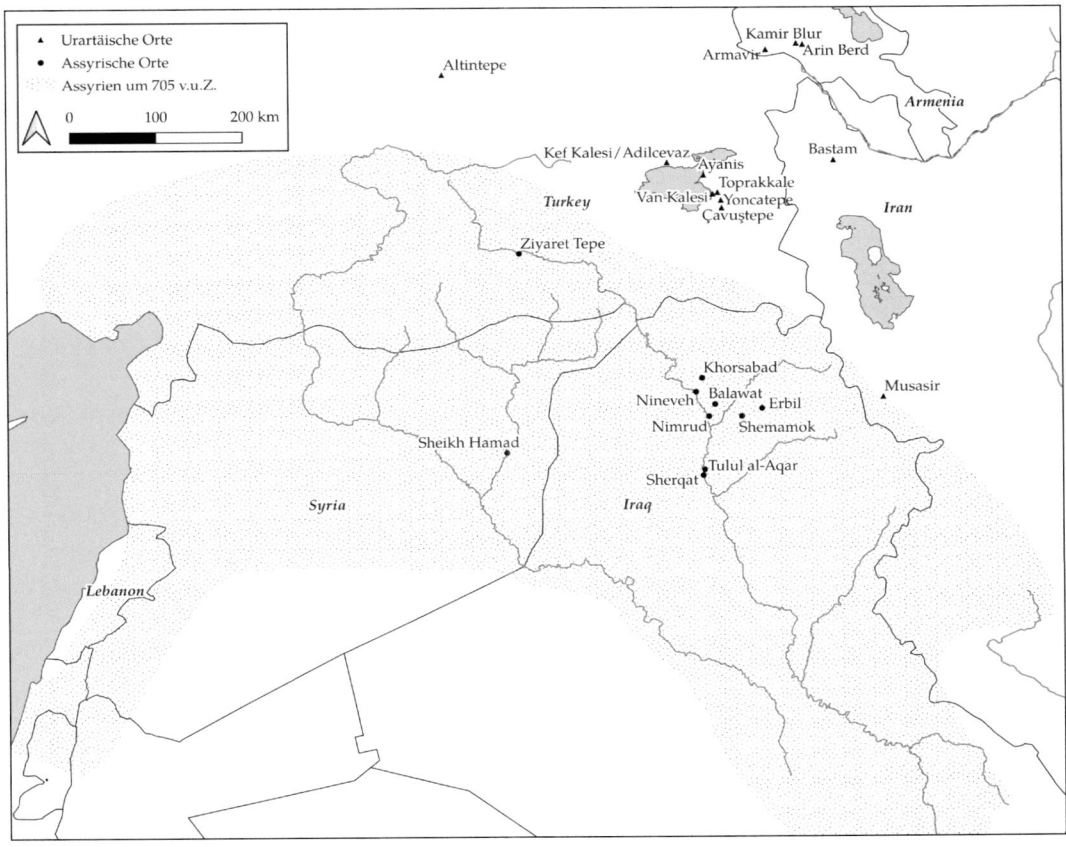

Abbildung 5.1. Das Neuassyrische Reich und urartäische Fundorte (Grundkarte: https://www.openstreetmap.org/copyright)

Schwächung des Reiches gleichgesetzt wird (Cancik-Kirschbaum 2003, 64–65; Van De Mieroop 2007, 244). Reinhard Bernbeck (1993, 144–45) hingegen äußerte die Meinung, dass der Übergang von 9. zum 8. Jh. v.u.Z. traditionell als Schwächephase bezeichnet wird, da es keine jährlichen Kriegszüge gab, aber beispielsweise unter Adad-Nirari III (herrschte 810–783) eine innenpolitische Konsolidierung stattfand und dadurch erst die spätere Expansionspolitik Tiglatpilesars III ermöglicht wurde. Dass dieses Fehlen einer militärischen Expansion und eines starken Königs in der Forschungsliteratur als „Schwächung" betitelt wird, zeugt augenscheinlich von einer spezifischen Position der jeweiligen Forschenden. Dass offenbar vermehrt auch lokale Gouverneure und andere hohe Offizielle Assyriens an königsgleichen Einfluss gelangten, könnte etwa auch als Stärkung anderer, möglicherweise weniger absolutistischer Politstrukturen ausgelegt werden. Zwischen den Jahren 762 und 759 scheinen einige assyrische Städte, darunter auch Assur, gegen den König rebelliert zu haben (zu unterschiedlichen Lesarten des frühen 8. Jhs. in Assyrien siehe zusammenfassend Van De Mieroop 2007, 248). In dieser Zeit wuchs die militärische Stärke Urartus, v.a. unter König Sarduri, Sohn des Argišti (Sarduri II), und machte Assyrien die Vormachtstellung in den Gebieten des heutigen Nordsyrien streitig

(Van De Mieroop 2007, 248; Liverani 2014, 485). Nennenswert ist hier die Schlacht im sog. Königreich Arpad (heutiges Nordsyrien) im Jahre 754, bei der Urartu die assyrischen Truppen des Aššur-nerari V (regierte 754–745) besiegte (Radner 2011, 739.).

5.1.1.2 Veränderungen ab Tiglatpilesar III und Deportationspolitik

Einstimmigkeit in Bezug auf die Unterteilung in verschiedene Phasen der neuassyrischen Zeit herrscht in der Regel für die letzte, die durch die Thronbesteigung Tiglatpilesars III (regierte 744–727 v.u.Z.) eingeleitet wird (Cancik-Kirschbaum 2003, 65; Van De Mieroop 2007, 248; Liverani 2014, 485; Radner 2014, 104). Spätestens seit Emil O. Forrers bekannter Dissertation „Die Provinzeinteilung des assyrischen Reiches" aus dem Jahre 1920 herrscht im wissenschaftlichen Diskurs die Überzeugung vor, dass sich mit diesem König Neuassyrien zu einer imperialen Großmacht zuvor nicht dagewesenen Ausmaßes entwickelte (so auch Cancik-Kirschbaum 2003, Kap. 6 und 7; Van De Mieroop 2007, 229; Frahm 2017, 161; vgl. Parpola 2007, 261). Insbesondere unter Tiglatpilesar III und später Sargon II (regierte 721–705) wurden eine Reihe bedeutender politischer Umstrukturierungen vorgenommen, die einer möglichen Aufsplittung der Macht entgegenwirkten. Dazu gehörte beispielsweise die Untergliederung der alten, ehemals zwölf Provinzen in insgesamt 25 und damit deutlich kleinere, weniger einflussreiche Einheiten, ebenso wie der Einsatz von mindestens zwei Personen auf ein Amt in höheren Positionen, darunter immer öfter Eunuchen, die keinen Nachwuchs hatten, in dessen Interesse sie hätten agieren können (vgl. Cancik-Kirschbaum 2003, 109; Fuchs 2005, 48–49; Van De Mieroop 2007, 248; Radner 2012; Liverani 2014, 487). Nun wurde auch eine Berufsarmee etabliert und immer öfter wurden besiegte Gebiete als Provinzen in das wachsende Imperium eingegliedert, anstatt wie zuvor „lediglich" zu tributpflichtigen Vasallen Assyriens zu werden (Van De Mieroop 2007, 248; Radner 2012). Laut Mario Liverani (2014, 487) ließ Tiglatpilesar III auch neue Inschriften und Steinreliefs an offiziellen Gebäuden in der Hauptstadt Kalhu anbringen, um die imperiale Ideologie des Reiches neu zu betonen. Die Organisation dieser politischen Einheit war totalitär und hochgradig auf den König zentralisiert. Auch wenn Umsiedlungen und Deportationen kein Novum darstellten, scheinen sie in dieser Phase des neuassyrischen Reichs eine zuvor kaum bekannte Dimension angenommen zu haben (zu Deportation in Assyrien siehe z.B. Oded 1979; Van De Mieroop 2007, 232–33; Liverani 2014, 487; Radner 2014, 106; Rosenzweig 2016; Baker 2017; Liverani 2017a, 204). Sie wurden gezielt eingesetzt, um lokale politische und soziale Strukturen zu zerschlagen und Menschen als ZwangsarbeiterInnen in den verschiedensten, im Laufe der Zeit immer weiter von ihren Ursprungsorten entfernt liegenden, Regionen des Reiches anzusiedeln und auszubeuten (Liverani 2014, 487; Rosenzweig 2016; Liverani 2017a, Kap. 20). Der Begriff *urdu* scheint die in der assyrischen Gesellschaft am niedrigsten angesiedelten Menschen gemeint zu haben, der traditionell oft mit „Sklave" übersetzt wird, aber auch für den Status von in Kriegsgefangenschaft geratenen Personen verwendet wurde (s. ausführlicher – auch zu den verschiedenen Wörtern für „SklavIn" und die Problematik der Übersetzbarkeit – Radner 1997, 202–48; Cancik-Kirschbaum 2003, 101; Baker 2017, 24). Melissa Rosenzweig (2016, 308) sieht in dieser Praxis, und insbesondere in der von ihr untersuchten Zwangsarbeit und Deportation für die Landwirtschaft, eine politische Intervention und eine Transformation in der Produktion imperialer Subjektidentitäten. Deportation wurde zu einem Schlüsselkonzept in der Formation des Reiches, was laut

Rosenzweig ein Umdenken in der Konzeptualisierung assyrischer Identität notwendig machte. Wo es zunächst ein „außerhalb vs. innerhalb"-Assyriens Denken in der assyrischen Ideologie gab, stammte später eine große Anzahl der Subjekte des Reiches von ursprünglich „außerhalb" des Kernlandes. Nach Rosenzweig war Landwirtschaft, und damit einhergehend der Fokus auf „sesshaft vs. nicht-sesshaft", eine neue Komponente in dem dynamischen Prozess der Kreation sozio-politischer Identitäten und *Othering* (Rosenzweig 2016, 314).

Das heutige Wissen über Deportierte stammt fast ausschließlich aus den assyrischen Schrift- und Bildquellen.Archäologisch scheint ein Anstieg an kleineren Siedlungen für Bauern und Bäuerinnen zu neuassyrischer Zeit beispielsweise im Gebiet des heutigen Nordiraks aber auch Südost-Anatoliens die aus den Schrift- und Bildquellen bekannte Umsiedlungspolitik zu bestätigen (siehe z.B. Parker 2003; Ur und Osborne 2016). Die genaue archäologische Erforschung eines solchen Ortes unter Berücksichtigung der möglichen Bedeutung als Wohnstätte von Deportierten steht indes noch aus (für einen Versuch und eine Anregung zu der Verbindung textlicher und archäologischer Quellen für die Sichtbarmachung deportierter Menschen im heutigen Palästina siehe jedoch Na'aman 2016). Na'aman (2016) weist auf das Potenzial der archäologischen Erforschung von Migration und Deportation hin und hält fest, dass selbst wenn diese Menschen keine (Gebrauchs-)Gegenstände aus ihren Herkunftsregionen mitbrachten, sie doch über spezifisches Wissen und kulturelle Traditionen verfügten, die sich früher oder später auch materiell niedergeschlagen haben sollten (Na'aman 2016, 280). Leider lassen sich aus diesen Texten nur schwer genaue Biographien deportierter und/oder versklavter Menschen rekonstruieren. Karen Radner (2015, 91–94) beschreibt bzw. rekonstruiert, so weit aus den schriftlichen Quellen möglich, das Leben zweier Frauen (Nanaya-ila'i und ihrer Tochter) in der Mitte des 7. Jhs. v.u.Z., die aus Elam stammten, aber im Laufe des Krieges mit Assyrien gefangengenommen und als Sklavinnen nach Assur verkauft wurden. Zwar kann damit ein wenig Licht auf das Schicksal zweier sonst in den historischen Quellen meist unsichtbaren Menschen geworfen werden, allerdings sind die gewonnenen Auskünfte keine persönlichen, sondern allein Verkaufs-/Kaufurkunden und sogar der Name (Nanaya-ila'i) ist nicht der ursprüngliche der Frau, sondern ein assyrisierter (ebd. desweiteren siehe auch Gershon Galil 2007, der neuassyrische Texte auf Hinweise auf Familien des „lower stratum" und damit auch Deportierter untersuchte). Genauer Verbleib und die Qualität der Lebensumstände der Verschleppten sind kaum bekannt, das gilt besonders für die sozial niedriger gestellten Menschen (vgl. Oded 1979, 76; Baker 2017). Klar ist, dass Menschen aller sozialen Klassen und Gender deportiert wurden. Laut Liverani (2017a, 191) waren es anfangs noch vor allem hierarchisch höhergestellte Personen wie Frauen aus Königsfamilien oder auch spezialisierte Soldaten, die in die assyrische Armee integriert wurden (siehe auch Parpola 2007; zu Frauen in der neuassyrischen Gesellschaft siehe Macgregor 2012). Erst später, als das Reich weiter expandierte, wuchs der „Bedarf" an immer mehr Menschen für die Besiedlung von Städten und Dörfern, für die landwirtschaftliche Arbeit zur Ernährung der imperialen Zentren oder auch für die vielen Bauprojekte. In dem riesigen Gebiet wurden ArbeiterInnen benötigt, während es andererseits Land im Überfluss gab (vgl. Liverani 2017a, 194: „Assyria had no need for land, which was at the time always superabundant. Instead it was in constant need of workers: it was an importer of people and exported none."). Bustenay

Oded (1979, 19–21 und FN 5) schätzte die Zahl deportierter oder zwangsumgesiedelter Menschen in den ungefähr 300 Jahren zwischen Tiglatpilesar III, Sargon II und Sanherib auf rund 4,500,000. Er zieht für seine Kalkulation zunächst nur aussagekräftige, textliche Evidenz zu Rate und kommt so auf eine Nummer von 1,210,000 Menschen (Oded 1979, Tab. S. 20). Diese korrigiert er aber (unter Berücksichtigung möglicher propagandistischer Übertreibungen in den Texten) nach oben, da in den überwiegenden Fällen die genaue Anzahl der verschleppten Menschen nicht geschrieben/überliefert wird (vgl. auch Liverani 2017a, 192). Je nach Stellung, Ursprungsregion und Fertigkeiten, wurden die Menschen „entsprechend" umgesiedelt (Van De Mieroop 2016, 249). Simo Parpola (2007, 260) und Sherry Lou Macgregor (2012, 29) gehen beispielsweise genauer auf die Stellung und „Beliebtheit" nicht-assyrischer Musikerinnen am Hofe ein.

Die Androhung von Deportation wurde als Mittel der Einschüchterung genutzt, Menschen wurden objektiviert und wie Spielsteine im Imperium verschoben (vgl. Van De Mieroop 2007, 233). Sprachlich werden oft Tiermetaphern gebraucht, um beispielsweise zu beschreiben, dass Menschen „wie Schafe und Ziegen" auf das Heer oder Land verteilt wurden (vgl. Fuchs 2005, 45; Baker 2017, 22–23). Allerdings sei darauf hingewiesen, dass auch der König sich mit Tieranalogien beschrieb, wie beispielsweise Sanherib in der Beschreibung eines Feldzuges: „I raged up like a lion" (s. Grayson and Novotny 2012, 182; natürlich wurde mit dem Löwen ein deutlich anderes Tier als etwa ein Schaf für die Beschreibung des Königs gewählt). In der Forschungsliteratur gibt es dennoch differenzierende Ansichten dazu, wie diese Umsiedlungspolitik zu bewerten sei. Es wurde beispielsweise die Meinung geäußert, dass die Allgegenwärtigkeit dieser Praxis zu einer Art Naturalisierung führte, auch bei den Betroffenen, Trauma und Gewalt also keinen großen Effekt hatten (von Radner 2012b). Dabei wird m.E. vernachlässigt, dass die schriftlichen Quellen, aus denen das meiste Wissen über die Zwangsumsiedlungen stammt, in der Regel aus „assyrischem Keil" und damit von der dominanten Seite stammen, die Stimmen der überwältigenden Mehrheit der verschleppten Menschen jedoch ungehört bleiben bzw. heute unhörbar sind. Einige der Forschenden übernehmen (möglicherweise unbewusst) die teils gönnerhafte, teils stolze Rhetorik der assyrischen Könige, wenn es etwa um die Entsendung von Menschen in bis zu über tausend Kilometer entfernte Gebiete des Reiches geht. Ein belegtes Beispiel ist die Umsiedlung von Menschen über eine Distanz von rund 1200 km von Samarien im antiken Israel (heute nördliches Westjordanland), bis ins Zagros Gebirge nach Media/Meden (Gallagher 1994, 62; Van De Mieroop 2007, 233). Es wird davon gesprochen, dass diese Personen „sicher" und möglichst „wohlauf" in den designierten Orten ankommen sollten, da ihre Arbeits- und Reproduktionskraft das begehrte Gut für Assyrien war (so z.B. bei Radner 2012b; 2017, 210). Van De Mieroop (2016, 250) erwähnt auch, dass es textliche Evidenz dafür gibt, dass Gouverneure der Provinzen, durch die die deportierten Menschen ziehen mussten, Proviant für jene stellen mussten und dass es Belege für Erkrankungen der Vertriebenen auf den Märschen gibt (was er unkommentiert lässt, wobei es m.E. ein klarer Hinweis auf die Beschwerlichkeit dieser Zwangsmärsche ist). Auch dass partiell Familien beieinander bleiben konnten oder es Abbildungen von Karren gibt (Abb. 5.2), auf denen offenbar Menschen auf ihren langen Märschen auch sitzen konnten, wird nicht selten sowohl von der assyrischen Propaganda, als auch einigen AltertumswissenschaftlerInnen als positiv dargestellt.

So schreibt Karen Radner (2012b; vgl. auch 2014, 106; 2017, 210) beispielsweise:

Abbildung 5.2. Darstellung einer Familie auf einem Ochsenkarren, die eine eroberte babylonische Stadt verlässt. Ausschnitt von der Wanddekoration des Zentralpalastes von Tiglatpilesar III in Kalhu (heute Nimrud), der später in Esarhaddons Südwestpalast wiederverwendet wurde (© The Trustees of the British Museum)

> „Deportation can indeed be regarded as a privilege rather than a punishment: people were not made to leave on their own but did so together with their families. They were not snatched away in the heat of battle or conquest, but were chosen as the result of a deliberate selection process, often in the aftermath of a war that had very possibly reduced their original home to ruins. And when the Assyrian sources specify who was to be relocated, they name the urban elites, craftsmen, specialists and scholars. These people were usually dispatched to the Assyrian heartland to generate knowledge and wealth. Hence, by the beginning of the 7th century BC, the central Assyrian cities of Nineveh, Kalhu and Assur housed experts from all over the known world. Without them, some of the most enduring achievements of the Assyrian kings, such as constructing and furnishing the magnificent palaces and temples or assembling the contents of the fabled library of Assurbanipal, would have been impossible."

Sowohl Wortwahl als auch Inhalt dieses Absatzes zeigen m.E. eine zynische Einstellung zu der Tatsache, dass Menschen, nachdem ihr Ursprungsort zerstört und sie ggf. vom Tode bedroht waren, de facto keine andere Wahl hatten als den Bedingungen der Assyrer nachzugeben. Eine erzwungene „Internationalisierung", die auf Deportation und Einschüchterung beruhte, positiv als vibrierendes Zentrum des Wissens zu preisen, halte ich für fragwürdig. Das „Privileg" der Deportation mag danach vielleicht darin bestehen, nicht sofort umgebracht zu werden.

William Gallagher (1994) setzt sich in einem Artikel mit Briefwechseln aus der Zeit Sargons II sowie biblischen Berichten zur Zeit Sanheribs auseinander, aus denen sich die Situation rekonstruieren lässt, dass sich Deportierte und von Deportation bedrohte Menschen auflehnten und der assyrischen Kontrolle zu entziehen versuchten. Aus der Korrespondenz geht hervor, dass die assyrischen Offiziellen daraufhin die sich widersetzenden Personen von den positiven Seiten des Lebens unter assyrischer Herrschaft zu überzeugen versuchten, wie etwa mit dem Verweis darauf, dass die Betroffenen jeweils eigenes Land bekämen und die Möglichkeit des Baus eines eigenen Hauses bestünde. Gallagher (1994, 63) schreibt: „Of course the Assyrians took part of the agricultural produce for taxes, perhaps a large part, but the message here is that people with a low social standing can become property owners, thanks to the generosity of the Assyrian empire." Er erkennt zwar die propagandistischen Zwecke der „generösen Angebote" an, sieht darin jedoch kaum etwas Verwerfliches.

Meines Erachtens reduziert eine solche Sicht die Bedeutung der betroffenen Menschen jedoch post hoc auf ihr „nacktes Leben". In Anlehnung an Giorgio Agambens (2002) Ausführungen zu Biopolitik unter Verweis auf die Bedeutung des Unterschieds zwischen „Zoe" (dem nackten Leben) und „Bios" (einer spezifischen Art und Weise des Lebens; siehe auch Weiß 2003; Lee 2010). Im oben gebrachten Zitat von Karen Radner wird ihre Reduzierung der von Krieg und Zwangsumsiedlung betroffenen Personen auf ihr „Zoe", ihr nacktes Leben, noch deutlicher. Es könnte angemerkt werden, dass Menschen damals gegebenenfalls einen gänzlich anderen Bezug zu ihrem Leben, Un/Freiheit, Mobilität oder ihrem Ursprungsort/-land hatten und vielleicht eine „von oben" beorderte Migration als weniger drastisch oder traumatisch empfanden als der überwiegende Teil der Weltbevölkerung es heute sicherlich wahrnehmen würde, insbesondere der privilegierten, „dominanten" Einwohnerschaft reicher Länder in der nördlichen Hemisphäre. Dem entgegen steht jedoch die oft wiederholte Aussage, dass die Vertreibungen und Umsiedlungen von den assyrischen Machthabenden durchaus bewusst und gezielt zur Zerschlagung lokaler Strukturen und zur Unterdrückung von Widerstand oder Flucht dienten (Oded 1979, 33; Parker 2003, 547; Liverani 2014, 487; Rosenzweig 2016; Liverani 2017a, Kap. 20). Die konsequente Schlussfolgerung aus diesem Argument ist, dass Konzepte wie Entwurzelung, Orientierungslosigkeit in der Fremde in die für viele sicher entlegensten Gegenden der ihnen bekannten Welt und Zermürbung durch physische Unterdrückung, beispielsweise durch kilometerlange Märsche, durchaus existierten und von den Herrschenden nur aufgrund des Wissens um ihre „Effizienz", besser gesagt Brutalität, mit Kalkül eingesetzt werden. Fuchs (2009, 75) schreibt treffend, dass diese Umsiedlungen über weite Strecken zwar nicht als Todesmärsche gedacht waren, jedoch nicht aus humanitären, sondern rein wirtschaftlichen Gründen, dieser Umstand also nicht als Milde der Assyrer zu werten sei. Und nicht nur für die Deportierten muss der Akt eine Katastrophe dargestellt haben. Liverani (2017a, 192), aufbauend auf Oded (1979, 29–30), untergliedert in *unidirectional* (aus Provinz ins Zentrum) und *multidirectional/cross deportations* (aus eroberten Gebieten in andere Provinzen und/oder das Zentrum sowie gleichzeitig von Provinzen in die neuen Regionen). Er macht darauf aufmerksam, dass *unidirectional deportations* auch einen zerstörerischen Effekt auf die dann entvölkerten Gebiete hatte (siehe auch Radner 2014, 106). Zudem ist bekannt, dass an vielen assyrischen Orten Deportierte aus verschiedenen Regionen des Reiches zusammengebracht wurden und miteinander leben und kommunizieren lernen mussten, was möglicherweise ebenfalls als Stressfaktor gedeutet werden sollte (vgl. Oded 1979, 31–32, derin diesem Zusammenhang einen Text Sargons II zitiert, in dem der König über die „Internationalität" in seiner Stadt Dur Šarukkin berichtet und sagt, dass er mithilfe assyrischer Schreiber die neue Einwohnerschaft aus „einem Mund" hat sprechen machen und sie zur Furcht vor Gott und dem König disziplinierte; vgl. Fuchs 2005, 52 und FN 38).

Diese Annahme passt zu den oben besprochenen Ausführungen von Rosenzweig (2016) und Frederick Mario Fales (2013, s.u.), die eine durch die „Internationalisierung" des Imperiums ausgelöste bzw. notwendig gewordene Veränderung in der kollektiven Identität Assyriens ausmachen und sie als eine Reaktion auf die Problematiken sehen, die mit einer in diesem Falle oft erzwungenen multi-ethnisch zusammengesetzten Bevölkerung einhergehen. Sicherlich war/en die Gesellschaft/en in dieser Region schon vorher zu einem gewissen Grad multi-ethnisch, jedoch nicht in dem Ausmaß, wie zu neuassyrischer Zeit.

5.1.1.3 Das „Land Assur" und die assyrische Gesellschaft

Seit dem 14. Jh. bestand die assyrische Selbstbezeichnung des *māt Aššur*, des „Landes Assurs", die zunächst die Stadt Assur und später die als assyrisches Kernland benannte Region zwischen den Städten Assur (im Süden), Arbail/Arbela (im Osten, heutiges Erbil) und Ninive (im Norden, heutiges Mosul) meinte (Postgate 2007, 203; Radner 2014, 102). Dieses Dreieck wird gemeinhin als homogenes, assyrisches Territorium betrachtet. Dem *māt Aššur* stand der Ausdruck *nīr Aššur* („das Joch Assurs (tragen)") entgegen, mit dem unterworfene und infolgedessen von Assyrien abhängige, aber nicht einverleibte, Gebiete angesprochen wurden (laut Postgate 2007, 204 und 207, war die Anerkennung des Gottes Assur das, was assyrisch machte bzw. Menschen als Teil des Reiches definierte). Dort wurden lokale politische Strukturen nicht komplett zerschlagen und ersetzt, wie es später der Fall sein würde (Liverani 2014, 506). Zwischen den assyrischen Vasallenstaaten und dem *māt Aššur* gab es keine territoriale Kontinuität (Liverani 1988, 85; Postgate 2007, 207). Postgate verwendet explizit nicht den Begriff „Vasall", sondern *client state* (von Andreas Fuchs 2005, 44, auch Klientelfürsten genannt), um feudale Konnotationen zu vermeiden (Postgate 2007, 204).

Auch diese Unterteilung („Land Assurs" – „Joch Assurs") scheint ab Tiglatpilesar an Bedeutung verloren zu haben bzw. wurde dahingehend umstrukturiert, dass eroberte Gegenden viel eher und umfassender ins Reich integriert und intern reorganisiert wurden (vgl. Postgate 2007; Van De Mieroop 2007, 248). Generell wurde das „Joch Assurs" letztlich in unterschiedlicher Intensität von allen AssyrerInnen getragen, das heißt, alle dem Reich einverleibten oder angehörigen Subjekte unterstanden derselben zentralen Autorität und mussten Abgaben und Frondienste leisten (Cancik-Kirschbaum 2003, 102; Fuchs 2005, 44; Parpola 2007, 266, der der Meinung ist, dass die größte Diskrepanz zwischen der Bevölkerungsmehrheit und der herrschenden Schicht in der neuassyrischen Zeit ausschließlich sozial, aber nicht ethnisch war und sich die „internationale" Zusammensetzung des Reiches durch alle Bevölkerungsschichten zog). Interessanterweise gibt es in assyrischen Texten auch die Formulierung, dass die Menschen neu annektierter Gebiete „assyrisch wurden" oder auch „wie Assyrer wurden", womit vermutlich genau die Unterjochung unter den einen assyrischen König gemeint war (z.B. Radner 2014; Liverani 2017a, Kap. 22). Während es durchaus eine starke Hierarchisierung innerhalb der

Gesellschaft Assyriens gab (Van De Mieroop 2016, 253), scheint eine kollektive assyrische Identität jedoch weniger – zumindest dem Wort nach – auf Ethnizität beruht zu haben. Assyrisch zu sein oder zu werden, war eher Ausdruck eines Abhängigkeitsverhältnisses, statt neu gewonnener Rechte (Liverani 2017a, 203; siehe z.B. die Gründungsinschrift Sargons II in Khorsabad; Luckenbill 1927, 57, § 107). Andererseits bringt Frederick Mario Fales (2013, 73) auch die Idee auf, es könnte sich gerade im Angesicht der großen kulturellen Diversität im assyrischen Reich bei dem Ausdruck „assyrisch werden" gleichzeitig um den ideologischen Anspruch des Königs/Königtums gehandelt haben, eine Art „supra-segmentäre", einigende Ethnizität bzw. Identifikation zu schaffen (siehe auch Hauser 2012). Auch Simo Parpola (2007) beschreibt in seiner Arbeit zur assyrischen Elite die Effekte der Assimilation von Menschen unterschiedlichster Herkunft auf eine assyrische Subjektivität, die mit fortschreitender Expansion des Reiches immer einflussreicher wurde – auch in den hohen sozialen Schichten (siehe auch Fales 2013, 73, der darauf hinweist, dass die Multiethnizität der Gesellschaft nicht bedeutete, dass subjektiv keine verschiedenen Ethnizitäten konstruiert und wahrgenommen wurden, sondern dass ein Zusammenleben bzw. eine imperiale Subjektidentität vom König gewollt und gebraucht war). Angesichts der unterschiedlichen Grabtypen, etwa in Assur, halte ich das Wort „Assimilation" jedoch für falsch und sehe darin eher eine partielle kulturelle Angleichung. Letzten Endes kann natürlich schwer beantwortet werden, wie die betroffenen Menschen sich selbst und andere identifizierten. Die Vorstellungen von Ethnizität und Identität können sich mithin stark unterschieden haben.

5.1.1.4 Territorial- oder Netzwerkreich? Organisation des Imperiums

Traditionell wurde und wird das Assyrien dieser gesamten Epoche als Territorialstaat konzeptualisiert (z.B. in Cancik-Kirschbaum 2003, 67). Diese Ansicht wurde jedoch zum ersten Mal von Mario Liverani (1988, 84; 2017a, 197) infrage gestellt, der das Modell des assyrischen Netzwerkreiches zumindest für die von ihm als „formativ" bezeichneten Phase (vor Tiglatpilesar III) einführte. Seines Erachtens wurde das „Netz" bereits unter Assurnasirpal II und Salmanassar III stetig engmaschiger (Liverani 1988, 91.). Diese Idee wurde von einigen ForscherInnen, so etwa Bradley J. Parker (2001, 225–58) oder Reinhard Bernbeck (1993, 144–45; 2010), aufgegriffen und erweitert. Bernbeck (2010, 143) beschreibt den Unterschied wie folgt:

> „Traditionally, scholars have divided empires into a core zone and a periphery, or an imperial core and colonies. Since theories of imperialism date to colonial times, when whole swaths of foreign continents were occupied by imperial powers, it is understandable that both zones have been conceptualized as territorial entities. However, in network empires, only the core is a territorially dominated region. [...] The empire's periphery consists of a network of interconnected nodes in a sea of interstices."

Er fasst verschiedene Aspekte eines Netzwerkreiches weiter zusammen indem er festhält, dass ein solches in der Regel über ein imperiales Zentrum verfügt, das in einer territorial kontrollierten Zone liegt (Bernbeck 2010, 146). Dieses Kernland verfügt über ein Hinterland. Darüber hinaus gibt es die Peripherie, die unterschiedlich dicht mit Knotenpunkten durchwachsen ist, welche untereinander eine spezifische Hierarchisierung abhängig von ihrer Funktion besitzen, militärisch, landwirtschaftlich, etc. Innerhalb dieses Netzwerks gibt es an Knotenpunkten einen sehr effizienten (Informations-) Austausch. Die Zwischenräume zwischen den Knoten sind Bereiche, die das Imperium versucht zu überwachen (Bernbeck 2010, 146).

Bis heute besteht in der Forschung kein Konsens darüber, ob diese letzte, imperiale Phase Assyriens als Netzwerk- oder Territorialreich verstanden werden sollte. Liverani (2017a, 197) hält die von Bernbeck vorgeschlagene Analogie zwischen dem assyrischen Imperium und den heutigen U.S.A. für überzogen und nicht haltbar. Seines Erachtens war Assyrien in der letzten Phase ein „properly territorial empire", da es kein antikes oder modernes Imperium gebe, das es vermag, homogen Kontrolle über sein gesamtes Gebiet auszuüben, dies indes nicht bedeute, dass es nicht als territorial bezeichnet werden könne. Andererseits sagte Bernbeck in seiner Arbeit von 1993, dass er Assyrien bis ungefähr ins 9./8. Jh. noch als Netzwerk-, spätestens ab Tiglatpilesar III jedoch als Territorialreich interpretiert (Bernbeck 1993, 174). Bernbeck fügte später hinzu, dass wenn Politik nach Foucaults „Micropolitics" und „Capillary power" betrachtet wird, die assyrische Zentralmacht eben doch bei weitem nicht dieses ganze Territorium beherrschte, da dann die jährlichen Kriegszüge in die Fransen des Reiches nicht nötig gewesen wären. Für Postgate (2007, 207) schließen sich beide Sichtweisen nicht aus, er spricht von „network" und „oil stain" Reich. Ich bin jedoch der Meinung, dass beides nicht gleichzeitig, sondern bestenfalls hintereinander denkbar wäre, da es zwischen „Netzwerk" und „Ölfleck" grundsätzliche strukturelle Differenzen gibt. Anlehnend an Postgate denke ich, dass für das assyrische Reich ein territorial beherrschter Kern wuchs, aber ein recht großer Außenbereich netzwerkartig beherrscht war.

Unabhängig von der genauen Konzeptualisierung des Imperiums, ist der starke Militarismus der Ideologie (und damit Gesellschaft) des Reiches augenfällig (vgl. Fuchs 2005, der gar die Bezeichnung „Militärstaat" verwendet; Van De Mieroop 2007, 230; Liverani 2014, 504). Die politische Organisation basierte auf dem Militär, an dessen Spitze der König stand[24] und offizielle Positionen waren wohl überwiegend militärisch benannt, selbst wenn die Aufgaben keine militärischen umfassten, z.B. als königliche Handelsagenten mit wirtschaftlichen und diplomatischen Aufgaben (vgl. Cancik-Kirschbaum 2003, 118; Van De Mieroop 2007, 230). Neben dem König war der sog. turtānu, oft übersetzt als „General" oder „Oberfeldherr", der wichtigste Posten der assyrischen Administration, da er der stellvertretende Kommandeur der Armee war (Cancik-Kirschbaum 2003, 107; Liverani 2014, 504). Weitere einflussreiche Positionen (wenn auch nicht notwendig militärisch) waren die des Palast-Herolds (*nāgir ēkalli*), des Obermundschenks (*rab šaqē*), des Obersten der Eunuchen (*rab ša rēši*), des „Schatzmeisters" bzw. Verwalters (*masennu*)

---

24 Er war zugleich der oberste Diener oder „Schatten" des höchsten Gottes Assurs und stand auch an der Spitze der Tempel. Andreas Fuchs (2005, 28) schreibt in diesem Zusammenhang über die Ideologie des Imperiums: „Das neuassyrische Reich unternahm nicht nur bloße Raubzüge, sondern eroberte Territorien, deren Einwohner sich ethnisch, kulturell und sprachlich von denen seines eigenen Kernlandes unterschieden und es versuchte, sie dauerhaft zu beherrschen. Die dem zugrundeliegende offizielle Ideologie war ebenso unverschämt wie einfach. Ihr zufolge verliehen die Götter zusammen mit dem assyrischen Königtum auch die Herrschaft über die Welt. Der König musste die Weltherrschaft also nicht erst erringen, er besaß sie bereits. Und da ihm die Welt schließlich gehörte, mussten deren Bewohner ihm folglich Dienste leisten und Tribut bezahlen." Diese Interpretation lässt sehr an die koloniale Welt des 19. Jhs. (u.Z.) denken, der die gleiche Logik zugrunde lag.

und des Stewards/Großwesirs (*sukallu;* Cancik-Kirschbaum 2003, 107; Liverani 2014, 504; Radner 2014, 107). Die Fäden der Macht lagen zum größten Teil in männlicher Hand (vgl. Marcus 1995; siehe jedoch auch Macgregor 2012, die die verschiedenen weiblichen Ämter am Hofe und in den Tempeln untersucht und unter anderem auf den Einfluss weiblicher Weissagerinnen – *raggintu* – hinweist; ebenso haben wohl auch Eunuchen bzw. ein 3. Geschlecht Leitungspositionen innegehabt).

Es wurde in diesem Zusammenhang viel über die (leicht essenzialistisch klingende) Frage geschrieben, ob und inwiefern Assyrien ein Gewalt- und Terrorregime war und es scheint durchaus so, als führte die historische Kontingenz zu einem Imperium zu weiten Teilen fußend auf Brutalität und Militär (Bersani und Dutoit 1985; Fuchs 2009b).

5.1.1.5 Das Ende Assyriens

Die genauen Gründe für den Untergang der politischen Struktur des assyrischen Imperiums sind, wie schon für Urartu, nicht bekannt und es kann lediglich ein Flickenteppich an kleineren und größeren Ereignissen zusammengeknüpft werden, der unterschiedliche Interpretationen zulässt (vgl. Van De Mieroop 2007, 266; Liverani 2014, Kap. 13; Radner 2014, 111; Frahm 2017, 192). Interessant ist sicherlich die relative Kürze der Zeit, in der Assyrien von der Spitze der Macht und Größe zum absoluten Zusammenbruch schlitterte; laut Marc Van De Mieroop (2007, 266) geschah dies in einer Spanne von kaum 30 Jahren. In der Regel wird ein Zusammenkommen von sowohl internen, als auch externen Konflikten als Ursache gesehen. Die annähernde Allmacht des assyrischen Herrschers wird oft als gleichzeitig „Erfolgsschlüssel" und „Risikopotenzial" gewertet. Offenbar gab es nach der Amtszeit Assurbanipals erneut Streitigkeiten um die Thronfolge (siehe etwa Fuchs 2014, 28). Während dieser entglitten einige der assyrisch dominierten Provinzen und Gebiete der Fremdherrschaft. Nach und nach formierten sich die FeindInnen des Reiches und rebellierten immer häufiger und offener. Den Höhepunkt erreichten die anti-assyrischen Auseinandersetzungen ab 616 unter der Leitung des Babyloniers Nabupolassar, der von Süden nach Assyrien und in dessen Kernland einrückte (Fuchs 2014; Liverani 2014, 539). Diese kriegerischen Zustände hatten auch zur Folge, dass immer weniger Ressourcen aus den (ehemaligen) Provinzen in das Kerngebiet gebracht wurden, die bis dahin für die Versorgung des Hofes, der Truppen und der Großstädte gedient hatten. Am Ende dieser sich zuspitzenden Lage wurden die wichtigen Zentren Assur (614) und Ninive (612) durch eine Koalition aus Babylon und medischen Truppen (unter Kyaxares bzw. Umakishtar in babylonischen Quellen) vernichtend geschlagen, und der Existenz des politischen Konstruktes „Neuassyriens" gänzlich der Garaus gemacht (Van De Mieroop 2007, 266–267; Fuchs 2014, 41; Liverani 2014, 539; Radner 2014, 111; Frahm 2017, 192). Neben externen Überfällen, internen Konflikten und Überdehnung werden neuerdings aber auch Klimaschwankungen als mögliche Ursache des Zerfalls genannt (Sinha u.a. 2019).

Für die vorliegende Arbeit fokussiere ich mich besonders auf die letzte, imperiale Phase des neuassyrischen Reiches, im Folgenden nur noch „assyrisches Reich" genannt.

5.1.2 Landschaft und Architektur Assyriens

Wie bereits angesprochen, bildeten die drei aufeinander folgenden Hauptstädte Kalhu/Nimrud[25] (ab Assurnasirpal II; Oates und Oates 2001; Novák 2014, 325), Dur Šarukkin/Khorsabad (unter Sargon II) und später Ninua/Ninive (ab Sanherib; Russel 1991; Petit und Morandi Bonacossi 2017; Petit 2017 für die Grabungsgeschichte Ninives)[26] die machtpolitischen Zentren des assyrischen Reiches, die allesamt in dem „Dreieck" zwischen oberem Zab und Tigris lagen. Daneben diente Assur, die alte eponyme Stadt an der Westseite des Tigris, weiterhin als ideologisch und religiös bedeutender Ort für das Imperium (Liverani 2014, 497; Otto 2015, 471; zu den großen Städten im Kerngebiet Assyriens siehe Pedde 2012; Kertai 2015a). Wie Jason Ur (2017) kürzlich zusammenfasste, gab es im Laufe des Übergangs von der Bronze- zur Eisenzeit eine signifikante Transformation der Kulturlandschaft. Während es zunächst eine bunte Verteilung an Dörfern, kleineren und einigen größeren Städten gab, jeweils mit großen Einzugsgebieten, bestand das Siedlungsmuster in assyrischer Zeit aus äußerst gleichmäßig verteilten, kleinen Dörfern und Weilern (2 ha oder kleiner, ca. 1–2 m hohe Tepes) auf der einen und riesigen urbanen Zentren auf der anderen Seite (Ur 2017, 20–22, unter Verweis darauf, dass die Zahlen zu den Dörfern und Weilern insbesondere durch Surveys im heutigen Irak, Nordsyrien und der Südost-Türkei erhoben wurden; s. Auch Bernbeck 1993, 144–45; Morandi Bonacossi 1996; Wilkinson u.a. 2005; Morandi Bonacossi 2008; Kühne 2010; Morandi Bonacossi 2016, Abb. 14.3). Fast allen diesen Studien ist gemein, dass sie auf die Deportationspolitik verweisen und auf die Möglichkeit, dass in den neuen Siedlungen die zwangsumgesiedelten Menschen angesiedelt wurden (s. z.B. Bernbeck 1993, 175; Morandi Bonacossi 2008, 198). Dies liegt nahe, wenn auch beispielsweise die Stele aus Tell al-Rimah und ihren rekonstruierten Text in Betracht zieht. Letztere waren drei- bis siebenmal größer wie die Städte der frühen Bronzezeit und offenkundig weit stärker von offizieller Hand geplant. Die Provinzhauptstädte hingegen waren ungefähr in der Größenordnung bronzezeitlicher Städte. Ur (2017, 27) interpretiert diese Entwicklung wie folgt (vgl. auch Bernbeck 1993, 175, der eine ähnliche Beobachtung für das von ihm untersuchte Ağığ-Gebiet in der Steppe Syriens machte):

---

25 Kalhu/Nimrud liegt Nahe des Zusammenflusses von Tigris und Zab, zwischen den zwei Städten Assur und Ninive (nahe der modernen Stadt Mosul im Irak). Die archäologische Stätte wurde in den 1840ern von dem Briten Austen Henry Layard „entdeckt" und später großflächig ausgegraben. Viele der Funde (Reliefs, Statuen, usw.) wurden in die gesamte Welt verschifft.

26 Ninive lag in geographisch gesehen günstiger Lage wo der Khosr in den Tigris mündet (Bagg 2012, 275). Erste Siedlungsspuren im Gebiet der späteren assyrischen Hauptstadt wurden auf einem der zwei Haupthügel (Kuyunjik) entdeckt und datieren auf das 7. Jts. v.u.Z. (Frahm 2008, 13; der andere, kleinere Hügel ist der Nebi Yunus). Sargons Nachfolger Sanherib verlagerte Mitte des 7. Jh. v.u.Z. nicht nur das königliche Zentrum von Khorsabad nach Ninive, sondern ließ die Stadt darüber hinaus erheblich ausbauen. Es wurde eine ca. 12 km lange Stadtmauer errichtet, die eine Fläche von 750 ha umfasste (Van De Mieroop 2007, 234; Frahm 2008, 13). Liverani (2014, 497) schätzte, dass es zu dieser Zeit rund 70000 EinwohnerInnen gab. Adelheid Otto (2015, 482) weist darauf hin, dass, wenn auch in der Forschung (wie etwa bei Frahm) gern als Megacity propagiert, Ninive damit nur rund halb so groß wie das antike Rom war – vermutlich sogar kleiner. Sie benutzt diesen Vergleich, um die Größenfrage in Frage zu stellen. Der Südwestpalast Sanheribs löste in dieser Stadt den älteren (zu dem Zeitpunkt fast 400 Jahre alten) Palast des Tiglatpilesar I ab.

„Unlike the Early Bronze Age cultural landscape, which emerged without central planning, the Assyrian landscape was, to a great extent, the intended product of imperial decision makers."

Reinhard Bernbeck (1993, 144–45) kommt in seiner Arbeit über das Ağığ-Gebiet, ein Teil des Steppenlandes der Ğazīra zwischen den Flüssen Euphrat und Tigris im heutigen Syrien, zu der Annahme, dass die Besiedlung der Steppe zu assyrischer Zeit unter anderem auch eine Zurückdrängung und Kontrolle der aramäischen NomadInnen zum Ziel gehabt haben kann. Es habe den Anschein, als seien einige dieser „neuen" dörflichen Siedlungen nach dem Zusammenbruch des assyrischen Imperiums rasch aufgegeben worden, was auch dahingehend gewertet werden könne, dass ohne eine übergeordnete Administration, die bei Hitze bedingten Ernteausfällen einspringen konnte, ein landwirtschaftliches Leben in diesen Regionen nicht krisensicher war (Bernbeck 1993, 175).

Die natürliche Landschaft der Kernregion ist geprägt durch endlose, wogende Ebenen und teilweise flache Hügel, die Richtung Norden höher werden und Vorboten der Gebirge darstellen (vgl. Altaweel 2008, 9; Ur 2017). Darüber hinaus gibt es etliche Schluchten und Wadis. Kalkstein und Alabaster („Mosul Marmor") konnten in diesen Schluchten abgebaut und beispielsweise für die Bauprojekte verwendet werden. Laut Marc Altaweel (2008, 9) war die Fruchtbarkeit der Böden äußerst unterschiedlich. Während vor allem der Süden und Westen des Kernlandes aus Steppe, Halbwüste und wüstenähnlichen Regionen bestand und daher weniger geeignet war für Landwirtschaft, waren die nördlichen und östlichen Bereiche durchaus als Weide- und Ackerland nutzbar (vgl. Ur 2017, 16). Altaweel 2008, 9, verweist darauf, dass die genaue geo-klimatischen Gegebenheiten des 1. Jt. v.u.Z. sich natürlich unterschieden haben können. Dennoch muss Trockenheit ein beherrschendes Element im Leben der Menschen gewesen sein. Die Niederschlagsmenge ist in den Bergen im Norden hoch, nimmt jedoch ab, je weiter man nach Süden in die Steppen zieht (Ur 2017, 16). Im westlichen Teil dieser Region fließt ganzjährig Wasser in zwei Strömen durch das obere Khabur-Becken, die dann im Euphrat münden. Der Tigris erhält sein Wasser von mehreren Nebenflüssen, darunter der östliche Khabur sowie oberer und unterer Zab. Die Region östlich des Tigris besteht aus mehreren ganzjährig wasserführenden Bächen und saisonal fließenden Wasserläufen (Wadis; Ur 2017, 16). Westlich des Tigris und ca. 40 km westlich Assurs liegt das für die Region ebenfalls wichtige, ca. 300 km lange Wadi Tartar (Altaweel 2008, 10). In assyrischer Zeit wurde durch königliche Anordnung ein ausgeklügeltes Bewässerungssystem angelegt, um Trockenheit und wechselhaftem Klima entgegenzuwirken (Bagg 2000; Ur 2017; Kühne 2018).

5.1.2.1 Paläste

Die Paläste gehören neben den Tempeln zu den am besten erforschten Gebäuden (beispielsweise von H. Frankfort und A. Moortgart, E. Heinrich, P. Albenda, J. Russell und J. Reade) und sind zumeist nahe einiger Tempel angesiedelt. Dennoch ist das heutige Wissen über sie äußerst durchwachsen. Das liegt zum einen daran, dass aus den textlichen Quellen über das Königtum oder auch Palasteinweihungen kaum etwas über die genaue Nutzung und interne Aufteilung der konkreten Gebäude preisgegeben wird. Zum anderen begann die archäologische Erforschung der riesigen Baukomplexe teilweise bereits in der Mitte des 19. Jh. u. Z. und hatte dementsprechend noch deutlich andere wissenschaftliche

Ansprüche und Methoden als heute (vgl. Kertai 2015a, 1–3). Erste Ausgrabungen der assyrischen Paläste in Kalhu begannen 1845 unter Layard (ab 1949 fortgesetzt unter Mallowan), in Khorsabad 1842 unter Botta, der 1843 kurzzeitig auch in Ninive arbeitete, welches dann jedoch ebenfalls von Layard teilweise ergraben wurde.

In diesen früheren Grabungen wurden riesige Flächen freigelegt, die Genauigkeit der dort erstellten archäologischen Grundpläne muss infragegestellt werden. Es lässt sich teilweise nicht mehr genau feststellen, welche Teile der frühen Architekturpläne rekonstruiert sind und welche nicht. Ein bekanntes Problem der frühen Grabungen war außerdem, dass Lehmziegelarchitektur schlecht bis gar nicht erkannt wurde (vgl. Kertai 2015a). In sog. Tunnelgrabungen sollten möglichst viele kunsthistorisch „bedeutende" Objekte und Architekturelemente wie Reliefs und Lamassus geborgen und in die Museen Europas verfrachtet werden. Bis heute gibt es einen starken kunsthistorischen Fokus auf assyrische Relikte. Dafür gibt es nur sehr wenige kontextualisierte Funde, die Aufschluss über die genaue Funktion bzw. Nutzung von spezifischen Gebäudeteilen geben (vgl. McMahon 2013, 166).

Für die Gebäude, die heutzutage als Paläste betitelt werden, wurde zu assyrischer Zeit das Sumerogramm É.GAL (wörtlich „großes Haus") verwendet. Eva Cancik-Kirschbaum (2003, 104–105) schreibt, dass mit der Übersetzung „Palast" der „repräsentativ funktionale Charakter" betont und ins Heute übermittelt werden soll. Es handelte sich hierbei nicht ausschließlich um eine Art exklusive Wohnung der Königsfamilie, sondern diente auch als wirtschaftliches und administratives Zentrum, zu dem darüber hinaus Küchen, Werkstätten, Stallungen, Lagerräume und ähnliches gehörte. Wie viele Menschen tatsächlich in den Palästen wohnten (und falls ja, wo genau) und wer in den Residenzen und Häusern der Unterstadt, ist nicht bekannt (Kertai 2015a, 4). Neben Mitgliedern der königlichen Familie gab es mit Sicherheit Bedienstete, aber möglicherweise auch externe Gäste, höhergestellte Geiseln, Eunuchen und weitere (vgl. Cancik-Kirschbaum 2003, 107; Groß 2014; Baker 2017, 23; über versklavte Menschen, die im Palast arbeiten mussten und deren unterschiedliche Aufgaben, siehe die Doktorarbeit von Melanie Groß 2014). Liverani (2017a, 189) schreibt, dass anfangs einmal im Jahr Vasallenkönige an den Palast kamen, um persönlich König und Königin zu treffen und die von ihnen erwarteten „Geschenke" zu überreichen, diese Treffen später jedoch unpersönlicher wurden und Gaben auch von Beamten überbracht wurden.

Eine rezente, umfassende Arbeit, die sich insbesondere mit der Architektur assyrischer Paläste befasst, stammt von David Kertai (2015a; siehe auch Kertai 2013), die ich im Folgenden überwiegend verwenden werde. Er untergliedert bzw. typologisiert darin Paläste der von ihm spät-assyrisch genannten Phase in:

- *Primary Palaces*, die jeweiligen Hauptpaläste in der entsprechenden Hauptstadt im assyrischen Kernland (in Kalhu, Khorsabad und Ninive);
- *Military Palaces*, die eine kombinierte militärische und administrative Funktion innehatten und *ekal māšarti* genannt wurden, und den
- *Secondary Palaces*, kleinere Paläste oder politische Zentralgebäude der Provinzhauptstädte wie Arbail (Erbil; vgl. MacGinnis 2014) oder Kilizu (heutiges Qasr Shemamouk; Rouault u.a. 2014; Rouault 2016); ich denke, dass auch Til Barsip zu dieser Kategorie gezählt werden kann (es steht zur Frage, ob auch Gebäudekomplexe

wie etwa das „Rote Haus" in Dur-katlimmu als „Palast" angesprochen werden sollten; so etwa von Kühne 2013, 252, dagegen jedoch Miglus, z.B. 1994, 264; Vermutlich handelte es sich hierbei, ähnlich wie im Inka-Reich, um provinzielle Kopien der Hauptstadtarchitektur).

Wie viele dieser Paläste es zur gleichen Zeit jeweils im assyrischen Reich gab, kann derzeit nicht beantwortet werden (Kertai 2013; 2015a).

Die bekannten Hauptpaläste waren wahrlich monumental in ihrer Größe. Sogar die kleinsten Räume hatten meist eine Quadratmeterzahl von 25–50 m. Zwar gab es Rampen, um beispielsweise den Thronsaal höher zu legen, die Existenz von Obergeschossen ist indes umstritten. Bisher wurden archäologisch keine zweifelsfreien Hinweise auf ein höheres Stockwerk gefunden (vgl. etwa Kertai 2015a, 8).[27] Bei der Mehrheit der Paläste wurden keine Treppeninstallationen vorgefunden, mit Ausnahme der Thronsaalrampe (Kertai 2019, 48–49). Letztere bestand aus einem Raum gelegen am Ende des Thronsaal, gegenüber des Throns, in dem sich eine monumentale Rampe befand, wie etwa in Raum 61 des Südwestpalastes in Ninive (Kertai 2019, 48). Vor diesem Rampenraum befand sich stets ein Vestibül, das in der Regel von apotropäischen Figuren flankiert war (Green 1983 zu den Figuren). Eine solche Rampe befand sich in keinem anderen Wohn- oder Empfangsbereich des Palastes, aber auch der Residenzen (z.B. „Residenz K" in Khorsabad).

Lediglich im Fort Salmanassar konnte man am West-Tor auf die Türme und vielleicht auch die Mauer gelangen. Die breiten Mauern insbesondere der Thronsaalgruppe könnten auch auf eine monumentale Höhe einiger Räume hinweisen, wofür auch die in Residenz K in Khorsabad gefundene Wandmalerei spricht, anhand derer die Raumhöhe dort auf min. 14 m geschätzt wird (Loud und Altman 1938; Kertai 2015a). Durch die Residenz K sowie die durch ihre Bronzereliefs bekannten Balawat-Tore des assyrischen Imgur-Enlil („Enlil hat zugestimmt"; heutiger Irak) konnte eine Türhöhe von teilweise bis zu 8 m ermittelt werden.[28] Ein Obergeschoss hätte die ohnehin schon dürftige Beleuchtung und Belüftung der Räume noch weiter erschwert. Jedoch ist anzunehmen, dass es auch nur beim Thronsaal bzw. Äquivalent in den Residenzen möglich war, das Dach zu betreten, da es nur hier Spuren von Rampen oder Treppen gab. Ein solches Dach hätte einen exzellenten Blick über die Umgebung, die Dächer der Elitengebäude und die dortigen Aktivitäten in der Nähe gegeben. Ein solches Szenario wurde kürzlich als „shared roofscape" innerhalb der assyrischen Städte bezeichnet (Kertai 2019, 53).

Kertai (2015a, 10–12), aufbauend auf Turner (1970) und anderen (z.B. Margueron 1995; 2005; Manuelli 2009), untergliedert die Paläste in unterschiedliche „Suiten", die

---

27   Kertai vertritt die Meinung, es hätte keine nennenswerten Obergeschosse gegeben, da Treppen, die zu einem zweiten Stockwerk hätten führen können, nicht beobachtet werden konnten. Margueron (2005) hingegen sieht beispielsweise im Versturz der Reliefs des Nordpalastes, in den teilweise extrem dicken Mauern und in den am Thronsaal liegenden Räumen, die wegen ihrer Form und des oft auftretenden Lehmziegel-„Klotzes" in ihrer Mitte, häufig als Treppenhaus bezeichnet werden, starke Indizien für die Existenz von Obergeschossen. Von Kertai wird dieses vermeintliche Treppenhaus auch als Thronsaalrampe bezeichnet.

28   Die Überreste der insgesamt drei gefundenen Tore, die mit den berühmten Bronzereliefs geschmückt waren, gehörten sowohl zum Palast, als auch zum Tempel und bestanden laut schriftlicher Überlieferung einst aus Zedernholz, an dem die Bronzereliefs angebracht waren. Siehe unter anderem: Gunter 1982; Schachner 2007, insb. 194-197 für Urartu; Curtis und Tallis 2008.

hinsichtlich ihrer Erreichbarkeit/Zugänglichkeit voneinander unabhängig fungieren konnten. Diese Regelung der Zugänge wurde vor allem durch Korridore und Innenhöfe erreicht (Kertai 2015a, 12). Der größte Hof lag dabei vor dem Thronsaal.

Von all den Suiten bzw. Raumkomplexen scheint lediglich die Funktion des Thronsaals zweifelsfrei zuordenbar zu sein. Aus diesem Grund bestimmt und beschreibt Kertai die verschiedenen Einheiten (so diese denn als solche auch damals konzeptualisiert wurden) nach Funktionskapazitäten, d. h, nach durch ihre Architektur ermöglichten Funktionalitäten (Kertai 2015a, 11). Er richtet sich dabei weniger nach purer Größe der Einheiten, sondern eher nach Agglutinationen. Daraus ergeben sich für ihn vier generelle Gruppen, die m.E. helfen, die riesigen Paläste quasi kompartmentalisiert zu begreifen:

1. Die Thronsaalsuite[29] (Thronraum, Rampe, ein innerer Verbindungsraum der zum Hinterhof führte, und teilweise ein Badezimmer);
2. Doppelseitige Empfangssuite[30] (hinter dem Thronsaal, die aus zwei Empfangsräumen bestand, die durch eine T-förmige Raumgruppe voneinander getrennt waren, wodurch die beiden Haupträume unabhängig voneinander betreten werden konnten);
3. Doppelkern Suite (im Kern bestehend aus zwei gleichgroßen, parallel zueinander liegenden ‚Empfangs'-Räumen, umgeben von weiteren verschieden großen Räumen; „catch-all category");[31]
4. Residenz- bzw. Empfangssuite, Vergleichbar mit „Typ A" von Turner 1970, (ein großer Raum mit anliegendem Badezimmer; manchmal mit kleinerem Verbindungsraum zwischen den beiden; diese Kategorie ist m.E. stark an Khorsabad angelehnt).

Kertai glaubt, dass der Nordwestpalast Assurnasirpals II in Kalhu keine solche Innovation war wie häufig in der Archäologie dargestellt. S.E. wurden bisher nicht genügend Beispiele verschiedener Architekturen von Palästen ausgegraben. Neben dem alten Palast in Assur sei es demnach durchaus möglich, dass auch in anderen Städten bereits vor Assurnasirpal II neue, palastartige Gebäudekomplexe errichtet wurden, die auf bis in mittelassyrische Zeit zurückreichende Bautraditionen Bezug nahmen und Neues hinzufügten, wie Türkolosse, Wandmalerei oder auch Steinreliefs (Kertai 2015a, 14–15). Es könnte ein weiterer „Bruch" in der Gestaltung der Paläste zwischen Assurnasirpal II/Salmanasser III auf der einen und Sargon II bis zum Ende des Reiches auf der anderen Seite konzeptualisiert werden. Allerdings ist eine solche Betrachtungsweise davon abhängig, ob jeweils die Unterschiede oder Ähnlichkeiten im Fokus des Interesses stehen – beides ist möglich und sichtbar (Kertai 2015a, 16). Es kann demnach ebenso eine lange Konsistenz in der Tradition assyrischer Paläste beschrieben werden. Geoffrey Turner (1970) beschreibt ausführlich

---

29 Nach Turner 1970 war dies die „primäre Empfangssuite" und der größte Empfangsraum der Palastanlage, in dem hauptsächlich Audienzen mit dem König stattfanden. Generell unterscheidet er diese primäre Empfangssuite (Thronsaalgruppe) von sechs weiteren „Reception Suites " (Typen A–F; wobei Typen E und D jeweils nur einmal belegt sind und auch nicht im royalen Kontext).

30 Nach Turner 1970 „Typ F", der stets in Verbindung mit der Palastterrasse auftritt und möglicherweise ein Ort „privater" Festlichkeiten und Audienzen war (dafür sprächen sowohl Lage als auch Dekoration).

31 Sie werden von einer Seite zu betreten, der Haupteingang liegt auf einer Achse mit dem Verbindungsdurchgang; Ab dem 8. Jh. auftretend, werden sie im 7. Jahrhundert v.u.Z. zu einer Art Standardelement. Im 7. Jh. nehmen sie einen großen Teil des Südwestpalastes ein; ihre symmetrische Anlage und dekorative Ausstattung lassen insbesondere auf eine repräsentative Funktion schließen.

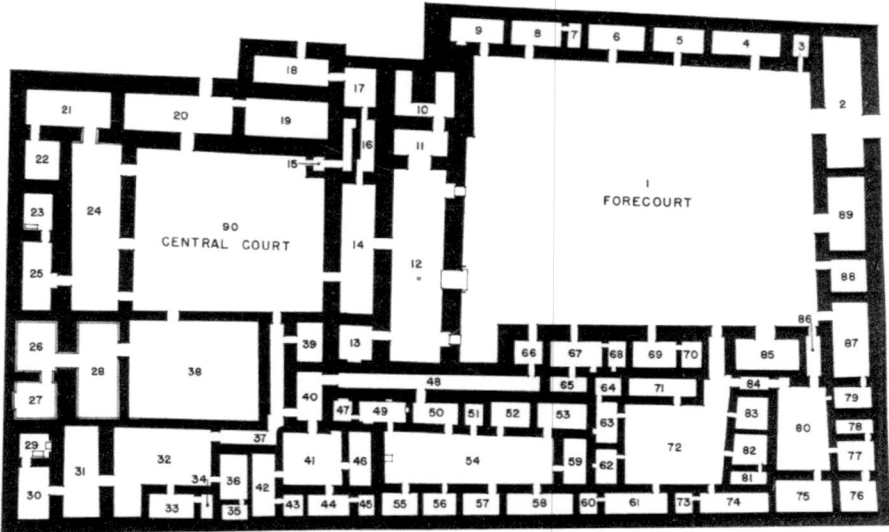

Abbildung 5.3. Plan der Residenz K in Khorsabad (Reade 2011, Abb. 7; nach Loud – Altman 1938, Taf. 71)

die Einheitlichkeiten in der Anlage fast aller bisher bekannten assyrischen Paläste und von ihm als „state apartments" bezeichneten Bereiche (größere Gebäudekomplexe, teilweise im Palastareal befindlich).[32] Spezifische Charakteristika lassen sich laut Turner oft auch in nicht-„staatlichen" Häusern wiederfinden, z.B. in „Haus 1" oder dem „Roten Haus" in Assur (siehe Pläne in Miglus 1999, Taf. 73-74, 83-85).

Dies legt auch nahe, dass es eine sehr spezifische Organisation des Raums gab, die sich, unabhängig der Skala, durch die meisten Gebäudearten zog und die Rekonstruktion eines potenziellen assyrischen Habitus auch auf Grundlage von Palastarchitektur als nicht ausgeschlossen erscheinen lässt.

Zu diesen Charakteristika gehört als auffälligstes zunächst die Untergliederung der Gebäude in ein, zwei oder mehr größere unüberdachte Höfe, um die sich jeweils die Räume gliedern (Abb. 5.3; Turner 1970, 178). Peter Miglus (1999) nennt diese Hausform „Hofhaus mit vorgelegtem Empfangsraum". Die Höfe bildeten nicht nur in den Palästen zentrale Verbindungs- bzw. Knotenpunkte. Sie dienten daneben sicherlich auch der Beleuchtung der anliegenden Räume und Korridore. Drei verschließbare Eingänge führen vom äußeren Hof in den Thronsaal. Dieser monumentale Empfangsraum zeichnet sich in der Regel durch Steinschienen für einen verschiebbaren Ofen aus, eine Lochplatte und ein Podest gegenüber dem Treppenhaus aus bis zu zwei Nischen hinter dem Podest

---

32   Z.B. in Ninive lagen südwestlich der Thronsaalsuite des Südwestpalastes drei Höfe (VI, XIX und LXIV), die laut Turner den Mittelpunkt der sich dort befindlichen „state apartments" bildeten (Turner 1970, 180, FN 24). Im westlichsten Teil des Palastes, bei Hof LXIV, befand sich am Eingang zu Raum LXV (und damit zu einem ganzen Raumgefüge) eine Inschrift auf einer Sphinxstatue, in der angegeben wird, dass dieser Abschnitt für die Königin Tašmetum-šarrat gebaut wurde (Radner 2012, 692; vgl. auch Macgregor 2012, 57 und Kertai 2015a, 142). Eine solche Widmung ist bislang einzigartig.

und gegenüber dem Haupteingang. Größe und Dekoration des Thronsaals sowie sein direkter Zugang zum inneren Hof und dem für die Öffentlichkeit weniger zugänglichen Palastbereich machen ihn zu dem primären Audienzsaal eines assyrischen Königs (für assyrische Tür-Schlösser siehe Radner 2010).

Zu Palästen gehörten desweiteren:

- Badezimmer: gepflasterte, mit Bitumen wasserdicht gemachte Räume mit Abflüssen und Steinbecken. Die Abflüsse waren meist in Nischen gesetzt und mit einem Abwassersystem verbunden. Die Funktion der Steinbecken ist ungeklärt, sie könnten aber als Einlassungen für Wannen o.ä. gedient haben. Ebenso überrascht die Häufigkeit und Dekoration der Badezimmer - möglicherweise war ihre Funktion nicht nur profaner Natur. So hält Neumann (2015, 88) sie z. T. auch für „ablution chambers", also Waschungsräume für Reinigungsrituale (siehe auch die Wandbemalung des „Badezimmers" in Til Barsip).

- Wohn-/Empfangsräume: diese Langräume sind stets um Höfe herum angeordnet und von diesen aus zu betreten. Empfangsräume sind oft ähnlich ausgestattet wie der Thronsaal (mit Ausnahme des Podests und der großen Nischen) und könnten, abseits von Festen und Audienzen, auch zum Schlafen und Wohnen oder Arbeiten genutzt worden sein.

- Arbeitsräume („Büros", Küchen etc.): die Identifikation von Arbeitsräumen erfolgt anhand von Installationen (z.B. Öfen) und ihrer Lage, tendenziell abseits repräsentativer Räumlichkeiten. Die Arbeitsräume könnten dem niederen Dienstpersonal auch als Wohnräume gedient haben.

- Archive: sie dienten wohl hauptsächlich der Lagerung von Keilschrifttexten. Lagerungsinstallationen und eine große Anzahl von Texten sind im Allgemeinen sichere Indizien.

- Lagerräume: längliche Räume ohne Anschluss an Badebereiche, mit oder ohne Lagerungsinstallationen, und entsprechenden Funden, werden oft als Lagerräume interpretiert. Die Lagerräume waren teilweise mit Lehmziegeln gepflastert und waren oft fundleer (möglicherweise ein Indiz für eine geplante Auflassung). Die Lagerräume sind größenmäßig nicht vergleichbar mit den riesigen urartäischen Lagerkomplexen und ihren in die Erde eingelassenen Pithoi.

Am meisten wurden für die Bauten sonnengetrocknete Lehmziegel in verschiedenen Größen genutzt (meistens ca. 40 x 40 x 10 cm). Seltener gab es auch gebrannte Ziegel (32 × 32 × 11 cm) für Fußböden von Terrassen und Höfen. Glasierte Ziegel scheinen selten als dekorative Elemente genutzt worden zu sein.

Bit Hilani: Vergleiche mit syrischen Palästen der späten Bronzezeit und Eisenzeit (z.B. aus Tell Atchana und Zincirli) legen nahe, dass es sich bei dem als *bit hilani* bezeichneten Gebäudeteil wohl um einen Portikus handelte, welcher die Fassaden assyrischer Paläste verschönern sollte (vgl. Manuelli 2009; Kertai 2017). Dabei ist zu beachten, dass der Begriff des *bit hilani* von den AssyrerInnen gebraucht wurde, nicht von den BewohnerInnen Syriens, welche unter einem „hilani" mehr verstanden als nur einen Portikus. Es handelte sich also um die Adaption eines fremden Architekturelements in die Gestaltung assyrischer Paläste. Möglicherweise war mit dieser Praxis auch die Übernahme einer imaginierten, „fremden" oder „exotischen" *Sensescape* verbunden (zum Thema „Kopien" in Assyrien und ob es sich beim *bit hilani* um eine solche gehandelt hat siehe Nadali 2018 oder Novák 2014). Für Assyrien wird das *bit hilani* in der Regel als ein Portikus und eine Säulenfassade verstanden, die von syro-hethitischen Palästen übernommen wurden und wahrscheinlich einen Blick auf Gärten hatten (vgl. Kertai 2017). Vermutlich kam es zur Zeit Sargons II. und seines Sohnes Sanherib zu einer Verlagerung dieser Gärten von eher zweckmäßigen zu repräsentativ-ästhetischen (Amrhein 2015, 93, von *kirû* = Garten, zu *kirim'ahu* = großer/ mächtiger Garten). Auch Assurbanipals Nordpalast in Ninive verfügte vermutlich über ein *bit hilani* und die berühmte Gartenszene wird häufig damit in Verbindung gebracht (Osborne 2012, 37).

Der assyrische Begriff *bit hilani* ist spätestens seit Tiglatpilesar III textlich belegt (vgl. Manuelli 2009; Kertai 2017). Sargon II berichtet vom Bau eines solchen Gebäudes, welches „wie ein Palast des Hatti-Landes" war. Aus Texten scheint außerdem hervorzugehen, dass die Säulenbasen des *bit hilani* in Khorsabad teils bronzen verkleidet und mitunter löwenförmig gestaltet waren (Blocher 1997, 33). Sargon berichtet in seinen Inschriften zudem, dass das Holz der Balken für das *bit hilani* aus dem Amanus kam was laut Felix Blocher (1999, 230), möglicherweise in der Darstellung des Holztransportes im Thronsaalvorhof in Khorsabad gezeigt worden sein könnte (s.u.) – und damit die besondere Bedeutung des *bit hilani* reflektieren könnte.

Irene J. Winter (1982, 357) hingegen vermutet, dass der assyrische Thronsaal ganz oder in Teilen mit dem in den Inschriften genannten *bit hilani* gleichzusetzen ist.

5.1.2.2 Tempel und Zikkurat

Zikkurate, die künstlichen Lehmziegelmassive, auf deren Kuppe jeweils ein Tempel stand, hatten eine vereinheitlichte Form, die im ersten Jahrtausend vor allem aus einem viereckigen Grundplan bestand. Zikkurate gab es durch die Zeiten im gesamten Südmesopotamien, von Sumer und Akkad, zu Babylonien, im Norden beschränkte sich ihr Vorkommen jedoch auf das assyrische Kerngebiet (McMahon 2016b, 323–24; für eine Übersicht über die verschiedene Zikkurate siehe ebenda Tab. 21.1). In der flachen Landschaft müssen diese massiven Bauten eindrucksvoll schon von weitem sichtbar gewesen sein.

In Nimrud wurde im 1. Jt. eine Zikkurat mit einer quadratischen Grundfläche von mindestens 50 m Seitenlänge errichtet, die bei den Grabungen Layard noch mit einer Höhe von ca. 34 m erhalten war (Oates und Oates 2001, 105). Der Treppenaufgang war vermutlich nach Osten gerichtet (McMahon 2016b, Tab. 21.1). Aus textlicher Überlieferung ist bekannt, dass es auch in Ninive eine Zikkurat gab (Kose 1999; McMahon 2016b, Tab. 21.1). Auch in Khorsabad gab es eine Zikkurat, mit einer Grundrisskantenlänge von 43,10 m. Die Zikkurat besaß vermutlich eine mehrstöckige Außentreppe (wie eine Wendeltreppe oder aber Wendelrampe) und wurde von Place mit einer Höhe von 42,70 m rekonstruiert (Place 1867, ab 141; Kose 1999). Es handelte sich hier regelrecht um einen religiösen Bezirk auf der Zitadelle, im Gegensatz zum Arrangement in Nimrud, wo der Hügel mehr „durchmischt" war von religiösen und Palast-ähnlichen Strukturen.

Die Zitadellen der Städte verfügten generell über mehrere große Tempelbauten.

In einem Beitrag aus dem Jahre 2005 beschäftigt sich Carolyn Nakamura mit der Bedeutung apotropäischer Figuren, die in vielen neu-assyrischen Residenzen, Palästen und Tempeln (u.a. in Nimrud, Assur, Ninive, Khorsabad) in Kisten unter Fußböden deponiert aufgefunden wurden (Nakamura 2005). Dabei kombiniert sie die schriftlichen und materiellen Quellen und setzt sich damit auseinander, wie beispielsweise im Prozess des Herstellens solcher Lehmfiguren, aber auch in anschließenden Ritualen, nahezu alle menschlichen Sinne angesprochen und miteinbezogen wurden. Dadurch hatten diese Deponierungen neben der magischen Raumbelegung durch die körperlichen Praktiken rund um die Figuren auch eine sehr physische Komponente, zumindest für die wissenden BewohnerInnen (Nakamura 2005, 28–30). Sie ist der Meinung, dass in Mesopotamien keine dichotome Unterscheidung zwischen „rationalem" und „irrationalem" Wissen und Denken gemacht wurde, die waltende Magie für die Menschen also durchaus real war (Nakamura 2005, 38–39).

Diese Erkenntnis, wenn auch bei Nakamura nicht explizit benannt, lehnt stark an die Überlegungen des französischen Anthropologen Philippe Descola (2013; 2014) an, der sich in seinen Arbeiten mit verschiedenen Ontologien auseinandersetzt. Wenngleich nicht eindeutig klar wird, ob Nakamura letztlich „deren Blick auf die Welt" (Epistemologie) oder „deren Welt" (Ontologie) meint. Ausgangspunkt dafür war für ihn die Beobachtung, dass die tiefgreifende Unterteilung der Welt in Kultur und Natur lediglich die Realität in der sog. westlichen Welt sei. Er entwirft daraufhin ein System aus insgesamt vier größeren Ontologien (Naturalismus, Animismus, Totemismus und Analogismus), wobei der Naturalismus die s.E. heutzutage vorherrschende Ontologie ist. Ähnliche Ideen lassen sich auch bei dem britischen Sozialanthropologen Tim Ingold finden, der u.a. am Beispiel des Gangs bzw. der ungleichen Bewertung von Händen (Intellekt) im Gegensatz zu Füßen (Fortbewegungsmittel), deren Ursprung er in der Aufklärung und insbesondere der Evolutionstheorie sieht, deutlich macht, wie nahezu unausweichlich der Dualismus Natur–Kultur („head over heels") in westliche Körper eingeschrieben ist. Er benutzt dafür auch den von Marcel Mauss entliehenen Begriff der Körpertechniken (Ingold 2004; 2013). Bezogen auf das assyrische, aber auch urartäische Reich muss als Konsequenz festgehalten werden, dass magische Kräfte für die Menschen höchstwahrscheinlich genauso real und eventuell sogar spürbar waren, wie etwa Licht, Schatten oder Lärm. Was als „Lärm" empfunden wird ist jedoch auch kulturell verschieden (dazu Mills 2014, 94; E. C. Blake und Cross 2015).

Licht, als Glanz, war offensichtlich eine magische Kraft, ein „Numinosum". Das Problem mit der Arbeit Descolas und Nakamuras ist aber, dass sie davon ausgehen, Ontologien seien innerhalb einer Gesellschaft einheitlich gewesen. Das wird besonders gerne für nicht-westliche Gesellschaften angenommen, während (ein Vorurteil) in westlichen säkulare und religiöse Vorstellungen, wissenschaftliche und New Age-Ideen im Alltag gleichberechtigt nebeneinanderstehen dürfen. Letztlich, in der Politik, kann aber nicht mit New Age Prinzipien entschieden werden, sondern es läuft alles auf instrumentelle Rationalität hinaus (in der die Wissenschaft ihren Diskurs verortet). Das heißt, heute gibt es sehr wohl eine dominante, entscheidungsbefugte „Ontologie"; ebenso wie in assyrischer Zeit, wo aber eine andere Art Ontologie, eben die Magie mit einbeziehende, dominant war.

Das Problem ist dann ein doppeltes: wie kann man eine Geschichte in den Termini einer animistischen etc. Ontologie schreiben (oder soll man das gar nicht erst), und was ist dann mit den Subalternen und deren ontologischen Grundlagen (vgl. Egbers 2019b)?

5.1.2.3 Reliefs

Ein bedeutender und viel diskutierter Teil assyrischer Architektur sind die Reliefs. Die Paläste in Kalhu, Dur Šarrukin und Ninive waren mit diesen bildlichen Architekturelementen versehen. Die Themen der Reliefs lassen sich grob in narrative und apotropäische Bilder untergliedern. Die narrativen Szenen zeigen unter anderem den assyrischen Hof, Feldzüge und Eroberung, Jagd, Kultisches oder andere Handlungen des Königs und befanden sich als erster Ort im Palastgefüge an den Thronsaalfassaden. Sie waren mitunter äußerst detailliert und fein gestaltet. Beispielsweise im Palast in Khorsabad und im Südwestpalast in Ninive gab es solch narrative Reliefs auch in anderen Innenhöfen, allerdings wurden sie nicht entlang des Weges vom Palasteingang zum Thronsaal angebracht, sodass narrative Szenen zuerst im Thronsaalvorhof gezeigt wurden und erst danach in anderen, dahinter liegenden Höfen (Kertai 2019, 46). Auf den apotropäischen Reliefs sind unterschiedliche Kreaturen, die den Palast beschützten, mit besonderem Schwerpunkt auf Toren, wo größere Halbreliefs von beispielsweise geflügelten, menschenköpfigen Bullen oder Löwen stationiert waren (zu apotropäischen Figuren in Assyrien siehe Green 1983; Nakamura 2004; Kertai 2015b; 2019).

In bis zu 2 m hohe Kalksteinblöcke wurden die Bilder eingeritzt, vermutlich bunt bemalt und an den Wänden der Paläste angebracht (vgl. Van De Mieroop 2016, Box 12.1). Die Reliefs beeinflussten die Art und Weise, wie diese Räume verwendet und erfahren wurden, und funktionierten als eine Art Kommunikationsmodus mit den Besuchenden. Nahezu alle monumentalen Räume innerhalb der Paläste oder Residenzen waren mit Reliefs dekoriert.

Neben der Analyse der artistischen und materiellen Seite werden die gezeigten Narrative gelesen und interpretiert, ähnlich wie die propagandistischen Schriftquellen (vgl. Russel 1991, 241–62). Es gibt Arbeiten, die sich mit dem potenziellen Publikum auseinandersetzen (z.B. Russel 1991, 223–240, der insgesamt zwölf Gruppen ausmacht: *king, crown prince/royal family, courtiers, servants, foreign employees, foreign prisoners, future kings, gods, Assyrians, provincials, subject foreigners, independent foreigners;* vgl. auch Bagg 2016, 70, der speziell nach dem Publikum für die Gewaltdarstellungen fragt und feststellt, dass ein Großteil der betreffenden Reliefs in eher hinteren und vermutlich weniger zugänglichen Teilen des Palastes lag; eindeutiger zur Abschreckung dienende Gewaltdarstellungen beispielsweise im Thronraum, sog. Festflügel, Sargons in Khorsabad seien demnach eher die Ausnahme) und solche, die aus dem Gezeigten eine Psychoanalyse zur Emotionalität und/oder Gewaltbereitschaft der assyrischen Gesellschaft, insbesondere Oberschicht, erstellen (Davis 1996 als Antwort auf Bersani und Dutoit 1979; 1985; s. auch Bagg 2016). Gerade für die teilweise äußerst expliziten Gewalt-, Zerstörungs- und Folterdarstellungen wurde die Frage gestellt, ob dies zur Abschreckung und Einschüchterung ausländischer Gäste und Gefangener dienen sollte, oder aber assyrische Subjekte selbst in ihrer Rolle als erbarmungslose Herrscher der Welt bestätigen. Ich schließe mich der Meinung von u.a. Kiersten Neumann (2015) an und halte die dargestellte Bildwelt in Verbindung mit dem Bildträger selbst als integralen und gewisserweise „aktiven" Teil der damaligen Welt, die sowohl übernatürliche Kräften besaßen, als auch erinnernde, wiederbelebende und repräsentierende Eigenschaften (s. auch Thomason 2016, die über die Anregung der Sinne durch die Darstellung von Banketten und die damit verbundene Biopolitik Assyriens in den Reliefs Sanheribs schreibt; Neumann 2015 spricht über die mythologische Raumbelegung im Südwest-Palast in Ninive in Form von Reliefs und Statuen).

Interessant ist sicher auch die psychologische Lesung der Reliefs von Bersani und Dutoit (1979; 1985), um den Unterschied zwischen assyrischen und westlich-heutigen Subjekten zu erörtern und die Lesung assyrischer Bildwelten als „anders" zu betonen. Denn Bersani und Dutoit zeigen auf, dass assyrische Bildnarrative keine ultimativ fokussierte Szene in einem Ablauf haben, sondern dass sie vielmehr die Gewaltdarstellung „verschieben/verdrängen" („displace") in immer neue Bildsequenzen, statt sie auf einen Höhepunkt hinzuführen, wie dies in modernen Filmen oftmals geschieht. Die Folge ist heute nach diesen Autoren ein Mangel an ästhetischer Befriedigung aufgrund dieses Fehlens der Kumulationsszene. Der Drang nach Drama und Lösung war entweder – wenn bewusst als *espace conçu* angelegt – aufgehoben und rührte damals wie heute auf; oder assyrische Subjekte waren soweit „anders" konstituiert, dass derart „verschobene" Szenenfolgen kein Gefühl des Unbefriedigtseins aufkommen ließen.

Neben den Reliefs spielte Wandbemalung eine wichtige Rolle im Dekorationsprogramm Assyriens. So konnten etwa in Khorsabad, Ziyaret Tepe, Til Barsip und Assur in vielen ergrabenen Bereichen ins Rauminnere gefallene Fragmente solcher Bemalung entdeckt werden (Loud und Altman 1938, 83–86, von Charles B. Altman; ebd. wird auch angemerkt, dass die zusammenhängenden Wandbemalungsfragmente die Rekonstruktion einer Mindestdeckenhöhe mit Bemalung von 14 m zulässt).

5.1.2.4 Wohnhäuser und (Unter)Städte

Aufgrund der Entdeckungs- und Ausgrabungsgeschichte assyrischer Orte ist das Wissen über einfache Wohnhäuser und Unterstädte eher begrenzt. In der Vergangenheit konzentrierten sich die Arbeiten auf die Zitadellen mit ihren Palästen und Tempeln. Dieser Forschungsblick ändert sich jedoch zunehmend. Inzwischen gibt es beispielsweise mehrere Surveys, die die Siedlungsverteilung auch in der assyrischen Zeit untersuchen

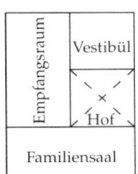 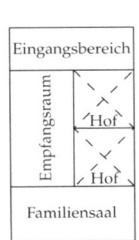 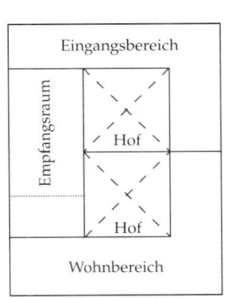 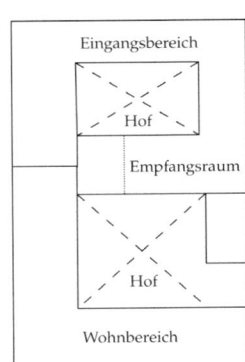

Abbildung 5.4. Von Peter Miglus erstellte Modelle zum neuassyrischen „Hofhaus" (nachgezeichnet nach Miglus 1999, Abb. 373)

(Bernbeck 1993; Kühne 2010; Ur u.a. 2013; Morandi Bonacossi 2016; Ur und Osborne 2016). Peter Miglus veröffentlichte 1999 eine Arbeit zur städtischen Wohnarchitektur in Assyrien und Babylon (Miglus 1999, insb. 133-175). Er stellte noch fest, dass die bis dato bekannte Wohnarchitektur vor allem Bauten der Oberschicht – vornehmlich in Assur, aber auch in Dur-katlimmu – umfasste (Miglus 1999, 133). Diese weist starke Ähnlichkeit zur räumlichen Organisation der Paläste auf (Miglus 1999, 143). Dies geht aus der Untersuchung der Architektur beispielsweise in Assur, Kalhu, Tell Billa (Shibaniba, Osttigris) und Tell al-Fahhar (Kuruhanni, Osttigris) hervor. Miglus bezeichnet das „typisch neuassyrische Wohnhaus" in Anlehnung an die Archäologen Robert Koldewey und Ernst Heinrich „konjunktives Hofhaus" oder „Haus mit umschlossenem Hof" (Abb. 5.4; Miglus 1999, 162).

Um einen oder mehrere Höfe wurden Raumgruppen arrangiert, die eine von oben betrachtet unregelmäßige Form ergeben. Miglus bezeichnet die jeweiligen Raumgruppen auch als einzelne Wohneinheiten. Um einen Vorhof ziehen sich wiederum Raumreihen. Zwischen dem von ihm als Eingangbereich benannten Teil (*babanu*) und dem „inneren Bereich" (*bitanu*) lag ein von Miglus als Empfangsraum interpretierter Bereich, der beides miteinander verband (Miglus 1999, 162). Traditionell wurden die beiden Begriffe *babanu* und *bitanu/betanu* (auch in Analogie zu osmanischen Palästen) mit dem Konzept „öffentlich" und „privat" gleichgesetzt (z.B. Pedde 2012, 854). Dies wurde kürzlich u.a. von Kertai (2014) genauer untersucht und infolgedessen infragegestellt. Er weist in seinem Aufsatz darauf hin, dass die textlichen Quellen keine Auskünfte geben über die Art und Nutzung von Räumen und dem Bezug der Menschen zu ihnen. Die ergrabene Architektur kann derzeit nicht mit den Schriftquellen in eindeutige Verbindung gebracht werden (Kertai 2014, 199; Groß und Kertai 2019). Folglich ist die Gliederung „öffentlich–privat" eher eine moderne Interpretation, die indirekt auch „politisch–apolitisch" meint und stark implizit gegendert ist, was nicht unbedingt mit assyrischen Konzepten vereinbar ist. Archäologie und Texte scheinen sogar eher gegen die Existenz der Idee einer solchen Unterteilung zu assyrischer Zeit zu sprechen. Generell werden *babanu* und *bitanu/betanu* in Texten nie gegensätzlich genutzt. Dies erscheint auch insofern plausibel, als assyrische Könige ihren Palast nicht in zwei Zonen einteilten, sondern durch die Regulierung von Zugänglichkeit und Distanz (zum König) politische und soziale Zeichen setzten. Zwar ist das Konzept „*babanu* vs. *bitanu*" als „öffentlich vs. privat" also ein modernes Konstrukt, jedoch zeigt eine typologische Analyse, dass der Thronsaal in der Tat als ein Bindeglied, vielleicht zwischen zwei Sphären nicht weiter bestimmbarer bzw. liminaler Art, verstanden werden kann. Es scheint mir so, dass der gesamte *babanu*-Bereich als liminal zu verstehen sein könnte, als ein Bereich, in den man zwar hereingeht, der aber immer Schwelle ist, und damit zum „Nichtbleiben" auffordert, obwohl man wahrscheinlich dort lange warten musste – eine psychologische Machtsituation, wenn es denn so war. Diese Beobachtung passt zur jeweiligen Bedeutung der assyrischen Worte *babū* (= „Tor, Tür, Durchgang") und *bītu* (= „Haus"), was auch für *babanu* und *bitanu* eine Konzeptualisierung nicht als „öffentlich–privat", sondern als „stabil/innen/Stillstand" (*bitanu*) und „liminal/schwellenhaft/Bewegung" (*babanu*) spricht (CAD: „babū", A.1; „bītu" 1.a.). Angesichts der komplexen Wegeführung der Paläste muss auch darüber nachgedacht werden, dass es nicht notwendigerweise Ziel und Wunsch einer jeden betretenden Person war hinein, und sogar möglichst weit hinein in den Palast zu gelangen. Viel eher lässt ist vorstellbar, dass die Wegeführung auch das Gefühl der Gefangenheit evozierte, mit der labyrinthischen Aufteilung. Irgendwann wussten die Menschen ggf. nicht mehr, wie und wo sie herauskommen können, obwohl sie vielleicht hofften, schnellstmöglich wieder hinaus zu finden.

Dies steht im Gegensatz zur Architektur und Organisation von Urartus Zitadellen. Denn bei letzteren bestand immerhin die Möglichkeit, in die Gegend und Umgebung zu schauen und z. T. zumindest zu sehen, woher man kam. Assyriens labyrinthische Palastgebäude sind hingegen nicht mit der Möglichkeit einer solchen „Rück-Sicht" ausgestattet.

Das Problem ist hierbei jedoch nicht die Quellenlage, sondern eher die noch ausstehende Auswertung solcher Wohngebiete. So wäre eine sozialstratigrafische Untersuchung der weiten Wohngebiete in Assur auf Grundlage der umfassenden publizierten Ausarbeitungen möglich (s. Hauser 2012, der auch nicht-elitäre Wohngebiete in Assur thematisiert).

Neben den assyrischen Hauptstädten wurden auch in einigen Provinzhauptstädten und weiteren Orten (Wohn-)Häuser ausgegraben, so etwa in Tell Schech Hamad (altes Dur-katlimmu) am oberen Khabur im heutigen Syrien, Ziyaret Tepe (altes Tušhan), Til Barsip (nahe Tell Ahmar, altes Bit-Adini), Tell Billa (nahe Bashiqa, altes Schibaniba), Tell al-Fakhar (im Gouvernement Kirkuk) und Tall al-Nul. Die assyrischen Residenzen in der „Unterstadt II" in Dur-katlimmu beispielsweise datieren in das 8.–7. Jh. und bestehen aus vier aneinanderliegenden und teils miteinander verbundenen Wohneinheiten, die über einen Hof mit Installationen, einen „Empfangssaal" mit Sanitärraum, Küche, Vorratsraum und Wohnräume verfügen. Darüber hinaus konnten Wandmalereien, Feuerstellen und „luxuriöses" Inventar geborgen werden. Eine Besonderheit stellt die Entdeckung eines Gartens im Hof eines Hauses („Haus 1") dar (z.B. Kühne 2013, 249). Seit 2015 werden zudem unter der Leitung von Karen Radner im sog. Peshdar Plain Project jährlich die Ergebnisse der Grabungen und geophysikalischen Untersuchungen im neuassyrischen Gird-i Bazar veröffentlicht (für eine Übersicht der bisherigen Veröffentlichungen siehe die Projektwebsite: https://www.en.ag.geschichte.uni-muenchen.de/research/peshdar-plain-project/index.html, zuletzt abgerufen 01.03.2022).

5.1.2.5 Wasserbauten und Gärten

In dem trockenen und wechselhaften Klima des Kernlandes Assyriens spielte die Anlage eines ausgedehnten und komplexen Bewässerungssystems eine bedeutende Rolle (Kühne und Ergenzinger 1991; Bagg 2000 „Assyrische Wasserbauten"; Ur 2017, 24–26; Kühne 2018 „Water for Assyria" Sammelband; zu Gärten s. Sevin 2000; Amrhein 2015; Farrar 2016, Kap. 2; zur Floradarstellung in assyrischen Reliefs s. Bleibtreu 1980). Viele Städte im Zentrum des Reiches lagen in einer Zone zwischen Regenfeldbau im Norden und Bewässerungslandwirtschaft im Süden. Diese Zone ist grob 400 km weit (Nord-Süd), auch wenn es keine klar definierbaren Grenzen gibt (Bagg 2012, 273; vgl. auch Kühne und Ergenzinger 1991; Ur 2005). Trockenfeldbau war zwar möglich, jedoch äußerst risikoreich, insbesondere im Hinblick auf den Bevölkerungsanstieg der Region während der assyrischen Zeit (Bagg 2012, 273). Die klimatischen Bedingungen waren denen der heutigen Zeit, zumindest prä-Klimawandel, vermutlich ähnlich. Demnach kam es ungefähr in der Zeit zwischen Dezember und März zu – teilweise starken – Regenfällen, allerdings mit jährlich schwankenden Niederschlagsmengen (vgl. Bagg 2000).

Die Kanäle dienten sowohl dem Feldbau als auch der Bewässerung von (Obst-) Gärten, in denen auch exotische, oft wasserintensive Pflanzen angebaut wurden (vgl. Bagg 2012, 275). Von assyrischen Reliefs ist bekannt, dass beispielsweise *kirimāḫu*-Gärten – kleinere Obst- und Blumengärten, die der Entspannung dienten und in der Regel nahe der Paläste angelegt waren – mit Pavillons und Kiosken ausgestattet waren (Sevin 2000). In einem Artikel aus dem Jahr 2015 setzt sich Anastasia Amrhein mit der Beschaffenheit und Bedeutung assyrischer Gärten auseinander, mit Fokus insbesondere auf Ninive sowie die Könige Sargon II, Sanherib und Assurbanipal.

Alle assyrischen Hauptstädte besaßen Gartenanlagen. Nimrud war beispielsweise umringt von außerstädtischen Gärten inklusive einer Art Zoo, wo sowohl Tiere als auch Pflanzen aus eroberten Gebieten angesiedelt wurden, möglicherweise als Spiegel der politischen Landschaft (Novák 1999; 2004). Sanherib ließ nicht nur die 12 km lange Stadtmauer errichten, die eine Stadtfläche von ca. 750 ha umrahmte, er initiierte auch die Umsetzung eines umfangreichen Bewässerungsprojekts rund um und in Ninive (Bagg 2012, 275). In den Jahren von 702 bis 688 wurden insgesamt vier verschiedene Kanalsysteme installiert, die zusammengefasst eine Länge von rund 150 km besaßen und neben der Wasserzufuhr für die Stadt auch die umliegende landwirtschaftlich nutzbare Fläche erweitern sollten (Ur 2005; Bagg 2000, 169–224; 2012, 275). Sie liefen aus unterschiedlichen Richtungen radial auf Ninive zu. Zu diesem hydraulischen Großprojekt zählte die Anlage von Kanälen, Aquädukten, Wehren, Dämmen und die Kanalisierung von natürlichen Wasserläufen (Bagg 2012, 275). Künstliche Sümpfe dienten als Schutz vor Überschwemmungen der Kanäle im Frühjahr und das dort wachsende Schilf wurde als Baumaterial verwendet (Bagg 2012, 276).

Abbildung 5.5. Darstellung einer künstlich bewässerten Gartenanlage mit Aquädukt vermutlich in oder bei Ninive (Relief aus dem Nordpalast, Dalley 1994, Abb. 1; BM 124939)

Ebenso wie in Khorsabad und Nimrud wurden auch in Ninive Parks und Gärten angelegt, in denen es unter anderem Granatapfel- und Olivenbäume, Zypressen, Gewürzpflanzen und Weinstöcke gab (vgl. Abb. 5.5; Amrhein 2015). Höchstwahrscheinlich ist der auf einem Relief des Nordpalastes in Ninive unter Assurbanipal dargestellte Garten einer Sanheribs, aus oder aus der Nähe von Ninive (Abb. 5.5; Bagg 2000, 196–98; siehe auch Bagg 2012, 277). Die Überreste des Kanals für diese sowohl royalen, als auch z. T. der Bevölkerung zugänglichen Grünanlagen und Obstgärten konnten oberhalb der Stadt archäologisch nachgewiesen werden. Da sich der Südwestpalast Sanheribs nahe des westlichen Hangs der Zitadelle befand, bot sich von dort ein guter Ausblick auf den Fluss und die Gärten (Novák 2014, 326). Südlich der Stadt scheint es ebenfalls Obstgärten und Getreidefelder gegeben zu haben (Bagg 2012, 276). Auch wenn nicht bekannt ist, wie genau die (Stadt-)Bevölkerung in Assyrien mit Trinkwasser versorgt wurde, ob sie beispielsweise selbst zu den Kanälen gingen, ggf. größere Distanzen zurücklegend oder aber ob es öffentliche oder private Brunnenanlagen gab, spendete ein in Kalhu ausgegrabener Brunnen noch im Jahre 1952 u.Z. 5000 Gallonen (ca. 18900 Liter) Wasser am Tag (Van De Mieroop 1999, 161). In Texten beschreibt Sanherib darüber hinaus, dass er die Brunnen in seinem Palast erneuern bzw. instand setzen ließ (Van De Mieroop 1999, 161).

5.1.2.6 Begräbnisse

Es scheint Sitte zumindest bei den Eliten des Landes gewesen zu sein, die Toten unter den Fußböden der Wohnhäuser zu begraben und im Falle der Könige und Königinnen in den Palästen (insbesondere sind Befunde aus Assur und Nimrud bekannt; Cancik-Kirschbaum 2003, 114–15; zu den Königinnengrüften im Nordwestpalast in Nimrud siehe Damerji 1999 oder Oates und Oates 2001, Kap. 3) Die Toten bekamen Trank- und Speiseopfer, mussten also auch über ihren Tod hinweg versorgt und ihr Andenken aufrecht erhalten werden. Auch aus diesem Grund wurde vermutlich das Ableben Sargons II als so schmachvoll und bedeutungsschwer empfunden, da er nicht nur in der Schlacht getötet wurde, sondern auch sein Leichnam den Gegnern in die Hände fiel, die Überreste also nicht standesgemäß beigesetzt und mit Lebensmitteln rituell umsorgt werden konnten (Cancik-Kirschbaum 2003, 114–15).

Es ist im Angesicht der anzunehmenden ethnischen Diversität im assyrischen Reich gut vorstellbar, dass es dementsprechend eine Reihe an verschiedenen Bestattungspraktiken gab (vgl. Hauser 2012).

5.1.2.7 Straßen

Für die Aufrechterhaltung und Administration des Reiches wurde ein gut ausgebautes Straßennetz angelegt. Es gab Wegstationen (*bet mardete*), an denen Kuriere und königliche Boten (*mar šipri*) mit Vorräten und Reisemitteln versorgt wurden (Kessler 1997; Cancik-Kirschbaum 2003, 119; Morandi Bonacossi 2008, 194). Das vordergründig der staatlichen Kommunikation sowie dem Militär vorbehaltene Wegesystem war vermutlich eine Innovation Salmanassars III (Radner 2012c). Auch der König selbst nutzte diese „Königsstraße" (*hūl šarri* oder auch *harran šarri*; vgl. auch Morandi Bonacossi 2008, 194–95). Inwieweit diese besonderen Straßen von anderen Menschen genutzt wurden oder werden durften ist indes nicht bekannt, da sich dieses nicht in den offiziellen Texten wiederfinden lässt. An den Wegen waren Stelen und Statuen der assyrischen Herrscher aufgestellt und dienten als klare Marker der herrschenden Ideologie des Reiches und seiner Infrastruktur (für die Verortung dieser Statuen und Stelen siehe: Kessler 1980; Morandi Bonacossi 1988).

5.2 Assyrien: Analyse von Dur Šarukkin und Tušhan

In der folgenden Beschreibung und Analyse fokussiere ich auf die ehemalige Hauptstadt Dur Šarukkin und die Provinzhauptstadt Tušhan. Zu der Zeit Sargons II und Sanheribs reichte das assyrische Reich vom Persischen Golf zum Taurus Gebirge, von Zypern, Phönizien und Gaza bis zu und teilweise hinter das Zagros Gebirge (vgl. Otto 2015, 470), besaß also mithin eine seiner größten Ausdehnungen und muss demnach auch eine hohe Diversität an Menschen aus unterschiedlichen Regionen besessen haben.

Wie schon auf urartäischer Seite handelt es sich bei den beiden assyrischen Städten um jeweils eine im Zentrum des Landes (Dur Šarukkin) und eine in der nördlichen Peripherie (Tušhan). Es handelt sich bei diesen Zentren aus dem auslaufenden 8. und frühen–mittleren 7. Jh. um ungefähre Zeitgenossen Ayanis' und Bastams. Wie eingangs beschrieben ist bekannt, dass eine Vielzahl Deportierter, neben den bis dato nicht durch Grabungen bekannten landwirtschaftlichen Gehöften und Kleinstsiedlungen, durchaus auch in das Kerngebiet Assyriens gebracht wurden, also davon ausgegangen werden kann, dass beispielsweise urartäische Kriegsgefangene die Hauptstädte des Imperiums zu Gesicht bekamen, ebenso wie die Grenzstädte. Gleichzeitig möchte ich argumentieren, dass die urartäischen Kriegsgefangenen Khorsabads Palast o.ä. gar nicht von innen gesehen haben müssen, um in einen Raumhabitus hereingestürzt worden zu sein, der absolut nicht der ihre war und dessen unterschiedliche Dimensionen sich beispielhaft in den beiden Palästen zeigen. Es geht um das Verhältnis, das literarisch als „Metonymie" oder auch „Synekdoche" bezeichnet wird, nicht um „Repräsentativität" im direkten Sinne.

Auch wenn die Grabungen und Grabungspublikationen insbesondere Khorsabads nicht ganz unproblematisch sind, wie unten zu sehen sein wird, handelt es sich dennoch um zwei äußerst ausführlich untersuchte Orte, die eine qualitative Analyse zulassen. Am Beispiels Ziyarets lässt darüber hinaus sehen, dass sich die Architektur von Provinzstädten offenbar durchaus an jener der Hauptstädte orientierte, eine Beobachtung, die sich auch für Zincirli, Tell Tayinat und Til Barsip machen lässt (vgl. McMahon 2016a, 129, die ebenfalls die Frage stellt, wie diese Ähnlichkeiten zu interpretieren seien; als mögliche Antworten zieht sie insbesondere die Übermittlung der imperialen Ideologie in Betracht, ebenso wie die Verbindung zu einem spezifischen Habitus, der den BewohnerInnen durch die repetitive Nutzung in „Fleisch und Blut" übergehen sollte). Mit anderen Worten kann davon ausgegangen werden, dass bestimmte Muster sich, wenn auch kleinskaliger und mit regionalen Modifikationen, in den größeren und kleineren Zentren des Reiches wiederfanden (dies gilt auch für die römischen Städte mit „cardo" und „maximus" usw., Kopien eines – oft gar nicht existierenden, sondern imaginierten – Originals). Aus diesem Grund werde ich wo angemessen bzw. hilfreich, auch auf andere assyrische Fundorte hinweisen.

In der Untersuchung beginne ich mit der Beschreibung der im Kernland gelegenen Hauptstadt Khorsabad. Nach der Auswertung der Stadt hinsichtlich ihrer sensorischen Organisation bzw. Aspekten der Raumhabitualisierung wende ich mich mit Ziyaret Tepe der Peripherie zu, um analytisch im gleichen Muster vorzugehen.

5.2.1 Dur Šarukkin (heutiges Khorsabad)

Nachdem über die Spanne von fast 150 Jahren Nimrud/Kalhu als assyrische Hauptstadt diente, wurden vermutlich im Jahre 717 v.u.Z. die Arbeiten an dem neuen politischen Zentrum ca. 15–20 km nordöstlich von Ninive und nahe des heutigen Khorsabad (Irak) begonnen (Blocher 1997; Van De Mieroop 1999; 2007; Pedde 2012; Kertai 2015a; Oates und Oates 2001). Sargon II (herrschte 721/2–705; vgl. Fuchs 2009a zu Sargons Herrschaft) gab dieses Mammutprojekt der Gründung einer neuen Königsresidenz mit dem Namen Dur Šarukkin („Sargonsburg") in Auftrag. Aufgrund der Bauarbeiten an Dur Šarukkin darf davon ausgegangen werden, dass Sargon II den Großteil seiner 16-jährigen Regierungszeit in Nimrud verbrachte (im „Burnt Palast" und Nordwestpalast; vgl. Blocher 1997, 23; Kertai 2015a, 84–85; siehe Novák 2014, 312, zur Praxis der Namensgebung von Städten). Da der Königsname „Sargon" für gewöhnlich mit „der rechtmäßige/wahre König" übersetzt wird, kann auch die Benennung Dur Šarukkins mit „Burg des legitimen Königs" übersetzt werden. Dies wird oft als Hinweis auf eine möglicherweise illegitime Thronbesteigung Sargons II gesehen und dem damit assoziierten Drang, die Rechtmäßigkeit des eigenen Königtums zu unterstreichen (vgl. Fuchs 2009a, 52). Die genauen Umstände seiner Thronbesteigung, ob er tatsächlich Usurpator war oder nicht, bleiben jedoch unklar (Blocher 1997, 21).

Dur Šarukkin sollte Kalhu/Nimrud als Hauptstadt des assyrischen Reiches ablösen und wurde an einer Stelle gegründet, an der sich bis dahin lediglich das Dorf Magganubba befand, am Fuße des Berges Musri und 16 km nordöstlich von Ninive (Albenda 1986, 35; Fuchs 2009a, 59). Es ist unklar, ob sich dieses Dorf in der Nähe oder direkt an der Stelle Dur Šarukkins befand (Glynn 1994, 13). Oft findet sich in der Literatur auch die Angabe, die Stadt sei *ex nihilo* entstanden (z.B. Novák 2012, 256).

Bei ihrem Bau wurden neben Mitgliedern der assyrischen Armee und „ZivilistInnen" auch Kriegsgefangene und Deportierte als teilweise hoch spezialisierte Arbeitskräfte eingesetzt und ausgenutzt, ähnlich wie im urartäischen Ayanis (s.u.; Cancik-Kirschbaum 2003, 73; Pedde 2012, 861). In einer der Inschriften aus Khorsabad „schreibt" Sargon II:

> *„Damals baute ich mit Hilfe der feindlichen Leute, der Kriegsgefangenen meiner Hände, am Fuße des Gebirges Musri oberhalb Nineweh's nach göttlichem Ratschluß und Wunsch meines Herzens eine Stadt und nannte ihren Namen Dur-Sarrukin. Einen großen Garten nach Art des Gebirges Hamani, in dem alle wohlriechenden Bäume, Erzeugnisse des Landes Hatti, Früchte des Gebirges, enthalten waren, legte ich bei ihr an. Diese Stadt, deren Lage keiner unter den 350 alten Fürsten, die vor mir die Herrschaft über Assyrien ausgeübt und die Mannen Ellil's geleitet hatten, gekannt oder ihre Besiedelung erwogen, deren Kanal zu graben und Pflanzungen in ihr anzulegen keiner gedacht hatte: (sie) zu besiedeln, erbauen zu lassen Heiligtümer, Tempel der großen Götter und Paläste als Wohnungen meiner Herrlichkeit, plante (und) sann ich Tag (und) Nacht und befahl ihren Bau. In einem günstigen Monat, an einem glücklichen Tage, im Monat Simannu, an einem eššešu-Tage ließ ich das Ziegelbrett erheben und Ziegel streichen."* (Weißbach 1918, 181)

Zitiert auf Englisch von Marc van de Mieroop (1999, 56):

„At that time, with the <labour> of the enemies I had captured, I built a city at the foot of Mount Musri above Niniveh, according to [the god's] command [and my wish. I named it Dur-Sharrukin]. A great park like on Mount Amanus, planted with all the aromatic plants of Hatti, fruits of every mountain, I laid out by its side. None of the 350 ancient princes who before me exercised dominion over Assyria and ruled the subjects of Enlil, had thought of this site nor did they know how to settle it, nor did they think of digging its canal or setting out its orchards. [To settle that city], to build its shrines, the temples of the great gods, and the palaces, my royal seats, day and night I planned. I ordered that it be built. In a favourable month, on an auspicious day, in the month of Simânu, on an eshsheshu day, I made them carry baskets and mould bricks."

Die meisten der Kriegsgefangenen scheinen anschließend in der Stadt zwangsangesiedelt worden zu sein (Blocher 1997; Pedde 2012, 861). In einer Einweihungsinschrift heißt es: „People of the four regions (of the world), of alien language, whose speech is untranslatable, inhabitants of plains and mountains, all of them shepherded by the divine light, the lord of all (=Assur), whom I deported by the command of Assur my lord and by the power of my scepter: I subjected them to a unified command and settled them there (in Dur Sharrukin). I appointed Assyrians over them in proper behavior and the fear of god and the king." (Liverani 2017a, 206).

Aus schriftlichen Quellen ist darüber hinaus bekannt, dass für verschiedene Abschnitte der Stadt, unterschiedliche Provinzen des Reiches zuständig waren, um Baumaterialien und Arbeitskräfte bereitzustellen. Die Finanzierung fand zum einen durch königliches Vermögen, insbesondere die reiche Kriegsbeute (beispielsweise aus Urartu und Musasir), statt, zum anderen nahm der Hof Darlehen auf (Cancik-Kirschbaum 2003, 73). Für die Einweihung im Jahre 706 wurde, laut der Schriftquellen, ein gewaltiges Fest abgehalten. Zu diesem Zeitpunkt waren vermutlich noch nicht alle Bauarbeiten beendet. Durch die verhältnismäßig kurze (10-jährige) Zeitspanne, in der die Stadt aus der Erde gestampft wurde, ergibt sich ein für Assyrien recht einzigartiger Befund der Aufnahme einer spezifischen Epoche in der Zeit (vgl. auch McMahon 2013, 165).

Im Jahr 705, nur ein Jahr nach der weitestgehenden Fertigstellung der Bauarbeiten an der Stadt, wurde König Sargon II im Feld getötet, ohne dass sein Leichnam von den assyrischen Truppen geborgen werden konnte. Dieses schicksalhafte Ende veranlasste Sargons Sohn und Nachfolger Sanherib zur Aufgabe Dur Šarukkins als Königsresidenz zugunsten Ninives (Blocher 1997, 40–41; Fuchs 2009a, 59–60). Das durch den überraschenden Tod von Sanheribs Vater Sargon auf die neu errichtete Stadt Dur Šarukkin gefallene „schlechte Omen" wird demnach als Grund für den Umzug nach Ninive und die dortigen umfangreichen Um/baumaßnahmen gesehen (Blocher 1997, 40–41; Fuchs 2009a, 59–60). In den Inschriften Sanheribs wird die Nennung seiner Vorgänger Sargon II und Tiglatpilesar III, beide sehr wahrscheinlich Usurpatoren, vermieden (Fuchs 2009, 59). Dur Šarukkin diente fortan als einfache Residenzstadt bzw. Sitz eines Provinzgouverneurs (Blocher 1997, 40–41; Van De Mieroop 1999, 234; Cancik-Kirschbaum 2003, 74; Fuchs 2009, 59–60). Die Tatsache, dass die Stadt nicht als Hauptstadt weitergenutzt wurde, ist in Anbetracht dieser Analyse insofern von Vorteil, als es aus diesem Grund keine weiteren Umbauten an den Monumenten gab und die hier untersuchte Architektur weitestgehend den von ursprünglich intendierten Zustand der PlanerInnen wiedergibt (sensu Novák 2012, 256) und somit gleichsam das Setting, auf das die meisten Menschen "unverändert" gestoßen sind, begaben sie sich nach Khorsabad. Andreas Fuchs (2009, 60) macht desweiteren darauf aufmerksam, dass nahezu die gesamte Anlage Khorsabads auf den Ruhm und die Größe Sargons ausgerichtet war und eine Weiternutzung ohne größere bauliche (insbesondere die Reliefs betreffende) Veränderungen für die Nachfolger aus diesem Grund „unerträglich" hätte werden können (was jedoch sehr individualisiert-präsentisch gedacht ist). Der von Sanherib ausgebaute Palast in Ninive wurde von ihm auch „Palace without a Rival" (*ekallu ša šanina la išu*) genannt (Russel 1991). Wenngleich die Stadt auch nicht sofort verlassen wurde, konservierte sich ihr Zustand vermutlich aufgrund mangelnden Interesses an weiteren signifikanten Baumaßnahmen.

Augusta McMahon (2013, 167) kreidet an, dass in den meisten Publikationen über die Stätte die Hinweise auf eine Squatter-Occupation (z.B. Spuren eines Feuers in nur einem der Tempel oder auch eine zweite Fußbodenphase in Bereichen der Zitadelle) auffällig abwesend sind (siehe auch Loud, Frankfort und Jacobsen 1936, 62, 85, 118; darauf verwiesen in: McMahon 2013, 167).

Grabung: Der erste Ausgräber des Ortes, Paul-Émile Botta, hielt bei Beginn seiner Grabung 1842/3 u. Z. die Überreste der Stadt noch für das biblische Ninive (Grabungspublikationen: Botta und Flandin 1849–1850; vgl. auch Albenda 1986, 26; Cancik-Kirschbaum 2003, 72; Pedde 2012, 861; Kertai 2015a, 87). Während seiner Arbeiten, die bis 1844 stattfanden, wurde er später unterstützt bzw. begleitet von dem Maler Eugène Flandin (Albenda 1986, 27; Pedde 2012, 861).

Von 1851 bis 1855 fanden Ausgrabungen unter der Leitung von Victor Place und Félix Thomas statt (Grabungspublikationen: Place 1867, 1870; Kertai 2015a). Während dieser Zeit (1852) versanken bei einem Schiffsunglück viele der ausgegrabenen und herausgerissenen Reliefs, die nach Paris transportiert werden sollten, um dort den Louvre zu füllen.

Gerade den von Place erstellten Grundplänen der Zitadelle muss heute mit Vorsicht begegnet werden, da die Grabung zu dieser Zeit nicht immer akkurat war und heute teilweise nicht festgestellt werden kann, welche Abschnitte rekonstruiert worden sind (Abb. 5.6; Kertai 2015a, 87–92). Neuerliche Grabungsarbeiten wurden zwischen den Jahren 1928 und 1935 durchgeführt, dieses Mal unter der Leitung von Edward Chiera, Henri Frankfort und Gordon Loud vom Oriental Institute in Chicago (Grabungspublikationen: Frankfort 1933; 1934; Loud, Frankfort und Jacobsen 1936; Loud 1936; Loud und Altman 1938; vgl. Albenda 1986, 30). Die Funde und Artefakte des Ortes befinden sich heutzutage verstreut in Museen auf der ganzen Welt (wie dem Louvre, British Museum, Chicago, Bagdad). Letzte Grabungstätigkeiten fanden im Jahre 1957 statt, bei denen unter Fuad Safar vom Irakischen Antikendienst der Sibitti-Tempel erforscht wurde. Dass dieser Tempel der Gottheit Sibitti geweiht war, ging aus einer *in situ* gefundenen Inschrift hervor (Safar 1957, 220). Traurige Berühmtheit erlangte Dur Šarrukin wieder im März 2015, als Terroristen von Daesh Teile des Fundortes sprengten und plünderten.

5.2.1.1 Landschaft, Unterstadt und Palast F („Militärpalast")

Die Lage der neuen Hauptstadt war die leicht hügelige Region am östlichen Ufer des Khosr Flusses, eines der größten, nicht ständig Wasser führenden Nebenarme des Tigris im heutigen Nordwestirak. Der Palast Sargons lag auf einer natürlichen Erhebung, die möglicherweise vorbereitend für den Bau teilweise geglättet und teilweise mit einem

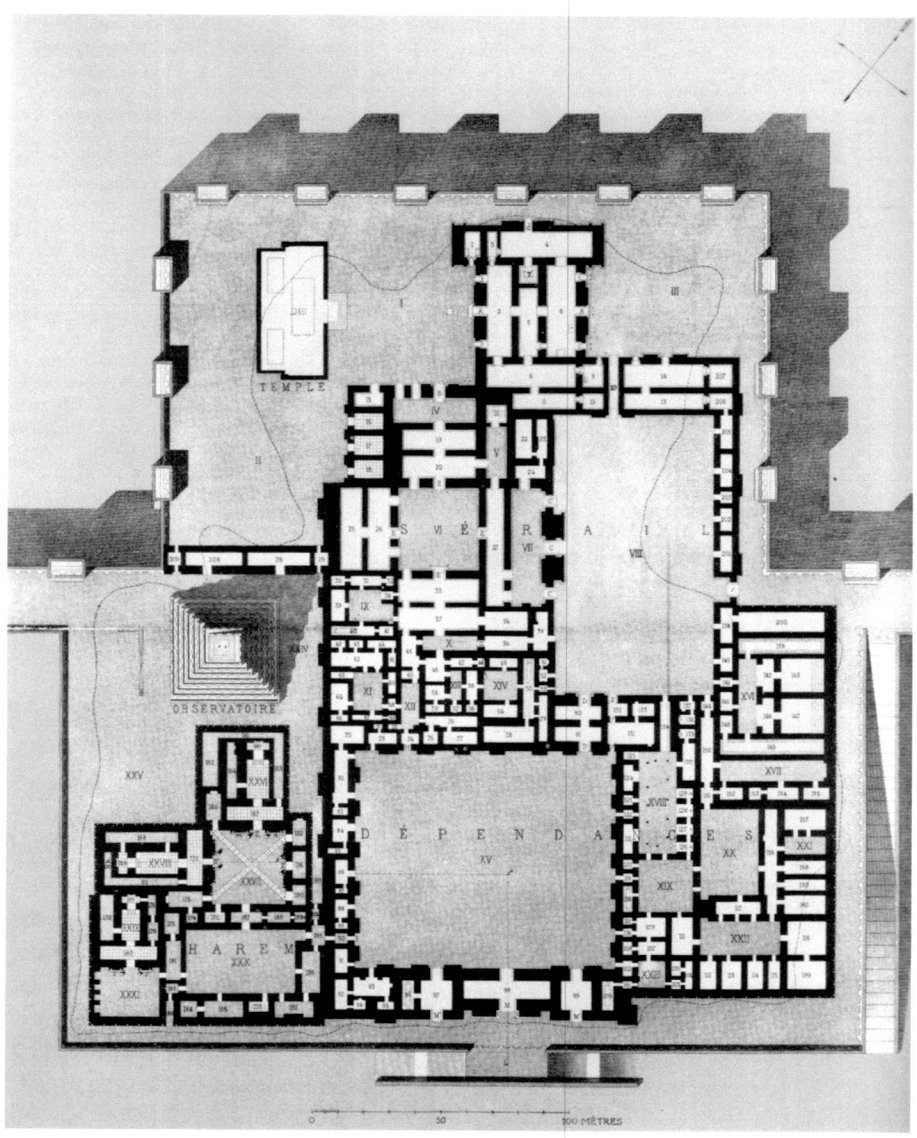

Abbildung 5.6. Grundplan der Hauptzitadelle von Victor Place (1867, Taf. 3)

Lehmziegelunterbau bzw. Schutt aufgefüllt wurde (Glynn 1994). Von dort aus sind bereits die Ausläufer des Zagros Gebirges sichtbar. Südöstlich nahe der Stadt lag der Berg Musri (heute Jabal Ba'shiqah; vgl. Bagg 2012, 276; für die Gründungsschrift Sargons II siehe Luckenbill 1927, VII, Foundation Deposits). Aus schriftlich Quellen (wie dem Zitat oben) und Reliefdarstellungen aus Sargons Palast ist bekannt, dass zu dem Bauprogramm auch die Anlage verschiedener Gärten (teilweise mit exotischen Pflanzen), Parks mit Teichen und künstlicher Hügel mit Pavillons gehörte (Bagg 2000, 156–59, Taf. 32-36). Unter anderem gibt es Listen über die Setzlinge unterschiedlichster Pflanzen, die für die Gärten der Stadt

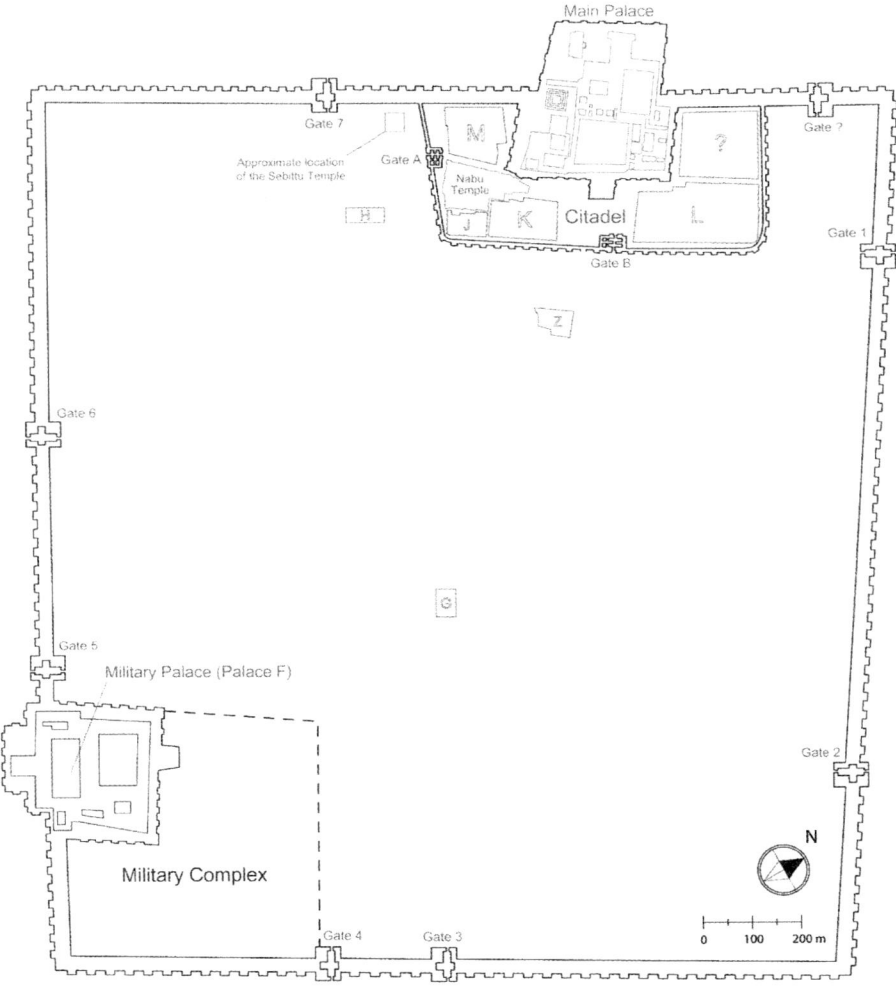

Abbildung 5.7. Plan Dur Šarukkins (Kertai 2015a, Taf. 10A)

bestellt wurden (vgl. Blocher 1997, 32; die Inschriften aus Khorsabad wurden umfassend von Fuchs 1994 publiziert). Auch Kanäle wurden angelegt, die sowohl die umgebende Region, als auch vermutlich die Stadt mit Wasser versorgen sollten. Diese Wasserbauten wurden nicht archäologisch untersucht bzw. bisher identifiziert (Bagg 2012, 275).

Stadtmauer: Die Stadtmauer bestehend aus Steinfundament (heller Kalkstein) und Lehmziegelaufbau war rund 7 km lang, bis zu 14 m breit (laut Botta, Place 1867, 162, 166, spricht sogar von 24 m) und vermutlich 12 m hoch (Loud und Altman 1938, 18; Pedde 2012, 861; A. Otto 2015, 479). Sie scheint außerdem an vielen Abschnitten mit weißem Kalkputz bestrichen gewesen zu sein (auch wenn beispielsweise die Mauer rechts und links des Stadttores 7 laut Henri Frankfort unverputzt war (Loud, Frankfort und Jacobsen 1936, Abb. 4). In regelmäßigen Abständen von 14–19 m waren die Mauern untergliedert von 11,50–13,00 m breiten Bastionen, die jeweils ca. 5,50 m vorstanden (Loud und Altman 1938, 18). Augusta McMahon (2013, FN 14) schreibt zur Massivität Khorsabads: „Although the plan is the same as that of Nimrud, the massive scale of walls and buildings at Khorsabad may have been in part a reflection of the landscape setting and an attempt to compete with the scale of the nearby mountains." Durch mindestens sieben (Sargon spricht – laut Blocher 1997, 33 – von acht Toren, was wesentlich mehr Tore für eine Stadt wären als in Urartu) monumentale Tore, deren Bögen von geflügelten Bullen mit Menschenköpfen (aus Alabaster) flankiert waren, konnte das 280–300 ha (2,8–3 km^2) große Stadtgebiet betreten werden (Abb. 5.7; Van De Mieroop 2007, 234).[33] Man vergleiche dazu die Größe der urartäischen Hauptstadt Tušpa von nur rund 4 ha (vgl. Otto 2015, 479). Die alte assyrische Hauptstadt Kalhu hatte mit ca. 300 ha eine auffällig gleiche Größe – eine Referenz die möglicherweise sehr bewusst in Dur Šarukkin gemacht wurde?

Stadttore: An dem 1937/38 näher untersuchten Stadttor 7 (Abb. 5.8) westlich des Palastes wurde festgestellt, dass der Weg durch dieses mit großen Pflastersteinen ausgelegt war, die dann in kleinere übergingen (Loud, Frankfort und Jacobsen 1936, 5; zu assyrischen Toren, Türen und Verschlussmechanismen siehe Radner 2010b). Die Türangelsteine aus hartem Basalt selbst lagen vertieft unter dem Pflaster, die sie umgebenden, höher liegenden Pflastersteine waren eigens für sie ausgeschnitten, wie die Grabungsfotos 11/12 in Loud, Frankfort und Jacobsen (1936, 10) zeigen. Dort ist auch die *in situ* Lage der Pflastersteine zu sehen: die Türangelsteine umrahmenden Bodenplatten wurden offenbar in aufgestellter, vertikaler Position gelassen. Dies und die Tatsache, dass keine (makroskopischen) Nutzspuren an den Türangelsteinen entdeckt werden konnten, leiteten Henri Frankfort zu der Vermutung, dass die zweiflügelige Holztür nie eingehängt wurde (Loud, Frankfort und Jacobsen 1936, 10). M.E. könnte dies jedoch auch so gedeutet werden, dass die Türen eventuell installiert, aber nicht oft geöffnet und geschlossen wurden oder aber sie über eine zu kurze Zeitspanne genutzt wurden, als dass sie Spuren hinterlassen konnten. Augusta McMahon (2013, 166/FN 18) erwähnt außerdem die Möglichkeit, dass das wertvolle Holz der Türen nach dem Umzug der Königsresidenz nach Ninive anderweitig genutzt wurde und sich so die nicht sichtbaren Nutzspuren sowie die aufrecht stehenden Fußbodenplatten erklären ließen. Das Herausheben der Türen hätte demnach ein Öffnen und Aufstellen der entsprechenden Fußbodenplatten benötigt.

Es stellte sich heraus, dass dieses Tor zu einem späteren Zeitpunkt mit Lehmziegeln und unbearbeiteten Steinen zugesetzt wurde. Für Frankfort ein Indiz dafür, dass der Durchgang nie als solcher genutzt wurde, sondern nach dem Umzug der Hauptstadt nach Ninive geblockt wurde, da er sich als überflüssig erwies (Loud, Frankfort und Jacobsen 1936, 10–11). Außerdem wurden neben den Türangelsteinen in einer Art in den Stein eingeschnittenen Fassung aufgestapelte Platten gefunden, die möglicherweise Streben unterstützen sollten, die sich schräg an die geschlossenen Türen lehnten.

---

33   In den Jahren 2015 und 2016 erstellte ein Team (Philipp Serba, Ariane Thomas, Yves Ubelmann und David Kertai) eine virtuelle Rekonstruktion Khorsabads für das französische Ministère de la Culture und den Louvre. Für das Rekonstruktionsprojekt und einen virtuellen Flug durch Khorsabad siehe http://archeologie.culture.fr/khorsabad/fr (abgerufen am 18.11.2018).

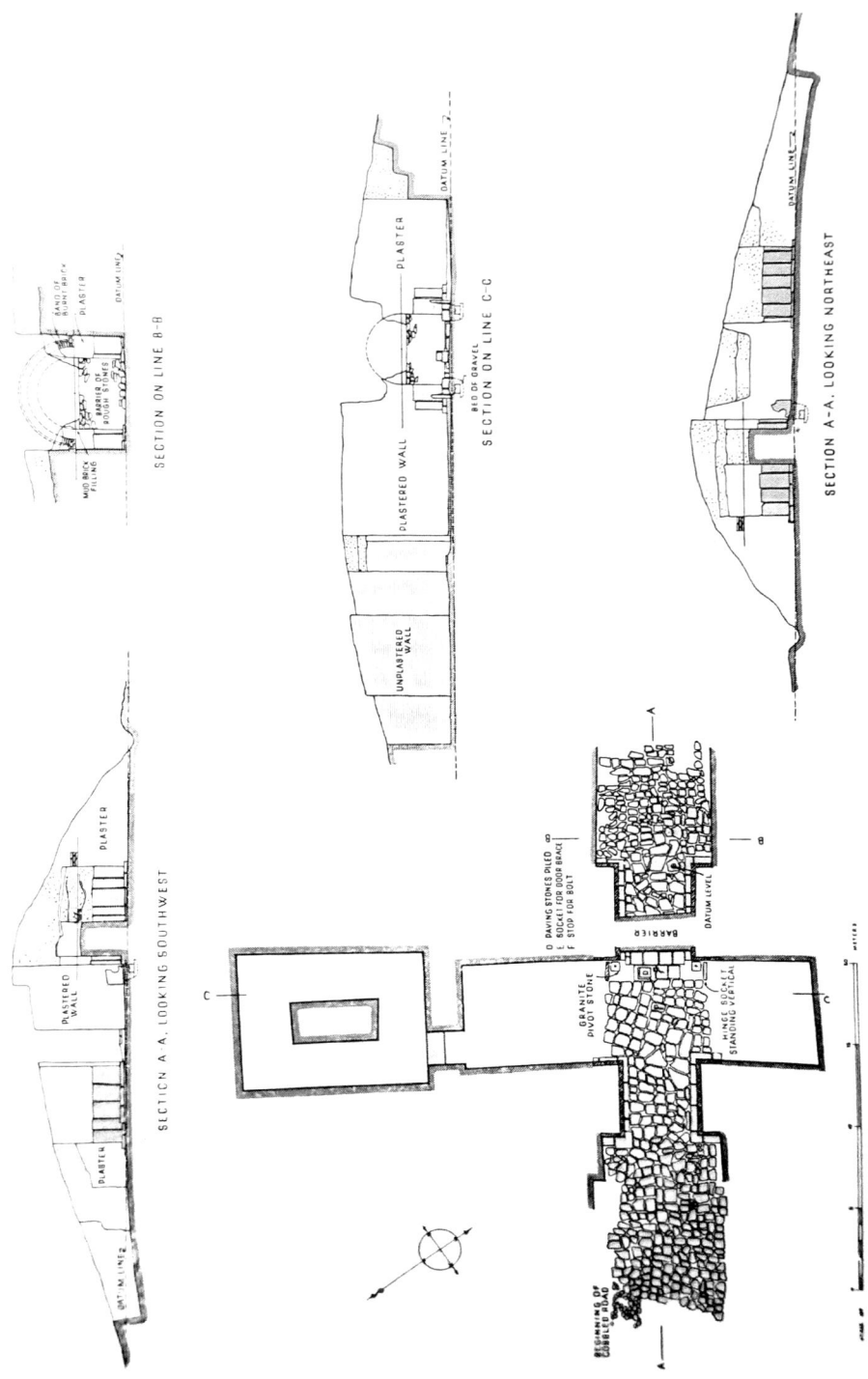

Abbildung 5.8. Zeichnung des Stadttores 7 (Loud u.a. 1936, Abb. 4)

Abbildung 5.9. Foto des Stadttores 3 und einiger Mitarbeiter (?) während der Ausgrabungen von Victor Place 1852 (Foto von Gabriel Tranchard im Auftrag des Ministère de la Culture, CC-BY-SA 3.0 FR, http://archeologie.culture.fr/khorsabad/fr/campagnes-victor-place; abgerufen 5.11.2018)

Auch Place konnte von dem von ihm ausgegrabenen Tor 3 (das nördlichere in der Südost-Mauer, Abb. 5.9) über 42 m ins Innere der Stadt eine Kopfsteinstraße von 12 m Breite verfolgen (Place 1867, 199; vgl. Loud und Altman 1938, 10). Das Tor 7 bestand aus zwei Kammern (einer Haupt- und einer Nebenkammer; Abb. 5.8; Loud, Frankfort und Jacobsen 1936, 5, Abb. 4). Das innere Portal wurde von einem Torbogen aus Lehmziegeln mit weißem Verputz überspannt, während der untere Bereich aus Steinen errichtet wurde (vermutlich sowohl zu Stabilitätszwecken als auch als Schutz vor Beschädigung durch Kutschen etc. Die Portale selbst besaßen Sockel aus feinen Steinplatten, die am Ende eine Art Überdachung für das Mauerwerk bildeten. Die Platten standen auf Stützen aus vorragenden Steinen, die sie gegen mögliche Beschädigungen durch Wagenräder abwehrten; vgl. Loud, Frankfort und Jacobsen 1936, 1, 3). Darüber hinaus fanden sich hier Fragmente glasierter Ziegel mit Rosettenmuster, die anscheinend vom oberen Teil des Tores heruntergefallen waren. In der Nebenkammer befand sich ein Lehmziegelkonstrukt, das Henri Frankfort (Loud, Frankfort und Jacobsen 1936, 5) als den Überrest des zentralen Teils einer Treppenanlage oder einer Rampe hält. Dies würde bedeuten, dass das Tor entweder über ein weiteres Stockwerk verfügte[34] oder aber von dort aus die Stadtmauer bzw. ein angrenzender Wachturm betreten werden konnte (oder beides; vgl. Loud, Frankfort und Jacobsen 1936, 5). Der Übergang von Torfassade zu Stadtmauer war gekennzeichnet durch den Wechsel von verputzten Lehmziegeln und Steinsockeln (Tor) zur an dieser Stelle unverputzten Mauer rechts und links des Tores. Die Ausgräber konnten darüber hinaus feststellen, dass die Decken und Dächer des Tores aus Holzbalken von ca. 20 cm Dicke, ausgelegt in einem Abstand von 26 cm, bestanden, auf die geflochtene Matten aus Pflanzen und Lehm in Schichten gelegt wurden (Loud, Frankfort und Jacobsen 1936, 7–10). Die unterste, im fertigen Zustand sichtbare Schicht war direkt mit roter Farbe bemalt (Loud, Frankfort und Jacobsen 1936, 10). Die westliche Ecke der Hauptkammer des Tores war bis zu einer Höhe von nahezu 7 m erhalten (Loud, Frankfort und Jacobsen 1936, 5).

In einem Artikel von 2016 befasst sich die Archäologin Allison Karmel Thomason (2016, 252) mit Textquellen, die sich mit den Gerüchen der assyrischen Stadttore befassen. Darin zitiert sie:

„*The pleasant smells also inhabited the palace within the construction materials. A building inscription from the reign of Tiglath-pileser III from Nimrud claims that he designed a cedar palace at Nimrud and 'roofed* [it] *with long beams of cedar, which are as sweet to smell as the scent of hašuru-wood, a product of Mount Amanus'. He also erected '[the palace gates] which bestow great pleasure on those who enter them and whose fragrance wafts into the heart'.*" (Übersetzung von Tadmor und Yamada 2011, 124)

Gerade in Assyrien schien die Liminalität von Toren und Türen besonders wichtig gewesen zu sein, worauf nicht nur die an Toren durchgeführten Rituale hindeuten, sondern auch die verschiedenen Palastoffiziellen, die, mindestens dem Namen nach, an Durchgängen platziert waren und weit mehr Entscheidungsgewalt als die reine Kontrolle der Zugangs (und Ausgangs) hatten (wichtig hier scheint z.B. der *rab ekalli* gewesen zu sein; vgl. Groß und Kertai 2019; s. auch Kertai 2015a, über den Südwestpalast Ninives; eine Computerrekonstruktion des sog. Nergal Tores von Ninive findet sich hier: http://www.learningsites.com/Nineveh/NergalGate_Nineveh_home.php). Der Akt des Übergangs wurde auch architektonisch, durch die Aneinanderreihung von Räumen, die Anlage von Korridoren und apotropäischen Flankfiguren betont (vgl. McMahon 2013, 169). Zudem waren die Tore von Tempeln, Palästen und Städten den Texten nach auch wichtige Orte für Rechtssprechungen und -geschäfte (Ambos 2014–2016, 157–58; CAD, „bābu", A1.b.2, 1.c.4.a, 1.d.3.a.; vgl. Groß und Kertai 2019, 10).

Stadtgebiet: In dem durch die Stadtmauer eingerahmten, annähernd quadratischen Gebiet (1760 × 1830 × 1620 × 1850 m) befanden sich an der Nordwestseite die Zitadelle mit Palast und Zikkurat und an der Südwest-Seite der „Palast F" (auch als „Militärpalast" bezeichnet; s. Abb. 5.7). Diese beiden Bereiche waren jeweils mit einer eigenen Mauer

---

34 Frankfort (in Loud, Frankfort und Jacobsen 1936, 7) ist von der Existenz eines weiteren Stockwerks überzeugt, auch durch das Auffinden einer Eisenhacke, Keramikresten, Tierknochen und eines Türangelsteins weit oben im Schutt des Tores, oberhalb eines Pakets aus grauem, hartem Putz.

umringt, die vom Aufbau der Stadtmauer glich (Steinsockel mit Lehmziegelaufbau, untergliedert mit Vorsprüngen), bis auf dass sie mit ca. 6 m Breite etwas schmaler war (Loud und Altman 1938, 19).

Die Untergliederung scheint dem Layout Nimruds nachgeahmt worden zu sein, wobei das „Fort Shalmaneser" (der Palast Salmanassars III) dem Palast F in Khorsabad entspricht (und ebenfalls über die Stadtmauer „hinausragte"; Blocher 1997). Blocher 1997, 36, interpretiert dies als den Wunsch, der neuen Hauptstadt zumindest „formal" ein altehrwürdiges Aussehen zu geben, wenngleich es s.E. inhaltlich eine Reihe an Innovationen gab (siehe auch Battini 2000, 33). Auch in Ninive gab es einen „Militärkomplex" (*ekal mašarti*, manchmal auch mit „Zeughaus" übersetzt; z.B. Wicke 2018, 313), der nicht auf der Hauptzitadelle lag, sondern auf dem zweiten Hügel der Stadt, genannt „Nebi Yunus", wo sich vermutlich Beute, Waffen und Pferde befanden und der König vor einem Feldzug zur Versammlung und Inspektion seiner Truppen aufrief.

Von der Unterstadt Khorsabads ist quasi nichts bekannt. Lediglich kleinere Grabungen im Zentrum der Stadt brachten Überreste eines größeren Eliten-Hauses, eines Tempels und einer weiteren Residenz zutage. Gebäudemauern waren in der Regel komplett aus sonnengetrockneten Lehmziegeln gebaut,[35] die vermutlich in noch feuchtem Zustand aufeinander gelegt wurden und somit keinen Mörtel benötigten (Loud und Altman 1938, 18). Die Dicke dieser Mauern variiert innerhalb und zwischen den Gebäuden von 1,25 bis 8,00 m (Loud und Altman 1938, 18). Eine Erklärung dafür könnten unterschiedliche Gebäudehöhen sein; dass etwa „wichtigere" Bauten, wie der Thronsaal, höher waren, um begehbar zu sein und bessere Überwachung, Sichtbarkeit oder Blick auf den (Nacht-)Himmel zu bieten, aber demnach zu Statikzwecken stärkere Grundmauern benötigten Gleichzeitig bedeuten dickere Mauern auch Kühle im Sommer (Heinrich 1984, 18).

Die Stadt ist ungefähr Nordwest-Südwest orientiert, wobei die vier Ecken der Stadtmauer die Himmelsrichtungen markieren. Der Palast steht im Einklang mit dieser Ausrichtung, wodurch keine der Fassaden dem direkten Sonnenlicht ausgesetzt war (Place 1867, 18).

5.2.1.2 Die Zitadelle

Die Zitadelle Khorsabads liegt im Norden an der Nordwestseite der Stadtmauer und ragt (ebenso wie Palast F) teilweise darüber hinaus. Dies wird metaphorisch auch als Eindruck des „Reitens" des Palastes auf der Stadtmauer beschrieben (Blocher 1997, 38; Battini 2000, 35; Novák 2012, 257, für Kalhu/Nimrud). Felix Blocher (1997, 38) ist der Meinung, dass diese Konstruktion dem Zwecke diente, die fehlende Höhe der Zitadelle (aufgrund nicht wie in älteren Städten vorhandenem Tell) dadurch auszugleichen und den sich dort befindlichen Personen den ihnen aus anderen assyrischen Städten (wie Assur oder Nimrud) „gewohnten" freien Blick über die Landschaft außerhalb der Stadtmauer zu bieten. Es sei demnach keine typologische Besonderheit, höchstens zusätzlich der Wunsch Sargons seine Furchtlosigkeit zur Schau zu stellen (Blocher 1997, 38). Eine Lesung des Plans, die gut zum *espace conçu* passt, jedoch auch eine weitreichende Intentionalität bedeutet.

---

35   In einigen Fällen (M 67, J 38, K 54) gibt es auf Fußbodenhöhe eine Reihe gebackener Ziegel (Loud und Altman 1938, 19.).

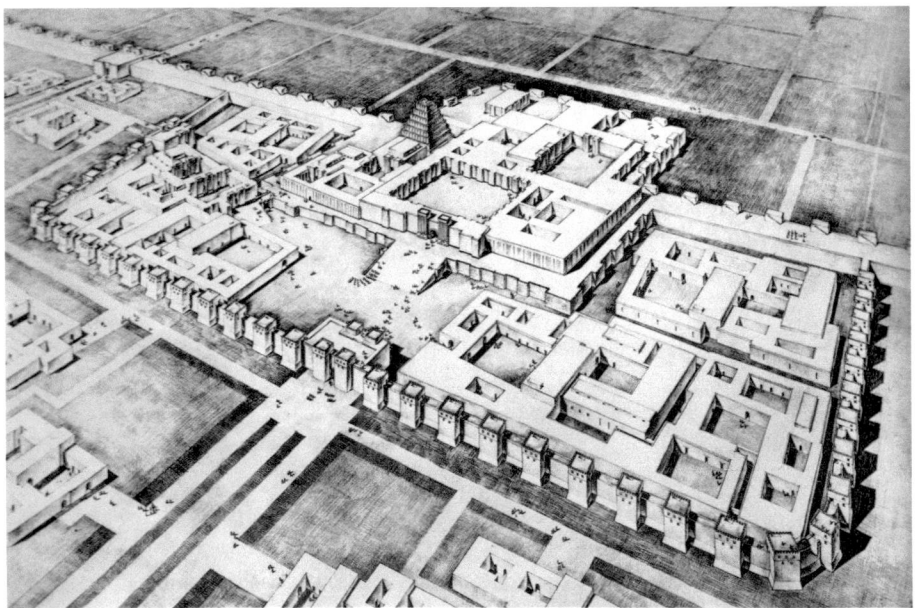

Abbildung 5.10. Rekonstruktion der Zitadelle in Khorsabad von dem amerikanischen Grabungsarchitekten Charles B. Altman (in Loud – Altman 1938, Taf. 1)

Die gesamte Zitadelle ist ca. 20 ha groß (200.000 m²) und wird umringt von einer eigenen Befestigungsmauer, in die zwei Tore (A und B) eingelassen sind und Eingang gewährten (Abb. 5.10; vgl. Kertai 2015a, 85–87).[36] Damit war die Zitadelle so riesig, dass ihr Grundplan in seiner Gesamtheit von den sich dort aufhaltenden Menschen effektiv nie hätte begriffen oder gesehen werden können (McMahon 2013, 164). Innerhalb der Zitadelle gibt es eine weitere Abgrenzung zwischen dem 9,8 ha großen, erhöht liegenden Bereich der „Hauptzitadelle" mit Königspalast und Zikkurat, der über zwei Rampen erreichbar war, sowie den ebenerdig vor dieser Plattform liegenden, im Vergleich kleineren Residenz- oder Palasteinheiten und dem (wiederum leicht erhöht liegenden) Nabu-Tempel. Letzterer Tempel und die Palastterrasse waren durch eine Brücke miteinander verbunden (Kertai 2015a, 87). Das heißt, dass nur der Palast, die Zikkurat und der Tempelbereich, nicht aber die davor liegenden Residenzen über die Stadtmauer ragten.

Tempel und Zikkurat: Die Schwelleninschriften der verschiedenen Tempel geben darüber Auskunft, welcher Gottheit sie jeweils geweiht waren (Loud, Frankfort und Jacobsen 1936, 130–33; Blocher 1997, 38).[37] Aus Texten ist bekannt, dass an den Tempeltüren

---

36   In der folgenden Beschreibung und Analyse stütze ich mich auf die von David Kertai in seiner Dissertation vorgelegte Rekonstruktion, da er sich intensiv mit Unstimmigkeiten der frühen Pläne insb. von Place und Botta auseinandergesetzt und diese Aufgabe nicht Bestandteil der vorliegenden Arbeit ist (David Kertai 2015a: „The Architecture of Late Assyrian Royal Palaces").

37   Menzel 1981, 83, listet die aus der sog. Stierliste bekannten Gottheiten, die in Khorsabad „sesshaft" waren: Ea, Sin, NIN.GAL, Schamasch, Nabu, Adad und Ninurta. Einen Assurtempel scheint es nicht gegeben zu haben, sondern lediglich ein diesem Gott gegebenes Stadttor.

(mindestens von Sin, Ningal und Schamasch) Bronze- und Silberbeschläge angebracht waren (Blocher 1997, 33). Zwar gab es aus den archäologischen Quellen keine eindeutige Antwort auf die Frage, wem der Tempel auf der Zikkurat gewidmet war, allerdings scheint die Vermutung am Wahrscheinlichsten, dass es sich um den Mondgott Sin handelte; dies würde ein Novum für assyrische Städte darstellen und müsste als Innovation Sargons II gewertet werden. Zum einen da in der Regel ein Tieftempel zur Zikkurat gehörte und dieser hier Sin geweiht ist (Blocher 1997, 39) sowie zum anderen aufgrund der Tatsache, dass Sargon den Mondgott bevorzugte (und die Stadt Harran, auch wenn es dort keine dem Sin gewidmete Zikkurat gab; Menzel 1981, 83).

Auch die Position der Zikkurat an der Ecke zwischen Stadtmauer und vorspringender Palastterrasse könnte als Hinweis für diese Interpretation gedeutet werden. Von hier bot sich ein freier Blick nach Westen, wo 2–3 Tage nach Neumond erstmals wieder die Mondsichel zu sehen ist – ein für die Verehrung des Mondgottes wichtiges Phänomen (Menzel 1981, 83; Blocher 1997, 39). Die Zikkurat in Khorsabad hatte die Grundmaße 43 × 43 m, was der für das 1 Jt. typischen Form entsprach. Höhe und Treppenausrichtung konnten jedoch nicht ermittelt werden (McMahon 2016b, Tab. 21.1). Unabhängig von der Frage, welcher Gottheit dieser Tempelberg letztlich geweiht war, war die Zikkurat sicherlich das höchste und am weitesten sichtbare Gebäude der Stadt.

Zwar lagen Tempel und Palastgebäude gemeinsam auf der Zitadelle, was die Bedeutung des Zusammenhalts beider Sphären unterstreicht, im Vergleich zu Urartu fällt dennoch auf, dass es zwar eine gegenseitige Abhängigkeit von Religion und Königtum gab, diese Sphären jedoch nicht eins waren wie in Urartu.

A/Symmetrien: In einem Artikel aus dem Jahre 2013 setzt Augusta McMahon sich mit Sichtachsen und Symmetrien der Zitadelle in Khorsabad auseinander. Sie macht die wichtige Beobachtung, dass individuelle Gebäude asymmetrisch sind, Bauwerke irregulär zueinander liegen, Mauern in ihrer Länge und Ausrichtung stark variieren und auch die Tore in unregelmäßigen Abständen voneinander platziert sind (vgl. McMahon 2013, 167; während der Ausgrabungen des amerikanischen Teams stellte sich heraus, dass Place einige Gebäude und Mauern in seinen Plänen zu symmetrisch wiedergegeben hatte und diese korrigiert werden mussten). Ein Augenmerk ist darin die Auseinandersetzung mit der anscheinenden Asymmetrie, in der das Haupttor B der Rampe zum Sargonspalast gegenüberliegt. Durch Isovistenanalysen konnte McMahon feststellen, dass die leicht versetzte Anordnung des Tores den Effekt zur Folge hatte, dass Betretende die Ecken der Palastmauer von ihrem Standpunkt direkt am Tor nicht sehen konnten, sich also zunächst einer riesigen Wand gegenüber sahen (Abb. 3.1 in Abschnitt 3.1). Außerdem gab diese Perspektive auch den Blick auf die Seite der zum eigentlichen Palasttor 98 führenden Rampe frei, wodurch Dynamik und Richtung vermittelt wurden. Diese Beobachtungen lassen die Vermutung zu, dass die asymmetrische Anordnung bewusst geplant und wohlüberlegt war bzw. dass Symmetrie an sich unwichtig war, stattdessen aber *on the ground* Eindrücke von Weiträumigkeit und Zugänglichkeiten eine höhere Bedeutung hatten (und nicht einem klassischen Ideal „unterlegen", wie es in den älteren Publikationen von Place, Botta aber auch Loud und Frankfort teilweise anklingt; McMahon 2013, 168). Der Palast war mehr als ein statisches Machtsymbol, sondern auch gebaut für die sich ändernde Erfahrung durch Bewegung durch den Komplex (McMahon 2013, 169).

5.2.1.3 Spezifische Baukomplexe der Zitadelle und deren Charakteristika

Die „oberste", rund 9,8 ha (98.896 m²) große Hauptzitadelle unterteilt sich in den Palast im nördlichen und östlichen Bereich, der den größten Teil einnimmt und dem Tempelkomplex auf der südlichen Seite (im Südwesten befand sich außerdem die Zikkurat; Abb. 5.11). Nur die Gebäude, ohne umliegende Freiflächen sowie die Zikkurat und Monument X lagen auf einer Fläche von 5,5 ha (55.695 m²). Jedoch waren alle Gebäude miteinander verbunden. Sowohl architektonisch als auch vermutlich funktional kann man den Palast wiederum in grob vier sich voneinander abgrenzende Bereiche konzeptualisieren (*espace conçu*; vgl. Kertai 2015a, 94, Abb. 5.4):

1. Eingangsbereich im Südosten/östlich neben den Tempeln (Tor 98 und Hof XV),

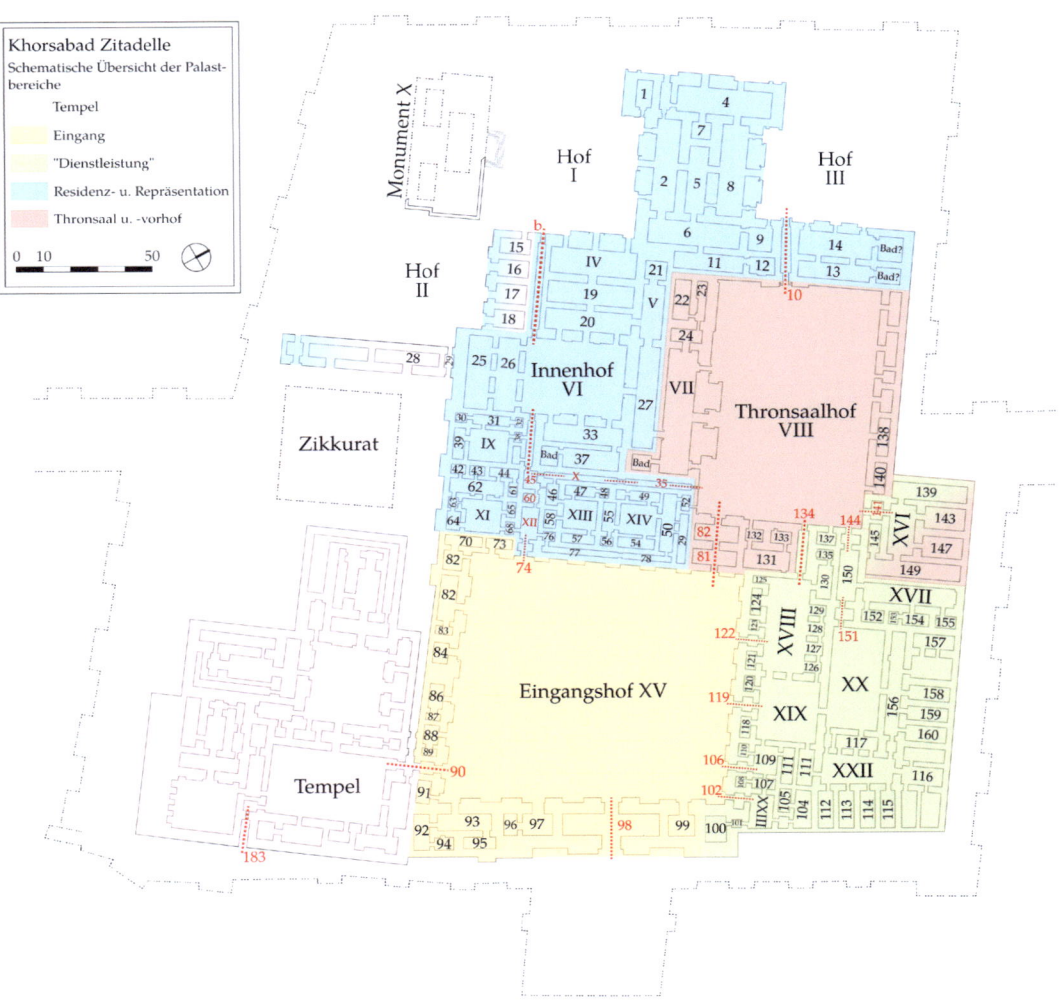

Abbildung 5.11. Grundplan des Palastes in Khorsabad (von V. Egbers, Grundplan nach Kertai 2015a)

2. „Dienstleistungsbereich" im Osten (Pferdeställe, Service, Lagerräume, Küche),
3. Thronsaalbereich (Thronsaalhof VIII, Thronsaal VII) sowie
4. Residenz- und Repräsentationsbereich des Palastes im Westen (kleinerer Innenhof VI und angrenzende „Suiten"/Appartements).

Dieser modernen Unterteilung zum Trotz sei darauf verwiesen, dass all diese Bereiche zusammen sowohl als ein urbanes Ganzes, als auch ein einzelnes, riesiges Gebäude verstanden werden können und insofern eine Besonderheit unter den assyrischen Palästen darstellen (Kertai 2015a, 94). Blickt man auf das Gesamtensemble, fällt außerdem ins Auge, dass das westliche, äußere Ende der Hauptzitadelle ein ungewöhnlich weiter, offener Raum/Bereich war, mit einer Vielzahl an Durchgängen ins Freie (mind. 20) – ganz im Gegensatz zum östlichen Teil der Anlage (der ins Innere der Stadt gerichtet ist), wo es neben Haupttor 98 und Durchgang 183 zum Tempel keinerlei Verbindungen von außen nach innen gab (McMahon 2013, 168–169).

Eingangsbereich: Die oben beschriebene Rampe führte zunächst hoch zum monumentalen Eingangstor bzw. Eingangshalle 98 (Abb. 5.12), laut Place flankiert von 16 kolossalen Statuen (er rekonstruierte hier noch drei nebeneinander liegende Tordurchgänge; (Place 1867, 91; 1870, Taf. 20). Während der Arbeiten unter Loud, konnte an der Palastfassade kein Seitentor ausfindig gemacht werden und die Darstellung von Place wurde infrage gestellt (Loud und Altman 1938, 78, Taf. 7). Später untersuchte Margueron (1995, 189, Abb. 4) systematisch die Ungereimtheiten von Places Torwiedergabe und plädierte für die später stets reproduzierte und auch hier dargestellte, eintorige Version (zu

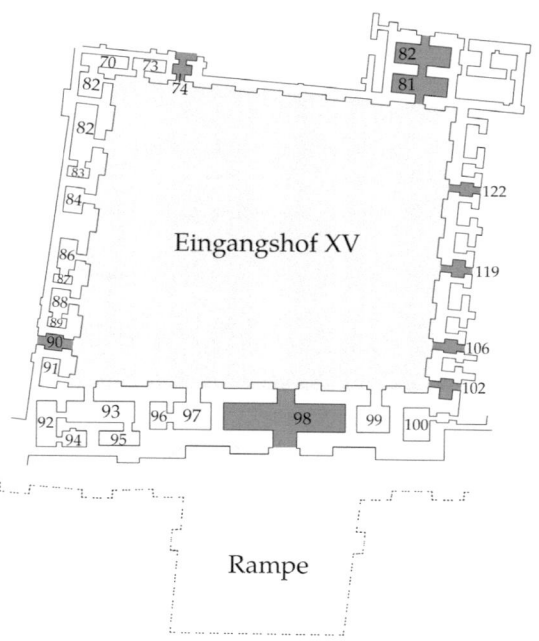
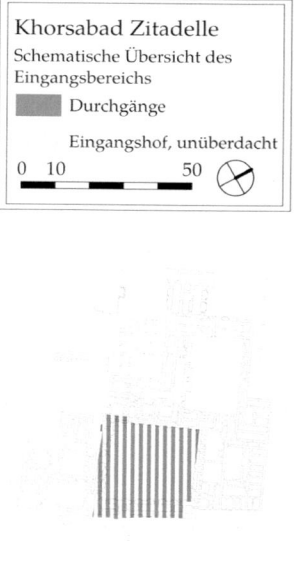

Abbildung 5.12. Eingangshof XV des Palastes in Khorsabad

verschiedenen Rekonstruktionen des Eingangstors siehe Kertai 2015a, 95–96). Vermutlich befand sich eine Rampe hier, um auch für Wagen und Pferde Zugang zu gewähren; eine Aufwegkonstruktion, die sonst nur im Militärpalast Ninives gefunden wurde (vgl. Kertai 2015a, 150). Die Hauptzitadelle lag rund 7 m höher als der umliegende, tiefere Zitadellenring. Die Höhe des Palasttors wird mit 312,65 m ü. d. M. angegeben, die des Platzes unterhalb und vor der Hauptzitadelle in der Nähe der Rampe mit 305,21 m ü. d. M. (Loud und Altman 1938, Taf. 70; vgl. McMahon 2013, 170/FN 42).

Durch das Tor gelangte man in den viereckigen, trapezförmigen Eingangshof XV, der mit seiner 8741,10 m² messenden Grundfläche der größte des Palastes war. Generell bilden auch hier auf der Hauptzitadelle Höfe verschiedener Größen und Formen ein Hauptcharakteristikum der räumlichen Anordnung, wie es auch aus kleineren Wohnhäusern in Assyrien bekannt ist (z.B. in Assur, Dur-Katlimmu oder auch Til Barsip; vgl. Miglus 1999, 144–150.). Dieser Hof (ebenso wie die meisten anderen) war gepflastert mit zwei Schichten gebrannten Lehmziegeln, deren Zwischenräume mit Sand und Bitumen gefüllt waren und somit alles zu einer wasserfesten Oberfläche verwuchs (vgl. Glynn 1994, 21). Eine weitere Funktion der Höfe war die Lichtversorgung der anliegenden Räume (Glynn 1994, 20; im Vergleich zum Nordwestpalast in Nimrud gab es in Khorsabad mehr monumentale Innenhöfe; Kertai 2015a, 103).

Die Fußbodenhöhe lag (gemessen an der Südwest-Seite) rund 3 m tiefer als die von Thronsaalvorhof VIII und Thronsaal VII (Loud, Frankfort und Jacobsen 1936, 84). Da es unwahrscheinlich erscheint, dass alle Durchgänge zum westlichen Teil des Palastes über Treppenstufen verfügten, ist anzunehmen, dass der Höhenunterschied stattdessen mittels leichtem Ansteigen (in einem oder beiden Innenhöfen) erreicht wurde (Loud, Frankfort und Jacobsen 1936, 84). Dies hätte auch den Vorteil gehabt, Regenwasser gezielt abfließen zu lassen (Loud, Frankfort und Jacobsen 1936, 85).

Eine Besonderheit dieses unüberdachten Hofes XV sind die vorstehenden Pfeiler bzw. Vorsprünge, die sehr wahrscheinlich in regelmäßigen Abständen die gesamte innere Fassade untergliederten und sonst selten *innerhalb* von Gebäuden und deren Höfen gefunden wurden. Kertai (2015a, 96–97) weist jedoch darauf hin, dass die auffällige Regelmäßigkeit dieser Pfeiler auch eine Rekonstruktion von Place gewesen sein könnte. Generell finden sich solche Pfeiler bzw. Vorrücke in assyrischer Architektur rechts und links von Eingängen. Auf Louds Plan der Räume 84 und 86 werden keine solchen Vorsprünge gezeigt (Loud und Altman 1938, Taf. 70).

Von dem Eingangshof aus konnten alle anderen Bereiche der Zitadelle erreicht werden. Den Umstand, dass Abgrenzungen der Hauptzitadellenbereiche vom Eingangshof XV aus betrachtet so „verschwommen" bzw. uneindeutig sind, hält Kertai (2015a, 97) für eine Ausnahme unter den assyrischen Palästen. Der Hof war somit eine Art Verteilungszentrum und es ist gut vorstellbar, dass viele Menschen, die diesen Hof betraten, längst nicht alle Bereiche der obersten Zitadelle zu Gesicht bekamen (vgl. Kertai 2015a, 95). In der Südwestecke befand sich mit Korridor 90 der Durchgang zu den Tempeln, diagonal gegenüber in der Nordwestecke war der Übergang (Räume 81, 82) zum Thronsaalvorhof. Im Westen gab es einen Eingang (74) zum westlichen Teil des Palastes. Insgesamt vier Türen an der Nordostseite von XV boten Zugang zu dem östlichen Servicequadranten. Es gab also auch hier (wie schon in dem unteren Zitadellenbereich) kein dem Haupteingang prominent gegenüberliegendes Tor. Im Angesicht der schieren Größe des Platzes und

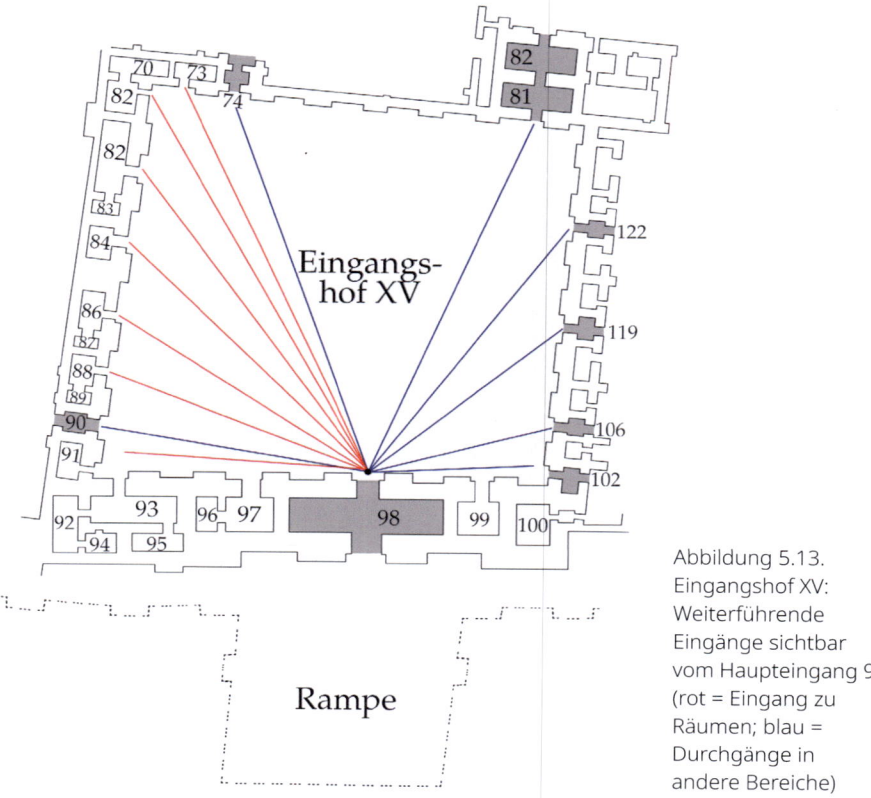

Abbildung 5.13. Eingangshof XV: Weiterführende Eingänge sichtbar vom Haupteingang 98 (rot = Eingang zu Räumen; blau = Durchgänge in andere Bereiche)

der ihn umrandenden Vorsprünge, muss das Fehlen eines hervorgehobenen visuellen Bezugspunktes[38] nicht nur eine betonte Impression der Weiträumigkeit gegeben haben, sondern gerade für erstmalige BesucherInnen auch der Desorientierung und Unübersichtlichkeit (Abb. 5.13). Trotzdem es eine Vielzahl an Ein- und Durchgängen von diesem Hof aus in die anderen Bereiche der Hauptzitadelle gab, kann die Abwesenheit eines eindeutigen Anlaufpunktes auch ein Gefühl der Verlorenheit oder der Unsicherheit ausgelöst haben, während die möglicherweise unübersichtlich erscheinenden, teilweise hinter den Pfeilern verborgenen Türen dem Palasthof XV den Anschein des Knotenpunktes eines Labyrinthes gegeben haben können, in dem die Menschen potenziell immer überwacht werden konnten. Dass es kein dem Eingangstor 98 gegenüberliegendes Tor zum Thronsaalvorhof gab, sondern die Durchgänge sowohl dorthin, als auch zu dem Tempeldistrikt und Hinterhof VI eher „unscheinbar" in den Ecken des Hofes lagen, könnte möglicherweise damit zu tun haben, dass (abhängig vom Stand der Sonne) diese Durchgänge im Schutze der schattenspendenden Seitenmauern erreicht werden konnten. Ganz allgemein wurde festgestellt, dass Menschen auf großen Plätzen dazu tendieren, diese nicht mittig zu durchqueren, sondern sich eher an ihren Rändern bewegen.

---

38 So die Übergänge zu Tempel- oder Thronsaalbereich nicht durch Größe und Ornament zumindest teilweise hervorgehoben wurden (davon geht Kertai 2015a, 96, aus).

Vielleicht wurde diesem allgemeinen Bedürfnis hier nachgegeben? Denkbar ist auch, die Anlage der Höfe als eine Art „Verwirrungstaktik" zu lesen, da (Uninformierte) beim Betreten nicht wissen wo es weiter geht und dies überall sein könnte. Die Tore, die zu den wichtigen anderen Teilen der Zitadelle, wie dem Tempel oder dem Thronsaalhof, führten, scheinen nicht beispielsweise durch spezielle Reliefs o.ä. prominent hervorgehoben gewesen zu sein.

In der Südecke des Hofes befand sich eine Aneinanderreihung von Räumen (um Raum 93), die Kertai als „corner office" designiert und die Vermutung äußert, dass es sich hierbei um den Sitz eines (oder mehrerer) Offiziellen gehandelt hat, der/die den Verkehr innerhalb der Zitadelle regelten und überwachten (Kertai 2015a, 95). In der Südwest-Wand fanden sich in Raum 84, der durch einen 2,40 m breiten Durchgang betreten wurde, u.a. zwei 1,15 m hohe Gefäße und viele weitere Keramikfragmente, die möglicherweise auf die Existenz eines Keramikworkshops hindeuten (Place 1867, 82–83, der zwischenzeitig die Raumnummern durcheinander bringt; Loud, Frankfort und Jacobsen 1936, 87; Kertai 2015a, 95). Die Schwelle bestand aus Steinplatten; woraus der Fußboden des Rauminneren bestand, konnte während der Grabungen nicht mehr rekonstruiert werden (Loud, Frankfort und Jacobsen 1936, 87). Dieser Raum besaß laut Place (1867, 82–83) weiß gestrichene Wände; während der Grabungen in den 30er Jahren wurden nahe des Eingangs kleine Fragmente rot und blau bemalten Verputzes gefunden, die die Ausgräber dahingehend interpretieren, dass der Türbereich des Raumes bunt bemalt war (Loud, Frankfort und Jacobsen 1936, 87); außerdem fanden sie eine schwarze Quernut (eine längliche Vertiefung). Im benachbarten Raum 86 befand sich anscheinend eine Art Eisendepot mit Werkzeugen wie Hammer, Ketten, Hacken und Pflugscharen, aber auch Eisenbarren (Place 1867, 84–89; zur Untersuchung dreier Eisenobjekte dieses Depots: Pleiner 1979; vgl. auch Kertai 2015a, 95). Diese Funde lassen die Vermutung zu, dass es sich auch bei den anderen angrenzenden Räumen um Lager o.ä. gehandelt hat, auch wenn keine weiteren Funde gemacht (oder vermerkt) wurden, die eine genauere funktionale Zuordnung ermöglichen könnten.

Zwischen diesen Räumen und dem „corner office" befand sich der Korridor 90, der vermutlich als Haupteingang zum südwestlich angrenzenden Tempelkomplex diente. Der einzige weitere Eingang dorthin war der im Vergleich kleinere Korridor 183 in der Südost-Fassade des Tempelkomplexes, der möglicherweise auch eine Verbindung zum Nabutempel darstellte. Die äußeren Fassaden von Tempel und Palast bilden eine Einheit bzw. stehen in einem Verbund. Es gab demnach mindestens visuell keine klare Trennung zwischen ihnen, auch wenn der Tempelbereich ein in sich geschlossenes System war und die Gestaltung der Fassade dieses Bereiches sich eventuell vom Rest des Palastes unterschieden hat (s. die Rekonstruktion von Loud und Altman 1938, Taf. 1; Abb. 5.10). Für Kertai ist die Abtrennung des Tempelkomplexes vom eigentlichen Palast nur sehr schwach; er sieht darin eine bewusste Unschärfe (Kertai 2015a, 96).

Dienstleistungsbereich: Vom Eingangshof gingen die meisten Zugänge zu dem östlichen Teil des Palastgebäudes, in dem wahrscheinlich vor allem Lager, Küchen, Ställe – in anderen Worten der Versorgung zuschreibbare Räumlichkeiten lagen. Hier befanden sich mehrere kleinere Höfe, außerdem Korridore und aneinandergereihte Räume (Abb. 5.14). Von diesem Bereich aus gab es auch Verbindungen zum Thronsaalvorhof (Korridore 134,

144 und 141). Hof XVIII konnte überzeugend als Pferdestall interpretiert werden (vgl. Kertai 2015a, 98). Hier gibt es vier Alkoven (126–9), die zum Hof hin offen sind. In dem Hof wurden mehrere Bronzeringe entdeckt, die an dem Steinfußboden angebracht waren; jede der Alkoven besaß jeweils einen solchen Ring (Place 1867, 95). Vor dem Eingang zum Korridor 134 wurde von Place eine 4 m hohe quadratische Säule gefunden, die von einer Palme gekrönt wurde (Place 1867, Taf. 34; vgl. Kertai 2015a, 98). Wie Kertai (2015a, 98) wiedergibt, erinnerte dieser Fund Place an eine Abbildung auf einem Relief aus dem Nordwestpalast, wo eine ähnliche Säule gezeigt wird, die als Teil eines Pavillons oder Zeltes dient, unter dem an Ringen am Boden Pferde festgemacht sind (Place 1867, 96; abgebildet in Place 1870, Taf. 34.1–2; zitiert in Kertai 2015a, 98, FN 80). Zusätzlich sind die Durchgänge zu den Räumen 124 (4,20 m) und 121 (2,70 m) auffällig breit, eine ähnliche räumliche Anordnung wurde in Kalhu als Werkstatt für Kutschen/Streitwagen interpretiert (Oates und Oates 2001, 156; Kertai 2015a, 98). Die anderen Bereiche sind schwerer funktional beschreibbar. Gerade die länglichen, untereinander nicht verbundenen Räume, die von Hof XXII abgehen (112–6) bzw. über Hof XX und Raum 156 erreichbar sind (158–60), geben rein architektonisch den Eindruck von Lagerräumen – ob als „Schatzkammer" oder für die Ablage alltäglicher Gebrauchsgegenstände/Lebensmittel bleibt spekulativ (vgl. Kertai 2015a, 98).

Während Place Hof XVII und die angrenzenden Räume noch für Bäckerei und Küche hielt, wird heute tendenziell auch die Möglichkeit offen gehalten, dass es sich lediglich um Vorratsräume gehandelt hat (Place 1867, 101; Kertai 2015a, 98). Es befanden sich hier Lehmziegelbänke mit etlichen Keramikgefäßen, von denen einige verkohltes Getreide enthielten (Place 1867, 99–100).

Abbildung 5.14. „Dienstleistungsbereich" des Palastes in Khorsabad

Nur vom Thronsaalvorhof VIII aus erreichbar (durch Eingangszimmer 141) war das räumliche Gefüge rund um Hof XVI, nördlich angrenzend an, von der Funktion her wohl auch zurechenbar zu dem „Dienstleistungsbereich". Diese Einheit (Räume 139, 141, 143, 145, 147–9 und Hof XVI) konnte aufgrund der Funde vergleichsweise gut funktional bestimmt werden. Es befanden sich hier Bänke an den Raumseiten aus Kalkstein und Lehmziegeln, in die durch Eintiefungen große Aufbewahrungsgefäße sehr wahrscheinlich für Flüssigkeiten (beispielsweise Wein) eingelassen waren (Place 1867, 102; vgl. Kertai 2015a, 99–101: Teile von Räumen 143 und 147 lagen erhöht, laut Kertai waren sie kein Tempelkomplex, sondern besaßen profane Funktionen).

Thronsaalbereich: Der Thronsaalhof VIII war 5452,47 m² groß und lag im nordwestlichen Bereich der Hauptzitadelle (Abb. 5.15). Von dort aus konnten sowohl der Thronsaal mit den dahinter liegenden Räumen erreicht werden, als auch durch den Korridor 10 in der Nordwestseite die westlichen Außenhöfe (III und I) mit den anliegenden Gebäuden. Abweichend von den Höfen anderer Residenzen oder auch von Hof XV war dieser Thronsaalhof VIII deutlich rechteckig, was möglicherweise in Verbindung zur Gestaltung zur Thronsaalfassade stand. An der Nordostseite des Thronsaalhofes lag eine Reihe an kleineren Räumen, die vermutlich zur Lagerung und anderen „profanen", alltäglichen Funktionen genutzt wurden. Dieser gesamte Komplex besaß in etwa die Größe wie im Nordwestpalast in Kalhu (Kertai 2015a, 101).

Der Hof VIII vor dem Thronsaal VII wurde nicht in seiner Gänze ergraben, am besten untersucht wurde die Thronsaalfassade. Sie war mit steinernen Reliefs geschmückt, die Reihen apotropäischer Figuren zeigten, ebenso wie Höflinge, die verschiedene Objekte tragen in Richtung König, der am nächsten zum eigentlich Thronsaal steht (Kertai 2015a,

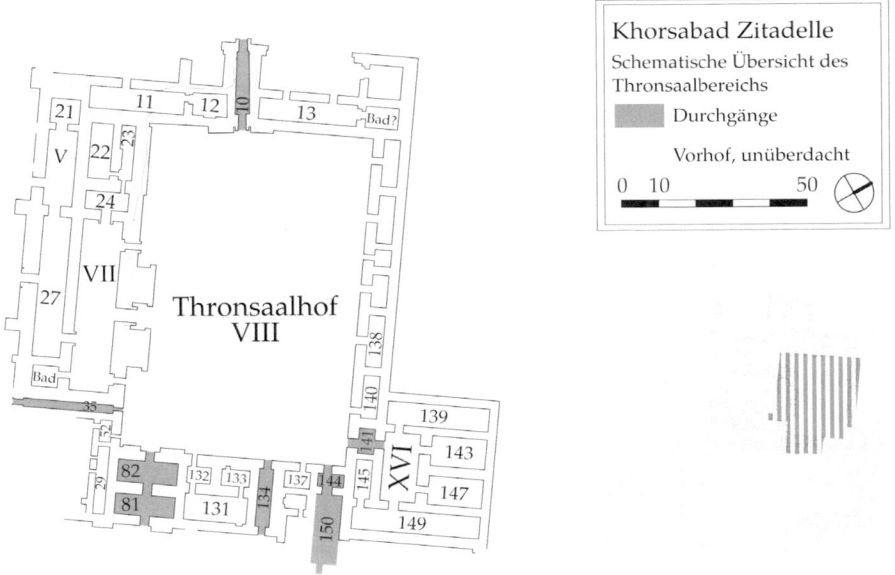

Abbildung 5.15. Übersichtsplan über den Thronsaal VII und den vorliegenden Hof VIII

ANALYSE: ASSYRIEN | 217

103). Der Boden vor dem Bild des Königs war abschüssig, zum einen um Abfluss zu ermöglichen, zum anderen sicher auch, um sein Bild größer erscheinen zu lassen (Loud, Frankfort und Jacobsen 1936, 40). Dieser Effekt wird dadurch noch verstärkt, dass die anderen Figuren, je näher sie dem König sind, kleiner werden (Loud, Frankfort und Jacobsen 1936, 31–37, Abb. 38–44).

Die Nordwestwand war ebenfalls mit Reliefs verkleidet, auf denen Reihen von Tributbringern, angeführt vom Kronprinzen und erneut auf den König zusteuernd dargestellt wurden. Diese Gruppen bewegen sich von beiden Seiten kommend auf den mittig in der Nordwestwand liegenden Eingang zu Korridor 10 zu. Die Westecke des Hofes war kein rechter Winkel, sondern die Mauer der Nordwestwand lief ein wenig weiter in die Südwestwand „hinein". Dies hatte den visuellen Effekt, dass die abgebildeten Menschenreihen auf den Reliefs der Nordwestwand scheinbar aus dem Nichts bzw. aus einer unsichtbaren Ecke des Palastes kamen und mithin einen nicht abreißenden Strom bildeten. Desweiteren wurde die Beschaffung von Baumaterial gezeigt (Abb. 5.16); Albenda 1983 ist der Meinung, es werde das Mittelmeer auf diesen Reliefs gezeigt; Linder 1986 kann jedoch überzeugend erläutern, warum es sich eher um Flüsse handelt).

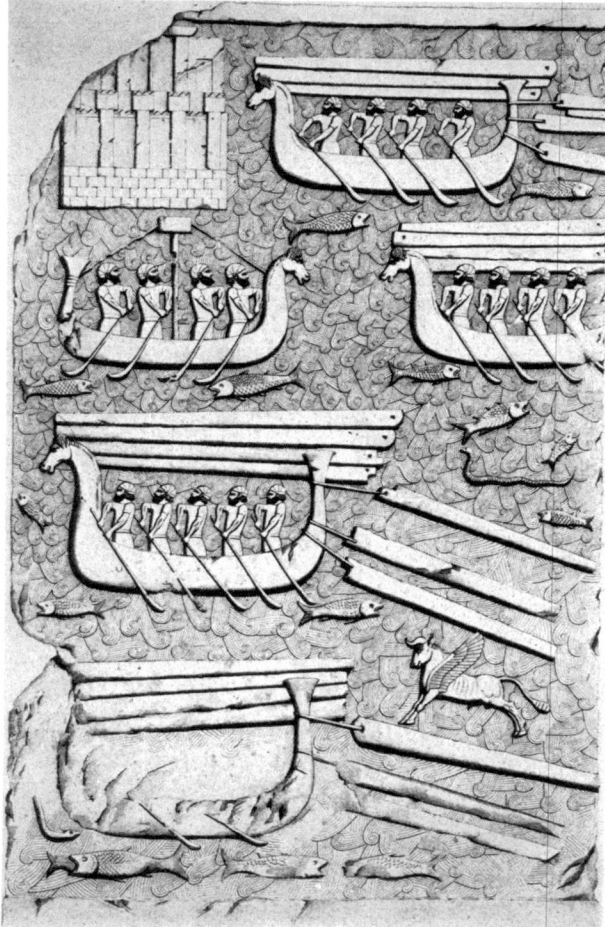

Abbildung 5.16. Umzeichnung eines Abschnittes der Reliefs im Thronsaalvorhof VIII (NW-Seite), dargestellt wird der Transport von Bauholz (aus Reade 1980, Taf. 5, ursprünglich von Botta – Flandin 1849–1850, Band 1, Taf. 33)

Möglicherweise handelte es sich bei den Räumen 131–3 ebenfalls um eine Art „corner office" (wie die Zimmer um 93 im Eingangshof XV), in der sich ein Verwalter der Aufgaben und Veranstaltungen dieses Teils des Palastes aufhielt (Kertai 2015a, 104). Die Nordostseite des Hofes war zu stark erodiert, um gesicherte Auskünfte über Aussehen oder Funktion geben zu können.

Korridore: Ein wichtiger Weg innerhalb des Residenzbereichs, westlich des Thronsaalbereichs, war Korridor b. Er verband den Außenhof I mit Innenhof VI und wurde an seinem Eingangstor im Nordwesten von zwei Bullenstatuen/-kolossen flankiert (Abb. 5.11; Botta und Flandin 1849–1850, Taf. 11 in Band 1). Betrat man vom Eingangshof XV aus das Tor oder Durchgangszimmer 74, konnte Korridor b – und somit Außenhof I – über einer Reihe von Zimmern und Höfen erreicht werden, die linear aneinandergereiht waren und somit ins sich nahezu einen sehr langen Korridor mit Zwischentüren formen (Abb. 5.11). Wurde der gleiche Weg durch Tor 74 genommen, konnte jedoch im Raum 45 auch nach rechts „abgebogen" werden, um von dort durch Korridore X und 35/36 zum Thronsaalvorhof VIII zu gelangen (oder andersherum). Korridor 35 verfügte an seiner Tür zum Thronsaalvorhof (anders als b) nicht über kolossale Figuren wie Lamassus oder geflügelte Bullen, was daran liegen könnte, dass solche nicht in das allgemeine Arrangement der Thronsaalfassade gepasst hätten (Kertai 2015a, 102). Allgemein lässt sich beim Blick auf die Verbindungszimmer und Korridore der Hauptzitadelle sagen, dass eine erstaunliche Interkonnektivität vorherrschte. Einige Wege waren so angelegt, dass sie an spezifischen Bereichen des Palast vorbeiführten (z.B. die langen Korridore b, 10 oder auch X/35/36) und es ist anzunehmen, dass diese Zu- und Durchgänge stark kontrolliert und reguliert waren. So zumindest könnten die Untergliederungen der Wegeführung auf der Zitadelle in Durchgangszimmer oder Korridorabschnitte interpretiert werden (vgl. Kertai 2015a, 102). Es ist auch augenfällig, dass die beiden längsten geradlinigen Korridore (b und 10) im hinteren Teil des Palastkomplexes liegen, der Zugang zu diesem Bereich vom Eingangshof aus jedoch stärker reglementiert war (mindestens stärker untergliedert; z.B. Räume 81 und 82, oder die Raumaneinanderreihung von Tor 74 aus).

Ein anderer Aspekt der Korridore ist ihr Klang (s. auch Kap. 3.2.1). Hier konnte beispielsweise durch Schritte ein Flatterecho entstehen, das laut Augusta McMahon (2016a) Trommeln oder Percussions ähnelte und unter Umständen Erinnerungen an rituelle Prozessionen und Musik weckte (insbesondere in dem mit großen Steinplatten gepflasterten und an den Seiten dekorierten Korridor 10, aber auch 134 und dem „Tunnel" zwischen Nabu-Tempel und Hauptzitadelle; Abb. 5.17). Bei solchen Prozessionen, die es hier sehr wahrscheinlich gab, wurde dieser Eindruck noch verstärkt. Außerdem hätten Personen, die sich in den angrenzenden Höfen befanden, zunächst die Musik gehört, bevor sie den eigentlich Umzug visuell erfassen konnten. Hinzu kam der Effekt des Lichts, vor allem tagsüber. Selbst wenn in den Korridoren Fackeln oder Lampen standen, müssen die Höfe an beiden Enden hell erschienen seien, fast blendend, während andersherum im Lichte des Hofes das Innere der Korridore vergleichsweise dunkel, sich darin befindliche Menschen quasi im Schatten stehend erschienen/gewesen sein müsste. Es gab also eine Spiel aus *Verbergen* und *Offenbaren*, das als eine Art Erinnerung an den ungewöhnlichen Ort agierte bzw. es unterstrich und verbunden war mit den Ereignissen und Erwartungen (vgl. McMahon 2016a, 137).

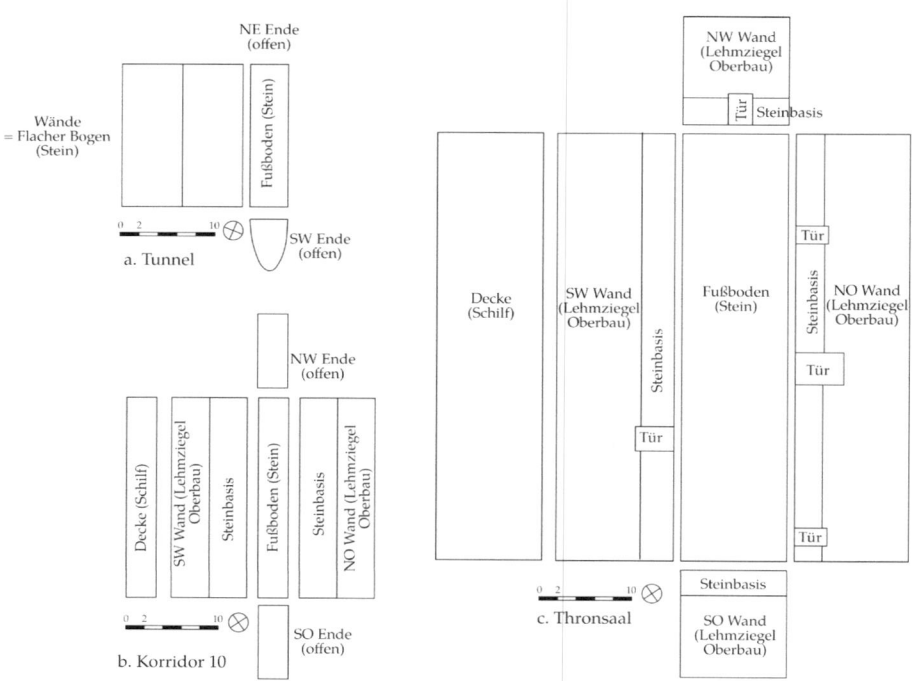

Abbildung 5.17. Stilisierte Darstellung des Nabu-Tempel-Tunnels (a), Korridor 10 (b) und des Thronsaals (c) als Grundlage zur Berechnung der Klangabsorption von Augusta McMahon, (2016a, umgezeichnet nach Abb. 13.2)

In den aneinander liegenden Räumen 80 und 81 (Übergang Eingang – Thronsaalhof) war die Lage etwas anders. Hier konnte kaum ein Flatterecho entstehen, was zu der Annahme passt, dass es sich hierbei um einen normativen Verkehrsweg handelte, bei dem es nicht nötig war, einen speziellen, limitierten Kontext wie den der Korridore zu schaffen (McMahon 2016a, 136).

Thronsaal: Der Thronsaal war ein langgezogener, rechteckiger Raum mit den Grundmaßen 46,6 × 10,4 m, der von der Längsseite betreten wurde (Abb. 5.18). Ein Großteil der steinernen Fußbodenplatten wurde vermutlich schon in der Antike herausgerissen (Place 1867, 51; bestätigt von Loud, Frankfort und Jacobsen 1936, 57) und anscheinend wurden nur spezifische Reliefs – nämlich die mit den Darstellungen der Baumaßnamen – aus dem Thronsaal entfernt. Blocher (1999) sieht in der möglicherweise gezielten Zerstörung einiger spezifischer Szenen einen Hinweis darauf, dass bewusst Neuerungen in der Raumgestaltung vernichtet wurden.

Der Saal verfügte über sechs Türen, von denen fünf mit „Laibungsfiguren" versehen waren (die letzte war mit glattem Stein verkleidet; Blocher 1994, 12). Mindestens die zum Hof führenden konnten auch geschlossen werden. Der in der Südecke vor dem „Thronpodest" liegende Durchgang führte zu einem kleinen, ausschließlich vom Thronsaal zugänglichen Raum, der zumeist als „Badezimmer" bezeichnet wird (die Tür zu diesem Zimmer war offenbar undekoriert; Place 1867, 53; Loud, Frankfort und Jacobsen 1936,

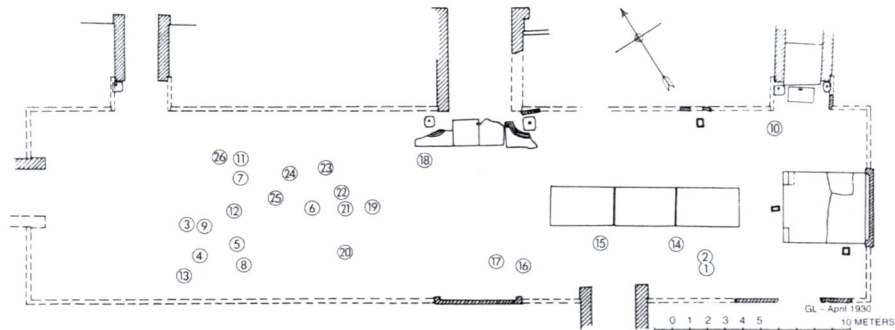

Abbildung 5.18. Grundplan des Thronsaals VII. Die Zahlen indizieren die Fundstellen von Wandbemalungsfragmenten (Loud u.a. 1936, Abb. 82)

Abbildung 5.19. Die Rekonstruktion zeigt den Blick von Westen her in den Thronsaal des Nordwestpalastes in Nimrud, wie er im 9. Jh. v. u. Z. ausgesehen haben könnte (extracted from the virtual reality 3D model built by Learning Sites; © 2011 Learning Sites, Inc; used with permission)

55–56). Am anderen Ende des Saals ging es zu den Räumen 22–24, wo sich vermutlich die für assyrische Thronsäle typische „Thronsaalrampe" befand (Raum 24 war dabei das Vestibül, ein kleiner Ablagebereich wurde unter der Rampe gefunden; Loud und Altman 1938, 27–28; vgl. Heinrich 1984, 152, Abb. 95; Blocher 1994, 12; Kertai 2015a, 104).

Zwischen Thronsaalvorhof und Thronsaal gab es drei Tore: Ein großes, in der Mitte der Längsseite liegendes und jeweils rechts und links symmetrisch davon ein kleineres. Vermutlich dienten diese Durchgänge auch zur Beleuchtung des Thronsaals. Dadurch, dass diese Tore jedoch nach Norden orientiert waren, gab es fast nie direktes Licht, was dazu führte, dass es im Sommer zwar Licht gab, es aber zu keiner Überhitzung des Saals kam (vgl. Shepperson 2017, 219–21). Zudem konnte durch die kleinere Tür nahe des Podestes der König beleuchtet werden, und die größere Tür in der Mitte beschien die dort Anwesenden. Es ist vorstellbar, dass der monumentalste, mittlere Eingang auch als Rahmen für den dort stehenden König gedient haben könnte bei Versammlungen auf dem Hof (Kertai 2019, 47).

Im Thronsaal wurde an der Südostseite ein im Grundplan 4,0 × 4,6 m messendes und ehemals vermutlich 1 m hohes Podest aus hartem, feinkörnigem Kalkstein gefunden, das gemeinhin als Thronpodest interpretiert wird (s. Blocher 1994). An seiner Vorderseite waren die Ecken leicht gestuft (Blocher 1994, 16). Das Podest war ebenfalls mit in den Stein eingravierten, bildlichen Darstellungen geschmückt (zur Beschreibung siehe Blocher 1994).

Vor diesem Thronpodest wurden drei große Steinplatten freigelegt, die höchst wahrscheinlich für das Verschieben eines Kohlebeckens zur Beheizung dienten (vgl. Abb. 5.20, die eine Rekonstruktion des Thronsaals in Nimrud zeigt, der in seinem Aufbau jedoch dem in Khorsabad ähnelt; auch dort gab es – wie im Bild gezeigt – sehr wahrscheinlich ein fahrbares Kohlebecken; Loud, Frankfort und Jacobsen 1936, 60–61; vgl. Blocher 1994, 18).

Damit gab es im Winter also beim Betreten des Thronsaals nicht nur einen Licht-Schatten-Wechsel sowie den Wechsel von Lehmboden zu Stein, sondern zusätzlich den Kontrast zwischen dem kalten Hof und dem geheizten Thronsaal. Innerhalb des Empfangssaals könnte der Qualm des Heizbeckens vor dem Thron zudem die Sicht auf König „mystifiziert" bzw. verschwommen worden sein. Gleichzeitig behinderte es aber auch die Sicht des Königs und der Personen an seiner Seite. Außerdem konnte durch die Rauchentwicklung des Heizbeckens möglicherweise Augenbrennen ausgelöst werden und damit ein Wunsch zum Vermeiden bzw. ein Zurückweichen dieser Unannehmlichkeit. Die natürliche Klimatisierung im Sommer und Beheizung im Winter ließ die Menschen den Luxus dieses Saals sprichwörtlich spüren, vorausgesetzt, die Rauchentwicklung war nicht zu stark bzw. es gab einen Rauchabzug (vgl. Heinrich 1984; zu Wärme s. auch Love 2016, 227).

Die Thematik der Raumgestaltung auf der Zitadelle, insbesondere im Thronsaal VII und den angrenzenden Räumen 21–24, 27 und V, ist in Khorsabad im Vergleich zum Nordwestpalast in Nimrud generell leicht verändert. In den Reliefs Sargons in Khorsabad werden z. T. neue Themen gezeigt oder bereits bekannte anders betont. Apotropäische Motive und Figuren werden seltener, dafür aber anscheinend strategischer genutzt (Kertai 2015a, 102–103). Es gibt dafür deutlich mehr militärische Szenen. Am stärksten nahmen aber die Darstellungen von Menschengruppen/-reihen zu, für gewöhnlich angeführt vom Kronprinzen (Sanherib), die auf den König (Sargon) zusteuert. Unter den abgebildeten Menschen befinden sich Höflinge, Gefangene und TributbringerInnen. Offenbar wird der Kronprinz fast ebenso häufig dargestellt wie der König selbst, oft auch gemeinsam (Kertai 2015a, 103, FN 102). Zum erstem Mal gibt es auch Bauvorhaben als Thematik auf den Reliefs (vgl. Abb. 5.16), dafür fehlt im Thronsaal VII jedoch die sonst vorhandene Darstellung der sog. „Lebensbaumszene", in der der König ernannt wird oder Bemerkungen über sein dynastische Absicherung gegeben werden (vgl. Abb. 5.20;

Abbildung 5.20. Detail eines Reliefs mit der Darstellung der sog. Lebensbaumszene im Nordwestpalast Kalhus von Assurnasirpal II (ca. 883–859; Platte B23; © The Trustees of the British Museum)

Blocher 1997, 40; vgl. N. Miller 2013; zur Diskussion der Bedeutung und Herkunft des „Lebensbaums" bzw. „heiligen Baums" siehe Exkurs 4.1). Stattdessen gibt es hinter dem Thronpodest sowie gegenüberliegend des mittigen Haupteingangs zum Thronsaal jeweils eine große, zur flachen Nische gearbeitete Platte, die glatt und unreliefiert war (Blocher 1994, 12).[39] Dafür hält Blocher (1999, 241) es für annehmbar, dass es in den Ecken des Saals Lebensbäume als Objekte gab (ohne jedoch näher auf die Gründe einzugehen).

Reliefs mit narrativen Szenen werden teilweise durch analytische Inschriften bzw. Annalentexte untergliedert (Blocher 1999; Guralnick 2013). Mit ihrer Höhe von rund 2–6 m befanden sich in Khorsabad die größten Wandreliefs aller assyrischen Paläste (in Nimrud und Ninive waren sie durchschnittlich 2–2,5 m hoch; McMahon 2013, 165, die ähnliches für die geflügelten Bullen von den Toren Khorsabads sagt).

Darüber hinaus waren die sowohl die Wände oberhalb der Reliefs, als auch die Decken des Palastes mit bunt bemaltem Putz versehen; es werden figürliche, florale und geometrische Muster gezeigt (Loud, Frankfort und Jacobsen 1936, 67–71, Abb. 71, Taf. 2-3; vgl. a. Blocher 1999, 134, 241). Auch die Reliefs waren einst bunt, v.a. rot, blau und weiß (s. Verri u.a. 2009, die beispielsweise ägyptisch Blau und roten Hämatit auf dem Kopf eines Pferdes von einem der Reliefs im Palast Khorsabads nachweisen konnten).

Daneben wurden neben dem Thronsaal mindestens auch in den Räumen 27 und V Fragmente äußerst farbenfroher Wand- und Deckenbemalung gefunden, die sowohl

---

39 Blocher (1999, 237) verweist darauf, dass an diesen Stellen im Thronsaal von Assurnasirpal II in Kalhu die Szene „Fünfergruppe: Lebensbaum-Könige-Genien" angebracht ist. Für Khorsabad scheint es unwahrscheinlich, dass es sich hierbei lediglich um nicht fertiggestellte Reliefplatten handelt. Julian E. Reade (1980, 81) machte jedoch den Vorschlag, dass in Sargons Thronsaal die entsprechenden Bilder vielleicht auf Textilien/Teppichen an die Wände gehangen wurde.

figürliche, als auch geometrische Darstellungen besaßen (Loud, Frankfort und Jacobsen 1936, 67–71, Abb. 71 und 81). Die Räume 21–24 („Thronsaalrampe") waren anscheinend schlicht weiß gestrichen.

McMahon (2016a) kalkulierte die Akustik in dem großen Thronsaal und stellte fest, dass Gespräche in normaler Lautstärke wohl diffus im Raum erklangen. Dadurch war es ihres Erachtens schwer bis unmöglich Unterhaltungen, die in dem Saal geführt wurden, mitzuhören bzw. zu belauschen, wenn man nicht direkt involviert oder den Sprechenden sehr nah war (umso mehr, sollten sich viele Personen dort aufgehalten haben; McMahon 2016a, 134). McMahon (2016a, 136) mutmaßt, dass es sich hierbei möglicherweise um einen geplanten und gewünschten Effekt gehandelt hat, was ich jedoch für unwahrscheinlich halte. Dieser Umstand bedeutet auf der anderen Seite, dass Ansprachen (beispielsweise vom König), langsam, laut, deutlich artikuliert und mit Pausen zwischen den Wörtern gehalten werden mussten, um von allen in Raum Anwesenden verstanden zu werden (McMahon 2016a, 136). Dadurch konnte theoretisch eine feierlichere, formalere Atmosphäre geschaffen und dem Gesagten mehr Gewicht verliehen werden (McMahon 2016a, 136), falls dies überhaupt geplant und erwünscht war.

Innenhof VI und weitere „Suiten": Im Palast Sargons scheint es mehr Räumlichkeiten, möglicherweise repräsentativen und/oder häuslich-internen Charakters, gegeben zu haben, als zuvor in Nimrud. Dazu gehört auch, dass die Palastterrasse deutlich stärker ins Raumprogramm einbezogen wurde. Das heißt, nicht nur um den Innenhof VI, sondern auch weiter westlich auf der Terrasse befanden sich große, teilweise zusammenhängende Räumlichkeiten (bei Kertai als Suiten 1 bis 6 bezeichnet, mit 1 als Thronsaalsuite und 4 als Königssuite). Alle diese Räume müssen einst reich dekoriert gewesen sein. Es fanden sich Überreste von Reliefs, Türkolossi, glasierten Ziegeln, dekorierten Kragsteinen und Wandbemalung (Place 1867, 52; 1870, Taf. 32). Allerdings wurde vermutlich vieles bereits in der Antike demontiert und anderes kann nicht mehr genau lokalisiert werden (vgl. Kertai 2015a, 105). Die Türen einiger dieser Suiten (2, 3, 5) waren axial orientiert. Nicht genau kann die Funktion dieser Räume bestimmt werden, auch wenn einige Vermutungen zulassen. So handelte es sich bei Raum 21, der durch V erreicht wurde, vermutlich um ein Lagerzimmer, das sowohl von der Thronsaalsuite als auch der Doppelseitigen Empfangssuite 2 betreten (und daher auch genutzt?) wurde. Bei Raum IV könnte es sich möglicherweise um einen zweiten, alternativen Thronsaal gehandelt haben (Kertai 2015a, 106).

Aufgrund der Lage und wegen der Abwesenheit von Badezimmern in den anderen großen Raumkomplexen auf der Zitadelle, scheinen Räume 33 und 37 („Suite 4") am ehesten als Königsresidenz gedient zu haben. Die Fassade von 33 war übersät mit apotropäischen Figuren (Botta 1849–1850, Band 1, Taf. 42), in der Nordecke im Inneren war ein apotropäischer Baum auf dem Relief dargestellt (Place 1870, Taf. 49–52; desweiteren wurden solche Bäume auch in den Ecken der Räume 4 und 8 gefunden). Zuletzt bildeten Räume 25/26 eine weitere an den zentralen Innenhof VI angrenzende „Doppelkern"-Suite, wie sie später auch im Südwestpalast in Ninive existierte (Kertai 2015a, 107). Über Funktion und Aussehen ist nichts bekannt.

Auch die Räume und Raumeinheiten östlich der „Königssuite" (um die vier kleineren Höfe IX, XI, XIII und XIV) sind aufgrund der ausgeprägten Ungenauigkeit von Places Plänen

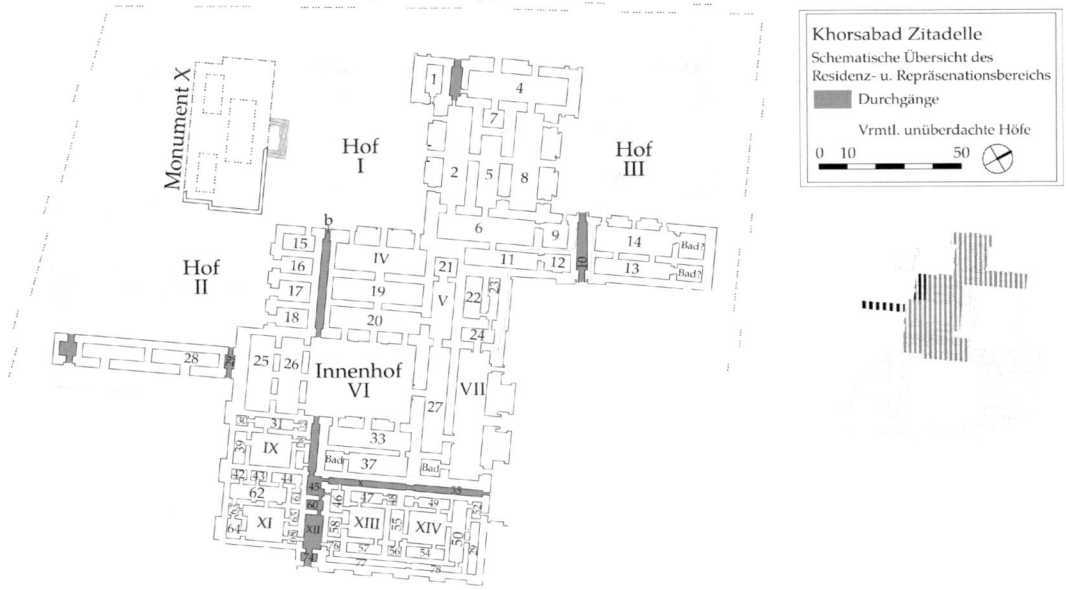

Abbildung 5.21. Plan des Residenz- und Repräsentationsbereichs in Khorsabad

kaum bzw. mit äußerster Vorsicht beschreibbar und interpretierbar. Möglicherweise handelte es sich bei den Höfen XIII und XIV um Küchenbereiche, sowohl Lage als auch Form unterstützen diese Annahme (Kertai 2015a, 117). Die anderen Zimmer könnten Wohnbereiche von Palastangehörigen und/oder Familienmitgliedern des Königs gewesen sein (auch wenn sie dafür möglicherweise zu nah am Eingangsbereich lagen?).

Residenz- und Repräsentationsbereich des Palastes im Westen: Im Westen der Zitadelle und über Korridore 10 oder b erreichbar, lagen an den Außenhöfen I–III Raumkomplexe, die vielleicht Empfangs- und Wohnfunktion besaßen. Wegen der Dicke der Mauern und seiner allgemeinen Größe sticht vor allem der von Kertai als Suite 5 (und 5a) bezeichnete Bereich zwischen den Höfen I und III ins Auge (Abb. 5.21).

Er besteht aus acht Räumen und ist verhältnismäßig gut erforscht. Räume 6, 9 und 11–12 scheinen eine zusammenhängende Einheit darzustellen (laut Kertai 2015a, 113, „Suite 5a", eine „Extended Double sided reception suite"). Zwar gab es hier Badezimmer, hingegen anscheinend keine Aufbewahrungszimmer. In Raum 8 wurden ein (Thron?-)Podest/Podium und eine Waschungsplatte („ablution slab") ausgegraben (Botta 1849–1850, Band 1, Taf. 6, der jedoch nicht erwähnt, ob das Podest erhöht war oder nicht), wohinter auf einem Relief erneut König und Kronprinz gezeigt wurden. Wenn auch nicht ergraben, so ist davon auszugehen, dass es auch hier „Schienen" für verschiebbare Kohlebecken gab. Die Fassaden der Räume 8, 4 und 2 waren der des Thronsaals sehr ähnlich, wenngleich weniger monumental. Die mittigen Haupttore waren, im Gegensatz zu den Nebeneingängen, von Kolossi gesäumt, die Eingänge sprangen vor wie Pfeiler (Kertai 2015a, 113). Prozessionen von Gefangenen und Höflingen, Militär- und

Bankettszenen gehörten zum Bildprogramm dieser Räume, begleitet von verschiedenen Inschriften (Russel 1999).

Raum 14 von Suite 6 (nördlich an Korridor 10, Raum 13 vorgelagert) zeigte auf den Reliefs den Feldzug von 715 gegen Mannäa (Reade 1976, 98), der nicht von Sargon, sondern einem anderen hohen Beamten Tab-šar-Assur (dem „Schatzmeister" bzw. *mašennu*), was zu der Vermutung führte, dass es sich hierbei um die (Empfangs-)Räumlichkeiten eben jenes Mannes gehandelt hat.⁴⁰ Neben Darstellungen von Höflingen und dem König gibt es hier auch in einer der Ecken die Darstellung eines sog. Lebensbaumes (Botta 1849–1850, Band 2, Taf. 144; vgl. Blocher 1999, 235). Darüber hinaus gab es hier Prunkinschriften und Annalentexte an den Wänden. Offenbar war die gesamte Fassade entlang des Palastes an Höfen III, I und II mit Reliefs versehen, auf denen überwiegend Prozessionen abgebildet wurden von Höflingen, die beispielsweise Möbel tragen, Pferde und Wagen führen, in Richtung König und Kronprinz (Botta 1849–1850, Band 1, Taf. 10).

Räume 16–18 waren drei nebeneinanderliegende gleichgroße Räume, die vom Hof II aus betreten werden konnten. Hof II war mit am schwersten erreichbar im Gesamtkomplex der Hauptzitadelle. Die drei Räume lagen leicht erhöht im Vergleich zum Fußbodenniveau der Terrasse, damit aber auf einer Höhe mit dem „Monument X". Es kann jedoch nicht mehr gesagt werden, wie der Durchgang zu ihnen aussah, wie der Höhenunterschied überwunden wurde (Kertai 2015a, 110). Auch Raum 15 reihte sich in diese Raumkette 16–8, hatte seinen Zugang jedoch über Hof I. Er war mit Reliefs verziert (Place 1867, 64–66). Es handelte sich möglicherweise um Schatzkammern bzw. Lagerräume von wertvoller Kriegsbeute, worauf die Architektur, die wenig zugängliche Lage und der Fund von bronzenen, militärischen Gegenständen hinweisen (Place 1867, 64–66; vgl. Kertai 2015a, 110).

Zuletzt sei das sog. Monument X besprochen, das sich freistehend zwischen den Höfen I und II im Westen der Zitadelle (über die Stadtmauer herausragend) befand. Es lag rund 1,82 m erhöht auf einer Plattform und wurde über eine Treppe an der Nordostfassade betreten. Es erscheint am wahrscheinlichsten, dass es sich hierbei um eine Adaption oder Imitation eines aramäischen oder syro-hethitischen (in anderen Worten westlichen) Gebäudes bzw. Pavillons handelte (Gillmann 2008; Reade 2008). Es war verkleidet mit modellierten Steinen, innen dekoriert mit Reliefs aus schwarzem Kalkstein und gepflastert mit Lehmziegelfragmenten (Gillmann 2008; Reade 2008). Kertai (2015a, 112) schreibt zur Situiertheit von „Monument X" im Gesamtensemble des Hauptpalastes: „Building a palace in the likeness of a 'western' palace as an appendix to his own much larger palace, formed a good representation of the political landscape." Wofür genau dieses Monument genutzt wurde, für welches Publikum und was für eine ideologische Bedeutung es hatte,

---

40 Möglicherweise bezieht sich ein Brief aus der Zeit indirekt auf Raum 14, in dem Beamte sich beschweren, dass ihre Namen nicht auf den Reliefs erwähnt werden – im Gegensatz zu denen im Zusammenhang mit dem Mannäa-Feldzug (siehe SAA 5, 282: 4–11; vgl. Reade 1976, 99). In diesem Brief wird der Ort des Mannäa-Reliefs als „Alter Palast" bezeichnet. Blocher (1999, 235) sieht darin einen Hinweis darauf, dass lediglich dieser Teil des Palastes Sargons „im Sinne einer frühen Bau- und Ausstattungsphase" so bezeichnet wurde, Kertai (2015a, FN 125) hält es indes für möglich, dass der Brief zwar der Regierungszeit Sargons zugeordnet wurde, in Wahrheit jedoch zu einem späteren Zeitpunkt verfasst wurde, als Khorsabad schon als „alter Palast" angesprochen wurde.

kann nicht beantwortet werden. Die exponierte Lage lässt einen zumindest teilweise repräsentativen Nutzen als durchaus möglich erscheinen.

5.2.2 Tušhan (heutiges Ziyaret Tepe)

Tušhan (heutiges Ziyaret Tepe, kurd.: Tepa Barava) liegt in der heutigen Südosttürkei am oberen Tigris, ca. 60 km östlich von Diyabakır (kurd.: Amed) und diente in assyrischer Zeit als nördliche Provinzhauptstadt des Reichs (Abb. 5.22; Matney 2001; MacGinnis und Matney 2009, mit der Beschreibung, welche Indizien für die Identifikation Ziyaret Tepes mit der antiken Stadt Tušhan sprechen; Matney u.a. 2011; 2015; 2017)die Homepage: http://www3.uakron.edu/ziyaret/publications.html; zu den Tokens und Tontafeln siehe etwa Parpola 2008; Monroe 2016). Die nächste größere moderne Stadt ist Bismil, ca. 20 km westlich von Ziyaret, das Dorf bei dem Hügel nennt sich Tepe. Oberflächenfunde spiegeln eine Nutzungsgeschichte des Ortes und seiner Umgebung vom späten Neolithikum/frühen Chalkolithikum bis zur frühislamischen Zeit (ca. 5500 v.u.Z. bis 800 u. Z.) wider. Die Nutzung und spätere Besiedlung des Ortes waren jedoch nicht durchgehend und die Unterstadt war ausschließlich assyrisch (Matney 2001, 558; MacGinnis und Matney 2009, 6). So gab es Überreste aus der frühen Bronzezeit bis zur späten mittleren Eisenzeit, gefolgt von einer Phase der späten Eisenzeit, danach eher sporadische Spuren spätrömischer, mittelalterlicher und osmanischer Besiedlung (Matney 2016, 336). Hinweise auf eine (kontinuierliche) Nutzung während des späten Chalkolithikums und der frühen

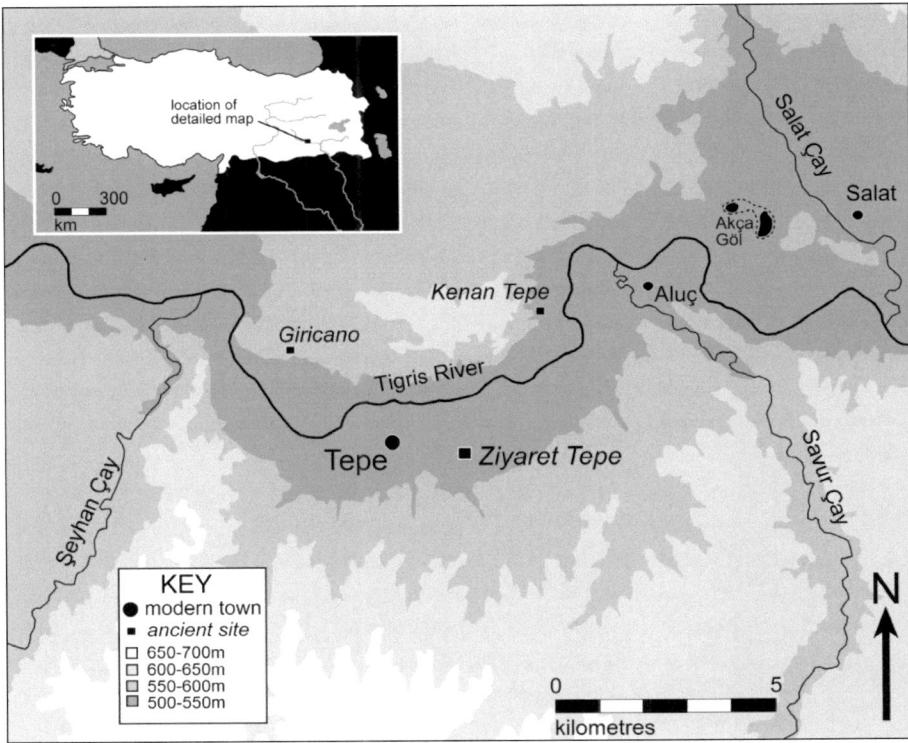

Abbildung 5.22. Lage Ziyaret Tepes, heutige Türkei (Greenfield u.a. 2013, Abb. 1)

Bronzezeit wurden nicht gefunden, die frühe Eisenzeit ließ sich materiell nur äußerst schwach nachweisen; auch die Spanne zwischen dem Ende der assyrischen Okkupation und der spät-römischen Bewohnung ist archäologisch nicht greifbar.

Durch Keilschriftquellen ist bekannt, dass Tušhan in mittelassyrischer Zeit unter Salmanassar I (1274–1245 v.u.Z.) in das Reich integriert wurde (Radner und Schachner 2001, 758), jedoch zum Ende dieser Epoche wieder aufgegeben wurde (oder werden musste). Nachdem zu Beginn der neuassyrischen Periode unter Tukulti-Ninurta II (891–883) wieder in dieses nördliche Gebiet vorgedrungen wurde (Grayson 1991, 171–72), beschreibt 882 sein Sohn Assurnasirpal II, dass er Revolten in dieser Region brutal niedergeschlagen und im Zuge dessen auch Tušhan wiedererrichtet habe (Radner und Schachner 2001, 758). Er schreibt:

> „*I repossessed the fortified cities of Tidu and Sinabu which Shalmaneser, king of Assyria, a prince who preceded me, had garrisoned on the border of the Nairi lands and which the Arameans had captured by force. I resettled in their abandoned cities and houses the Assyrians who had held the fortresses of Assyria in the lands of Nairi and whom the Arameans had subdued. I placed them in a peaceful abode. I uprooted 1,500 troops of the ahlamû Arameans belonging to Amme-ba'lī, a man of Bit Zamani, and brought them to Assyria. I reaped the harvest of the Nairi lands and stored it for the sustenance of my land in the cities Tušha, Damdammusa, Sinabu and Tidu.*" (Grayson 1991, 261; zitiert in: MacGinnis und Matney 2009, 4)

Die Stadt wurde von Deportierten errichtet und ihr Hinterland später besiedelt (MacGinnis und Matney 2009, 10). Vermutlich wurde Tušhan um 611 nach dem Zusammenbruch des assyrischen Reiches verlassen, wofür textliche und archäologische Quellen aus Ziyaret Tepe sprechen (Matney u.a. 2015, 127). Damit war die Stadt seit der „Neugründung" unter Assurnasirpal II 271 Jahre unter assyrischer Herrschaft bewohnt. Es gibt keine archäologischen Spuren einer kriegerischen Auseinandersetzung o.ä., die ein gewaltvolles Ende der Siedlung nahelegen. Dafür gibt es spärliche Hinweise auf eine kurz während *squatter occupation* am Ort. Tontafeln aus Ziyaret datieren sowohl vor, als auch bis (spätestens) kurz nach den Fall Ninives 612 (Parpola 2008, 14; MacGinnis und Matney 2009, 14–15). Es wurde hier auch ein einzigartiger Brief gefunden, in dem ein gewisser Mannu-kī-libbāli in dramatischen Worten beschreibt, wie er Befehle durch die kollabierende Infrastruktur Assyriens nicht mehr ausführen kann und das nahende Ende vorhersagt (siehe Parpola 2008, 88).

Womöglich verließen irgendwann einige der dort zwangsweise angesiedelten Menschen die ehemals assyrische Stadt und kehrten in ihre Herkunftsorte zurück (dies ist zwar ein spekulativer Gedanke von Matney und MacGinnis, den ich aber als nicht abwegig sehe; MacGinnis und Matney 2009, 16). Ein interessanter Fund im Bezug auf die mögliche ethnische Zusammensetzung in Tušhan ist eine Tontafel (ZTT 30), die im Palast Ziyarets gefunden wurde. Darauf wurden in assyrischer Schrift Frauennamen aufgelistet, die einer oder mehreren bisher unbekannten Sprachen angehören zu scheinen (Parpola 2008; MacGinnis 2012). Diese Frauen mussten offenbar für den Palast arbeiten und lebten in den umliegenden Dörfern. Es ist unklar, ob diese Frauen einer lokalen ethnischen Gruppe angehörten oder hierhin deportiert wurden (MacGinnis 2012, 17).

Operation	Bezeichnung	Ausgrabungsjahr
AN	„Bronze Palace"	2000–2; 2007–14
D	Östl. Stadtmauer & Architektur (ggf. Stadttor?)	2000
GR (W)	Westlicher Teil der US, zwei große Gebäude (Admin. & Residenz)	2001–13
K	Südl. Stadtmauer & Gebäude	2003–4; 2013
L	NW-Ecke der Zitadelle; Level L4, zwei Phasen Architektur	2004, 2006–8
M	Straße und Häuser	2004; 2012
P	Große Freifläche in westl. US	2007
Q	(Haupt-)Stadttor südl. US (Khabur Gate)	2007–10
T	US südl. der Zitadelle; kleine Gebäude (& Straße?)	2011
U	SO-Sektor US; Straße & Gebäude	2011
V	Nahe Stadttor Q, Gebäude mit Steinpflasterung	2011
Y	Kurve der Stadtmauer (SW Ende der US)	2013

Tabelle 5.2. Ausgewählte Grabungsbereiche in Ziyaret Tepe mit assyrischen Spuren (vgl. Matney u.a. 2017, Appendix A)

Im Jahre 1997 wurden an dem deutlich sichtbaren Hügel (Tepe) unter der Leitung Timothy Matneys der University of Akron (Ohio, USA) zunächst Geländebegehungen sowie geomagnetische Untersuchungen unternommen; 2000 bis 2014 fanden dann Rettungsgrabungen statt, da dieses archäologisch vielversprechende Gebiet durch den Bau des Ilisu Staudamms geflutet werden wird (Matney 2001). In einem groß angelegtem Survey Ende der 1980er Jahre wurde der Ort zuvor bereits von Guillermo Algaze dokumentiert (Algaze u.a. 1991), aber nicht weiter untersucht. Desweiteren beteiligt an der Erforschung des Ortes sind u.a. John MacGinnis (Cambridge University), Kemalettin Köroğlu (Marmara Üniversitesi, Istanbul) sowie Dirk Wicke (Universität Mainz); siehe Tab. 5.2.[41] Der Ort wurde auch zooarchäologisch und archäobotanisch erforscht, was für assyrische Städte noch eine Ausnahme darstellt (siehe u.a. Greenfield, Wicke und Matney 2013; Greenfield und Rosenzweig 2014; Greenfield 2016). Durch die im Zuge des Ilisu-Staudamm-Projektes begonnenen Surveys konnte festgestellt werden, dass es in der Region vor der Zeit des assyrischen Einflusses eher kleine Dörfer gab, die oft am Fuße von Bergen bzw. Hügeln lagen und sich anscheinend nicht in irgendeiner Form hierarchisch von einander abgrenzten (Parker 2003, 534). Die später von AssyrerInnen gegründeten oder ausgebauten Orte lagen hingegen eher in den Ebenen inmitten des landwirtschaftlich nutzbaren Ackerlands (MacGinnis und Matney 2009, 5–6).

---

41 Die vorläufigen Grabungsergebnisse der Kampagnen seit 1998 wurden hauptsächlich in den Journalen *Anatolica* und *Kazı Sonuçları Toplantası* publiziert (die entsprechenden PDFs stehen als Download auch auf der Homepage des Ziyaret Tepe Projekts der Universität Akron, USA, zur Verfügung: http://www3.uakron.edu/ziyaret/publications.html, abgerufen am 14.12.2018). Über die Homepage ist auch die online-Grabungsdatenbank *open access* zugänglich (https://acsfm.uakron.edu/fmi/iwp/cgi?-db=Ziyaret\%20Tepe\%20Database\&-loadframes).

Abbildung 5.23. Foto des Ziyaret Tepes von Süd-West. Im Hintergrund die Zitadelle, vorne die ehem. Unterstadt (Foto: V. Egbers, 2019)

5.2.2.1 Landschaft und Unterstadt

Ziyaret Tepe liegt im Tal des oberen Tigris rund 500–550 m über dem Meeresspiegel im sog. Diyarbakır Becken (Matney 2016; Matney u.a. 2017, 21). Hier befinden sich die südlichen Ausläufer des Taurus Gebirges und spicken die Gegend mit seichten Hügeln. Sowohl der einfache Zugang zum West-Ost verlaufenden Fluss nördlich der Stadt, als auch die für Landwirtschaft und Pastoralismus/Herdentierhaltung fruchtbaren Böden in der Umgebung begünstigten die Gründung einer Siedlung (Abb. 5.23).

Das Klima ist und war vermutlich auch in assyrischer Zeit semi-arid. Der Regenfall liegt heute und damit sehr wahrscheinlich auch in der Eisenzeit, bei ca. 580 mm pro Jahr, was Trockenfeldbau möglich macht (Matney 2016, 336). Die Siedlung selbst liegt leicht erhöht auf einer durch den Fluss natürlich geformten Terrasse, die einen Blick über die Ebene gewährt (Matney 2001, 557). Der Fluss stellte hier sowohl eine Grenze zum Norden dar, wo Shubria und Urartu lagen, diente aber auch als Lebensgrundlage und Kommunikationsroute (vgl. Matney 2001, 557). Tušhan lag somit am „natürlichen Limit" des assyrischen Reiches im Norden. Shubria als Puffergebiet zum weiter nördlich liegenden Urartu zu haben, war sicher im Interesse Assyriens. Erst die politischen Wirren zur Zeit Esarhaddons (Flucht der Mörder Sanheribs in dieses Gebiet) veranlassten die Invasion der Region. Diese Invasion verursachte auf assyrischer Seite fortwährende Angst vor urartäischen An- bzw. Übergriffen (MacGinnis und Matney 2009, 13). Während der assyrischen Phase diente Tušhan als Sitz eines Provinzgouverneurs und besaß ein starkes Militäraufgebot (Matney 2016, 336). Größe der Stadt und Elaboriertheit der Gebäude verweisen auf ihre Bedeutung. Der Ort war zugleich ein wichtiger Knotenpunkt im Handelsnetz, als auch Zentrum einer zentral verwalteten Getreideproduktion

(Matney 2016, 336). Aus den nördlichen Provinzen kamen insbesondere Pferde und Holz, deren Verwaltung in Tušhan eine Rolle spielte (MacGinnis and Matney 2009, 12). In der Nähe gab es zwei weitere assyrische Grenzstädte, die beide östlich des heutigen Diyabakır liegen (Kessler 1980, insb. 110 ff.; vgl. MacGinnis und Matney 2009, 5): Sinabu (heute Pornak) und Tidu (heute Üçtepe). In der Vergangenheit wurde Tušhan häufig als heutiges Üçtepe lokalisiert. Weiter konnten kleinere, wohl bäuerliche Siedlungen identifiziert werden (z.B. Kavuşan Tepe; Matney 2016, 336).

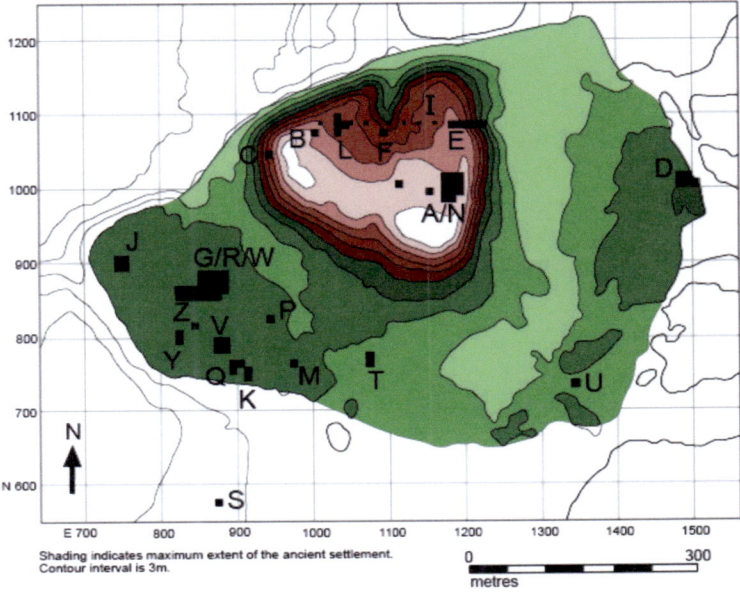

Abbildung 5.24. Topographischer Plan Ziyaret Tepes und die „Operationen" der Grabungen von 1997–2014 (Matney u.a. 2015, Abb. 2)

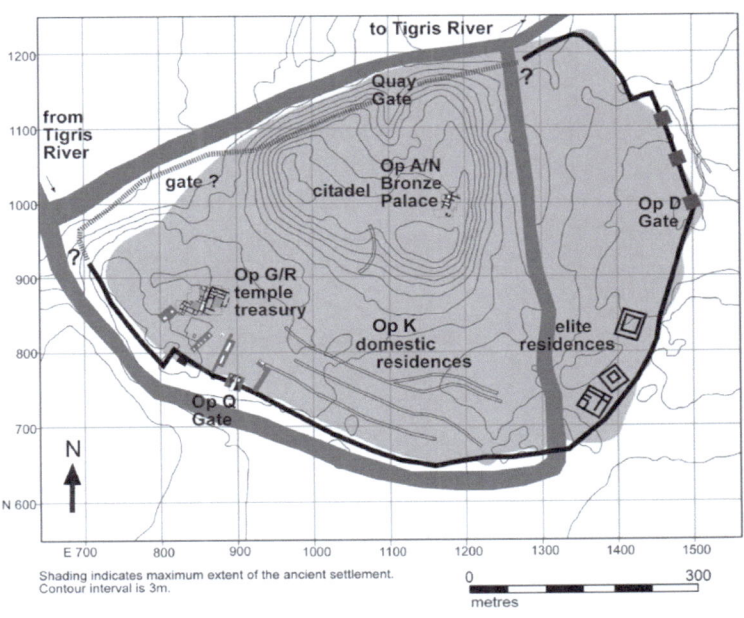

Abbildung 5.25. Plan der Stadt Tušhan (Greenfield und Rosenzweig 2014, Abb. 3b)

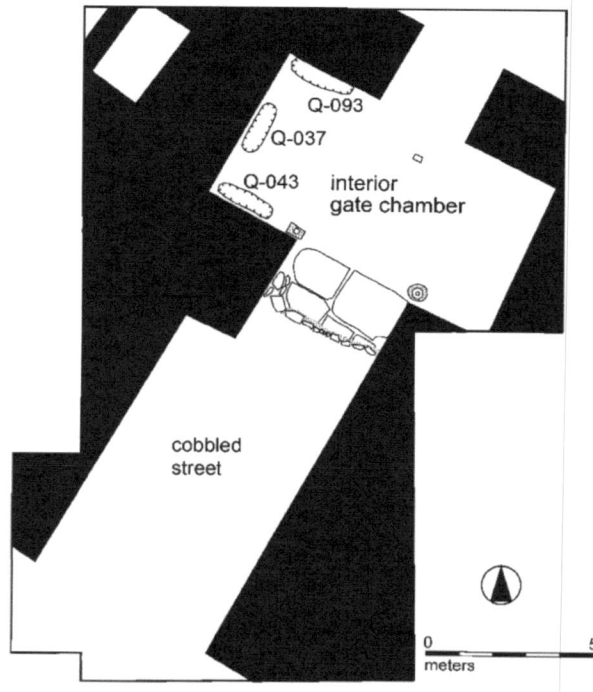

Abbildung 5.26. Südliches Stadttor (Khabur Gate, Op. Q): Zeichnung der Straße und inneren Torkammer, mit den drei post-assyrischen Gräbern. Der östliche Türangelstein wurde in Phase I, der westliche in Phase III verwendet. Die eingezeichneten Kalksteinplatten zählen ebenfalls zu Phase III (Matney 2009, Abb. 22)

Abbildung 5.27. Südliches Stadttor (Khabur Gate, Op. Q): Die vier identifizierbaren Phasen (I = die älteste; nach Matney 2011, Abb. 14)

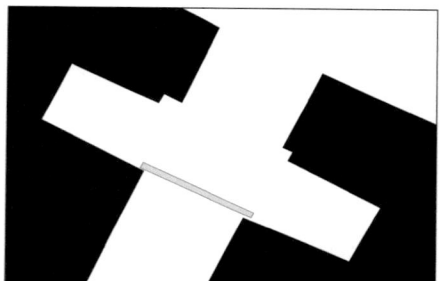

Phase I

Phase II

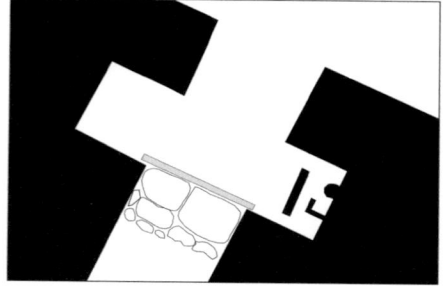

Phase III

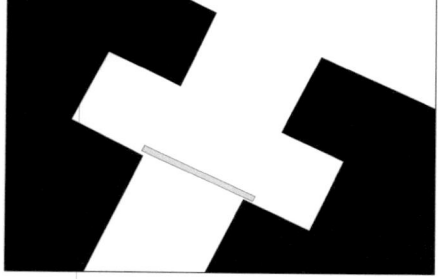

Phase IV

Ziyaret Tepe (Abb. 5.24 und 5.25) untergliedert sich in zwei Bereiche: die Akropolis (3 ha) und die östlich, südlich und westlich umliegende Unterstadt (29 ha), die ausschließlich über assyrische Nutzungsphasen verfügte. Es wurden keine Reste älterer oder jüngerer Bewohnung der Unterstadt gefunden (MacGinnis und Matney 2009, 6).

Dieses Layout ist äußerst typisch für assyrische Provinzstädte (siehe z.B. Til Barsip oder Tell Rimah; vgl. Matney u.a. 2015, 173). Der Ort war von einer mind. 3 m breiten und insgesamt rund 2 km langen Stadtmauer umgeben, die zusätzlich durch einen Burggraben geschützt war (MacGinnis und Matney 2009, 8). Ob dieser Graben einst auch mit Wasser geflutet war, lässt sich heute nicht mehr sagen (Matney 2017 u.a., 116). Die Stadtmauer war weiter untergliedert in Wachtürme und Vorsprünge. Sie kann schätzungsweise eine Höhe von 8–10 m gehabt haben (Matney u.a. 2009, 62; Matney 2018, 347; zur Rekonstruktion assyrischer Befestigungsmauern siehe Burke 2008). Trotz Bebauung an der Mauer, scheint ein ca. 3 m Weg entlang der Mauer am Inneren freigehalten worden zu sein (Matney u.a. 2009, 116). Die AusgräberInnen vermuten, dass es 3–4 Stadttore gab, an zweien fanden Ausgrabungen statt (Operation Q und D; MacGinnis und Matney 2009, 8).

Der höchste Punkt der Zitadelle liegt 22 m oberhalb des Terrains (Matney 2001, 558). Das südliche Stadttor (sog. Khabur Gate), wurde in **Operation Q** ausgegraben und war vermutlich das Haupttor der halbkreisförmigen Stadt (Abb. 5.26 und 5.27). Es besaß ein typisches Doppelkammer-Layout und wurde von zwei vorspringenden Pfeilern/Türmen flankiert (Matney u.a. 2009, 61). Insgesamt konnten vier unterschiedliche Nutzungsphasen identifiziert werden (Abb. 5.27, 5.28). Ausgehend von einer 271 Jahre dauernden, assyrischen Besiedlungsperiode Ziyarets gehen die AusgräberInnen davon aus, dass jede der identifizierten Phasen grob 65–70 Jahre andauerte (Matney u.a. 2017, 120). Aufgrund der guten Fundlage, werde ich mich hier v.a. auf Phase III konzentrieren. Da die

Abbildung 5.28. Foto des Khabur Gates, auf dem die unterschiedlichen Phasen sichtbar werden (z.B. die großen Kalksteinplatten von Ph. III; Matney u.a. 2017, 121)

GräberInnen anfangs von drei Phasen sprechen, wird in früheren Publikation die von mir hauptsächlich besprochene „Phase 3" noch als „Phase 2" bezeichnet (z.B. in Matney u.a. 2009, 61, im Gegensatz zu Matney u.a. 2017, 120). Römische und arabische Zahlen (Ph. II oder Ph. 2) werden in den Publikation offenbar synonym gebraucht.

In Phase III führte eine 3–4 m breite, mit Steinen gepflasterte Straße durch das Tor in die Stadt (Matney 2018). Es wurden insgesamt 225 m² freigelegt (Matney u.a. 2009, 61–62). In der untersten Schicht (Level 1) führte noch eine ca. 3 m breite Kieselsteinstraße durch das Tor in die Stadt. In Lehm wurden dafür zunächst größere Steine (bis 20 cm Durchmesser) gedrückt, um anschließend die Lücken mit kleineren (bis 6 cm Durchmesser) zu füllen (Matney u.a. 2009, 61). Erstmals wurde hier eine Plattform aus Lehmziegeln an der Schwelle installiert, auf die massive, graue Kalksteinplatten gelegt wurden (sichtbar auf Abb. 5.28; Matney u.a. 2009, 61). Die Abnutzungsspuren auf den Kalksteinplatten gaben den Hinweis darauf, dass durch das Tor regelmäßig Wagen mit einer Radspanne von 2 m fuhren (im Gegensatz zu den 5 m Radspanne, die durch Tor 7 von Khorsabad passten; vgl. Matney u.a. 2017, 120). Ein Türangelstein wurde an auf der westlichen Seite entdeckt, es gab wohl eine einflügelige Tür. In der früheren Phase befand sich der Türangelstein auf der Ostseite (Matney u.a. 2009, 61). In der östlichen Kammer (beide maßen jeweils ungefähr 2,5 × 3,0 m) wurden eine Bank, ein Herd und eine L-förmige Installation (ein Behälter?) gefunden (Matney u.a. 2009, 62; 2017, 120; Matney 2018, 347). Außerdem wurden zwei „knuckle bones" (*unfused astragali of sheep*) gefunden, die zum Spielen verwendet worden sein könnten (Matney u.a. 2017, 120). Die Ablagerungen aus dem Ofen des Tores weisen auf eine Nutzung zum Heizen, Beleuchten und ggf. zum Kochen hin. Die Kammern wurden offenbar regelmäßig gereinigt. Zum Brennen wurde v .a. Dung verwendet (Matney u.a. 2015, 167).

In dem Fußbodenunterbau der Phase 4 wurden mindestens 25 Fragmente von quadratischen Haken (15 cm lang) und Objekten aus gebranntem Lehm, genannt „Hand der Ischtar", gefunden (Matney u.a. 2009, 62). Haken und „Hände" waren ursprünglich miteinander verbunden, sodass sie als Dekoration an die Innenwände des Tores (und vielleicht entlang der hinführenden Straßenwände) aufgehängt werden konnten und als solche zumindest in Phase 3 genutzt wurden. Dieses dekorative Architekturelement „Hand der Ischtar" ist in der Regel ein zur Löwenpranke geformtes, gebranntes Lehmobjekt, das unter Holzbalken angebracht wurde und manchmal mit Keilschrift beschrieben war (Matney u.a. 2017, 123). Die Stadtmauer springt hier über eine Länge von ungefähr 10 m vor, wobei sie ca. 8 m vorsteht und so zwei massive Türme formt (Abb. 5.29 und 5.30). An der Stadtaußenseite betrachtet ist dieser Bereich jedoch asymmetrisch, da der westliche Mauervorsprung rund 2 m abweicht (dies ist zumindest für die letzte Phase der Fall).

In der Nordwestecke des Grabungsschnittes wurde zudem ein Raum ausgegraben, der direkt an das Stadttor/-mauer angrenzte und vielleicht von Soldaten des Stadttors als

Abbildung 5.29 (gegenüberliegende Seite). Rekonstruktion des Khabur Gates von Mary Shepperson: Blick von außen auf das Tor (in Matney u.a. 2017, 118)

Abbildung 5.30 (gegenüberliegende Seite). Rekonstruktion des Khabur Gates von Mary Shepperson: Blick in die östliche Torkammer, Phase 3 (Hinweise auf Wandbemalung gab es nicht; „Hand der Ishtar" wurde in dieser Rekonstruktion nicht eingebracht; in Matney u.a. 2017, 121)

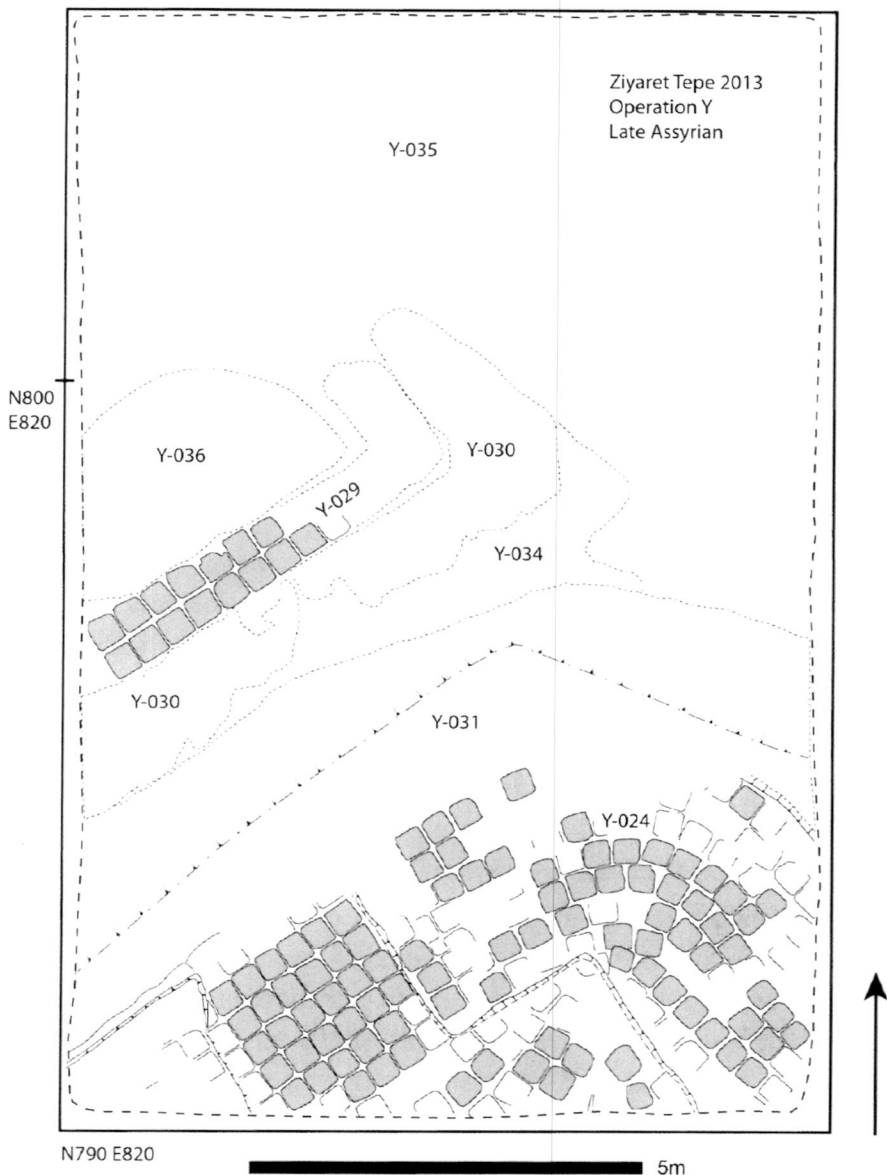

Abbildung 5.31. Eine Kurve in der Stadtmauer (Level Y2; Nord = innen; Matney u.a. 2015, Abb. 19)

„Büro" oder Ruhezimmer genutzt wurde (Abb. 5.30). Generell wurden auch in anderen Grabungsarealen, z.B. Operation K, direkt an die Stadtmauer gebaute Architektur gefunden.

Nordwestlich des Khabur Gate wurde in **Operation Y** (Level Y2) ein interessanter Abschnitt der Stadtmauer freigelegt (Abb. 5.31; Matney u.a. 2015, 154–155). Diese machte hier eine nahezu „rechtwinklige" Kurve. Anstatt eine scharfe Ecke durch die (35 × 35 cm messenden) Lehmziegel zu formen, wurde eine Rundung konstruiert (Matney u.a. 2015,

154). Die AusgräberInnen erklären sich die Entscheidung der damaligen Menschen, eine Kurve anstelle einer Ecke zu bauen, damit, dass an der Innenseite der Mauer eine Straße bzw. Weg aus einem festen Paket aus Ton-reicher Erde lag (Matney u.a. 2015, 155). Aufgrund der Nähe zum Stadttor wäre dieser Weg eine vermutlich verkehrsreiche Stelle gewesen, an der neben Menschen- und Warenströmen im Falle eines Angriffes auch Truppen hätten entlanglaufen können (Matney u.a. 2015, 155). In jedem Fall ermöglicht eine gebogene Wegeführung einen deutlich entspannteren Verkehrsfluss.

Auch wenn der äußerste Teil außerhalb des Grabungsareals lag, konnte eine Mindestdicke von 4,70 m festgestellt werden. Die Lehmziegel waren von unterschiedlicher Qualität und Farbe. Während der überwiegende Teil aus soliden, feinen, grau-braunen Lehmziegeln bestand, gab es auch einige von schlechterer, weicherer Qualität, die eine rötliche Farbe aufwiesen (Matney u.a. 2015, 154). Ähnliches gilt für den Mörtel.

Diese Stelle bot darüber hinaus einen guten Blickwinkel auf das Khabur Gate, was im Verteidigungsfall von Vorteil gewesen sein könnte. Auch die Dicke der Mauer, mit vermutlich zusätzlicher (Ver-)Stärkung, spricht für einen Fokus auf die Abwehrfunktion der Stadtmauer (anstelle beispielsweise einer eher ästhetischen Orientierung). Hinter Mauer und Weg scheint es Bebauung gegeben zu haben, von der jedoch lediglich die Basis einer Mauer von ca. 85 cm Dicke ergraben werden konnte (Y-029) und die offenbar zu einem späteren Zeitpunkt – möglicherweise zur Ausweitung der Straße – dem Erdboden gleichgemacht wurde.

Nördlich vom südlichen Stadttor (Khabur Gate) wurden in **Operation V** die Überreste eines Gebäudes entdeckt, das aus zwei parallel verlaufenden Reihen von Räumen bestand, die getrennt waren durch einen Hof bzw. offenen Raum. Insgesamt maß es ca. 30 × 8 m, war jedoch stark durch Gruben, Landwirtschaft und Erosion gestört (Matney u.a. 2015, 147–50). Es wurden verschiedene Phasen festgestellt, wobei mit V2 und V2b die assyrische Hauptnutzungsphase definiert wurde. Darüber lag ein „Tannur"-Level V1, das eventuell post-neuassyrisch war; darunter eine nur durch eine Sondage gefundene ältere Schicht V2a. Das oberste Level V0 bestand aus einer Reihe Gruben, die in alle darunter liegenden Schichten einschnitten. Die östliche Reihe wurde durch drei NO-SW verlaufende Räume gebildet, die durchschnittlich 6 m breit und insgesamt 30 m lang waren. Hier wurde eine ungefähr 5 × 13 m große Oberfläche, bestehend aus etlichen schwarzen und weißen Kieselsteinen aus dem Tigrisbett, ans Tageslicht gebracht (Matney u.a. 2015, 149); es ist unklar, wie diese relativ große Fläche überdacht wurde. Da keine Pfostenlöcher in der Mitte des Raumes gefunden wurden, müssen Stützpfeiler direkt auf das Mosaik gestellt worden sein. Die Steine waren auf eine dicke Schicht gräulichem Lehms, auf einer Lehmziegel-Plattform angebracht. Anders als die kunstvoll gestalteten Mosaike des Gebäudes in GR war diese Oberfläche anscheinend vor allem aus funktionalen Gründen angelegt worden. Ein weiterer Unterschied scheint zu sein, dass es sich hier um eine Innenfläche in einem Nichtwohnbau gehandelt hat. Letztlich ist jedoch nicht eindeutig feststellbar, welche Funktion dieses Gebäude besaß. Die Vermutung der GräberInnen reicht von einem großen Lagerkomplex, über einen administrativen bzw. militärischen Bau zu einer „Karawanserei" (Matney u.a. 2015, 149–50; es wurde desweiteren ein Grab im südlichen Bereich gefunden).

Südliche Unterstadt (Op. K, M und U): In der südwestlichen Unterstadt wurden in der sog. **Operation K** (20 × 10 m Areal) Teile der Stadtmauer sowie daran angrenzend (Wohn-) Architektur ausgegraben (Abb. 5.32; MacGinnis und Matney 2009, 8; Matney u.a. 2015, 132–38). In den Bildern der Geomagnetik, die zuvor an dieser Stelle erstellt wurden, wurden die Strukturen zunächst für Baracken oder Lagerräume gehalten, ggf. sogar für ein Waffenarsenal oder Ställe, da solche auch an anderer Stelle bis dato nicht gefunden werden konnten (MacGinnis und Matney 2009, 8). Ein ähnliches Bild zeigte sich auch am südlichen Stadttor (sog. Operation Q, 400 m² freigelegt; 4 Phasen), wo ebenfalls kleinere Strukturen direkt an Tor/Stadtmauer errichtet wurden. Auch hier in K befand sich auf der außerstädtischen Seite der SO-NW verlaufenden Stadtmauer ein Graben. Die Lehmziegelmauer selbst war auf einer künstlichen Terrasse errichtet. An ihrer Innenseite konnten über einen Abschnitt von rund 20 m insgesamt fünf Räume (B, A, C, G und H; Abb. 5.32) verfolgt werden (Matney u.a. 2015, 132). Die Wände dieser Räume bestanden in der Regel aus 2,5 Reihen Lehmziegeln von einer Größe von 38–40 cm² und waren somit ca. 80–90 cm dick (Matney u.a. 2015, 132). Ein weiterer Raum D wurde ungefähr im rechten Winkel von B abgehend identifiziert. Mindestens Räume D, B und A umschlossen so den mit wiederverwendeten Lehmziegeln

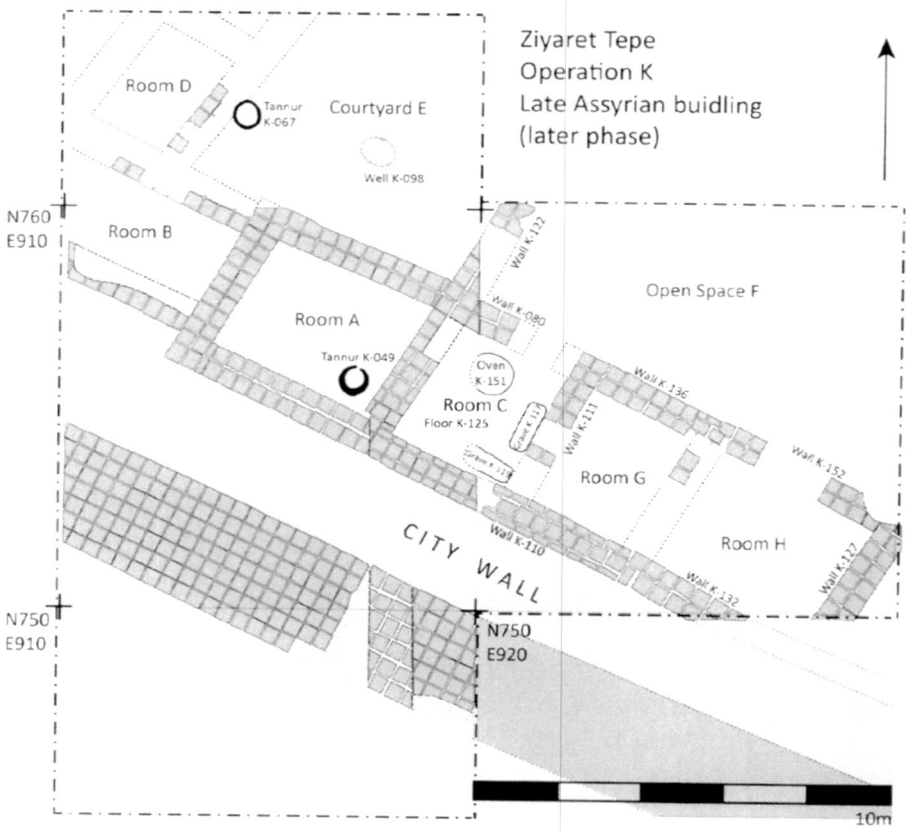

Abbildung 5.32. Plan der ausgegrabenen neuassyrischen Strukturen in der Unterstadt Operation K (Matney u.a. 2015, Abb. 6)

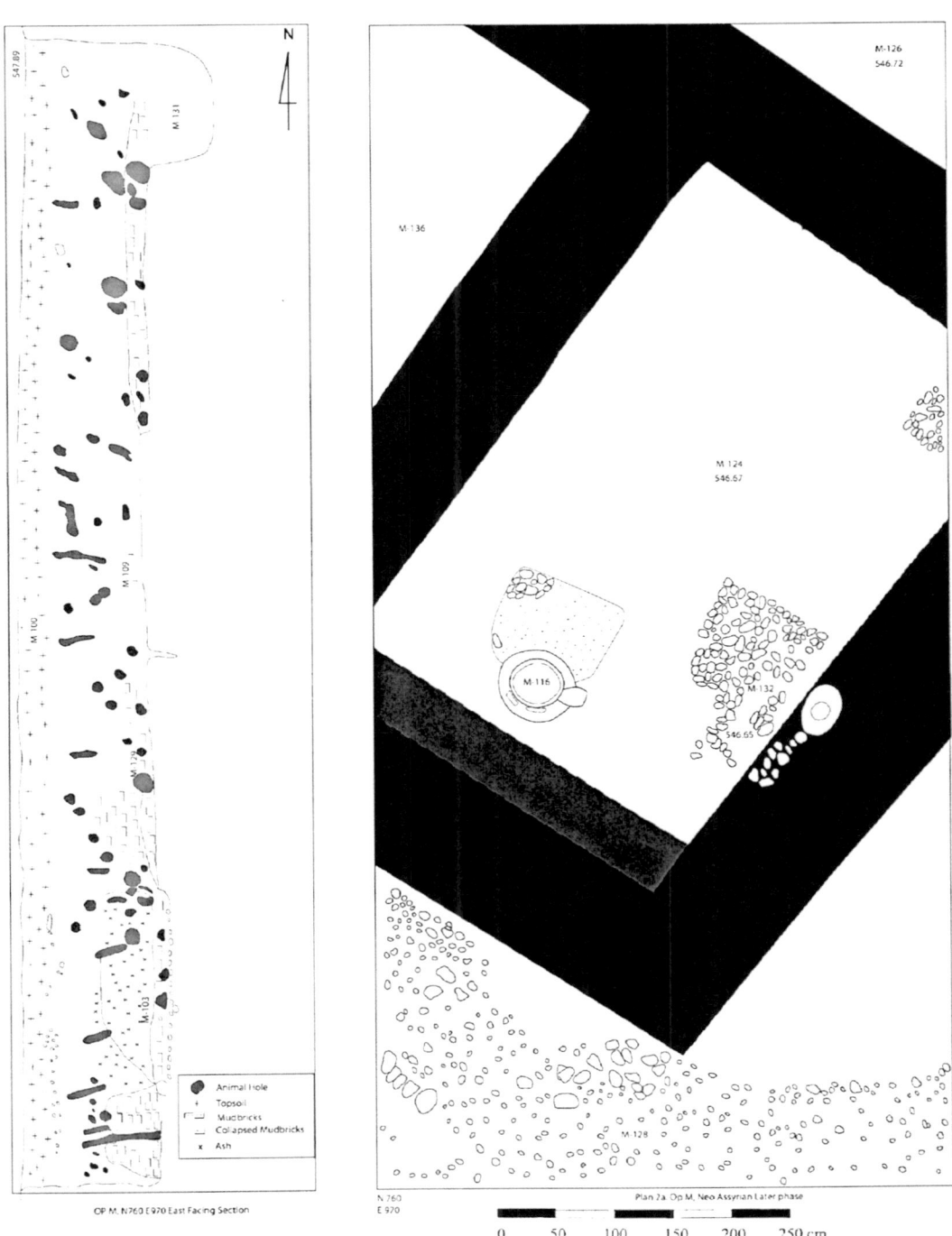

Abbildung 5.33. Plan der ausgegrabenen neuassyrischen Strukturen in der Unterstadt Operation M (Matney u.a. 2015, Abb. 9)

und Kieselsteinen gepflasterten Innenhof E, in dem sowohl ein tiefer Brunnen, als auch ein Tannur entdeckt wurden. Ein weiterer Tannur wurde in Raum A gefunden; beide scheinen zum Kochen verwendet worden zu sein (Matney u.a. 2015, 132). Nördlich der Räume C (3 × 3 m), G (3,0 × 2,5 m) und H (4 × 3 m, mit Lehmfußboden) lag der Bereich F, der von den AusgräberInnen als „general purpose space" bezeichnet wird (Matney u.a. 2015, 134). In der Wand zwischen F und E (K-122) wurden Spuren einer möglicherweise gepflasterten Schwelle gefunden. In der Ecke befand sich auch (in Wand K-080) der Durchgang zu Raum C, der ebenfalls anscheinend aus einer Schwelle aus gebrannten Lehmziegeln bestand und an dem eine Türsockeleintiefung (*pivot hole* oder *door socket*) eingelassen war (Matney u.a. 2015, 132). In dem Raum befand sich ein Ofen. Außerdem gab es in der ersten der beiden offensichtlich dicht aufeinander folgenden Gebäudephasen im gesamten Areal der Operation K unter dem Boden ein simples Grab, in der zweiten Phase sogar zwei Gräber (ohne Beigaben; Matney u.a. 2015, 132).

Aufgrund der wenigen und im Vergleich zu den anderen Bereichen Ziyaret Tepes qualitativ minderwertigeren Funde wurde dieser Bereich als Areal von „commoner housing" oder Militärbaracken interpretiert (Matney u.a. 2015, 135; 2017, 127; gefunden wurden u.a. Fragmente neuassyrischer Keramik, 2 Fibelfragmente, ein Steingefäß, ein Stempelsiegel und zwei Perlen). Auch die Ergebnisse der zooarchäologischen Untersuchung machen einen klaren Unterschied zu den „Elitenbereichen" in Ziyaret Tepe deutlich (s. Greenfield in Matney 2016, 135–138, die für Räume A–D schreibt: „... there is a predominance of domestic fauna with a supplement of low status wild animals into their diet...").

Etwas weiter östlich von Op. K wurde in **M** ebenfalls in einem Bereich von 5 × 10 m neuassyrische Architektur erforscht (Phase M2 ‚früh' und ‚spät', Abb. 5.33; Matney u.a. 2015, 138–41).

Diese bestand in diesem Bereich aus zwei Räumen und einer Straße aus Kieselsteinen. Raum A maß 3,4 × 5,0 m und Raum B schloss nordwestlich daran an, konnte jedoch nur in einer Ecke untersucht werden. Die Wände sind ebenfalls aus 2,5 Lehmziegeln gebaut und messen zwischen 1,0–1,1 m Breite (auch hier gab es keinen Steinsockel). Der Fußboden von Raum A bestand aus gepresstem Lehm, in seiner Mitte befand sich eine im Durchmesser 50 cm breite und 1 m tiefe Grube (Matney u.a. 2015, 140). Eine solche Grube gab es auch in der Nordostecke von Raum B. Auch hier gab es neuassyrische Gräber, die über eher kostbare Beigaben verfügten und unter denen sich eine Fibel befand, die eine ungefähre Datierung der Beisetzung auf das 8. Jh. v.u.Z. zulässt (Matney u.a. 2015, 140–41; wo eine mögliche Erbstück-Problematik jedoch unerwähnt bleibt). Offenbar änderte sich im Laufe der Zeit die Funktion des Raumes A leicht. Zwar wurde das allgemeine Layout beibehalten, jedoch wurde ein neuer, höher liegender Boden installiert, auf dem sich dann im Süden ein Tannur (M-116) befand. Die Tatsache, dass sich in dieser späteren Phase der Eingang (durch einen Türangelstein eindeutig angezeigt) im Süden der Ostmauer befand, mit einem steingepflasterten Eingangsbereich im Westen des Raumes, lässt die Annahme zu, dass sich auch in der älteren Phase hier der Eingang befand (Matney u.a. 2015, 139–41). Bei der Operation T2 handelte es sich vielleicht um eine assyrische Straße, was aber wegen starker Störungen durch jüngere Schichten schwer nachweisbar ist (Matney u.a. 2015, 142).

In der Südostecke der Unterstadt wurde in der **Operation U** ein Areal von ca. 100 m² freigelegt. Unter dem spätrömischen Level gab es hier assyrische Bebauung (Phase U3,

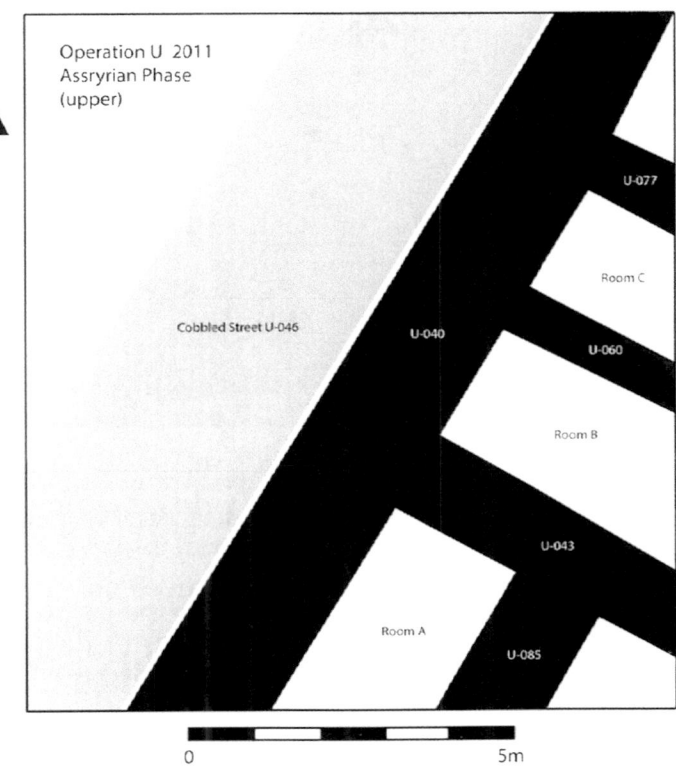

Abbildung 5.34. Grundplan des Bereiches „Op. U" in der Unterstadt (Matney u.a. 2015, Abb. 14)

Abb. 5.34; Matney u.a. 2015, 143–46). Bei der Geländebegehung wurde hier auch eine paläolithische Handaxt gefunden (ebd.). Ein Gebäude wurde teilweise ausgegraben, dessen Wände aus leicht rosafarbenen Lehmziegeln von einer Größe von 40 × 40 cm und 8–9 cm Dicke bestanden (Maße und die Nutzung des lokalen Lehms sind typisch assyrisch; Matney u.a. 2015, 145). Westlich dieses Gebäude- oder Raumkomplexes lag eine Straße (U-046). In eine dicke Schichte brauner, lehmiger Erde waren verhältnismäßig unregelmäßig kleinere und größere Pflastersteine eingedrückt. Darunter gab es eine ältere Straßenschicht, vermutlich aus der ersten assyrischen Besiedlungsphase (Matney u.a. 2015, 146). Irgendwann wurde offenbar die an die Straße grenzende Wand U-040 mit einer extra Schicht Lehmziegeln ausgebessert. Während A und B Innenräume gewesen zu sein scheinen, deuten die Beschaffenheit des Fußbodens sowie die Funde in C darauf hin, dass es sich hierbei um einen Außenbereich gehandelt hat (Matney u.a. 2015, 146). So bestand der Boden aus gräulichem, gepresstem Lehm, auf dem eine große Menge Asche gefunden wurde, die durchsetzt war von Knochenfragmenten, kleineren (bis 2 cm) und größeren (bis 8 cm) Steinen sowie Fragmenten von Keramikgefäßen (Matney u.a. 2015, 146).

Südwestliche Unterstadt (Operation GR,W): In der südwestlichen Unterstadt wurden in Operation GR (und Nachuntersuchungen in Op. W) auf einer Fläche von über 2000 m² zwei Gebäude (1 und 2) nahezu vollständig freigelegt (Abb. 5.35). In beiden gab es aufwendige

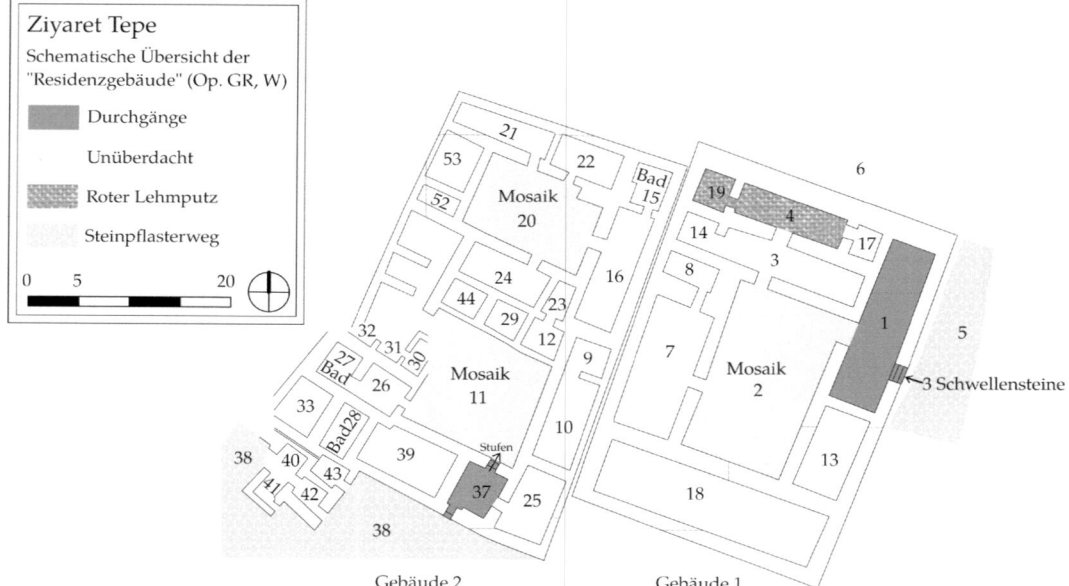

Abbildung 5.35. Schematischer Plan der Gebäude 1 und 2 in Op. GR, W in Ziyaret Tepe (nach Matney u.a. 2009, Abb. 20; Matney u.a. 2015, 17; s.a. Residenz K in Khorsabad, Abb. 5.3)

Mosaikfußböden im Schachbrettmuster in den Innenhöfen: Höfe 11 und 20 im westlichen Gebäude 2 und Hof 2 im östlichen Gebäude 1 (Abb. 5.36, 5.37). Laut Bunnens (2016, 67) sind dies die elaboriertesten bisher bekannten assyrischen Mosaike. Die Quadrate waren entweder abwechselnd schwarz-weiß, oder besaßen Motive wie Rosetten und Andreas-Kreuze mit abwechselnden schwarz-und-weißen Dreiecken. Insgesamt gab es in GR über 40 Räume.

Das westliche Gebäude 2 war sehr wahrscheinlich ein Lagerraumkomplex, Magazin oder Schatzkammer (*treasury*), zum Tempel der Göttin Ischtar gehörend (Matney u.a. 2011, 86; 2017, 138). Darauf weisen u.a. die in den Räumen 9 und 10 gefundenen Texte, die mit Ischtar assoziiert werden (Parpola 2008, 21–25). Der Tempel selbst wurde jedoch nicht ausgegraben.

In dem gesamten Komplex wurden eine Vielzahl an Pithoi zur Getreide- und möglicherweise Ölaufbewahrung (teilweise in die Erde eingelassen, einige noch darauf liegend, also noch nicht installiert) sowie hunderte (ungebrannte) Tokens und Webgewichte ausgegraben (Matney u.a. 2017, 138). Weben war eng mit den Tempelaktivitäten für Ischtar verbunden (Matney u.a. 2011, 86). Darüber hinaus befand sich ein Entengewicht (ca. 30 kg, ein assyrisches Talent) unter den Funden, das vermutlich zum Abwiegen von Textilien, Metallen und Bitumen verwendet wurde, was konsistent mit der Interpretation eines administrativen Tempelbereichs ist (Matney u.a. 2011, 86). Über Texte ist bekannt, dass es in Ziyaret einen Ischtar-Tempel gab, auch wenn jener nicht gefunden werden konnte (vgl. MacGinnis und Matney 2009, 8). Das Layout des Gebäudes 2 bestand aus zwei unüberdachten Höfen 11 und 20, um die sich die Räume reihten. Es wurde von Süden her betreten, was eventuell mit dem südöstlich liegenden Khabur Gate in Verbindung steht. Der vor dem Gebäude liegende Außenbereich 38 bestand

Abbildung 5.36. Fotos der Steinmosaike in Op. GR (Matney u.a. 2017, 146–147)

Abbildung 5.37. Detailfoto des Steinmosaiks in Op. GR Hof 2 (Matney u.a. 2017, 146–147)

aus einem groben Kieselsteinpflaster, auf dem u.a. ein Brotbackofen gefunden wurde (Matney u.a. 2009, 60). Über das ungefähr quadratische Eingangszimmer 37, ausgelegt mit gebrannten Lehmziegeln, wurde eine steinerne Schwelle von 1,70 m Breite erreicht, über die man das Innere von Gebäude 2 betreten konnte (Matney u.a. 2017, 136). Auch am Durchgang von Außen nach Innen in 37 gab es eine steinerne Schwelle (Matney u.a. 2009, 59). Im Rauminnern von 37 lag rechts, an der Ostseite, der ebenerdige Durchgang zu Raum 25, dessen Fußboden aus Stampflehm bestand. Der Eingang zum Innenhof 11 lag dem des Haupteingangs in 37 leicht nach Osten versetzt gegenüber. Somit konnte vom Außenbereich nicht ins Gebäudeinnere geblickt werden. Außerdem war die Schwelle vom Eingangszimmer 37 zu 11 eine aus Steinplatten geformte Stufe, die den Höhenunterschied zu dem leicht höher liegenden Hof 11 überbrückte (Matney u.a. 2009, 59). Der Versturzbefund im und südlich Zimmer 37 verweist auf die Existenz eines zweiten Stockwerks. Über Abdrücken und Überresten von Matten und vermutlich Deckenbalken

Abbildung 5.38. Detail des Mosaiks in Hof 11 mit vier gebrannten Lehmziegeln (https://blogs.uakron.edu/ziyaret/2012/08/04/an-old-question/; abgerufen am 9. Jan. 2019)

wurden über 300 Tokens gefunden, die sehr wahrscheinlich in einem Zimmer über Eingang 37 gelagert waren, was ebenfalls für die Hypothese spricht, es handelt sich um ein Gebäude verbunden mit der Administration des Ischtar Tempels (Matney u.a. 2009, 59; zu den Tokens siehe MacGinnis u.a. 2014a; 2014b; Monroe 2016).

Der grob 11,00 × 11,50 m messende, asymmetrische erste Hof 11 wurde von außen kommend an seiner Südostecke betreten. Entlang der Südseite war im Boden eine Regenrinne aus Steinchen in den Mosaikboden eingelassen (Matney u.a. 2009, 59). Das Mosaik selbst bestand aus hellen und dunklen Kieselsteinen aus dem Tigrisbecken. Sie besaßen ihre natürliche Form und waren in Lehm gesetzt. Mit den beiden Farben wurde eine Art Schachbrettmuster erzeugt, dessen einzelne, viereckige Flächen in sich noch einmal aus vier mit den Spitzen nach Innen zeigenden Dreiecken bestanden und abwechselnd schwarz oder weiß waren (Andreaskreuz, s.o.; Abb. 5.38). Im Zentrum eines so erzeugten Vierecks befand sich ein etwas größerer, weißer Stein. Solche Mosaikfußböden sind auch aus anderen assyrischen Städten bekannt, z.B. Tell Ahmar, Arslan Tash, Tille Höyük, Karkemish und auch Assur. Bis auf Assur also v.a. im Nordwesten des Reiches (Bunnens 2016). Guy Bunnens (2016, 69) hält es für am plausibelsten, dass dieses Architekturfeature auch ursprünglich aus dieser Region kam. Diese Mosaike datieren vermutlich ins 7. Jh. v.u.Z. und waren relativ unregelmäßig ausgelegt (die Größe der einzelnen „Quadrate" variiert durch den Raum; die „Vierecke" sind teils ausgemessen, jedoch verzichte ich hier auf eine genaue Angabe aller Größen; s. aber Bunnens 2016, 67). Unter ihnen gab es eine frühere Phase vermutlich mit schlichter Pflasterung, diese wurde jedoch nicht ausgegraben (Matney u.a. 2015, 151).

Eine weitere Installation in dem Hof waren vier gebrannte Lehmziegel, die in das Mosaik eingelassen waren und ein 1,90 × 1,10 m messendes Viereck formten (Abb. 5.38). Die AusgräberInnen vermuten, dass es sich hierbei um die Basis eines Tisches, Betts oder sogar eines Throns gehandelt haben könnte (Matney und Rainville 2005, 119; letzteres eine fragwürdige Interpretation, sollte es sich hier tatsächlich um Lagerräume gehandelt haben). Aus der Südostecke der Ostwand, die den Hof vom anliegenden Raum 10 trennte, sprang eine steile, mit Steinchen gepflasterte Rampe hervor, die vom Fußbodenniveau des Hofes durch eine 90°-Kurve auf ein höheres Steinchenlevel führte. Von diesem höheren Level war nur ein kleiner Überrest erhalten. Diese Rampe war wohl eine spätere

Abbildung 5.39. Foto des Badezimmers 27 in Gebäude 2, Op. GR (Matney u.a. 2009, Abb. 21)

Hinzufügung, die über Teile des Mosaiks gesetzt wurde. Sie kann ein weiterer Hinweis auf ein zweites Stockwerk sein, dass hier direkt vom Hof aus zugänglich war (Matney u.a. 2009, 59). In den Räumen 9 und 10 wurden die Tontafeln gefunden. Diese Anordnung – längeres Zimmer, mit kleinerer Kammer an einem Ende – ist typisch für Archivbereiche (auch wenn sie m.E. formal sehr 16/15, der Empfangshalle mit Bad, ähnelt). Es befanden sich hier auch Versiegelungen, Gewichte, etliche Tokens sowie mehrere bis zu 2 m hohe, in den Boden eingelassene Pithoi (vermutlich zur Aufbewahrung von Getreide).

In Raum 9 (2,95 × 3,60 m) war an der Nordwand eine 80 cm breite und mind. 1,50 m lange Plattform oder Bank aus Lehmziegeln installiert (Matney u.a. 2015, 153). Auch an der Westseite gab es eine Bank, die über die gesamte Länge dieser Wand lief.

Westlich von 37 und südlich am Hof lag ein größerer, rechteckiger Raum 39 in dessen Raummitte, ähnlich wie in Hof 11, vier gebrannte Lehmziegel in den Fußboden eingelassen waren, die vermutlich als Stütze einer Säule oder eines schweren Objektes, wie eines Sitzes oder Bettes, dienten (Matney u.a. 2009, 59; oder handelte es sich um eine Deckenstütze?). Westlich angrenzend befand sich mit Raum 28 ein Badezimmer, worauf die Bodenkonstruktion aus gebrannten Lehmziegeln abgedichtet mit Bitumen deutet. Einer der Ziegel im Süden des Raumes besaß ein kleines Loch, das zur unterirdischen Abwasserleitung (ebenfalls aus gebranntem Lehm bestehend) anschloss (Matney u.a. 2009, 59). An der Westseite des Hofes befand sich ein weiteres Badezimmer (27) mit einer Größe von 2,50 × 3,00 m (Abb. 5.39). Eine 0,75 × 1,20 m messende Lücke an der Ostseite wird als Ort eines *stone drain slab* angesehen (Matney u.a. 2009, 60). Hier befand sich im nördlichen Teil des Raumes ein gebrannter Lehmziegel mit einer runden Öffnung (12 cm Durchmesser, deutlich sichtbar auf dem Foto in Abb. 5.39) zum S-W-verlaufenden Abwassersystem. Dieser Bade- bzw. Waschungsraum konnte über ein davor liegendes

Verbindungszimmer – Raum 26 (3,50 × 4,50 m) – von Hof 11 aus erreicht werden. Eventuell diente es als Umkleidezimmer? Zu einem späteren Zeitpunkt wurde die Tür hier hinein zugesetzt. Nördlich des Zugangs zu diesen beiden Räumen 26 und 27 lagen die drei hintereinander gereihten Räume 30, 31 und 32. Ihre Fußböden bestanden aus gestampftem Lehm. Aufgrund mangelnder *in situ* Funde kann die Funktion dieser Raumanordnung nicht mehr bestimmt werden (Matney u.a. 2008, 7).

Weiter westlich scheint das Areal mit der Bezeichnung 33 eine Sickergrube gewesen zu sein, zu dem die Abwasserleitungen des Gebäudes 2 hinführten (Matney u.a. 2009, 60). Laut AusgräberInnen ist der Mauerverlauf dieses „Zimmers" nicht eindeutig (wie er auf dem Plan erscheint), es sei demnach auch vorstellbar, dass 33 eher ein an Gebäude 2 anliegender Außenbereich war (Matney u.a. 2009, 60). Die Grube selbst besaß einen Innendurchmesser von 1 m und war umringt von Steinen und gebrannten Lehmziegeln. Sie wurde bis auf eine Tiefe von rund 2,50 m verfolgt.

Damit hatte der ganze Hof-20-Bereich keine klare Zugänglichkeit von Hof 11 aus, der der Eingang war. Dass heißt, dass man eventuell diesen hinteren Hof 20 möglicherweise nur über den ersten Stock betreten konnte und damit als Fremde/r recht gefangen, als Hingehörende/r hingegen gut geschützt war.

Abbildung 5.40. Plan der Operation G/R mit den Resten des früheren Gebäudes 3 und einem potentiellen Eingang zu 2 im Westen (nach Matney u.a. 2008, Abb. 7)

Östlich am Hof 20 lag der längliche Raum 16, vermutlich ein Empfangszimmer mit angeschlossenem Bad (Raum 15, mit einem Fußboden aus gebrannten Lehmziegeln, abgedichtet mit Bitumen; Matney u.a. 2017, 138). Raum 15 wurde irgendwann in seiner Nutzzeit anscheinend umfunktioniert, da der Abfluss mit einem Steinball zugesetzt wurde und der Fußboden mit einer dicken Schicht grauen Lehmputz, überzogen mit einer Lage weißer Farbe, überdeckt wurde (Matney und Rainville 2005a, 28, wo der Bereich um Hof 20 noch „Building 3" genannt wird). Beide Räume (15 & 16) besaßen weiß getünchte Wände. Zudem war im größeren Raum 16 ein Bereich von 2,90 × 1,40 m mit Steinchen ausgelegt, auf dem das Fragment einer „Hand der Ischtar" gefunden wurde (Matney und Rainville 2005a, 29).

Es ist schwer, den restlichen Räumen des Hauses ihre genaue Funktion zuzuschreiben, vielleicht handelte es sich auch um Lagerräume und Büros – also funktionale und nicht Wohnräume (Matney u.a. 2017, 138)?

Eindeutig dem Gebäude 2 angeschmiegt und in dem Außenbereich südlich angelegt befinden sich Strukturen 40–43, durch die ein grob mit Kieseln gepflasterter Weg führte und die als Ställe oder Workshops interpretiert werden. Die Wände sind weniger solide gebaut und dadurch weniger gut erhalten (Matney u.a. 2009, 60). Unter diesem Areal wurde bei den Ausgrabungen 2007 desweiteren der Teil eines dritten Gebäudes (3) entdeckt (mindestens 3 Räume: 33–35; Abb. 5.40), dessen Funktion und Grundplan jedoch wegen der darüber liegenden Strukturen nicht weiter erforscht werden konnten und der aus diesem Grund hier nicht weiter besprochen wird (Matney u.a. 2008, 512–13; 2009, 57). Für eine frühe Phase von Gebäude 2 vermuten die AusgräberInnen zudem, dass es einen weiteren bzw. anderen, im Westen gelegenen Eingang gab (Matney u.a. 2008, Abb. 7).

Gebäude 1 scheint eine Eliten-Residenz gewesen zu sein, worauf Größe und Lage hinweisen (MacGinnis und Matney 2009, 8). Es besaß ein Grundmaß von 25 × 38 m mit Wänden, die bis zu 1,80 m dick waren (Matney u.a. 2017, 128). Anders als in anderen Bereichen der

Abbildung 5.41. Rekonstruktionszeichnung von Hof 2 in Gebäude 1 (Blick von Süd-West), allerdings hier mit dem Mosaik im „Andreaskreuz"-Muster, anstelle des eigentlich in Hof 2 gefundenen Schachbrettmusters (von Mary Shepperson in Matney – Donkin 2006, 20)

Stadt wurde für dieses Gebäude auch frischer, rötlicher Lehm verwendet und nicht etwa recycelter (Matney u.a. 2017, 128). Die Räume sind im Vergleich zu Gebäude 2 größer und regelmäßiger, wenngleich die „Residenzen" in Khorsabad dagegen riesig anmuten. Ein Kieselmosaik von Hof 2 war nicht in Andreaskreuze oder Rosetten gelegt, sondern ‚schlicht' in ein Schachbrettmuster (s. aber Abb. 5.41). Der Eingang befand sich an der Ostseite des Gebäudes, vor dem der Rest eines Stein-gepflasterten Weges (5) gefunden wurde. Vom Weg kommend markierte die Schwelle aus drei großen Steinplatten (jeweils ca. 120 × 60 cm) den Eingang zum ersten Raum 1, über den der Innenhof mit dem Mosaik erreicht werden konnte (vgl. Matney u.a. 2002, 69). Dieser Eingangsraum war mit gebrannten Lehmziegeln ausgelegt (Matney und Rainville 2004, 64). Vom Hof aus konnten alle weiteren Teile des Hauses erreicht werden. So befand sich im Westen der 4,50 × 13,00 m messende Raum 7, dessen Eingang mittig an der Längsseite lag. Anscheinend gab es in diesem einst zwei Stützpfeiler, worauf zwei zentral gelegene Lehmziegel mit zwei Pfostenlöchern (17 cm Durchmesser) hindeuten (Matney u.a. 2003, 14). Nördlich anschließend an Raum 7 lag der kleinere, 5,00 × 2,50 m messende Raum 8. Über die Funktion der Räume ließen sich durch Artefakte o.ä. keine Rückschlüsse mehr ziehen.

In Raum 4 und dem daran angrenzenden, ca. 3 m im Quadrat messenden Raum 19 konnte ein Bodenbelag aus dickem roten Lehmverputz festgestellt werden (MacGinnis in Matney und Rainville 2005a, 27). Auf dem Boden wurden Bronzefragmente und ein Siegelabdruck entdeckt (Matney und Rainville 2005a, 27).

Südlich des Eingangsraumes 1 lag Raum 13, dessen Eingang außerhalb des Grabungsareals lag, aber in dem eine Reihe geradlinig ausgelegter Lehmziegel auf dem Fußboden neben einem quadratischen Behälter aus Lehm in des Südwestecke entdeckt wurde (Matney und Rainville 2004, 65). Nördlich außerhalb des Gebäudes wurde ein 5 × 2 m weiter, ca. 1,60 m tiefer Ofen gefunden.

5.2.2.2 Die Zitadelle

Der Tepe Ziyarets wurde an mehrere Bereichen untersucht, wobei die meisten Ergebnisse im Hinblick auf die assyrische Phase aus dem Grabungsareal AN stammen, wo sich das größte und elaborierteste Gebäude („Bronze Palace") befand. An der Ostseite des Tells wurde in Op. E ein Stufenschnitt zur Untersuchung der Gesamtstratigraphie des Hügels angelegt (Matney u.a. 2013, 313–14).

In der Nordwest-Ecke des Hügels wurde in Operation L, Level 4, eine 2-phasige Sequenz assyrischer Architektur entdeckt (Matney u.a. 2009, 53–54; 2013, 315). Diese war stark gestört durch Einschnitte jüngerer Epochen. In der früheren, besser erhaltenen Schicht L4b wurde ein großes Lehmziegelgebäude ausgemacht, dessen ursprüngliche Größe auf ca. 500 m² geschätzt wird und das eine Nord-Süd-Ausdehnung von 25,5 m hatte (Matney u.a. 2013, 315), also verglichen mit anderen assyrischen Zitadellengebäuden eher klein. Mehrere Räume reihten sich hier in bekanntem Muster um einen offenen Innenhof. Der Fußboden des Hofes bestand im Norden aus Lehm und im Süden aus gebrannten Lehmziegeln. Im Süden gab es auch den Übergang zu einem 2,00 bis 2,60 m weiten Korridor, an den sich drei Zimmer reihten. In dem mittleren Zimmer (2,80 × 3,60 m) wurden unter anderem ein Herd mit davor liegendem Reibstein, eine Flasche, *palace ware* Fragmente, etliche Kochtöpfe und ein Krug zur Aufbewahrung von Flüssigkeiten gefunden (Matney u.a. 2009, 54). Durch die Lage bot sich von hier eine gute Aussicht über

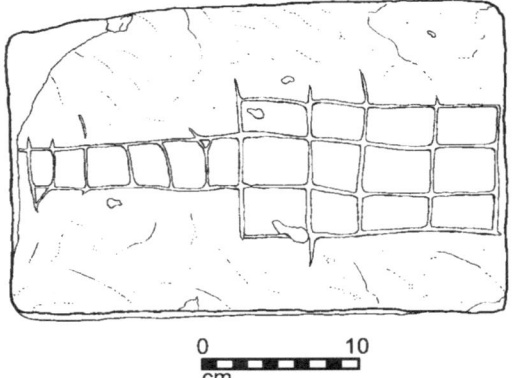

Abbildung 5.42. Umzeichnung des neuassyrischen Spiels eingraviert auf einem Lehmziegel (Matney u.a. 2009, Abb. 18)

den nördlichen Rand der Zitadelle hinaus Richtung Tigris. Teile dieses Gebäudes wurden in der anschließenden Gebäudephase (L4a) wieder- bzw. weiterverwendet (Matney u.a. 2013, 315). In dieser Zeit entstanden an der Stelle jedoch offenbar zwei separate Häuser – ein großes, einraumiges im Norden und eine Serie kleinerer Räume im Süden. Ein Besonderheit stammt aus dem mittelalterlichen Level der Op. L, wo ein assyrischer gebrannter Lehmziegel (32 × 19 × 7 cm) als Architekturelement wiederverwendet wurde (Abb. 5.42). Diesem Ziegel wurde eine Spieloberfläche eingraviert, dessen Layout dem Spiel aus Ur stark ähnelt (Matney u.a. 2009, 56–57). Die GräberInnen halten es basierend auf einem Vergleich zu Mari für wahrscheinlich, dass das Spiel ursprünglich in der Pflasterung des Hofes eingearbeitet war und dort etwa wartenden Besuchenden zum Zeitvertreib diente (Matney u.a. 2009, 57). Gegen diese Interpretation spricht jedoch, dass Warten als Politikum funktionieren kann, das Menschen in den Zustand der inaktiven Spannung versetzt und mit diversen Verboten einhergehen kann (Spiel-, Sprech-, Sitzverbot, etwa während des Wartens auf eine Audienz). Auf „Warten" gehe ich in der Gegenüberstellung in Kap. 6 näher ein. Das Angebot von Zeitvertreib wie eventuell hier in Form eines Spiels würde die Anspannung vor den Herrschenden zerstreuen und scheint mir daher wenig plausibel. Solche Installationen waren wenn überhaupt, dann doch eher versteckt vorstellbar.

5.2.2.2.1 Der Palast (Operation AN)

In Operation AN wurde in den Jahren von 2000–2002 (Op. A) und 2007–2013 (Op. N) nahezu 1000 m² eines monumentalen Lehmziegelgebäudes an der Ostseite des Hügels freigelegt, das von den AusgräberInnen als *Bronze Palace* bezeichnet wird (Matney u.a. 2015, 127; siehe auch Wicke und Greenfield 2013). Dieser besaß drei assyrische Gebäudephasen (I–III; Matney u.a. 2015, 127). Es gibt auch Hinweise auf *Squatters* in diesem Bereich, die jedoch nicht näher bestimmt werden (s. Wicke und Greenfield 2013, 66).

Die jüngste, stark erodierte Phase I datiert ins 7. Jh. v.u.Z., Phase II zur „Hauptnutzungsphase" Mitte des 8. Jhs. (damit früher als die anderen Gebäude, zu dieser Zeit mit 18 rekonstruierbaren Räumen),⁴² die zu einem nicht näher bestimmten Zeitpunkt durch ein großes Feuer zerstört wurde und zuletzt die unterste Phase III, die direkt unter den Mauern von II liegt und möglicherweise das von Assurnasirpal II beschriebene Gebäude des 9. Jhs. repräsentiert (Grayson 1991, 202; Matney u.a. 2015, 127). Ein Unterschied zwischen den drei ausgemachten Phasen ist u.a. die Größe und Farbe der verwendeten Lehmziegel, die anscheinend in der letzten Phase kleiner wurden (32 × 32 cm in I, hingegen 40 × 40 × 12 cm

---

42 Dass dieses Gebäudelevel mit der „Hauptnutzung" gleichgesetzt wird ist m.E. irreführend, da es lediglich aus moderner Sicht der am besten erhaltene Palastzustand ist und es nicht möglich ist eindeutig nachzuweisen, wie lange die drei identifizierten Phasen jeweils dauerten.

Abbildung 5.43. Grundplan von Phase II des Bronze Palace in Op. AN/W, Grabungsstand 2014 (Matney u.a. 2015, Abb. 4)

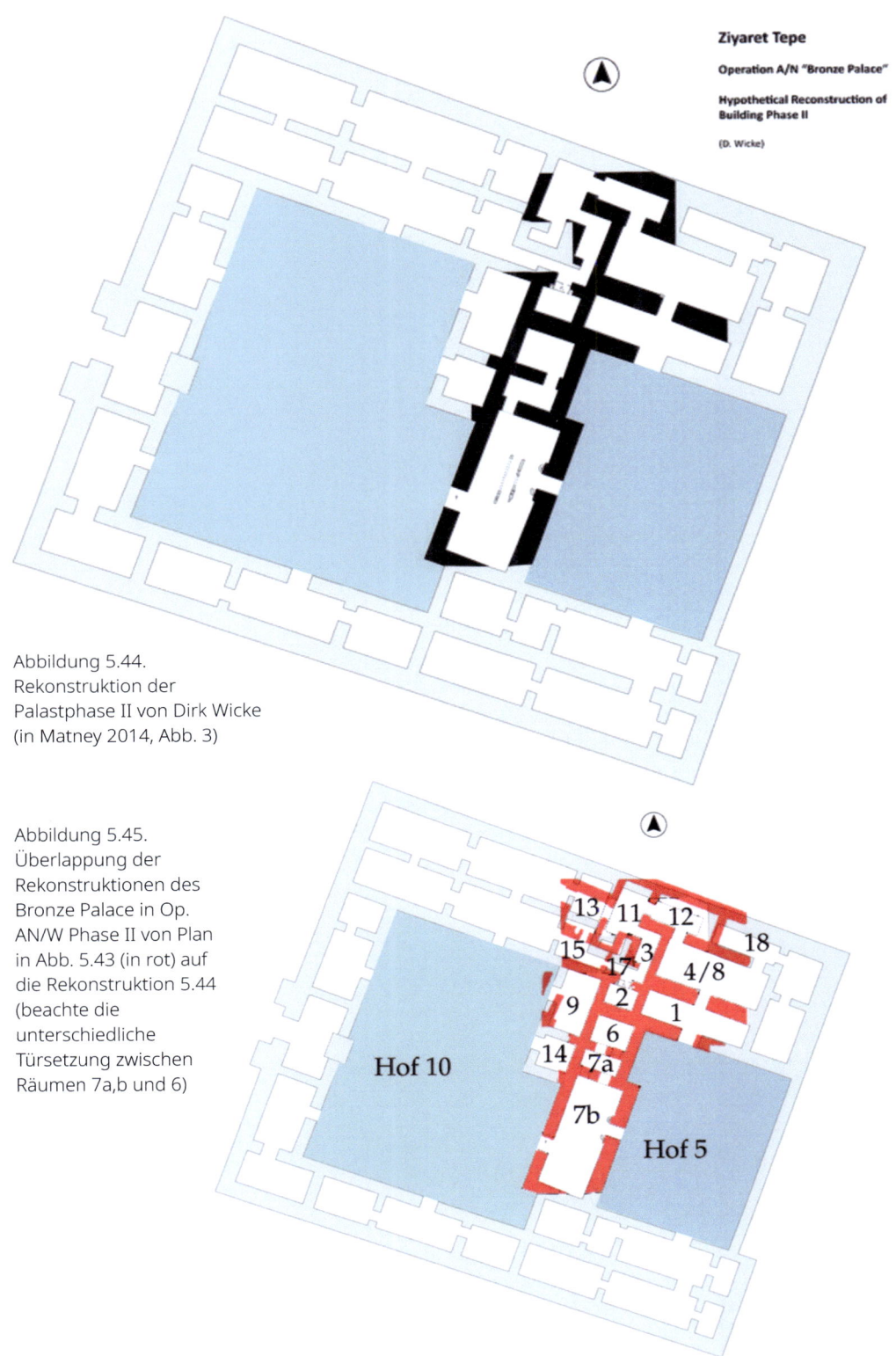

Abbildung 5.44. Rekonstruktion der Palastphase II von Dirk Wicke (in Matney 2014, Abb. 3)

Abbildung 5.45. Überlappung der Rekonstruktionen des Bronze Palace in Op. AN/W Phase II von Plan in Abb. 5.43 (in rot) auf die Rekonstruktion 5.44 (beachte die unterschiedliche Türsetzung zwischen Räumen 7a,b und 6)

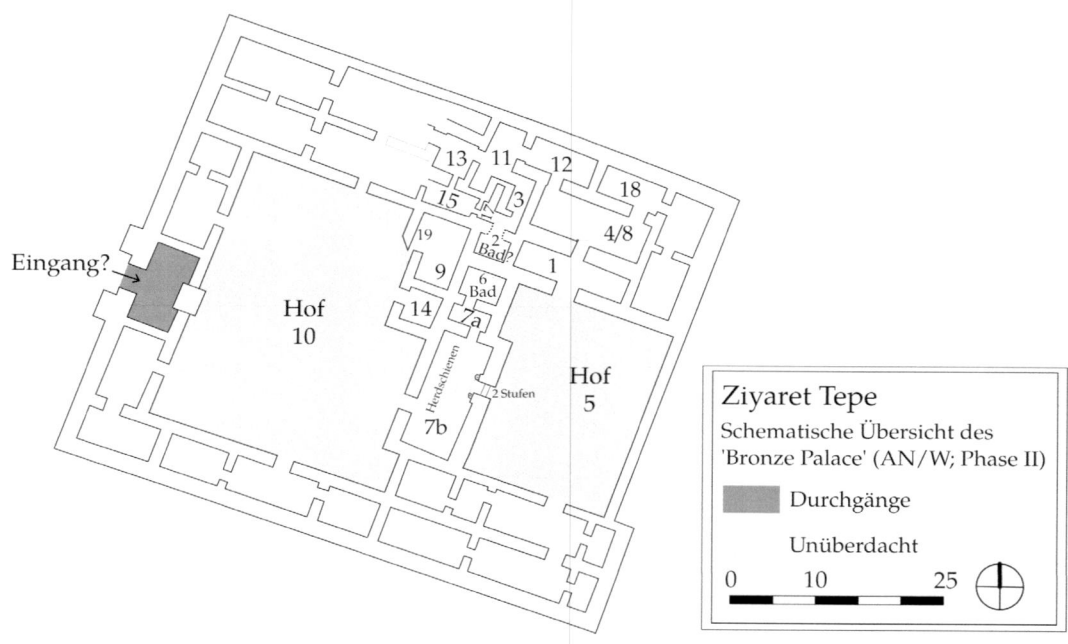

Abbildung 5.46. Ziyaret Tepe, der sog. Bronze Palace

in II und III; Wicke und Greenfield 2013, 66). Die folgende Beschreibung bezieht sich, wenn nicht anders genannt, auf Phase II (Abb. 5.43, 5.44, 5.45, 5.46).

Basierend auf dem Grundplan liegt die Vermutung nahe, dass die Zitadelle entweder von Norden oder Süden betreten wurde (Greenfield, Wicke und Matney 2013). Das Gebäude selbst stand auf einer Lehmziegelplattform als Fundament, die in einigen Bereichen bis zu 1,50–2,00 m hoch war (Matney u.a. 2013, 312). Der Hügel wurde also künstlich noch erhöht. Die Mauern waren in diese Plattform geschnitten und der initiale Fußboden war die Oberfläche der Terrasse (sog. Phase N4, Matney u.a. 2009, 41). Der Palast scheint dem Standardlayout assyrischer Paläste bzw. Residenzgebäude zu folgen. Es gab mindestens zwei größere, mit gebrannten Lehmziegeln gepflasterte Höfe (Matney u.a. 2013, 312),[43] die die AusgräberInnen mit den oben diskutierten Begriffen „public courtyard"/*babānu* (West = „Raum 10") und „private courtyard"/*bitānu* (Ost = „Raum 5") gleichsetzen (Matney u.a. 2017, 95). Von Hof 5 waren nahezu 330 m² erhalten, wenngleich der östliche Bereich stark erodiert war (insgesamt könnte 5 zwischen 500 und 800 m² groß gewesen sein; Matney u.a. 2008, 509). Er maß mindestens 20 × 25–28 m (Matney u.a. 2002, 54; 2008, 509; Wicke und Greenfield 2013, 69). Die Wände im Westen und Norden waren ca. 4 bis 5 Ziegel breit und bestanden aus rötlichen Lehmziegeln gesetzt in gräulichen „Mörtel". Es wird nicht erwähnt, ob die Wände darüber noch verputzt waren (Matney u.a. 2009, 42–43). Nahe der Tür zu Saal 7b wurden am Mauerfuß Überreste von weißem Verputz mit schwarzer, roter und blauer Bemalung gefunden (Abb. 5.47). Auch wenn die Fragmente in

---

[43] In einer früheren Bauphasen scheint zunächst auch streckenweise die Oberfläche der Lehmziegelschicht der Fundamentplattform als Fußboden genutzt worden zu sein.

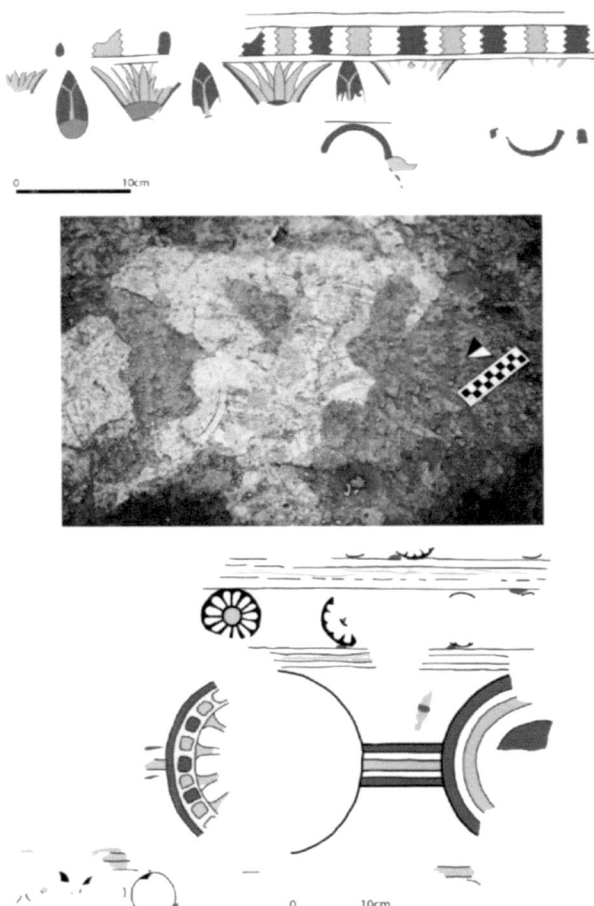

Abbildung 5.47. Wandbemalungsfragmente aus Hof 5 des Bronze Palace (Oben: Umzeichnung Locus N-247, Mitte: Foto von Locus N-266 während der Grabung, Unten: Umzeichnung Locus N-266; in Matney u.a. 2009, Abb. 5)

Hof 5 maximal 10 cm groß sind, scheint es sich um geometrische Muster und Pflanzen zu handeln (Matney u.a. 2008, 509).

Im Zentrum des Hofes gab es fünf Brandgrubengräber, die in den Boden eingeschnitten waren, aber unter der Pflasterung aus gebrannten Lehmziegeln lagen (Matney u.a. 2009, 48; 2013; Wicke und Greenfield 2013, 69). Diese Gräber müssen zumindest temporär stark wahrnehmbar in der Erfahrung des Raumes gewesen sein. Solche Brandgrubengräber sind für Assyrien eher untypisch (siehe aber Residenz J in Khorsabad), wenngleich es sie beispielsweise auch in der Unterstadt II in Tell Schech Hamad gab (Kreppner 2008). Möglicherweise handelte es sich um ein Hybrid aus lokaler/nordsyrischer Tradition (Brandgrubengrab) und assyrischer Sitte (Artefakte, Bestattung unter Fußboden; Kreppner 2008; Matney u.a. 2009, 49).

Im Zusammenhang mit den Gruben wurden über 300 Artefakte gefunden, darunter etliche Bronzegefäße, Möbelfittings und -ornamente (Abb. 5.48), geschnitztes dekoratives Elfenbein und Elfenbeinkosmetikdosen (u.a. in Form eines Vogels), Steingefäße aus Gips-(Kalkstein?) Alabastra (*gypsum alabastra*), Rollsiegel und hochwertige Keramikgefäße,

Abbildung 5.48 Foto eines Rehs aus Elfenbein, vermutlich ehemals Teil eines Holzmöbels (Matney 2017 u.a., 177)

die darauf hinweisen, dass die Beigesetzten einen hohen gesellschaftlichen Status innehatten (möglicherweise Familienmitglieder des ansässigen Gouverneurs). Wegen der Bronzefunde bekam das Gebäude die Bezeichnung „Bronze Palace" (Matney u.a. 2009, 44–49; 2013, 131, Abb. 5). Diese Funde weisen starke Ähnlichkeiten auf mit solchen aus den Gräbern der assyrischen Hauptstädte (insb. Nimrud; Matney u.a. 2017, 176–77).

Zwischen den Höfen lag die zentrale Empfangshalle 7b, der 16,00 × 5,50 m groß war (in Wicke und Greenfield 2013, 65, möglicherweise fälschlich als Raum 7a bezeichnet; auf den publizierten Plänen wird der Hauptraum des Palastes stets mit 7b betitelt). Offensichtlich war der Übergang vom Hof 5 in diesen Saal monumental gestaltet, worauf der Fund einer elaborierten Türangelinstallation, bestehend aus zwei großen Türangelsteinen, drei Lagen Lehmziegel und einem drei-gesteppten Kalkstein zur Verkleidung der Vorrichtung, hindeuten. Diese Konstruktion ähnelt Funden aus Nimrud (Oates und Oates 2001, Abb. 97; Matney u.a. 2013, 312). Die Kalksteinschwelle war 1,50 m lang und dekoriert mit eingeritzten konzentrischen Kreisen, die sich um eine Öffnung in der Mitte reihten (Matney u.a. 2008, 509). Diese Konstruktion ist assyrischen Hauptstädten ähnlich. Der Türpfosten hatte einen ungefähren Durchmesser von 40 cm, was eine Türhöhe von 3–4 m plausibel macht (Matney u.a. 2008, 509). Saal 7b konnte also im Osten durch diese zweiflügelige Tür und über zwei Stufen betreten werden (Matney u.a. 2009, 42). Der zweite Haupteingang befand sich sicherlich an seiner Westseite zum Hof 10, konnte jedoch während der Ausgrabung nicht mehr gut nachgewiesen werden (Wicke und Greenfield 2013, 69). Damit war Empfangsraum 7b durchaus eine typische assyrische Anlage, denn auch Thronsäle in den Hauptstadtpalästen wurden an ihrer Längsseite betreten und fungierten mitunter als Zwischen-/Übergangsräume zwischen Palastteilen (Abb. 5.49). Ein Unterschied ist jedoch, dass es hier nur einen Eingang in den Empfangsraum gibt, anders als in den Hauptstadtpalästen, wo es in der Regel drei – zwei kleinere und ein größerer in der Mitte – sind.

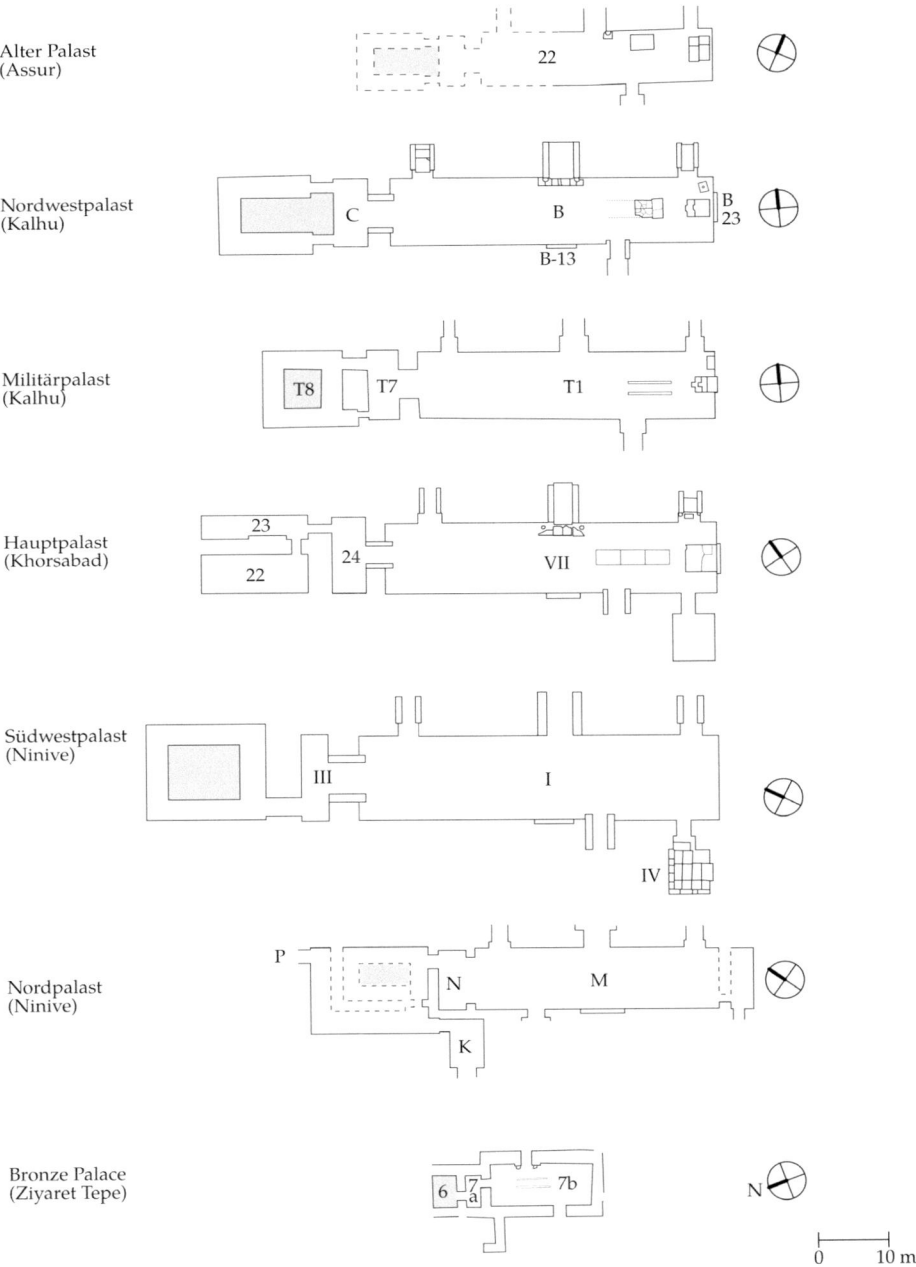

Abbildung 5.49. Vergleich der Thronsäle in assyrischen Palästen (nach Kertai 2019, Abb. 1, Ziyaret Tepe eingefügt von Autorin)

ANALYSE: ASSYRIEN | 255

Abbildung 5.50. Foto der Herdschienen im Bronze Palace, Raum 7b (Matney 2010, Abb. 5)

Der Empfangssaal selbst war bestückt mit Kalksteinplatten als „Schienen" für einen verschiebbaren Herd (Abb. 5.50).

Ansonsten bestand der Fußboden aus kompakter, gepresster Erde (Matney u.a. 2011, 43). Hier wurden auch Fragmente bunter Wandbemalung auf Verputz entdeckt, die Zinnen- bzw. Zickzackmuster, konzentrische Kreise, Lotusblumen und Palmetten/ Palmbäumchen in hell- und dunkelblau, rot und orange, umrandet mit schwarzer Farbe auf weißem Untergrund erkennen lassen (Abb. 5.51, 5.52; Matney u.a. 2017, 97). Es wurden Eisenoxide für Rot, „Ägyptisch Blau" für Blau und Gips und lokales Kaolin („Porzellanerde") verwendet (Matney u.a. 2009, 42). Diese Dekoration ähnelt der in Ninive und Nimrud und datiert stilistisch ins frühe 8. Jh. (Matney u.a. 2009, 42; 2017, 97).

Auch im Schutt des Raumes 19 wurden Fragmente einer Wandbemalung, allerdings in deutlich schlechterem Zustand, gefunden (Matney u.a. 2015, 130). Weitere wichtige Funde waren beispielsweise ein buntes, glasiertes Gefäß mit eingerolltem Rand und roten, blauen und weißen Blüten als Dekor; aber auch das Fragment einer Tontafel und ein Bruchstück eines Entengewichts aus Basalt, also eines regionalen Steins, geformt in ein typisch mesopotamisches Objekt (Matney u.a. 2011, 43). Nördlich hinter dieser Empfangshalle, die auch als „Thronsaal" bezeichnet wird, befanden sich zwei kleinere Räume: 7a, direkt angrenzend an den Thronsaal und dahinter 6. Der hintere Raum 6 war gepflastert mit gebrannten Lehmziegeln und abgedichtet mit Bitumen für eine wasserundurchlässige Oberfläche (Wicke und Greenfield 2013, 69). Damit handelte es sich sehr wahrscheinlich um das Bade- bzw. Waschungszimmer, das auch ausgestattet war mit einem unterirdischen Abwassersystem aus Sickergruben und Wasserleitungen (Matney u.a. 2017, 97). Diese Raumanordnung – Empfangssaal, Zwischenraum/Korridor, Waschungszimmer – ist aus

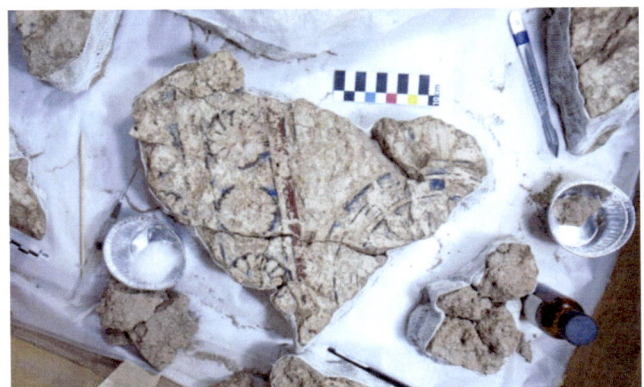

Abbildung 5.51. Foto eines Fragments der Wandbemalung aus dem Thronsaal während der Konservierungsarbeiten (Matney u.a. 2017, 98)

Abbildung 5.52. Detailfoto eines Freskos (N-349) aus Raum 7b im Bronze Palace (Matney u.a. 2011b, Abb. 4)

den meisten assyrischen Palästen bekannt, z.B. Nordwestpalast in Nimrud oder das Fort Shalmaneser (Greenfield, Wicke und Matney 2013, 54). Die Funktionszuschreibung wird auch dadurch unterstützt, dass weder in 7b, noch in 6 und 7b tierische Überreste gefunden wurden (Greenfield, Wicke und Matney 2013, 60). Anders als in Khorsabad etwa fällt jedoch auf, dass in Ziyaret das Badezimmer an der Schmalseite des Saals lag, gegenüber der Stelle, an der traditionell der Thron zu erwarten wäre. Das Waschungszimmer 6 von Ziyaret lag somit dort, wo sonst die Thronsaalrampe zu finden ist. Letztere (Raum 17) scheint jedoch in diesem Fall weiter nördlich und abgegrenzt von 7b zu liegen.

Insgesamt muss nach dieser Beschreibung jedoch festgehalten werden, dass der „Palast" in Ziyaret Tepe zu kleinen Teilen ergraben wurde, so dass auch seine Zugänglichkeiten und der Gesamtplan nicht ganz klar sind. Von der Größe her gleicht dieser Gebäudekomplex u.a. den Residenzen in Khorsabad, dem Til Barsip Palast oder dem Rote Haus in Dur Katlimmu. Für Ziyaret können hierbei vor allem die Höfe der Parallelorte – bis auf Dur Katlimmu alle regelmäßig quadratisch oder rechteckig – herangezogen werden, um den Grundriss in Ziyaret zu rekonstruieren; eine solche Rekonstruktion würde dann jedoch anders ausfallen als von den AusgräberInnen vorgeschlagen: Sowohl Hof 5 als auch Hof 10 sind in der Rekonstruktion sehr unregelmäßig, wobei Hof 10 nur zu sehr geringen Anteilen ausgegraben ist. Eine Rekonstruktion, bei der Hof 5 der Eingangshof ist, ist m.E. genauso möglich wie die derzeitige Rekonstruktion. Der „Empfangssaal" 7b weist die meiste Ähnlichkeit zum „Roten Haus" in Dur Katlimmu auf, denn er hat nur einen Eingang an der Breitseite, besitzt allerdings noch nicht einmal eine kleinere Parallelkammer an seiner Rückseite, sondern führt direkt in den nächsten Hof, ist also Durchgangsraum und Empfangssaal in einem. Zudem fällt auf, dass die Ostseite des Saals den deutlich aufwändigeren Zugang hatte: eine doppelflügelige Tür, eine Alabasterschwelle und ein Treppenaufgang markieren den Zugang von Hof 5 als vergleichsweise außergewöhnlich, zumal auch die Mauer hier dicker als an der Westseite zu sein scheint. All dies sind m.E. Indizien für Hof 5 als Hauptzugangshof und (wenn man dieser Aufteilung folgen will) als *babānu*-Element des Gebäudes, während Hof 10 zum *bitānu* gehört haben würde. Sowohl mein Vorschlag (Abb. 5.50), als auch die Rekonstruktionen der AusgräberInnen, beruhen dabei auf einer Logik des *espace conçu*, da eine Standard-Planung im Hintergrund der Bauten erkannt wird, die gleichzeitig in großen Teilen Ergebnis eines „Raumhabitus" gewesen sein sollte und dadurch auch nicht notwendig bewussten Planens. Diese Überlegung führt zu weiteren, an dieser Stelle offenen Fragen: wie explizit muss ein *espace conçu* geplant sein, um als solcher zu gelten? Kann etwas zum *espace conçu* zählen, was gar nicht diskursiv bewusst war, sondern habituell umgesetzt wurde? Und wieweit spielt die wissenschaftlich-präsentische Rekonstruktion als ein diachron oktroyierter *espace conçu* hier eine Rolle?

Nördlich des Hofes 5 befand sich zunächst Raum 1, dessen Wände offensichtlich auf dem Fußbodenbelag des Hofes stehen und der also später, als eine Art Alkove vor Raum 4/8 gebaut wurde. In Hof 5 und Raum 1 wurde die höchste Anzahl an Tierknochen gefunden, die auch Schlachtspuren aufweisen; vieles weist darauf hin, dass hier auch Häutungen und Tierzerlegungen stattgefunden haben; wobei möglicherweise in 5, im Gegensatz zu 1, auch größere Tiere wie Rind, Pferd und Rotwild zerlegt wurden (Greenfield, Wicke und Matney 2013, 66–67). Tina Greenfield schreibt zusammenfassend (in Greenfield, Wicke und Matney 2013, 68): „However, based on the combined data, it is possible to hypothesize that two separate activities were occurring in the different spaces, which can suggest discrete areas for different kinds of animal carcass processing." Dass sich in gleichen Mengenanteilen alle Tierteile in Hof 5 und Alkove 1 befunden haben kann dahingehend bewertet werden, dass die Schlachtungen auch tatsächlich dort stattgefunden haben und nicht etwa das zerlegte Fleisch zum Palast gebracht wurde, denn dann wäre es zu erwarten, dass z.B. mehr fleischreiche Teile bzw. eine spezifische Auswahl, v.a. in diesem Elitenbereich für Feste und Bankette, vorgefunden wären (Greenfield, Wicke und Matney 2013, 69). Dennoch halte ich es für fraglich, ob Schlachtreste hier regelmäßig und dauerhaft liegengelassen wurden und den Raum in Gestank hüllten. Meines Erachtens wird in der Tierknochenanalyse zu stark ein JägerInnen-SammlerInnen-Schema verwendet, da komplette Skelette als Hinweis auf Schlachten vor Ort angesehen werden. Grundsätzlich stellt sich bei Knochenfunden in Wohnräumen jedoch eher die Frage nach Auflassungsprozessen, denn Schlachtabfälle fangen nach kurzer Zeit so stark an zu verfaulen und zu riechen, dass man eine solche Ursache für die Knochen kaum annehmen kann. Entweder der ganze Bereich war zur Zeit der Ablagerung der Knochen schon aufgegeben oder die Knochen selbst waren komplett von allen Fleischresten gelöst worden. Letztere Überlegung würde allerdings der von Greenfield, Wicke und Matney (2013, 69) genannten Interpretation widersprechen.

Zwischen den beiden Räumen 1 und 4/8 wurde ein kleiner Türangelstein gefunden, der darauf hinweist, dass es hier eine verschließbare Tür gab (Wicke und Greenfield 2013, 55). Raum 4/8 besaß die Grundmaße 5 x 10 m und führte weiter zu den nördlich liegenden Räumen 11, 12 und 18 sowie darüber zu 3, 17, 2 und 13, 15. Die AusgräberInnen bezeichnen 4/8 als „northern domestic reception room", der im Zentrum des residenziellen Bereichs des Palastes lag, mit Räumen 11 und 12 als mögliche Schlaf- und/oder Ruhezimmer (Wicke und Greenfield 2013, 56). Da gerade Raum 11 viel eher wie ein Verteilerzimmer erscheint, halte ich die Vermutung zumindest für diesen der beiden Räume für unwahrscheinlich. R. 11 verband die östlichen Räume (12, 4/8, 18, 1) mit südlich angrenzenden (3, 17, 2) sowie den westlich liegenden (13 und 15). Ob über diesen Bereich auch eine indirekte Verbindung zwischen den beiden Höfen 10 und 5 hergestellt wurde lässt sich nicht mehr feststellen, ist aber sehr wahrscheinlich. Das östlich angrenzende, möglicherweise weniger offene Zimmer 18 scheint mir plausibler als potenzieller Schlafraum. Da in Raum 4/8 auffällig viele Knochen wilder kleiner Vögel gefunden wurden, ist es auch vorstellbar, dass diese Tiere hier für Divinationen genutzt wurden (oder von den BewohnerInnen konsumiert wurden); oder aber, sie wurden als Haustiere gehalten, wofür das Nicht-Vorhandensein weiterer Bearbeitungsspuren an den Knochen hinweist, ebenso wie schriftliche und bildliche Quellen dieser Praxis (s. Greenfield, Wicke und Matney 2013, 70–71). Daneben wurde auch eine Reihe mittelgroßer Knochen überwiegend von Schaf und Ziege gefunden, die möglicherweise Rückstände von Speisen und Banketten in diesem Zimmer waren. Diese Fundelage lässt fragen, wann und vor allem wie das Gebäude aufgegeben wurde. Wurden die Tierknochen eventuell doch von Menschen hinterlassen, die den Palast kurz nach seiner Aufgabe durch die assyrische Eliten nachnutzten (*squatter*)?

Von dem schmalen Raum 3 (2,40 × 4,60 m) aus konnte über eine Türschwelle aus Kalkstein Raum 2 betreten werden (Greenfield, Wicke und Matney 2013, 55). Die Schwelle weist Einkerbungen auf, die zeigen, dass sich hier eine zweiflügelige Tür befand. Raum 2 selbst war mit gebrannten Lehmziegeln ausgelegt, die mit Bitumen abgedichtet waren. Obgleich diese Fußbodeninstallation zunächst auf ein Bade- bzw. Waschungszimmer hindeutet, gehen die AusgräberInnen aufgrund der Keramikfunde davon aus, dass im Laufe der Zeit eine Änderung in der Nutzung dieses Raumes stattgefunden hat (Greenfield, Wicke und Matney 2013, 55). So wurden u.a. acht mittelgroße Krüge (Randdurchmesser ca. 20 cm), ein kleiner Krug (9 cm Randdurchmesser) und drei Halbschalen gefunden, die auf eine Speisekammer bzw. einen Raum zur Lebensmittellagerung und -vorbereitung (nicht aber Kochen) deuten (Greenfield, Wicke und Matney 2013, 55). Generell konnten im gesamten Palastareal keine Kochstellen in Form von Öfen oder Feuerstellen ausgemacht werden. Vielleicht bedeutete die Abdichtung m.E. jedoch auch nur, dass hier mit Flüssigkeiten umgegangen wurde, also beispielsweise auch zur Lagerung von Wein oder Säuberung von Geschirr o.ä. Es konnten keine Anzeichen eines Abwassersystems identifiziert werden.

Der zwischen den Räumen 3, 2 und 15 gelegene Bereich 17 besaß anscheinend nördlich eine nur 80 cm weite „Nische", die zumeist als Bereich einer kleinen Rampe oder Treppe interpretiert wird (siehe z.B. Matney u.a. 2015, 130). Da dieses Areal direkt unter der modernen Oberfläche lag, ist jedoch nichts mehr über die genaue Nutzung der Räume bekannt (Greenfield, Wicke und Matney 2013, 56). Lediglich aufgrund der unterschiedlich gefärbten Wand- und Fußbodenziegel (grau) konnte das Layout der Räume 3 und 17 sowie die dazugehörigen Durchgänge ausgemacht werden. Im westlich an 17 angrenzenden Raum 15, der einen nördlichen Zugang zu Raum 13 bot, wurde eine Ost-West durch den gesamten Raum verlaufende Abwasserleitung aus gebrannten Lehmziegeln und Stein gefunden (Matney u.a. 2015, 130). Daran angeschlossen befand sich in der Nordostecke ein Kanalende. In Raum 15 gab es darüber hinaus eine Bank aus Lehmziegeln.

Mit Blick auf andere assyrische Paläste und Residenzen ist anzunehmen, dass auch südlich von Hof 5 Räume zu finden waren. Diese konnten in Ziyaret jedoch nicht ausgegraben werden. Auch, ob der Hof im Osten durch einen Raumkomplex abgeschlossen wurde oder es hier aber, wie etwa in Khorsabad, einen offenen Terrassenbereich gab, der den Blick über die Ebene freigab, kann nicht mehr festgestellt werden (vgl. Wicke und Greenfield 2013, 56). Da dieser Palast jedoch eher Ähnlichkeiten zu den Residenzen Khorsabads als dem Palast selbst aufweist, ist ein offener Terrassenbereich mit Blick über die Ebene m.E. eher unwahrscheinlich. Für diese Annahme spricht auch, dass hier die Räume im Norden eher klein und verwinkelt im Plan waren, ganz anders als etwa der große Thronraum, und das Gesamtensemble somit nicht für die Existenz einer Terrasse/Öffnung hindeutet. Allgemein scheint es sich bei der Palastanlage Ziyarets um keine typisch assyrische Anlage zu handeln, denn dann wäre Raum 7b nur ein Durchgang von einem Eingangshof 10 in einen hinteren Hof 5, von dem man in eine doppelte, typische Breitraumsuite der Räume 1–4/8 kommt (s. z.B. Til Barsip, wo dieses Schema mehrmals vorhanden ist). Aus diesem Grund halte ich es für absolut untypisch, dass es einen zweiten mehr oder weniger mittigen Ausgang aus einem solchen Raum in einen weiteren Hof gibt. Normalerweise „endet" die Audienzbewegung vom Tor an der Schmalseite des Hauptraums. Vielleicht liegt es an der späteren Anfügung von Raum 1, dass das Ganze so untypisch geworden ist. Dann jedoch fragt man sich, warum Raum 7b so aussieht, wie er es tut, denn auch das passt m.E. nicht (s.o.).

Mit der detaillierten Beschreibung einer Haupt- und einer Provinzstadt Assyriens, gehe ich nun über zur synthetisierten Darstellung der daraus sichtbar werdenden Aspekte eines assyrischen räumlichen Habitus.

5.3 Synthese: Dimensionen eines assyrischen Raumhabitus

In diesem Abschnitt werde ich die Beobachtungen aus der Analyse der Orte Khorsabad und Ziyaret Tepe generalisiert zusammenfassen und wiederkehrende, typische Merkmale der assyrischen Raumproduktion beschreiben (Tab. 5.3). Diese so beschriebenen Aspekte eines assyrischen Habitus dienen mir anschließend (Kap. 6) der Gegenüberstellung mit Urartu unter Berücksichtigung von *Thirdspace*. Hier erarbeite ich, was an stillschweigenden Erwartungen für assyrische Subjekte, als „Verkörperung" aus der materiellen Umwelt, entstanden sein muss.

In Assyrien war die Gestaltung der Natur bzw. die Technologie der Landschaftsproduktion am Ort der Zitadelle additiv. Man schüttete Erde auf, um in der flachen Landschaft des assyrischen Kernlandes die großen und „wichtigen" Gebäude herausstechen zu lassen. Dies gilt auch für Ziyaret Tepe, obwohl die Umgebung etwas bergiger war als etwa in und um Khorsabad. Statt dort andere Bautechniken anzuwenden, die mehr der unterschiedlichen Topographie angepasst sind, scheint es auch hier begehbare Dächer gegeben zu haben, um den NutzerInnen der Elitengebäude, wie dem Bronzepalast und der Residenz GR/W in Ziyaret, zur Möglichkeit des Überblicks über den Ort und die Umgebung zu verhelfen. Ich schließe mich David Kertais Vorstellung der Existenz einer *shared roofscape* auf ausgewählten Räumen von assyrischen Palästen, Residenzen und spezifischen Tempeln an (Kertai 2019). Das Begehren der weltlichen Mächte danach, sich eine solche überblickende Positionalität aneignen zu können, wird hier sehr deutlich.

Lief man auf assyrische Städte zu, mussten für Hauptstädte gerade die bergmassivartigen Zikkurate ins Augen stechen, und die hellen, bis zu 12 m hohen Stadtmauern, mit ihren eindrucksvoll gestalteten Stadttoren (vgl. oben Abb. 5.9). Andererseits waren nicht nur in den Hauptstädten durch Aufschüttungen, sondern auch in Provinzstädten wie Ziyaret Tepe, teils durch Topographie, teils durch die Errichtung von Plattformen, die wichtigen Gebäude erhöht gelegen. Für die Anlage des sog. Bronzepalastes etwa wurde eine bis zu zwei Meter hohe Plattform angelegt, um die Lage auf der Zitadelle zu erhöhen und auch hier scheint mit Raum 17 eine Rampe oder Treppe zum Dach vorhanden gewesen zu sein.

Durch diesen visuellen Marker wurde nicht nur eine vertikale Dynamik zu den machtbehafteten Gebäuden der Stadt erzeugt, sondern auch die Wahrnehmung der Städte von außen klar untergliedert. Die Mauer trennte im flachen Land schon von weither sichtbar das Außen vom Innen. Bereits von außerhalb der Stadt erkennbar, erhoben sich die Bauten der Macht von der Stadtmauer und trennten somit scharf die urbane Zivilisation (Kultur) von der umliegenden Natur, die jedoch durch das sehr gut organisierte Wegenetz (z.B. die sog. Königsstraße *harran šarri*) „zivilisatorisch" durchdrungen war. Sowohl in Khorsabad, als auch in kleinerer Skala in Ziyaret, gab es dann zwischen diesen Bauten noch einmal eine Unterteilung in Unter- und Oberzitadelle; mit Residenzen und Tempeln in ersterer und dem Palastbereich und bedeutsamen Tempeln in letzterer.

Die symbolisierte Geradlinigkeit war auch eine tatsächliche in ihrer Wegeführung sowohl auf die Stadt zu, als auch vermutlich in ihr und zumindest grob in Teilen auf der Zitadelle, wenngleich Teile letzterer auch labyrinthische Züge aufweist. Während die (sehende) Disziplinarmacht im Außen also durch Geradlinigkeit die grobe Hinleitung zur Stadt und Stadtteilen formt, wird im Innern von Gebäudekomplexen und spezifischen Stadtabschnitten (wie Zitadelle) die Machtausübung durch eine labyrinthische Wegeführung und damit einhergehend eine Verbreitung von Unwissen erreicht. Letzteres ging Hand in Hand mit der zumindest in den Palästen vorherrschenden Inszenierung und Dramatisierung der (wissenden) Person des Königs und seiner Nächsten. Der Kontrast ‚wissend–unwissend' diente einerseits der Erzeugung eines autosuggestiven Selbstwert- oder Machtgefühls (vgl. Galbraith 1987) und andererseits einer Disziplinarmacht, die bei den betroffenen ‚unwissenden' Personen eine Desorientierungs"traumatisierung" auslöste (der Begriff der „Desorientierungstraumatisierung" ist dem Artikel „Neoliberalismus – Viktimisierung, Desorientierung und pathologischer Elitennarzißmus" von Reinhold

Bianchi 2009 entlehnt, der damit aber weniger die physische, als eine psychologische Komponente der neoliberalen Machtverhältnisse beschreibt). Letztere hatte einen destabilisierenden Effekt auf die ‚nicht-wissenden' Menschen und beeinflusste sicher auch, dass sich trotz der destruktiven Herrschaftsverhältnisse kaum bis gar kein Widerstand bildete.[44] Die repressive Macht der assyrischen Eliten sorgte sicher für eine kumulative Traumatisierung und schaffte durch die Kombination dieser beiden Organisationsformen (geradlinig–labyrinthisch) für „nicht-Eingeweihte" gewissermaßen unnahbare Räume.

Dennoch lässt sich für Assyrien, trotz der Erhöhung spezifischer Gebäude, eher von einer Gewichtung der Horizontalität sprechen. Denn eine vertikale Bewegung hoch auf die Bauten oder ähnlichem war nicht Teil einer alltäglichen körperlichen Erfahrung der meisten Menschen hier. Viel eher waren es die immer wiederkehrenden größeren, unüberdachten Plätze innerhalb von Gebäuden, die als eine Art Verteilungs-, Entschleunigungs- und potenzielle Aufenthaltsorte fungierten und das sowohl in den Wohnhäusern als auch Residenzen und Palästen (darin weisen die assyrischen Paläste starke Ähnlichkeit mit dem späteren, osmanischen Topkapı Palast in Istanbul auf). Wie am Beispiel des Eingangshofes in Khorsabad gezeigt (vgl. Abb. 5.13), provozierten diese eher eine Wahrnehmung der Horizontale, denn der Vertikale. Sie brachen die durch die Erhöhung der Zitadellen, die Korridore und länglichen Räume erzeugte Linearität der Wege auf und verliehen den Gebäuden so Momente labyrinthischen Charakters, wo eine Desorientierung erwirkt wird. Dadurch, dass die verschiedenen Plätze durch Übergänge voneinander getrennt waren, die in der Regel aus Korridoren oder aneinandergereihten Räumen bestanden, wurden Geräusche, Sicht und Gerüche von den jeweils benachbarten Bereichen abgetrennt und konstituierten so voneinander unabhängige Bereiche einerseits, aber andererseits verhinderte dieser abkapselnde Umstand auch sensorische Hinweise auf das, was im nächsten Hof und damit Gebäudeabschnitt zu erwarten ist. Das heißt auch, dass es keinen (metaphorischen oder realen) „Erfahrungsraum" gab, aus dem sich ein „Erwartungshorizont" in diesem Labyrinth hätte entwickeln können.

Diese Struktur war somit auch nicht mit der Möglichkeit einer „Rück-Sicht" ausgestattet und bei Menschen, die sich vielleicht eher ungern in den Baukomplexen aufhielten, könnte dadurch leicht das Gefühl des Gefangen- und Verlorenseins ausgelöst haben. Generell war die Separation verschiedener sensorischer Bereiche ebenso wie Non-Rekursivität in Assyrien also deutlich ausgeprägt (vgl. Abb. 5.11, was auch bedeutet, dass in der Literatur zumeist davon ausgegangen wird, wie Menschen „vorwärts" kamen in den Gebäudestruktur, nicht zurück).

Diese Beobachtungen an Unterstädten und Zitadellen, machen klar, dass in Assyrien Liminalitäten stark betont waren. Es gab hier in regelmäßigen Abständen Tore oder Korridore als Übergänge zu neuen Gebäudebereichen, jedoch waren diese (also der

---

44 Diese Beobachtung erinnert mich auch an das Phänomen des „Gaslighting". Mit dem auf ein Theaterstück Patrick Hamiltons zurückzuführenden Begriff wird eine Form der psychischen Gewalt bzw. des emotionalen Missbrauchs beschrieben, bei der die Wahrnehmung, das Realitätsempfinden und Selbstwertgefühl des Opfers manipuliert und desorientiert werden (vgl. Fuchsman 2019). Seit den 1960er Jahren wird der Begriff in der Psychologie für missbräuchliche Beziehungen verwendet, in letzter Zeit wurde er aber auch beispielsweise für die Beschreibung von Donald Trumps Agenda der Diffamierung und Falschaussagen genutzt und damit deutlich politisiert (s. z B. das 2018 von Amanda Carpenter publizierte Buch mit dem Titel „Gaslighting America: Why We Love It When Trump Lies to Us").

Eingang zu den Übergangsbereichen) teilweise von außen weniger geradlinig oder *straight-forward* zu erkennen (wie auf Abb. 5.13 gezeigt). Gerade die Korridore, wie von McMahon in ihrer Analyse der Klangabsorption von Tunneln und Korridoren in Khorsabad gezeigt (oben Abb. 5.17), waren eine klar verlängerte liminale Phase, die begleitet war von hell-dunkel Wechseln, damit einhergehend Temperaturunterschieden und klanglichen Veränderungen (von Lehm auf Stein und überdacht/Widerhall). Die Durchschreitenden wurden also einerseits physisch verlangsamt und gleichzeitig wussten sie, wenn sie sich zum ersten Mal in diesen Gebäuden oder Gebäudeteilen aufhielten, nicht, was sie am Ende des Tunnels erwartete. Allein die klare Linearität der Korridore oder aneinandergereihten Räume als Schwellenbereiche brachte eine Klarheit der Bewegungsrichtung mit sich (es gab also auch den Wechsel von labyrinthisch anmutenden Höfen zu geradlinigen Liminalbereichen). Zwar setzte sicher mit der Zeit ein Gewöhnungseffekt an diese Liminalitäten bei jenen ein, die sich wiederholt durch diese Strukturen bewegten, jedoch war der „Lerneffekt" durch die oben beschriebene Komplexität aus labyrinthisch vs. geradlinig, zusammen mit der Tatsache, dass nur die wenigsten Personen je alle Bereiche der Gebäudekomplexe betreten durften, stark verlangsamt und sorgte sicher dafür, dass geradezu nie oder nur extrem langsam das Gefühl der „Komplettübersicht" eintreten konnte.

Wo der Übergang nicht durch einen Korridor oder aneinanderliegende Räume geformt war, wurde die Bedeutung der jeweiligen Schwelle oft durch kolossale, apotropäische Laibungsfiguren in Form von Lamassus oder geflügelten Bullen rechts und links der Tore betont, z.B. am Eingang zum Thronsaal VII oder Stadttor 3 in Khorsabad

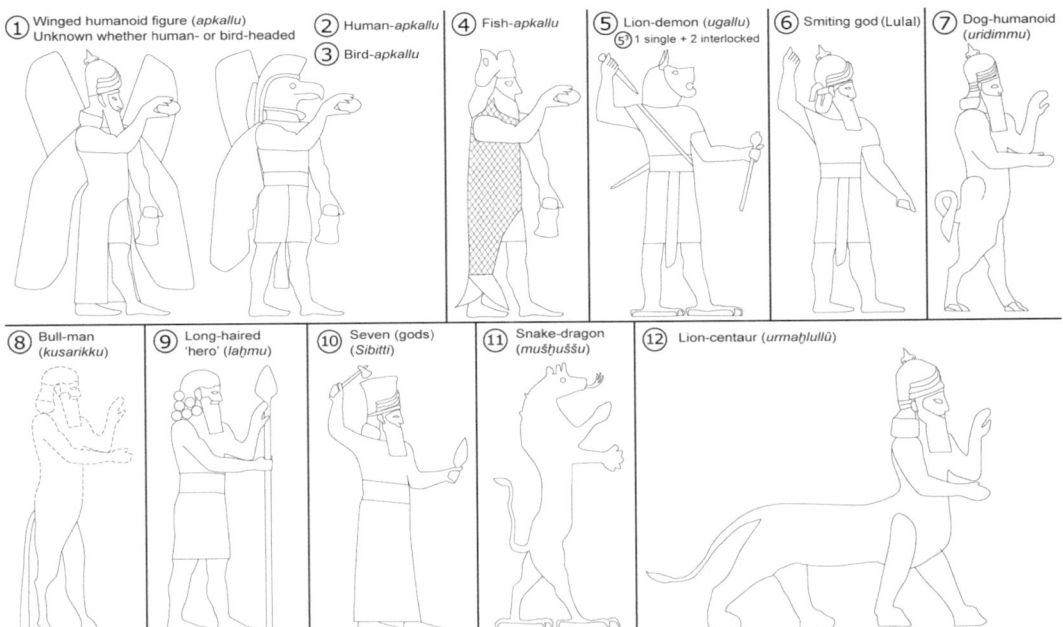

Abbildung 5.53. Umzeichnung einiger apotropäische Figuren aus dem Südwestpalast in Ninive (Kertai 2015b, Ausschnitt aus Abb. 1)

(für weitere apotropäische Figuren, die auf Reliefs gefunden wurden siehe Abb. 5.53). Diese Liminalitäten sind vermutlich auch im Sinne einer allgemeinen „Substanzlogik" zu verstehen, also dass den verwendeten Steinen und bestimmten Bildern eine Kraft innewohnt, die als gefährlich erkennbar war (vgl. Selz 1997, der das Phänomen einer solchen „Substanzlogik" für das 3. Jt. nachweist). Das würde bedeuten, dass es unter AssyrerInnen ein Wissen darüber gab, dass ein „böser Geist" im Körper eines Menschen möglicherweise durch diese Tore gehen könnte, ohne von einem Lamassu aufgehalten zu werden; andererseits gab es unter wissenden BesucherInnen bzw. BesucherInnen, die derselben Ideologie unterworfen waren, potenziell auch die Angst oder Selbstzweifel, wissentlich oder unwissentlich einen „bösen Geist" in sich zu haben und bei Durchqueren der Türen auf Probleme zu stoßen.

In gewisser Weise scheint die Gewichtung der Liminalität aufeinander aufbauend gewesen zu sein, mit einer immer aufwendigeren Gestaltung, je mehr man sich dem Innersten näherte.

Allgemein waren die Verbindungen effizient und einfach zu kontrollieren. Die Tore an den jeweiligen Übergängen waren, wie aus schriftlichen und archäologischen Quellen hervorgeht, durch Wachen mit unterschiedlicher Entscheidungs- und Kontrollgewalt ausgestattet. Zusätzlich sorgten die apotropäischen Türkolossi quasi für eine transzendente Überwachung. Menschliche Wachen und übernatürliche Wesen übersahen somit permanent die Durchquerenden. Möglicherweise kann in diesem Zusammenhang *bitanu* auch als „stabil/innen/Stillstand" und *babanu* als „liminal/schwellenhaft/Bewegung" verstanden werden?

Daneben kann die Alternierung von Räumen/Korridoren und offenen Höfen als „Raumrhythmisierung" bezeichnet werden, ein Prinzip, das man in assyrischen Palästen sehr stark entwickelt findet. Von den großen, unüberdachten Höfen geht es in einen plötzlich dunkleren, überdachten und teils mit Türen verschlossenen Raum, wo nur die schlauchartigen Langräume durch Fackeln erhellt werden (Egbers 2019b, 106). Aus diesen Sälen geht die Wegeführung dann wieder in die Höfe mit blendendem Licht hinaus, nach denen wiederum die Dunkelheit des nächsten engen und langen Korridors oder Raums kommt. Diese kontrastreiche Rhythmisierung des Lichts ist in einem geringeren Maße ebenfalls in assyrischen Tempeln zu sehen. Es wird dadurch ein Raumhabitus erzeugt, der diese Alternierung als Erwartung des Raumerlebnisses in „öffentlichen" Gebäuden mit einbezieht (Egbers 2019b, 106). Dies zeigt erneut die Kombination von der Linearität der Wege von einem Eingang bis in den hintersten Teil eines Palastes einerseits, mit den eher desorientierenden Höfen andererseits. Hell und dunkel entsprechen hier zudem Weite (hell, Höfe) und Enge (dunkle Räume). In dieser Architektur nahmen alle Menschen mehr oder minder die gleichen Routen durch den Palast; alle waren den gleichen Liminalitäten und Rhythmisierungen ausgesetzt (was auf dieser Ebene zu einer gewissen „Gleichstellung" der NutzerInnen führte). Das heißt auch, dass es keine Wahl der Wege gab.

Daran anschließend ist auch die „Bebilderung" allgemein von Bedeutung in Assyrien. Die Distanzen waren hier streng kategorisiert. Man konnte Reliefs von weither sehen, als steinerner Mauerfuß mit gerade noch erkennbarer Verzierung, ohne dass sich irgendwelche Details offenbaren würden. Kommt man etwas näher, ergibt sich eine zweite Distanz, von welcher man die dargestellten Szenarien bei ausreichender Beleuchtung sieht und Krieg, Jagd, Palastbau als Themen wahrnimmt. Schließlich sind insbesondere die Kleider des Königs manchmal so detailliert verziert, dass man sich bis auf 10 cm an die Reliefs heranbewegen muss, um diese Einritzungen überhaupt zu sehen. Es kann aber auch sein, dass die feinsten Einzelheiten v.a. wichtig bei der Herstellung der Reliefs waren, ihre Erkennbarkeit von allen Betrachtenden hingegen nicht unbedingt intendiert war.

Wände generell waren nicht glatt und kalt, sondern bestanden aus einer Kombination aus harten, weichen, glänzenden und matten Flächen und luden aus der Ferne zu einem näheren Blick ein und vermutlich auch zu einer ertastenden Erkundung und körperlichen Bewegung (vgl. Neumann 2014; Thomason 2016, 249). Sie hatten einen multi-sensorischen Effekt auf die Menschen, die sie sahen, wie etwa auch aus der in Kapitel 3.2.1 zitierten Beschreibung der Steine in Sanheribs Palast hervorgeht.

Haupt- und Provinzstädte unterschieden sich selbstverständlich in ihrer Skala und Elaboriertheit dieser raumhabituellen Aspekte, dennoch kann man leicht beispielsweise in Tušhan die Nachahmung der kanonisierten Hauptstadtarchitektur auf kleinerer Ebene erkennen. Die meisten Grundelemente der Architektur des Zentrums waren auch in den Provinzen anzutreffen, obgleich in variabler Form bzw. Anordnung, aber beschreibbar als Modularität einer Art „Reichsarchitektur" (dies weist Parallelen zum Inka Reich auf, wo ebenfalls die Architektur der Hauptstadt Cuzco für alle weiteren Städte zum Modell wurde; vgl. Nair und Protzen 2015, 218). Und auch zwischen den Palastarealen des Zentrums und den Residenzen sind deutliche Planähnlichkeiten erkennbar. So konnten zwar beispielsweise die monumentalen Lamassufiguren und umfangreichen Reliefs nicht entdeckt werden, jedoch gab es offensichtlich aufwendige und narrative Wandmalereien und imposante Türen in den Provinzhauptstädten, z.B. von Hof 5 zu Saal 7b in Ziyaret.

Ein weiteres Phänomen, das sich anhand schriftlicher und archäologischer Quellen für assyrische Residenzen rekonstruieren lässt, ist das des Wartens. Auch wenn ich auf das Politikum des Wartens im anschließenden Kapitel 6.2.1 näher eingehe, sei an dieser Stelle schon einmal darauf hingewiesen, dass die Höfe in Assyrien, zusammen mit den schriftlichen Quellen (vgl. Groß und Kertai 2019) dahingehend gelesen werden können, dass viele Besuchende eine erheblich Zeit mit Warten in diesen Bereich verbracht haben dürften; wie schon im Zusammenhang mit dem in Ziyaret gefundenen Spielbrett erwähnt (Abb. 5.42). Während wir von Abbildungen wissen, dass der assyrische König beispielsweise auf einem Stuhl (teilweise offenbar mit Rollen, wie auf Abbildungen zu sehen) sitzen konnte und ihm Bedienstete einen Schirm gegen die Sonne über den Kopf hielten, wenn er sich unter freiem Himmel befand (s. etwa Curtis und Tallis 2008), kann davon ausgegangen werden, dass dieser Luxus dem Gros der Menschen in den Residenzen oder Palästen nicht zuteil war und sie stattdessen mitunter für eine für sie unbekannte Dauer (was das Warten in der Regel noch anstrengender macht) in der Sonne der Höfe ausharren mussten.

In der Situation des Wartens angekommen, hatten die betroffenen Menschen bereits die Reihe an eben beschriebenen Schwellen und Hof-Raum-Alternierungen durchschritten. Diese Phänomene zusammen sind weder ausschließlich ontologisch oder ideologisch, sondern durchaus *ver-körpert*, mit dem physiologischen Körper als Materie und über seine rein phänomenologische Seite hinaus.

Ein weiterer Sinn, der für Assyrien sicher ausgeprägt war, war was sich ggf. mit dem Spüren von übernatürlichen Präsenzen beschreiben lässt. Offensichtlich verfügten beispielsweise bereits spezifische Materialien wie Steine über Auren und Wirkungen

Aspekt	Archäologische Korrelate	Unreflektierte Habitualisierung
Technologie der Landschaftsproduktion	Additiv im Bereich der politischen Macht und Zitadellen (Zikkurate, Rampen, erhöhende Plattformen); aber auch durch Garten- und Kanalanlagen im Subsistenzbereich	Überwachung und Sichtbarkeitsregime durch (künstliche) Erhöhung der Machtbereiche
Raumrhythmisierung	Geradlinige Wegeführung; offene Plätze (innerhalb der Zitadelle recht offen); abgewechselt mit labyrinthischer Gebäudekomplex-Anordnung; Türen u. Kontrollpunkte mit liminaler Belegung	Offenheit – (Zugangs-)Kontrolle; begrenzte Mitsprache; Desorientierungs"traumatisierung"
Liminalität	Überladene, betonte, langgezogene und akkumulierende Liminalitäten durch Korridore, apotropäische Figuren und Wächter; ähnlich babanu (?)	Tore bewachen Inneres als Gefängnis für die einen, Schutz für die anderen
Licht und Temperatur	Höfe sorgten für Beleuchtung/Licht; häufige Abwechslung un/überdacht (Lichtrhythmisierung); kräftige Wandbemalung; NW-SW Ausrichtung verhinderte direkte Sonnenbestrahlung; fahrbare Öfen	Überwachung-Sichtbarkeit; keine Überhitzung innen (Komfort); Hitze und Desorientierung auf Höfen
Distanzkategorien	Detailliert, narrative Reliefs; Wände kombiniert glatte, gravierte, weiche und klare Oberflächen; Hierarchisierung von Außen-Unter- u. Oberzitadelle	Hierarchisierung, Komplexität, Spezialisierung bis ins Detail (totale Kontrolle); zur Berührung einladend, visuelle Taktilität
Farben	Reliefs mit bunter Bemalung; aber auch glatte Wandbemalung; unterschiedlichste Baumaterialien, wie farbige Steine u. glasierte Ziegel (teils mit magischer Wirkung)	Reichtum; Polychromie verbunden mit verschiedenen Oberflächen
Horizontalität, Monumentalarchitektur	Palast erhöht (z.T. Dächer begehbar); monumentale Bauweise; Zikkurat wie ein Bergmassiv (aber künstlich); große Raumhöhen in Relation zum Körper; Massivität der Bausubstanz	Überwachung; Macht; Schutz; Geräumigkeit
Wasser	Kanalsysteme; Quellen am Berg Musri, Badezimmer	Kontrolle; Fruchtbarkeit; Hygiene
Geruch	Gärten; Zedernholz in Architektur; nicht nah an Ställen; Toiletten/Badezimmer an Empfangssälen	Luxus/Hygiene, Gestank, Erinnerung an spezifische Events, aber auch alltägliche Häuslichkeit
Akustik	Raumhöhen u. -größe: Schall der Hallen und Korridore; Korridore auch als Geräuschpuffer zwischen Höfen; Bodenbelag abwechselnd Lehm (dumpf) – Stein (schallend); Musik bei Festen weite Reichweite in Höfen (nach außen vernehmbar); Vögel gehalten in Residenzen (?)	Geräuschdiffusion gegen Spitzeln; klar unterteilte Aktivitätsbereiche (Säle, Korridore, Höfe), auch klar unterschieden in ihrer Akustik
Übernatürliches	Spirituelle und apotropäische Raumbelegung (Lamassus, Lulal/Ugallu); allmächtiger König in Assyrien; Symbole für Nicht-Irdisches	Angst; Kontrolle; Schutz; reale Präsenzen
Objekte	Wertvolle Möbel; Vorhänge; Nahrungsmittel	Geborgenheit; Vertrautheit; Reichtum (inklusiv und exklusiv)

Tabelle 5.3. Kriterien von Raumhabitualisierungen in Assyrien

auf den menschlichen Körper, was sich auch als „Substanzlogik" beschreiben lässt (s.o.). Im Extrem aber fand sich dieses Prinzip in den teilweise gigantischen Figuren und mythologischen Geschöpfen, die hier nicht nur als seelenlose Skulpturen, sondern als beseelte Präsenzen verstanden werden müssen. 2015 publizierte Kiersten Neumann dazu einen Artikel mit dem Titel „In the eyes of the other: The mythological wall reliefs in the Southwest Palace at Nineveh", in welchem sie sich insbesondere mit den Figuren Lulal und Ugallu und deren besonderen Blicken, mit denen sie berühren und in einen gewissen visuellen Dialog mit den Betrachtenden treten können, beschäftigt. Ugallu ist ein mythologisches Kompositwesen aus Löwenkopf, Pferdeohren, menschlichem Torso und Adlerfüßen, das eine Keule und einen Dolch in seinen Händen trägt (Wiggermann 1992, 49). Lulal ist eine anthropomorphe Figur mit Hörnerkrone und steht mit ausgestreckter rechter

Hand zur Begrüßung und erhobener linker Hand mit geballter Faust (Wiggermann 1992, 63). Sie gewährten Schutzfunktionen für die einen, waren aber auch eines bösen, überwachenden Blicks fähig (Neumann 2015). Die Macht des Blicks wird u.a. anhand des akkadischen Vokabulars deutlich. So gab es unterschiedliche Wörter für verschiedene Arten des Sehens, z.B. sich nach innen bewegende visuelle Wahrnehmung (Sicht) und sich nach außen bewegende visuelle Handlung (Blick; zusammenfassend Neumann 2015, 87, die sich dabei v.a. auf Dicks 2012 bezieht). Für die beiden meist zusammen auftretenden Kreaturen stellt Neumann (2015, 89) fest, dass sie oft so angebracht waren, dass sie durch ihren einschüchternden Blick Türen und Eingänge z.B. zu (rituellen) Waschungsräumen bewachten (so etwa im Südwestpalast von Ninive; an anderer Stelle, wie dem Nordpalast in Ninive, diente Urmaḫlulû als Dämon des Waschraums, s. Wiggermann 1992, 98). Solche „Artefakte", wie die Reliefs und Statuen, besaßen damit eine über ihren visuellen Wert hinausgehende sinnliche Bedeutung und verfügten in der Ideologie Assyriens über ein gewisses Handlungspotenzial (*agency*). Ich kann mir vorstellen, dass dabei nicht nur die einzelnen Figuren, wie Lulal und Ugallu, sondern durch die Kombination von Steinen, bildlichen Szenen und Ort im Gebäudekomplex auch Gebäudeabschnitte als transzendent aufgeladen verstanden wurden, wie etwa die Krypta oder Apsis einer Kirche. So etwas ließe sich beispielsweise gut für die Thronsaalfassade oder die Korridore denken.

Den Einfluss von Augen und dieser Art des Blicks nennt Hamilakis (2013, 27) auch *tactility of the eye* bzw. *haptic vision*. Neumann bezieht sich in ihrer Arbeit explizit auf Sartres und Lacans Ausführungen zum „Blick" („le regard"/„gaze"), die vereinfacht ausgedrückt schreiben, dass Menschen durch die Kenntnis des eigenen Betrachtetwerden-könnens zum Objekt werden und ihnen dieses auch bewusst wird (Der Blick Sartre 2006 [1943], IV; Lacan 1996 [1964]; vgl. auch Deleuze und Guattari 2005 [1980], 171, im Plateau „Zero: Faciality"). Neumann (2015, 91) schreibt: „Both Sartre and Lacan emphasize the anxiety that is created by meeting the gaze of the Other". Ihres Erachtens kann dieses Unwohlsein auch durch den Blick der steinernen Wesen in Assyrien ausgelöst worden sein, in ähnlicher Weise wie der von mir oben erwähnten potenziellen Selbstängste davor, einen „bösen Geist" o.ä. in sich zu tragen und durch den Blick der Kreaturen bloßgestellt zu werden.

Die Waschungsräume, oft auch als Badezimmer bezeichnet, fanden sich offenbar in allen assyrischen Residenzgebäuden, in der Regel direkt neben dem Hauptsaal gelegen und erkennbar durch ihren wasserundurchlässig gemachten Fußboden aus mit Bitumen abgedichteten Lehmziegeln. Dies passt auch zur Thematik der angenehmen Gerüche in Verbindung mit Macht. Dass diese Waschungsräume teils durch besondere apotropäische Gestalten wie eben jenen Ugallu, Urmaḫlulû oder Lulal „gesichert" waren, spricht auch für den liminalen Charakter des möglichen Sich-Entkleidens, Waschens und Salbens.

6

Gegenüberstellung

6.1 Gegenüberstellung Urartus und Assyriens

Nach der detaillierten Beschreibung und Analyse der urartäischen und assyrischen Fundorte (Abb. 6.1), die mich zu einer Zusammenfassung grundsätzlicher Aspekte des jeweiligen räumlichen Habitus' geleitet haben, folgt in diesem Kapitel die Gegenüberstellung jener Aspekte unter Berücksichtigung der in der Einleitung und in Kapitel 2 erläuterten Theorie des Thirdspace sowie der definierten ästhetischen Regime:

1. Zeitliches Regime
    (a) Raumrhythmisierung und Warten
    (b) Liminalität und Tastsinn
2. Repräsentatives Regime
    (a) (Sicht)Distanzen
    (b) Standardisierung und Homogenität
3. Körperlich-emotionales Regime
    (a) Olfaktorik, Gustatorik, Akustik
    (b) Hörbarkeiten und Taktilität
4. Sichtbarkeitsregime
    (a) Vertikalität – Horizontalität
    (b) Übernatürliches

Dieses Kapitel orientiert sich an der Frage, wie sich nun mit den Ergebnissen der vorangegangenen Kapitel eine Dimension von Thirdspace – ein Einblick in den gelebten Raum insbesondere marginalisierter Subjekte in Assyrien und Urartu – verstehen, beschreiben und textlich darstellen lässt. Dies soll weder in Form einer eingemeißelten Festschreibung geschehen, noch soll durch die Anerkennung der Ambivalenz, Ausschnitthaftigkeit, Flexibilität und Offenheit von Thirdspace und marginaler Subjektivität eine zu vage, vorsichtig-aussagelose Repräsentation stattfinden, die die Relevanz der Thematik unterminieren würde.

6.2 Thirdspace in den ästhetischen Regimen

Anders als in anderen Studien zum sinnlichen Aufbau der (vergangenen) Welt möchte ich der Vernetzung und Relationierung vieler beteiligter Sinne gerecht werden und drehe

Abbildung 6.1. Maßstabsgetreue Gegenüberstellung der Zitadellen bzw. Paläste von Ayanis, Bastam, Khorsabad und Ziyaret Tepe

meine Beschreibung insofern um, als ich von Phänomenen und Orten ausgehend möglichst umfassend die jeweilige Erfahrung zu beschreiben versuche (ähnlich dem Vorgehen von Donald Sanders 1990, wie in Kap. 3.1.1 beschrieben). Das bedeutet, dass ich mich nicht nach einem extrahierten, alleinstehenden Sinn orientiere und diesen am archäologischen Material zu erkennen versuche, sondern dass ich Orte und Situation analysiere und dabei rekonstruiere, wie die sinnliche Erfahrung dort „ausgesehen" haben könnte. Auch wenn ich mich explizit nicht gegen den Wert und die Qualität solcher mehr auf einzelne Sinne konzentrierter Arbeiten ausspreche.

Wie ich in Kap. 3 gezeigt habe, kann der Ansatz einer Archäologie der Sinne der als Bindeglied zwischen gebautem Raum und Menschen fungieren, in dem Wahrnehmung und Erfahrung nicht nur berücksichtigt, sondern offen diskutiert werden. Es hat sich gezeigt, dass die kritische, offene Diskussion dieser Beziehung insofern nötig ist, als durch sie erst die Komplexität des Verhältnisses von Raum, Körper und positionsgebundener Wahrnehmung erkennbar wird. Das Körperliche ergibt darin ein Umfeld, welches das Medium zum „Erkennen" ist, genauso wie das mit „Sinn" belegte. „Sinn" ist sowohl

Aspekt	Urartu und Assyrien	Habitualisierung
Technologie der Landschaftsproduktion	Kanal- und Gartenanlagen; Nutzung der Topographie in Urartu, Aufschüttung in Assyrien	Beherrschung der Natur und Nutzung des Ertrags, Panoptikum-Effekt; erhöhte Positionalität der weltlichen Macht
Raumrhythmisierung	Knickachszugänge (unterschiedliche Ausführung, gleicher Effekt)	Blockiert direkten Blick auf Thron, *susi*-Front oder Götterbild
Liminalität	Multiple und betonte Liminalitäten	Kontrolle von Übergängen und Zugang
Farben und Oberflächen	Vorliebe bzw. Farbhabitualisierung für die Farbe Blau; Verwendung und Kombination verschiedener Baumaterialien	Gewisse Überladenheit
Objekte	Möbel mit Tierfüßen; vermutlich Teppiche	Luxus, Vertrautheit
Bildlichkeit	Heiliger Baum; Kompositwesen (wenn auch in teils unterschiedlicher Ausführung)	Spezifische Art göttlicher/spiritueller Präsenz

Tabelle 6.1. Gemeinsamkeiten Assyriens und Urartus

Aspekt	Urartu	Assyrien
Technologie der Landschaftsproduktion	Terrassierung; Betonung der Topographie durch Mehrstöckigkeit und monumentale Bauweise (dicke Mauern, Risalite); *susi*-Turm mit schuri-Waffe an prominenter Stelle; politische Bereich eher subtraktiv (Terrassierung, Pithoi etc. in Fels eingelassen), Subsistenzbereich eher additiv (Kanalbrücken, Staudämme etc.)	Additiv im Bereich der politischen Macht und Zitadellen (Zikkurate, Rampen, erhöhende Plattformen); aber auch durch Garten- und Kanalanlagen im Subsistenzbereich
Raumrhythmisierung	Geradlinige Wegeführung in Zitadelle, mit pointierten Übergängen; Tore wie Kontrollpunkte, Aufweg dahin nicht geradlinig, abgewechselt mit Enge und Diffusion in Gebäuden und Räumen (durch Pfeiler/Sichtachsen, Gerüche u.ä.) wenige Stadttore, eher Dichte/Enge; schwächere Rhythmisierung; „Rückblick" möglich	Geradlinige Wegeführung; offene Plätze (innerhalb der Zitadelle recht offen); starke hell-dunkel bzw. warm-kalt Rhythmisierung; v.a. Korridore und Räume als Übergänge, Kontrollpunkte mit liminaler Belegung an Schwellen, geradlinig, mehrere Stadttore, eher Weite; keine „Rückblick"-Möglichkeit (Desorientierungs"traumatisierung")
Liminalität	Intervallisch und intensiv, kondensiert und kontrastreich in Toren (z.T. gestuft) und steile Übergänge	Überladene, betonte, langgezogene und akkumulierende Liminalitäten durch Korridore, apotropäische Figuren und Wächter; ähnlich babanu (?)
Licht, Temperatur	Licht-Schatten-Spiel durch Pfeiler, sonst eher dunkel; Öllampen zur Beleuchtung; Wandbemalung eher dunkel; Geblendet auf Höfen, aber auch durch Peristyl Schutz vor Regen/Schnee	Höfe sorgten für Beleuchtung; häufige Abwechslung un/überdacht (Lichtrhythmisierung); kräftige Wandbemalung; NW-SW Ausrichtung verhinderte direkte Sonnenbestrahlung; keine Überhitzung innen; Hitze und Desorientierung auf Höfen; verschiebbare Öfen in Thronsälen
Distanzkategorien	Wenig detaillierte Reliefs; repetitive Muster als Dekor; Zuspitzung von Außen-Innen (Unterstadt-Burg)	Detaillierte, narrative Reliefs; Hierarchisierung von Außen-Unter- u. Oberzitadelle
Bildlichkeit	Repetitive Motivik im Dekor, ohne räuml. Kontext (regellos); etliche Kompositwesen; Kontraste	Äußerst narrativ, kanonisiert/regelhaft
Farben	Blau-rot-weiß-braune Wandbemalung; unterschiedliche Baumaterialien (Lehm, Andesit); vergoldete Rosetten, Bronzebänder und Holzbordüren an Wänden	Reliefs mit bunter Wandbemalung; unterschiedlichste Baumaterialien mit magischer Wirkung
Vertikalität, Horizontalität, Monumentalität	*Susi*-Tempel an prominenter Stelle; monumentale Bauweise (z.B. 17 m hohe Stadtmauer, Turmtempel); Zusammenspiel aus Topographie, z.T. massiver Bausubstanz u. Risalitbauweise; Höhenunterschiede interwoben mit Gelände / in Burg selbst	Palast erhöht (Dächer begehbar); roofscape, monumentale Bauweise; Zikkurat wie ein Bergmassiv (aber künstlich); große Raumhöhen in Relation zum Körper; Massivität der Bausubstanz; Höhenunterschiede durch Treppen u. Plateaus
Wasser, Feuchtigkeit	Ausgeklügelte Kanal und Abwassersysteme um und in Siedlung; Quellen Nahe der Siedlungen	Kanalsystem; Quellen am Berg Musri; Hygiene durch Badezimmer an Empfangszimmern
Geruch	Gärten; Ställe in Häusern und Burgen; Herde und Podeste für Weinlibationen, Tieropfer (Blutgeruch), gekochte? Hirse	Gärten; Zedernholz in Architektur; Toiletten/Badezimmer an Empfangssälen; Parfüme/Duftstoffe
Akustik	Pfeiler und Säulen in Hallen (weniger Schall), Boden-/Deckenbelag oft absorbierender Lehm, z.T. abgewechselt mit hallenden Steinplatten; Darstellungen von Musik; Tiergeräusche u. Sprachen	Raumhöhen u. -größe – Schall der Hallen und Korridore; Korridore auch als Geräuschpuffer zwischen Höfen; Bodenbelag abwechselnd Lehm (dumpf) – Stein (schallend); Musik bei Festen weite Reichweite in Höfen (nach außen vernehmbar)
Übernatürliches	Schuri-Waffe als Symbol Haldis; hl. Baum in Tempeln und Abbildungen	Spirituelle und apotropäische Raumbelegung (Lamassus, Lulal/Ugullu); allmächtiger König in Assyrien; Symbole für Nicht-Irdisches
Objekte	Möbel mit Tierfüßen und Textilpolsterung; Teppiche an Wänden u. auf Böden; viele Waffen, rot-glänzende Keramik, Bronzeobjekte und geglättete Steine (z.B. an Stadtmauern) verweist auf Glanz (auch Haldidarstellung mit Strahlen)	Wertvolle Möbel; Vorhänge

Tabelle 6.2. Gegenüberstellung raumhabitueller Aspekte in Urartu und Assyrien

objektiv, etwa als Wahrnehmungspsychologie (archäologisch erforschbar z.B. durch quantifizierte oder Computer-basierte Arbeiten à la *visibility-graphs – view-nets, view-sheds, lines-of-sight* in GIS, oder *audio-scales* etc.), als auch subjektiv, als „Sinn-Gebung" des Wahrgenommenen. Die Dialektik oder das Spektrum dieser Dimension des Sinnlichen stellt ein Desiderat dar, durch das der Einfluss des Raums auf den menschlichen Körper und die sensorische Wahrnehmung verstanden werden kann, ebenso wie die unterschiedlichen Arten der Reaktion auf diese Einflüsse bei den Erlebenden. Entsprechend auch der theoretischen Grundlegung meiner Arbeit zur Produziertheit des Raums ist dieser Betrachtung von „Sinnen" auch eine Berücksichtigung von Subjektivität (Subjektposition) inhärent. Dementsprechend werde ich auch in der folgenden Eruierung der Parallelen und Diskrepanzen (Tab. 6.1 und 6.2) zwischen Assyrien und Urartu eine Bewertung der politischen Bedeutung meiner Beobachtungen einbringen und zwar explizit durch die Annahme eines marginalisierten assyrischen Subjekts in Urartu und umgekehrt.

6.2.1 Zeitliches Regime

Ein erstes Kriterium ist, was ich „zeitliches Regime" nenne und zu dem auch Liminalitätsphänomene gehören. Mit einem zeitlichen Regime meine ich, inwieweit (körperliche) Geschwindigkeit räumlich organisiert und damit kontrolliert bzw. reglementiert wurde. Ich halte auch Liminalität für einen Teilaspekt des zeitlichen Regimes, da ich zu letzterem sowohl die physisch erzeugte Verlangsamung oder Beschleunigung zähle, etwa in Form von Steigung in Richtung Gebäuden (Entschleunigung) oder geradliniger Korridore (Beschleunigung), als auch mental erzeugte Temporalität, beispielsweise durch apotropäische Eingangskolosse wie die assyrischen Lamassus, die mitunter zum Innehalten aufgrund von Angst, Bestärkung oder auch Unverständnis geführt haben können. Letzteres lässt sich auch als „inneres Innehalten" bezeichnen, das nicht mit äußerer (objektiver) Temporalität gekoppelt sein muss und auch nicht bewusst von der entsprechenden Person selbst-reflektiert bzw. intellektuell wahrgenommen worden sein muss. Stattdessen findet diese Form des Innehaltens vor allem auf genannter emotionaler Ebene statt, indem Angst, Bewunderung, Ehrfurcht oder Zweifel ausgelöst werden, die durchaus auch körperlichen Niederschlag als Schauder, Luftanhalten oder Verkrampfen finden können. Anschließend mag dies auch Reaktionen wie ein Umsehen oder Rückblicken erzeugt haben.

Ein Extrem in der Betrachtung eines zeitlichen Regimes im archäologischen Kontext ist das des Wartens (s. Javier Auyero 2012, der sich in einer Ethnographie zu Argentinien mit dem politischen Warten auseinandersetzt, die er „tempography" nennt). Einige meiner hier erwähnten Ideen wurden inspiriert durch eine vom Forum Kritische Archäologie organisierte öffentliche Diskussion zum Thema „Archäologie des Wartens", die am 20. April 2017 an der Freie Universität Berlin stattfand (ausführlich zur Anthropologie des Wartens siehe Dücker 2004). Warten ist eng verbunden mit politischen und sozialen Machtverhältnissen: Wer kann warten machen und wer muss (wo und wie) warten (vgl. Rancière 2006; Auyero 2012)? Ist die Wartezeit für die Wartenden begrenzt oder gefühlt ungewiss? Gewiss gab es sowohl am assyrischen als auch urartäischen Hofe etliche Wartende, z.B. Vasallen, Abgabenleistende, Bedienstete, u.ä., allein, Wartesäle sind schwer archäologisch nachweisbar. Häufig warten, aber dabei möglicherweise „auf Abruf" stets bereit stehen, mussten sicherlich auch Bedienstete. Ein Missachten von Wartebereichen, etwa wegen Unwissenheit um die entsprechenden Normen, kann ebenfalls unintendierte Konsequenzen für die entsprechenden Personen nach sich gezogen haben. Selbstverständlich ist Gefangenschaft und Zwangsarbeit an sich eine qualvolle Form des ungewissen Wartens. In Bezug auf Subalternität und *agency* (Kap. 2.2.2) kann gesagt werden, dass ein erzwungenes Nicht-Handeln geradezu prototypisch für die subalterne Erfahrung ist. Als grobe Formel lässt sich festhalten, dass je niedriger der Subjektstatus, desto länger und öfter die erzwungene Wartezeit. Grundsätzlich hat Warten ein Mittel-Zweck-Element an sich: Warten als Mittel, Zweck als Negation (nicht mehr warten) des Mittels. Man muss auch die Skalen weiter untergliedern, da es langfristiges Warten (z.B. der Kriegsgefangenen), kurzfristiges (z.B. beim Palastbesuch), routiniertes (z.B. der Bediensteten, denen das Warten letztlich „Beruf" ist) und singuläres (z.B. von AußenbesucherInnen) gibt. Nun ist es sicher so, dass man bestimmte Gebäudebereiche durchaus unterschiedliche Formen des Wartens zuordnen kann, v.a. die von außen vorhandene Zugänglichkeit mit ihren Schwellen/Liminalitäten als Warten – Ende des Wartens – Warten etc. Dücker (2004) nennt das „Übergangsphase", was letztlich eine zeitliche Version räumlicher Liminalität ist. Natürlich schließt sich daran noch die (nicht einfach beantwortbare) Frage an, ob denn räumliche Liminalität „immer", „weitgehend" oder „gar nicht" (?) mit zeitlicher korreliert. Weiter ergibt sich daraus auch die Frage, ob unterschiedliche Arten räumlicher Liminalität gleichzusetzen sind mit unterschiedlichen Arten zeitlicher Liminalität? Diese Fragen und Überlegungen ließen sich zukünftig gut gerade auch für den assyrischen Kontext weiter verfolgen, da hier auch mehr über potenziell mit „Warteaufsicht"-bezogenes Palastpersonal bekannt ist (vgl. Groß und Kertai 2019), was in eine Erforschung dieser Phänomene mit einfließen könnte.

6.2.1.1 Raumrhythmisierung und Warten

Die Alternierung als Form der Raumrhythmisierung insbesondere durch die Licht-Schatten-Wechsel von abwechselnd überdachten und unüberdachten Räumen war in Assyrien und damit für assyrisch räumlich subjektivierte Menschen stark ausgeprägt. Diese Alternierung der hellen, weiten Höfe abgewechselt von engen, dunklen Räumen ergab so auch einen Rhythmus von entschleunigend-labyrinthischer zu beschleunigend-linearer Wegeführung. Es war also ein in Bezug auf Temporalität und Licht alternierendes Raumerlebnis, dem man ausgeliefert war. Die Unmöglichkeit des Rückblicks und Ausblicks muss dabei auf urartäisch habitualisierte Menschen einen Eindruck des Ausgeliefertseins gehabt haben. Denn in der Räumlichkeit Urartus gab es vom Weg zur Festung, als auch von Teilen des Burgberges aus oft die Möglichkeit des Weit- und Rückblicks (zumindest bis zu einer gewissen Distanz). Die Wahrscheinlichkeit, dass es in Urartu Fenster und damit hellere Innenräume gab als in Assyrien ist groß, auch wenn etwa für das Bronzemodell einer urartäischen Burg von Toprakkale (gezeigt in Abb. 4.5) noch diskutiert wird, ob es sich bei der Darstellung um tatsächliche oder sog. Blindfenster handelt. Jedoch sind gleichzeitig die urartäischen Höfe wesentlich kleiner als in Assyrien und aufgrund ihrer Teil-Überdachung damit auch dunkler. Dies bedeutet, dass die Gliederung von innen und außen in Urartu einen geringeren hell-dunkel-Unterschied produziert als in Assyrien. Das wiederum meint, dass die Raumrhythmisierung in Urartu weniger stark auf dieser (visuell-taktilen) Ebene ausgeprägt ist.

Es stellt sich für diese Beobachtungen die Frage, wie sich eine stärkere Rhythmisierung auf die auswirkt, die das nicht gewohnt sind? Also ist der Effekt gleich stark oder schwach wie umgekehrt eine geringe Rhythmisierung auf die, die wiederum jenes nicht gewohnt sind? Ich gehe davon aus, dass die Differenzreduktion Urartus leichter zu tolerieren war, als die Differenzvergrößerung in Assyrien, auf dem ganz fundamentalen Niveau der (nicht mit „Sinn" in semantischer Bedeutung behafteten) Wahrnehmung. Mit der leicht wertend klingenden Beobachtung meine ich jedoch kein „Aufwiegen des Leids", sondern lediglich wie und in welcher Intensität sich dieses Phänomen jeweils für UrartäerInnen in Assyrien und AssyrerInnen in Urartu geäußert haben kann.

Bei den Beobachtungen kann ich auch Bezug nehmen auf die in Kap. 3.2 beschriebenen Erkenntnisse zur Tiefenwahrnehmung. Denn obgleich die Grundlage zur dreidimensionalen Wahrnehmung und Einschätzung von Entfernungen angeboren zu sein scheint, wird sie doch stark durch Erfahrung und Lernen (kulturell) beeinflusst. Die Organisation der Tiefenwahrnehmung in Assyrien unterschied sich m.E. mit großer Wahrscheinlichkeit von der Urartus, da es gravierende Diskrepanzen in den grundlegenden Komponenten, die in die Tiefenwahrnehmung einfließen, gibt. Zu diesen Diskrepanzen zählt neben der Landschaft an sich auch die hier beschriebene unterschiedliche Raumrhythmisierung, die einhergeht mit sich unterscheidender Raumuntergliederung und -volumina (offen, weit, hell vs. teilüberdacht, Säulen, kleiner). Nicht in die jeweilige Organisation der Tiefenwahrnehmung eingelebt zu sein und dadurch eine andere Kinästhesie (Selbstverortung im Raum) verkörpert zu haben und dann mit der jeweils anderen konfrontiert zu werden, kann als sensorische Deprivation (Einschränkung) verstanden werden. Zwar scheinen gerade Menschen über eine gute Wahrnehmungsadaption, d.h. die Anpassung an veränderte sensorische Zustände, zu verfügen, jedoch hängt diese und die Geschwindigkeit, mit der die Anpassung vonstatten geht, von dem Maß der Veränderung ab (vgl. Myers 2014, 265). Insofern ist anzunehmen, dass die betontere Raumrhythmisierung in Assyrien auf UrartäerInnen niedriger Subjektposition deutlich spürbarer gewesen sein muss. In beiden Fällen gab es kinästhetische Momente an Orten, an denen Verwirrungsgefühle ausgelöst wurden. Jedoch kamen urartäisch subjektivierte Menschen von einer eher „unstrukturierten" Rhythmisierung zu einer „strukturierten", was vielleicht stärker das Gefühl etwas falsch machen zu können generiert und damit die Grundeinstellung der Vor-Sicht bestärkt. Umgekehrt kamen AssyrerInnen von einer generellen Strukturiertheit zur urartäischen Unstrukturiertheit, woraus sich ergeben kann, dass das empfundene „Chaos" auch nicht gerade unbedrohlich wirkte, was von der physischen Anstrengung steiler Aufwege begleitet wurde.

Die Lage in Urartu ist so, dass zwar die Anlage von Burgen auf Bergrücken ebenfalls eine zugrundeliegende Linearität des Zugangs hervorbringt (z.B. in Bastam oder Çavuştepe; Egbers 2019b, 107). Eine Lichtrhythmisierung und Alternierung von offenen versus überdachten Räumen wie in Assyrien gibt es hingegen in dieser Form nicht. Das liegt nicht nur an der Wegeführung durch einen Burg-Komplex, sondern vor allem auch an den intern mit Säulen versehenen Räumen, die eine visuelle Erfassung des Gesamtraums verhindern, wenngleich eine gewisse Tiefe des Volumens wahrgenommen werden kann (Egbers 2019b, 107). Gerade Säulen können zudem durchaus den Verdacht kreieren, dass jemand beobachtend dahinter steht; dies trifft insbesondere auf Subalterne zu, die vermutlich mit einer inhärenten Angst des Überwacht- oder Beobachtetseins lebten.

Die Peristyl-artige Gestaltung der Tempelhöfe etwa in Altintepe, Ayanis und Kef Kalesi, produziert ein anderes als das assyrische Licht-und-Schatten-Schema, da es keine

Linearität und Bewegungsrichtung beinhaltet, auch wenn natürlich ein an der Wand und damit im Schatten Entlanggehen möglich war (Egbers 2019b, 107). Zwar war hier also eine Reduktion des Licht-Schatten-Rhythmus' erlebbar, an diese Stelle trat jedoch diese andere Alternierung, die stärker desorientierend und diffus gewirkt haben muss. Dementsprechend herrschte in der Orientierung in diesen Räumen ein größeres Potenzial für Unsicherheit und Verwirrtheit vor, wenn man sie nicht kannte. Die einzig mögliche Linearität hier war die des sich Erinnerns an den Weg, den man kam, ähnlich Ariadnes Faden oder Hänsel und Gretels Brotkrumenspur (dies gilt auch für assyrische Paläste). Eine Überlegung, die sehr wohl auf eine innere Einstellung Subalterner zutreffen kann, waren sie doch mehr auf ein schnelles Hinaus- als ein weiter Hineinkommen bedacht.

Dadurch, dass im Vergleich zu Assyrien in Urartu auch Aktivitätsbereiche nicht klar durch die Anlage von Korridoren oder Raumgruppen räumlich-sensorisch voneinander abgetrennt waren, kann auf Menschen aus Assyrien hier die sinnliche Gedrungenheit von Gerüchen und Geräuschen weiter zur Desorientierung beigetragen haben, mit der Möglichkeit, jederzeit in profane Bereiche oder aber etwa militärisch-religiöse zu laufen, ohne sich dessen vorher bewusst gewesen zu sein, da eine von außen spür- bzw. wahrnehmbare Indikation für sie ggf. fehlte oder nicht „lesbar" war. Ein Umstand, der für unter Beobachtung stehende, verunsicherte Menschen einen zusätzlichen Stressfaktor dargestellt haben kann.

Hinsichtlich des Phänomens des Wartens kann die Rhythmisierung in Assyrien, mit den sehr großen Höfen (a) entweder dafür ausgelegt gewesen sein, möglichst viele Wartende sammeln zu können;[45] (b) oder um diese Hofgrößen auszunutzen, die Wartenden gezielt zu separieren bzw. vereinzeln, d.h., Abstände zwischen ihnen herzustellen, was angesichts der offenbar an allen Toren und Übergängen innerhalb der assyrischen Komplexe stationierten „Wächter" personell durchaus möglich gewesen ist (zu dem Personal siehe Groß und Kertai 2019 oder Kap. 5.3).

Die Anlage der urartäischen Festung lässt die Schlussfolgerung auf eine solche Organisation zu des Wartens hingegen nicht zu.

6.2.1.2 Liminalität und Tastsinn

Während Tore und Türen im allgemeinen immer Liminalität symbolisieren und diese Eigenschaft sowohl in Urartu als auch Assyrien architektonisch-sensorisch durchaus betont wurde, gibt es nennenswerte Unterschiede in Gestalt und Gestaltung dieser Schwellenbereiche.

Anders als in Assyrien, besitzen wir für Urartu derzeit keine Texte, die sich zur Bedeutung und Erfahrung der Tore äußern. Während wir für Assyrien beispielsweise von der Wichtigkeit der angenehmen Gerüche und fast überirdischen Ausstrahlung der verwendeten Baumaterialien wissen (beschrieben in Kap. 3.2.1), scheinen die Tore in Urartu weniger aufwendig und detailliert geschmückt worden zu sein und andere Beachtung gefunden zu haben, obwohl die Art der Türen selbst in Assyrien und Urartu sehr ähnlich gewesen ist (oft doppelflüglige Holztüren und eine Steinschwelle bei größeren Durchgängen).

---

45   Vgl. dazu auch die Arbeiten von Alessandra Gilibert (2011; 2012), wie große Menschenmengen sich im syro-hethitischen Stadtgefüge theoretisch auf den Platzanlagen hätte einfinden können.

Im Vergleich scheinen urartäische Tore jedoch stärker aufs Funktionale zu fokussieren. Dass sie dennoch – neben der Tatsache, sowieso Türen zu sein – weitere Liminalitäts-unterstreichende Eigenschaften besaßen (wie Licht-Schatten Wechsel, andere Fußbodenbelage, z.T. Inschriften) ist archäologisch belegt. Unter diesem Gesichtspunkt mag Liminalität in Urartu von assyrisch habitualisierten Menschen möglicherweise zunächst einmal als weniger „beeindruckend" empfunden worden sein, als sie gewohnt waren (ein Umstand, der zu den Beobachtungen bezüglich des „Wartens" oben passt). Jedoch kann die Abruptheit der Schwellen zu neuen Bereichen in Urartu auch als größere „Überraschung" oder Unvorhersehbarkeit empfunden worden sein. Denn in Assyrien bauten die Liminalitäten in gewisser Weise aufeinander auf. Sie waren schlauchartig verlängert durch die Korridore und länglichen Räume und nahmen an Elaboriertheit zum Thron- bzw. Empfangssaal hin zu. Auf diese Weise konnte zwar die (furchtsame) Erwartung schleichend akkumuliert werden, andererseits bereiteten die Reliefs und größer werdenden Laibungsfiguren etc. auf den Zeitpunkt des Eintreffens im „Innersten" vor und boten erinnerungswürdige Marker bzw. Orientierung für die Bewegung durch Gebäude. Bei den stark betonten Liminalitätsphänomenen in Assyrien, z.B. den Lamassus, stellt sich auch die Frage, ob diese nicht im Sinne ontologischer Differenz gedacht werden müssen. Danach wären sie gewisserweise ein ideologisches Gefängnis für diejenigen, die von ihrer übernatürlichen Macht wissen, für Fremde aber vielleicht nicht (eine Überlegung, die nicht weiter auflösbar ist).

Die intervallischen, aber räumlich kürzeren (abgesehen von den Wegen durch die Festung wie in Bastam), dabei jedoch stark betonten Liminalitäten in Urartu, ließen mitunter ein Erahnen, aber nicht definitives Wissen darüber zu, was sich jeweils hinter den Durchgängen befindet. Das kann assyrische Subjekte in größerer Ungewissheit belassen haben darüber, wann sie sich wo wiederfinden würden und somit einen dauerhaften Zustand der Anspannung verursacht haben, der mit erhöhtem Herzschlag, Stolpern über die kleinen Stufen und intensiverer Blendung, wegen schneller abwechselnder hell-dunkel-Wechsel im Gegensatz zu Halbsichtigkeit in Korridoren, einherging. Die Konfrontation war in dieser Hinsicht, wie auch gesehen an der Farbdekoration, größer in Urartu.

Letztlich gab es sowohl in Assyrien als auch Urartu multiple Liminalitäten. Eine Gemeinsamkeit war zudem das Spiel mit Höhendifferenzen. So stieg der Empfangshof in Khorsabad leicht in Richtung Nordwest zum Thronsaalvorhof an und in Ziyaret führten zwei Stufen hoch in den „Thron"-Saal 7b. In Urartu war der Aufweg jedoch viel steiler und Teil des Liminalen, was besonders sichtbar ist in Bastam, wo das Südtor noch relativ flach bzw. nah der Ebene lag und sich von dort ein Weg hinauf zum obersten Punkt der Festung schlängelte. Das muss sich im physischen Körper stark niedergeschlagen haben z.B. als Schnaufen, Schwitzen und Entschleunigung. Diese Liminalität wurde also stärker ver*körpert*, da die physischen Anstrengung größere Auswirkung auf die sensorische Gesamtwahrnehmung hatte, bei der beispielsweise ein Teil des Hörens beeinträchtigt worden sein kann, wenn man etwa nur noch seinen eigenen Atem und den eigenen Puls hören kann; mit anderen Worten fand bei dieser Liminalität mitunter also eine stärkere „Aufmerksamkeitsumlenkung" statt.

6.2.2 Repräsentatives Regime

Das von mir als repräsentatives bezeichnete Regime umfasst die Repräsentation von politischer Ästhetik in Form von Farben, Bildern, Dekoration usw. Es ist ein normatives Regime von politischer Teilhabe. Bild-, Relief-, Musik- oder auch Farb-„Kunst" sind allesamt Träger einer normativen Reihe von Annahmen über politische Inklusivität und Exklusivität, ausgedrückt in der Frage, wer oder was der Wahrnehmbarkeit und Sensibilität würdig ist und auf welche Weise.

6.2.2.1 (Sicht-) Distanzen

Verzierte Wände erheischen unterschiedliche Sichtdistanzen und in Assyrien waren diese Distanzen streng kategorisiert. Wie in Abschnitt 5.3 beschrieben, hatten Wände und deren Bildwelt einen multi-sensorischen Effekt auf die Menschen, die sie sahen.

In Urartu gibt es so eine Distanzkategorisierung hingegen nicht. Es lässt sich hier eher von einer Modularität der ästhetischen Form sprechen: die Säulen verfügen über Risaliten, die Tempel und „öffentlichen" Gebäude ebenso. Dem hinzugefügt werden muss die Schriftästhetik. Die klar von einander separierten Keile und Ordnung des Schriftbilds kann als eine gewisse Raumordnung interpretiert werden, die eine Art eingebauter Angst oder Antipathie vor Chaos beinhaltet. Wirklich dynamische Szenen mit Dramaturgie werden vermieden und sprechen ebenfalls für diese grundsätzliche Einstellung im visuellen Bereich. Es lässt auch von einem „Sich-Fügen" sprechen; im Nahbereich für die Fassadensteine aus Basalt etc., sowohl für Ayanis als auch für Bastam. Im Distanzbereich für die einzelnen Keile der Schrift. Distanzen sind generell nie gering.

Dem steht Assyrien mit seinen in dieser Zeit immer verschlungeneren Szenen und Interaktionen, die Kampf, Bau, Bankette etc. darstellen sollen und teils von Keilschrifttexten durchdrungen sind (letzteres gilt zumindest noch im 9. Jh., später wird dies anscheinend mehr und mehr vermieden). „Berührung" dieser Szenen und Schriftzeichen innerhalb der Bildträger ist hier kein Problem, Konfrontation und Überkreuzung der „Dinge" geradezu erwünscht. Die Erwartung an dekorierte Wände war also bei assyrischen Kriegsgefangenen im Zweifelsfalle eine sehr andere als in Urartu, und dürfte bei genauerem Betrachten von Inschriften und Bildern in Unverständnis oder gar Enttäuschung geendet haben, wenn klar wurde, dass „close reading" vergleichsweise wenig anderes erbringt als „distant reading" (Egbers 2019b, 108).

Es stellt sich die Frage, was das politisch meint. Es wäre einerseits denkbar, dass es etwas wie eine „ästhetische Unterforderung" gab, andererseits kann es sich auch als „befreiendes" Entkommen aus der assyrischen ästhetischen Überfrachtung verstehen lassen. Vielleicht war es von der Überladung des „Sinns" kommend eine Art Erleichterung in ein Umfeld mit gewisserweise klarerer Ästhetik zu kommen. Dazu passt auch die Darstellung des Gottes Haldi im Symbol seiner Lanze/Waffe, was an sich ein hohes Niveau der Abstraktion ist und gleichzeitig doch „simpel" im Objekt (der Waffe) selbst. Man bedurfte hier verglichen mit Assyrien also kein „Bombardement" an Farben, Symbolen und Bildern, um Wichtiges darzustellen.

Auf der anderen Seite mag die Muster-lastige und nicht-kontextualisierte Motivik der urartäischen Bilder, wie etwa auf den Podesten im Tempelbereich Ayanis', den Bildern auf den Gürteln und anscheinend auch den Kleidern (wie auf Abbildungen zu erkennen), auf eine andere sensorische Signifikanz als etwa die „fotografische" Wiedergabe einer beobachteten Szene verweisen. Möglicherweise steht diese Bild- bzw. Darstellungswelt weniger für eine visuelle Signifikanz, als viel mehr für das „Einfangen" eines Gespürs für die teppichartige Verwobenheit des Kosmos, in dem auch Fabelwesen jeglicher erdenklicher Komposition (aus Vögeln, Menschen, Löwen, Fischen, Drachen, Ziegen uvm., wie etwa sichtbar auf dem früh-urartäischen Anzaf-Schild, das jedoch in seiner Szenerie eine Ausnahme in der urartäischen Bildwelt darstellt; s. Belli 1999) ihren festen Platz haben. Gerade auch diese Zusammensetzung von Mischwesen (Hybriden) in Urartu zeigt (s.o.), dass Pastiches kreiert wurden, indem Objekte bzw. beobachtbare Lebewesen imaginativ zerlegt und offenbar *regellos* neu zusammengefügt wurden als Chaoskreaturen. Zwar gab es auch in Assyrien Kompositwesen, allerdings existierte hier ein gewisses Repertoire an Kreaturen und damit eine Regelhaftigkeit.

Wenn auch notgedrungen spekulativ, könnte dies ein Indiz dafür sein, dass die Trennung zwischen Mensch-Tier-Natur in Urartu weitaus fließender wahrgenommen wurde und eine visuell exaktere, skalierte oder (visuell-) perspektivische Darstellung von Städten, Menschen und Situationen daher nicht Priorität hatte. *Entanglement* gezeigt, das anders als in Assyrien keine Geschichten visuell vermittelte, sondern vielleicht eher für UrartäerInnen ein Verständnis des Aufbaus der Welt transferierte bzw. zumindest andere Sinne, vielleicht z.B. eine taktile Erinnerung an Teppiche, ein Fühlen oder Riechen „mit den Augen" o.ä. ansprechen sollten (vgl. E. Carpenter 1972, 30). Das Gefühl des Fehlens von Perspektive bedeutet anders formuliert schlicht, dass offenbar eine andere als eine Augen-fixierte Perspektive gezeigt wurde, was mitunter zu Unverständnis und möglicherweise einem Unterschätzen der bildlichen Fertigkeiten der UrartäerInnen von Seiten der AssyrerInnen geführt haben kann. Vielleicht erlebte der Eine oder die Andere ein mit assyrischer Propaganda einhergehendes (Angst-)Gefühl, nun Gefangene/r einer weniger zivilisierten Bevölkerung zu sein, was wiederum den Eindruck der Verloren- und Abgeschiedenheit verstärkt haben mag. Eine andere Interpretation kann jedoch auch sein, dass man in diesem kulturellen Umfeld von einer stärkeren Disziplinierung der Körper ausgehen kann (mit Elias Norbert und Michel Foucault gedacht), was dann nicht zu jenem Eindruck der „Unzivilisiertheit" Urartus seitens assyrischer Gefangener führen würde, sondern vielmehr den Eindruck extremer Regelhaftigkeit erweckt, die zu übertreten ggf. bestraft wurde (auch wenn es keine Beweise für ein solches Szenario gibt).

Auf der anderen Seite kann es für Menschen aus Urartu schwerer gewesen sein, sich in Assyrien zurechtzufinden, mit den schon im repräsentativen Bereichen angewandten Mitteln der symbolisch-ästhetischen Konfrontation. Dort war Distanzierung nicht erwünscht und auch das Wegeregime der Gebäude in Assyrien besteht aus einem langsamen Nahekommen. Es gibt hier also die verschiedenen Distanzsphären, die jedoch zum langsamen Näherkommen einladen, also in Richtung „näher" transzendiert werden können. In Urartu gilt das so eher nicht und eine Art „konstanter Abstand" zu Ornamentik und Dekor wurde vermutlich eingehalten.

Unter Umständen sprechen Distanz und Standardisierung in Urartu für eine gestelztere, durchchoreographierte höfische Manier als in Assyrien. Das impliziert, dass es anders habitualisierten Menschen vergleichsweise schwerer gefallen sein muss, sich auf Assyrien „einzulassen", da es hier dementsprechend einen nicht so eindeutigen höfischen Ablauf gab wie in Urartu. Es wäre vorstellbar, dass eine Auswirkung dessen auf den Thirdspace urartäischer Subjekte daher Disziplin war.

6.2.2.2 Standardisierung und Homogenität

Sowohl in Assyrien als auch Urartu gab es ein hohes Maß an Standardisierung, wenn auch unterschiedlicher Art. Standardisierung der Räumlichkeit (*spatialité*) kann als Versuch der Homogenisierung der Gesellschaft bzw. Schaffung einer spezifischen Gruppenidentifikation gewertet werden, indem Erfahrungen von Raum „rationalisiert" werden und so auch die Erwartungen an Raum vereinheitlichen. Homogenität kann zur Neutralisierung oder zum Ausschluss von Andersartigkeit (*otherness*), z.B. Weiblichkeit, Behinderung, MigrantInnen, Queerness, führen (vgl. Gagliardi 1990). Manche solcher „anderen" Menschen haben möglicherweise nicht den Habitus für eine (neue) ‚formale' bzw. standardisierte räumliche Ästhetik. In diesem Zusammenhang kann „ästhetisch-räumlicher" Widerstand nicht nur Widerstand bedeuten, sondern auch als Betonung der Andersartigkeit quasi zurückschlagen. Standardisierung und Homogenisierung können somit eine Art Gefängnis kreieren, in dem die Anderen (*the other*) unsichtbar und unmündig gemacht werden, während die Eliten jene gleichzeitig, anlehnend an das unten besprochene Sichtbarkeitsregime, stets sehen, hören und sich ausdrücken können. Es entsteht eine Art „Narrativitätsungleichheit".

In Urartu ist Standardisierung besonders sichtbar in der modularen Bauweise, also dem wiederkehrenden Schema der Grundformen von Säulen, Risaliten hin zum *susi*-Tempel. Dies wird auch darin widergespiegelt, dass viele der größeren, offensichtlich zentral geplanten und durchgeführten Gebäude (auch außerhalb der Zitadellenmauer) so prominent sichtbar über bastionierte Außenmauern verfügten – eines *der* prägnanten Kennzeichen urartäischer Architektur. Die Festungsmauern besaßen nicht nur die an „öffentlichen" bzw. zentral geplanten Häusern verwendeten Risaliten, die in ihrer Form an die Tempel und Säulen angelehnt waren (bzw. andersherum), sondern ein weiteres Merkmal ist auch, dass die Mauern stets gerade und in (mehr oder minder) rechten Winkeln zueinander angelegt waren. Anders als in Assyrien, wo die Mauern auch rund bzw. gekurvt um Siedlungen gebaut wurden. Die Außenmauer Khorsabads scheint hier eher eine Ausnahme darzustellen.

Jedoch anders als in Assyrien scheint es kaum bis keine Planähnlichkeiten zwischen „normalen" Häusern und Palästen in Urartu gegeben zu haben. In Assyrien hingegen lässt sich Standardisierung in der Gliederung von (elitären) Wohnhäusern (siehe Miglus' Wohnhausmodelle in Abb. 5.4) hin zu den Palästen erkennen, mit dem wiederkehrenden Muster von um einen oder mehrere zentrale Höfe gereihte Räume (s.o.). Diese Regelung der Zugänge wurde, wie oben unten „Liminalitäten" beschrieben, vor allem durch Korridore und Innenhöfe erreicht, anders als in Urartu, wo es diese riesigen Verteilerhöfe nicht gibt. Es lässt sich also sagen, dass die Kontrolle und reine Organisation von Zugänglichkeit und Höfen für UrartäerInnen einen befremdlichen und desorientierenden Eindruck erweckt haben muss. Generell sind aber auch die Räume, nicht nur Höfe, verglichen mit Assyrien in Urartu deutlich kleiner. Bezüglich Performanz, also wie der Körper im Verhältnis zum Raum steht, ist auffällig, wie beispielsweise die Cella des *susi*-Tempels extrem klein ist und damit keine große Bewegungsmöglichkeit bietet. Enge muss mitunter ein bedrückendes, eingesperrtes Gefühl ausgelöst haben bei Menschen, die daran ggf. nicht gewohnt waren. Andererseits waren kleinere Räume während der kalten Winter sicher von Vorteil, waren sie dann doch leichter zu heizen.

Weiter ist auffällig, dass standardisierte, vermutlich zentral geplante Häuser in Urartu sowohl in- als auch außerhalb der von der Befestigungsmauer umrahmten

Zitadelle gefunden wurden. Politisch bedeutet das, dass die Trennung zwischen Macht- und Wohnbereichen eher verschwommen und gering war, urartäische Städte in der Hinsicht keine so starke Hierarchisierung wie in Assyrien hatten. Zwar lagen in Urartu mehr Bereiche der Stadt außerhalb der Mauern, was für eine gewisse Offenheit spricht, jedoch könnte die ständige Nähe zu „öffentlichen" Strukturen auch zum Eindruck der steten Konfrontation und Unausweichlichkeit von den Machthabenden geführt haben. Jedoch scheint in Urartu die offenbar zusammengehörende Sphäre des Militärisch-Religiösen nur auf den Zitadellen angesiedelt worden zu sein, signifikant durch den über die Befestigungsmauer hinausragenden Turmtempel symbolisiert (vgl. Kap. 4.3), und damit eine gewisse Trennung von den bedeutendsten Gebäudestrukturen von der Unterstadt durchaus vorgeherrscht zu haben (die politische Sphäre repräsentierende Häuser gab es auch außerhalb der Zitadelle). Da es eine solche Verbindung des Militärisch-Religiösen in Assyrien hingegen nicht gab, man hier eher von einer internen Aufteilung in religiösen Bereich (Tempel) einerseits und politisch-militärischen (Paläste/Residenzen) andererseits sprechen muss, mit in Khorsabad insbesondere den Palastbereichen über die Stadtmauer hinausreichenden Strukturen und in Ziyaret ebenfalls dem Bronzepalast an prominentester Stelle der Zitadelle, können die monumentalen, risalit-versehenen Häuser im gesamten urartäischen Stadtareal, inklusive des außerhalb der Stadtmauer liegenden Bereichs, dennoch das Gefühl der unangenehmen Nähe zu den in assyrischen Augen militärisch-politischen und im assyrischen Verständnis damit machtbehaftetsten Komplexen ausgelöst haben; auch wenn dem realiter nicht so war. Demgegenüber kann der Effekt auf UrartäerInnen in Assyrien genau invertiert gewesen sein, mit einem größeren Maß an „Entspannung" beim Verlassen der Machtbereiche.

Andererseits zeigt das Beispiel der Unterstädte von Bastam und insbesondere Ayanis, dass die Zugänglichkeit zu gewissen „Luxusgütern", wie besonderer Wandfarbe (v.a. ägyptisch Blau, wenn auch in deutlich geringerem Ausmaß als in den Oberstädten gefunden) und sogar Waffen für Menschen auch außerhalb der Festungen in anscheinend allen Bereichen der Unterstädte keine Besonderheit darstellte. Gerade diese Erreichbarkeit von Waffen in Bezug auf das urartäische Raumverständnis ist ein großer Unterschied zu Assyrien, denn durch die Verbindung des Militärisch-Politischen und das ostentative Aufhängen von Waffen als Symbol Haldis, wurde auch das Prinzip einer temporären Entmachtung des Selbst bei gleichzeitiger Bemächtigung des Gottes impliziert (selbst wenn man theoretisch die Waffen im Zweifel weiterbenutzen konnte). Ein Umstand, der AssyrerInnen unbekannt war.

Es hat den Anschein, dass die soziale und emotionale Bedeutung und Perzeption bestimmter Farben wie Blau in Urartu und Assyrien wenn nicht gleich, so doch zumindest sehr ähnlich gewesen sind. In Bezug auf die Einleitung zu diesem Kapitel, kann hier festgestellt werden, dass die (nonverbale) Kommunikation als Teil von Ästhetik (im politischen Sinne) entlang der gesellschaftlichen Straten räumlich gesehen in Urartu gleichmäßiger, vergleichsweise „gleichberechtigter" oder ausgewogener anmutet als in Assyrien. Möglicherweise spricht dies für eine weniger große Kluft zwischen den sozialen Gruppen in Urartu verglichen mit Assyrien, wovon auch Fremde wie Deportierte profitiert haben könnten. Dafür spräche die Lage der am wenigsten elaborierten Gebäude auf dem Güney Tepe von Ayanis, die vielleicht Unterkünfte von assyrischen Zwangsumgesiedelten waren, aber dennoch auch Zugang zu kleinen Mengen an Waffen (wie Pfeilspitzen, vielleicht zum Jagen?), hatten.

6.2.3 Körperlich-emotionales Regime

Der Begriff der „Körperregime" wurde vor allem in den Genderstudies geprägt (s. zusammenfassend die Aufsätze in Wiedlack und Lasthofer 2011; vgl. auch Krondorfer 2010). Es werden damit in der Regel Herrschaftsformen bezeichnet, die spezifisch auf Körper abzielen. Jeder Mensch ist demnach körperlichen Herrschaftsformen verschiedener Art ausgesetzt und folgt diesen abwechselnd bewusst oder unbewusst und in unterschiedlicher Intensität. Die Modifikation des Körpers erscheint als eine historisch-kulturelle Konstante.

In den Genderstudies wird das Körperregime unterschiedlich, oft jedoch „aktiver" (also bewusst geplant) im Sinne einer beispielsweise neoliberalen Planung von „idealen Körpern" beschrieben (vgl. Höppner 2010; Krondorfer 2010). In dem Verständnis setzt sich das Regime der Körper-Normen durch Gesellschaft, Medien, politische Interessen und internalisierte Selbstbeherrschung zusammen (Kreisky 2008, 156–58, die spezifisch auch über Fettleibigkeit schreibt; in diesem Buch wurde eine Differenzierung unterschiedlicher Körper nicht vorgenommen und überwiegend mit der Vorstellung von „Standardkörpern" gearbeitet).

Ich interessiere mich hier aber eher für die „passivere", also ungeplante bzw. nicht bewusst intendierte Seite eines Körperregimes, die nicht zwingend wissend geplant ist, sondern naturalisierter Teil des sinnlichen Aufbaus des Raums ist und die intimste Sphäre der unterbewussten, eben habituellen Wahrnehmung spezifischer Einflüsse wie der Gerüche oder Hörbarkeiten auf den individuellen Körper betrifft und beeinflusst. Solche Einflüsse gehen ineinander über, wie etwa Olfaktorik das gustatorische Empfinden anreizen kann oder Hörbarkeiten nicht selten mit Taktilität (das Spüren und gleichzeitige Hören von Bodenflächen und Raumvolumen) zusammenfallen. Solche basalen Wahrnehmungen disziplinieren und im physischen Sinne bewegen Körper. Insofern distanziere ich mich von Aspekten der Definition des Körperregimes aus den Genderstudies, da dieses m.E. eher auf der oberflächlichen Ebene der Frage nach der Gestaltung des sichtbaren und gezeigten Körpers bleibt (auch wenn dem durchaus Körper-interne Prozesse zugrunde liegen, wie Diäten, kosmetische Chirurgie, u.ä.). Ich hingegen fasse „Körperregime" weiter und verstehe darunter jene Einflüsse, wie Gerüche, Geschmäcker, Temperaturen oder Haptiken, die quasi in den Körper „eindringen" und dort entsprechend kollektiver Identifizierung und einzelner Subjektposition wirken, aber auch emotionale und physische Reaktionen auslösen können (z.B. Ekel, Heimeligkeit, Angst/Kälte/Gänsehaut, Behaglichkeit/Wärme, Stolz, Ärger/Muskelanspannung, Sehnsucht/Heimweh[46], körperliche Entspannung durch erinnerungstragende Gerüche).

Der Historiker William Reddy (1997) prägte seinerseits den Begriff des „emotionalen Regimes", mit dem er emotionale „Stile" meint, die bestimmte Systeme der politischen

---

46 Während heutzutage „Heimweh" als eher psychologisches Problem, nämlich dem Verlangen nach einem spezifischen Zuhause und der einhergehenden Trauer, definiert wird und Nostalgie als mal angenehme, mal melancholische Sehnsucht nach einer (verlorenen) Zeit, ist die ursprüngliche Bedeutung der Begriffe eine etwas andere. So erfand der Schweizer Arzt Johannes Hofer (1662–1752) das Wort Nostalgie, das er von den griechischen Wörtern νόστος (Rückkehr, Heimkehr) und άλγος (Schmerz) herleitete, um einen medizinischen Zustand des krankmachenden Heimwehs zu beschreiben und auch „Heimweh" wurde bis dahin als medizinischer Begriff verwendet. Diese Krankheit „Nostalgie" befiel demnach vor allem Soldaten und Söldner in der Fremde (einige Zeit wurde es auch die „schweizer Krankheit" genannt). Heimweh war in diesem ursprünglichen Sinne also keine Emotion, sondern ein körperlicher Zustand, der Emotionen als Symptome mit sich brachte (vgl. Matt 2007, ein Aufsatz zur Geschichte von *homesickness* und *nostalgia* (Heimweh und Nostalgie), mit besonderem Fokus auf Nordamerika).

Verwaltung charakterisieren und sich nicht direkt in der Erfahrung eines einzelnen Individuums manifestieren, sondern helfen sollen, historische Prozesse so zu untersuchen, dass die Art und Weise, wie politische Umstände das persönliche Leben beeinflussen, berücksichtigt werden. So können etwa totalitäre Regime durch die Verpflichtung zur Überwachung und Berichterstattung selbst über Familienangehörige oder NachbarInnen zu einer stärkeren und umfassenden Erscheinung von Misstrauen, Beklemmung und Furcht führen (Tarlow 2012). Die Historikerin Susan J. Matt (2011) schreibt in ähnlicher Denkweise, dass die Geschichte des Kapitalismus auch eine davon ist, wie Menschen sich die emotionale Gewohnheit von „getting and spending" aneigneten, ebenso wie neue soziale Attitüden in Richtung Neid, Ambition, aber auch (materielle) Zufriedenheit.

Ideen von Körper- und emotionalem Regime füge ich in diesem Abschnitt zusammen als „körperlich-emotionales Regime".

6.2.3.1 Olfaktorik, Gustatorik, Akustik

Es wurde bereits einiges darüber geschrieben, wie eng Gerüche mit Erinnerungen an Orte oder Situationen verbunden sind (zusammenfassend s. Mongelluzzo 2011, 312; s. auch den Sammelband herausgegeben von Bradley 2014; zu Erinnerung und generell sinnlicher Erfahrung s. auch Harmanşah 2011; Hamilakis 2013, 87; Thomason 2010, 247). Deswegen ist gerade in einer Auseinandersetzung mit deportierten Menschen die Berücksichtigung des Geruchssinns von Bedeutung, da für solche auch Gefühle beispielsweise von Heimweh eine Rolle im (neuen) Leben spielen.zumindest ist es „zu erwarten", aber ist Heimweh das Einzige Gefühl das mit Erinnerungen verbunden ist?

Für Urartu gibt es einige entscheidende Hinweise auf dominierende *smellscapes* (Geruchsräume) in Festungen und Siedlungen. Dazu zählen zunächst die Gärten. Sowohl aus urartäischen, als auch assyrischen Quellen ist bekannt, dass Obst- und Gemüsegärten ebenso wie Weinreben nicht nur neben, sondern auch in den Siedlungen angelegt waren. In Sargons „Gottesbrief" werden diese sogar explizit in Zusammenhang mit ihrem guten Duft beschrieben (siehe z.B. Mayer 1983, 89). Es werden dort außerdem die gut riechenden Zypressenbalken der Dachkonstruktionen der Häuser erwähnt, die Sargons Truppen (laut Text) ausreißen und nach Assyrien bringen (siehe Zitat oben und Mayer 2013, 117–19, Zeilen 202–11).

In Assyrien befanden sich Gärten eher außerhalb der Stadt und die besonders elaborierten scheinen dem König vorbehalten gewesen zu sein (zu Banketten und „gastropolitics" in Assyrien siehe Thomason 2016, insb. 250; siehe aber das schriftlich an einer Wand in Dur Katlimmu erwähnte „Gartenhaus" É GIS.KIRI, das möglicherweise außerhalb lag). Die guten Gerüche blühenden Obstes waren also weit separierter von den meisten Unterkünften und separierender hinsichtlich der Bevölkerung. Etwas, das in Urartu also „egalitärer" verteilt gewesen zu sein scheint, vielleicht jedoch auch deshalb, weil sie aufgrund der natürlichen, aber auch städtebaulichen Verhältnisse leichter erreichbar waren. Vermutlich vermissten UrartäerInnen in Assyrien das Grüne, das für sie sonst direkt vor der Haustür lag und von Frühling bis Herbst den Geruch von frischem Gras und blühenden Obstbäumen verströmte.

Auch die oben in Kap. 4.3 erwähnte gustatorisch-olfaktorische Signifikanz in Urartu sollte hier als Teil des körperlich-emotionalen Regimes genannt werden. Die gigantischen Lagerräume Urartus, in denen u.a. Wein, Öl, Sesam, Getreide u.ä. gespeichert wurden, gab es so in assyrischen Städten, wie z.B. auch Tušhan (Matney u.a. 2003, 188, Abb. 10), nicht (Schachner 2007, 196). In Urartu gab es freilich wegen der langen, harten Wintern wohl eine größere Notwendigkeit für solche großen Vorratssysteme. Doch diese Notwendigkeit evozierte auch eine Kultur der Gustatorik, die anscheinend nicht allein Eliten vorbehalten war. Es ist sehr wahrscheinlich, dass bei Festen rhythmische Musik gespielt wurde, zu der Tanz und Akrobatik gehörten und auch am Rande Teilnehmende zu Bewegung oder Klatschen anregten (worauf im nächsten Abschnitt näher eingegangen wird). Dabei wurden Speisen und Wein konsumiert, die im Gesamtensemble des Sensoriums ein gemeinschaftsstiftendes, erinnerungswürdiges Ereignis ergaben, das möglicherweise auch für die in urartäischen Städten befindlichen AssyrerInnen zugänglich war und dabei auch positive Emotionen der (zumindest temporären) Zufriedenheit ausgelöst haben kann.

Auf assyrischer Seite wissen wir ausdrücklich durch Texte, aber auch durch bildliche Darstellungen von der Wichtigkeit und Macht von Gerüchen. Düfte, also als angenehm empfundene Gerüche, waren in Assyrien anscheinend auch mit Materialien wie Stein verbunden und konnten u.a. heilende Eigenschaften besitzen. Auch die obligatorischen Bäder der Empfangssäle können als Teil einer gewissen Hygiene und damit körperlichem Wohlgeruch gesehen werden. Die Könige wurden mitunter mit gut riechendem Öl besprenkelt und Räuchermittel werden in ihrer Gegenwart verbrannt (Parpola 1997, 3). Ein Aroma, das mitunter mit Luxus und Zugang zu teuren bzw. seltenen Parfüm in Verbindung stand. Auch ist aus Texten bekannt, dass Duftstoffe und Aromen bei der assyrischen Elite beliebte Geschenke waren. Dazu zählten u.a. Thymian, Zuckerrohr, Wacholder, Kurkuma, sowie die Gerüche von Zedern- und Zypressenholz (vgl. Thomason 2016, 252–54). Vielleicht gab es auch wegen dieser Präferenz für guten Geruch bei den späteren Eroberungen assyrischer Städte u.a. durch medische und babylonische Truppen offenbar gezielte Zerstörungen der Nasen von auf Reliefs dargestellten Personen (zur Zerstörung von Nasen in Nimrud s. Porter 2009; Nylander 1980 zur Zerstörung von Ohren auf assyrischen Reliefs; zu politischem Ikonoklasmus vgl. auch oben unter „Übernatürliches")?

Weiterer Hinweis auf die Bedeutung der guten Gerüche als Aspekt des assyrischen körperlich-emotionalen Regimes geht auch aus der Beschreibung vom königlichen Garten und seinen Wegen auf der Bankettstele Assnurnasirpals II hervor: „Fragrance pervades the walkways. Streams of water as numerous as the stars of heaven flow in the pleasure garden." (Grayson 1991, 290). Gerade bei solchen assyrischen Banketten kamen somit gleich eine Reihe an sensorischen Eindrücken zusammen: so spielte neben den beschriebenen Gerüchen und der Gustatorik der Speisen auch Haptik eine bedeutende Rolle u.a. durch die gravierten Metallschalen, die offensichtlich verwendet wurden und neben dem visuellen Glanz auch in ihrer Größe angenehm in der Hand lagen sowie ertastbare Muster besaßen (s. Kap. 3.2.1; Thomason 2016, 250, die auch darauf verweist, dass es offensichtlich günstige Kopien aus Ton von diesen Schalen gab, die in anderen residenziellen Kontexten ausgegraben wurden; vgl. z.B. Hausleiter 2008). Politisch oder emotional gesehen für UrartäerInnen in Assyrien bedeuten diese Beobachtungen jedoch nicht, dass sie (zumindest als Bewirtete) an solchen Veranstaltungen teilnehmen durften. Zwar wird in einigen schriftlichen Quellen beschrieben, dass der assyrische König in äußersten Ausnahmen riesige Feste auch für die weniger privilegierte Stadtbevölkerung ausrichtete. Abgesehen von der Frage nach der Glaubwürdigkeit dieser Beschreibungen, waren solche Festlichkeiten jedoch sicher keine regelmäßig wiederholten. Insofern gestaltete sich das Leben von UrartäerInnen in Assyrien im Zweifel deutlich trister als „Zuhause" in Urartu. Im Zusammenhang mit solchen Festlichkeiten sei auch darauf verwiesen, dass die Fauna-Untersuchungen in Ziyaret Tepe zu dem Ergebnis kamen, dass möglicherweise in den Höfen des Palastes ganze Tiere geschlachtet und verwertet wurden (Greenfield, Wicke und Matney 2013, 68–69). Dies hätte auch eine starke, insbesondere olfaktorische, Wirkung gehabt. Jedoch stehen diese in keinem Vergleich zu den hunderten von Tieropfergaben in Urartu. Es ist dennoch eine Überlegung wert zu fragen, ob der Geruch von Blut möglicherweise (zumindest in Assyrien) als etwas „Gutes" wahrgenommen wurde, da es angesichts der Vorliebe und Betonung angenehmer Gerüche sonst fragwürdig wäre, warum Schlachtungen – heute eher als Gestank wahrgenommen – ausgerechnet *im* Palast durchgeführt wurden.

6.2.3.2 Hörbarkeiten und Taktilität

Im Hinblick auf die topographischen Unterschiede Assyriens und Urartus sei auch auf die klimatischen Verschiedenheiten verwiesen. Denn diese beinhalten auch Hinweise auf Taktilität und dem Empfinden von Temperatur. Auf einer ganz basalen Ebene, muss der harsche Winter Urartus ein Schock für Menschen aus Assyrien gewesen sein, nebst dem Erleben des heftigen Schneefalls, der die Täler im Winter voneinander abtrennt. In seinem Bericht über die Erfahrungen als Gefangener in Guantanamo spricht Mohamedou Ould Slahi oft über die Wärme oder Kälte in den Räumen seiner Gefangenschaft und Folter, da dies für ihn offenbar eng mit einem generellen Empfinden von Situationen und seinem mentalen Zustand in Zusammenhang stand. So schreibt er z.B.: „Ich spürte die Wärme des Raums, den ich betrat. Wenn man Angst hat, braucht man Wärme" (Slahi 2015, 225). Auch wenn es sich bei seinen Erfahrungen um eine zeitlich und räumlich gesehen gänzlich andere politische Situation handelt, denke ich doch, dass sich in Aspekten seiner Gefangenschaft und dem damit verbundenen Martyrium durchaus Parallelen des Empfindens des Ausgeliefertseins zu möglichen Kriegsgefangenen der Eisenzeit ziehen lassen. So wie z.B. Kälte in trostlosen Situationen als noch schneidender wahrgenommen werden kann, als wenn man glücklich ist (Sinnesverstärkung). Es stellt sich m.E. durchaus die Frage, ob aus diesem Grund der erste Winter für AssyrerInnen in Urartu doppelt unangenehm war: wegen des erstmaligen Erlebens eines solchen Winters und wegen der Angst und Ungewissheit?

Topographie und Klima sowie damit einhergehend die Fauna, bedeuten andererseits aber auch Differenzen in der jeweiligen *soundscape* (Schafer 1993; s. auch Kap. 3.2.1). Denn ebensowenig wie sie „Temperatur-neutral" war, war die Vergangenheit stumm (s. die Antwort von Ezra B.W. Zubrow und Torill Christine Lindstrøm auf Blake und Cross 2015 in Blake und Cross 2015, 95, „The Silent Past"). So kann beispielsweise in einem stark bewaldeten Umfeld Klang ein nützlicherer und damit signifikanterer Sinn sein als etwa Sicht (vgl. Blake und Cross 2015). Die Intensität der Windgeräusche, sei es ein sanftes Rauschen oder stürmischeres Pfeifen, kann in Urartu stärkerer Variabilität unterlegen haben, abhängig davon, ob man sich auf einem Berggipfel bzw. einem hoch gelegenen, wind-ungeschützten Punkt auf der Festung befand oder aber im Tal. Dahingegen gab es sicher auch in Assyrien Windböen oder gar Sandstürme, die aber in der Stadt von den 12 m hohen Stadtmauern zumindest teilweise abgeblockt werden konnten und höchstens auch auf den Dächern gespürt und -hört wurden. Dazu passt auch ein weiterer Aspekt des klanglichen Erlebens der assyrischen *spatialité*: die hallenden, mit Steinplatten gepflasterten Korridore, die es in dieser Art in Urartu nicht gab. Bezogen auf auditives Wahrnehmen besaßen sie gleich zwei Eigenschaften: Zum einen können sie als *aural cut outs* betrachtet werden, also nach Mongelluzzo (2013) Areale, die zur Separation von Hörbereichen dienten. Auch in Assyrien besaßen Korridore eine solchen Effekt, indem sie die am jeweils anderen Ende liegenden Höfe auch akustisch voneinander trennten. Auf der anderen Seite hatte das Bewegen durch die engen Korridore seinen ganz eigenen, schallenden und mitunter scharrenden Klang, der besonders im Kontrast zu den Lehmböden der größeren, unüberdachten Höfe amplifiziert wahrgenommen worden sein muss (vgl. McMahon 2016a und Abb. 5.17).

Im Vergleich besaß die urartäische *spatialité* eine anders geartete auditive Struktur, was sich auch anhand der Instrumente erkennen lässt. Wie schon oben angemerkt, scheinen die Musikinstrumente in Urartu größtenteils rhythmische gewesen zu sein, die zu Bewegung und Mitklatschen einluden und audio-visuelle Eigenschaften – quasi ein Hören mit den Augen – mit sich brachten (Seidl 2009). Musik involviert nie allein den Hörsinn, sondern durch Gesten, Vokalisation und Klangwerkzeuge (nicht nur Musikinstrumente, sondern alle möglichen klangerzeugende Gegenstände und Körperteile) immer auch weitere Sinne (vgl. Kap. 3.2.1). Gerade in Verbindung mit Banketten und Festen, wie sowohl auf assyrischen, als auch urartäischen Bildträgern gezeigt, muss der gemeinschaftsbildende Effekt, der durch besondere Gerüche u.ä. erweckt und rück-besonnen wurde, bei solchen Anlässen besonders intensiv gewesen sein. Begleitet wurden solche Feste vermutlich auch von Vogelgezwitscher aus den Gärten (oder gefangenen Vögeln, s.u.).

Aber auch bei alltäglichen Aktivitäten könnten gesungene, gesummte oder gepfiffene Lieder und Melodien ein Zusammengehörigkeitsgefühl vermittelt haben, das mobil in die Fremde „mitgenommen" werden konnte und damit Bedeutung über das Musizieren selbst hinaus besaß. Ganz basal kann dazu natürlich ebenfalls der Klang der eigenen Sprache (oder Sprachen) gezählt werden, der sich gerade in der Fremde und in Zuständen von Angst oder Verlorenheit auch aus lauten oder lärmigen Umfeldern abhebt. Neben dem Verstehen des Gesagten bringt allein die Melodie der vertrauten Sprache durchaus Gefühle von Vertrautheit und Sicherheit mit sich. Dieser positive Effekt kann also selbst dann eintreten, wenn es nicht zu einem Gespräch mit der entsprechenden Person kommt oder allein zur phatischen Kommunikation, also zum Austausch von inhaltslosen Floskeln, die aber eine bestärkende soziale Funktion erfüllen (zur sozialen Bedeutung phatischer Kommunikation siehe Coupland, Coupland und Robinson 1992). Sowohl für AssyrerInnen in Urartu und umgekehrt spielte dieser klanglich-emotionale Aspekt der mobilen *soundscape* natürlich eine mitunter bestärkende Rolle im Leben in der Fremde (und gerade die Unterstadt von Ayanis scheint ein Beispiel dafür zu sein, dass deportierte Menschen gleicher kollektiver Identität und daher vermutlich auch Sprache durchaus beisammen leben durften).

Auch Tiergeräusche können im Tal und besonders zwischen Gebäuden in Urartu amplifiziert worden sein, was vielleicht von AssyrerInnen als gewisse Lautstärke, vielleicht sogar Lärm, wahrgenommen wurde (zu „Lärm" und seiner kulturellen Bedeutung siehe Mills, 94, in Blake und Cross 2015). Ein weiterer Aspekt, der aus der Geräusch- aber auch Geruchswelt Urartus vermutlich nicht wegzudenken war, war die Pferdezucht (vgl. Gökce und Işık 2014, 21, die der Meinung sind, dass die Pferdezucht in Urartu komplett in der

Hand des Staates" lag). Pferde wurden nicht nur für Arbeits-, Transport- oder militärische Zwecke genutzt, sondern auch als Unterhaltung beispielsweise in Sportwettkämpfen (Gökce und Işık 2014, 4). In nahezu allen bisher erforschten urartäischen Orten wie etwa Karmir Blur, Giriktepe, Erzincan-Altıntepe, Erebuni, Toprakkale u. v. m. gab es Hinweise auf Pferdehaltung, sei es in Form von Pferdeskeletten, oder auch Ställen, Abbildungen und Figurinen, textlichen Erwähnungen oder Pferdezubehör (Gökce und Işık 2014, 15). Dieses „Steckenpferd" Urartus war auditiv präsent durch das Glöckchengeläut der Pferdegeschirre (vgl. auch Abb. 3.5) sowie Gewieher, aber sicher auch olfaktorisch durch den unverkennbaren Gestank von Pferdemist. Beispielsweise von Bastam wissen wir, dass es Dressurplätze in der Nähe der Siedlung gab und Ställe sowohl auf der Zitadelle, als auch in den Siedlungen zu finden waren. Dort gab es auch bei den beiden Festungstoren Ställe.

Die Situation in Assyrien war in Teilen ähnlich, da es auch hier Pferdeaufzucht gegeben haben muss. Aus Reliefdarstellungen ist bekannt, dass auch in Assyrien Pferde mit Glöckchen versehen waren (vgl. Gökce und Işık 2014, 12, die auf ein Relief Assurbanipals verweisen) und beispielsweise im „Dienstleistungsbereich" im Palast Khorsabads gab es eventuell Pferdeboxen. Es macht allerdings den Eindruck, als sei der kreierte Abstand zwischen Pferden und Menschen in Assyrien größer gehalten worden. Neben den textlichen, ikonographischen und archäologischen Quellen muss generell davon ausgegangen werden, dass Pferde allein wegen der fragmentierten Topographie und den steilen Bergen und Hügeln in Urartu von größerer Bedeutung und breiterer Anwendung gewesen sein müssen (vgl. Gökce und Işık 2014, 22, die auch im Bezug auf ethnographische Arbeiten aus Anatolien darauf verweisen, dass die Tiere äußerst Kälteresistent sind und auch anderen Widrigkeiten, wie schlechter Ernährung, standhalten).

Bezüglich der weiteren assyrischen (Städte-)Fauna werden beispielsweise in einer königlichen Inschrift von Sanherib explizit der Klang des Gezwitschers und Flügelschlags von Vögeln beschrieben, der offenbar als angenehm wahrgenommen wurde (Grayson und Novotny 2012, 76–77). Neben der rituellen bzw. weissagerischen Bedeutung von Vögeln in Assyrien für das Lesen von Omen (durch den Vogelflug, aber auch Leberschau), scheinen sie auch als Haustiere in Käfigen gehalten worden zu sein (so wie möglicherweise im Palast von Tušhan). Als Nebenbemerkung zu Vögeln möchte ich auf die Kaluli verweisen, eine Bevölkerungsgruppe auf Papua-Neuguinea, bei denen die Gesänge der Vögel als Stimmen der Vorfahren gelten und auch in den Mythen Mensch-Vogel-Transformationen vorkommen (Feld 1984, 395). Thomason (2016, 259) beschreibt darüber hinaus auch das Rascheln und Schnauben von Wildschweinen und anderen „exotischen" Tieren, die speziell für die königliche Jagd in den Gärten und Ebenen um die Hauptstädte ausgesetzt wurden.

Auf der anderen Seite könnte die stärkere Separation von Aktivitäts- und damit auch sensorischen Bereichen in Assyrien, die offensichtlich auch für die Gärten galt, ebenso als Hinweis auf mehr gepflasterte oder anders präparierte Straßen im urbanen, deutlich von Gärten und Land getrennten Areal interpretiert werden. Die besondere Bedeutung von Pflasterstraßen hat Ingold in einem anderen Zusammenhang hervorgehoben, der mich an das städtische Gefüge in Assyrien verglichen mit Biainili erinnert. Ingold schreibt (2004, 326):

> „Nevertheless by public works, most metropolitan societies have transformed their urban spaces into something approximating the parade-ground, by paving the streets. In so doing, they have literally paved the way for the boot-clad pedestrian to exercise his

feet as a stepping machine. No longer did he have to pick his way, with care and dexterity, along pot-marked, cobbled or rutted thoroughfares, littered with the accumulated filth and excrement of the countless households and trades whose business lay along them. Dirt is the stuff of tactile (and of course, olfactory) sensation."

Natürlich gehe ich nicht davon aus, dass die assyrische Stadt in dieser Hinsicht mit einer modernen Metropole verglichen werden kann. Punkte wie Hygiene, Schuhwerk und Abfallbeseitigung sind für Assyrien (und erst recht Urartu) bisher kaum untersucht. Der für mich interessante Aspekt, der aus Ingolds Zitat hervorgeht, ist jedoch die Verbindung von taktiler und olfaktorischer Wahrnehmung, die mit der Organisation von Städten und Straßen einhergeht. Diese muss für UrartäerInnen in Assyrien befremdlich gewirkt haben, da es in Urartu ein stärkere Vermischung von Natur in den Siedlungen gab und zumindest bis dato keine großen Straßen und Wegenetze in Städten wie in Assyrien nachgewiesen werden konnte. Diese Befremdlichkeit muss sich für UrartäerInnen gerade im Alltag, in ihrem gelebten Raum, als teilweise Verwirrung niedergeschlagen haben, derer es sicher einer langen Umgewöhnungs- bzw. Umlernphase bedurfte.

6.2.4 Sichtbarkeitsregime

In dem Jahr 2011 herausgegebenen Sammelband „Sichtbarkeitsregime. Überwachung, Sicherheit und Privatheit im 21. Jahrhundert" prägten die PolitologInnen und SoziologInnen Leon Hempel, Susanne Krasmann und Ulrich Bröckling den Titel-gebenden Begriff des Sichtbarkeitsregime. Zuvor gab es englischsprachige Artikel, die den Ausdruck „visibility regime" oder „regime of visibility" verwenden (z.B. Lalvani 1995 mit einem politischen Überblick über die Entwicklung von Überwachung und staatlichen Kontrollsystemen vom 19. Jh. bis heute; van Winkel 2006 mit einem kritischen Ansatz zur Untersuchung zeitgenössischer visueller Kultur, insb. Architektur und Werbung; ich beziehe mich hier jedoch weitestgehend auf Hempel, Krasmann und Bröckling 2011c; s. auch Weizman 2007, der von „politics of verticality" in seiner Abhandlung über die Landschafts- und Architekturpolitik in den israelischen Siedlungen der Westbank spricht; Scott 1999, der mit seinem „Seeing like a State" jedoch eher das metaphorische Sehen meint). Wenngleich die Autoren und Autorinnen im Buch sich mit Überwachung und Politiken unserer Zeit beschäftigen, hält das Konzept doch Implikationen bereit, die sich auch im archäologischen Kontext des 1. Jts. v.u.Z. wiederfinden lassen. So definieren Hempel, Krasmann und Bröckling in ihrer Einleitung (2011b, 8):

„Sichtbarkeitsregime sind soziale und technische Arrangements, die Ordnung stiften oder stabilisieren, Gefährdungen abwehren und Abweichungen korrigieren sollen und selbst eine Ordnung des Beobachtens und Beobachtetwerdens, des Zeigens und Verbergens etablieren."

Sie verweisen, in Anlehnung an Foucaults „Überwachen und Strafen" und Rancières „Le partage du sensible", darauf, dass das staatliche Auge nicht nur alles sehen will, sondern dass es auch will, dass man weiß, dass es alles sieht (Hempel, Krasmann und Bröckling 2011b, 7–9; siehe dazu auch Coopers 2019 „Feeling like a State"). Dieses über allem ruhende Auge besitze einen festen Platz in der religiösen und politischen Ikonographie und ist daher extrem wichtig in der Konstitution der Macht. Darin sollen BürgerInnen gläsern sein, die Macht hingegen unübersehbar und opak (Hempel, Krasmann und Bröckling 2011b, 7). Hempel, Krasmann und Bröckling lassen jedoch nicht außer Acht, dass Sichtbarkeiten auch immer Schatten und Dunkelfelder erzeugen und sie dieser auch als Legitimation für Intervention bedürfen. Laut dem Politikwissenschaftler Herfried Münkler (2009, 26) ist Macht dort, „wo die Verfügung über das Verhältnis von öffentlich und geheim, sichtbar und unsichtbar angesiedelt ist". Es geht also genau um die Kontrolle beider Seiten, ist aber nicht nur visuell, sondern wirken auch Gesellschafts-generierend und -formend (Hempel, Krasmann und Bröckling 2011b, 10).

Prinzipien der Logik von Sichtbarkeitsregimen lassen sich auch für Assyrien und Urartu feststellen. Verschiedene Facetten der Ausführung, Etablierung und Skalierung des jeweiligen Sichtbarkeitsregimes stehen im Fokus dieses Abschnittes.

6.2.4.1 Vertikalität – Horizontalität

Ein Kriterium, welches ich als zum Sichtbarkeitsregime gehörend definiere, ist Vertikalität (s. Weizman 2007). Gebäude werden dreidimensional, d.h. als Volumen wahrgenommen (vgl. Egbers 2019b, 102). Dabei sind „Türme" Volumen, bei denen die Grundmaße Länge und Breite kleiner sind oder erscheinen als ihre Höhe. Im Verhältnis zum menschlichen Körper ist „Turmhaftigkeit" oder eine übergroße Vertikalität etwas, dass zum Gefühl des Überwältigtseins, der Einschüchterung oder Bewunderung führen kann. Turmhaftigkeit wurde in Urartu stärker und öfter genutzt als in Assyrien. Wie in Kap. 4.1.3.3 beschrieben wird etwa der Staatsgott Haldi in einem Typ von Turmtempel verehrt, dessen Maße und Form standardisiert sind und der vermutlich eine beträchtliche Höhe besaß. Zusätzlich waren diese Turmtempel auf hohen Bergrücken gebaut, sodass sie alles überragten (vgl. Egbers 2019b, 103). Darüber hinaus lagen die urartäischen Burgen generell auf Bergen bzw. Felsmassiven, was dazu führte, dass eine beträchtliche Steigung des Weges (oft über 20%) vom Fuße der Festung bis zum höchsten bebauten Punkt Teil des Erfahrungsbestands „urartäische Burg" ausmachte (diese urartäische Vertikalität ließe sich mit Weizman 2007 auch als „politics of verticality" bezeichnen).

Im Kernland Assyriens sah dies deutlich anders aus, da dies aus flacher Steppenlandschaft bestand und somit ein steiler und dadurch verlangsamter Aufstieg zu Gebäuden auf Felsen nicht gegeben war. Dennoch gab es Vertikalität, da allem Anschein nach Thronräume in den Palästen höher gelegen waren als andere Räume des Palastes (Egbers 2019b, 106). Auch lässt sich sofort an die hohen Zikkuratbauten denken, die gerade in der flachen Umgebung einen starken Eindruck gehabt haben müssen. Anders als die schlanken, glatten Turmtempel in Urartu sind Zikkurate jedoch abgestuft und vermitteln damit im Vergleich eher den Eindruck eines Bergmassivs (vgl. McMahon 2016b). Das bedeutet, dass in Urartu unter Zuhilfenahme der Topographie Vertikalität auf spezifische Weisen untermalt wurde und mitunter stärker ausgeprägt war als in Assyrien. Auf Menschen aus dem assyrischen Kernland muss diese urartäische Vertikalität daher eine starke Wirkung gehabt haben vgl. Egbers 2019b, 105). In diesem Zusammenhang muss zudem erwähnt werden, dass die besonders hohen Gebäude in Assyrien über Treppen verfügten. Diese Vertikalität war also deutlich sichtbar begehbar – ganz im Gegenteil zum sehr wahrscheinlich fensterlosen und glatten Turmtempel in Urartu. Außerdem war die Grenze zwischen urbanem Innen und „natürlichem" Außen in Urartu wesentlich weniger scharf als in Assyrien, da hier die Festung dem Berg angepasst war und ein Großteil der Siedlung außerhalb der Befestigungsmauern lag. In der flachen Ebene Assyriens hingegen war die aufstrebende Stadt mit dem guten ausgebauten Straßennetz, welches dorthin führte, womöglich von weiter her bereits sichtbar.

Diese Beobachtungen werden untermauert von der Tatsache, dass AssyrerInnen ein eher „poetisches" und teils ängstliches Bild der Hochgebirgslandschaft geben (zu bildliche Darstellungen von Urartus Burgen in assyrischer Ikonographie z.B. auf den Balawat-Toren siehe Gunter 1982, insb. Pl. I a–d). In Abschnitten aus dem „Gottesbrief" an den Gott Assur von Sargon II, im Bezug auf dessen 8. Feldzug gen Norden im Jahre 714 v.u.Z., wird beispielsweise geschrieben (für Text und Übersetzung siehe Mayer 1983 und 2013; vgl. auch die Interpretation der Beschreibungen von Oppenheim 1960; Kravitz 2003):

„[96] Am Uauš, dem hohen Berge, dessen Gipfel an das Gebilde der Wolken im Innern des Himmels heranreichen, [97] dessen Stätte seit Ewigkeit her kein lebendes Wesen durchquert hat, und in dem kein Wanderer einen Pfad entdeckt hat [98] und über den kein geflügelter Vogel des Himmels fliegt und (in dem) er zum Flüggewerden [seiner] Jungen [kein] Nest [bau]t, [99] der spitze Berg, der gleich einer Dolchklinge aufgerichtet ist und dessen Mitte die Schluchten der Gießbäche fer[ner] Berge [durchschneiden (?)], [100] wo in der großen Hitze und in der tiefsten Winterkälte der Bogenstern (Canis maior) und der Sirius morgens (und) nachts [...]-en ihr Aufleuchten, [101] auf dem Schnee Tag und Nacht geschichtete, dessen Gestalt ganz und gar [...] und Eis (ist), [102] (wo) jeder, der ihn passiert, durch den Ansturm des Orkans seinen Körper schlägt (und) durch die Ma[cht der Kält]e sein Fleisch verbrannt wird." (Mayer, 1983, 77, Zeilen 96–102; vgl. Mayer 2013, 117–19).

Und weiter darin die Beschreibung der Region „Ulchu", ein Teil des urartäischen Hoheitsgebiet:

„Rusa, der König, ihr Fürst, hatte nach [seinem Herzens]wunsch [das Her]vorkommen von Wasser gezeigt. Einen Kanal, der fließendes Wasser brachte, gru[b er und ein Gewässer des] Überflusses wie den Euphrat ließ er fließen. Zahllose Gräben leitete er von seinem Bett [ab] die Felder ließ er bewässern. Seine öde Flur, die seit jenen Tagen [...] und Obstbäume und Weinstöcke ließ er wie mit Regen beregnen. [...] Das Areal seiner wüsten Fluren machte er zu Auen [...] sehr im Frühjahr (und) Pflanzen und Weisen im Winter (und) Herbst nicht aufhören. [...] Einen Palast – eine königliche Wohnstätte – [erbaute er] zu seinem Vergnügen am Kanalufer, überdachte ihn mit Zypressenbalken und machte seinen Duft gut." (Mayer, 2013, 117–19, Zeilen 202–11).[47]

Auch auf Bronzereliefs der Balawat-Tore, im assyrischen Imgur-Enlil (akkadisch „Enlil hat zugestimmt"), im heutigen Irak, wurden urartäische Festungen aus assyrischer Perspektive dargestellt (Abb. 6.2, interpretierbar als Sieg über den Blick oder auch die Natur als „Überkamera"; Gunter 1982; Schachner 2007, 194–97 für Urartu; Curtis und Tallis 2008; vgl. auch Kap. 5).

---

47 Vgl. auch Mayer 1983, 89, Zeilen 202–11. Später erwähnt Sargon II, dass er die Zypressenbalken ebenfalls ausreißen und mit nach Assyrien nehmen ließ, so wertvoll schien dieses Holz.

Für UrartäerInnen (urartäisch räumlich subjektivierte Menschen) in Assyrien mag ein Gefühl der Überwachung, die es durchaus gab, „vertikal gesehen" daher nicht als so präsent wahrgenommen worden sein, wie es eigentlich war. Stattdessen sahen sie sich eher mit der ihnen in der Form unbekannten, labyrinthisch wirkenden Horizontalität konfrontiert.

Dagegen sind die urartäischen Ingenieursleistungen auf einem derart schwierigen Gelände erstaunlich: (a) Burgenbau (b) Tempelbau und architektonische Präzision (c) Topographie und Bewässerungsanlagen. Urartu war ein Reich, für das die Beherrschung der Landschaft in mehrfacher Hinsicht wichtig war (a) praktisch: Zugang zu Landesteilen, sobald das Wetter es erlaubte (b) ideologisch: Überzeugungsarbeit, dass die Unterordnung unter den Staat eigenen Interessen diente (c) symbolisch: „Landschaftszeichen": Burgen, besonders aber die *susi*-Tempel als weithin sichtbare Anzeichen urartäischer Kontrolle. Sowohl aus den Zitaten aus dem Gottesbrief, als auch aus den ikonographischen Repräsentationen der auf den Bergen stehenden Burgen geht hervor, dass diese Leistungen für die AssyrerInnen durchaus beeindruckend waren.

In einem unpublizierten Aufsatz konnte Felix Wolter (2014) darstellen, dass insbesondere die Bergwelt des Zagros und Taurus in assyrischen Quellen teilweise als die eigentliche Feindin dargestellt wird, z. T., um das Ausbleiben eines Kampfes aufgrund von Flucht der BewohnerInnen mit einer heroischen Geschichte zu kompensieren und z. T., um auf die Beschwerlichkeit und Feindseligkeit der durchquerten Gefilde zu verweisen. Für assyrisch habitualisierte Menschen war ein Sichtbarkeits- bzw. Überwachungsregime aufbauend auf künstlich erzeugter Vertikalität sicher normal. So war das Alltagsleben im urbanen

Abbildung 6.2. Umzeichnung der auf dem Bronzerelief eines der Balawat-Tore dargestellten urartäischen Szenen (Band II; Schachner 2007, Taf. 2, unterer Teil, Zeichnung von Cornelie Wolff; vgl. Gunter 1982, Pl. Ic)

Raum sowohl von den Palastdächern als auch den Stufen der Zikkuratbauten tatsächlich oder gefühlt stets überwacht (vgl. Egbers 2019b, 105). Ein solches Sichtbarkeitsregime über eine *shared roofscape* existierte so in Urartu nicht. Assyrisch subjektivierte Menschen dürften sich – bis zum Zeitpunkt, an dem sie vielleicht die Raumstrukturen genauer verstanden – stärker als in Assyrien beobachtet gefühlt haben, obwohl das Gegenteil der Fall war (Egbers 2019b, 105). Insofern ist ein Vergleich zum Foucault'schen Panoptikum für Assyrien angemessen, da die Sichtbarkeit eindimensional bzw. einseitig war, in Urartu jedoch nicht, da es hier Inter-Visibilitäten gab. Für UrartäerInnen mag die Horizontalität und gewisse Behinderung ihrer Sichtbereiche beengend und einschließend gewirkt.

Ein weiterer für AssyrerInnen unbekannter Aspekt der Überwachbarkeit lässt sich auch an der urartäischen Anlage der Stadttore sehen, die so angelegt sind, dass beim Auf- bzw. Abweg zu oder von ihnen direkt an der Stadtmauer entlangführen, anders als in Assyrien, wo man im flachen Gelände in der Regel frontal auf sie zulief. Blickten assyrische Menschen möglicherweise immer wieder die Mauern hoch beim Erklimmen oder Verlassen der urartäischen Zitadelle, um zu sehen, ob über ihnen jemand seine/ihre Augen auf sie legte?

Dies steht im Gegensatz zur Architektur und Organisation von Urartus Zitadellen. Denn bei letzteren bestand immerhin die Möglichkeit, in die Gegend und Umgebung zu schauen und z. T. zumindest zu sehen, woher man kam. Assyriens labyrinthische Palastgebäude sind hingegen nicht mit der Möglichkeit einer solchen „Rück-Sicht" ausgestattet (wie auch unter „Raumrhythmisierung" oben erwähnt). Somit ließe sich anlehnend an Scott (1999, „Seeing like a State") sagen, dass der nicht erwiderbare Blick (metaphorisch oder real) in Assyrien eine wesentlich wichtigere Rolle spielt als in Urartu.

6.2.4.2 Übernatürliches

„Übernatürliche" Präsenzen wie die von Gottheiten und mythischen Wesen müssen m.E. für Urartu und Assyrien als einflussreicher Teil der real erlebbaren Welt verstanden werden (vgl. Bahrani 2003, 171, die z.B. zum königlichen Abbild schreibt: „In ancient Iraq the king's image represented himself, the specific person, not just as a representation or even a symbol, but as a substitute, a double. Statues of kings were regarded as real things.") Während es in beiden den sog. heiligen Baum als rituelles Objekt und Abbild, überwiegend in Tempeln, gab, scheint darüber hinaus die Repräsentation, oder ontologisch besser gesagt, die Materialisierung und Anwesenheit übernatürlicher Kräfte in Urartu teils abstrakter gewesen zu sein, als in Assyrien der Fall, wie überdeutlich an den Haldi verkörpernden Waffen abgelesen werden kann. Letztere wiederum sind unwillkürlich mit dem Phänomen des Glanzes verbunden. Wie in Abschnitt 4.3 beschrieben, wird auch durch die Darstellung von Gottheiten auf dem sog. Anzaf-Schild sichtbar, dass allen voran Haldi von einer strahlengleichen „Aura" umgeben ist und sogar sein Speer strahlt, aber auch einige andere Götter (auf dem erhaltenen Fragment scheinen nur männliche Gottheiten zu sehen zu sein) mit Glanz im weiteren Sinne in Verbindung stehen, wie z.B. der direkt hinter Haldi stehende Wettergott Teišeba mit Blitzbündeln in den Händen und wieder dahinter der Sonnengott Šiuini, mit seinen „Sonnenflügeln" (Abb. 6.3; ein genaue Beschreibung der Szenen auf dem Anzaf Schild stammt von Belli 1999). Damit besäße sowohl die Materialität der verkörpernden Objekte glänzende Eigenschaften, als auch abstrahiert die Göttlichkeit selbst. In Assyrien hingegen wurde dem assyrischen König,

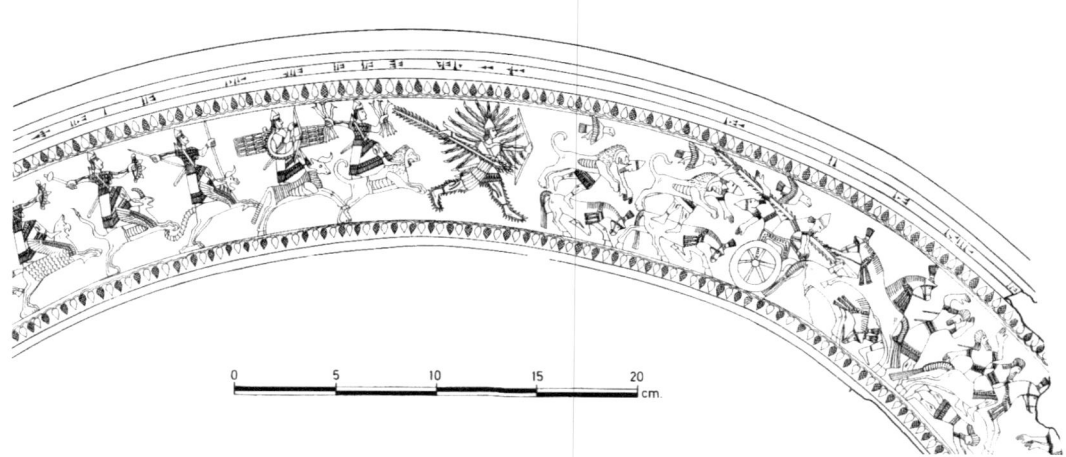

Abbildung 6.3. Teil der Umzeichnung des früh-urartäischen bronzenen Anzaf Schilds; mittig mit erhobenem Speer befindet sich Haldi, der die hinter ihm positionierten Gottheiten ins Feld gegen die vor ihm liegenden assyrischen Feinde führt (Belli 1999, Abb. 17; während dieses Werk noch recht szenisch ist, entfällt eine solche Darstellungsweise zu späterer Zeit in Urartu)

sobald er den Thron bestieg, eine „Ausstrahlung" (*melammu*) zuteil, die anscheinend eine gewisse übermenschliche *agency* mit sich brachte (vgl. Nakamura 2004).

Selbst wenn der „spirituelle" Aspekt des Glanzes der omnipräsenten Waffen von AssyrerInnen in dieser Weise nicht verstanden wurde, so lenkte das Schimmern der Schilde und Lanzen im Sonnenlicht oder reflektierenden Schnee den Blick darauf und könnte so Assoziationen mit Gewalt und Bedrohung erweckt haben. Sogar die Pferde in Urartu waren reich mit Bronze-, selten Silberplatten und -schmuck versehen, teilweise mit kurzen königlichen Inschriften oder Bildern versehen, es gab aber auch schlicht gehaltenes. Obgleich die sehr elaborierte Ausstattung vermutlich nicht permanent, sondern nur zu speziellen Anlässen verwendet wurde, wurde das schlichte Bronzezubehör wohl auch für den täglichen Einsatz genutzt (Gökce und Işık 2014, 9–14). Diese spezifische urartäische Symbolik bedeutet, dass die Artefakte mehrere, über ihren visuellen Wert hinausgehende Bedeutungen besaßen – je nachdem, wer sich ihnen näherte bzw. welches „Hintergrundwissen", welchen räumlichen Habitus die betrachtende Person hatte. Es könnte auch gefragt werden, ob AssyrerInnen angesichts ihrer eigenen, zumindest nach textlicher und ikonographischer Propaganda, äußerst grausamen Elite und deren Umgang mit FeindInnen (z.B. Mahlen der Knochen von Angehörigen, Häutungen, Pfählungen etc., zu sehen z.B. auf dem Balawat-Reliefs, Schachner 2007, Taf. 2, 7; vgl. auch Fuchs 2009), stärker als womöglich „angemessen" bezogen auf die Waffenlastigkeit Urartus verängstigt reagierten. Dies könnte weiter unterfüttert worden sein durch die in der Propaganda als so überaus feindlich dargestellte Natur der urartäischen Bergwelt, die bestenfalls der assyrische Herrscher (zeitweise) bezwingen konnte (zur Konzeptualisierung der „Mountain people" aus Sicht Mesopotamiens im 1. Jt. v.u.Z. siehe Balatti 2017, die jedoch fachliche Vorurteile über die Natur der beiden „Reiche" als auch über deren Verhältnisse eher aufwärmt als kritisch konzeptualisiert; Salvini 2013 hingegen zeigt, unter Bezug auf Horowitz 1988, dass Urartu auf der babylonischen Weltkarte recht zentral war).

Auf der anderen Seite muss die Konfrontation mit den Laibungskolossen in Form von geflügelten Bullen oder Lamassus und den auf Reliefs gezeigten monumentalen mythischen und göttlichen Wesen (wie Lulal und Ugallu, Kap. 5.3) in Assyrien auf urartäische Subjekte überwältigend gewirkt haben. Es ist jedoch fragwürdig, ob letztere die übernatürlichen bzw. über das pure Artefakt hinausgehenden Eigenschaften, wie heilende Wirkungen von Torsteinen und wachend-strafende Blicke Lulal und Ugallus, überhaupt „verstanden" oder als solche, auch körperlich, wahrnahmen. Was auf „eingeweihte" AssyrerInnen als starke Präsenz empfunden wurde, kann für urartäisch subjektivierte Menschen durchaus nichts weiter als beeindruckende oder wegen ihrer Größe und Elaboriertheit einschüchternde Objekte gesehen worden sein. Dem kommt hinzu, dass es in Urartu, wie auf den Votivplättchen aus Giyimli sichtbar (Rehm 2000 und die Einleitung zu Kap. 4), durchaus Figuren gab, die mit nach vorn gerichtetem Blick abgebildet wurden und die Betrachtenden direkt anschauten, was in Mesopotamien in der Regel ein Anathema darstellt und nur äußerst selten angewandt wurde (wie etwa bei dem Ungeheuer Humbaba). Damit könnten die vielen Figuren auf den assyrischen Reliefs auf urartäisch subjektivierte Menschen als noch viel weniger in direktem Austausch mit ihnen stehend betrachtet worden sein. Der objektivierende und Unwohlsein-auslösende „Blick" (nach Lacan und Sartre, s. Kap. 5.3) trat für UrartäerInnen vielleicht gar nicht erst zutage.

Die offenbar zielgerichtete Zerstörung von Augen und z.T. Mündern, Nasen und Ohren von auf Reliefs abgebildeten Personen, besonders Königen, während der voranschreitenden Bekämpfung Assyriens und der damit einhergehenden Einnahme der assyrischen Städte und Paläste, vor allem von elamitischen, medischen und babylonischen Truppen, könnte jedoch auch so interpretiert werden, dass es durchaus ein in und um Mesopotamien gemeinsames Verständnis ob der Bedeutung von sehenden und potenziell sprechenden Subjekten existierte (nebst der allgemeinen politischen Bedeutung dieses Ikonoklasmus'). Freilich mag es auch nur dafür stehen, dass dies allein die Ansicht der ZerstörerInnen war oder diese aber wussten, dass Augen und Mund für AssyrerInnen bedeutsam waren und, obwohl die ZerstörerInnen selbst nicht so empfanden, sie doch genau diese Attribute zerstörten, quasi um sich an ihren ehemaligen Peinigern zu rächen (zu den Zerstörungen im assyrischen Kontext s. Nylander 1980, der als einer der ersten über den politischen Ikonoklasmus für diese Zeit sprach; Reade 1976, 105; B. N. Porter 2009; vgl. Neumann 2015, 87). Für die ZerstörerInnen hätte es damit eine besondere, über wahllose Verwüstung hinausgehende Relevanz, Sicht und Sprachmöglichkeit bzw. generell Wahrnehmungs- und Ausdrucksorgane der einstigen Herrschenden der von ihnen eroberten Residenzen zum Schweigen zu bringen und sie so ihrer potenziellen durch die Bilder bestehenden Handlungsmacht endgültig zu berauben (vgl. Bahrani 2003, 182, die der Meinung ist, dass die Verstümmelung königlicher Figuren nicht als rein symbolischer, sondern tatsächlich Angriff verstanden werden muss, da die Bilder wesensgleich mit dem lebenden Körper angesehen wurden).

Davon unabhängig ist es leicht vorstellbar, dass für UrartäerInnen die potenzielle Anwesenheit des übermächtigen, ruchlosen assyrischen Königs eine viel konkretere physisch-psychische Auswirkung von Nervosität und Angst und damit einhergehend einem schnelleren Atem, erhöhter Schweißproduktion und einem klammen Gefühl im Brustbereich auslöste. Denn auch wenn der „eigenen", urartäischen Elite Brutalität als Herrschaftsmittel sicher nicht unbekannt war, trotz weniger bild- oder textlicher Überlieferung, war die Gefahr Opfer von Willkür oder Strafe zu werden als deportierte Person wohl deutlich größer.

6.3 Fazit

Gelebter, oder gar subalterner Raum erscheint auf den ersten Blick nicht leicht erforschbar. Das gilt sowohl fürs Heute, als auch für die Vergangenheit. Die Kombination von unterschiedlichem Raumhabitus und Machtdifferenzen, bietet jedoch die Möglichkeit, Potenziale subversiver Handlungen zu formulieren.

So kann ich erschließen, dass assyrisch habitualisierte Menschen mit dem einsetzenden Verständnis des Nicht-Gesehen-Werdens von den Dächern der Macht in Urartu eventuell ausnutzen konnten, ob zur Flucht oder anderen Handlungen. Außerdem kann man feststellen, dass die Begegnung assyrischer Gefangener mit urartäischen Machthabern nicht den Licht-Schatten-Rhythmen und der Blendung bzw. Halbsichtbarkeit in einem Thronsaal unterlag, dass also visuelle Wahrnehmung politischer Oberherrschaft als deutlicher empfunden wurde als in Assyrien. Dagegen bestand eine andere Bedrohung des Beobachtetwerdens in Säulenhallen. Schließlich kann die Bildwelt Urartus auf assyrisch habitualisierte Menschen a priori harmlos gewirkt haben. Keine blutigen Abschlachtungen nach Gefangennahme, kein Pfählen, Schinden und andere Quälerei sind bislang auf urartäischen Reliefs und sogenannter Kleinkunst belegt. Dennoch starrte dieses Reich vor Waffen, die – für AssyrerInnen ungewohnt – vor allem in Tempeln ostentativ aufgehängt waren. Die Beobachtungen und Ergebnisse dieses Kapitels habe ich in Tab. 6.1 (Parallelen) und Tab. 6.2 (Diskrepanzen) zusammengefasst.

Eine ganz grundsätzliche Identifizierung von Angst oder Freude in der Vergangenheit mag jedoch zunächst einmal nicht viel sagen (vgl. Tarlow 2012, 181). Erst mit der Identifizierung des spezifischen räumlich-zeitlichen Kontextes sowie einer Gruppe von Menschen als in einem Klima der Angst lebend oder in einem Umfeld, in dem ihre Angst manipuliert und etwa speziell zu Stärkung einer (anderen) Gruppenidentität und Konformität mit bestimmten Überzeugungen oder sozialen Praktiken gelenkt wurde, ist eine kontextbezogene und historische Schlussfolgerung, die unser Wissen über die Vergangenheit auch hinsichtlich des gelebten Raums erweitert.

Jedoch wurde zurecht an anderer Stelle kritisiert, dass sich bei der Auseinandersetzung mit Wahrnehmung und Emotion in der Archäologie oft mit Themen wie Angst, Trauer, Bedrückung oder Sorge beschäftigt wurde, während Positives wie Liebe, Freude, Zufriedenheit, Hoffnung oder Mitgefühl eher wenig Aufmerksamkeit erhielt (Tarlow 2012, 178; für ein Beispiel über den Umgang mit positiven Gefühlen siehe jedoch Whittle 2005). Das mag für Arbeiten im Feld der „Archäologie der Sinne" teils zwar stimmen, allgemein werden Themen wie Trauer und Angst in der Archäologie Westasiens jedoch stark vernachlässigt. Da ich mich mit Subalternität und möglichen Deportierten beschäftige, liegt es auf der Hand, dass ich mich vordergründig mit negativen Reaktionen und Gefühlen beschäftige. Dennoch lassen sich auch in dem von mir untersuchten Kontext Aspekte möglicher positiver Erfahrung feststellen. So können etwa Feste mit Musik, Tanz und Speise in Urartu auch für AssyrerInnen vorübergehende Entspannung oder gar Freude ausgelöst haben. Und auch die Gärten innerhalb der Siedlung und bei den Häusern können mit ihrer Frische und guten Gerüchen als angenehm empfunden worden sein.

7

Schlussbetrachtungen

7.1 Zusammenfassung und Fazit

Wie der Titel dieses Buches impliziert, steht im Zentrum dieser Arbeit die Beschäftigung mit dem Konzept des Thirdspace (Kap. 2, Abschnitt 2.1), wie es von Henri Lefebvre (1991) sowie Edward Soja (1996) eingeführt und diskutiert wurde. Ich frage wo und wie sich Thirdspace auch im archäologischen Kontext genähert werden kann. Aus den unterschiedlichen möglichen Antworten auf diese Frage, z.B. ob und welche Rolle Thirdspace in der Veränderung der räumlich-sinnlichen Organisation des Raums über einen bestimmten Zeitraum gespielt hat, entscheide ich mich, den gelebten Raum marginalisierter, fremder Menschen – z.B. deportierter oder kriegsgefangener ZwangsarbeiterInnen dieser Zeit aus Urartu und Assyrien – näher zu beleuchten. Es geht mir dabei nicht um die Auffindung eines materiellen Niederschlags oder Nachweises des gelebten Raums solcher Menschen in jeweils Assyrien oder Urartu, sondern um die Anerkennung bzw. Sensibilisierung für die Existenz einer multivokalen Wahrnehmung des Raums und ihres Einflusses auf die Gesellschaft, mit all ihren Mitgliedern. Zum anderen formuliere ich potenzielle Situationen, in denen Thirdspace von assyrisch oder urartäisch räumlich habitualisierten Menschen gespürt worden sein kann.

In dieser Arbeit bringe ich damit eine Bandbreite an sowohl theoretischen, als auch daran orientierten methodischen Ansätzen miteinander in Verbindung, um beispielhaft das Verhältnis des assyrischen und urartäischen Reiches im 1. Jt. v.u.Z. zu untersuchen und dabei insbesondere auch Fokus auf Dimensionen der Innenwelt spezifischer damals lebender Personen/gruppen (Subjekten) zu gewährleisten.

Aufgrund der spärlichen direkten, materiellen Grabungsfunde und -befunde, wie etwa Baracken oder Schriftzeugnisse, entwickele ich zunächst das an Pierre Bourdieu angelehnte Konzept eines räumlichen Habitus und erweitere dieses um Kategorien ästhetischer Regime (nach Jacques Rancière). Dies ermöglicht mir über die subtile, räumliche Sozialisierung in und zu einer Gesellschaft zu schreiben, die jedem Menschen zu eigen ist; z.B. UrartäerInnen in Form eines spezifisch urartäischen, räumlichen Habitus und AssyrerInnen in Form eines spezifisch assyrischen, räumlichen Habitus (und nicht etwa „UrartäerInnen" als eine undefinierte, ethnische oder gar angeborene Zuschreibung und andersherum für Assyrien). Diese beiden Habitus (unter Berücksichtigung des Verhältnisses von Subjektposition und Wahrnehmung) stelle ich mittels verschiedener ästhetischer Regime letztlich auf der Grundlage gegenüber, wie und besonders wo

Menschen ihre Raumerfahrungen und -erwartungen basierend auf ihrer (räumlichen) Subjektivierung herausgefordert, infragegestellt, angefochten oder wider"sprochen" sahen oder besser gesagt empfanden (Kap. 6).

Doch um diesen Punkt der Auswertung zu erreichen, musste ich zunächst eine Methode entwickeln, mit der ich Dimensionen eines urartäischen und assyrischen räumlichen Habitus bzw. deren ästhetisches Regime rekonstruieren kann.

Da die Prinzipien Habitus und Subjektivierung auf der Ebene des Unbewussten, Alltäglichen und Körperlichen wirken, beziehe ich mich in meinem Methodenteil auf phänomenologische Arbeiten und Ansätze aus einer Archäologie der Sinne (Kap. 3, zusammenfassend Tab. 3.1). Mit den Erkenntnissen aus diesem Teil analysiere ich folglich die urartäischen Orte Ayanis und Bastam einerseits und die assyrischen Städte Khorsabad und Ziyaret Tepe andererseits (Kap. 4 und 5) unter allgemeinem Miteinbezug anderer assyrischer und urartäischer Orte. Mit besonderem Blick auf die sensorische Organisation der jeweiligen „Räumlichkeiten" (*spatialités*) kann ich dann jeweils schematisch die Dimensionen des räumlichen Habitus tabellarisch abstrahieren (Abschnitte 4.3 und 5.3); d.h. ich führe eine genaue exemplarische Betrachtung zweier Fälle durch und keine umgreifende Suche („repräsentativ") aller Beispiele die es gibt (wie Paläste, Burgen, Siedlungen, usw.). Diese jeweils zwei Beispiele dienen mir als Grundlage für die Gegenüberstellung und Auswertung in Kap. 6. Aus dieser Arbeit ergibt sich kein einzelnes Ergebnis, sondern viel eher pro Kapitel bereits eine Reihe an Ergebnissen und Konsequenzen, die ich angegebener Stelle hervorhebe.

Es geht um die Verflechtung von:

1. Postmoderner Raum- und Subjekttheorie,
2. Phänomenologischer und sensorischer Methodologie,
3. Synthetisierung des Wissensstands zur Urartu- und Assyrienforschung, und
4. Die Herausarbeitung von Dimensionen des Thirdspace in Assyrien und Urartu entlang Facetten ästhetischer Regime.

Auf dem Weg zur Formulierung des letzten Punktes 4, für den ich alle vorgehenden Themenkomplexe benötigte, haben sich auch Erkenntnisse zum Beziehungsgefüge der anderen Punkte ergeben. Sie sind damit nicht nur der Rahmen einer „eigentlichen" Analyse der Beziehung Assyriens und Urartus, sondern beinhalten in sich Erkenntnisse und Ergebnisse, aus denen ich im finalen Ausblick-Abschnitt einige mögliche Konsequenzen und Wegweiser für weitere Forschungen, auch unabhängig vom eisenzeitlichen Nord-Mesopotamien, abstrahiere. Ich betrachte jeden dieser vier größeren Themenkomplexe als gleichberechtigt und sowohl jeweils in sich kohärent, als auch zwischeneinander verbunden bzw. abhängig. Letztlich sind die in Kap. 6 dargestellten Interpretationen und Schlussfolgerungen jedoch nur Auszüge und kleine Einblicke in mögliche vergangene Wahrnehmungen. Denn verschiedene Subjektivierungsmöglichkeiten zusammen mit den vielfältigen von Menschen gesammelten Erfahrungen, Eindrücken usw. bieten auch multiple Schlussfolgerungen an. Mit dieser potenziellen Vielfalt lässt sich m.E. nur so umgehen, dass verschiedene Interpretationen einerseits durch weitere Erforschung auszuschließen sind und andererseits einiges als gleichwertige interpretative Angebote nebeneinander stehen kann und muss.

7.2 Ausblick

„Da ist dieser Traum, den Historikerinnen und Historiker nie ganz aufhören zu träumen – trotz aller Quellenkritik, Einsicht in die Konstruktivität historischen Wissens und poststrukturalistischer Erkenntnisskepsis. Es ist der Traum, nicht nur zu wissen, sondern zu erfahren, zu erleben, zu spüren, wie es eigentlich gewesen. Es ist der Traum einer synästhetischen Wissenschaft, einer Geschichtswissenschaft, welche die Vergangenheit nicht nur analysiert, sondern evoziert. Es ist der Traum, die richtige methodische Madeleine zu finden und die Quellen als Tasse Lindenblütentee zu verstehen, um dann das Ganze der Vergangenheit aus ihr aufsteigen zu lassen. Es ist der Traum einer Geschichtswissenschaft als Nekromantie – als kontrollierte Wiedererweckung der Toten im Jetzt des Textes. Man kann den Traum auf verschiedene Weise domestizieren, man kann ihn als romantische Illusion ridikülisieren, ihn als akademisch inopportun und tendenziell karriereschädlich verdrängen oder als notwendigen heuristischen Vorgriff im Zuge einer hermeneutischen Horizontverschmelzung in Grenzen zulassen. Oder man kann narrative Strategien entwickeln, die innerhalb des medialen Rahmens akademischer Schriftlichkeit ein Echo des Traumes zu erzeugen vermögen."
(Missfelder 2014, 457–58)

Es gibt so viele Aspekte im Leben, die das Gefühl von Fremdheit oder Zugehörigkeit, Verlorenheit oder Zuhause, natürlichem Wohlergehen oder ungewissem Unwohlsein, aber auch sozialem Status, über den Weg der Sinne transportieren; Musik, Sprachfetzen, der Geruch bekannter oder unbekannter ‚streng' riechender Speisen, auch Kleidung, Körperhaltung, persönliche und räumliche Hygiene, uvm. Ein Teilbereich dessen ist sicher auch das weite Feld der Gesten und Bewegungen: Ist Starren erlaubt oder senke ich meinen Blick? Schlurfe ich beim Laufen? Schlürfe ich beim Essen?

Eine Erkenntnis beim Schreiben dieser Arbeit ist die weite Fläche, die tausenden kleinen und größeren Pailletten aus ineinander verwobenen sinnlichen Einflüssen, die auf jeden Menschen einprasseln und jeden Moment im Leben kontextualisieren und strukturieren. Theoretisch ergeben sie zusammen ein schillerndes, ein sich stets wandelndes Kleid des gelebten Raums. Theoretisch. Praktisch musste ich lernen, erstens mit den teilweise limitierenden und (natürlich) nicht auf meine Fragestellung ausgerichteten Grabungsergebnissen zu arbeiten und zweitens, aus den Informationen, die ich extrahieren konnte, eine Waage aus Detailliertheit bei gleichzeitigem Weitblick zu halten, sodass ich am Ende einen Einblick in Teilaspekte geben kann. Die erreichten Ergebnisse besitzen das Potenzial zukünftig etwa mithilfe neuer Grabungsergebnisse und weiterer Detailstudien zum sinnlichen Aufbau Assyriens oder Urartus fortgeführt und erweitert zu werden. Es wäre auch möglich sich mit verschiedenen Subjektivierungsmöglichkeiten zu beschäftigen und diese in Verbindung mit den vielfältigen von Menschen gesammelten Erfahrungen, Eindrücken usw. zu setzen. Dies kann zu multiplen Schlussfolgerungen führen, die entweder nebeneinander als gleichwertige interpretative Angebote stehen oder aber durch weitere Erforschung auszuschließen sind.

Ich halte die vermehrte Auseinandersetzung mit der sinnlichen Dimension menschlichen und damit auch vergangenen menschlichen Lebens also für wichtig und spannend. Meines Erachtens ist dies auch nicht außerordentlich schwer, beginnt man sich mit der Thematik und den schon erschienenen Arbeiten dazu zu beschäftigen. Gleichzeitig kann jedoch eine Berücksichtigung von sinnesorientierten Forschungsinteressen bereits auf der Ebene der Ausgrabung hilfreich sein, in Bezug auf informiertere und detailliertere Aussagen bezüglich vergangener Wahrnehmung.

Es ist m.E. auch kein Zufall, dass es sowohl noch Nachholbedarf in archäologischen Studien gibt, die sich mit der Berücksichtigung von Thirdspace-Theorien beschäftigen, wie sie in anderen sozial- und geisteswissenschaftlichen Fächern schon seit längerem vorkommen, als auch (hinsichtlich derzeit steigendem Interesse) gemäßigten Nachholbedarf bzw. eine stärkere Aufmerksamkeit und Einbeziehung, auch in die archäologische Feldarbeit, von Studien von Sinnes-Archäologie und -Anthropologie. In beiden Ansätzen stehen doch Innensichten, Konflikt, Uneindeutigkeiten, Nonverbales, kleinskaliger Widerstand und Versagen auf der Forschungsagenda. Solches ist z. T. wegen ihrer nicht-Materialität, ihrer inhärenten Subjektivität (und damit zumindest geschichtlich gesehen in der westlichen Wissenschaft nicht objektiv, also „besser") und bisherigem mangelndem Interesse geschuldet. Allerdings besitzen m.E. auch quantitative Ansätze ebenso wie *virtual reality* und 3D-Rekonstruktionen das Potenzial, als Methoden zur Erforschung von Wahrnehmung, sinnlicher Erfahrung, aber auch gelebtem Raum, wie dem Unterdrückter oder Ausgeschlossener, genutzt zu werden.

Jedoch muss auch ich mich mit solchen Aussagen der Kritik Rancières aus seinem „Der Philosoph und seine Armen" (Rancière, 2010 [1983]) stellen. Sich für die Sache, der Gefühlswelt, der Existenz potenzieller Aktion Marginalisierter wissenschaftlich einzusetzen, kann schnell abdriften in pathetische, sich letztlich selbst beweihräuchernde Selbstdarstellung, die bevormundend und ultimativ heuchlerisch agiert. Und dies kann auch in dieser Arbeit der Fall sein. So sind Thema und Umsetzung meiner Arbeit zwar sicher nicht klassisch (genauer, klassisch/traditionell deutsche Archäologie), gleichzeitig gibt es durchaus eine größere Minderheit im archäologischen Wissenschaftsdiskurs, in dem die Behandlung genau solcher vermeintlicher underdog Themen Konjunktur hat und als Repräsentation der eigenen politischen Weltanschauung gesehen werden kann – dafür braucht man „seine Armen".

Andererseits und gleichzeitig möchte ich den Versuch einer (Selbst-)Erklärung wagen. Dieser bezieht sich zum einen auf den Forschungsstand zu Assyrien und besonders Urartu. Hier sieht es, wie in den entsprechenden Analysekapiteln (Kap. 4 und 5) beschrieben, bezüglich einer Hinwendung zu wenigstens Teilen der breiten Unterschicht noch schlecht bestellt aus und v.a. in Urartu gibt es eine echte Forschungslücke. Das macht ein Fragen nach dem Warum und ein Entgegenwirken durch eine eigene Arbeit zur Pflicht. Zudem kann trotz des Risikos der Bevormundung der Versuch einer Beschäftigung mit „den Armen" (nach Rancière) natürlich auch über den positiven Effekt verfügen, dass neben reiner Sichtbarmachung letztlich unsere eigene Geschichtsschreibung – die Grundlage unserer historisch basierten Selbstidentifikation – ein kleines Stück inklusiver beeinflusst wird.

Generell geht es in diesem Buch also auch darum anzuerkennen und zu untersuchen, dass nicht nur Subjekte materielle Kultur schaffen, sondern dass materielle Kultur und historische Kontingenzen zusammen Subjekte erschaffen. Deren Stellung muss in der damaligen Welt nicht unbedingt eine gewesen sein, die Forschende heute als implizit relevante für die Geschichtsschreibung insgesamt ansehen.

Literatur

Adams, Robert McC. 2008. „An Interdisciplinary Overview of a Mesopotamian City and Its Hinterlands". In *CDLJ 2008:1. Cuneiform Digital Library Initiative*.

Agamben, Giorgio. 2002. *Homo sacer: die souveräne Macht und das nackte Leben*. Frankfurt a. M.: Suhrkamp.

Akurgal, Ekrem. 1968. *Urartäische und Altiranische Kunstzentren*. Bd. VI. Ankara: Türk Tarih Kurumu Yayınlarından.

Albenda, Pauline. 1983. „A Mediterranean Seascape from Khorsabad". *Assur*, Monographic Journals of the Near East, Malibu: Undena Publications, 3 (3): 1–34.

———. 1986. *The Palace of Sargon, king of Assyria. Monumental Wall Reliefs at Dur-Sharrukin, from original Drawings made at the time of their discovery in 1843-1844 by Botta and Flandin*. Paris: Editions Recherche sur les Civilisations.

Aldhouse-Green, Miranda. 2006. „Semiologies of Subjugation: The Ritualisation of War-Prisoners in Late European Antiquity". In *Warfare and society. Archaeological and Social Anthropological Perspectives*, herausgegeben von Ton Otto, Henrik Thrane und Helle Vandkilde, 281–304. Aarhus University Press.

Algaze, Guillermo, Ray Breuninger, Chris Lightfoot und Michel Rosenberg. 1991. „The Tigris-Euphrates Archaeological Reconnaissance Project: A Preliminary Report of the 1989–1990 Seasons". *Anatolica* XVII: 175–240.

Allen, William, Gerard O'Regan, Perry Fletcher und Roger Noganosh. 2010. „Dibéwagendamowin/Kārohirohi: Reflections on Sacred Images on the Rocks". In *Making Senses of the Past: Toward a Sensory Archaeology*, herausgegeben von Jo Day, 32–47. Carbondale: Southern Illinois University Press.

Altaweel, Mark. 2008. „The Imperial Landscape of Ashur: Settlement and Land Use in the Assyrian Heartland". *Heidelberger Studien zum Alten Orient* 11: 164.

Althusser, Louis. 1977. *Ideologie und ideologische Staatsapparate: Aufsätze zur marxistischen Theorie*. VSA-Verlag.

Altman, Irwin. 1975. The Environment and Social Behavior – *Privacy, Personal Space, Territory, Crowding*. Pacific Grove, California: Brooks/Cole Pub. Co.

Ambos, Claus. 2014–2016. „Tür und Tor (auch als Rechtsgegenstand). A. Philologisch". In *Reallexikon der Assyriologie und Vorderasiatischen Archäologie*, herausgegeben von Michael P. Streck, 14:156–59. Berlin: De Gruyter.

Amrhein, Anastasia. 2015. „Neo-Assyrian Gardens: a Spectrum of Artificiality, Sacrality and Accessibility". *Studies in the History of Gardens & Designed Landscapes* 35 (2): 91–114.

Arendt, Hannah. 2002. *Vita activa oder Vom tätigen Leben*. München: Piper.

Auyero, Javier. 2012. *Patients of the State. The Politics of Waiting in Argentina*. Durham, North Carolina: Duke University Press.

Bagg, Ariel M. 2000. *Assyrische Wasserbauten. Landwirtschaftliche Wasserbauten im Kernland Assyriens zwischen der 2. Hälfte des 2. und der 1. Hälfte des 1. Jahrtausends v. Chr.* Bd. 24. Baghdader Forschungen (DAI Orient Abteilung). Mainz am Rhein: Philipp von Zabern.

———. 2012. „Irrigation". In *A Companion to the Archaeology of the Ancient Near East*, herausgegeben von Daniel T Potts, 261–78. Oxford: Blackwell.

———. 2016. „Where is the Public? A New Look at the Brutality Scenes in Neo-Assyrian Royal Inscriptions and Art". In *Making Pictures of War. Realia et Imaginaria in the Iconology of the Ancient Near East*, herausgegeben von Laura Battini, 57–82. Archaeopress Ancient Near Eastern Archaeology 1. Oxford: Archaeopress Publishing LTD.

———. 2017. „Assyria and the West: Syria and the Levant". In *A Companion to Assyria*, herausgegeben von Eckart Frahm, 268–74. Hoboken, NJ: John Wiley & Sons.

Bahrani, Zainab. 2003. *The Graven Image: Representation in Babylonia and Assyria*. Philadelphia, Pennsylvania: University of Pennsylvania Press.

Baker, Heather D. 2017. „Slavery and Personhood in the Neo-Assyrian Empire". In *On Human Bondage: After Slavery and Social Death*, herausgegeben von John Bodel und Walter Scheidel, 15–30. Ancient World: Comparative Histories. West Sussex, UK: John Wiley & Sons, Inc.

Balatti, Silvia. 2017. *Mountain Peoples in the Ancient Near East. The Case of the Zagros in the First Millennium BCE*. Classica et Orientalia. Wiesbaden: Harrassowitz.

Baltalı Tırpan, Sevil. 2013. „Architectural Spaces and Hybrid Practices in Ancient Northern Mesopotamia". In *The Archaeology of Hybrid Material Culture*, herausgegeben von Jeb J. Card, 466–85. Carbondale, Edwardsville: Southern Illinois University Press.

Barth, Fredrik, Hrsg. 1998. Ethnic Groups and Boundaries: the Social Organization of Culture Difference. [Nachdr.]. Long Grove, Illinois: Waveland Press.

Baştürk, Mahmut Bilge. 2012. „The Eastern Sector at the Fortress of Ayanis: Architecture and Texture in the Pillard Hall". Herausgegeben von Altan Çilingiroğlu und Antonio Sagona. *Ancient Near Eastern Studies: Anatolian Iron Ages 7* 39 (April 2010): 19–24.

———. 2016. „An Examination of Left-Right Dualism in Urartian Cultic Practices: An Indicator of Syncretism?" *Ancient West and East* 15: 227–43.

———. 2018. „New Evaluations on the Superstructure of the Urartian Fortification Walls: Ayanis Case". In *Urartians. A Civilization in the Eastern Anatolia*, herausgegeben von Altan Çilingiroğlu, Kemalettin Köroğlu, Zeynep Çulha und Günşı Öncü, 125–36. Istanbul: Rezzan Has Müzesi.

Batmaz, Atilla. 2013. „A New Ceremonial Practice at Ayanis Fortress: The Urartian Sacred Tree Ritual on the Eastern Shore of Lake Van". *Journal of Near Eastern Studies* 72 (1): 65–83.

Battaglia, Debbora. 1995. „Problematizing the Self: a Thematic Introduction". In *Rhetorics of Self Making*, herausgegeben von Debbora Battaglia, 1–15. University of California Press.

Battini, Laura. 2000. „Des Rapports Géométriques en Architecture: Le Cas de Dur-Sarrukin". *RA* 48: 33–56.

Baudrillard, Jean. 2015. *Die Konsumgesellschaft: Ihre Mythen, ihre Strukturen*. Wiesbaden: Springer VS.

Baylan, Emel und Mustafa Ergen. 2006. „Features of the Urartian Gardens in the Context of the Relationship between Historical Urartian Irrigation Canals". In *Proceedings of the 1st IWA International Symposium on Water and Wastewater Technologies in Ancient Civilizations. Iraklio, Greece 28–30 October 2006*, 637–42.

Beidler, Lloyd M. 1978. „Biophysics and Chemistry of Taste". In *Handbook of Perception, Volume VIa: Tasting and Smelling*, herausgegeben von Edward C. Carterette und Morton P. Friedman, 21–49. Academic Press.

Belli, Oktay. 1997. *Doğu Anadolu'da Urartu Sulama Kanalları. Urartian Irrigation Canals in Eastern Anatolia*. İstanbul: Arkeoloji ve Sanat Yayınları.

———. 1999. *The Anzaf Fortresses and the Gods of Urartu*. Istanbul: Arkeoloji ve Sanat Yayınları.

Belli, Oktay und Erkan Konyar. 2003. Doğu Anadolu Bölgesi'nde Erken Demir Çağı Kale ve nekropolleri. *Early Iron Age Fortresses and Necropolises in East Anatolia*. Bd. 9. Eski Anadolu Uygarlıkları Dizisi. Istanbul: Arkeoloji ve Sanat Yayınları.

Benedikt, Michael L. 1979. „To Take Hold of Space: Isovists and Isovist Fields". *Environment and Planning B*, 47–65.

Benjamin, Walter. 1992. „Über den Begriff der Geschichte". In *Walter Benjamin. Sprache und Geschichte. Philosophische Essays*, herausgegeben von Rolf Tiedemann, 141–54. Stuttgart: Reclam.

Bergson, Henri. 1972. *Mélanges: L'Idée de Lieu chez Aristote Durée et Simultanéité*. Herausgegeben von André Robinet, Rose-Marie Mossé-Bastide, Martine Robinet, Michel Gauthier und Henri Gouhier. Paris: PUF.

Berlin, Brent und Paul Kay. 1991. *Basic Color Terms. Their Universality and Evolution*. Berkeley: University of California Press.

Bernbeck, Reinhard. 1993. *Steppe als Kulturlandschaft. Das Aǧīǧ-Gebiet Ostsyriens vom Neolithikum bis zur islamischen Zeit*. Berliner Beiträge zum Vorderen Orient. Ausgrabungen, Band 1. Berlin: Dietrich Reimer Verlag.

———. 1997. *Theorien in der Archäologie*. Tübingen, Basel: A. Francke Verlag.

———. 2003. „Der grüne Punkt im Alten Orient". In *Müll. Facetten von der Steinzeit bis zum Gelben Sack*, herausgegeben von Mamoun Fansa und Sabine Wolfram, 35–46. Mainz am Rhein: Philipp von Zabern.

———. 2004. „Politische Struktur und Ideologie in Urartu". *Archäologische Mitteilungen aus Iran und Turan (AMIT)* 35–36 (2003–2004): 267–312.

———. 2005. „The Past as Fact and Fiction. From Historical Novels to Novel Histories". In *Archaeologies of the Middle East: Critical Perspectives*, herausgegeben von Susan Pollock und Reinhard Bernbeck, 97–122. Oxford: Blackwell.

———. 2008. „Royal Deification: An Ambiguation Mechanism for the Creation of Courtier Subjectivities". In *Religion and Power. Divine Kingship in the Ancient World and Beyond*, herausgegeben von Nicole Brisch, 157–70. Chicago: Oriental Institute Seminars 4.

———. 2009. „Class Conflict in Ancient Mesopotamia: Between Knowledge of History and Historicising Knowledge". *Anthropology of the Middle East* 4: 33–64.

———. 2010. „Imperialist Networks: Ancient Assyria and the United States". *Present Pasts* 2 (1): 142–68.

———. 2015. „Archäologie als Zukunft vergangener Subjekte". *Ethnographisch-Archälogische Zeitschrift EAZ* 56 (1/2): 16–21.

———. 2017. *Materielle Spuren des nationalsozialistischen Terrors. Zu einer Archäologie der Zeitgeschichte*. transcript.

Bernbeck, Reinhard und Vera Egbers, Hrsg. 2019. „Themenheft: Subalterne Räume". *Forum Kritische Archäologie* 8.

Berrebi, Sophie. 2008. „Jacques Rancière: Aesthetics is Politics". *Art&Research. A Journal of Ideas, Contexts and Methods* 2 (1): 1–5.

Bersani, Leo und Ulysse Dutoit. 1979. „The Forms of Violence". *October* 8 (Spring): 17–29.

———. 1985. *The Forms of Violence. Narrative in Assyrian Art and Modern Culture*. New York: Schocken Books.

Betts, Eleanor. 2017a. „Introduction: Senses of Empire". In *Senses of the Empire. Multisensory Approaches to Roman Culture*, herausgegeben von Eleanor Betts, 1–12. London, New York: Routledge.

———. , Hrsg. 2017b. *Senses of the Empire. Multisensory Approaches to Roman Culture*. London, New York: Routledge.

Bianchi, Reinhold. 2009. „Neoliberalismus – Viktimisierung, Desorientierung und pathologischer Elitennarzißmus". In *Psychologie der Finanzkrise (Jahrbuch für psychohistorische Forschung Band 10)*, herausgegeben von Bernd Nielsen, Winfried Kurth und Heinrich J. Reiß, 35–53. Mattes Verlag.

Birla, Ritu. 2010. „Postcolonial Studies: Now That's History". In *Can the Subaltern Speak? Reflections on the History of an Idea.*, herausgegeben von Rosalind C Morris, 87–99. New York: Columbia University Press.

Biscione, Raffaele. 2012. „Urartian Fortifications in Iran: An Attempt at a Hierarchical Classification". *Biainili-Urartu. The Proceedings of the Symposium held in Munich 12-14 October 2007*, herausgegeben von Stephan Kroll, Claudia Gruber, Ursula Hellwag, Michael Roaf und Paul Zimansky, 77–88. Acta Iranica. Leuven: Peeters.

Biscione, Raffaele und Roberto Dan. 2011. „Dimensional and Geographical Distribution of the Urartian Fortifications in the Republic of Armenia". *Armenian Journal of Near Eastern Studies* 6 (2).

———. 2014. „Ranking and Distribution of the Urartian Fortifications in Turkey". In *Veli Sevin'e Armağan SCRIPTA. Essays in Honour of Veli Sevon*, herausgegeben von Aynur Özfırat, 121–36. Istanbul: Ege Yayınlarıd.

Black, Jeremy, Andrew George und Nicholas (Hrsg.) Postgate. 2000. *A Concise Dictionary of Akkadian. 2nd (corrected) Printing*. SANTAG 5. Wiesbaden: Harrassowitz.

Blake, Elizabeth C. und Ian Cross. 2015. „The Acoustic and Auditory Contexts of Human Behavior". *Current Anthropology* 56 (1): 81–103.

Blake, Emma. 2002. „Spatiality Past and Present. An Interview with Edward Soja, Los Angeles, 12 April 2001". *Journal of Social Archaeology* 2 (2): 139–58.

Bleibtreu, Erika. 1980. *Die Flora der neuassyrischen Reliefs. Eine Untersuchung zu den Orthostatenreliefs des 9.–7. Jahrhunderts v. Chr.* Wien: Verlag des Institutes für Orientalistik der Universität Wien.

Blesser, Barry und Linda-Ruth Salter. 2007. *Spaces Speak, Are You Listening? Experiencing Aural Architecture.* Cambridge: MIT Press.

Blocher, Felix. 1994. „Das Thronpodest Sargons II". In *Beiträge zur Altorientalischen Archäologie und Altertumskunde. Festschrift für Barthel Hrouda zum 65. Geburtstag*, herausgegeben von Peter Calmeyer, Karl Hecker, Liane Jakob-Rost und Christopher Walker, 11–18. Wiesbaden: Harrassowitz.

———. 1997. „Eine Hauptstadt zieht um". *Das Altertum* 43: 21–43.

———. 1999. „Der Thronsaal Sargons II . Gestalt und Schicksal". *Altorientalische Forschungen* 26 (2): 223–50.

Boessneck, Joachim und Mostefa Kokabi. 1988. „Tierknochenfunde". In *Bastam II. Ausgrabungen in den urartäischen Anlagen 1977–1978*, herausgegeben von Wolfram Kleiss, 175–262. Berlin: Gebr. Mann Verlag.

Botta, Paul-Émile und Eugène Flandin. 1849–1850. *Monument de Ninive. 5 vols.* Paris: Imprimerie Nationale.

Bouman, Maarten A. und Jurriaan Ten Doesschate. 1962. „The Mechanism of Dark-Adaptation". *Vision Research* 1 (5–6): 386–403.

Bourdieu, Pierre. 1980. *Le Sens Pratique.* Editions Minuit.

———. 1987a. *Die feinen Unterschiede. Kritik der gesellschaftlichen Urteilskraft.* Frankfurt a. M.: Suhrkamp.

———. 1987b. *Sozialer Sinn: Kritik der theoretischen Vernunft.* Frankfurt a. M.: Suhrkamp.

———. 2005. *The Social Structures of the Economy.* Polity Press.

———. 2009. *Entwurf einer Theorie der Praxis - auf der ethnologischen Grundlage der kabylischen Gesellschaft.* 3. Aufl. Berlin, Frankfurt a. M.: Suhrkamp.

Bradley, Mark, Hrsg. 2014. *Smell and the Ancient Senses.* London, New York: Routledge.

Brück, Joanna. 2005. „Experiencing the Past? The Development of a Phenomenological Archaeology in British Prehistory". *Archaeological Dialogues* 12 (1): 45–72.

Brughmans, Tom, Anna Collar und Fiona Susan Coward, Hrsg. 2016. *The Connected Past: Challenges to Network Studies in Archaeology and History.* Oxford University Press: Oxford University Press.

Brusasco, Paolo. 2015. „Interaction between Text and Social Space in Mesopotamian Houses: A Movement and Sensory Approach". In *Household Studies in Complex Societies. (Micro) Archaeological and Textual Approaches*, herausgegeben von Miriam Müller, 117–49. The University of Chicago Oriental Institute Seminars. Number 10. Chicago: University of Chicago.

Bunnens, Guy. 2016. „Neo-Assyrian Pebble Mosaics in their Architectural Context". In *The Provincial Archaeology of the Assyrian Empire*, herausgegeben von John MacGinnis, Wicke Dirk und Tina Greenfield, 59–70. McDonald Institute Monographs. Cambridge: McDonald Institute Monographs.

Burke, Aaron. 2008. *Walled Up to Heaven. The Evolution of Middle Bronze Age Fortification Strategies in the Levant*. Studies in the Archaeology and History of the Levant, Band: 4. Brill.

Burney, Charles. 1957. „Urartian Fortresses and Towns in the Van Region". *Anatolian Studies* 7: 37–53.

———. 1972. „Urartian Irrigation Works". *Anatolian Studies* 22: 179–186.

———. 2009. „The Why and Wherefore of the Citadels of Rusa II". In *Studies in honour of Altan Çilingiroğlu. A Life Dedicated to Urartu on the Shores of the Upper Sea*, herausgegeben von Haluk Sağlamtimur, Abay Eşref, Zafer Derin, Aylin Ü. Erdem, Batmaz Attila, Fulya Dedeoğlu, Mücella Erdalkıran, Mahmut Bilge Baştürk und Erim Konakçı, 169–72. Istanbul: Arkeoloji ve SanatYayınları.

CAD/Gelb, Ignace J., et al. 1956–2010: „The Assyrian Dictionary of the Oriental Institute of the University of Chicago (CAD)" 21 vols. Chicago: The Oriental Institute of the University of Chicago.

Calmayer, Peter. 1979. „Zu den Eisen-Lanzenspitzen und der ‚Lanze des Haldi'". In *Bastam I. Ausgrabungen der urartäischen Anlagen 1972–1975*, herausgegeben von Wolfram Kleiss, 183–95. Gebr. Mann Verlag.

Cancik-Kirschbaum, Eva. 2003. *Die Assyrer. Geschichte, Gesellschaft, Kultur*. München: Beck.

Carlo, Gabriella Di, Atilla Batmaz, Gabriel M. Ingo, Tilde De Caro, Cristina Riccucci, Erica I. Parisi und Federica Faraldi. 2013. „Egyptian Blue Cakes from the Ayanis Fortress (Eastern Anatolia, Turkey): Micro-Chemical and -structural Investigations for the Identification of Manufacturing Process and Provenance". *Journal of Archaeological Science* 40: 4283–90.

Carpenter, Amanda. 2018. *Gaslighting America: Why We Love It When Trump Lies to Us*. Broadside Books.

Carpenter, Edmund. 1972. *Oh, what a blow that phantom gave me!* New York: Holt, Reinhart and Wilson.

Casey, Edward. 1993. *Getting Back Into Place. Toward a Renewed Understanding of the Place-World*. Indiana University Press.

Çavuşoğlu, Rafet, Kenan Işık und Bilcan Gökce. 2014. „Women and Their Status in Urartu: A Critical Review". *Ancient Near Eastern Studies* 51: 235–61.

Chadwick, Alice C. und Robert William Kentridge. 2015. „The Perception of Gloss: A Review". *Vision Research* 109, Part: 221–35.

Chandler, Daniel. 2007. *Semiotics - The Basics*. 2. Aufl. Justus-Liebig-Universität Gießen: Taylor & Francis.

Chapman, John. 2002. „Colourful Prehistories: The Problem with the Berlin and Kay Colour Paradigm". In *Colouring the Past. The Significance of Colour in Archaeological Research*, herausgegeben von Andrew Jones und Gavin MacGregor, 45–72. Oxford, New York: Berg.

Chatterjee, Partha. 2010. „Reflections on ‚Can the Subaltern Speak?': Subaltern Studies after Spivak". In *Can the Subaltern Speak?: Reflections on the History of an Idea*, herausgegeben von Rosalind C Morris, 81–86. Columbia University Press.

Choudhury, Asim Kumar Roy. 2014. „Principles of Colour Perception". In *Principles of Colour and Appearance Measurement*, herausgegeben von Asim Kumar Roy Choudhury, 144–84. Woodhead Publishing.

Çifçi, Ali. 2017. *The Socio-Economic Organisation of the Urartian Kingdom*. Brill. Leiden, Boston.

———. 2018. „Religion and Kingship Ideology: The God Haldi and the Urartian Monarch". *Ancient West and East* 17: 119–41.

Çilingiroğlu, Altan. 2001. „Military Architecture". In *Ayanis I. Ten Years' Excavation at Rusahinili Eiduru-kai 1989-1998*, herausgegeben von Altan Çilingiroğlu und Mirjo Salvini, 25–36. Rom: Istituto Per Gli Studi Micenei Ed Egeo-Anatolici CNR.

———. 2004. „How was an Urartian Fortress Built?" In *A View from the Highlands: Archaeological Studies in Honour of Charles Burney*, herausgegeben von A Sagona, 205–31. Leuven: Peeters.

———. 2008. „Rusa son of Argishti: Rusa II or Rusa III?" *Ancient Near Eastern Studies*, Nr. 45: 21–29.

———. 2011. „Ayanis: An Iron Age Site in the East". In *The Oxford Handbook of Ancient Anatolia: (10,000-323 BCE)*, herausgegeben von Gregory McMahon und Sharon Steadman, 1057–68. Oxford: Oxford University Press.

———. 2012. „Urartian Temples". In *Biainili-Urartu. The Proceedings of the Symposium held in Munich 12–14 October 2007*, herausgegeben von Stephan Kroll, Claudia Gruber, Ursula Hellwag, Michael Roaf und Paul Zimansky, 295–307. Acta Iranica. Leuven: Peeters.

Çilingiroğlu, Altan und Mirjo Salvini, Hrsg. 2001. *Ayanis I. Ten Years' Excavation at Rusahinili Eiduru-kai 1989-1998*. Documenta Asiana. Rom: Istituto Per Gli Studi Micenei Ed Egeo-Anatolici CNR.

Ciolek, T. Matthew. 1980. „Spatial Extent of the Field of Co-Presence: a Summary of Findings". *Man-Environment Systems* 10 (1): 57–62.

Ciolek, T. Matthew und Adrian Furnham. 1980. „Subjective Interpersonal Distance in a Public Setting: Effect of Situation and Ecology". *Man-Environment Systems* 10 (2): 107–16.

Classen, Constance. 1993. *Worlds of Sense: Exploring the Senses in History and Across Cultures*. London, New York: Routledge.

———. 1997. „Foundations for an Anthropology of the Senses". *International Social Science Journal* 49 (153): 401–12.

Cooper, Davina. 2019. *Feeling Like a State: Desire, Denial, and the Recasting of Authority*. 6. Aufl. Durham, NC: Duke University Press Books.

Coupland, Justine, Nikolas Coupland und Jeffrey D. Robinson. 1992. „"How Are You?": Negotiating Phatic Communion". *Language in Society* 21: 207–30.

Cross, Ian und Aaron Watson. 2006. „Acoustics and the Human Experience of Socially Organised Sound". In *Archaeoacoustics*, herausgegeben von Chris Scarre und Graeme Lawson, 107–16. McDonald Institute Monographs. Cambridge: McDonald Institute for Archaeological Research.

Crowfoot, Elisabeth. 2008. „Textiles from Recent Excavations at Nimrud". In *New Light on Nimrud: Proceedings of the Nimrud Conference at the British Museum 11th–13th March 2002*, herausgegeben von John E Curtis, Henrietta McCall, Dominique Collon und Lamia al-Gailani Werr, 149–54. British Institute for the Study of Iraq and The British Museum.

Csordas, Thomas J. 1990. „Embodiment as a Paradigm foranthropology". *Ethos* 18: 5–47.

———. 1994. *The Sacred Self. A Cultural Phenomenology of Charismatic Healing*. University of California Press.

———. 2015. „Toward a Cultural Phenomenology of Body-World Relations". In *Phenomenology in Anthropology - A Sense of Perspective*, herausgegeben von Kalpana Ram und Christopher Houston, 50–67. Indiana University Press.

Curtis, John E. 2012. „Assyrian and Urartian Metalwork: Independence or Interdependence?" In *Biainili-Urartu. The Proceedings of the Symposium held in Munich 12–14 October 2007*, herausgegeben von Stephan Kroll, Claudia Gruber, Ursula Hellwag, Michael Roaf und Paul Zimansky, 427–43. Acta Iranica. Leuven: Peeters.

Curtis, John E. und Nigel Tallis. 2008. *The Balawat Gates of Ashurnasirpal II*. British Museum Press.

Dalley, Stephanie. 1994. "Nineveh, Babylon and the Hanging Gardens: Cuneiform and Classical Sources Reconsidered" *Iraq* 56: 45–58.

Damerji, Muyad Said Basim. 1999. *Gräber Assyrischer Königinnen aus Nimrud*. Mainz: Verlag des Römisch-Germanischen Zentralmuseums.

Dan, Roberto. 2015. *From the Armenian Highland to Iran. A Study on the Relations between the Kingdom of Urartu and the Achaemenid Empire*. Serie Orientale Roma. Roma: Roma Scienze e Lettere.

———. 2016. „A Short Note on an Unusual Artefact which May Constitute a Link between Urartu and Etruria". *Iran and the Caucasus* 20 (1): 17–23.

———. 2018. „Some Reflections on 'Urartian' Roads and the Urartian Road System [Urartu Yol Sistemi ve "Urartu" Yolları Üzerine Bazı Düşünceler]". In *Articles on Transportation in Ancient Near East [Eski Yakındoğu'da Ulaşım Üzerine Yazılar]*, herausgegeben von Bilcan Gokce und Pinar Pinarcik, 369–82. Akademisyen Kitabevi.

Davis, Whitney. 1996. „Pleasure and Its Contents: Bersani and Dutoit's Assyrian Reliefs". In *Replications. Archaeology, Art History and Psychoanalysis*, 266–85. University Park, Pa: The Pennsylvania State University Press.

Day, Jo. 2013. *Making Senses of the Past: Toward a Sensory Archaeology*. Carbondale: Southern Illinois University Press.

Deleuze, Gilles und Félix Guattari. 2005 [1980]. *A Thousand Plateaus. Capitalism and Schizophrenia*. Herausgegeben von Brian Massumi. Minneapolis, London: University of Minnesota Press.

DeSalle, Rob. 2018. *Our Senses. An Immersive Experience*. New Haven, London: Yale University Press.

Descartes, René. 2001. *Discourse on Method, Optics, Geometry, and Meteorology*. Indianapolis: Hackett Publishing.

Descola, Philippe. 2013. *Jenseits von Natur und Kultur*. Berlin, Frankfurt a. M.: Suhrkamp Verlag.

———. 2014. *Die Ökologie der Anderen: Die Anthropologie und die Frage der Natur*. Berlin: Matthes & Seitz.

Devedjyan, Seda. 2010. „Some Urartian Objects from the Tombs of Lori Berd". *ARAMAZD Armenian Journal of Near Eastern Studies* V (2): 76–89.

Devedjyan, Seda und Suren Hobosyan. 2018. „Excavations at Late Bronze Age Tombs of Lori Berd". *ARAMAZD Armenian Journal of Near Eastern Studies* 12 (2): 27–46.

Dicks, Ainsley Alexandra. 2012. *Catching the Eye of the Gods: The Gaze in Mesopotamian Literature*. New Haven, London: Yale University Press.

Dobres, Marcia-Anne und John E. Robb, Hrsg. 2000. *Agency in Archaeology*. London, New York: Routledge.

Dowd, Marion und Robert Hensey, Hrsg. 2016. *The Archaeology of Darkness*. Oxford: Oxbow.

Dücker, Burckhard. 2004. „Nicht mehr und noch nicht. Handlungstyp Warten: Zur Anthropologie der Übergangsphase". *IABLIS Jahrbuch für europäische Prozesse* 3. Jg. https://themen.iablis.de/2004/duecker04.htm.

Duvenage, Pieter. 2003. *Habermas and Aesthetics: The Limits of Communicative Reason*. Wiley, Polity Press.

Earley-Spadoni, Tiffany. 2015a. „Envisioning Landscapes Of Warfare: A Multi-Regional Analysis of Early Iron Fortress-States and Biainili-Urartu". Baltimore, Maryland: Johns Hopkins University.

———. 2015b. „Landscapes of Warfare: Intervisibility Analysis of Early Iron and Urartian Fire Beacon Stations (Armenia)". *Journal of Archaeological Science: Reports* 3: 22–30.

Eco, Umberto. 1997. „Function and Sign: the Semiotics of Architecture". In *Rethinking Architecture - A Reader in Cultural Theory*, herausgegeben von Neil Leach, 182–202. London: Psychology Press.

———. 2002. *Einführung in die Semiotik*. 9. Aufl. Parderborn, München: UTB.

Edensor, Tim. 2017. *From Light to Dark: Daylight, Illumination, and Gloom*. University of Minnesota Press.

Egbers, Vera. 2019a. „The House as Process: A Biography of Building 10 in Monjukli Depe". In *Looking Closely. Excavations at Monjukli Depe, Turkmenistan, 2010-2014*, herausgegeben von Susan Pollock, Reinhard Bernbeck und Birgül Öğüt, 107–32. Sidestone Press.

———. 2019b. „,Ein Assyrer in Urartu'. Thirdspace in der Eisenzeit in Nord-Mesopotamien". In *Subalterne Räume: Versuch einer Übersicht*. Forum Kritische Archäologie 8: 92–113.

Eichler, Seyyare. 1984. *Götter, Genien und Mischwesen in der urartäischen Kunst*. Archäologische Mitteilungen aus Iran, Ergänzungsband. Dietrich Reimer Verlag.

Eichmann, Ricardo und Lars-Christian (Hrsg.) Koch. 2015. *Musikarchäologie. Klänge der Vergangenheit*. Archäologie in Deutschland. Sonderheft 07/2015. Darmstadt: Theiss.

Elias, Norbert. 1994. *The Civilizing Process*. Oxford: Blackwell.

Englund, Robert K. 2009. „The Smell of the Cage". In *CDLJ 2009:4 - Cuneiform Digital Library Journal*.

Eph'al, Israel. 2005. „Esarhaddon, Egypt and Šubria: Politics and Propaganda". *Journal of Cuneiform Studies* 57: 99–111.

Erdem, Aylin Ü. und Altan Çilingiroğlu. 2010. „Domestic Architecture in the Urartian Fortress at Ayanis". In *Proceedings of the 6th International Congress of the*

Archaeology of the Ancient Near East, herausgegeben von Paolo Matthiae, Frances Pinnock, Lorenzo Nigro und Nicole Marchetti, 2:151–64. Wiesbaden: Harrassowitz.

Fales, Frederick Mario. 2013. *Ethnicity in the Assyrian Empire: A view from the Nisbe. Literature as Politics, Politics as Literature Essays on the Ancient Near East in Honor of Peter Machinist.*

Fardon, Richard. 1995. „Introduction: Counterworks". In *Counterworks: Managing the Diversity of Knowledge*, herausgegeben von Richard Fardon, 1–23. London, New York: Routledge.

Farrar, Linda. 2016. *Gardens and Gardeners of the Ancient World*. Oxford: Windgather Press, Oxbow.

Fehlberg, Thorsten. 2013. „(Re)Produktion von rechtsextrem dominierten ‚Angsträumen'". In *Raumbezogene qualitative Sozialforschung*, herausgegeben von Eberhard Rothfuß und Thomas Dörfler, 102–22. Wiesbaden: Springer VS Fachmedien.

Feld, Steven. 1984. „Sound Structure as Social Structure". *Ethnomusicology* 28: 383–409.

Forbes, Thomas B. 1983. *Urartian Architecture*. International Series. Oxford: BAR.

Forrer, Emil O. 1920. *Die Provinzeinteilung des Assyrischen Reiches*. Leipzig: Hinrichs.

Foucault, Michel. 1992. „Andere Räume". In *Aisthesis. Wahrnehmung heute oder Perspektiven einer anderen Ästhetik*, herausgegeben von Karlheinz Barck, Peter Gente, Heidi Paris, Stefan Richter, 34–46. Leipzig.

———. 2004. „Des Espaces Autres". *Empan* 2 (54): 12–19.

———. 2005. „Technologien des Selbst". In *Michel Foucault. Schriften in vier Bänden. Dits et Ecrits. Band IV 1980-1988*, herausgegeben von Daniel Defert und François Ewald, 966–99. Frankfurt a. M.: Suhrkamp.

Frahm, Eckart, Hrsg. 2017a. *A Companion to Assyria*. Hoboken, NJ: John Wiley & Sons.

———. 2017b. „The Neo-Assyrian Period (ca. 1000–609 BCE)". In *A Companion to Assyria*, herausgegeben von Eckart Frahm, 161–208. Hoboken, NJ: John Wiley & Sons.

Frankfort, Henri. 1933. *Tell Asmar, Khafaje and Khorsabad: Second Preliminary Report of the Iraq Expedition*. OIC 16. Chicago: The University of Chicago Press.

———. 1934. *Iraq Excavations of the Oriental Institute 1932/33: Third Preliminary Report of the Iraq Expedition*. OIC 17. Chicago: The University of Chicago Press.

Frieman, Catherine und Mark Gillings. 2007. „Seeing is Perceiving?" *World Archaeology* 39 (1): 4–16.

Fuchs, Andreas. 1994. *Die Inschriften Sargons II aus Khorsabad*. Göttingen: Cuvillier.

———. 2005. „War das Neuassyrische Reich ein Militärstaat?" In *Krieg – Gesellschaft – Institutionen. Beiträge zu einer vergleichenden Kriegsgeschichte*, herausgegeben von Burkhard Meißner, Oliver Schmitt und Michael Sommer, 35–60. Berlin: De Gruyter.

———. 2009a. „Sargon II". In *Reallexikon der Assyriologie und Vorderasiatischen Archäologie*, herausgegeben von Michael P. Streck, 12:51–61. Berlin: De Gruyter.

———. 2009b. „Waren die Assyrer grausam?" In *Extreme Formen von Gewalt in Bild und Text des Altertums*, herausgegeben von Martin Zimmermann, 65–119. Münchner Studien zur Alten Welt 5. München: Herbert Utz Verlag.

———. 2010. „Die Darstellung von Räumen und Orten in neuassyrischen Königsinschriften". In *Ort und Bedeutung: Beiträge zum Symposion „Die Darstellung von Orten; von der Antike bis in die Moderne"*, herausgegeben von Jan Christian Gertz, 69–92. Kamen.

———. 2017. „Assyria and the North: Anatolia". In *A Companion to Assyria*, herausgegeben von Eckart Frahm, 249–58. Hoboken: John Wiley & Sons.

Fuchsman, Ken. 2019. „Gaslighting". *The Journal of Psychohistory* 47 (1): 74–78.

Gagliardi, Pasquale. 1990. *Symbols and Artifacts: Views of the Corporate Landscape*. Berlin: De Gruyter.

———. 2006. „Exploring the Aesthetic Side of Organizational Life". *The SAGE Handbook of Organization Studies*, 701–24.

Galbraith, John Kenneth. 1987. *Anatomie der Macht*. München: C. Bertelsmann Verlag.

Galil, Gershon. 2007. *The Lower Stratum Families in the Neo-Assyrian Period*. Bd. 27. Culture and History of the Ancient Near East. Leiden, Boston: Brill.

Gallagher, William R. 1994. „Assyrian Deportation Propaganda". *State Archives of Assyria Bulletin* VIII (2): 58–65.

Garbrecht, Günther. 1988. „Water Management for Irrigation in Antiquity (Urartu 850 to 600 B.C.)". *Irrigation and Drainage Systems* 2: 185–98.

———. 2004. „Historische Wasserbauten in Ostanatolien. Königreich Urartu, 9.–7. Jh. v. Chr." In *Wasserbauten im Königreich Urartu und weitere Beiträge zur Hydrotechnik in der Antike*. Schriften der Deutschen Wasserhistorischen Gesellschaft (DWhG) e.V. Siegburg: DWhG, Books on Demand GmbH.

Gebhart-Sayer, Angelika. 1985. „The Geometric Designs of the Shipibo-Conibo in Ritual Context". *Journal of Latin American Lore* 11 (2): 143–75.

Geertz, Clifford. 1994. *Dichte Beschreibung: Beiträge zum Verstehen kultureller Systeme*. Frankfurt a. M.: Suhrkamp.

Gell, Alfred. 1998. *Art and Agency: An Anthropological Theory*. Oxford: Calendron Press.

Gennep, Arnold van. 1986. Übergangsriten (Les Rites de Passage). Paris: Edi. Frankfurt a. M.: Campus Verlag.

Gherardi, Silvia, Davide Nicolini und Antonio Strati. 2007. „The Passion for Knowing". *Organization* 14 (3): 315–29.

Giddens, Anthony. 1988. *Die Konstitution der Gesellschaft. Grundzüge einer Theorie der Strukturierung*. Campus.

Gillmann, Nicholas. 2008. „Le Bâtiment Isolé de Khorsabad: Une Nouvelle Tentative de Reconstitution". *Iraq* 70: 41–50.

Giovino, Mariana. 2007. *The Assyrian Sacred Tree. A History of Interpretations*. Göttingen: Vandenhoeck & Ruprecht.

Glasze, Georg und Andreas Pott. 2014. „Räume der Migration und der Migrationsforschung". In *Räumliche Auswirkungen der internationalen Migration*, herausgegeben von Paul Gans, 46–62. Hannover: Forschungsberichte der ARL 3.

Glynn, Michelle L. 1994. *An Analysis of the Palace of Sargon II At Khorsabad : Its Organisation and Function*. Doktorarbeit: The University of Melbourne.

Gökce, Bilcan und Kenan Işık. 2014. „Horses and Horse-Breeding in Urartian Civilization". *Ancient West & East* 13: 1–28.

Gottdiener, Mark. 1993. „A Marx for Our Time: Henri Lefebvre and the Production of Space". *Sociological Theory* 11 (1): 129–34.

Gramsch, Alexander, und Ulrike Sommer, Hrsg. 2011. *A History of Central European Archaeology. Theory, Methods and Politics*. Budapest: Archaeolingua.

Gramsci, Antonio. 1971. *Selections from the Prison Notebooks*. Herausgegeben von Quentin Hoare und Geoffrey Nowell Smith. New York: International Publishers.

Grayson, Albert Kirk. 1991. *Assyrian Rulers of the Early First Millennium BC I (1114-859 BC)*. Royal Inscriptions of Mesopotamia (RIMA). Assyrian Periods Volume 2. Toronto: University of Toronto Press.

———. 1996. *Assyrian Rulers of the Early First Millennium BC II (858-745 BC)*. Royal Inscriptions of Mesopotamia (RIMA). Assyrian Periods Volume 3. University of Toronto Press.

Grayson, Albert Kirk und Jamie R. Novotny. 2012. *The Royal Inscriptions of Sennacherib, King of Assyria (704-681 BC), Part 1*. The Royal Inscriptions of the Neo-Assyrian Period 3/1. Eisenbrauns.

———. 2014. *The Royal Inscriptions of Sennacherib, King of Assyria (704–681 BC). Part 2*. The Royal Inscriptions of the Neo-Assyrian Period 3/2. Eisenbrauns.

Green, Anthony. 1983. „Neo-Assyrian Apotropaic Figures: Figurines, Rituals and Monumental Art, with Special Reference to the Figurines from the Excavations of the British School of Archaeology in Iraq at Nimrud". *Iraq* 45 (1): 87–96.

Greenfield, Tina. 2016. „Feeding Empires: Provisioning Strategies at a Neo-Assyrian Provincial Capital at Ziyaret Tepe (Tušhan)". In *The Provincial Archaeology of the Assyrian Empire*, herausgegeben von John MacGinnis, Wicke Dirk und Tina Greenfield, 295–307. McDonald Institute Monographs. Cambridge: McDonald Institute Monographs.

Greenfield, Tina und Melissa Rosenzweig. 2014. „Assyrian Provincial Life: A Comparison of Botanical and Faunal Remains from Tušhan (Ziyaret Tepe), Southeastern Turkey". In *Proceedings of the 9th ICAANE in Basel*, herausgegeben von Rolf Stucky, Oskar Kaelin und Hans-Peter Mathys, 2:305–21. Wiesbaden: Harrassowitz.

Greenfield, Tina, Dirk Wicke und Timothy Matney. 2013. „Integration and Interpretation of Architectural and Faunal Evidence from Assyrian Tušhan, Turkey". *Bioarchaeology of the Near East* 7 (June): 47–75.

Greiff, Susanne, Zahra Hezarkhani, Dietrich Ankner und Michael Müller-Karpe. 2012. „Frühes Messing? Zur Verwendung von Zink in Urartäischen Kupferlegierungen". In *Biainili-Urartu. The Proceedings of the Symposium held in Munich 12-14 October 2007*, herausgegeben von Stephan Kroll, Claudia Gruber, Ursula Hellwag, Michael Roaf und Paul Zimansky, 417–26. Acta Iranica. Leuven: Peeters.

Grekyan, Yervand. 2018. „'Some I Killed, Some I Took Alive': The Impact of War on the Local Population in the Urartian Period". *Ancient West and East* 17: 143–60.

Groß, Melanie. 2014. „The Structure and Organisation of the Neo-Assyrian Royal Household". Universität Wien.

Groß, Melanie und David Kertai. 2019. „Becoming Empire: Neo-Assyrian Palaces and the Creation of Courtly Culture". *Journal of Ancient History* 7 (1): 1–31.

Guha, Ranajit. 1983. *Elementary Aspects of Peasant Insurgency in Colonial India*. Delhi: Oxford University Press.

Gunter, Ann. 1982. „Representations of Urartian and Western Iranian Fortress Architecture in the Assyrian Reliefs". *Iran* 20: 103–12.

Günzel, Stephan, Hrsg. 2010. *Raum. Ein interdisziplinäres Handbuch*. Stuttgart, Weimar: J.B. Metzler.

Guralnick, Eleanor. 2013. „Khorsabad: A Museum ‚Excavation'". In *New Research on Late Assyrian Palaces*, herausgegeben von David Kertai und Peter A Miglus, 5–9. Heidelberger Studien zum Alten Orient – Band 15. Heidelberg: Heidelberger Orientverlag.

Habermas, Jürgen. 1981. *Theorie des kommunikativen Handelns, 2 Bd.* Frankfurt a. M.: Suhrkamp.

———. 1985. *Der Diskurs der Moderne. Zwölf Vorlesungen.* Frankfurt a. M.: Suhrkamp.

Hamilakis, Yannis. 2002. „The Past as Oral History: Towards an Archaeology of the Senses". In *Thinking through the Body: Archaeologies of Corporeality*, herausgegeben von Yannis Hamilakis, Mark Pluciennik und Sarah Tarlow, 121–36. New York: Kluwer Academic/Plenum Publishers.

———. 2013. *Archaeology and the Senses: Human Experience, Memory, and Affect.* Cambridge: Cambridge University Press.

Harding, Sandra. 1991. *Whose Science? Whose Knowledge? Thinking from Women's Lives.* Ithaca, NY: Cornell University Press.

Harmanşah, Ömür. 2009. „Stones of Ayanis: New Urban Foundations and the Architectonic Culture in Urartu during the 7th C. BC". In *Bautechnik im antiken und vorantiken Kleinasien*, herausgegeben von Martin Bachmann, 177–97. Istanbul.

———. 2011. „Monuments and Memory: Architecture and Visual Culture in Ancient Anatolian History". In *Oxford Handbook of Anatolian Studies (8000 – 323 BCE)*, herausgegeben von Gregory McMahon und Sharon R Steadman, 623–51. Oxford: Oxford University Press.

———. 2013. *Cities and the Shaping of Memory in the Ancient Near East. Cities and the Shaping of Memory in the Ancient Near East.* Cambridge: Cambridge University Press.

———. 2015. *Place, Memory and Healing. An Archaeology of Anatolian Rock Monuments.* London, New York: Routledge.

Hauser, Stefan R. 2012. *Status, Tod und Ritual: Stadt- und Sozialstruktur Assurs in neuassyrischer Zeit.* Wiesbaden: Harrassowitz.

Hausleiter, Arnulf. 2008. „Nimrud in the Context of Neo-Assyrian Pottery Studies". In *New Light on Nimrud: Proceedings of the Nimrud Conference at the British Museum 11th-13th March 2002*, herausgegeben von John E. Curtis, Henrietta McCall, Dominique Collon und Lamia al-Gailani Werr, 215–25. British Institute for the Study of Iraq and The British Museum.

Hawthorn, Ainsley und Anne-Caroline Rendu Loisel, Hrsg. 2019. *Distant Impressions. The Senses in the Ancient Near East.* Rencontre Assyriologique Internationale. Eisenbrauns.

Heinrich, Ernst. 1984. *Paläste im alten Mesopotamien.* Berlin: De Gruyter.

Hellwag, Ursula. 1998. „Der Untergang Urartus – eine historisch-archäologische ‚Fall'-Studie".

———. 2012. „Der Niedergang Urartus". *Biainili-Urartu. The Proceedings of the Symposium held in Munich 12-14 October 2007*, herausgegeben von Stephan Kroll, Claudia Gruber, Ursula Hellwag, Michael Roaf und Paul Zimansky, 227–41. Acta Iranica. Leuven: Peeters.

Hempel, Leon, Susanne Krasmann und Ulirch Bröckling, Hrsg. 2011a. *Sichtbarkeitsregime. Überwachung, Sicherheit und Privatheit im 21. Jahrhundert*. Wiesbaden: VS Verlag für Sozialwissenschaften.

Hempel, Leon, Susanne Krasmann und Ulrich Bröckling. 2011b. „Sichtbarkeitsregime: Eine Einleitung". In *Sichtbarkeitsregime: Überwachung, Sicherheit und Privatheit im 21. Jahrhundert*, herausgegeben von Leon Hempel, Susanne Krasmann und Ulrich Bröckling, 7–24. Wiesbaden: VS Verlag für Sozialwissenschaften.

Hillier, Bill, und Julienne Hanson. 1984. *The Social Logic of Space*. Cambridge: Cambridge University Press.

Hirschauer, Stefan. 2001. „Ethnographisches Schreiben und die Schweigsamkeit des Sozialen. Zu einer Methodologie der Beschreibung". *Zeitschrift für Soziologie* 30 (6): 429–51.

Hodder, Ian und Gavin Lucas. 2017. „The Symmetries and Asymmetries of Human-Thing Relations. A Dialogue". *Archaeological Dialogues* 24 (2): 119–37.

Höppner, Grit. 2010. „‚Sich schön machen' im Alter: Zur Verknüpfung neoliberaler Körperbilder, weiblicher Subjektivierungsformen und Gesundheitshandeln". In *Frauengesundheit in Theorie und Praxis. Feministische Perspektiven in den Gesundheitswissenschaften*, herausgegeben von Gerlinde v. Mauerer, 113–26. Bielefeld: transcript.

Horkheimer, Max. 2007. *Zur Kritik der instrumentellen Vernunft*. 1947. Aufl. Frankfurt a. M.: Fischer.

Horowitz, Wayne. 1988. „The Babylonian Map of the World". *Iraq* 50: 147–165.

Houston, Stephen und Karl Taube. 2000. „An Archaeology of the Senses: Perceptions and Cultural Expression in Ancient Mesoamerica". *Cambridge Archaeological Journal* 10 (2): 261–294.

Howes, David. 2006. „Scent, Sound and Synaesthesia: Intersensoriality and Material Culture Theory". In *Handbook of Material Culture*, herausgegeben von Tilley Chris, Webb Keane, Susanne Küchler, Mike Rowlands und Patricia Spyer, 161–72. London: Sage.

———. 2015. „Anthropology of the Senses". In *International Encyclopedia of the Social & Behavioral Sciences*, herausgegeben von James D. Wright, 2. Aufl., 615–20. Oxford: Elsevier.

Howes, David und Constance Classen. 1991. „Sounding Sensory Profiles". In *The Varieties of Sensory Experience. Epilogue*, herausgegeben von David Howes. Toronto: University of Toronto Press.

Husserl, Edmund. 1928. *Vorlesungen zur Phänomenologie des inneren Zeitbewusstseins*. Halle, Tübingen: Max Niemeyer Verlag.

Ihde, Don. 2007. *Listening and Voice: Phenomenologies of Sound, Second Edition*. Albany: State University of New York Press.

Impey, Angela. 2013. „Songs of Mobility and Belonging: Gender, Spatiality and the Local in Southern Africa's Transfrontier Conservation Development". *International Journal of Postcolonial Studies* 15: 255–71.

Ingold, Tim. 2004. „Culture on the Ground. The World Perceived Through the Feet". *Journal of Material Culture* 9 (3): 315–40.

———. 2007. „Materials Against Materiality". *Archeological Dialogues* 14 (1): 1–16.

———. 2013. *Making. Anthropology, Archaeology, Art and Architecture*. London, New York: Routledge.
Işik, Cengiz. 1986. „Neue Beobachtungen zur Darstellung von Kultszenen auf urartäischen Rollstempelsiegeln". In *Jahrbuch des Deutschen Archäologischen Instituts. Band 101*, 1–22. Berlin: De Gruyter.
Işıklı, Mehmet. 2014. „Reflections on Twenty Five Years of Excavations at Ayanis Castle: Past, Present and Future". *Armenian Journal of Near Eastern Studies (ARAMAZD)* VIII (1–2): 110–19.
———. 2017. „A Key Site in Urartian Archaeology: Recent Fieldwork at the Ayanis Castle (Rusahinili Eiduru-Kai)". In *The Archaeology of Anatolia Volume II. Recent Discoveries (2015-2016)*, herausgegeben von Sharon R. Steadman und Gregory McMahon, 117–36. Newcastle upon Tyne, UK: Cambridge Scholars Publishing.
Işıklı, Mehmet, Gülşah Öztürk und Umut Parlıtı. 2016. „Van Ayanis Kalesi 2015 Yili Kazı Ve Onarım Çalışmaları". *Kazı Sonuçları Toplantısı* 38 (2): 587–98.
Jacobs, Hanne und Trevor Perri. 2010. „Intuition and Freedom: Bergson, Husserl and the Movement of Philosophy". In *Bergson and Phenomenology*, herausgegeben von Michael R. Kelly, 101–17. London: Palgrave Macmillan.
Jakubiak, Krzysztof. 2004. „An Attempt to Systematize the Gates in the Urartian Fortresses". *Iranica Antiqua* 39: 169–90.
Jazeel, Tariq. 2014. „Subaltern Geographies: Geographical Knowledge and Postcolonial Strategy". *Singapore Journal of Tropical Geography* 35: 88–103.
Johnson, Matthew H. 1989. „Conceptions of Agency in Archaeological Interpretation". *Journal of Anthropological Archaeology* 8: 189–211.
———. 2012. „Phenomenological Approaches in Landscape Archaeology". *Annual Review of Anthropology* 41: 269–284.
Jurt, Joseph. 2010. „Die Habitus-Theorie von Pierre Bourdieu". *Zeitschrift für Literatur- und Theatersoziologie* 3 (Juli): 5–17.
Kant, Immanuel. 1998. *Kritik der reinen Vernunft*, herausgegeben von Marcus Willaschek und Georg Mohr. *Klassiker auslegen*. Hamburg: Felix Meiner Verlag.
Kapmeyer, Hannelore. 2003/2004. „Zur Herstellung urartäischer Palastkeramik." *Archäologische Mitteilungen aus Iran und Turan* 35-36: 313–333.
Kellner, Hans-Jörg. 1991. *Gürtelbleche aus Urartu*. Prähistorische Bronzefunde. Abteilung XII. Band 3. Stuttgart: Franz Steiner Verlag.
Kertai, David. 2013. „The Multiplicity of Royal Palaces. How many Palaces did an Assyrian King need?" In *New Research on Late Assyrian Palaces*, herausgegeben von David Kertai und Peter A. Miglus, 11–22. Heidelberger Studien zum Alten Orient – Band 15. Heidelberg: Heidelberger Orientverlag.
———. 2014. „From *bābānu* to *bētānu*, Looking for Spaces in Late Assyrian Palaces". In *The Fabric of Cities Aspects of Urbanism, Urban Topography and Society in Mesopotamia, Greece and Rome*, herausgegeben von Natalie N. May und Ulrike Steinert, 189–202. Leiden, Boston: Brill.
———. 2015a. *The Architecture of Late Assyrian Royal Palaces*. Oxford: Oxford University Press.
———. 2015b. „The Guardians at the Doors: Entering the Southwest Palace in Nineveh". *Journal of Near Eastern Studies* 74 (2): 325–49.

———. 2017. „Embellishing the Interior Space of Assyria's Royal Palaces: The Bet Hilani Reconsidered". *Iraq* LXXIX: 85–104.

———. 2019. „The Thronerooms of Assyria". In *Ancient Egyptian and Ancient Near Eastern Palaces Volume II. Proceedings of a Workshop held at the 10th ICAANE in Vienna, 25–26 April 2016 (Contributions to the Archaeology of Egypt, Nubia and the Levant 8),* herausgegeben von Manfred Bietak, Paolo Matthiae und Silvia Prell, 41–56. Wiesbaden: Harrassowitz.

Keßeler, Arnica D. 2016. „Affordanz, oder was Dinge können!" In *Massendinghaltung in der Archäologie. Der material turn und die Ur- und Frühgeschichte,* herausgegeben von Kerstin P Hofmann, Thomas Meier, Doreen Mölders und Schreiber Stefan. Leiden: Sidestone.

Kessler, Karlheinz. 1980. *Untersuchungen zur historischen Topographie Nordmesopotamiens nach keilschriftlichen Quellen des 1. Jahrtausends v. Chr.* Beihefte zum Tübinger Atlas des Vorderen Orients. Reihe B (Geisteswissenschaften) Nr. 26. Wiesbaden: Dr. Ludwig Reichert Verlag.

———. 1997. „‚Royal Roads' and Other Questions of the Neo-Assyrian Communication System". In *Assyria 1995,* herausgegeben von Simo Parpola und Robert Whiting, 129–36, Helsinki: Neo-Assyrian Text Corpus Project.

Kleiss, Wolfram. 1972. „Ausgrabungen in der urartäischen Festung Bastam (Rusahinili) 1970 (Tafel 1–17)". *Archäologische Mitteilungen aus Iran* 5: 7–68.

———. 1976. „Urartäische Architektur". In *Urartu: Ein wiederentdeckter Rivale Assyriens,* herausgegeben von Hans Jörg Kellner, 28–44. München: Katalog der Ausstellung, Prähistorische Staatssammlung München.

———. 1977. *Bastam/Rusa-I-URU.TUR. Beschreibung der urartäischen und mittelalterlichen Ruinen.* Führer zu archäologischen Plätzen in Iran. Band I (DAI Teheran). Berlin: Dietrich Reimer Verlag.

———. 1979a. „Architektur". In *Bastam I. Ausgrabungen der urartäischen Anlagen 1972–1975,* herausgegeben von Wolfram Kleiss, 11–98. Berlin: Gebr. Mann Verlag.

———, Hrsg. 1979b. *Bastam I. Ausgrabungen der urartäischen Anlagen 1972–1975.* Berlin: Gebr. Mann Verlag.

———. 1980. „Bastam, an Urartian Citadel Complex of the Seventh Century B. C." *American Journal of Archaeology* 84 (3): 299–304.

———. 1983. „Größenvergleiche urartäischer Burgen und Siedlungen. Band 1: Text". In *Beiträge zur Altertumskunde Kleinasiens. Festschrift für Kurt Bittel,* herausgegeben von Rainer M. Boehmer und Harald Hauptmann, 283–90. Mainz am Rhein: Philipp von Zabern.

———. 1988a. „Architektur". In *Bastam II. Ausgrabungen der urartäischen Anlagen 1977–1978,* herausgegeben von Wolfram Kleiss, 13–74. Berlin: Gebr. Mann Verlag.

———, Hrsg. 1988b. *Bastam II. Ausgrabungen der urartäischen Anlagen 1977-1978.* Berlin: Gebr. Mann Verlag.

———. 1996. „Die Toranlagen der Urartäischen Festung Rusa-I URU.TUR von Bastam in Iranisch-Azerbaidjan". *Anadolu Araştırmaları* 14: 289–306.

———. 2015. *Geschichte der Architektur Irans.* Bd. Band 15. Archäologie in Iran und Turan. Berlin: Dietrich Reimer.

Kleiss, Wolfram und Harald Hauptmann. 1976. *Topographische Karte von Urartu*. Berlin: Reimer.

Konyar, Erkan. 2011. „Tomb Types and Nurial Traditions in Urartu". In *Urartu. Doğu'da Değişimi. Urartu. Transformation in the East*, herausgegeben von Kemalettin Köroğlu und Erkan Konyar, 206–231. Istanbul: Yapı Kredi Yayınları.

Köroğlu, Kemalettin. 2009. „Urartu Dönemi Bey Konakları". In *Studies in honour of Altan Çilingiroğlu. A Life Dedicated to Urartu on the Shores of the Upper Sea*, herausgegeben von Haluk Sağlamtimur, Abay Eşref, Zafer Derin, Aylin Ü. Erdem, Batmaz Attila, Fulya Dedeoğlu, Mücella Erdalkıran, Mahmut Bilge Baştürk und Erim Konakçı, 383–94. Istanbul: Arkeoloji ve Sanat Yayınları.

———. 2011. „Urartu: Krallık ve Aşiretler. Urartu: Kingdom and Tribes". In *Urartu. Doğu'da Değişimi. Urartu. Transformation in the East*, herausgegeben von Kemalettin Köroğlu und Erkan Konyar, 12–51. Istanbul: Yapı Kredi Yayınları.

———. 2015. „Conflict and Interaction in the Iron Age: The Origins of Urartian–Assyrian Relations". *European Journal of Archaeology* 18 (1): 111–27.

Kose, Arno. 1999. „Die Wendelrampe der Ziqqurrat von Dur-Šarrukin: keine Phantasie vom Zeichentisch". *Baghdader Mitteilungen* 30: 115–37.

Koselleck, Reinhart. 1988. *Vergangene Zukunft: zur Semantik geschichtlicher Zeiten*. Frankfurt a. M.: Suhrkamp.

———. 2006. *Begriffsgeschichten: Studien zur Semantik und Pragmatik der politischen und sozialen Sprache*. Frankfurt a. M.: Suhrkamp.

Kravitz, Kathryn F. 2003. „A Last-Minute Revision to Sargon's Letter to the God". *Journal of Near Eastern Studies* 62 (2): 81–95.

Kreisky, Eva. 2008. „Fitte Wirtschaft und schlanker Staat: das neoliberale Regime über die Bäuche". In *Kreuzzug gegen Fette. Sozialwissenschaftliche Aspekte des gesellschaftlichen Umgangs mit Übergewicht und Adipositas*, herausgegeben von Henning Schmidt-Semisch und Friedrich Schorb, 143–61. VS Verlag für Sozialwissenschaften, GWV Fachverlage GmbH.

Kreppner, Janoscha. 2008. „Eine außergewöhnliche Brandbestattungssitte in Dur-Katlimmu während der ersten Hälfte des ersten Jt. v. Chr." In *Fundstellen, Gesammelte Schriften zur Archäologie und Geschichte Altvorderasiens*, herausgegeben von Dominik Bonatz, Rainer M. Czichon und Janoscha F. Kreppner, 263–76. Wiesbaden: Harrassowitz.

Kristeva, Julia. 1982. *Powers of Horror. An Essay on Abjection*. New York: Columbia University Press.

Kristiansen, Kristian. 2014. „Towards a New Paradigm: The Third Science Revolution and its Possible Consequences in Archaeology". *Current Swedish Archaeology* 22: 11–34.

Kroll, Stephan. 1976. *Keramik urartäischer Festungen in Iran: ein Beitrag zur Expansion Urartus in Iranisch-Azarbaidjan*. Archäologische Mitteilungen aus Iran. Berlin: Dietrich Reimer Verlag.

———. 1984. „Urartus Untergang in anderer Sicht". *Istanbuler Mitteilungen* 34: 151–70.

———. 1988a. „Die Keramik". In *Bastam II. Ausgrabungen der urartäischen Anlagen 1977–1978*, herausgegeben von Wolfram Kleiss, 165–73. Berlin: Gebr. Mann Verlag.

———. 1988b. „Grabungsbericht". In *Bastam II. Ausgrabungen der urartäischen Anlagen 1977–1978*, herausgegeben von Wolfram Kleiss, 75–106. Berlin: Gebr. Mann Verlag.

———. 1989. „Chemische Analysen – Neue Evidenz für Pferdeställe in Urartu und Palästina". *Istanbuler Mitteilungen* 39 (3): 329–33.

Krondorfer, Birge. 2010. „Gesundheit und Moderne Frauen. Notate zum Körperregime". In *Frauengesundheit in Theorie und Praxis. Feministische Perspektiven in den Gesundheitswissenschaften*, herausgegeben von Gerlinde v. Mauerer, 129–43. Bielefeld: transcript.

Kühne, Hartmut. 2010. „The Rural Hinterland of Dur Katlimmu". In *Dur-Katlimmu and Beyond, Studia Chaburensia 1*, herausgegeben von Hartmut Kühne, 115–28. Wiesbaden: Harrassowitz.

———. 2013. „Tell Sheikh Hamad. The Assyrian-Aramaean Centre of Dūr-Katlimmu/ Magdalu". In *100 Jahre archäologische Feldforschungen in Nordost-Syrien – eine Bilanz. Berichte des Internationalen Symposiums des Instituts für Vorderasiatische Archäologie der Freien Universität Berlin und des Vorderasiatischen Museums der Staatlichen Museen zu Berlin*, herausgegeben von Dominik Bonatz und Lutz Martin, 235–58. Wiesbaden: Harrassowitz.

———. , Hrsg. 2018. *Water for Assyria*. Bd. 7. Studia Chaburensia. Wiesbaden: Harrassowitz.

Kühne, Hartmut und Peter J. Ergenzinger. 1991. „Ein regionales Bewässerungssystem am Habur". In *Berichte der Ausgrabung Tall Seh Hamad/Dur Katlimmu (BATSH). Band 1*, herausgegeben von Hartmut Kühne, Asa'd Mahmoud und Wolfgang Röllig, 163–90. Berlin: Dietrich Reimer Verlag.

Lacan, Jacques. 1988. *The Seminar. Book II. The Ego in Freud's Theory and in the Technique of Psychoanalysis, 1954–1955*. New York: Norton.

Laclau, Ernesto und Chantal Mouffe. 1985. *Hegemony and Socialist Strategy Towards a Radical Democratic Politics*. London: Verso.

Lalvani, Suren. 1995. „Modernity, Vision, and the Regimes of Visibility". *The Review of Education/Pedagogy/Cultural Studies* 17 (3): 343–61.

Laurence, Ray. 2017. „The Sounds of the City. From Noise to Silence in Ancient Rome". In *Senses of the Empire. Multisensory Approaches to Roman Culture*, herausgegeben von Eleanor Betts, 13–22. London, New York: Routledge.

Lavin, Marjore Woods. 1981. „Boundaries in the Built Environment. Concepts and Examples". *Man-Environment Systems* 11 (5-6): 195–206.

Lawrence, Denise L. und Setha M. Low. 1990. „The Built Environment and Spatial Form". *Annual Review of Anthropology* 19: 453–505.

Leach, Edmund. 1976. *Culture and Communication - The Logic by which Symbols Are Connected. An Introduction to the Use of Structuralist Analysis in Social Anthropology*. Cambridge: Cambridge University Press.

Lee, Charles T. 2010. „Bare Life, Interstices, and the Third Space of Citizenship". *Women's Studies Quarterly,* 38 (1/2): 57–81.

Lefebvre, Henri. 1991. *The Production of Space*. Oxford: Blackwell.

———. 2000. *La production de l'espace*. 4. Auflage. Paris: Anthropos.

Lefebvre, Jean-Pierre. 2015. „Vie Quotidienne et Production de l'Espace". In *Agir avec Henri Lefebvre, Altermarxiste ? Géographe Radical ?*, herausgegeben von Hugues Lethierry. Lyon: Chronique Sociale, Coll. Savoir penser.

Lehmann-Haupt, Carl Friedrich. 1910. *Armenien Einst und Jetzt I. Vom Kaukasus zum Tigris und nach Tigranokerta*. Berlin: B. Behr's Verlag.

Lévi-Strauss, Claude. 1972. *Strukturale Anthropologie*. Frankfurt a. M.: Suhrkamp.

Linder, Elisha. 1986. „The Khorsabad Wall Reliefs: A Mediterranean Seascape or River Transport of Timber?" *Journal of the American Oriental Society* 106 (2): 273–81.

Lindstrøm, Torill Christine. 2015. „Agency ‚In Itself'. A Discussion of Inanimate, Animal and Human Agency". *Archaeological Dialogues* 22: 207–38.

Linke, Julia. 2015. *Das Charisma der Könige. Zur Konzeption des altorientalischen Königtums im Hinblick auf Urartu*. Wiesbaden: Harrassowitz.

Liverani, Mario. 1988. „The Growth of the Assyrian Empire in the Habur/Middle Euphrates Area: A New Paradigm". *State Archives of Assyria Bulletin (Padua)* 2: 81–98.

———, Hrsg. 1995. *Neo-Assyrian Geography*. Bd. 5. Quaderni di Geografia Storica. Rom: Univ. di Roma „La Sapienza", Dipartimento di Scienze Storiche, Archeologiche e Antropologiche dell'Antichità.

———. 2014. *The Ancient Near East. History, Society and Economy*. London, New York: Routledge.

———. 2017a. *Assyria: The Imperial Mission*. Mesopotamian Civilizations. Winona Lake, Indiana: Eisenbrauns.

———. 2017b. „Thoughts on the Assyrian Empire and Assyrian Kingship". In *A Companion to Assyria*, herausgegeben von Eckart Frahm, 534–46. Hoboken, NJ: John Wiley & Sons.

Loon, Maurits Nanning Van. 1966. *Urartian Art – Its Distinctive Traits in the Light of New Excavations*. Istanbul: Nederlands Historisch-Archaeologisch Instituut.

Loud, Gordon. 1936. „An Architectural Formula for Assyrian Planning Based on the Results of Excavations at Khorsabad". *Revue d'Assyriologie et d'archéologie orientale* 33 (3): 153–60.

Loud, Gordon und Charles B. Altman. 1938. *Khorsabad, Part II, the Citadel and the Town*. University of Chicago Oriental Institute Publications 40. Chicago: The University of Chicago Press.

Loud, Gordon, Henri Frankfort und Thorkild Jacobsen. 1936. Khorsabad, Part I, Excavations in the Palace and at the City G*ate.* University of Chicago Oriental Institute Publications 38. Chicago: The University of Chicago Press.

Love, Serena. 2016. „A Sense of Architecture in the Past: Exploring the Sensory Experience of Architecture in Archaeology". In *Elements of Architecture. Assembling Archaeology, Atmosphere and the Performance of Building Spaces*, herausgegeben von Mikkel Bille und Tim Flohr Sørensen, 213–30. London, New York: Routledge.

Löw, Martina, Silke Steets und Sergej Stoetzer. 2008. *Einführung in die Stadt- und Raumsoziologie*. 2. Auflage. Leverkusen: UTB Verlag Barbara Budrich.

Luckenbill, Daniel D. 1927. *Ancient Records of Assyria and Babylonia. Volume II. Historical Records of Assyria from Sargon to the End*. Herausgegeben von James H. Breasted. Chicago: The University of Chicago Press.

Lüdtke, Alf. 1993. *Eigen-Sinn. Fabrikalltag, Arbeitererfahrungen und Politik vom Kaiserreich bis in den Faschismus*. Hamburg: Ergebnisse Verlag.

MacGinnis, John. 2012. „Evidence for a Peripheral Language in a Neo-Assyrian Tablet from the Governor's Palace in Tušhan". *Journal of Near Eastern Studies* 71 (1): 13–20.

———. 2014. *A City from the Dawn of History. Erbil in the Cuneiform Sources*. Oxford: Oxbow.

MacGinnis, John und Timothy Matney. 2009. „Archaeology at Frontiers: Excavating a Provincial Capital of the Assyrian Empire". *Journal of Assyrian Academic Studies* 23 (1): 3–21.

MacGinnis, John, M. Willis Monroe, Dirk Wicke und Timothy Matney. 2014a. „Administrative Tokens from the First Millennium BC". *Aktüel Arkeoloji* 11 Autumn: 16–18.

———. 2014b. „Artefacts of Cognition: the Use of Clay Tokens in a Neo-Assyrian Provincial Administration". *Cambridge Archaeological Journal* 24: 289–306.

Macgregor, Sherry Lou. 2012. *Beyond Hearth and Home. Women in the Public Sphere in Neo-Assyrian Society*. The Neo-Assyrian Text Corpus Project. Winona Lake: Eisenbrauns.

Maletzke, Gerhard. 1996. *Interkulturelle Kommunikation. Zur Interaktion zwischen Menschen verschiedener Kulturen*. Wiesbaden: VS Verlag für Sozialwissenschaften.

Mann, Michael. 1994. *Die Geschichte der Macht. Erster Band, Von den Anfängen bis zur griechischen Antike*. Frankfurt am Main: Campus.

Manuelli, Federico. 2009. „Assyria and the Provinces. Survival of Local Features and Imposition of New Patterns in the Peripheral Regions of the Empire". *Mesopotamia* 54: 113–27.

Marcus, Michelle I. 1995. „Geography as Visual Ideology". In *Neo-Assyrian Geography*, herausgegeben von Mario Liverani, 193–202. Rom: Universita di Roma „La Sapienza".

Margueron, Jean-Claude. 1995. „Le Palais de Sargon: Réflexions Préliminaires à une Étude Architecturale". In *Khorsabad, le Palais de Sargon II, Roi d'Assyrie*, herausgegeben von Annie Caubet, 181–212. Paris: La Documentation Française.

———. 2005. „Notes d'Archéologie et d'Architecture Orientales: 12 - Du bitanu, de l'Étage et des Salles Hypostyles dans les Palais Néo-Assyriens". *Syria* 82: 93–138.

Marro, Catherine. 2004. „Upper Mesopotamia and the Caucasus: An Essay on the Evolution of Routes and Road Networks from the Old Assyrian Kingdom to the Ottoman Empire". In *A View from the Highlands: Archaeological Studies in Honour of Charles Burney*, herausgegeben von Antonio Sagona, 91–120. Leuven: Peeters.

Massip, Nathalie. 2012. „The Role of the West in the Construction of American Identity: From Frontier to Crossroads". *CALIBAN, French Journal of English Studies* 31: 239–48.

Matney, Timothy. 2001. „Subsurface Geophysical Mapping at Ziyaret Tepe, 1999". In *Salvage Project of the Archaeological Heritage of the Ilisu and Carchemish Dam Reservoirs, Activities in 1999*, herausgegeben von Numan Tuna, Jean Öztürk und Jale Velibeyoğlu, 557–63. Orta Doğu Teknik Üniversitesi.

———. 2016. „The Assyrian Social Landscape in the Upper Tigris River Valley: a View from Ziyaret Tepe (ancient Tušhan)". In *The Provincial Archaeology of the Assyrian Empire*, herausgegeben von John MacGinnis, Wicke Dirk und Tina Greenfield, 335–42. McDonald Institute Monographs. Cambridge: McDonald Institute Monographs.

———. 2018. „Ziyaret Tepe". In *Assurlular. Dicle'den Toroslar'a Tanrı Assur'un Krallığı. The Assyrians. Kingdom of the God Assur from Tigris to Taurus*, herausgegeben von Kemalettin Köroğlu und Selim Adalı Adalı, 340–59. Istanbul: Yapı Kredi Yayınları.

Matney, Timothy, Tina Greenfield, Britt Hartenberger, Chelsea Jalbrzikowski, Kemalettin Köroğlu, John MacGinnis und Anke Marsh. 2011. „Excavations at Ziyaret Tepe, Diyarbakır Province, Turkey, 2009–2010 Seasons". *Anatolica* XXXVII: 68–114.

Matney, Timothy, Tina Greenfield, Britt Hartenberger, Azer Keskin, Kemalettin Köroğlu, John MacGinnis und Martin Willis Monroe. 2009. „Excavations at Ziyaret Tepe 2007-2008". *Anatolica* 35: 37–84.

Matney, Timothy, Tina Greenfield, Kemalettin Köroğlu, John MacGinnis, Lucas Proctor, Melissa Rosenzweig und Dirk Wicke. 2015. „Excavations at Ziyaret Tepe, Diyarbakır Province, Turkey, 2011–2014 Seasons". *Anatolica* XLI, 126–76.

Matney, Timothy, Kemalettin Köroğlu, John MacGinnis und Dirk Wicke. 2013. „Overview of Archaeological Investigations at Ziyaret Tepe/Tušhan". In *Ilisu Barajı ve Hes Projesi Arkeolojik Kazıları 2004–2008 Çalışmaları. The Ilisu Dam and Hep Project Excavations Season 2004–2008*, herausgegeben von Kültür Varlıkları ve Müzeler Genel Müdürlüğü – Diyarbakır Müze Müdürlüğü, 311–45. Istanbul: Arkeoloji ve Sanat Yayınları.

Matney, Timothy, Kemalettin Köroğlu, Dirk Wicke und John MacGinnis. 2010. „Diyarbakır/Ziyaret Tepe 2008 Yılı Kazı Çalışmaları". *Kazı Sonuçları Toplantısı* 31 (4): 315–29.

Matney, Timothy, John MacGinnis, Helen McDonald, Kathleen Nicoll, Lynn Rainville, Michael Roaf, Monica L. Smith und Diana Stein. 2003. „Archaeological Investigations at Ziyaret Tepe – 2002". *Anatolica* 29: 175–221.

Matney, Timothy, John MacGinnis, Dirk Wicke und Kemalettin Köroğlu. 2014. „Fifteenth Preliminary Report on Excavations at Ziyaret Tepe (Diyarbakır Province), 2012 Season". *Kazı Sonuçları Toplantısı* 35 (3): 329–341.

———. 2017. Ziyaret Tepe: Exploring the Anatolian Frontier of the Assyrian Empire. Cornucopia Books.

Matney, Timothy und Lynn Rainville. 2004. „Seventh Preliminary Report on the Excavations at Ziyaret Tepe (Diyabakır Province), 2003 Season". *Kazı Sonuçları Toplantısı* 26: 63–74.

———. 2005a. „Archaeological Investigations at Ziyaret Tepe 2003-2004". *Anatolica* 31: 19–68.

———. 2005b. „Eigth Preliminary Report on the Excavations at Ziyaret Tepe (Diyabakır Province), 2004 Season". *Kazı Sonuçları Toplantısı* 28 (1): 117–30.

Matney, Timothy, Lynn Rainville, Kemalettin Köroğlu, Dirk Wicke und John MacGinnis. 2008. „Tenth Preliminary Report on Excavations at Ziyaret Tepe (Diyarbakır Province), 2007 Season". *Kazı Sonuçları Toplantısı* 30 (1): 507–20.

Matney, Timothy, Michael Roaf, John MacGinnis und Helen McDonald. 2002. „Archaeological Excavations at Ziyaret Tepe 2000 and 2001". *Anatolica* 28: 47–89.

Matt, Susan J. 2011. „Current Emotion Research in History: or, Doing History from the Inside Out". *Emotion Review* 3 (1): 17–24.

Matthäus, Sandra. 2019. „(Il-)Legitim(es) Sein". In *Subjekt und Subjektivierung*, herausgegeben von Alexander Geimer, Steffen Amling und Saša Bosančić, 143–67. Wiesbaden: Springer.

Mauss, Marcel. 1950. „Les Techniques du Corps". In *Sociologie et Anthropologie*, herausgegeben von Marcel Mauss, 363–86. Press. Univ. Fr.

Mayer, Walter. 1983. „Sargons Feldzug gegen Urartu 714 v. Chr.: Text und Übersetzung". *Mitteilungen der deutschen Orient-Gesellschaft* 115: 65–132.

———. 2013. *Assyrien und Urarṭu I. Der Achte Feldzug Sargons II. im Jahr 714 v. Chr.* Alter Orient und Altes Testament. Münster: Ugarit Verlag.

McMahon, Augusta. 2013. „Space, Sound, and Light: Toward a Sensory Experience of Ancient Monumental Architecture". *American Journal of Archaeology* 117 (2): 163–79.

———. 2016a. „A Feast for the Ears: Neo-Assyrian Royal Architecture and Acoustics". In *The Provincial Archaeology of the Assyrian Empire*, herausgegeben von John MacGinnis, Wicke Dirk und Tina Greenfield, 129–39. McDonald Institute Monographs. Cambridge: McDonald Institute Monographs.

———. 2016b. „Reframing the Ziggurat: Looking at (and from) Ancient Mesopotamian Temple Towers". In *Elements of Architecture. Assembling Archaeology, Atmosphere and the Performance of Building Spaces*, herausgegeben von Mikkel Bille und Tim Flohr Sørensen, 321–39. Archaeological Orientations. London, New York: Routledge.

Menzel, Brigitte. 1981. *Assyrische Tempel. Bd. 1. Untersuchungen zu Kult, Administration und Personal*. Studia Pohl ; Series maior, 10. Rom: Biblical Institute Press.

Mergel, Thomas, und Thomas Welskopp. 1997. *Geschichte zwischen Kultur und Gesellschaft: Beiträge zur Theoriedebatte*. Beck'sche Reihe. München: Beck.

Merhav, Rivka. 1991a. „Secular and Cultic Furniture". In *Urartu: A Metalworking Center in the First Millenium BCE*, herausgegeben von Rivka Merhav, 246–71. Jerusalem: The Israel Museum.

———. Hrsg. 1991b. *Urartu: A Metalworking Center in the First Millenium BCE*. Jerusalem: The Israel Museum.

Merleau-Ponty, Maurice. 1970. *Phenomenology of Perception*. London, New York: Routledge & Kegan Paul.

Merrifield, Andy. 2006. *Henri Lefebvre: A Critical Introduction*. London, New York: Routledge.

———. 2007. „Henri Lefebvre. A Socialist in Space". In *Thinking space*, 167–82. Critical Geographies. London, New York: Routledge.

Meskell, Lynn. 1996. „The Somatization of Archaeology: Institutions, Discourses, Corporeality". *Norwegian Archaeological Review* 29: 1–16.

Meyer-Dietrich, Erika. 2017. *Auditive Räume des alten Ägypten. Die Umgestaltung einer Hörkultur in der Amarnazeit*. Culture and History of the Ancient Near East, Band: 92. Leiden, Boston: Brill.

Mieroop, Marc Van De. 1999. *The Ancient Mesopotamian City*. Oxford: Oxford University Press.

———. 2007. *A History of the Ancient Near East, ca. 3000–323 BC. Second Edition*. Oxford: Blackwell.

———. 2016. *A History of the Ancient Near East, ca. 3000–323 BC. Third Edition*. Oxford: Blackwell.

Miglus, Peter A. 1999. *Städtische Wohnarchitektur in Babylonien und Assyrien*. Baghdader Forschungen. Band 22. Mainz am Rhein: Philipp von Zabern.

Miller, Daniel. 1987. *Material Culture and Mass Consumption*. Oxford: Blackwell.

Miller, Daniel und Christopher Tilley. 1984. „Ideology, Power and Prehistory: an Introduction". In *Ideology, Power and Prehistory*, herausgegeben von Daniel Miller und Christopher Tilley, 1–15. Cambridge: Cambridge University Press.

Miller, Naomi. 2013. Symbols of Fertility and Abundance in the Royal Cemetery at Ur, Iraq. *American Journal of Archaeology* 117: 127–133.

Mills, Steve. 2014. *Auditory Archaeology: Understanding Sound and Hearing in the Past*. London, New York: Routledge.

Missfelder, Jan Friedrich. 2014. „Ganzkörpergeschichte: Sinne, Sinn und Sinnlichkeit für eine Historische Anthropologie". *Internationales Archiv für Sozialgeschichte der Deutschen Literatur* 39 (2): 457–75.

Mlekuz, Dimitrij. 2004. „Listening to Landscapes: Modelling Past Soundscapes in GIS". *Internet Archaeology* 16.

Molotch, Harvey. 1993. „The Space of Lefebvre". *Theory and Society* 22 (6): 887–95.

Mongelluzzo, Ryan. 2011. „Experiencing Maya Palaces: Royal Power, Space, and Architecture at Holmul, Guatemala". University of California, Riverside.

———. 2013. „Maya Palaces as Experience: Ancient Maya Royal Architecture and Its Influence on Sensory Perception". In *Making Senses of the Past. Toward a Sensory Archaeology*, herausgegeben von Jo Day, 90–112. Carbondale, Illinois: Southern Illinois University.

Monroe, Willis. 2016. „Tokens and Tablet: Administrative Practice on the Edge of the Empire – the Evidence from Ziyaret Tepe (Tušhan)". In *The Provincial Archaeology of the Assyrian Empire*, herausgegeben von John MacGinnis, Wicke Dirk und Tina Greenfield, 41–48. McDonald Institute Monographs. Cambridge: McDonald Institute Monographs.

Morandi Bonacossi, Daniele. 1988. „Stele e Statue Reali Assire: Localizzazione, Diffusione e Implicazioni Ideologiche". *Mesopotamia* 23: 105–55.

———. 1996. „‚Landscapes of Power' The Political Organisation of Space in the Lower Habur Valley in the Neo-Assyrian Period". *State Archives of Assyria Bulletin* 10: 15–49.

———. 2008. „Betrachtungen zur Siedlungs- und Bevölkerungsstruktur des unteren Habur-Gebietes in der neuassyrischen Zeit". In *Umwelt und Subsistenz der assyrischen Stadt Dur-Katlimmu am unteren Habur*, herausgegeben von Hartmut Kühne, 189–211. BATSH Band 8. Wiesbaden: Harrassowitz.

———. 2016. „The Land of Nineveh Archaeological Project". In *The Provincial Archaeology of the Assyrian Empire*, herausgegeben von John MacGinnis, Dirk Wicke und Tina Greenfield, 141–50. McDonald Institute Monographs. Cambridge, Oxford: Oxbow.

Mose, Jörg und Anke Strüver. 2009. „Diskursivität von Karten – Karten im Diskurs". In *Handbuch Diskurs und Raum. Theorien und Methoden für die Humangeographie sowie die sozial- und kulturwissenschaftliche Raumforschung*, herausgegeben von Georg Glasze und Annika Mattissek, 315–26. Bielefeld: transcript.

Müller-Scheeßel, Nils. 2013. „Mensch und Raum: Heutige Theorien und ihre Anwendung". In *Theorie in der Archäologie: Zur jüngeren Diskussion in Deutschland,* herausgegeben von Manfred K. H. Eggert und Ulrich Veit, 101–37. Münster, New York, München, Berlin: Waxmann.

Münkler, Herfried. 2009. „Visualisierungsstrategien im politischen Machtkampf". In *Strategien der Visualisierung. Verbildlichung als Mittel politischer Kommunikation*, herausgegeben von Herfried Münkler und Jens Hacke, 26–51. Campus.

Muscarella, Oscar White. 1987. „Urartian Bells and Samos". *JANES* 10: 61–72.

———. 2006. „Urartian Metal Artifacts: An Archaeological Review". *Ancient Civilizations from Scythia to Siberia* 12 (1–2): 147–77.

Myers, David G. 2014. *Psychologie*. 3. Aufl. Berlin, Heidelberg: Springer.

Na'aman, Nadav. 2016. „Locating the Sites of Assyrian Deportees in Israel and Southern Palestine in Light of the Textual and Archaeological Evidence". In *The Provincial Archaeology of the Assyrian Empire*, herausgegeben von John MacGinnis, Wicke Dirk und Tina Greenfield, 275–82. McDonald Institute Monographs. Cambridge, Oxford: Oxbow.

Nadali, Davide. 2018. „The Phenomenology of the Copy in Assyria: On the Coexistence of Two Beings". In *Implementing Meanings: The Power of the Copy between Past, Present and Future An Overview from the Ancient Near East*, herausgegeben von Silvana Di Paolo, 195–208. Münster: Ugarit Verlag.

Nair, Stella und Jean Pierre Protzen. 2015. „The Inka Built Environment". In *The Inka Empire: A Multidisciplinary Approach*, herausgegeben von Izumi Shimada, 215–31. University of Texas Press.

Nakamura, Carolyn. 2004. „Dedicating Magic: Neo-Assyrian Apotropaic Figurines and the Protection of Assur". *World Archaeology* 36 (1): 11–25.

———. 2005. „Mastering Matters: Magical Sense and Apotropaic Figurine Worlds of Neo-Assyria". In *Archaeologies of Materiality*, herausgegeben von Lynn Meskell, 18–45. Oxford: Blackwell.

Nelson, Robert S. 2002. „Descartes's Cow and Other Domestications of the Visual". In *Visuality Before and Beyond the Renaissance: Seeing as Others Saw*, herausgegeben von Robert S. Nelson, 1–21. Cambridge: Cambridge University Press.

Nettl, Bruno. 2005. *The Study of Ethnomusicology: Thirty-one Issues and Concepts*. University of Illinois Press.

Neumann, Kiersten Ashley. 2014. „Resurrected and Reevaluated: The Neo-Assyrian Temple as a Ritualized and Ritualizing Built Environment". University of California, Berkeley.

———. 2015. „In the Eyes of the Other: The Mythological Wall Reliefs in the Southwest Palace at Nineveh". In *Seen & Unseen Spaces*, herausgegeben von Matthew Dalton, Georgie Peters und Ana Tavares, 85. ARC.

Newton, Maryanne und Peter Ian Kuniholm. 2007. „A Revised Dendrochronological Date for the Fortress of Rusa II at Ayanis: Rusahinilil Eiduru-kai". In *VIth International Iron Age Symposium*, 195–206. Leuven.

Nishitan, Keiji. 1982. *Religion and Nothingness*. Berkeley: University of California Press.

Nissen, Hans-Jörg. 1999. *Geschichte Alt-Vorderasiens*. Herausgegeben von Jochen Bleicken. München: Oldenbourg Verlag.

Novák, Mirko. 1999. „The Architecture of Nuzi and its Significance in the Architectural History of Mesopotamia". *Studies in the History and Culture of Nuzi and the Hurrians* 10: 123–40.

———. 2003. „Divergierende Bestattungskonzepte und ihre sozialen, kulturellen und ethnischen Hintergründe" 30 (1): 63–84.

———. 2004. „From Ashur to Ninive: The Assyrian Town Planning Project". *Iraq* 66: 177–85.

———. 2012. „Politische Räume Politische Räume in vormodernen Gesellschaften". In *Politische Räume Politische Räume in vormodernen Gesellschaften. Gestaltung, Wahrnehmung, Funktion*, herausgegeben von Ortwin Dally, Friederike Fless, Rudolf Haensch, Felix Pirson und Susanne Sievers, 255–265. Rahden/Westf.: Leidorf.

———. 2014. „The Phenomenon of Residential Cities and City Foundations in the Ancient Near East: Common Idea or Individual Cases?" In *Approaching Monumentality in Archaeology*, herausgegeben von James F. Osborne, 311–32. New York: SUNY Press.

Nunn, Astrid. 1988. *Die Wandmalerei und der glasierte Wandschmuck im Alten Orient*. Leiden: E.J. Brill.

———. 2012. „Wandmalerei in Urartu". In *Biainili-Urartu. The Proceedings of the Symposium held in Munich 12-14 October 2007*, herausgegeben von Stephan Kroll, Claudia Gruber, Ursula Hellwag, Michael Roaf und Paul Zimansky, 321–37. Acta Iranica. Leuven: Peeters.

Nylander, Carl. 1980. „Earless in Nineveh: Who Mutilated 'Sargon's' Head?" *American Journal of Archaeology* 84: 329–333, Taf. 43–45.

Oates, Joan und David Oates. 2001. *Nimrud. An Assyrian Imperial City Revealed*. London: British School of Archaeology in Iraq.

Oded, Bustenay. 1979. *Mass Deportations and Deportees in the Neo-Assyrian Empire*. Wiesbaden: L. Reichert.

Öğün, Baki. 1982. „Die urartäischen Paläste und die Bestattungsbräuche der Urartäer". In *Palast und Hütte, Beiträge zum Bauen und Wohnen im Altertum*, 217–36. Mainz am Rhein: Philipp von Zabern.

Oppenheim, A Leo. 1960. „The City of Assur in 714 B. C." *Journal of Near Eastern Studies* 19 (2): 133–47.

Osborne, James F. 2012. „Communicating Power in the Bīt-Ḫilāni Palace". *Bulletin of the American Schools of Oriental Research* 368: 29–66.

Osborne, James F. und Geoffrey D. Summers. 2014. „Visibility Graph Analysis and Monumentality in the Iron Age City at Kerkenes in Central Turkey". *Journal of Field Archaeology* 39: 292–309.

Otto, Adelheid. 2015. „Neo-Assyrian Capital Cities: From Imperial Headquarters to Cosmopolitan Cities". In *Early Cities in Comparative Perspective, 4000 BCE–1200 CE*, herausgegeben von Norman Yoffee, 469–90. Cambridge: Cambridge University Press.

Özgüç, Tahsin. 1966. *Altıntepe I. Mimarlık Anıtları ve Duvar Resimleri. Architectural Monuments and Wall Paintings*. Türk Tarih Kurumu Yayınlarından Series 5. Ankara: Türk Tarih Kurumu Basımevi.

Parker, Bradley J. 2001. *The Mechanics of Empire. The Northern Frontier of Assyria as a Case Study in Imperial Dynamics*. Helsinki: Neo-Assyrian Text Corpus Project. Institute for Asian and African Studies. University of Helsinki.

———. 2003. „Archaeological Manifestations of Empire: Assyria's Imprint on Southeastern Anatolia". *American Journal of Archaeology* 107 (4): 525–57.

Parpola, Simo. 1997. *Assyrian Prophecies. (State Archives of Assyria 9.)*. Helsinki: Helsinki University Press.

———. 2007. „The Neo-Assyrian Ruling Class". In *Studien zu Ritual und Sozialgeschichte im Alten Orient. Studies on Ritual and Society in the Ancient Near East*, herausgegeben von Thomas Richard Kämmerer, 257–74. Tartuer Symposien 1998–2004. Berlin: De Gruyter.

———. 2008. „Cuneiform Texts from Ziyaret Tepe (Tušhan), 2002-2003". *State Archives of Assyria Bulletin* 17: 1–113.

Pauketat, Timothy R. und Susan M. Alt. 2005. „Agency in a Postmold? Physicality and the Archaeology of Culture-Making". *Journal of Archaeological Method and Theory* 12 (3): 213–37.

Payne, Margaret. 2005. *Urartian Measures of Volume.* Ancient Near Eastern Studies. Leuven: Peeters.

Pedde, Friedhelm. 2012. „The Assyrian Heartland". In *A Companion to the Archaeology of the Ancient Near East*, herausgegeben von Daniel T. Potts, 851–66. Oxford: Blackwell.

Pellini, José Roberto. 2015. „Remembering through the Senses: Funerary Practices in Ancient Egypt". In *Coming to Senses. Topics in Sensory Archaeology*, herausgegeben von José Roberto Pellini, Andrés Zarankin und Melisa A. Salerno, 39–63. Cambridge: Cambridge Scholars Publishing.

Pellini, José Roberto, Andrés Zarankin und Melisa A Salerno, Hrsg. 2015. *Coming to Senses. Topics in Sensory Archaeology*. Cambridge: Cambridge Scholars Publishing.

Petit, Lucas P. und Daniele Morandi Bonacossi, Hrsg. 2017. *Niniveh, The Great City. Symbol of Beauty and Power*. Sidestone Press.

Pfeiffer, Toni Sachs. 1980. „Behaviour and Interaction in Built Space". *Built Environment* 6: 35 ff.

Piotrovsky, Boris B. 1969. *The Ancient Civilization of Urartu.* Genf: Nagel.

Place, Victor. 1867. *Ninive et l'Assyrie 1*. Paris: Imprimerie Impériale.

———. 1870. *Ninive et l'Assyrie 3*. Paris: Imprimerie Impériale.

Pleiner, Radomír. 1979. „The Technology of Three Assyrian Iron Artifacts from Khorsabad". *Journal of Near Eastern Studies* 38 (2): 83–91.

Pollock, Susan. 1992. „Bureaucrats and Managers, Peasants and Pastoralists, Imperialists and Traders: Research on the Uruk and Jemdet Nasr Periods in Mesopotamia". *Journal of World Prehistory* 6 (3): 297–336.

———. 1999. *Ancient Mesopotamia: The Eden that Never Was*. Cambridge: Cambridge University Press.

———, Hrsgin. 2015. *Between Feasts and Daily Meals. Towards an Archaeology of Commensal Spaces*. Berlin: Edition Topoi.

———. 2016. „Archaeology and Contemporary Warfare". *Annual Review of Anthropology* 45: 215–31.

———. 2017. „Material and Social Worlds in Neolithic and Early Chalcolithic Fars, Iran". *Origini. Prehistory and Protohistory of Ancient Civilizations* 38 (2): 39–63.

Pollock, Susan und Reinhard Bernbeck. 2018. „Reflections on Survey and Surveillance in the Archaeology of Western Asia". *Origini. Prehistory and Protohistory of Ancient Civilizations* 42 (2): 93–108.

Ponchia, Simonetta. 2012. „On Violence, Error and Royal Succession in Neo-Assyrian Times". In *Leggo! Studies Presented to Frederick Mario Fales on the Occasion of His 65th Birthday*, herausgegeben von Giovanni B. Lanfranchi, Daniele Morandi Bonacossi, Cinzia Pappi und Simonetta Ponchia. Wiesbaden: Harrassowitz.

Porter, Anne. 2012. *Mobile Pastoralism and the Formation of Near Eastern Civilizations – Weaving together Society*. Cambridge: Cambridge University Press.

Porter, Barbara N. 2009. „Noseless in Nimrud: More Figurative Responses to Assyrian Domination". In *Studia Orientalia Electronica*, herausgegeben von Mikko Luukko, Saana Svärd und Raija Mattila, 201–20. Studia Orientalia. Finnish Oriental Society.

Postgate, Nicholas. 2007. „The Land of Assur and the Yoke of Assur". In *The Land of Assur and the Yoke of Assur. Studies on Assyria, 1971–2005*, herausgegeben von Nicholas Postgate, 199–228. Oxford: Oxbow.

Primeau, Kristy E. und David E. Witt. 2018. „Soundscapes in the Past: Investigating Sound at the Landscape Level". *Journal of Archaeological Science: Reports* 19: 875–85.

Radner, Karen. 1997. *Die neuassyrischen Privatrechtsurkunden als Quelle für unser Bild vom Menschen und seiner Umwelt*. Helsinki: State Archives of Assyria Studies 6.

———. 2010. „Gatekeepers and Lock Masters: The Control of Access in Assyrian Palaces". In *Your Praise is Sweet*, herausgegeben von Heather D. Baker, Eleanor Robson und Gábor Zólyomi, 269–80. London: British Institute for the Study of Iraq.

———. 2011. „Assyrians and Urartians". In *The Oxford Handbook of Ancient Anatolia (10,000–323 BCE)*, 734–51, Kap. 33.

———. 2012a. „Between a Rock and a Hard Place: Musasir, Kumme, Ukku and Šubria – the Buffer States between Assyria and Urartu". In *Urartu-Bianili. The Proceedings of the Symposium held in Munich 12-14 October 2007. Acta Iranica 51*, herausgegeben von Stephan Kroll, Claudia Gruber, Ursula Hellwag, Michael Roaf und Paul Zimansky, 243–64. Leuven: Peeters.

———. 2012b. „Mass Deportation: the Assyrian Resettlement Policy. Assyrian Empire Builders (Abgerufen am 27.07.2018. http://www.ucl.ac.uk/sargon/essentials/governors/massdeportation/.

———. 2012c. „The King's Road: the Imperial Communication Network. Assyrian Empire Builders (abgerufen am 02.08.2018)". http://www.ucl.ac.uk/sargon/essentials/governors/thekingsroad/.

———. 2014. „The Neo-Assyrian Empire". In *Imperien und Reiche in der Weltgeschichte. Epochenübergreifende und globalhistorische Vergleiche. Teil 1: Imperien des Altertums, mittelalterliche und frühneuzeitliche Imperien*, herausgegeben von Michael Gehler und Robert Rollinger, 101–19. Wiesbaden: Harrassowitz.

———. 2017. „Economy, Society, and Daily Life in the Neo-Assyrian Period". In *A Companion to Assyria*, herausgegeben von Eckart Frahm, 209–28. Hoboken, NJ: John Wiley & Sons Ltd.

Radner, Karen und Andreas Schachner. 2001. „From Tušhan to Amedi: Topographical Questions Concerning the Upper Tigris Region in the Assyrian Period". In *Salvage Project of the Archaeological Heritage of the Ilisu and Carchemish Dam Reservoirs,*

Activities in 1999, herausgegeben von Numan Tuna, Jean Öztürk und Jale Velibeyoğlu, 751–53. Orta Doğu Teknik Üniversitesi.

Rancière, Jacques. 2004. *The Politics of Aesthetics. The Distribution of the Sensible*. New York, London: continuum.

———. 2006. *Die Aufteilung des Sinnlichen. Die Politik der Kunst und ihre Paradoxien*. Berlin: b_books -- Reihe POLYpen.

———. 2010. *Der Philosoph und seine Armen*. Berlin: Passagen Verlag.

Rapoport, Amos. 1990. „Systems of Activities and Systems of Settings". In *Domestic Architecture and the Use of Space – An Interdisciplinary Cross-Cultural Study*, herausgegeben von Susan Kent, Reprint, 9–20. Cambridge: Cambridge University Press.

Reade, Julian E. 1976. „Sargon's Campaigns of 720, 716, and 715 B.C.: Evidence from the Sculptures". *Journal of Near Eastern Studies* 35 (2): 95–104.

———. 1980. „The Architectural Context of Assyrian Sculpture". *Baghdader Mitteilungen* 11: 75–87.

———. 2008. „Real and Imagined 'Hittite Palaces' at Khorsabad and Elsewhere". *Iraq* 70: 13–40.

———. 2011. „The Evolution of Assyrian Imperial Architecture: Political Implications and Uncertainties" In *Proceedings of the International Conference Near Eastern Capital Cities in the 2nd and 1st millennium B.C. Archaeological and Textual Evidence*. Torino, May 14-15th, 2010 XLVI, Mesopotamia. Florenz: Le Lettre.

Rebughini, Paola. 2014. „Subject, Subjectivity, Subjectivation". *Sociopedia.isa*, 1–11.

Reckwitz, Andreas. 2008. „Subjekt/Identität. Die Produktion und Subversion des Individuums". In *Poststrukturalistische Sozialwissenschaften*, herausgegeben von Stephan Moebius und Andreas Reckwitz, 75–92. Frankfurt a. M.: Suhrkamp.

———. 2010. *Das hybride Subjekt. Eine Theorie der Subjektkulturen von der bürgerlichen Moderne zur Postmoderne*. Weilerswist: Velbrück.

Reddy, William M. 1997. „Against Constructionism: the Historical Ethnography of Emotions". *Current Anthropology* 38 (3): 327–51.

Rehm, Ellen. 2000. „Votivbleche im 1. Jt. v. Chr. Ausdruck unbekannter Kulte". In *Variatio Delectat. Iran und der Westen, Gedenkschrift für Peter Calmeyer*, herausgegeben von Reinhard Dittmann, Barthel Hrouda, Ulrike Löw, Paolo Matthiae, Ruth Mayer-Opificius und Sabine Thürwächter, 627–49. Alter Orient und Altes Testament Bd. 272. Münster: Ugarit Verlag.

Reindell, Ingrid. 2001. „Conservations of Bronzes and Technical Remarks". In *Ayanis I. Ten Years' Excavation at Rusahinili Eiduru-kai 1989–1998*, herausgegeben von Altan Çilingiroğlu und Mirjo Salvini, IV:381–90. Documenta Asiana. Rom: Istituto Per Gli Studi Micenei Ed Egeo-Anatolici CNR.

Ribeiro, Artur. 2019. „Science, Data, and Case-Studies under the Third Science Revolution: Some Theoretical Considerations". *Current Swedish Archaeology* 27 (1): 115–132.

Roaf, Michael. 2012a. „Could Rusa Son of Erimena have been the King of Urartu during Sargon's Eighth Campaign?" In *Biainili-Urartu. The Proceedings of the Symposium held in Munich 12-14 October 2007*, herausgegeben von Stephan Kroll, Claudia Gruber, Ursula Hellwag, Michael Roaf und Paul Zimansky, 187–216. Acta Iranica 51. Leuven: Peeters.

———. 2012b. „Towers With Plants Or Spears On Altars: Some Thoughts On An Urartian Motif". In *Biainili-Urartu. The Proceedings of the Symposium held in Munich 12-14 October 2007*, herausgegeben von Stephan Kroll, Claudia Gruber, Ursula Hellwag, Michael Roaf und Paul Zimansky, 351–72. Acta Iranica 51. Leuven: Peeters.

Rohn, Karin. 2011. *Beschriftete mesopotamische Siegel der Frühdynastischen und der Akkad-Zeit*. Göttingen: Academic Press, Vandenhoeck Ruprecht.

Rosenzweig, Melissa S. 2016. „Cultivating Subjects in the Neo-Assyrian Empire". *Journal of Social Archaeology* 16 (3): 307–34.

Rouault, Olivier. 2016. „Qasr Shemamok (ancient Kilizu), a Provincial Capital East of the Tigris: Recent Excavations, and New Perspectives". In *The Provincial Archaeology of the Assyrian Empire*, herausgegeben von John MacGinnis, Wicke Dirk und Tina Greenfield, 151–61. McDonald Institute Monographs. Cambridge: McDonald Institute Monographs.

Rouault, Olivier, Maria Gracia Masetti-Rouault, Ilaria Calini und Federico Defendenti. 2014. „La Mission Archéologique Française à Qasr Shemamok/Kilizu, Kurdistan d'Irak, Première et Seconde Campagnes (2011-2012)". *Revue Routes de l'Orient - Hors-série n°1 „Kurdistan : Actualités des Recherches Archéologiques Françaises"*, 20–28.

Ruder, Arie und Rivka Merhav. 1991. „Technologies of Production of Metal Artifacts in the Urartu Culture". In *Urartu: A Metalworking Center in the First Millenium B.C.E.*, herausgegeben von Rivka Merhav, 334–53.

Rundbell, Walter. 1959. „Concepts of the 'Frontier' and the 'West'". *Arizona and the West* 1: 13–41.

Rüsen, Jörn. 1994. „Was ist Geschichtskultur? Überlegungen zu einer neuen Art, über Geschichte nachzudenken". In *Historische Faszination. Geschichtskultur heute*, herausgegeben von Jörn Rüsen, Theo Grütter und Klaus Füßmann, 3–26. Böhlau Verlag.

Russel, John Malcolm. 1991. *Sennacherib's Palace without Rival at Niniveh*. Chicago: University of Chicago Press.

———. 1999. *The Writing on the Wall. The Architectural Context of Late Assyrian Palace Inscriptions*. Mesopotamian Civilizations 9. Eisenbrauns.

SAA V. 1990. „The Correspondence of Sargon II, Part II: Letters from the Northern and Northeastern Provinces". In *State Archives of Assyria V*, von Giovanni Battista Lanfranchi und Simo Parpola.

Safar, Fuad. 1957. „The Temple of Sibitti at Khorsabad". *Sumer* 13: 219–21.

Sagona, Antonio und Paul Zimansky. 2009. *Ancient Turkey*. London, New York: Routledge.

Salvini, Mirjo. 1994. „The Historical Background of the Urartian Monument of Meher Kapısı". In *Anatolian Iron Ages. Band 3*, herausgegeben von Altan Çilingiroğlu und David H. French, 205–10. The British Institute of Archaeology at Ankara Monograph. Oxford: Oxbow.

———. 1995. *Geschichte und Kultur der Urartäer*. Darmstadt: Wissenschaftliche Buchgesellschaft.

———. 2001a. „Royal Inscriptions On Bronze Artifacts". In *Ayanis I. Ten Years' Excavation at Rusahinili Eiduru-kai 1989–1998*, herausgegeben von Altan Çilingiroğlu und Mirjo

Salvini, IV:271–78. Documenta Asiana. Rom: Istituto Per Gli Studi Micenei Ed Egeo-Anatolici CNR.

———. 2001b. „The Inscriptions of Ayanis (Rusahinili Eiduru=kai). Cuneiform and Hieroglyphic". In *Ayanis I. Ten Years' Excavation at Rusahinili Eiduru-kai 1989–1998*, herausgegeben von Altan Çilingiroğlu und Mirjo Salvini, IV:251–70. Documenta Asiana. Rom: Istituto Per Gli Studi Micenei Ed Egeo-Anatolici CNR.

———. 2005. „Der Turmtempel (susi) von Bastam". *Archäologische Mitteilungen aus Iran und Turan (AMIT)* 37: 371–75.

———. 2007. „Argišti, Rusa, Erimena, Rusa und die Löwenschwänze. Eine urartäische Palastgeschichte des VII. Jh. v. Chr." *ARAMAZD Armenian Journal of Near Eastern Studies* 2: 146–62.

———. 2008. *Corpus Dei Testi Urartei. Le Iscrizioni su Pietra e Roccia. Vols. 1–3*. Bd. 1–3. Documenta Asiana 8. Rom: CNR.

———. 2012. *Corpus Dei Testi Urartei. Iscrizioni su Bronzi, Argilla e ltri supporti. Nuove iscrizioni su Pietra, Paleografia generale*. Bd. 4. Documenta Asiana 8. Rom: CNR.

———. 2013. „Urartu: Forschungen und Perspektiven". In *Der Anschnitt. Zeitschrift für Kunst und Kultur im Bergbau. Beiheft 25. Anatolian Metal VI: 87–96*, herausgegeben von Ünsal Yalçin.

San, Oye. 2005. „Urartian Red Burnished Pottery from Diyabakır Museum". *Anadolu / Anatolia* 28: 73–90.

Sanders, Donald. 1990. „Behavioral Conventions and Archaeology: Methods for the Analysis of Ancient Architecture". In *Domestic Architecture and the Use of Space: An Interdisciplinary Cross-Cultural Study*, herausgegeben von Susan Kent, Reprint, 43–72. Cambridge: Cambridge University Press.

Sartre, Jean-Paul. 2006. *Das Sein und das Nichts: Versuch einer phänomenologischen Ontologie*. Hamburg: Rowohlt.

Saulton, Aurelie, Heinrich H. Bülthoff, Stephan de la Rosa und Trevor J. Dodds. 2017. „Cultural Differences in Room Size Perception". *PlosOne* 12 (4): 1–12.

Scarre, Chris und Graeme Lawson, Hrsg. 2006. *Archaeoacoustics*. McDonald Institute Monographs. Cambridge: McDonald Institute for Archaeological Research.

Schachner, Andreas. 2007. *Bilder eines Weltreichs. Kunst- und kulturgeschichtliche Untersuchungen zu den Verzierungen eines Tores aus Balawat (Imgur-Enlil) aus der Zeit von Salmanassar III., König von Assyrien*. Subartu 20. Turnhout: Brepols.

Schafer, R Murray. 1993. *The Soundscape: Our Sonic Environment and the Tuning of the World*. Rochester: Destiny Books.

Schlögel, Karl. 2006. *Im Raume lesen wir die Zeit. Über Zivilisationsgeschichte und Geopolitik*. 5. Auflage. Frankfurt a. M.: Fischer Taschenbuch.

Schmid, Christian. 2005. *Stadt, Raum und Gesellschaft: Henri Lefebvre und die Theorie der Produktion des Raumes*. München: Franz Steiner.

Schreiber, Stefan. 2018. *Wandernde Dinge als Assemblagen. Neo-Materialistische Perspektiven zum „römischen Import" im „mitteldeutschen Barbaricum"*. Berlin Studies of the Ancient World. Berlin: Edition Topoi.

Schreiber, Stefan, Sabine Neumann und Vera Egbers. 2019. „,I like to Keep my Archaeology Dead'. Alienation and Othering of the Past as an Ethical Problem". *Canadian Journal of Bioethics* 2 (3): 88–96.

Scott, James. 1985. *Weapons of the Weak*. New Haven, London: Yale University Press.

———. 1999. *Seeing Like a State: How Certain Schemes to Improve the Human Condition Have Failed*. New Haven, London: Yale University Press.

Seidl, Ursula. 2004. *Bronzekunst Urartus*. Mainz am Rhein: Philipp von Zabern.

———. 2009. „Musik und Tanz in Urartu". In *Altan Çilingiroğlu'na Armağan Yukarı Deniz'in Kıyısında Urartu ya Adanmış Bir Hayat. Studies in Honour of Altan Çilingiroğlu A Life Dedicated to Urartu on the Shores of the Upper Sea*, herausgegeben von Haluk Sağlamtimur, Eşref Abay, Zafer Derin, Aylin Ü. Erdem, Atilla Batmaz, Fulya Dedeoğlu, Mücella Erdalkıran, Mahmut Bilge Baştürk und Erim Konakçı, 607–17. Istanbul: Arkeoloji ve Sanat.

Selz, Gebhard. 1983. *Die Bankettszene. Entwicklung eines „überzeitlichen" Bildmotivs in Mesopotamien von der frühdynastischen bis zur Akkad-Zeit*. Wiesbaden: Freiburger altorientalische Studien 11, Franz Steiner Verlag.

———. 1997. „'The Holy Drum, the Spear, and the Harp'. Towards an Understandig of the Problems of Deification in Third Millennium Mesopotamia". In *Sumerian Gods and Their Representations*, herausgegeben von Markham Geller und Irving Finkel, 149–94. Groningen: STYX Publications.

Şengül, M. Alper, Aras Oğuz und Mehmet Işıklı. 2016. „Ağartı Köyü (Van Gölü Doğusu) Civarının Tektoniği ve Ayanis Kalesi'ne Olan Etkileri". *Arkeometri Sonuçları Toplantısı* 31: 159–76.

Sevin, Veli. 2000. „Urartian Gardens". *Belleten* 64 (240): 407–14.

Shepperson, Mary. 2017. *Sunlight and Shade in the First Cities : A Sensory Archaeology of Early Iraq*. Göttingen: Vandenhoeck & Ruprecht.

Shields, Rob. 1999. *Lefebvre, Love and Struggle. Spatial Dialectics*. London, New York: Routledge.

Sinha, Ashish, Gayatri Kathayat, Harvey Weiss, Hanying Li, Hai Cheng, Justin Reuter, Adam W. Schneider, Max Berkelhammer, Selim F. Adalı, Lowell D. Stott und R. Lawrence Edwards. 2019. „Role of Climate in the Rise and Fall of the Neo-Assyrian Empire". *Science Advances* 5 (11): 1–10.

Sinopoli, Carla M. 1995. „The Archaeology of Empires: A View from South Asia". *Bulletin of the American Schools of Oriental Research* 299/300: 3–11.

Skeates, Robin. 2010. *An Archaeology of the Senses. Prehistoric Malta*. Oxford: Oxford University Press.

Skeates, Robin und Jo Day, HrsgIn. 2020. *The Routledge Handbook of Sensory Archaeology*. London, New York: Routledge.

Slahi, Mohamedou Ould. 2015. *Das Guantanamo-Tagebuch*. Herausgegeben von Larry Siems. Stuttgart: Tropen Verlag bei Klett-Cotta.

Smith, Adam T. 1999. „The Making of an Urartian Landscape in Southern Transcaucasia: A Study of Political Architectonics". *American Journal of Archaeology* 103 (1): 45–71.

———. 2003. *The Political Landscape – Constellations of Authority in Early Complex Polities*. Berkeley: University of California Press.

———. 2004. „The End of the Essential Archaeological Subject". *Archaeological Dialogues* 11 (1): 1–20.

———. 2012. „The Prehistory of an Urartian Landscape". In *Biainili-Urartu. The Proceedings of the Symposium held in Munich 12-14 October 2007,* herausgegeben von

Stephan Kroll, Claudia Gruber, Ursula Hellwag, Michael Roaf und Paul Zimansky, 39–52. Acta Iranica. Leuven: Peeters.

Soja, Edward W. 1990. *Postmodern Geographies. The Reassertion of Space in Critical Social Theory*. 2. Ausgabe. London: Verso.

———. 1996. *Thirdspace: Journeys to Los Angeles and other Real-and-Imagined Places*. Oxford: Blackwell.

———. 2005. „USA, 1990: Die Trialektik der Räumlichkeit". In *TopoGraphien der Moderne : Medien zur Repräsentation und Konstruktion von Räumen*, herausgegeben von Robert Stockhammer, 93–123. Paderborn: Wilhelm Fink Verlag.

Sökefeld, Martin. 1999. „Debating Self, Identity and Culture in Anthropology". *Current Anthropology* 40 (4): 417–47.

Solmaz, Tugba und Emel Oybak Dönmez. 2013. „Archaeobotanical Studies at the Urartian Site of Ayanis in Van Province, Eastern Turkey". *Turkish Journal of Botany* 37 (2): 282–96.

Spivak, Gayatri Chakravorty. 1988. „Can the Subaltern Speak?" In *Marxism and the Interpretation of Culture*, herausgegeben von Cary Nelson und Lawrence Grossberg, 271–313. Urbana: University of Illinois Press.

———. 2008. *Can the Subaltern Speak? Postkolonialität und subalterne Artikulation. Mit einer Einleitung von Hito Steyerl*. Wien: Turia + Kant.

———. 2010. „Can the Subaltern Speak? – Revised Edition, from the 'History' Chapter of Critique of Postcolonial Reason". In *Can the Subaltern Speak? Reflections on the History of an Idea.*, herausgegeben von Rosalind C Morris, 21–80. New York: Columbia University Press.

Sterling, Kathleen. 2014. „Man the Hunter, Woman the Gatherer? The Impact of Gender Studies on Hunter-Gatherer Research (A Retrospective)". In *The Oxford Handbook of the Archaeology and Anthropology of Hunter-Gatherers*, herausgegeben von Vicki Cummings, Peter Jordan und Marek Zvelebil, 1–27. Oxford University Press Online.

Stone, Elizabeth. 2005. „The Outer Town at Ayanis, 1997–2001". In *Anatolian Iron Ages 5. Proceedings of the Fifth Anatolian Iron Ages Colloquium held at Van, 6–10 August 2001*, herausgegeben von Altan Çilingiroğlu und Gareth Darbyshire, 187–93. London: British Institute at Ankara.

———. 2012. „Social Differentiation within Urartian Settlements". In *Biainili-Urartu (Acta Iranica 51)*, herausgegeben von Stephan Kroll, Claudia Gruber, Ursula Hellwag, Michael Roaf und Paul Zimansky, 89–99. Leuven: Peeters.

Stone, Elizabeth und Paul Zimansky. 2003. „The Urartian Transformation in the Outer Town of Ayanis". In *Archaeology in the Borderlands: Investigations in Caucasia and Beyond*, herausgegeben von Adam T. Smith und K. S. Rubinson, 213–28. Los Angeles: Cotsen Institute of Archaeology.

———. 2004. „Urartian City Planning at Ayanis". In *A View from the Highlands: Studies in Honour of Charles Burney*, herausgegeben von Antonio Sagona, 233–43. Leuven: Peeters.

———. 2009. „'Settlements in the Vicinity' (Alani Sa Limeti) of an Urartian Fortress", 633–40.

Stronach, David. 1967. „Urartian and Achaemenid Tower Temples". *Journal of Near Eastern Studies* 26 (4): 278–88.

Sturm, Peter. 2015. „Zwischen Dispositionen und Eigensinn. Zum Stellenwert von Raumwissen und Wissensraum im Rahmen einer archäologischen Analyse alltäglichen Handelns". In *Raumwissen und Wissensräume. Beiträge des interdisziplinären Theorie-Workshops für Nachwuchswissenschaftler_innen*, herausgegeben von Kerstin P. Hofmann und Stefan Schreiber, 5:110–26. Berlin: eTOPOI, Journal for Ancient Studies.

Swenson, Edward. 2012. „Moche Ceremonial Architecture as Thirdspace: The Politics of Place-Making in the Ancient Andes". *Journal of Social Archaeology* 12 (1): 3–28.

Synnott, Anthony. 1990. „The Beauty Mystique: Ethics and Aesthetics in the Bond Genre". *International Journal of Politics, Culture, and Society* 3 (3): 407–26.

Tadmor, Hayim und Shigeo Yamada. 2011. *The Royal Inscriptions of Tiglath-pileser III (744–727 BC) and Shalmaneser V (726– 722 BC), Kings of Assyria*. Royal Inscriptions of the Neo-Assyrian Period I. University of Toronto Press.

Tanke, Joseph J. 2011. „What is the Aesthetic Regime?" *Parrhesia* 12: 71–81.

Tanyeri-Erdemir, Tugba. 2007. „The Temple and the King: Urartian Ritual Spaces and Their Role in Royal Ideology". In *Ancient Near Eastern Art in Context*, herausgegeben von Jack Cheng und Marian H. Feldman, 205–25. Leiden, Boston: Brill.

Tarlow, Sarah. 2012. „The Archaeology of Emotion and Affect". *Annual Review of Anthropology* 41 (1): 169–85.

Taşyürek, Orhan Aytuğ. 1975. *Urartu Kemerleri. The Urartian Belts*. Adana Eski Eserleri Sevenler Derneği Yayınları 1.

Thavapalan, Shiyanthi, Jens Stenger und Carol Snow. 2016. „Color and Meaning in Ancient Mesopotamia: The Case of Egyptian Blue". *Zeitschrift für Assyriologie* 106 (2): 198–214.

Thomason, Allison Karmel. 2010. „Banquets, Bronze, and Baubles: Material Comforts in Neo-Assyrian Palaces". In *Assyrian Reliefs from the Palace of Ashurnasirpal II: A Cultural Biography*, herausgegeben von Ada Cohen und Steven E. Kangas, 198–242. Hanover, NH: Hood Museum of Art, Dartmouth College.

———. 2016. „The Sense-Scapes of Neo-Assyrian Capital Cities: Royal Authority and Bodily Experience". *Cambridge Archaeological Journal* 26 (2): 243–64.

Tilley, Christopher. 1994. *A Phenomenology of Landscape: Places, Paths and Monuments*. New York, Oxford: Berg.

———. 2004. „Round Barrows and Dykes as Landscape Metaphors". *Cambridge Archaeological Journal* 14 (2): 185–203.

———. 2007. „Architectural Order and the Ordering of Imagery in Malta and Ireland: A Comparative Perspective". In *Cult in Context: Reconsidering Ritual in Archaeology*, herausgegeben von David A. Barrowclough und Caroline Malone, 118–33. Oxford: Oxbow.

Trouillot, Michel-Rolph. 2015. *Silencing the Past: Power and the Production of History*. 2. Aufl. Boston, MA: Beacon Press.

Turner, Alasdair, Maria Doxa, David O'Sullivan und Alan Penn. 2001. „From Isovists to Visibility Graphs: A Methodology for the Analysis of Architectural Space". *Environment and Planning* 28 (1): 103–121.

Turner, Geoffrey. 1970. „The State Apartments of Late Assyrian Palaces". *Iraq* 32 (2): 177–213.

Ur, Jason. 2005. „Sennacherib's Northern Assyrian Canals: New Insights from Satellite Imagery and Aerial Photography". *Iraq* 67 (1): 317–45.

———. 2017. „Physical and Cultural Landscapes of Assyria". In *A Companion to Assyria*, herausgegeben von Eckart Frahm, 13–35. Hoboken, NJ: John Wiley & Sons Ltd.

Ur, Jason und Carlo Colantoni. 2010. „The Cycle of Production, Preparation, and Consumption in a Northern Mesopotamian City". In *Inside Ancient Kitchens: New Directions in the Study of Daily Meals and Feasts*, herausgegeben von Elizabeth A. Klarich, 55–82. Louisville, Colorado: University Press of Colorado.

Ur, Jason, Lidewijde De Jong, Jessica Giraud, James Osborne und John MacGinnis. 2013. „Ancient Cities and Landscapes in the Kurdistan Region of Iraq: The Erbil Plain Archaeological Survey 2012 Season". *Iraq* 75: 89–118.

Ur, Jason und James Osborne. 2016. „The Rural Landscpae of the Assyrian Heartland: Recent Results from Arbail and Kilizu". In *The Provincial Archaeology of the Assyrian Empire*, herausgegeben von John MacGinnis, Dirk Wicke und Tina Greenfield, 163–76. McDonald Institute Monographs. Cambridge: Ziyaret Archaeological Trust.

Veitch, Jeffrey. 2017. „Soundscape of the Street. Architectural Acoustics in Ostia". In *Senses of the Empire. Multisensory Approaches to Roman Culture*, herausgegeben von Eleanor Betts, 54–70. London, New York: Routledge.

Venegas, Mar. 2017. „Becoming a Subject. A Sociological Approach". *Convergencia* 24 (73): 13–36.

Verri, Giovanni, Paul Collins, Janet Ambers, Tracey Sweek und St John Simpson. 2009. „Assyrian Colours: Pigments on a Neo-Assyrian Relief of a Parade Horse". *The British Museum Technical Research Bulletin* 3: 57–62.

Vincent, Alexandre. 2017. „Tuning into the Past: Methodological Perspectives in the Contextualised Study of the Sounds of Roman Antiquity". In *Senses of the Empire. Multisensory Approaches to Roman Culture*, herausgegeben von Eleanor Betts, 147–58. London, New York: Routledge.

Waldenfels, Bernhard. 2015. „Zur Phänomenologie des architektonischen Raumes". In *Architektur in transdisziplinärer Perspektive. Von Philosophie bis Tanz. Aktuelle Zugänge und Positionen*, herausgegeben von Susanne Hauser und Julia Weber, 73–96. Bielefeld: transcript.

Warburton, David Alan. 2014. „Ancient Color Categories". In *Encyclopedia of Color Science and Technology*, herausgegeben von Ming Ronnier Luo, 1–9. New York: Springer.

Wartke, Ralf. 1998. *Urartu – das Reich am Ararat*. Mainz am Rhein: Philipp von Zabern.

———. 2012. „Bemerkungen zur Metallurgie Urartus". In *Biainili-Urartu. The Proceedings of the Symposium held in Munich 12–14 October 2007*, herausgegeben von Stephan Kroll, Claudia Gruber, Ursula Hellwag, Michael Roaf und Paul Zimansky, 411–16. Acta Iranica. Leuven: Peeters.

Wasserman, Varda und Michal Frenkel. 2015. „Spatial Work in Between Glass Ceilings and Glass Walls : Gender-Class Intersectionality and Organizational Aesthetics". *Organization Studies*, 1–21.

Weiß, Martin G. 2003. „Biopolitik , Souveränität und die Heiligkeit des nackten Lebens : Giorgio Agambens Grundgedanke". *Phänomenologische Forschungen*, 269–93.

Weißbach, Franz Heinrich. 1918. „Zu den Inschriften der Säle im Palaste Sargon's II. von Assyrien". *Zeitschrift der Deutschen Morgenländischen Gesellschaft* 72 (1/2): 161–85.

Weizman, Eyal. 2007. *Hollow Land. Israel's Architecture of Occupation.* New York: Verso.

Wetzel, Dietmar J. und Thomas Claviez. 2016. *Zur Aktualität von Jacques Rancière. Einleitung in sein Werk.* Herausgegeben von Stephan Moebius. Wiesbaden: Springer VS.

Whittle, Alasdair. 2005. „Lived Experience in the Early Neolithic of the Great Hungarian Plain". In *(Un)settling the Neolithic*, herausgegeben von Douglass Bailey, Alasdair Whittle und Vickie Cummings, 64–70. Oxford: Oxbow.

Wicke, Dirk. 2018. „Neuassyrische Schuppenpanzer und ein Neufund aus Ziyaret Tepe". In Übergangszeiten. Altorientalische Studien für Reinhard Dittmann anlässlich seines 65. Geburtstags, herausgegeben von Kai Kaniuth, Daniel Lau und Dirk Wicke, 309–27. Zaphon.

Wicke, Dirk und Tina Greenfield. 2013. „The ‚Bronze Palace' at Ziyaret Tepe. Preliminary Remarks on the Architecture and Faunal Analysis". In *New Research on Late Assyrian Palaces*, herausgegeben von David Kertai und Peter A Miglus, 63–82. Heidelberger Studien zum Alten Orient – Band 15. Heidelberg: Heidelberger Orientverlag.

Wickstead, Helen. 2009. „The Uber Archaeologist: Art, GIS and the Male Gaze Revisited". *Journal of Social Archaeology* 9 (2): 249–71.

Wiede, Wiebke. 2014. „Subjekt und Subjektivierung". *Docupedia-Zeitgeschichte*, 1–20. http://docupedia.de/zg/Subjekt_und_Subjektivierung?oldid=106254.

Wiedlack, Maria Katharina und Katrin Lasthofer, Hrsg. 2011. *Körperregime und Geschlecht.* Innsbruck: Studien-Verlag.

Wiggermann, Frans A. M. 1992. *Mesopotamian Protective Spirits: The Ritual Texts.* Groningen: STYX & PP Publications.

Wilkinson, Tony J. 2003. *Archaeological Landscapes of the Near East.* Tuscon: The University of Arizona Press.

Wilkinson, Tony J., Eleanor. Wilkinson, Jason Ur und Marc Altaweel. 2005. „Landscape and Settlement in the Neo-Assyrian Empire". *Bulletin of the American Schools of Oriental Research* 340: 23–56.

Winkel, Camiel van. 2006. *The Regime of Visibility.* Rotterdam: NAi Publishers.

Winter, Irene J. 1982. „Art as Evidence for Interaction: Relations between the Assyrian Empire and North Syria". In *Mesopotamien und seine Nachbarn: XXVe Rencontre Assyriologique Internationale (Berlin, 2-7 July 1978)*, herausgegeben von Hans J. Nissen und Johannes Renger, 355–82. Berlin: Reimer Verlag.

———. 2002. „Defining ‚Aesthetics' for Non-Western Studies: The Case of Ancient Mesopotamia". In *Art history, Aesthetics, Visual Studies*, herausgegeben von Michael A Holly und Keith Moxey, 3–28. Williamstown, MA: Sterling and Francine Clark Art Institute.

Wiseman, Donald J. 1983. „Mesopotamian Gardens". *Anatolian Studies* 33: 137–44.

Witkin, Herman A, Douglass Price-Williams, Mario Bertini, Björn Christiansen, Philip K. Oltman, Manuel Ramirez und Jacques van Meel. 1974. „Social Conformity and Psychological Differentiation". *International Journal of Psychology* 9 (1): 11–29.

Witmore, Christopher L. 2004. „Four Archaeological Engagements With Place Mediating Bodily Experience Through Peripatetic Video". *Visual Anthropology Review* 20 (2, September): 57–72.

Wolputte, Steven Van. 2004. „Hang on to Your Self: Of Bodies, Embodiment, and Selves". *Annual Review of Anthropology* 33 (1): 251–69.

Wolter, Felix. 2014. „,Like the Nest of the Eagle' Landscapes of Resistance in the Northern Zagros Region?" In Opposition *and Resistance. Internationales Modul: Berlin-Copenhagen Seminar (winterterm 2013/14),* unpublizierte Schriftenreihe zusammengestellt von Susan Pollock und Sabine Reinhold, 91–105.

Wymann, Christian und Franz Neff. 2018. *Checkliste Schreibprozess: Ihr Weg zum guten Text: Punkt für Punkt.* Opladen, Toronto: Barbara Budrich, utb.

Yamada, Shigeo. 2000. *The Construction of the Assyrian Empire. A Historical Study of the Inscriptions of Shalmaneser III (859–824 BC) Relating to His Campaigns to the West.* Culture and History of the Ancient Near East 3. Leiden, Boston, Köln: Brill.

Zimansky, Paul. 1985. *Ecology and Empire: The Structure of the Urartian State.* Chicago: The Oriental Institute Press.

———. 1995. „Urartian Material Culture as State Assemblage". *Bulletin of the American Schools of Oriental Research* 299/300: 103–15.

———. 1998. *Ancient Ararat. A Handbook of Urartian Studies.* Delmar, New York: Caravan Books.

———. 2001. „Archaeological Enquiries into Ethno-Linguistic Diversity in Urartu". In *Greater Anatolia and the Indo-Hittite Language Family,* herausgegeben von Robert Drews. Washington: Washington, Institute for the Study of Man.

———. 2012. „Urartu as Empire: Cultural Integration in the Kingdom of Van". In *Biainili-Urartu. The Proceedings of the Symposium held in Munich 12–14 October 2007,* herausgegeben von Stephan Kroll, Claudia Gruber, Ursula Hellwag, Michael Roaf und Paul Zimansky, 101–10. Acta Iranica. Leuven: Peeters.

———. 2018. „Gölge Hassım: Urartu'nun Assur'la İlişkisi. The Shadow Antagonist: Urartu's Relationship with Assyria". In *Assurlular. Dicle'den Toroslar'a Tanrı Assur'un Krallığı. The Assyrians. Kingdom of the God Assur from Tigris to Taurus,* herausgegeben von Kemalettin Köroğlu und Selim Ferruh Adalı, 230–55. Istanbul: Yapı Kredi Yayınları.